KB089014

악령이 출몰하는 세상

사이언스 클래식 38

The Demon-Haunted World

악령이 출몰하는 세상

과학, 어둠 속의 촛불

칼 세이건

이상헌 옮김

사이언스
SCIENCE BOOKS 북스

Grateful acknowledgment is made to the following for permission to reprint previously published material: ADDISON-WESLEY PUBLISHING COMPANY, INC.: Excerpt from *Lectures on Physics: Commemorative Issue 3 Volume Package* by Richard P. Feyman, Robert B. Leighton, and Matthew Sands. Copyright © 1964 by California Institute of Technology. Reprinted by permission of Addison-Wesley Publishing Company, Inc. CROWN PUBLISHERS, INC.: Excerpt from *The Encyclopedia of Witchcraft and Demonology* by Rossell Hope Robbins. Copyright © 1959 by Crown Publishers, Inc. Reprinted by permission of the publisher. DOVER PUBLICATIONS, INC.: Excerpt from "On the Electrodynamics of Moving Bodies" by Albert Einstein, from *The Principle of Relativity: A Collection of Original Memoirs on the Special and General Theory of Relativity* by H. Lorentz, A. Einstein, H. Minkowski, and H. Weyl. Reprinted by permission. ENCYCLOPÆDIA BRITANNICA, INC.: "Perception" in *Encyclopædia Britannica*, 15th edition. Copyright © 1985 by Encyclopædia Britannica, Inc. Reprinted by permission. FMS FOUNDATION: Excerpt from "Memory with Grain of Salt" by Ulric Neisser (*FMS Foundation Newsletter*, vol. 2, no. 4). Reprinted by permission. INTERNATIONAL ASSOCIATION OF CHIEFS OF POLICE: Excerpt from "Satanic, Occult and Ritualistic Crime" by Kenneth V. Lanning (*The Police Chief* vol. LVI, no. 10, October 1989). Copyright held by the International Association of Chiefs of Police, 515 N. Washington Street, Alexandria, VA 22314. Further reproduction without express written permission from IACP is strictly prohibited. Reprinted by permission. *Journal of Abnormal Psychology*: Excerpt from "Close Encounters: An Examination of the UFO Experience" by Nocholas P. Spanos. Patricia A. Cross. Kirby Dixon, and Susan C. DeBreul (vol. 102, 1993, p. 631). Reprinted by permission. *Journal of American Folklore*: Excerpt from "UFO Abduction Reports: The Supernatural Kidnap Narrative Returns in Technological Guise" by Thomas E. Bullard (vol. 102, no. 404, April-June 1989). Reprinted by permission of the American Anthropological Association. Not for further reproduction. HAROLD OBER ASSOCIATES, INC.: Excerpt from *The Fifty-Minute Hour* by Robert Lindner (Holt, Rinehart). Copyright © 1954 by Robert Lindner. Reprinted by permission of Harold Ober Associates, Inc. PENGUIN UK: Excerpt from *Buddhist Scriptures*, translated by Edward Conze (Penguin Classics, 1959). Copyright © 1959 by Edward Conze. Reprinted by permission. POINT FOUNDATION c/o BROCKMAN, INC. Excerpt from "Confessions of a Parapsychologist" by Susan Blackmore and excerpt from "The Science of Spitituality" by Charles Tart; both excerpts from *The Fringes of Reason: A Whole Earth Catalog*. Copyright © 1989 by Point Foundation. Reprinted by permission of Point Foundation. PRINCETON UNIVERSITY PRESS: Excerpt from *Apparitions in Late Medieval and Renaissance Spain* by William A. Christian, Jr. Copyright © 1981 by Princeton University Press. Reprinted by permission of Princeton University Press. RUTGERS UNIVERSITY PRESS: Excerpt from page 33 and 78 from *Science and Its Critics* by John Passmore. Copyright © 1978 by Rutgers, The State University of New Jersey. Reprinted by permission of Rutgers University Press. TICKSON MUSIC: Three lines from 11CTA-l02" by Roger McGuinn and Robert J. Hippard. Copyright © 1967 by Tickson Music (BMI). All rights reserved. Reprinted by permission.

손자 토니오(Tonio)에게

너희가 살 세계가

악령이 없는

빛으로 가득 찬 것이 되기를

빛을 기다렸는데 도리어 어둠이 오고

환하기를 고대하였는데 앞길은 깜깜하기만 하다.

—「이사야」 59장 9절에서

어둠을 저주하기보다는 촛불을 켜는 게 낫다.

— 격언

책을 시작하며: 나의 스승들

1939년 바람이 무섭게 부는 가을 저녁이었다. 나는 아파트 창문으로 거리를 보고 있었다. 낙엽이 거리를 굴러가고 있었다. 옆 부엌에서는 어머니가 저녁 준비를 하는 소리가 들렸다. 어머니와 함께 따뜻하고 안전한 집 안에 있다는 게 참으로 평안했다. 나는 멍하니 바깥 풍경을 바라보면서 1주일 전 누군가와 싸웠던 일을 다시 생각했다.

우리 아파트에는 아무 이유 없이 나를 괴롭히는 나보다 나이 많은 아이가 없었다. 지금 와서 생각해 보니 대체 누구와 싸웠는지도 불분명하지만 그것은 아마도 3층에 살던 스누니 아가타(Snoony Agata)였을 듯싶다. 나는 정신없이 팔을 흔들다가 셱터(Schechter) 씨가 하던 잡화점의 유리창을 주먹으로 내리쳤다.

셱터 씨는 아주 쓰라린 소독약을 내 손목에 난 상처에 발라 주면서 "걱정 마라. 보험에 들어 놨거든."이라고 말해 주었다. 어머니는 나를 아파트의 1층에서 개업 중이던 의사에게 데리고 갔다. 의사는 핀셋으로 유리 조각을 뽑아내고 두 바늘 꿰맸다.

"두 바늘이라고!" 그날 밤 아버지는 이렇게 말씀했다. '꿰매는' 일이라면 아버지의 전문이었다. 옷감 재단하는 일을 하고 있었기 때문이다. 무시무시한 전동 커터로 천을 형지(型紙)대로 재단해 부인용 코트나 정장의 안감이나 소매를 만드는 일이었다. 아버지가 재단한 옷감은 재봉틀 앞에 나란히 앉은 여성들에게 보내졌다. 나는 천성적으로 얌전하고 내성적이었는데, 생각지도 못한 감정 폭발이었다. 아버지는 그게 즐거우셨던 모양이다.

되갚아 준다는 것도 때로는 나쁘지 않은 것처럼 보인다. 내가 일부러 난폭하게 군 것은 그날이 처음이었다. 그때도 어쩌다 보니 그렇게 된 것이었다. 스누니에게 밀리다 못해 섹터 씨의 유리창에 주먹을 날렸다. 나는 유리창을 깨고 손목을 다치고 병원 치료를 받느라 부모님에게 예상 못 한 지출을 하게 만들었다. 그런데도 아무도 나를 꾸짖거나 하지 않았고 스누니도 전보다 친절해졌다.

뉴욕 만을 바라보면서 나는 이런 식으로 1주일 전의 싸움을 회상했고 거기에서 무언가 교훈을 끌어내려고 했다. 그래도 밖에 나가 거리에서 또 무슨 짓을 새로 저지르는 것보다는 따뜻한 집 안에서 이것저것 생각하는 게 더 마음 편했다.

저녁 준비를 마치신 어머니는 언제나처럼 옷을 갈아입고 화장을 하며 아버지의 귀가를 기다렸다. 해가 지려 하자 어머니와 나는 창가에 나란히 서서 거친 바다를 바라보았다.

"저 바다 너머에서는 사람들이 싸움을 벌이고 서로 죽이고 있단다." 어머니는 바다 너머를 막연하게 가리키면서 이렇게 말씀했다. 나는 눈을 돌려 그쪽을 바라보았다.

"응, 알아요. 보이거든요." 나는 대답했다.

"아냐, 안 보여." 어머니는 말을 잘랐다. "너무 멀거든." 그리고 부엌으로 돌아갔다.

내가 볼 수 없다는 것을 어머니는 어떻게 알았을까? 눈을 가늘게 뜨고 보니 수평선 위에 아주 가늘게 대지가 보이고 그 위에서 아주아주 작은 사람들이 서로 밀고 밀리면서 칼을 휘두르며 싸우는 게 보이는 것처럼 느껴졌다. 비슷한 그림을 만화책에서 종종 볼 수 있었다. 하지만 어머니 말씀이 맞을지도 몰랐다. 내가 잘못 생각한 것일지도. 밤이 되면 어쩌다 한 번씩 나타나 나를 깊은 잠에서 깨우는 괴물들처럼 말이다. 괴물 때문에 잠을 깨면 나는 땀으로 범벅이 되고 심장은 쿵쾅쿵쾅 격렬하게 뛰었다.

누군가가 하는 이야기를 그저 상상일 뿐이라고 어떻게 알 수 있을까? 그날 밤 나는 손을 씻고 와서 밥 먹어라 하는 말을 들을 때까지 회색 바다 너머를 계속 바라보았다. 돌아온 아버지는 나를 안아 올렸다. 하루치 자란 아버지의 수염을 통해 차가운 바깥 공기를 느낄 수 있었다.

같은 해의 어느 일요일 아버지는 내게 숫자와 관련해 이것저것 가르치고자 했다. 자릿수를 나타내는 데 0을 쓴다는 것이나 자릿수가 큰 수가 가진 기묘한 이름들이나 수에는 상한이 없다는 것(아버지는 이것을 이렇게 설명했다. "어떤 수든 1을 더할 수 있거든.")을 끈기 있게 설명하려고 했다. 나는 문득 1부터 1,000까지의 정수를 순서대로 적고 싶어졌다. 집에 계산용 용지 같은 것은 없었다. 하지만 아버지는 얇은 판지 다발을 찾아왔다. 세탁소에 맡긴 옷에 붙이는 판지였다. 아버지는 그것을 버리지 않고 모아 두었던 것이다. 나는 바로 계획에 착수했다. 하지만 일은 지지부진, 생각만큼 빠르게 진행되지 않았다. 겨우 200인가 300까지 적고 나니, "벌써 늦었어. 씻고 자라." 하는 어머니의 목소리가 들렸다. 일을 다 못 끝내 아쉬웠다. 그때 아버지가 언제나처럼 도움의 손길을 내밀었다. 씻고 오면 그동안 당신이 이어서 하고 있겠다고 했다. 나는 정말로 기뻤다. 씻고 돌아오니 아버지는 900 직전까지 진행해 놓고 있었다. 그 덕분에 취침 시간을 아주 조금만 늦추고 나는 1,000까지 다 적는 데 성공했다. 큰 수란, 정말로 크구나! 이때 받은 감명을 나는 평생 잊지 않고 간직하고 있다.

역시 1939년의 일이다. 부모님은 나를 뉴욕 세계 박람회에 데리고 갔다. 과학과 첨단 기술이 가능하게 해 줄 완벽한 미래 세계가 거기 있었다. 당시의 공산품 등을 채워 넣은 타임캡슐을 묻는 행사도 있었다. 머나먼 미래의 사람들은 1939년에 우리가 살았다는 사실조차 알지 못할지도 모른다. 박람회가 제시하는 '내일의 세계(World of Tomorrow)'는 단정하고 청결하며 유선형이 지배하는 세계였고, 가난한 사람은 단 한 사람도 없는 것처럼 보였다. 적어도 나는 그렇게 생각했다.

'소리를 보다(See Sound)'라는, 의표를 찌르는 듯한 주제의 전시가 있었다. 굽쇠를 작은 망치로 두드리면 아름다운 정상파가 오실로스코프의 스크린을 지나갔다. '빛을 듣다(Hear Light)'라는 전시물도 있었다. 광전지에서 섬광이 나오면 모토롤라 사의 라디오에서 잡음 같은 게 흘러나왔다. 이 세상에는 내가 생각지도 못했던 경이가 있었던 것이다. 소리가 화면이 되고 빛이 잡음이 되다니!

부모님은 과학자가 아니었다. 과학에 관해서는 잘 모르는 편이었다. 그래도 아버지와 어머니는 과학적 방법의 중핵이 되는 두 가지 사고 방식, 그러니까 경이와 의심이라는 서로 툭탁대면서도 어떻게든 동거하는 두 가지 사고 방식을 가르쳐 주었다. 우리 집은 가난했지만 내가 천문학자가 되겠다고 하자 부모님은 아무 말씀도 하지 않고 찬성해 주었다. 두 분 모두 천문학자가 무슨 일을 하는 직업인지도 거의 몰랐으리라. (하긴, 나도 잘 몰랐다.) 그렇지만 두 분 중 누구도 의사나 변호사가 되는 게 현명하지 않겠냐 하고 결코 묻지 않았다.

초·중·고등학교 때 만난 멋진 과학 선생 이야기라도 하면 좋겠지만 사실 그런 선생은 한 사람도 없었다. 과학 시간이라고 해도 막무가내로 암기한 기억밖에 없다. 원소 주기율표, 요철이나 사면의 문제, 광합성, 무연탄과 역청탄의 차이 등등. 반대로 가슴 떨리는 경이를 경험하거나 사물을 진화론적으로 사고해 보거나 과거에는 이렇게 잘못된 생각도 했었다는 이야기를 단 한 번도 들어 보지 못했다. 고등학교 실험 시간에는 어떤 결과를 내야 하는지 처음부터 정해져 있는 실험만 할 수 있었다. 그 결과를 내지 못하면 감점을 당했다. 스스로 재미있다고 생각하는 것을 탐구해 간다든가, 직관적으로 얻은 아이디어를 검증해 본다든가, 잘못된 개념은 어디가 틀린 것인지 생각해 본다든가 하지 못했을뿐더러 그래 보라는 이야기도 듣지 못했다. 물론 교과서 후반부에는 재미있는 이야기도 적혀 있었다. 그러나 그 부분에 도달하지 못한 채 학년이 끝나는 경우가 대부분이었다. 도서실에 가면 훌륭한 천문학 책이 있었을지도 모른다. 하지만 교실에는 없었다. 호제법 수업을 할 때면 미숙한 요리사가 요리책을 따라 하듯 어딘가 엉성하게 이루어졌다. 나눗셈과 곱셈과 뺄셈을 이렇게 저렇게 하면 짜잔 하고 답이 나오는데, 그 이유나 원리가 무엇인지는 들을 수가 없었다. 고등학교에서는 제곱근을 구하는 방법을 배웠는데, 마치 시나이 산에서 받은 십계명을 대하는 것처럼 선생님이 가르쳐 준 대로 풀지 않으면 큰일 나는 듯 배웠다. 정답만 맞히면 되고 무엇을 하는지는 몰라도 상관없었다. 고등학교 2학년 때에는 아주 우수한 대수 선생이 있어 그로부터 수학을 잔뜩 배울 수 있었다. 하지만 그 선생은 여자아이를 괴롭히고 나서 기뻐하는 성격을 가진 이였다. 그런 시절을 보냈음에도 내가 과학에 대한 흥미를 잃지 않은 것은 논픽션이든 픽션이든 과학 관련 잡지를 읽은 덕분이다.

내 꿈은 대학에 들어가고 나서야 이루어졌다. 대학에는 과학에 대해 스스로 알고 있을 뿐만 아니라 남에게도 설명할 수 있는 선생들이 잔뜩 있었다. 나는 운 좋게도 당시 학계에서 최고의 도량이었던 시카고 대학교에서 공부를 할 수 있었다. 내가 소속되어 있던 학과의 중심에는 엔리코 페르미(Enrico Fermi, 1901~1954년)가 있었다. 수브라마니안 찬드라세카르(Subrahmanyan Chandrasekhar, 1910~1995년)는 수학적 우아함의 진수를 가르쳐 주었다. 화학과 관련해서는 해럴드 클레이턴 유리(Harold Clayton Urey, 1893~1981년)와 대화를 나눌 수 있었다. 여름에는 인디애나 대학교의 허먼 조지프 멀러(Hermann Joseph Muller, 1890~1967년) 밑에서 생물학을 배웠다. 또 행성 천문학 분야는 당시 유일한 전문가였던 제러드 피터 카이퍼(Gerard Peter Kuiper, 1905~1973년)의 사사를 받을 수 있었다.

카이퍼로부터는 많은 것을 배웠는데, 무엇보다 "봉투 뒷면을 가지고도 가능한" 간단한 계산 비법이 있음을 가르쳐 준 게 바로 그였다. 어떤 문제가 있다고 해 보자. 그리고 이 문제를 설명하는 한 가지 방법이 떠올랐다고 해 보자. 그러면 버리지 않고 남겨 둔 오래된 봉투를 꺼내 뒷면에 근사적인 수식을 적어 넣는다. 기초 물리학만 이용해 만든 개괄적인 식일수록 좋다. 그 식에 그럴듯한 수치들을 대입하고 대략적인 결과가 나오는지 확인한다. 만약 나온 결과가 엉뚱한 것이라면 그 봉투는 버려 버리고 새로운 설명 방식을 궁리해 본다. 또 새로운 아이디어가 떠오르면 다른 봉투를 꺼내 수식을 적어 본다. 이렇게 하면 바보 같은 아이디어를 쉽게 버릴 수 있다.

시카고 대학교 시절 만난 또 다른 행운은 로버트 메이너드 허친스(Robert Maynard Hutchins, 1899~1977년)가 고안한 일반 교육 프로그램을 들은 것이다. 그 교양 교육 프로그램에서 나는 인류가 이제까지 짜 온 지식이라는 고귀한 태피스트리에 관해 배울 수 있었고, 그 태피스트리에서 과학이 얼마나 중요한 역할을 하는지 알 수 있었다. 향상심에 불타는 물리학자가 플라톤(Platon, 기원전 427/424~348/347년)이나 아리스토텔레스(Aristoteles, 기원전 384~322년), 요한 제바스티안 바흐(Johann Sebastian Bach,

1685~1750년), 윌리엄 셰익스피어(William Shakespeare, 1564~1616년), 에드워드 기번(Edward Gibbon, 1737~1794년), 브로니스와프 카스페르 말리노프스키(Bronisław Kasper Malinowski, 1884~1942년), 지그문트 프로이트(Sigmund Freud, 1856~1939년)를 몰라서야 하겠느냐는 이야기도 이 강의에서 들었다. (앞에서 든 예들은 극히 일부일 뿐이다.) 과학의 입문 강좌에서는 태양이 지구 주위를 돈다고 했던 클라우디오스 프톨레마이오스(Claudios Ptolemaeos, 100?~170?년)의 우주관이 아주 설득력 있는 형태로 제시되었다. 그래서 니콜라우스 코페르니쿠스(Nicolaus Copernicus, 1473~1543년) 편을 드는 게 이상하다고 생각하는 학생이 나올 정도였다. 허친스의 커리큘럼에서 강사들의 학내 지위는 연구 내용과 거의 관계가 없었다. 오늘날 미국 대학의 표준과는 달리 강사들은 다음 세대에게 얼마나 많은 지식을 전수했고 다음 세대를 얼마나 많이 고무했는가로 평가받았다.

이 들뜬 분위기 속에서 나는 그때까지 받은 교육에서 빠진 부분들을 상당히 보충할 수 있었다. 수수께끼라고 여겨지던 것의 베일이 벗겨지고 과학이라고 할 수 없는 것들의 정체도 대략 알게 되었다. 우주의 구조를 다소나마 밝히는 일에 참여할 수 있었던 운 좋은 사람들이 커다란 기쁨을 얻는 광경도 직접 볼 수 있었다.

대학에 다닌 1950년대, 나는 훌륭한 스승들의 가르침과 인도를 받을 수 있었다. 나는 지금까지 그들에 대한 감사의 마음을 잊은 적이 없고, 그 마음을 그들 한 분 한 분에게 전하기 위해 노력을 아끼지 않아 왔다. 하지만 이제까지의 인생을 돌아보고 생각하건대 가장 중요한 것을 가르쳐 준 것은 학교 선생도, 대학의 교수도 아니었다. 이제 아주 오래전이 되어 버린 1939년이라는 해에 나는 암흑 속에서 더듬더듬 길을 찾기 시작했다. 그때, 최초의 도움을 준 것은, 다시 말해 어둠을 밝힐 촛불이 되어 준 것은 과학은 하나도 몰랐던 부모님이었다.

차례

✴

1장
가장 소중한 것

실제 현실에 비하면 우리의 과학은 모두 초보적이고 유치하다.
하지만 그것이야말로 우리가 가진 것 중 가장 소중한 것이다.
—알베르트 아인슈타인(Albert Einstein, 1879~1955년)

✴

비행기에서 내려 보니 그가 기다리고 있었다. 그는 내 이름이 적힌 종이판을 들고 있었다. 나는 과학자들과 텔레비전 방송국들이 함께하는 회의에 참석하기 위해서 가는 중이었다. 그 회의는 상업용 방송에서 과학 소개 분량을 확대한다는 거의 가망 없어 보이는 일을 논의하는 자리였다. 주최 측이 친절하게도 공항으로 운전 기사를 보내 주었다.

"한 가지 여쭤 봐도 될까요?" 내 가방이 나오기를 기다리는 동안 그가 말했다.

"그럼요. 괜찮아요."

"그 과학자와 이름이 같아서 혼동되지 않습니까?"

나는 무슨 소린가 하고 잠깐 생각했다. '나를 놀리는 건가?' 마침내 무슨 소리인지 이해가 되었다.

"제가 그 과학자예요."라고 말했다.

그는 잠깐 멈칫하더니 이내 미소를 지었다. "죄송합니다. 제가 잘못 알았습니다. 저는 선생님이 그 과학자가 아니라고 생각했거든요."

그는 손을 내밀어 악수를 청했다. "제 이름은 윌리엄 버클리입니다." (그는 논쟁을 좋아하는 유명한 텔레비전 대담자인 윌리엄 버클리(William F. Buckley, Jr., 1925~2008년)와 이름이 같았다. 아마 그는 분명 그 사람을 매우 좋게 봤을 것이다.)

자동차를 타고 한참을 가는 동안에 차의 앞 유리에 달린 와이퍼가리듬감 있게 좌우로 움직이며 찰싹찰싹 소리를 내고 있었는데, 그는 내가 바로 '그 과학자'여서 정말 기쁘다고 말했다. 그는 과학에 관해서 질문이 많다고 했다. "제가 몇 가지 여쭤 봐도 괜찮을까요?"

"그럼요. 괜찮고말고요."

그렇게 해서 우리는 이야기를 나누게 되었다. 그러나 과학에 관한 이야기는 분명 아니었다. 그는 샌안토니오 근처에 있는 공군 기지에 냉동 상태로 감금되어 있는 외계인, 채널링(channeling, 죽은 사람이나 다른 세계의 존재와 대화하는 방법을 가리키는 단어인데, 그렇게 신통하지 않은 방법임이 분명하다.), 수정 구슬, 노스트라다무스(Nostradamus, 1503~1566년)의 예언, 점성술, 토리노의 수의 등에 대해 이야기하고 싶어 했다. 그는 이상한 주제를 하나하나 흥분한 듯 열정적으로 소개했다. 그때마다 나는 그를 실망시켜야 했다.

"증거가 빈약해요."라고 나는 계속 말했다.

"훨씬 더 간단한 설명 방식이 있어요."

어떻게 보면 그는 독서 폭이 넓었다. 이를테면, 그는 아틀란티스(Atlantis)와 레무리아(Lemuria) 같은 '가라앉은 대륙'에 관한 다양한 사변적 주장들의 미묘한 차이를 알고 있었다. 지금은 바다 깊은 곳에 잔해만 남아 심해의 발광 어류와 거대한 크라켄(노르웨이 바다에 산다는 전설적인 괴물)만이 찾아드는, 한때 번성했던 고대 문명의 상징물들인 넘어진 기둥들과 부서진 뾰족탑을 찾기 위한 해저 탐험으로 어떤 것이 있고, 언제 착수되었는지 훤히 알고 있었다. 바다는 많은 비밀을 숨기고 있지만, 내가 아는 바로는 아틀란티스와 레무리아 대륙의 존재를 입증하는 해양학적, 지구 물리학적 근거는 단 하나도 없다. 과학적으로, 아틀란티스와 무(Mu) 대륙은 결코 존재한 적이 없다. 그가 슬슬 싫어하는 기색을 보이기 시작했지만 나는 그에게 그렇게 말해 주었다.

빗길을 달리는 동안 나는 그가 점점 더 시무룩해지고 있음을 알 수 있었다. 나는 단지 몇 가지 잘못된 주장을 부정한 것이 아니라, 그의 정신 세계의 소중한 측면 하나를 부정한 것이었다. 그는 저 밖의 별들 사이에 희박하게 존재하는 차가운 기체 속에 생명의 분자적 구성 단위들이 포함되어 있음을 알고 있었을까? 그는 400만 년 전에 쌓인 화산재에서 발견된 우리 조상들의 발자국에 관해서 들어보았을까? 인도 대륙이 아시아 대륙에 충돌했을 때 히말라야 산맥이 솟아오른 사실은 알고 있었을까? 피하 주사기와 비슷한 형태를 한 바이러스들이 어떻게 숙주 세포의 방어 체계를 뚫고 자신들의 DNA를 주입해 세포의 증식 기제를 파괴하는지 들어보았을까? 아니면 지능을 가진 외계 생명체에 대한 탐사나, 에블라 맥주(Ebla beer, 영화 「스타 워즈(Star Wars)」에 등장하는 외계인의 맥주. ―옮긴이)와 비슷한 이름을 가진 바이러스 때문에 더욱 유명해진 고대 에블라 문명(Ebla civilization, 기원전 3000년경부터 시리아 북부에 있었던 고대 도시 문명. ―옮김이)에 대해서 들어보았을까? 아니다. 그는 그런 것들에 대해서 들어보지 못했다. 또한 그는 양자 역학적 불확정성은 아주 어렴풋이라도 알지 못했고, DNA는 자주 연결되는 대문자 3개 정도로만 알고 있었다.

말 잘하고 지적이며 호기심 많은 '버클리 씨'는 현대 과학에 대해서는 사실 아무것도 알지 못했다. 그는 우주의 경이로움에 대한 자연스러운 기호(嗜好)를 지니고 있었다. 그는 과학에 대해 알고 싶어 했다. 그러나 과학은 모두 그에게 도달하기 전에 걸러져 버렸다. 우리의 문화 시설, 교육 체계, 통신 매체는 이 사람을 저버렸다. 그에게 흘러가는 것 중 이 사회가 허락한 것은 주로 거짓과 혼란이었다. 이 사회는 진정한 과학과 싸구려 모조품을 구분하는 방법을 그에게 전혀 가르쳐 주지 않았다. 그는 과학의 현황에 대해서 전혀 알지 못했다.

1만 년쯤 전에 대서양(또는 다른 곳에. 최근에 출간된 책 중 하나는 아틀란티스가 북극에 있다고 주장한다.)에 존재했다는 신비의 대륙, 아틀란티스를 다룬 책은 수백 권이나 된다. 아틀란티스 이야기는 플라톤까지 거슬러 올라간다. 플라톤은 그 이야기를 아주 먼 옛날부터 자신의 시대까지 전해져 온 풍문이라고 기록했다. 최근의 책들은 아틀란티스 문명의 고도로 발전한 기술, 도덕, 영성과 파도 밑으로 가라앉아 전 주민이 수장된 그 대륙의 엄청난 비극에 대해서 그의 권위를 빌려 기술하고 있다. 그곳에는 "뉴에이지(New Age)" 아틀란티스, "전설 속의 첨단 과학 문명"이 존재한다. 그들의 과학은 주로 '수정 과학(science of crystal)'에 집중되어 있었다고 한다. 카트리나 라파엘(Katrina Raphaell)의 『수정 계몽(*Crystal Enlightenment*)』 3부작이라는 책들(이 책들 때문에 미국에 수정 광신자들이 생겼다.)을 보면, 아틀란티스인의 수정은 마음을 읽고 생각을 전달하는 고대 역사의 보고이며, 이집트 피라미드의 모델이자 기원이다. 물론 이런 주장들을 뒷받침하는 그럴싸한 증거는 아무것도 없다. (광적인 수정 신봉자의 부활은 지진학이라는 진짜 과학에서 최근에 이루어진 발견에 뒤이은 것일 수 있다. 지구의 내핵이 하나의 거대한 수정, 즉 철로 이루어진 거의 완벽한 결정이라는 발견 말이다.)

몇 권의 책, 예를 들어 도로시 비탈리아노(Dorothy Vitaliano, 1916~2008년)의 『지구의 전설들(*Legends of the Earth*)』은 아틀란티스 전설들이 화산 폭발로 파괴된 지중해의 작은 섬 또는 지진이 일어난 후 코린토스 만 속으로 잠긴 고대 도시에서 기원했으리라고 동정적으로 해석하고 있다. 우리가 아는 한, 이것은 전설의 기원일 수는 있지만, 초자연적으로 진보된 신비스러운 기술 문명이 샘솟던 대륙의 붕괴와는 상당한 괴리가 있다.

해양판의 구조를 다룬 지질학적 증거나 어떤 시간 척도로 보든 간에 유럽 대륙과 아메리카 대륙 사이에는 대륙이 있을 수 없었다는 사실을 보여 주는 해저 지형도를 우리는 공공 도서관이나 가판대의 잡지들에서, 또는 황금 시간대의 텔레비전 프로그램에서 거의 볼 수가 없다.

속기 쉬운 사람들을 함정에 빠뜨리는 그럴싸한 설명들은 쉽사리 발견할 수 있다. 오히려 회의주의적 설명은 훨씬 찾아보기 어렵다. 회의주의적 입장에서 쓴 책들은 잘 팔리지 않는다. 아틀란티스 대륙의 전설과 같은 것들이나 소개하는 대중 문화에 전적으로 의존하는 사람들은 그들이 아무리 호기심 많고 영리하다고 해도 균형 감각을 잃지 않은 냉정한 평가보다는 무비판적이고 맹목적인 이야기를 접하게 될 가능성이 수백 배 또는 수천 배 이상 크다.

'버클리 씨'는 대중 문화가 그를 위해서 차려 놓은 것에 대해서 좀 더 의심해 봐야 한다. 그러나 그 점을 제외한다면, 그의 잘못이 무엇인지 알기 어렵다. 단지 그는 가장 많은 사람이 이용하고 쉽게 접근할 수 있는 정보원의 주장을 참이라고 받아들였을 뿐이다. 이런 소박한 태도로 말미암아 그는 체계적으로 잘못된 길에 들어섰고 속고 말았다.

과학은 경이의 감정을 불러일으킨다. 그러나 유사 과학(pseudoscience, 사이비 과학) 역시 그렇다. 대중화를 소홀히 한 과학은 이러한 틈새를 허용했고 그 자리를 사이비 과학이 재빨리 채웠다. 어떤 것이 지식임을 주장하기 위해서는 그것이 수용되기 전에 적절한 증거를 제공해야 한다는 점을 사람들이 널리 이해했다면 유사 과학이 발을 붙일 여지가 없었을 것이다. 그러나 대중 문화에는 일종의 그레샴의 법칙(Gresham's law)이 만연되어 있다. 그리하여 나쁜 과학이 좋은 과학을 몰아낸다.

세계 전역에는 과학을 향한 열정을 품은 영리한 사람들, 더욱이 천부적인 재능을 타고난 사람들이 수없이 많다. 그러나 그러한 열정은 보답을 받지 못하고 있다. 한 조사에 따르면, 미국인의 약 95퍼센트가 '과학 문맹'이다. 이것은 대부분 노예로 끌려온 아프리카계 미국인들의 남북 전쟁 직후 문맹률과 똑같은 수치이다. 당시는 노예에게 읽는 법을 가르치는 사람을 처벌하던 시대였다. 물론 글자든 과학이든 어디까지 모르는 것을 문맹이라고 할지는 어느 정도 자의적인 평가 기준이 개입하기 마련이다. 그러나 과학 문맹률 95퍼센트는 지극히 심각한 문제이다.

모든 세대는 교육 수준이 떨어지고 있다고 염려한다. 인류 역사에서 가장 오래된 에세이 가운데 하나는 젊은이들이 전 세대에 비해서 불길할 정도로 훨씬 더 무지하다고 한탄하는 것이었다. 4,000년 전 수메르 인들의 한탄이다. 2,400년 전 노년의 플라톤은 『법률(*Laws*)』 7권에서 과학 문맹을 다음과 같이 정의했다.

> 하나, 둘, 셋을 셀 수 없거나, 홀수와 짝수를 구별할 줄 모르거나, 아예 수를 셀 줄 모르거나, 밤과 낮을 헤아릴 줄 모르거나, 태양과 달, 그 밖의 다른 별들의 회전에 대해서 전혀 알지 못하는 사람들, …… 모든 자유인은 이집트의 모든 어린이가 알파벳을 배우는 것처럼 이런 지식 분야에 대해서도 많이 배워야 한다고 나는 생각한다. 이집트에서는 아주 어린 아이들이 할 수 있는 산술 게임이 고안되었다. 이집트의 아이들은 그 게임을 즐기고 재미있게 배운다. …… 나는 …… 나이가 들수록 이 분야에 대한 우리의 무지에 놀라게 된다. 내게는 우리가 인간보다는 돼지에 더 가까워 보인다. 그래서 나는 나 자신뿐만 아니라 모든 그리스 인을 매우 부끄럽게 생각한다.

고대 아테네 인들이 과학과 수학에 무지했다는 사실이 아테네의 쇠퇴에 어느 정도 영향을 미쳤는지는 모르겠다. 하지만 과학 문맹이 불러올 결과가 우리 시대에는 이전 어느 시대보다도 훨씬 더 위험하다는 것은 안다. 평균적인 시민들이 가령 지구 온난화나 오존층 파괴, 대기 오염이나 유독성 쓰레기와 방사능 폐기물, 산성비나 지표면의 부식, 열대 우림의 감소나 지수 함수적인 인구 증가 등에 대해서 계속해서 무지하다는 것은 위험천만하고 무모한 일이다. 우리의 일자리와 돈벌이도 과학과 기술에 달려 있다. 만약 미국이 사람들이 사고 싶어 할 만한 제품을 좋은 품질에 낮은 가격으로 만들 수 없다면, 제조업체들은 계속 표류할 것이고 번영을 다른 나라에 양보하게 될 것이다. 핵분열 에너지와 핵융합 에너지, 슈퍼컴퓨터와 정보 고속 도로, 낙태와 라돈 가스, 전략 무기의 개발과 대규모 감축, 각종 화학 물질 중독, 정부의 시민 감시, 고해상도 텔레비전, 항공기 및 비행장의 안전, 태아 조직 이식, 건강 비용, 식품 첨가물, 조울증이나 정신 분열증 치료제, 동물권, 초전도성, 숙취 제거용 알약, 확실한 증거 없이 주장되고 있는 유전적 반사회성, 우주 정거장, 화성 탐사, 에이즈(AIDS) 및 암 치료제의 개발 등이 우리 사회에 가져다줄 결과를 생각해 보라.

만약 우리가 중대한 현안들을 파악하지 못한다면, 우리는 국가 정책에 영향을 미칠 수 없을 것이다. 또는 우리의 삶과 관련해 지성 있는 결정들을 내릴 수 없으리라. 내가 썼듯이, 미국 의회는 산하 기관이자 과학기술 문제와 관련해 백악관과 상원에 조언하는 임무를 맡은 유일한 기관인 기술 평가국(Office of Technology Assessment, OTA)을 해체하려고 한다. (이 책 출간을 전후한 1995년에 해체되었다. — 옮긴이) 지난 몇 년간 기술 평가국의 능력과 정합성은 다른 기관들의 본보기였다. 20세기 후반 현재, 미국 하원 의원 535명 가운데 상당한 과학 배경을 가진 의원 수는 1퍼센트 정도에 불과하다. 미국 대통령들 가운데 과학에 관해 박식했던 인물은 아마 토머스 제퍼슨(Thomas Jefferson, 1743~1826년)이 마지막일 것이다.•

• 시어도어 루스벨트 2세(Theodore Roosevelt, Jr., 1858~1919년), 허버트 클라크 후버(Herbert Clark Hoover, 1874~1964년), 제임스 얼 '지미' 카터 2세(James Earl 'Jimmy' Carter, Jr., 1924년~) 등도 과학에 박식했다고 주장할 수 있을 것이다. 영국인들은 과학에 박식한 지도자로서 마거릿 힐더 대처(Margaret Hilda Thatcher, 1925~2013년) 총리를 가졌다. 대처는 학창 시절에 화학을 공부했다. 더욱이 노벨상 수상자인 도로시 호지킨(Dorothy Hodgkin, 1910~1994년)의 지도를 받기도 했다. 대처 총리가 화학을 공부했다는 사실은 오존층을

그렇다면 미국인들은 이런 문제들을 어떻게 결정할까? 국민의 대표자들에게 어떻게 지시할까? 실제로 누가 이러한 결정을 내리며, 어떤 근거에서 결정을 내릴까?

코스의 히포크라테스(Hippocrates of Kos, 기원전 460~370년)는 의학의 아버지이다. 그는 2,500년이 지난 지금도 「히포크라테스 선서」(다소 변형되기는 했지만 지금도 여기저기에서 의예과 학생들이 졸업할 때 이 선서를 이용해 의업에 봉사할 것을 서약하고 있다.)로 사람들의 기억에 남아 있다. 그러나 그가 칭송받는 주된 이유는 당시만 해도 미신의 장막에 가려 있던 의술을 장막 밖으로 꺼내서 과학의 빛 아래로 옮겨 놓은 공로에 있다. 히포크라테스가 남긴 문헌 중 하나에는 다음과 같은 글이 씌어져 있다. "사람들은 간질을 신이 내린 벌로 생각한다. 그렇게 생각하는 이유는 단 하나, 사람들이 간질의 원인을 제대로 이해하지 못한다는 데 있다. 그러나 만일 사람들이 자신들이 이해할 수 없는 모든 것을 신적인 것이라고 부른다면, 어이구, 신적인 것은 끝이 없을 것이다." 우리는 많은 분야에서 우리 자신이 무지하다는 것을 인정하는 대신, 우주와 같은 것들은 말로 표현할 수 없다는 식으로 말하는 경향이 있었다. 사람들은 우리가 아직 이해하지 못하는 것에 대한 책임을 간극의 신(God of Gaps)에게 돌린다. 기원전 4세기 이후 의학 지식이 향상됨에 따라서 우리가 이해할 수 있는 것들이 더욱더 많아졌고, 반대로, 질병의 원인이건 질병의 치료이건, 신의 개입이라고 생각하

파괴하는 물질인 CFC를 전 세계적으로 금지하자는 주장을 영국이 강력하고도 성공적으로 지지할 수 있었던 열쇠가 되었다.

는 사람들은 더욱더 줄어들었다. 신생아 사망률과 영아 사망률이 줄어들었으며 수명이 늘어나고 있다. 그리고 의학은 이 행성에 사는 수십억 인간의 삶의 질을 향상시켜 왔다.

히포크라테스는 질병을 진단하는 데 과학적 방법을 도입했다. 그는 신중하고 꼼꼼한 관찰을 주장했다. "아무것도 우연으로 남겨 두지 마라. 아무것도 간과하지 마라. 모순되는 관찰을 서로 연결하라. 이것을 위해서 충분한 시간을 가지고 생각하라." 그는 온도계가 발명되기 전인데도 여러 가지 질병의 체온 변화를 그래프로 표시한 차트를 작성했다. 의사는 현재의 증상만으로 각 질병의 과거 상태와 미래 상태를 설명할 수 있어야 한다고 이야기했다. 그는 정직을 특히 강조했다. 그는 의사의 지식에 한계가 있다는 점을 기꺼이 인정했다. 그는 자신이 치료했던 환자들의 절반 이상이 질병으로 사망했다는 사실을 후대 사람들에게 솔직히 털어놓는 것을 망설이지 않았다. 물론 그가 선택할 수 있는 치료법에는 한계가 있었다. 그가 이용할 수 있는 약이라고는 설사약, 구토약, 마취약이 거의 다였다. 외과 수술과 뜸도 행해졌다. 로마 멸망 이전 고전주의 시대에 의학 분야에서 상당한 발전이 이루어졌다.

로마 멸망 이후에 이슬람 세계에서는 의학이 번성했지만, 유럽에서는 의학의 암흑 시대가 찾아왔다. 해부학과 의학에 관한 지식이 대거 사라져 버렸다. 대신 기도와 기적에 의존하는 경향이 크게 번졌다. 그리하여 세속 의사들은 소멸되기에 이르렀다. 병자의 치료에 찬송, 음용, 별점, 부적 등이 널리 이용되었다. 시체의 해부는 제한되거나 불법적인 행위가 되었으며, 그 결과 의술을 행하는 사람들이 인체에 대해 직접적인 지식을 습득할 수 있는 길이 막혔다. 그리하여 의학 연구는 휴지(休止) 상태에 들어갔다.

역사가 에드워드 기번이 콘스탄티노플을 수도로 삼았던 동방 제국 전체에 대해 기술한 내용은 매우 신빙성이 있다.

> 10세기의 혁명에서는 인간의 존엄성을 드높이고 인류의 행복을 증진하는 데 필요한 단 하나의 발견도 이루어지지 않았다. 고대의 사변적인 지식 체계에 단 하나의 사상도 새로 첨가되지 않았다. 그리하여 인내심 많은 제자들은 고대의 것을 그대로 계승했고 그들은 또다시 다음 세대에게 맹종을 강요하는 도그마적 교사가 되었다.

근대 이전의 의술은 아무리 애를 써도 많은 사람을 구제하지 못했다. 앤 여왕(Anne, Queen of Great Britain, 1665~1714년)은 스튜어트 가문 출신으로는 마지막 영국 군주였다. 17세기의 마지막 17년 동안 그녀는 18회나 임신을 했다. 그중 5명만 산 채로 태어났다. 그리고 그들 가운데 단 1명만이 유아기에 죽지 않고 살아남았다. 물론 그도 성인이 되기 전에 사망했고 1702년 어머니의 즉위식을 보지 못했다. 앤 여왕에게 어떤 유전적 장애가 있었다는 증거는 없는 것 같다. 그리고 앤 여왕은 돈으로 살 수 있는 당대 최고의 의술로 자신을 돌보았다.

한때 무수한 영유아와 어린이를 죽음으로 몰고 갔던 비극적인 질병들은 과학의 힘 앞에 점차 굴복했고 치료되고 있다. 미생물 세계의 발견, 의사와 조산부가 아이를 받기 전에 손을 깨끗이 씻고 의료 도구들을 소독해야 한다는 통찰, 충분한 영양 섭취, 공중 보건 및 위생 대책, 항생제, 약물, 백신, DNA 분자 구조의 발견, 분자 생물학, 최근에 등장한 유전자 치료 등이 이것을 가능하게 했다. 최소한 선진국에서 오늘날 부모들이 자기 자식들이 어른이 될 때까지 살아 있는 것을 볼 가능성은 지난 17세기에 지구에서 가장 강력한 나라들 가운데 한 나라의 왕가 후손들의 경우와 비교한다고 해도 엄청나게 높다. 오늘날 천연두는 지구에서 완전히 소멸되었다. 말라리아를 옮기는 모기들이 극성을 부리는 지역도 전 지구적으로 극적으로 줄어들고 있다. 백혈병 진단을 받은 아이들이 앞으로 살 수 있을 것으로 기대되는 햇수가 해가 갈수록 계속 늘고 있다. 과학은 수천 년 전에 비해서 수백 배 더 많은 인간이 이 지구에서 먹고 살 수 있게 해 주고 훨씬 더 험악한 조건에서도 살 수 있게 해 준다.

우리는 콜레라에 걸린 사람을 위해 기도할 수도 있고, 아니면 12시간마다 항생제 테트라사이클린(tetracycline) 500밀리그램을 투여할 수도 있다. (오늘날에도 여전히 질병이 세균을 통해서 감염된다는 이론을 거부하는 크리스천 사이언스(Christian Science) 같은 종교들이 있다. 만약 기도자가 실패한다면, 그 종교의 교인은 자기 아이들에게 항생제를 주는 것이 아니라 아이들이 죽는 것을 보고만 있을 것이다.) 우리는 정신 분열증 환자에게 거의 효과가 없는 정신 분석적 대화 치료를 시도할 수도 있고, 아니면 하루에 300~500밀리그램의 조현병 치료제 클로자핀(clozapine)을 줄 수도 있다. 과학적 치료법은 여타 대체 요법보다 수백 배 또는 수천 배 더 효과적이다. (그리고 대체 요법이 효과를 나타내는 것처럼 보이는 경우에도 그런 요법이 어떤 기작을 통해 역할을 하는지 실제로 우리는 알지 못한다. 기도나 정신 분석을 하지 않고도 콜레라와 정신 분열증을 동시에 완화할 수 있다.) 과학을 포기하는 것은 에어컨, CD 플레이어, 헤어드라이어, 고속 주행 자동차를 포기하는 것 이상의 의미를 가진다.

농경 이전의 수렵 채집 시대에 인간의 기대 수명은 20세에서 30세였다. 이것은 로마 시대 말기와 중세 시대의 유럽에서도 마찬가지였다. 1870년경에 이르러서야 비로소 인간의 기대 수명이 40세가 되었다. 인간의 기대 수명은 1915년에는 50세, 1930년에는 60세, 1955년에는 70세, 그리고 오늘날은 거의 80세에 이르렀다. (여성의 기대 수명이 좀 더 길고 남성은 좀 더 짧다.) 유럽 이외의 다른 지역에서도 유럽에서처럼 수명이 증가하고 있다. 전례를 찾아볼 수 없는 이렇게 멋진 인도주의적 변화의 원인은 무엇일까? 질병의 세균 이론, 공중 보건 대책, 의약 및 의학 기술 발전 등이 그 원인이다. 장수(長壽)는 아마 물리적 삶의 질을 평가하는 가장 좋은 단일 척도일 것이다. (만약 당신이 죽는다면, 당신은 행복해지기 위해서 할 수 있는 것이 하나도 없다.) 이것은 과학이 인류에게 선사한 가장 고귀한 선물이다. 그것은 생명이라는 선물과 다를 바 없다.

그러나 미생물은 변종을 만들어 낸다. 새로운 질병들이 들판에 난 불처럼 번진다. 미생물의 도전과 인간의 응전 사이에 끊임없는 전투가 이어진다. 우리는 새로운 약을 제조하고 치료법을 고안하는 것뿐만 아니라 생명의 본질에 대한 이해, 즉 기초 연구를 향해 더 깊이 다가감으로써 미생물과의 경쟁에서 밀리지 않고 있다.

만약 우리 세계가 전 지구적 인구 증가에 따라 21세기 말에 지구 인구가 100억 내지 120억이 되었을 때 발생할 가장 무서운 결과를 피하려고 한다면, 식량을 증산할 수 있는 안전하면서도 좀 더 효과적인 수단을 고안해야 할 것이다. 종자, 관개, 비료, 살충제, 운송, 냉동 시스템 개량이 함께 이루어져야 한다. 또한 수긍할 만한 피임법이 확산되어야 할 것이고, 여성의 정치적 평등을 향한 의미 있는 진보가 이루어져야 할 것이며, 극빈자들의 생활 수준이 향상되어야 할 것이다. 이 모든 것들이 과학과 기술 없이 어떻게 실현될 수 있을까?

과학 기술이 이 세상에 선물을 무한정 쏟아붓는 '풍요의 뿔'이기만 한 것은 아니다. 과학자들은 핵무기를 생각해 냈을 뿐만 아니라, 장차 어떤 일이 벌어지든, 자기 나라가 맨 먼저 핵무기를 보유해야 한다고 주장하며 정치 지도자들을 채근했다. 그리하여 과학자들은 6만 개의 핵무기를 제조했다. 냉전 시기에 미국과 (구)소련, 중국, 여타 국가의 과학자들은 핵전쟁을 준비하기 위해서 동료 시민들을 방사능의 위험에 기꺼이 노출시켰다. 물론 대부분 시민들은 자신이 실험 대상이 된 줄도 몰랐다. 미국 앨라배마 주의 터스키기에 있던 의학자들은 일단의 퇴역 군인들을 대상으로 매독 관련 생체 '실험'을 하면서도 아직 치료법이 발견되지 않은 새로운 병에 대한 연구라고 속였다. 나치 의사들의 극악무도한 잔혹 행위는 이미 잘 알려져 있다. 우리의 기술은 탈리도마이드 수면제, CFC, 고엽제, 신경 가스, 대기 및 수질을 오염시키는 공해 물질, 생물 종을 절멸시키고 지구 기후를 황폐화시킬 만큼 강력해진 공장 등을 양산해 냈다. 지구 과학자 가운데 대략 절반이 적어도 한 번은 군(軍)을 위해서 일을 했다. 지금도 소수의 과학자들은 사회적 악(惡)을 용기 있게 비판하고 기술이 불러올 잠재적인 재앙에 대해서 미리 경고했다는 이유로 아웃사이더 취급을 받고 있다. 반면에 많은 과학자가 유순한 기회주의자로, 또는 기업 이득과 대량 파괴 무기의 생산자로 살고 있다. 그들은 자신들의 행위로 빚어질 장기적인 결과에 대해서는 전혀 신경 쓰지 않는다. 과학이 가져오는 기술적 위험, 지금껏 받아들여지고 있는 지혜에 대한 암묵적 도전, 난해함 등은 모두 일부 사람들이 과학을 불신하고 회피하는 구실이 되었다. 사람들이 과학 기술에 대해서 신경질적인 반응을 보이는 한 가지 이유가 거기에 있다. 그리고 미친 과학자(mad scientist)의 이미지가 우리 세계에 자주 출몰한다. 파우스트 박사에서 프랑켄슈타인 박사, 스트레인지러브 박사와 쥐라기 공원의 설계자에 이르기까지 토요일 아침 아이들이 보는 텔레비전 프로그램에 등장하는 하얀 실험복을 입은 미치광이들을 보라. 또 과학자가 자신의 영혼을 지식과 교환하는 파우스트적 거래를 대중 문화가 얼마나 많이 다루는지 보라.

그러나 과학이 도덕적으로 취약한 기술자들이나 권력을 가진 부패한 미친 정치인들의 손에 지나치게 막강한 힘을 부여했다고 간단하게 결론 내리고 과학을 제거하기로 결정할 수는 없다. 의학과 농업의 진보는 인류 역사에서 발발했던 온갖 전쟁에서 사멸된 것보다 훨씬 더 많은 생명을 구했다. 여론 조사를 거듭할수록, 사람들이 불안스럽게 생각함에도 불구하고 과학자가 가장 존경받고 신뢰받는 직업 가운데 하나로 자리 잡고 있음을 확인할 수 있다. 과학은 양날의 칼과 같다. 과학의 무시무시한 힘은 정치인을 비롯한 우리 모두에게, 특히 과학자들에게 새로운 책임을 요구하고 있다. 기술 발전이 가져올 장기적인 결과에 좀 더 주의를 기울이고, 전 지구적 관점과 미래 세대의 관점을 가지고, 민족주의와 쇼비니즘에 휘둘리는 것을 피하라고 권하는 것 등이 바로 우리가 새롭게 짊어져야 할 책임이다. 사소한 실수가 아주 커다란 대가를 치러야 하는 시대이기 때문이다.

우리는 정말로 무엇이 참인지 거짓인지 신경 쓰고 있을까? 그것이 문제가 될까?

> 무지가 축복인 곳에서
> 현명해지는 것은 어리석은 일이네.

이 시는 토머스 그레이(Thomas Gray, 1716~1771년)의 것이다. 그런데 정말로 그럴까? 에드먼드 웨이 틸(Edmund Way Teale, 1899~1980년)은 1950년대에 쓴 『계절의 순환(*Circle of the Seasons*)』이라는 책에서 그 딜레마를 좀 더 잘 이해했다.

> 어떤 것이 네게 좋게 느껴지는 한에서 그것이 참인지 거짓인지 신경 쓰지 않는 것은 네가 돈을 벌 수 있는 한에서 그 돈을 어떻게 벌든 마음 쓰지 않는

것과 마찬가지로 도덕적으로 나쁘다.

예를 들어, 정부가 부패하고 무능하다는 사실을 발견하면 우리는 낙담한다. 그렇다면 그 사실을 알지 못하면 더 좋을까? 무지는 누구의 이익에 기여하는가? 만약 인간이, 예컨대 낯선 사람을 증오하는 유전적 경향을 가지고 있다면, 자기 자신을 아는 것이 유일한 해독제가 아닐까? 만약 우리가 별들이 우리를 위해서 뜨고 지고 우주가 존재하는 이유가 바로 우리라고 오랫동안 믿어 왔다면, 과학이 우리의 자만심을 꺾는 것은 우리에게 모진 짓을 하는 것은 아닐까?

『도덕의 계보(*Zur Genealogie der Moral*)』에서 프리드리히 빌헬름 니체(Friedrich Wilhelm Nietzsche, 1844~1900년)는 그의 전과 후 많은 사람이 그랬듯이 과학 혁명이 "끊임없이 진행되는 인간의 자기 비하"를 야기했다고 비난한다. 니체는 "인간의 존엄성에 대한 신앙, 인간이 존재의 위계 속에서 차지하는 독자적이고 대체 불가능한 지위에 대한 신앙"을 상실해 가는 것을 슬퍼했다. 하지만 만족과 안심을 잃는다고 해도 미망(迷妄)을 고집하는 것보다는 우주를 있는 그대로 파악하는 것이 훨씬 더 낫다고 나는 생각한다. 장기적인 관점에서 우리의 생존에 더 잘 부합하는 것은 어떤 태도일까? 어떤 태도가 우리의 미래에 더 효력이 있을까? 그리고 우리의 소박한 자존심이 약간 상처 입는다고 해서 대수일까? 그 상처가 오히려 우리를 성숙시키고 새로운 존엄성을 가져다줄 계기로 작용하지 않을까?

우주의 나이가 6,000세에서 1만 2000세• 가 아니고 대략 80억 세에

• "신앙인이라고 해도 이것을 믿으리라고 생각지 않는다. 이것은 시대에 뒤떨어진 생각이다."라고 이 책을 검토한 사람들 가운데 한 사람이 썼다. 그러나 많은 '과학적 창조론자'들은 이것을 사실로 믿는 것은 물론이고, 학교, 박물관, 동물원, 교과서 등에서 그것을 가르

서 150억 세라는 사실을 발견함으로써 우리는 우리 우주의 광대함을 더 잘 알게 되었다. (현재 관측 데이터에 따르면 우주의 나이는 138억 년 정도이다. — 옮긴이) 우리는 신이 친히 숨을 불어넣은 존재가 아니라 유난히 복잡하게 배열된 원자들로 이루어진 존재일 뿐이라는 생각은 우리 생각을 키워 주었다. 적어도 원자에 대한 존경심을 강화해 주었다. 또 한때는 말도 안 되는 생각이었지만 지금은 그럴듯한 생각으로 받아들여지는 것도 있다. 우리 행성은 우리 은하에 있는 수십억 개의 다른 세계들 가운데 하나이며, 우리 은하는 수십억 개의 은하들 가운데 하나라는 것을 발견함으로써, 가능한 세계들의 영역이 웅대하게 확장되었다. 또한 인류의 조상이 원숭이의 조상이기도 하다는 사실을 발견함으로써 우리는 다른 모든 생명체와 엮이게 되었다. 이것은 인간 본성에 대한 중요한, 동시에 조금은 아쉬운 반성으로 이어졌다.

솔직히 말해서 되돌아갈 길은 없다. 좋든 싫든 우리는 과학과 착 달라붙어 있다. 우리는 과학을 최대한 이용하는 편이 낫다. 우리가 과학과 화해하고 과학의 아름다움과 힘을 충분히 인정하면, 실제적으로는 물론이고 정신적으로도 우리에게 매우 유리한 방향으로 흥정이 이루어졌음을 발견하게 될 것이다.

그러나 미신과 유사 과학은 방해를 한다. 쉬운 답변을 제공함으로써 우리 가운데 '버클리 씨'와 같은 사람들을 혼란스럽게 만들고 회의주의적 태도를 바탕으로 한 엄밀한 검토를 교묘하게 회피하게 만든다. 또 우리의 무의식적 공포심을 자극하고 경험을 천박하게 만들며 우리를 경솔

치도록 공격적인 노력을 기울이고 있으며 성과를 거두고 있다. 그들은 이것이 성서에 나오는 이스라엘 민족의 조상들과 다른 사람들의 나이를 합친 가계도에 합치하고, 성서의 무류성을 보여 준다고 믿는다.

함의 희생자로 만든다. 만약 버뮤다의 깊은 바닷속에 숨어 있다가 선박이나 항공기를 잡아먹는 UFO가 있다면, 또는 죽은 사람이 우리의 손을 조종해서 우리로 하여금 메시지를 쓰게 만들 수 있다면, 정말 이 세상은 훨씬 더 흥미진진한 곳이 될 것이다. 젊은이들이 단지 생각만으로 전화 수화기를 튀어 오르게 할 수 있다면, 또는 우리의 꿈이 우연과 현실 세계에 대한 지식을 통해서 설명할 수 있는 것보다 더 빈번하고 정확하게 미래를 예언할 수 있다면 정말 황홀할 것이다.

이 모든 것이 유사 과학의 보기들이다. 유사 과학은 실제로는 과학의 본성을 신뢰하지 않으면서 과학의 방법과 발견을 사용하려고 한다. 왜냐하면 유사 과학이 토대로 삼은 증거가 불충분하기 때문이거나 다른 길을 가리키는 단서들을 유사 과학이 무시하기 때문이다. 유사 과학은 사람들이 잘 속는 특성을 이용해서 파문을 일으킨다. 신문, 잡지, 출판, 라디오, 텔레비전, 영화 분야 종사자들의 무지한 협조(때로는 냉소적인 묵인)로 인해 유사 과학의 주장이 쉽고 널리 퍼지는 경향이 있다. '버클리 씨'와의 우연한 만남으로 다시 한번 깨닫게 된 사실이지만, 유사 과학의 주장과는 다른 대안을 제시하는, 좀 더 도전적이고 더 현란한 과학의 발견들을 떠올린다는 것은 매우 어려운 일이다.

유사 과학은 과학보다 받아들이기 쉽다. 실재와 마주함으로써 하게 되는 마음 고생을 훨씬 쉽게 회피할 수 있게 해 주기 때문이다. (실재와 비교한 결과를 제어할 수 없는 경우에) 또 통용되는 증거 기준이 훨씬 더 느슨하다. 부분적으로는 이러한 이유들 때문에 일반 대중에게는 유사 과학이 진짜 과학보다 훨씬 더 쉽게 다가간다. 그러나 이것만으로는 유사 과학의 대중성이 충분히 설명되지 않는다.

믿음 체계는 그 규모가 다양하다. 사람들이 이 믿음 체계들을 대상으로 도움이 되는지 안 되는지 알아보려고 하는 것은 자연스러운 일이다.

만약 우리가 매우 절망적인 상황에 처해 있다면, 우리는 누구나 무거운 회의주의적 리스크를 져야 함을 알면서도 그것을 쉽게 포기하지 못한다. 유사 과학은 강력한 감정적 호소력을 가지고 있다. 과학은 이런 욕구를 충족시키지 못하는 경우가 허다하다. 유사 과학은 우리가 가지고 있지 않지만 갈망하는 개인적인 힘(오늘날에는 만화책에 등장하는 슈퍼 히어로에게 부여된 힘이고 예전에는 신에게 부여되었던 힘이다.)에 대한 환상을 부추긴다. 어떤 경우에 유사 과학은 사람들의 정신적 허기를 채워 주고 질병을 치료하고 죽음이 끝이 아님을 약속한다. 유사 과학은 우리가 우주의 중심이며 중요한 존재라는 믿음을 다시 준다. 유사 과학은 우리가 우주와 꼭 연결되어 있으며 우주와 결부되어 있음을 보증한다.• 때때로 유사 과학은 과거의 종교와 새로운 과학 사이에서 양자 모두로부터 불신을 받는 일종의 중간 지대이기도 하다.

일부 유사 과학(그리고 일부 옛 종교와 '뉴 에이지' 종교 역시)의 핵심은 소망이 현실화되리라는 생각이다. 민간 설화나 아이들의 동화에서처럼 우리는 마음속에서 갈망하는 것을 단순히 바라는 것만으로도 얻을 수 있다는 것이다. 우리의 바람을 실현하기 위해서는 일반적으로 고된 노력을 해야 하고 행운이 뒤따라야 한다는 생각과 비교할 때, 이런 생각은 아주 매력적이다. 요술 물고기나 램프의 요정이 세 가지 소원을 들어줄 것이다. 세 가지 이상의 소원을 비는 것 말고는 어떤 소원도 가능하다. 이때, 그러니까 작달막한 낡은 청동 기름 램프를 발견하고 우연히 문질러 보았을 때

• 나는 현대 천체 물리학의 놀라운 발견들보다 우리와 우주를 더 깊이 연결해 주는 것을 알지 못한다. 수소 말고는, 우리를 구성하는 모든 원소(혈액 속의 철분, 뼛속의 칼슘, 뇌 속의 탄소 등)는 우리로부터 공간적으로 수천 광년 떨어져 있고 시간적으로 수십억 년 이전에 존재했던 적색 거성들에서 만들어졌다. 내가 말하고 싶은 것은, 우리는 별을 구성하는 물질로 되어 있다는 것이다.

무엇을 요구할지 한번 곰곰이 생각해 보지 않는 사람이 누가 있겠는가?

나도 어렸을 때 만화책에서 중산모를 쓰고 콧수염을 기른 새까만 지팡이를 휘두르는 마술사를 본 기억이 난다. 그의 이름은 자타라(Zatara)였다. 그는 무엇이든지 만들 수 있었다. 정말 무엇이든지. 어떻게 했을까? 그것은 쉽다. 그는 주문을 거꾸로 외웠다. 만약 그가 100만 달러를 원한다면, "러달만백."이라고 주문을 외우면 된다. 그렇게만 하면 원하는 일이 이루어졌다. 그것은 어떤 면에서는 기도와 비슷하지만, 훨씬 더 확실한 결과를 가져다주었다. 여덟 살 때 나는 돌을 공중에 띄우기 위해 이런 실험을 하느라 많은 시간을 허비했다. 그때 내가 쓴 주문은 "라라올떠 여이돌."이었다. 하지만 아무 일도 일어나지 않았다. 그때 난 내 발음이 잘못된 탓이라고 여겼다.

진짜 과학이 오해받으면 받을수록 유사 과학이 힘을 얻는다고 말할 수 있다. 만약 과학에 대해 아무것도 배운 게 없다면(과학의 방법도 전혀 들은 적 없다면) 자기가 믿는 게 진짜 과학인지 유사 과학인지 알 수 없을 것이다. 인간은 언제 어디서나 세상을 유사 과학적으로 바라보는 경향이 있다. 종교가 국가의 보호를 받으며 유사 과학의 온상이 된 적도 한두 번이 아니다. 물론 종교가 그런 역할을 해야 한다고 정해져 있는 것은 아니다. 종교는 머나먼 과거로부터 내려온 문화 유산 같은 것이다. 일부 국가들에서는 정부 지도자를 포함해 거의 모든 국민이 점성술과 예언을 믿는다. 그러나 종교가 그것을 주입한 것은 아니다. 그런 상황을 만든 것은 그 사회의 폐쇄적인 문화이다. 사람들은 그런 문화 속에서 별점을 보고 평안하게 산다. 그것을 뒷받침하는 증거는 얼마든지 들 수 있다.

내가 이 책에서 언급하는 사례 대부분은 미국에서 일어난 것이다. 이유는 간단하다. 내가 가장 잘 아는 사례이기 때문이다. 유사 과학이나 신비주의가 다른 어떤 곳에서보다도 미국에서 더 두드러지기 때문은 아니다. 오히려 염력으로 숟가락을 구부리고 외계인과 교신할 수 있다고 주장하는 유리 겔러(Uri Geller, 1946년~)는 이스라엘 출신이다. 알제리에서는 세속주의자들과 이슬람 근본주의자들 사이에 긴장이 고조될수록 1만 명에 달하는 그 나라의 점쟁이들과 투시 능력자들(이들 가운데 절반은 정부에서 발행한 자격증을 가지고 있다.)에게 조언을 구하는 사람들이 늘어나고 있다. 프랑스에서는 전직 대통령을 포함한 고위 관료들이 하늘에서 새로운 석유 매장 지점을 발견하겠다는 사기극에 넘어가 수백만 달러를 날린 적이 있다. (엘프아키텐(Elf-Aquitaine) 스캔들을 말한다.) 독일인들은 과학으로는 탐지할 수 없는 발암성 '지구 광선'에 대해 걱정하기도 했다. 그 광선은 수맥을 찾는 노련한 점쟁이들이 포크 모양의 막대기를 휘두를 때만 감지할 수 있다고 한다. 필리핀에서는 '심령 수술'이 번창하고 있다. 영국은 국가적으로 유령에 사로잡혀 있다. 제2차 세계 대전 이후 일본에서는 초자연적인 것을 숭배하는 수많은 신흥 종교들이 생겨났다. 10만 명으로 추산되는 점쟁이들이 일본에서 성업 중이다. 고객들은 주로 젊은 여성들이다. 1995년 3월 도쿄의 지하철에 사린(sarin) 가스를 살포한 사건과 관련되었다는 혐의를 받는 옴진리교는 공중 부양, 믿음으로 질병을 치료한다는 신앙 요법, 초감각 지각(extra-sensory perception, ESP) 등을 주요 교리로 삼고 있었다. 추종자들은 비싼 대가를 치르고 '기적의 샘물', 즉 교주인 아사하라 쇼코(麻原彰晃, 1955~2018년)의 목욕물을 마셨다. 태국에서는 신성한 경전을 부숴서 만든 알약으로 질병을 치료한다. 남아프리카에서는 오늘날에도 '마녀'를 불에 태워 죽인다. 서인도 제도의 아이티 공화국에 주둔하는 오스트레일리아의 평화 유지군은 나무에 꽁꽁 묶인 여인을 구출했는데, 그 여인의 죄목은 이 지붕에서 저 지붕으로 날아다니면서 아이들의 피를 빨아먹었다는 것이었다. 인도에서는 점성술이 유행하고 중국에서는 토점(土占, 흙점)이 널리 퍼져 있다.

최근에 전 세계적으로 가장 큰 성공을 거두고 있는 유사 과학은 힌두교의 초월 명상(Transcendental Meditation, TM) 교리이다. 여러 가지 기준으로 볼 때 이미 종교가 되었다. 창시자이자 영적 지도자인 마하리시 마헤시 요기(Maharishi Mahesh Yogi, 1918~2008년)의 최면을 거는 것과 같은 설교는 텔레비전을 통해 방영된다. 그가 검은 머리가 섞인 흰 머리를 휘날리며 자리에 앉으면 화환과 꽃으로 장식된 선물이 그를 둘러싼다. 그러면 그는 슬쩍 독특한 표정을 짓는다. 어느 날 채널 서핑을 하던 중 우리는 그의 얼굴과 마주쳤다. "저 사람은 누구예요?" 네 살 난 아들이 물었다. "신." 나는 이렇게 답했다. 초월 명상의 세계 조직은 30억 달러의 자산을 가진 것으로 추산된다. 그들은 당신도 명상을 통하면 벽을 타고 걸을 수 있다고, 당신을 보이지 않게 만들 수 있다고, 당신을 낫게 할 수 있다고 약속하는 대가로 돈을 받고 있다. 그들은 세속적인 기적을 많이 일으켰는데, 자신들이 일제히 생각을 집중함으로써 워싱턴 D. C.의 범죄율을 줄였고 (구)소련의 붕괴를 유발했다고 말한다. 하지만 그러한 주장을 입증할 만한 실질적인 증거는 전혀 제시하지 않았다. 초월 명상은 돈을 받고 대체 요법을 시행하고, 무역 회사, 의료 시설, '연구' 대학을 운영하고, 성공적이지는 않았지만 정치에 개입했다. 기묘한 카리스마를 가진 지도자, 약속된 공동체, 돈과 열렬한 믿음을 대가로 제공되는 마술적 힘 등을 내세운다는 점에서 볼 때, 초월 명상은 성직을 수출하기 위해 시장을 개설한 많은 유사 과학들과 같은 전형적인 모습을 지니고 있다.

시민의 감시와 과학 교육이 느슨해지면 그때마다 슬그머니 발호(跋扈)하는 게 유사 과학의 또 다른 특징이다. 레온 트로츠키(Leon Trotsky,

1879~1940년. 본명은 레프 다비도비치 브론스테인(Lev Davidovich Bronstein)이다.)는 아돌프 히틀러(Adolf Hitler, 1889~1945년)가 집권하기 직전의 독일을 이렇게 묘사했다. (그러나 이 묘사는 (구)소련의 1933년 상황에도 똑같이 적용할 수 있었을 것이다.)

> 그들은 20세기 서른두 번째 해를 가정집에서는 물론이고 도시 마천루에서 함께 보내고 있다. 1억 명의 사람들이 전기를 사용하고 있지만 아직도 그들은 이적(異蹟)과 구마(驅魔) 의식의 마술적 힘을 믿는다. …… 영화 스타들은 영매를 찾는다. 천재가 창조한 기적의 기계를 운전하는 비행기 조종사들은 스웨터 위에 부적을 붙인다. 그들은 무지몽매함과 야만성을 무진장하게 비축해 가고 있다.

러시아는 교훈적인 사례이다. 차르 치하에서 종교적 미신은 장려되었지만, 과학적이고 회의주의적인 사고는, 소수 순치(馴致)된 과학자들의 것을 제외하고는, 무자비하게 말살되었다. 공산주의 치하에서는 종교와 유사 과학이 체계적으로 억압되었다. 물론 국가의 이데올로기적 미신은 예외였다. 그것은 과학적이라고 선전되었지만, 자아 비판을 찾아볼 수 없는 신비주의적 숭배 의식처럼 과학적인 것이 결여되어 있었다. 용접으로 밀폐된 지식의 방에 갇힌 과학자들의 것 말고, 비판적 사고는 위험한 것으로 인식되었으며, 학교에서도 가르치지 않았고, 만약 그런 생각을 표현하면 처벌을 받았다. 그 결과 공산주의 이후 러시아 사람들은 의혹의 눈으로 과학을 바라보게 되었다. 뚜껑이 열리고 민족 간의 증오심이 현실화되었을 때, 거품으로 가린 표면 밑에 있던 모든 것들이 눈에 보이도록 표출되었다. 이제 그 지역은 UFO, 폴터가이스트(poltergeist), 신앙요법, 가짜 약, 마술의 물, 옛적의 미신 등으로 가득 차게 되었다. 기대 수명의 기이한 감소, 영유아 사망률의 증가, 전염병의 만연, 의료 처치의 최소화, 예방 의학에 대한 무지, 이 모든 것이 절망에 빠진 인민과 회의주의 정신 사이에서 문턱을 올리는 역할을 하고 있다. 러시아 의회 선거에서 가장 인기 있었던 정치인인 초강경 민족주의자 블라디미르 볼포비치 지리놉스키(Vladimir Volfovich Zhirinovsky, 1946년~)의 주요 후원자는 아나톨리 미하일로비치 카시피롭스키(Anatoly Mikhailovich Kashpirovsky, 1939년~)였다. 그는 탈장에서 에이즈까지 다양한 질병을 텔레비전 수상기를 통해서 당신을 응시함으로써 먼 곳에서도 치료한다는 심리 치료사였다. 그의 얼굴을 보면 멈춘 시계도 다시 가기 시작한단다.

이것과 비슷한 상황은 중국에서도 찾아볼 수 있다. 마오쩌둥(毛澤東, 1893~1976년)이 사망하고 시장 경제가 점진적으로 성장하자, 조상 숭배, 점성술, 점(占, 특히 산가지를 던지는 주역점이나 팔괘점) 같은 중국 고대 풍습과 함께 UFO, 채널링, 서양의 유사 과학이 유행하기 시작했다. 중국 정부의 기관지는 "지방을 중심으로 봉건적 이데올로기의 미신이 다시 살아나고 있다."라고 개탄했다. 그래도 이런 현상은 도시적인 문제가 아니라 지방의 고민거리였다. 신흥 도시에서는 '특별한 힘'을 가진 개인들이 엄청나게 많은 추종자를 끌어모으기 시작했다. 그들은 기(氣), 즉 '우주적 에너지장'을 투사함으로써 유체 이탈을 할 수 있고 2,000킬로미터 떨어진 화학 물질의 분자 구조를 바꿀 수 있고 외계인과 교신할 수 있으며 질병을 치료할 수 있다고 말했다. 이 '기공사(氣功士)'들에게 치료를 받고 사망한 사람들도 일부 있었다. 지난 1993년에는 환자를 죽게 한 기공사가 체포되어 실형을 선고받았다. 정식 과학 교육을 받지 않은 아마추어 화학자인 왕훙청(王洪成, 1954년~)은 소량을 물에 섞으면 물을 휘발유나 그에 상응하는 것으로 변환시키는 용액을 합성했다고 주장했다. 그는 한동안 군부와 비밀 경찰로부터 연구비를 지원받기도 했는데, 그의 발견이 사기라는 것이 밝혀져서 체포되어 감옥에 갇히는 신세가 되었다. 그런데 그의 불행은 사기 때문이 아니라 '비밀 공식'을 정부에 밝히기를 꺼렸기 때문이라는 소문이 퍼졌다. (비슷한 이야기들이 지난 수십 년 동안 미국 전역에 유포되었다. 미국의 경우 왕홍쳉 이야기에서 중국 정부가 한 역할은 보통 거대 정유 회사나 자동차 회사가 대신했다.) 아시아코뿔소들은 그 뿔을 갈아서 먹으면 발기 부전을 예방할 수 있다는 소문 때문에 거의 멸종 상태에 몰렸다. 아시아코뿔소 뿔의 시장은 동아시아 전역에 형성되어 있다.

중국 정부와 공산당은 이러한 사태에 놀랐다. 그래서 1994년 12월 5일 공동 성명을 발표했다. 그 일부 내용은 다음과 같다.

> 과학 교육이 최근 몇 년 사이에 후퇴하고 있다. 동시에 미신과 무지에서 비롯된 행위들이 증가하고 있으며, 반과학과 유사 과학의 사례가 빈번하게 발생하고 있다. 그러므로 과학 교육 강화를 위한 효과적인 대책이 가능한 빨리 마련, 시행되어야 한다. 학생들의 과학 기술 습득 수준은 한 나라의 과학 성숙도를 나타내는 중요한 지표이다. 그것은 경제 개발, 과학 발전, 사회 진보 등 모든 분야에서 중요성을 가진다. 과학 교육은 사회주의 조국의 근대화와 부국강병을 위한 핵심 전략 중 하나로 신중하게 다루어야 한다. 무지와 빈곤, 그것은 사회주의자와는 관계 없는 것이기 때문이다.

미국의 유사 과학 유행 역시 전 세계적인 경향의 일부이다. 그것의 원인과 위험성, 진단, 취급 등은 어디서나 비슷한 것 같다. 미국에서는 심령술사들이 자신들의 제품을 연예인들의 개인적인 보증을 내세우면서 텔레비전 광고를 통해 열렬히 소비자에게 권유한다. 그들은 '영적 친구 네트워크(Psychic Friends Network)'라는 독자적인 방송 채널도 소유하고 있다. 연간 100만 명의 사람들이 그 채널에 가입해 그들의 안내 책자를 일상 생활에서 활용한다. 주요 기업들의 CEO, 재정 분석가, 변호사, 금융업자 등의 곁에는 어떤 문제에 관해서도 조언할 준비가 된 점성술사/점쟁이/심령술사 같은 부류의 사람들이 있다. "만약 얼마나 많은 사람이, 특히 커다란 부자와 강력한 권력자 들이 얼마나 열심히 심령술사를 찾는지 안다면 사람들은 턱이 방바닥에 떨어질 것이다."라고 오하이오 주 클리블랜드의 한 심령술사는 말한다. 전통적으로 왕족은 심령 사기에 취약했다. 고대 중국과 로마에서 점성술은 황제만이 누릴 수 있는 독점적인 기술이자 특권이었다. 이 유력한 기술을 사사로운 목적으로 이용하는 것은 중대한 범죄였다. 특히 남의 말을 잘 믿는 남캘리포니아 문화에서 성장한 낸시 데이비스 레이건(Nancy Davis Reagan, 1921~2016년)과 로널드 윌슨 레이건(Ronald Wilson Reagan, 1911~2004년)은 사적, 공적인 문제에 관해서 점성술사에게 의존했다. 이것은 유권자들에게는 알려지지 않았던 사실이다. 우리 문명의 미래를 바꿀지도 모르는 의사 결정의 일부가 헛소리 펑펑 해대는 엉터리들의 손에 쥐어져 있었던 것이다. 이런 사태는 미국의 사례는 보잘것없는 것처럼 보일 정도로 무서운 기세로 전 세계로 확산되고 있다.

유사 과학 중에는 재미있는 것도 있다. 그리고 그런 교리 따위 한번 보고 치워 버릴 수 있고 잘 속지 않는다고 확신하는 사람도 있을 것이다. 하지만 주변을 둘러보면 유사 과학에 속는 사람이나 사례를 쉽게 볼 수 있다. 초월 명상과 옴진리교는 교양 있는 사람들도 상당수 끌어들인 것으로 보인다. 그들 중에는 물리학과 공학 분야에서 석사 학위 이상의 학위를 받은 고학력자도 있었다. 초월 명상과 옴진리교의 교리는 무지한 대중을 상대로 한 것이 아니었다. 무언가 다른 일이 진행되고 있는 것이다.

더욱이 종교가 무엇인지, 종교의 기원이 무엇인지 하는 문제에 관심을 가진 사람들은 초월 명상이나 옴진리교를 쉽게 무시할 수 없다. 국지적인 문제 의식에 묶인 유사 과학의 주장과 세계 종교 사이에는 거대한 장벽이 있는 것 같지만, 사실 그들 사이를 막고 있는 칸막이는 매우 얇다. 세상에는 문제가 산더미처럼 있고 그 해결책도 다양하다. 그중에는 아주 좁은 세계관에 근거한 것도 있고 기존의 세계관을 모조리 쓸어 버려야 한다는 불길한 주장을 담은 것도 있다. 이 교리들에 다윈주의적 자연 선택을 적용한다면, 대부분은 빠른 시간 안에 사라져 버리고 일부만이 잠시 번성할 것이다. 그러나 일부만이라고 해도 그것은 세계사를 크게 바꿀 정도의 힘을 가질 수도 있다. 또 역사가 보여 주듯이 그것은 겉보기에는 초라하고 호감이 가지 않는 교리일 수도 있다.

오용된 과학, 유사 과학, 고금동서의 미신과 계시에 근거한 신비주의 종교 들 사이에 선을 긋기는 어렵다. '컬트(cult)'라는 단어는 보통 사람들이 싫어하는 종교에 쓰이는 경우가 많지만 이 책에서는 그런 의미로 쓰지 않으려고 한다. 다만, '지식'과 관련해서는 진지하게 다루려고 한다. 다시 말해 어떤 사람이 무엇을 안다고 주장할 때, 그가 그 무엇을 진짜로 아는지 따져 묻겠다는 것이다. 실제로 누군가 무언가를 안다고 주장할 때 그 배경에는 그 나름의 체험이 있을 것이다. 문제는 그것이 지식이라고 할 수 있는가 아닌가 하는 것이다.

이 책에서 나는 신학의 오류나 지나침도 비판하게 될 것이다. 왜냐하면 유사 과학과 딱딱하게 굳어 버린 교조적인 종교를 구분하는 것은 어렵기 때문이다. 그렇지만 나는 지난 1,000년간 종교 분야에서 일궈 온 다양한 사상과 실천의 복잡성도 인정하고 강조할 것이다. 지난 100년 동안 종교도 꽤 자유화되었고 종교 간의 상호 이해도 많이 진전되었다. 그리고 종교 자신이, 성공의 정도나 수준은 제각각이지만, 나름의 형태로 그 오류나 지나침과 싸워 왔다. 프로테스탄트 종교 개혁 운동도 그중 하나였고, 유태교 개혁 운동이 뜨겁게 타오른 적도 있다. 제2차 바티칸 공의회에서는 교회의 근대화가 논의되었고, '성서 고등 비평' 같은 시도도 시작되었다. 그러나 아직도 대부분의 종교 지지자들은 많은 경우 극단적인 보수주의자들이나 원리주의자들과 맞서려고 하지 않는다. 과학자 대다수가 유사 과학과 한판 붙는 것을 꺼릴 뿐만 아니라 사람들 앞에서 입에 담는 것조차 싫어하는 것과 비슷한 일이다. 그러나 이런 상황이 계속된다면 세상은 그들의 천하가 되고 말 것이다. 그들은 싸우지도 않고 논쟁에서 승리하게 된다.

이전에 한 종교 지도자로부터 편지 한 통을 받은 적이 있다. 그는 그 글에서 종교가 "단련된 고결함"을 가지기 바란다고 썼다.

> 저희는 너무나도 감정적으로 되어 버렸습니다. …… 한편으로는 경건주의와 천박한 심리학이, 그리고 다른 한편으로는 오만함과 교조적 옹졸함이 참된 종교 생활을 원형을 알아볼 수 없을 정도로 왜곡시켜 버렸습니다. 때때로 저는 절망에 빠질 때도 있지만 그때마다 저는 희망을 잃지 않고 살아갑니다. …… 진지한 종교는 종교의 이름으로 자행되는 왜곡과 불합리에 대해서 그 비판자들보다 더 강하게 자각해야 하고, 건전한 회의 정신을 적극적으로 받아들여 종교 자신을 위해 사용할 줄 알아야 합니다. …… 종교와 과학이 손을 잡는다면 유사 과학에 맞서는 일도 가능하리라 생각합니다. 이상하게 들릴지도 모르겠지만, 언젠가 이 동맹이 사이비 종교와 대항하는 날도 오리라고 생각합니다.

유사 과학은 틀린 과학과 다르다. 과학은 오류를 바탕으로 발전한다. 과학은 오류를 하나씩 제거해 나가는 방식으로 발전하는 것이다. 언제나 틀린 결론이 있었지만, 그것들은 잠정적이다. 가설들이 세워지지만, 그것들은 언제나 반박될 수 있다. 계속적으로 등장하는 대안적 가설들은 실험과 관찰과 마주친다. 과학은 이해를 증진시키기 위해서 암중모색을 하고 여기저기를 헤맨다. 물론 과학적 가설이 반박되는 경우에 독특한 감정이 일어 마음이 상하기는 하지만, 반증을 제기할 수 있다는 사실 자체가 과학이라는 일의 정수(精髓)이다.

유사 과학은 정반대이다. 유사 과학의 가설들은 어떤 실험을 통해서도 반증할 수 없도록 설계되어 있다. 심지어는 원리적으로 반증하는 것도 불가능하다. 유사 과학의 신봉자들은 방어적이고 경계 태세를 늦추지 않는다. 회의주의적인 검토를 하려고 하면 어느새 나타나 방해를 한다. 그리고 유사 과학의 가설이 과학자들의 지지를 끌어내는 데 실패할 경우에는 어떻게든 넘어가기 위해 음모를 꾸민다. 예를 들어, 과학자들이 음모를 꾸며 그것을 억압하려고 한다고 주장한다.

건강한 사람은 거의 완벽에 가까운 운동 능력을 가지고 있다. 유아기와 노년기를 제외하면 비틀거리거나 넘어지는 일이 거의 없다. 자전거를 타거나 스키를 타거나 줄넘기를 하거나 자동차를 운전할 수 있고, 일단 이런 기술을 몸에 익히고 나면 평생 잊지 않을 수 있다. 그런 것들을 10년 정도 하지 않고 지내더라도 힘들이지 않고 그 능력을 다시 되살릴 수 있다. 이렇게 우리의 운동 능력은 정확도가 아주 높고 오랜 시간 유지할 수도 있다. 그러나 이것 때문에 인간은 다른 재능과 관련해서도 잘못된 자신감을 가지게 된 것일지도 모른다. 예를 들어, 인간의 지각은 쉽게 틀릴 수 있다. 있지도 않은 것을 보기도 하고 잘못 보기도 한다. 우리는 착시의 먹이인 것이다. 토머스 길로비치(Tomas Gilovich, 1954년~)가 쓴 『그렇지 않다는 것을 우리는 어떻게 아는가: 일상 생활에서 인간 이성의 오류 가능성(*How We Know What Ins't So: The Fallibility of Human Reason in Everyday Life*)』

이라는 제목의 매우 계몽적인 책은 우리가 숫자를 읽을 때, 불쾌한 증거를 억지로라도 받아들여야 할 때, 다른 사람 의견의 영향을 받을 때 어떤 오류를 얼마나 많이 범하는지를 보여 준다. 지혜라고 하는 것은 자신의 한계를 아는 데에서 나오는 법이다. "빙글빙글 어지러운 존재가 인간"이기 때문이다. 윌리엄 셰익스피어의 가르침이다. (「헛소동(Much Ado about Nothing)」 5막 4장의 대사. — 옮긴이) 따라서 과학이 집요할 정도로 회의주의적이고 엄밀해야 하는 이유가 여기 있는 것이다.

아마도 과학과 유사 과학의 가장 큰 차이는 과학이 유사 과학(또는 '무오류'의 계시)보다 인간의 불완전성과 오류 가능성을 훨씬 더 신랄하게 인정한다는 점일 것이다. 만약 인간의 오류 가능성을 끝끝내 받아들이지 않는다면, 오류(또는 되돌릴 수 없는 치명적인 잘못)는 영원히 우리를 따라다닐 것이다. 그러나 우리가 조금만 용기를 내어 자기 자신을 있는 그대로 바라본다면, 그리고 그 과정에 생기는 서운함이나 안타까움을 반성적으로 극복할 수 있다면, 우리의 가능성은 엄청나게 증가할 것이다.

과학의 발견과 과학의 산물은 분명 유용하고 막강한 영향력을 발휘한다. 그러나 만약 우리가 그것을 아무런 비판 없이 가르치고 과학의 비판적 방법론을 제대로 소개하지 않는다면, 일반 대중은 과학과 유사 과학을 잘 구분하지 못할 것이다. 그때 사람들은 과학이나 유사 과학이나 각자의 입장에 따른 하나의 주장일 뿐이라고 여길 것이다. 사실, 러시아와 중국에서는 문제가 간단했다. 그 나라에서는 정부 당국이 가르치는 과학을 과학이라고 믿으면 되었기 때문이다. 누군가가 과학과 유사 과학을 구분해 주었고, 당신은 자기 머리로 어렵게 구분할 필요가 없었다. 그러나 정치적 격변이 일어나면 기존의 사상 통제가 약해지고, 새로운 카리스마를 갖춘 사람이나 세력이(또는 달콤한 말을 해 주는 사람이나 세력이) 새로운 구분을 제시하면 어마어마한 수의 추종자를 획득한 교리가 새로운 진짜 과학으로 등극하게 된다.

과학을 보급하기 위해 무엇보다 먼저 해야 하는 일은 과학에서 이루어진 위대한 발견에도 온갖 우여곡절(迂餘曲折)이 있었음을 있는 그대로 이야기하는 것이다. 그 과정에 어떤 오해가 있었고, 어떤 경로 변경이 있었으며, 변화를 완고하게 거부하는 이들과 변화를 추구하는 이들이 연구 현장에서 어떤 갈등을 벌였는지 진짜 역사를 전해 주어야 한다. 그러나 과학 교과서, 아니 대부분의 교과서가 이런 역사를 잘 다루려 하지 않는다. 인간은 몇 세기에 걸쳐 끈기 있게 집단적으로 자연을 조사해 왔고 그 결과를 증류해 왔다. 물론 온갖 일들로 점철된 이 증류 과정을 미주알고주알 상세히 설명하는 것보다는 이미 완성된 지혜를 화려하게 소개하는 편이 더 편할지도 모른다. 게다가 과학적 방법이라는 것은 겉보기에 다루기 번거로운 것처럼 보인다. 하지만 이 방법이야말로 발견 자체보다 훨씬 더 소중한 것이다.

2장

과학과 희망

두 사람이 하늘에 난 구멍으로 다가왔다.
한 사람이 다른 사람에게 자신을 들어 올려 달라고 했는데…….
그러나 천국은 너무나 아름다워서 구멍을 통해 경계 너머로
천국을 들여다본 사람은 모든 것을 잊어버렸다.
끌어올려 주기로 약속한 친구도 잊고
그는 오로지 천국의 광채 속으로 달려갈 뿐이었다.

—이글루 이누이트의 산문시에서. 20세기 초 이누그파수크유크(Inugpasugjuk, 1922~?년)가 그린란드의 극지방 탐험가인 크누트 요한 빅토르 라스무센(Knud Johan Victor Rasmussen, 1879~1933년)에게 말해 준 이야기이다.

내가 어렸을 때 세상은 꿈과 희망으로 가득했다. 학교에 들어간 지 얼마 지나지 않았을 때부터 나는 과학자가 되고 싶었다. 결정적인 계기가 된 순간은 밤하늘의 작은 별들이 낮을 밝히는 우리의 태양처럼 강력한 태양들이라는 것을 처음으로 이해했을 때, 하늘 위에 빛나는 작은 점으로 보이는 별들이 실제로는 얼마나 멀리 떨어져 있는지 알고 무지의 암흑 속에 있던 내가 처음으로 동트는 밝은 햇빛으로 나왔을 때였다. 당시 내가 '과학'이라는 말의 의미를 알고 있었는지는 확실하지 않지만, 어쨌든 나는 과학이라는 근사한 세계에 푹 빠지고 싶었다. 우주의 광휘에 사로잡혔으며, 사물들이 실제로 어떻게 작용하는지 이해하고 깊숙이 감춰진 신비를 밝히는 데 도움을 주고 새로운 세계를 탐구할 수 있을지도 모른다는 생각에 나는 꼼짝 못 하고 붙잡혀 버렸다. 심지어 비유적으로만이 아니라, 말 그대로 탐사할 수 있을지도 모른다고 생각했다. 그러한 꿈을 꾸었던 것은 내게 행운이었으며, 오늘날 나는 그 꿈을 부분적으로나마 이루었다고 생각한다. 나와 과학의 로맨스는 1939년 뉴욕 세계 박람회에서 경이로운 것들을 본 후에 시작되었다. 이미 반세기 이상이 지났지만 지금도 당시와 다를 바 없이 과학은 내게 매혹적이고 새롭다.

과학의 방법과 발견을 과학자가 아닌 사람들도 접근할 수 있게 만드는 노력인 과학 대중화(popularizing science)는 그런 내게는 자연스럽고 직접적인 귀결이다. 과학자가 과학을 설명하지 않는 것은 내게 무언가 문제가 있는 것처럼 보인다. 당신이 누군가를 사랑하고 있다고 해 보자. 당신은 전 세계에 그 이야기를 들려주고 싶어 못 견딜 것이다. 이 책은 내가 평생 과학과 나눈 사랑을 되돌아보는 개인적인 기록이기도 하다.

한 가지 이유가 더 있다. 과학은 지식 이상의 것이다. 과학은 생각의 방식이다. 나는 내 손자들이나 증손자들이 살아갈 시대의 미국에 대해 불길한 예감을 가지고 있다. 그때 미국은 서비스 및 정보 경제 사회일 것이고, 핵심 제조업은 거의 모두 다른 나라로 빠져나갔을 것이다. 경이로운 기술들이 극소수의 사람 손에 들어가, 공공의 이익을 대변하는 사람은 현안을 전혀 파악할 수도 없을 것이고, 사람들은 자기 문제를 스스로 제기하거나 권력자들에게 질문할 능력을 상실할 것이다. 또 비판 능력이 쇠퇴해 기분 좋게 해 주는 것과 참인 것을 구분할 수 없게 될 것이고, 수정을 꼭 부여잡고 신경질적으로 우리 운세나 물어보고 있을 것이다. 우리는 거의 알아차리지 못한 채로 미신과 어둠 속으로 미끄러져 갈 것이다.

미국이 멍청해지고 있다는 것은 막강한 영향력을 가진 대중 매체의 콘텐츠들이 서서히 붕괴해 가는 것을 보면 거의 분명하게 알 수 있다. 대중 매체들은 한 건당 30초로 잘게 쪼개진 뉴스들(지금은 10초 또는 그것보다 더 짧아졌다.)과 지적으로 최저 수준에 맞추어진 프로그램만 내보내며 유사 과학과 미신을 경솔하게 조장하고 있다. 특히 무지를 찬양하는 듯한 표현을 남발한다. 내가 소개한 적이 있듯이, 미국에서 비디오 대여 순위 1위를 차지한 영화는 「덤과 더머(Dumb and Dumber)」이다. 「비비스와 버트헤드(Beavis and Butthead)」는 여전히 젊은 텔레비전 시청자들에게 인기 있는(영향력이 있는) 프로그램이다. 그 프로그램들이 내세우는 간단한 교훈은 공부하고 배우는 것은, 과학만이 아니라 어떤 것에 관해서든, 피하는 게 좋고 심지어는 바람직하지 않다는 것이다.

인류는 운송, 통신, 그 밖의 모든 산업, 농업, 의학, 교육, 오락, 환경 보호, 그리고 민주주의의 핵심인 투표 제도 같은 중요한 요소 대부분이 과학과 기술에 깊이 의존하는 전 지구적 문명을 건설했다. 동시에 과학 기술을 거의 모든 사람이 이해할 수 없는 수준으로 발전시켜 놓았다. 이것은 언젠가 재앙을 부를지도 모른다. 잠시는 재앙을 피해 달아날 수도 있을 것이다. 하지만 얼마 지나지 않아 무지와 권력이 뒤섞인 가연성 혼합물은 우리를 불태워 버릴 것이다.

『어둠 속의 촛불(*A Candle in the Dark*)』은 1656년 런던에서 발간된 토머스 애디(Thomas Ady, 17세기의 의사이자 인문주의자)의 책제목이다. 성서에 기초한 담대한 책이다. 이 책에서 애디는 마녀 사냥을 "사람들을 현혹하는" 사기극이라고 공격한다. 당시에는 질병이나 폭풍처럼 일상적이지 않은 일은 모두 마녀의 마법 탓에 일어난다는 생각이 유행했다. "마녀는 틀림없이 존재한다."라는 "마녀 소문팔이(witchmonger)"의 논리는, 애디에 따르면, "마녀들이 존재하지 않는다면 이런 일들이 어떻게 일어날 수 있는가?"라는 것이었다. 우리 역사의 많은 부분에서 우리는 바깥세상을 두려워했다. 어떤 위험이 있을지 예측할 수 없었기 때문이다. 그래서 우리는 바깥세상의 공포를 완화해 주거나 완전히 설명해 준다고 약속하는 것은 무엇이든지 기꺼이 수용했다. 과학은 세계를 이해하고 사물들을 파악하고 우리 자신을 보호하며 안전한 길을 따라갈 수 있도록 해 주는, 커다란 성공을 거두어 온 시도이다. 오늘날 미생물학과 기상학은 몇 세기 전까지만 해도 여성들을 불에 태워 죽이기 충분한 이유로 여겨졌던 것들을 과학적으로 설명한다.

또한 애디는 "지식의 결핍은 나라의 멸망"으로 이어질 수도 있다고 경고했다. 어리석음보다는 무지, 특히 우리 자신에 대한 무지로 인해서, 겪지 않아도 되는 고통이 유발되는 경우가 허다하다. 특히 밀레니엄의 끝을 목전에 두고 유사 과학과 미신의 솔깃한 귓속말이 해가 갈수록 더욱 널리 퍼지고 요정 사이렌의 광기 어린 노래가 더욱더 크게 울려 퍼지는 듯해 걱정스럽다. 전에 어디선가 그 소리를 들은 적이 있는 듯하다. 어떤 민족이나 국가에 대한 편견이 세를 얻었을 때, 기근이 횡행하며 국가의 위신이 도전을 받았을 때, 우주 속에서 우리의 위치와 목적이 흔들린다고 일부 사람들이 탄식할 때, 또는 우리 주위에서 광신적 행동이 거품처럼 일 때, 그때 예전부터 익숙한 사유 습관들이 우리를 지배하기 위해 손을 뻗는다.

촛불이 점차 희미해진다. 초의 작은 불꽃 웅덩이가 떨린다. 어둠이 모인다. 악령들이 꿈틀거리기 시작한다.

과학이 아직 이해하지 못하는 것들은 많다. 해결하지 못한 미스터리도 아직 많다. 지름이 수백억 광년에 이르고 나이가 100억~150억 년에 이르는 우주에서는 영원히 이러할 것이다. 우리는 끊임없이 경이와 마주칠 것이다. 하지만 일부 뉴 에이지 사상가들과 종교적인 저술가들은 "과학자들은 자신들이 발견한 것이 전부라고 믿는다."라고 주장한다. 과학자들은 누군가 계시를 받았다고 주장한다는 것 말고는 아무런 증거도 없는 신비로운 계시를 받아들이지 않는다. 또 자연에 대한 자신들의 지식이 완벽하다고 믿지도 않는다.

과학은 지식을 추구하는 완벽한 도구라고 할 수는 없다. 과학은 우리가 가진 최선의 도구일 뿐이다. 이런 관점에서 볼 때 과학은 민주주의와 비슷하다. 과학 그 자체는 인간이 어떤 행동을 해야 할지 가르쳐 주거나 옹호하지 않는다. 하지만 어떤 행동이 어떤 결과를 낳을지는 확실하게 밝혀 줄 수 있다.

과학적 사고 방식은 상상력을 필요로 하는 동시에 훈련을 바탕으로 한다. 과학의 성공에 중추적인 역할을 한 것이 과학적 사고 방식이다. 과학은 우리를 사실의 영역으로 초대한다. 비록 그 사실이 우리의 선입견과 일치하지 않는다고 하더라도 말이다. 과학은 대안적 가설들을 먼저 머릿속에서 만들어 보고 그중 어느 것이 사실과 가장 잘 부합하는지를 알아보라고 권한다. 새로운 아이디어가 나오면, 그것이 아무리 이단적인 것이라고 해도 개방적으로 받아들이는 동시에, 그것이 새로운 아이디어든 기성의 지혜이든 간에 가장 엄격한 태도를 유지하며 회의적으로 철저하게 검토하는, 매우 섬세한 균형 감각을 유지하라고 가르친다. 이런 종류의 사고 방식은 변화의 시대에 민주주의를 지탱하는 본질적인 도구이기도 하다.

과학이 성공을 한 또 다른 이유는 오류 수정 장치가 과학의 핵심에 내장되어 있다는 것이다. 오류가 있으면 수정한다는 게 과학에서만 일어나는 일이 아니기 때문에 어떤 이들은 지나친 범주화라고 비판할 수도 있겠지만, 내 생각에는 우리가 자기 비판을 할 때마다, 우리의 생각을 바깥세상에 적용해서 검증할 때마다, 우리는 과학을 하는 셈이다. 우리가 자신에 대해서 관대하고 무비판적일 때, 희망과 사실을 혼동할 때, 우리는 유사 과학과 미신으로 미끄러져 들어간다.

과학 논문에서는 데이터를 조금이라도 제시하려면 반드시 오차 막대(error bar)를 함께 표시해야 한다. 이것은 어떠한 지식도 완벽하거나 완성된 것이 아니라는 생각을 조용하면서도 강력하게 상기시켜 준다. 오차 막대는 우리가 안다고 여기는 것을 우리가 얼마나 신뢰하는지 측정할 수 있게 해 주는 척도이다. 오차 막대가 짧으면 짧을수록 우리가 가진 경험적 지식의 정확도가 높아지고, 오차 막대가 길면 길수록 지식의 불확실성이 커진다. 순수 수학을 제외하고는 우리는 아무것도 확실하게 알 수 없다. (반대로 확실한 거짓은 매우 많다.)

더욱이 과학자는 보통 세계를 이해하려는 자신의 시도들이 참인지 아닌지 규정하는 데 매우 신중한 존재들이다. 시험적인 추측과 가설은 당연히 잠정적인 것에 지나지 않고, 여러 차례의 탐문을 통해 반복적으로, 체계적으로 검증되어 나름 확정되었다고 하는 자연 법칙조차도 세계가 돌아가는 방식에 대한 절대적인 지식인지는 확실하지는 않다. 과거 단 한 번도 조사해 본 적 없는 새로운 상황이 있을 수 있기 때문이다. 예를 들어, 블랙홀 안쪽이나 전자 내부에서, 아니면 빛의 속도에 근접한 상황에서 우리의 자연 법칙들이 성립하지 않을 수 있으며, 그럴 경우에는 보통 상황에서는 그것들이 아무리 타당하다고 하더라도 수정하지 않을 수 없다.

인간은 절대적인 확실성을 간절히 바란다. 인간은 그것을 동경하는 것 같다. 일부 종교 분파는 그런 절대적 확실성을 획득했다고 뽐내기도 한다. 그러나 인간 지식 획득의 역사에서 가장 성공적인 방법이라고 할 수 있는 과학의 역사가 가르쳐 주는 것처럼 우리가 희망할 수 있는 최대한의 것은 우리가 이해하는 것을 조금씩 늘려 가고 실수 속에서 배우며 우주에 점진적으로 다가가는 것이다. 그렇다고 해도 우리는 결코 절대적 확실성을 손에 넣을 수는 없을 것이다.

우리는 언제나 오류로 얼룩져 있다. 우리가 희망할 수 있는 것은, 각각의 세대가 자신들이 마주한 오차 막대를 최대한 줄이고, 그 오차 막대가 포함된 데이터 전체를 늘리는 것 정도이다. 오차 막대는 우리 지식의 신뢰성에 대한 가시적이고 통용 가능한 자기 평가이다. 여러분은 공개 여론 조사에서 오차 막대를 볼 수 있다. (예컨대, "이 조사의 오차는 ±3퍼센트입니다.") 의회 회의록에 담긴 모든 연설, 모든 텔레비전 광고, 모든 종교적 설교에 오차 막대 또는 그에 상응하는 것을 붙였다고 상상해 보자. 꽤 재미있는 사회가 될 것이다.

과학의 위대한 계명들 가운데 하나는 '권위에 호소하는 논증을 믿지 마라.'이다. (물론 과학자들도 영장류이고 집단 내 위계에 약한 존재라 이 계명을 항상 지키지는 못한다.) 권위에 호소하는 논증은 거의 대부분 거짓으로 입증되었다. 권위자라고 하더라도 다른 모든 사람처럼 자기 주장을 입증해야 한다. 이러한 과학의 독립성, 즉 종전에 지혜로 존중받던 것을 때로 기꺼이 받아들이지 않는 특성을, 자기 비판 능력이 부족하고 절대적 확실성을 가졌다고 참칭(僭稱)하는 교리는 위험스럽게 여긴다.

과학은 우리를 우리가 바라는 세상이 아니라 있는 그대로의 현실 세계로 인도한다. 따라서 과학적 발견은 이해하기 어려울 때가 많고 사람의 마음을 채워 주지 못할 때가 많다. 새로운 과학적 발견을 이해하려면 우리의 마음을, 정신을, 뇌의 신경 회로를 조금 재구축해야 할 수도 있다. 과학의 어떤 부분은 매우 단순하다. 과학이 복잡해지는 것은 보통 세계가 복잡하기 때문이다. 아니면 **우리**가 문제를 복잡하게 만든 탓일 수도 있다. 과학이 너무 어렵다고(또는 과학자나 과학 교사가 과학을 너무 못 가르친다고 해서) 과학을 멀리하는 것은, 미래를 책임질 능력도 함께 포기하는 것이다. 권리도 스스로 포기하는 것이다. 결국 우리 자신도 사라지고 말 것이다.

그러나 그러한 장벽을 넘어 과학의 발견과 방법을 이해하고 그 지식을 활용할 수 있다면, 많은 사람이 깊은 만족감을 느낄 것이다. 이것은 나이에 상관없는 사실이지만, 특히 어린이들에게 그러하다. 어린이들은 지식에 대한 열정을 갖고 태어났으며 과학이 틀 잡은 미래 사회에서 살아야 한다고 의식하고 있기 때문이다. 하지만 사춘기에 접어들게 되면 갑자기 과학이 자신들을 위한 것이 아니라는 생각에 사로잡히게 된다. 하지만 일단 과학을 이해하게 되면 깊은 충족감을 맛볼 수 있다. 모호했던 의미가 돌연 명확해지고, 지금까지 혼란스러웠던 문제들이 술술 풀리고, 심오한 경이가 슬그머니 밝혀질 때의 충족감은 이루 말할 수 없다. 나 자신도 다른 사람의 설명을 들었을 때나 내가 다른 사람에게 설명해 주었을 때 그 충족감을 맛본 바 있다.

과학이 자연을 마주할 때 언제나 경외감을 자아낸다. 이해라는 행위는 아주아주 작은 스케일(scale)이기는 하지만 우리가 광대무변한 코스모스(Cosmos)와 함께하고 융합되기 위해 우리가 할 수 있는 축복할 만한 일인 것이다. 그리고 전 세계가 함께 지식을 축적해 간다면, 과학은 국가와 세대를 초월한 메타마인드(meta-mind)라고 할 법한 것으로 바뀌어 갈 것이다.

정신 또는 영(靈)을 뜻하는 spirit이라는 영어 단어는 호흡을 뜻하는 라틴 어에서 유래했다. 우리가 숨 쉬는 것은 공기이다. 아무리 희박하다고 해도 공기는 틀림없이 존재하는 물질이다. 일상적인 어법에도 불구하고 '정신적' 또는 '영적'이라고 번역되는 'spiritual'이라는 단어의 어원에는 원래 물질(뇌를 구성하는 물질 포함해서) 이상의 다른 어떤 것, 또는 과학의 범주 밖에 있는 어떤 것을 가리키는 의미가 포함되어 있지 않았다. 나는 앞으로 이 단어를 자유롭게 사용할 것이다. 과학은 spirituality, 즉 정신성이나 영성과 모순되지 않을 뿐만 아니라, 그 심대한 원천이기도 하다. 우리가 광년으로 측정되는 광막한 공간과 시간의 흐름 속에서 우리의 위치를 인식했을 때나, 생명의 복잡성과 아름다움, 정묘함을 파악할 때 솟구치는 감정, 즉 일종의 의기양양함과 겸손함이 결합된 감정은 확실히 정신적 또는 영적이다. 그 감정은 위대한 미술, 음악, 문학 작품을 마주할 때나 삶의 모범이 되는 모한다스 카람찬드 간디(Mohandas

Karamchand Gandhi, 1869~1948년)나 마틴 루서 킹(Martin Luther King, 1929~1968년) 목사처럼 자기를 돌보지 않고 용감하게 실천하는 사람의 행동을 마주할 때도 일어난다. 과학과 정신성 또는 영성이 상호 배타적이라는 생각은 양자 모두에게 백해무익할 뿐이다.

과학은 이해하기 어려울지도 모른다. 과학은 우리가 소중히 간직하는 믿음에 도전할지도 모른다. 과학의 산물이 정치인이나 기업가의 재량에 맡겨진다면 대량 파괴 무기나 심각한 환경 파괴를 낳을 수도 있다. 그렇다고 하더라도 당신이 인정하지 않을 수 없는 게 하나 있다. 과학은 예측이 가능하다는 것이다.

과학이라고 해서 모든 분야, 모든 수준에서 미래를 예측할 수 있는 것은 아니다. 예를 들어, 고생물학은 미래를 이야기할 수 없다. 그래도 과학은 많은 분야에서 미래를 예측할 수 있고, 그것도 놀랄 만큼 정확하게 할 수 있다. 다음 일식이 언제 일어날지 알고 싶을 때, 마술사나 신비주의자에게 물어볼 수도 있지만, 과학자에게 물어보면 훨씬 더 훌륭한 답변을 들을 수 있다. 과학은 당신이 일식을 보려면 지구 어디에 가 있어야 하는지, 그 일식이 부분 일식인지 개기 일식인지, 또는 금환 일식인지를 가르쳐 줄 것이다. 과학은 1,000년 뒤에 일어날 일식도 분 단위까지 정확하게 예측할 수 있다. 당신이 만약 지독한 빈혈증에 걸렸다면 그 증상이 저주 때문에 생겼다고 여겨 무의(巫醫, witch doctor)를 찾아갈 수도 있을 것이다. 그게 아니라면 비타민 B_{12}를 복용하면 된다. 만약 아이들이 소아 마비에 걸리지 않기를 바란다면 당신은 기도를 할 수도 있고 백신을 접종시킬 수도 있다. 아직 태어나지 않는 아기의 성별이 궁금하다면 당신은 추를 흔드는 점쟁이를 찾아가 물어볼 수도 있을 것이다. (추가 좌우로 흔들리면 아들이고 앞뒤로 흔들리면 딸이라고 할 것이다. 아마 다른 식으로 점치는 점쟁이도 있을 것이다.) 하지만 그들은 두 번 가운데 한 번꼴로 맞힐 수밖에 없다. 태아의 성별을 정말로 정확하게 알고 싶다면 양막 천자 검사와 초음파 검사를 하면 된다. (이 경우 정확도는 99퍼센트이다.) 과학은 쓸모가 많다. 과학을 활용하라.

얼마나 많은 종교가 예언을 가지고 자신을 정당화하려고 하는지 생각해 보라. 얼마나 많은 사람이 자신의 믿음을 지탱하거나 버티기 위해 모호하고 충족되지도 않을 이러한 예언에 의지하는지 생각해 보자. 과학만큼 정확하고 신뢰할 만한 예언을 하는 종교가 과연 있었을까? 미래에 일어날 사건을 예측하는 데 있어 과학에 비견할 만한 예언력(회의주의자들의 검토에도 불구하고 반복적으로 재현된 정확한 예언 능력)을 갈망하지 않는 종교는 이 행성에는 존재하지 않는다. 인간이 만들어 낸 다른 어떤 기구와 제도도 여기에 근접하지 못한다.

내 이야기가 과학이라는 제단 앞에서 숭배 의식을 올리라는 소리로 들릴지도 모르겠다. 또 어떤 신앙을 또 다른 신앙, 먼젓번 것과 마찬가지로 임의적인 신앙으로 대치하는 것처럼 보일지도 모른다. 아니다. 내가 과학의 활용을 옹호하는 것은 나뿐만 아니라 당신도, 그리고 세상 사람 모두 다 과학의 성공을 직접 관찰할 수 있기 때문이다. 다른 어떤 것이 과학보다 더 효과적이라면, 나는 과학이 아니라 그것을 옹호할 것이다. 과학이 자신을 철학적 비판으로부터 차단하고 있다고, 과학이 자신을 '진리'에 대한 독점적 소유자로 정의한다고 비판할 수도 있다. 1,000년 후에 있을 일식의 예로 다시 돌아가 보자. 당신이 생각할 수 있는 다른 모든 교리와 비교해 보고, 그것들이 미래에 관해 어떤 예언을 하는지, 어떤 예언이 모호하고 어떤 예언이 정확하며 어떤 교리가 오류 수정 장치를 내장하고 있는지 주의 깊게 살펴보라. (실제로 인간이 만든 교리는 모두 인간의 오류 가능성에 종속되어 있다.) 그 교리들 가운데 어떤 것도 완벽할 수 없다는 사실을 고려하라. 그런 다음에 공정하게 비교해서 가장 좋은(느낌은 배제하고) 교리를 하나 선택하라. 만약 몇몇 교리가 서로 독립적인 분야에서 나름 우월함을 보인다면 그것이 몇 개든 자유로이 선택하면 된다. 다만, 그 교리들이 서로 모순되지 않는지 살펴봐야 할 것이다. 이것은 맹목적 숭배가 전혀 아니다. 오히려 이러한 비교 검토가 거짓 우상과 실제 사물을 구분하는 수단이 되어 준다.

한 번 더 말하자면, 과학이 그렇게 잘 작동하는 것은 부분적으로는 오류 수정 장치를 내장하고 있기 때문이다. 과학에서는 해서는 안 될 질문이 없다. 너무 민감하거나 미묘해서 증명하기가 어려운 문제라도 상관없다. 과학에는 신성 불가침의 진리 따위는 없다. 새로운 아이디어에 대한 개방성과 더불어 모든 아이디어를 회의적인 태도로 엄밀하게 검증하는 과정을 통해 밀에서 겨를 걸러 낸다. 당신이 얼마나 영리하든, 얼마나 권위 있든, 또는 얼마나 사랑스럽든 과학은 아무런 차별을 하지 않는다. 당신은 엄격한 비판적 전문가 앞에서 자신의 가설을 증명해야 한다. 과학의 세계에서 가치 있는 것은 다양성과 논쟁이다. 이 세계에서 장려하는 것은 각자의 의견을 내놓고 옳고 그름을 철저하게 다투는 일이다.

과학을 하는 과정이 산만하고 무질서한 것처럼 보일지도 모르겠다. 하지만 그것이 과학이다. 만약 과학을 일상적 측면에서 살펴본다면, 당신은 과학자들 역시 인간적 감정, 인격, 개성의 소유자라는 사실을 발견할 것이다. 그러나 과학 세계 바깥에 있는 사람들이 보기에는 정말로 충격적인 측면도 발견할 수 있을 것이다. 그것은 바로 남을 신랄하게 비판하는 것이 장려되고, 심지어 환영받는다는 것이다. 도제 단계의 초보 과학자들은 지도 교수로부터 영감 어린 따뜻한 격려를 많이 받는다. 그러나 박사 학위 구술 시험을 치를 때면, 불쌍한 대학원생들은 자신의 미래를 틀어쥔 바로 그 교수들이 퍼붓는 무시무시한 질문의 십자포화를 감당해야 한다. 당연히 학생들은 신경 과민 상태가 된다. 안 그럴 사람이 누가 있을까? 사실, 그들은 몇 년 동안 박사 학위를 준비해 왔다. 그렇지만 학생들은 이 결정적 순간에 전문가들이 던지는 질문에 대답할 수 있어야 한다는 점을 잘 안다. 그래서 학생들은 논문 방어를 준비할 때, 매우 유용한 사고 습관을 연습해야 한다. 다시 말해서, 학생들은 예상 질문을 준비해야 한다. 그러기 위해서는 자신의 논문에서 다른 사람이 발견할 만한 약점이 어디에 있는지를 자문해 볼 필요가 있다. 자기 논문의 약점을 다른 사람이 발견하기 전에 자기가 먼저 발견하는 편이 낫기 때문이다.

당신이 지금 활발한 토론이 진행되는 과학 회의에 참석했다고 해 보자. 아니면 전문가나 전공자가 모인 대학 콜로키엄(colloquium)에 참석했다고 해 보자. 발표자가 이야기를 시작하고 30초도 지나지 않았는데, 청중이 매서운 질문과 논평을 마구 던지는 장면을 보게 될 것이다. 당신이 학술지에 제출된 보고서나 출판을 희망하는 논문을 검토하는 학회에 참석했다고 해 보자. 편집자는 그것들을 익명의 심사 위원에게 전달해 게재 가능성을 심의하게 한다. 심사 위원의 일은 다음과 같이 묻는 것이다. 저자가 바보 같은 실수를 범하지 않았는가? 출간하기에 충분할 만큼 흥미로운 내용이 포함되어 있는가? 이 논문의 결함은 무엇인가? 논문의 주요 결론들 가운데 다른 사람이 이미 발견한 것은 없는가? 논거는 타당한가? 추론으로 그치는 부분은 없는가, 만약 있다면 그것을 실제로 입증한 다음에 논문을 다시 제출하라고 되돌려 보낼 필요가 있는가? 이 모든 심의와 검토가 다 익명으로 이루어진다. 논문의 저자는 비평을 한 사람이 누구인지 모른다. 이것은 과학계에서 일상적으로 이루어지는 일이다.

왜 과학자들은 이런 상황을 참고 견딜까? 지적받는 것이 좋아서? 아니다. 지적받아 좋은 과학자는 없다. 과학자들은 모두 자신의 아이디어와 발견에 대해 자기만의 애정을 느낀다. 그렇다고 해서, "잠깐만, 이건 정말 좋은 생각입니다. 저는 이것에 푹 빠져 있습니다. 이건 여러분에게 아무런 해도 끼치지 않습니다. 제발, 저를 그냥 내버려 두세요."라고 익명의 비평자에게 따져 물어서는 안 된다. 대신, 쉽지는 않겠지만 공정한 규칙을 따라야 한다. 만약 어떤 아이디어가 잘 작동하지 않는다면, 바로 폐기하라. 잘 작동하지도 않는 것에 신경 세포를 낭비할 필요는 없다. 데이터를 좀 더 잘 설명하는 새로운 아이디어를 고안해 내는 데 그것을 써야 한다. 영국 물리학자 마이클 패러데이(Michael Faraday, 1791~1867년)는 다음과 같은 강력한 유혹을 경고한 바 있다.

> 인간에게는 자신의 바람에 부합하는 증거와 현상을 찾고, 반대되는 것들을 무시하고자 하는 강력한 유혹이 존재한다. …… 우리는 (우리에게) 찬동해 주는 것을 우호적으로 받아들이고 우리에게 반대하는 것은 싫어하고 저항한다. 그러나 상식의 가르침에 따르면 언제나 이것과 정반대되는 것이 바람직한 것이다.

타당한 비판은 당신에게 득이 된다.

어떤 사람은 과학이 거만하다고 생각한다. 특히 오랫동안 유지된 믿음들과 배치되는 주장을 할 때나 상식과 모순되는 듯한 이상한 개념들을 도입할 때면 그런 비판이 나온다. 우리가 발 딛고 선 바로 그 땅에 대한 우리의 믿음을 혼란스럽게 하는 지진처럼 우리의 일상적인 믿음에 도전장을 던지고 우리가 의지해서 성장해 온 교리들을 뒤흔드는 것은 우리를 매우 불안하게 만들 수 있다. 그럼에도 불구하고 나는 과학이 어떤 의미에서는 겸허하다고 생각한다. 과학자들은 자신의 원망과 욕구를 자연에 부과하려고 하지 않는다. 대신 겸허한 자세로 자연에게 묻고 자신의 발견을 진지하게 다룬다. 존경받는 과학자들도 틀릴 수 있음을 알고 있다. 인간이 불완전한 존재임도 잘 이해하고 있다. 과학자들은 믿으라고 주어진 교리를 독립적으로, 그리고 가능한 범위 안에서 최대한 정량적으로 검증해야 한다고 주장한다. 항상 끈덕지게 남아 있는 작은 실수라도 찾아내기 위해 들쑤시고 도발하고 탐색하거나 대안적인 설명을 제시하려 하고 이설(異說)이 나오기를 학수고대한다. 과학자들은 확립된 것처럼 보이던 믿음을 뒤집어 버린 사람들에게 최고의 보상을 준다.

많은 보기 가운데 한 가지만 소개하고 가도록 하자. 아이작 뉴턴(Isaac Newton, 1642~1727년)의 이름과 관련된 운동의 법칙과 중력의 역제곱 법칙은 인류라는 생물 종이 이루어 낸 최고의 업적들 가운데 하나일 것이다. 벌써 300년이 지났지만 지금도 우리는 뉴턴의 역학을 이용해 일식을 예측한다. 지구에서 발사된 우주선은 몇 년 동안의 항해를 거쳐 지구로부터 수십억 킬로미터 떨어진 곳까지 날아간 뒤 목표 행성에 천천히 접근해 가면서 그 궤도에 멋지게 올라탄다. 놀라운 정확성이다. 이 모든 게 뉴턴 역학을 바탕으로 이루어진다. 아인슈타인의 이론에 따른 수정이 조금 들어가기는 하지만 그것은 아주 작은 값을 바꾸는 것에 불과하다. 분명 뉴턴은 자신이 이룬 게 무엇인지 알고 있었다.

그러나 과학자에게는 충분히 잘 들어맞는다고 해서 끝나는 게 아니다. 과학자들은 뉴턴의 갑옷에 숨겨진 흠집을 지속적으로 찾아 왔다. 속도가 빠르고 중력이 강한 경우에는 뉴턴의 물리학이 붕괴된다. 이것은 알베르트 아인슈타인의 특수 상대성 이론과 일반 상대성 이론의 위대한 발견들 가운데 하나이며, 아인슈타인이 대단히 명예롭게 기억되는 이유이다. 뉴턴의 물리학은 우리의 일상을 비롯해 광범위한 조건에서 유효하다. 그러나 인간이라는 존재에게는 평범하지 않은 어떤 상황에서는(우리는 빛의 속도에 가까운 속도로 여행해 본 적도 없고, 해 볼 일도 없다.) 뉴턴의 물리학이 올바른 답을 제공하지 못한다. 그 답은 자연에 대한 관측 결과에 부합하지 않는다. 뉴턴의 물리학이 타당한 답을 내놓는 영역에서는 특수 상대성 이론과 일반 상대성 이론도 같은 답을 내놓는다. 그러나 다른 영역, 예컨대 속도가 빠르고 중력이 강한 영역에서는 뉴턴의 물리학과 전혀 다른 결과를 예측한다. 이 예측은 관측 결과와 훌륭하게 일치한다. 뉴턴의 물리학은 진리에 다가가기는 했지만 도달하지는 못한 근사적인 이론임이 밝혀졌다. 일상적이고 익숙한 상황에서는 훌륭한 결과를 낳지만, 그렇지 않은 상황에서는 나쁜 결과를 낳는 것이다. 뉴턴의 물리학은 인류가 이룩한 기념비적이고 눈부신 업적이지만, 한계를 지니고 있다.

하지만 오늘날의 과학자들은 거기서 만족하지 않고 일반 상대성 이론이 깨지는 영역을 탐색하고 있다. 그것은 인간이 오류를 범할 수밖에 없는 존재라는 이해에 부합하며, 진리에 끝없이 접근할 수는 있어도 결코 도달할 수는 없다는 충고에 주의를 기울이는 일이기도 하다. 예를 들어, 일반 상대성 이론은 중력파(gravitational wave)라는 놀라운 현상을 예측한다. 중력파는 직접적으로 탐지된 적이 전혀 없다. 그러나 중력파가 존재하지 않는다면, 일반 상대성 이론은 근본적으로 틀린 것이 된다. 프린스턴 대학교의 조지프 후턴 테일러 2세(Joseph Hooton Taylor Jr., 1941년~)와 러셀 앨런 헐스(Russell Alan Hulse, 1950년~)는 펄서(pulsar) 쌍성계를 이용해 일반 상대성 이론의 예측을 검증하고자 했다. 펄서는, 지금까지 관측된 바에 따르면, 중성자별이 아주 빠른 속도로 회전하는 천체로, 그 점멸 속도는 소수점 아래 열다섯 번째 자리까지 정밀하게 측정되어 있다. 밀도가 아주 높은 이 두 펄서가 서로 주위를 돌 경우에는 막대한 양의 중력파를 방출할 것으로 예측된다. 이것은 시간이 지남에 따라서 두 천체의 궤도와 회전 주기를 약간씩 변화시킬 것이다. 테일러와 헐스는 그 결과가 일반 상대성 이론의 예측과 일치하지 않을 것이며, 자신들의 연구가 현대 물리학의 주요한 기둥 가운데 하나를 전복시킬 것이라고 예상했다. 그들은 일반 상대성 이론에 과감하게 도전한 셈이었다. 많은 이들이 그들을 응원했다. 그러나 한 쌍의 펄서는 일반 상대성 이론의 예측을 정확하게 입증해 주는 방식으로 움직였다. 원래 야심은 실현하지 못했지만, 과학계는 이것을 공로로 받아들였고, 테일러와 헐스는 1993년 노벨 물리학상을 공동 수상했다. 다른 많은 과학자도 다양한 방식으로 일반 상대성 이론을 검증하고자 한다. 예를 들어, 어떤 이들은 포착하기 어려운 중력파를 직접 탐지하려 하고 있다. 그들은 이론을 파탄 날 때까지 써먹고자 하고 자연 이해와 관련해서 아인슈타인의 위대한 진보가 닳아 문드러지는 영역을 발견하기를 희망한다. (중력파 직접 관측은 2016년 2월 이루어졌다. 인류가 처음 발견한 중력파는 블랙홀 2개가 충돌한 곳에서 발생한 것이었다. — 옮긴이)

이러한 노력은 과학자들이 존재하는 한 계속될 것이다. 일반 상대성 이론은 양자 수준에서 자연을 기술할 때 부적절하다. 그러나 그렇지 않았다고 해도, 다시 말해 일반 상대성 이론이 언제 어디에서나 타당한 이론이었다고 해도, 그것을 확신시키는 방법으로, 그 약점과 한계를 발견하려는 단합된 노력보다 더 좋은 방법은 없을 것이다.

이것은 내가 조직화된 종교에 대한 확신을 가지지 못하는 이유 가운데 하나이다. 세상에 어느 종교 지도자가 자신들의 믿음이 불완전하다거나 틀릴 수 있다고 인정하고, 교리에 숨겨진 약점을 발견하기 위한 연구소를 세우겠는가? 일상 생활 속에서의 검증을 넘어서서 전통적인 종교적 가르침이 더 이상 적용될 수 없을지도 모르는 상황들을 찾아보기 위해 체계적으로 연구하는 신학자가 어디 있을까? (고대 이스라엘 족장들의 시대나 교부 시대나 중세에는 매우 잘 들어맞던 교리와 윤리가 과거와는 전혀 다른 오늘날에는 잘 들어맞지 않는다는 것은 부정할 수 없으리라.) 어떤 설교가 신 가설(God hypothesis)를 공명정대한 태도로 검증하려고 하는가? 기성 종교는 종교를 의심하는 자들에게 어떤 보상을 주는가? 이 문제와 관련해서 사회는 기성 사회와 기존 경제 체제를 의심하는 사람들에게 어떤 보상을 주어 왔는가?

앤 드루얀(Ann Druyan, 1949년~)이 썼듯이, 과학은 언제나 우리 귀에다 이렇게 속삭인다. "명심해, 너는 미숙해. 너는 실수하고 있는지도 몰라. 전에도 틀린 적이 있잖아." 이처럼 겸허한 말이 종교에도 있다면, 가르쳐 달라. 성서는 신이 내려준 계시에 따라 씌어진 것이라고들 한다. 구절 하나하나 많은 의미가 담겨 있다는 것이다. 그러나 성서가 오류 가능성을 가진 인간들이 만든 것에 지나지 않는다고 한다면 어떨까? 기적을 증거로 들지만, 그 기적이란 게 허풍이거나, 보통은 경험하기 힘든 의식 상태이거나, 자연 현상을 착각한 것이거나, 정신 질환 등이 뒤섞인 것이라면 어떻게 할 셈일까? 오늘날 유행하는 어떤 종교나 뉴 에이지 사상도 과학이 밝혀낸 우주의 장대함, 정묘함, 복잡함에 대해 충분히 설명해 주지 못하는 것 같다. 당장, 현대 과학의 발견들 가운데 성서에 기록된 게 거의 없다는 사실은 나로 하여금 거룩한 계시에 대해 더욱 의심하게 만든다.

물론 내가 틀릴 수도 있다.

다음 두 문단의 글을 읽어 보라. 여기 기술된 과학을 이해하려고 하

지 말고 저자의 사고 방식을 느껴 보기를 바란다. 저자는 물리학적으로 변칙적인 상황, 말하자면 역설과 마주쳤다. 그는 그것을 "비대칭성들(asymmetries)"이라고 부른다. 여기에서 우리는 무엇을 배울 수 있을까?

맥스웰의 전기 역학은 — 오늘날 일반적으로 이해되고 있듯이 — 움직이는 물체에 적용될 때 그 현상에 본래는 나타나지 않는 비대칭성들을 유도한다는 것은 알려진 사실이다. 예를 들어, 자석과 도체의 전기 역학적 상호 작용을 생각해 보자. 이 경우에 관찰 가능한 현상은 오로지 도체와 자석의 상대적인 운동에 의존한다. 반면에 통상적인 견해는 물체 가운데 어느 하나만 움직이는 경우를 서로 날카롭게 구분한다. 왜냐하면 자석이 움직이고 도체가 정지해 있는 경우에는 자석 주위에 특정한 값의 에너지를 갖는 전기장이 생겨날 것이고 도체의 어떤 부분에 전류가 생성되어 흐를 것이기 때문이다. 반대로 만약 자석이 정지 상태에 있고 도체가 움직인다면, 자석 주위에는 전기장이 형성되지 않을 것이다. 하지만 도체에서는 기전력이 발견될 것이다. 기전력은 그 자체에 상응하는 에너지가 없지만 전자의 경우에서 전기력에 의해 산출된 것과 같은 경로와 세기를 가진 전류를 발생시킨다. 물론 지금 논의하고 있는 두 가지 경우 모두 상대 운동은 같다고 가정한다.

이런 사례와 '에테르(aether)'에 대한 지구의 상대 운동을 발견하려는 시도가 성공하지 못한 것을 아울러 고찰하면, 전기 역학의 현상들에는 역학의 현상들과 마찬가지로 절대 정지라는 개념을 입증하는 것처럼 보이는 성질은 아예 없는 것처럼 보인다. 이것은 작은 물리량을 다룬 1차 근사에서 이미 보인 바와 같이, 오히려 이런 사실들로부터 역학 방정식이 성립하는 모든 좌표계에 대해 전기 역학과 광학의 법칙이 항상 같은 형태로 성립된다고 간주할 수 있다.

이 글의 저자는 여기서 무슨 말을 하려는 것일까? 그 배경에 대해서는 뒤에 설명하겠지만, 당신은 곧바로 이 글의 언어가 절제되어 있고 기술적이고 신중하고 분명하며 필요 이상으로 복잡하지 않다는 것을 알아볼 수 있을 터이다. 그러나 당신은 이런 문장으로부터(또는 「움직이는 물체의 전기 역학에 대하여(Zur Elektrodynamik bewegter Körper)」라는 아주 점잖은 제목으로부터) 이 글이 특수 상대성 이론을 이 세상에 내놓은 바로 그 논문임을 짐작할 수는 없을 것이다. 질량과 에너지의 등가성을 선언한 승리 발표이고, 우리가 사는 이 작은 행성이 우주 속에서 "특권적인 좌표계"를 점유하고 있다는 인간의 오만함을 짓밟았으며, 여러 가지 다른 방식으로 인류사에 획기적인 역할을 한 사건임을 곧바로 추측할 수 없을 것이다. 이 글은 알베르트 아인슈타인의 1905년 논문의 서두로, 우리는 여기서 과학 논문의 특징을 잘 볼 수 있다. 그는 자기 고양적인 표현을 삼가면서 신중하고 겸손한 문체로 산뜻하게 논문을 시작한다. 그의 절제된 글투를, 예컨대 현대의 광고물이나 정치가의 연설, 종교인의 신학적 선언, 또는 이 책 표지에 실려 있을 자화자찬식 홍보 문구와 비교해 보라.

우선, 아인슈타인이 실험 결과의 의미를 설명하고 있는 부분에 주목해 보자. 과학자들은 가능한 한 실험을 한다. 어떤 실험을 할지는 당대에 통용되는 이론에 달린 경우가 흔하다. 과학자들은 이론을 한계점까지 몰고 가서 시험하려고 한다. 과학자들은 직관적으로 당연하다고 해서 그냥 믿지 않는다. 지구가 평평하다는 것은 한때 당연했다. 무거운 물체가 가벼운 물체보다 더 빨리 떨어진다는 것은 한때 당연했다. 사혈(瀉血) 치료가 질병 대부분을 낫게 한다는 것은 한때 당연했다. 어떤 사람들은 자연적으로, 그리고 하느님의 섭리에 따라 노예일 수밖에 없다는 생각 역시 한때는 당연했다. 우주에는 중심이 있고 그 위대한 자리에 지구가 있다는 것 역시 한때는 당연했다. 운동의 절대적 기준 좌표계가 있다는 것 역시 한때는 당연했다. 진리는 우리를 당황하게 하거나 직관에 반하는 기묘한 것일 수 있다. 진리는 기존의 믿음과 심각하게 모순될 수도 있다. 과학은 실험을 통해 그 진리를 다루어 나간다.

몇십 년 전 물리학자 로버트 윌리엄 우드(Robert Williams Wood, 1868~1955년)가 한 저녁 식사 자리에서 한 말이 생각난다. 그는 "물리학과 형이상학을 위하여."라는 건배사에 답사를 해 달라는 요청을 받았다. 사람들이 '형이상학'에서 연상한 것은 철학과 같은 어떤 것, 또는 생각으로만 인지할 수 있는 진리 같은 것이었다. 여기에는 유사 과학 같은 것도 포함되어 있었을 수도 있다. 우드는 다음과 같이 이야기했다.

> 물리학자가 어떤 아이디어를 가지고 있다고 해 보죠. 생각하면 생각할수록 그 아이디어의 의미가 돋보일 겁니다. 문헌들을 읽으면 읽을수록 그 아이디어의 가능성이 더 풍성해 보일 겁니다. 이렇게 준비를 하고 나면, 물리학자는 실험실로 가서 적절한 실험을 고안해 그 아이디어를 검증하려고 할 것입니다. 정성껏 실험하겠죠. 온갖 가능성을 검토할 겁니다. 정확한 측정값을 얻기 위해 실험을 반복할 테고, 오차 막대가 줄어들 겁니다. 여기까지 오면 그는 결과가 어떻게 되든 상관없습니다. 그는 실험이 가르쳐 주는 게 무엇인지에만 열중합니다. 신중한 실험을 통해 이 모든 작업이 끝이 나고, 결국 그 아이디어는 무가치한 것으로 밝혀집니다. 그러면 물리학자는 그 아이디어를 버리고, 난장판 같은 오류들로부터 마음을 해방시키고, 다른 아이디어를 찾아 움직이게 됩니다.

우드는 안경을 치켜올리면서 결론을 내린다.

> 물리학과 형이상학의 차이는 한 학문에 종사하는 사람이 다른 학문에 종사

하는 사람보다 더 똑똑하다는 데 있지 않습니다. 그 차이는 형이상학에는 실험실이 없다는 것입니다.•

라디오, 텔레비전, 영화, 신문, 책, 컴퓨터 프로그램, 놀이 동산, 교실 등을 통해서 과학을 모든 시민에게 전달하려고 한결같이 노력하는 데는 주로 다음과 같은 네 가지 이유가 있다고 생각한다. 과학을 충분히 활용하고자 한다면, 좋은 보수를 받는 아주 능력 있는 소수의 전문가만을 양성하는 것으로는 충분하지 않다. 심지어는 위험할 수 있다. 가능한 한 광범위한 영역의 사람들이 과학의 발견과 과학적 사고 방식을 이해하지 않으면 안 된다.

- 과학은 오용 가능성이 적지 않음에도 불구하고 신흥국들로 하여금 빈곤과 후진성으로부터 탈출할 수 있게 해 줄 왕도(王道)가 될 수 있다. 과학은 한 나라의 경제와 세계의 문명을 이끌어 간다. 많은 국가가 이런 사실을 이해하고 있다. 과학과 공학 분야를 공부하기 위해 그렇게 많은 유학생이 미국 대학을 찾는 이유가 여기에 있다. 과학과 공학 분야의 해외 유학생 수는 여전히 미국이 세계에서 으뜸이다. 미국이 종종 잊고는 하는 이러한 사실들의 필연적인 결론은, 과학을 포기하는 것은 빈곤과 퇴보로

• 물리학의 선구자인 벤저민 프랭클린(Benjamin Franklin, 1706~1790년)은 이렇게 말했다. "이러한 실험을 계속함으로써 우리는 멋진 체계를 여럿 세울 것이다. 하지만 곧 우리는 그것들을 우리 스스로 파괴하지 않을 수 없을 것이다." 그렇다고 해도 실험은 "자기 도취적인 존재인 인간을 겸손하게 만들도록 돕기" 때문에 자기 역할을 충분히 한다고 생각했다.

되돌아가는 길이라는 것이다.

- 기술은 세계를 변화시킨다. 이 과정에서 위험이 야기될 수 있고, 지구 환경에 가해질 변화가 우리의 생존을 직접적으로 위협할 수도 있다. 과학은 이러한 문제에 대해서 누구보다 먼저 경고할 수 있다. 과학은 우리 사회에 필수적인 조기 경보 체계를 제공한다.
- 과학은 인간이라는 종과 생명, 지구와 우주 등이 어디서 왔고, 무엇이며, 어디로 갈지 같은 심오한 문제에 관해 답을 준다. 인류 역사상 처음으로 우리는 이 문제들 가운데 일부에 관해 진정한 이해를 얻을 수 있게 되었다. 지구 위의 모든 문화가 그러한 문제들을 논의했고 중요하다고 여겼다. 이러한 거대한 물음에 다가설 때 우리는 모두 온몸에 소름 끼치는 전율을 느낀다. 길게 볼 때 과학의 가장 큰 선물은 우리의 우주적 맥락, 즉 우리가 있는 때와 장소가 언제이고 어디이며 우리가 누구인지에 대해 가르쳐 준 데 있을지도 모른다. 그것도 인간의 다른 어떤 노력으로도 할 수 없었던 방식으로 말이다.
- 과학의 가치와 민주주의의 가치는 서로 잘 부합하며, 많은 경우에 구분이 불가능하다. 문명화된 형태로 구현된 과학과 민주주의는 같은 시대, 같은 장소에서 시작되었고, 그것은 바로 기원전 7~6세기의 그리스였다. 과학은 애써 배운 사람이면 누구에게나 그 힘을 나눠준다. (비록 고대 그리스에서는 사회 체제 자체가 많은 사람이 과학을 배울 수 없도록 체계적으로 막고 있었지만 말이다.) 과학은 자유로운 의견 교환을 통해서, 그리고 그것을 통해서만 발달하는 것이다. 그 가치는 숨기고 감추지 않는 데 있다. 과학은 특별히 유리한 조건이나 특권적 지위를 필요로 하지 않는다. 과학과 민주주의는 모두 인습에 사로잡히지 않은 의견 개진과 활발한 논쟁을 장려한다. 과학과 민주주의는 모두 합당한 이유, 정합적인 논변, 엄격한 증거 기준, 그리고 지적 성실성을 요구한다. 과학은 겉으로만 지식을 추구하는 척하

는 자들의 거짓을 백일하에 드러내는 수단이다. 과학은 신비주의, 미신, 부적절한 목적에 봉사하는 종교에 대항하는 보루이다. 과학의 가치를 우리가 소중하게 여긴다면, 우리가 속임수에 넘어갈 때, 그렇게 되지 않도록 가르쳐 줄 것이다. 과학은 우리의 오류를 수정해 준다. 과학의 언어, 규칙, 방법이 널리 퍼지면 퍼질수록 우리는 토머스 제퍼슨과 그의 동료들이 꿈꾸었던 세계에 도달할 기회를 더 많이 얻을 것이다. 그러나 과학의 산물들 때문에 민주주의가 전복될 우려도 있다. 만약 그런 일이 일어난다면 산업화 이전 시대의 어떤 선동가들도 꿈꿔 보지도 못한 정도로 사태는 심각해질 것이다.

혼돈과 기만의 거대한 대양에 이따금 떠오르는 진리를 발견하는 일은 신중함과 헌신, 용기를 요한다. 그러나 만약 이 힘든 사고 습관을 실천하지 않는다면, 우리가 직면한 정말로 심각한 문제들을 해결할 수 있는 희망은 우리를 찾지 않을 것이다. 그리고 우리는 순진무구한 젖먹이를 노리며 어슬렁대는 유괴범이나 돌팔이가 판치는 나라와 세상에 살게 될지도 모른다.

외계 생명체가 지구를 처음 방문해 우리가 우리 아이들에게 무엇을 가르치고 있는지, 가령 텔레비전, 라디오, 영화, 신문, 잡지, 만화, 그리고 책 따위를 통해서 살펴본다면, 우리가 아이들에게 살인, 강간, 학대, 미신, 경신, 소비주의 등을 가르치려고 하는구나 하고 쉽게 결론 내릴 수 있을 것이다. 우리가 이 짓을 그만두지 않고 계속한다면, 우리 아이들은 결국 이런 것들을 배우고 익힐 것이다. 이따위 것들을 가르치는 대신 과학과 희망의 의미를 가르친다면 어떨까? 그 아이들이 어떤 사회를 만들지 함께 상상해 보자.

3장
달의 남자, 화성의 얼굴

달빛에 일렁일렁 큰 강이 흐르네(月涌大江流)

……

정처 없이 나는 이 몸 무엇을 닮았는가(飄飄何所似)

……

—두보(杜甫, 712-770년), 「여야서회(旅夜書懷)」에서

과학의 모든 분야에는 그것에 해당하는 유사 과학이 달라붙어 있다. 지구 물리학 분야에는 지구가 평평하다는 지구 평면설, 지구 내부가 텅 비어 있다는 지구 공동설, 지구 자전축이 빙글빙글 방향을 바꾼다는 설, 대륙이 순식간에 융기했다 침강한다는 설 같은 유사 지구 과학이 기생하고 있다. 그리고 지진을 예언할 수 있다는 자들도 있다. 식물학 분야에는 거짓말 탐지기로 식물의 감정을 검출할 수 있다는 설도 있고, 인류학 분야에는 원인(猿人)이 생존해 있다는 설도 있고, 동물학 분야에는 공룡이 지금도 어디선가 생존해 있다는 설도 있으며, 진화 생물학 분야에는 그들의 옆구리를 끊임없이 찌르는 성서 문자주의자들이 있다. 고고학 분야에는 고대의 우주 비행사, 날조된 고대 룬 문자 문서, 가짜 오파츠(OOPArts, 시대에 맞지 않은 유물) 조각이 굴러다닌다. 물리학 분야에는 영구 운동 기계, 상대성 이론이 틀렸다고 믿는 재야 물리학자들, 상온(常溫) 핵융합 등이 출몰한다. 화학자들은 아직도 연금술사를 만나고는 한다. 심리학 분야에서는 정신 분석의 거의 대부분과 초심리학(parapsychology)이 그런 역할을 한다. 경제학 분야에는 장기 경기 예측이 있다. 장기 경기 예측의 또 다른 사례는 기상학 분야에도 한 발 걸치고 있다. 태양 흑점의 변화에 따라 곡물 생산량이 바뀐다는 주장이 그것이다. (장기 기후 예측은 다른 문제이다.) 천문학에는 점성술이라는 유사 과학이 있다. 심지어 점성술은 천문학의 어머니이기도 하다. 유사 과학들은 때로 복수 분야에 출몰하기도 한다. 이것은 상황을 한층 더 혼란스럽게 한다. 바닷속에 가라앉은 아틀란티스의 보물을 텔레파시를 이용해 찾는 것이나 점성술을 이용해 경제 예측을 하겠다는 게 그런 보기이다.

그러나 나는 주로 행성 과학을 연구하기 때문에, 그리고 외계 생명체의 존재 가능성에 관심이 크기 때문에, 내게 다가와 잠시 머물렀다 가는 유사 과학 중에는 다른 세계(지구 밖 천체와 행성)나 흔히 '외계인(alien)'이라고 하는 것들과 연관된 게 많은 편이다. 다음에 이어질 장들에서 나는 유사 과학 분야에서 최근에 등장한 이 교리 두 가지를 소개할 셈이다. 그 둘은 서로 밀접하게 연관되어 있다. 둘 다 인간의 지각 및 인지 능력은 불완전하며 그것들이 언제든 우리를 기만할 수 있다는 문제를 공유하고 있다. 첫 번째 교리에 따르면 화성의 사막에는 태곳적부터 거대한 인면암(人面巖)이 있어 하늘을 올려다보고 있다고 한다. 두 번째 교리에 따르면 머나먼 세계에 살던 외계인들이 몰래 지구를 방문하고 있다고 한다.

마구잡이로 요약한 셈이지만, 이 두 주장을 가만히 생각해 보면 일종의 전율이 올라오는 듯싶다. 사람의 마음속 깊은 곳에 있는 두려움이나 바람과 공명을 일으키는 게 분명하다. 아무리 고색창연한 SF적 아이디어라고 해도 그것이 현실 세계에 실제로 일어난다면 누군들 관심을 가지지 않겠는가? 이러한 이야기들이 주위에 잔뜩 퍼져 있다면 의심 많은 지독한 냉소주의자조차도 매력을 느끼고 말 것이다. 이런 주장을 단숨에 거부할 수 있다고 단언할 수 있는 사람이 몇이나 있을까? 그리고 만약 거짓 가면을 벗기는 일에 잘 훈련된 전문가들조차 매력을 느낄 정도라면, '버클리 씨'처럼 과학적 회의주의를 훈련받지 않은 사람들은 어떻게 느낄까?

우주선이 등장하기 이전, 망원경이 발명되기 이전에 우리가 마술적 사고에 푹 빠져서 살고 있었을 때, 그러니까 인류사 거의 대부분의 기간 동안 달은 불가사의였다. 달을 또 하나의 천체로 생각한 사람은 단 한 사람도 없었다.

맨눈으로 달을 쳐다보면 무엇이 보일까? 밝은 부분과 어두운 부분이 얼룩덜룩 섞여 있는 것처럼 보일 것이다. 익숙한 물체와 비슷하게 생긴 것도 아니다. 그러나 우리 눈은 어떤 부분은 강조하고 어떤 부분은 무시하며 그 부분들을 연결해 어떤 모양을 만들려고 하는 거의 저항할 수 없는 충동에 사로잡힌다. 우리는 패턴을 추구하고 어떻게든 그것을 찾아낸다. 세계의 신화와 전설을 보면 알 수 있는 것처럼 사람들은 달에서 수많은 이미지를 보았다. 예를 들어, 천을 짜는 여인, 월계수, 절벽을 뛰어넘는 코끼리, 등에 바구니를 짊어진 소녀, 토끼, 날지 못하는 성마른 새가 뱉아 표면에 흩어놓은 달의 창자, 타파 천(남태평양 지역에서 나무 껍질로 만든 천. — 옮긴이)을 두드리는 여인, 네눈박이 재규어 등이 달에 있다고 여겼다. 똑같은 달을 보고 어떻게 저렇게 괴상망측한 이미지를 상상할 수 있는지 다른 문화에 속한 사람은 이해하기 곤란할 정도이다.

가장 공통적인 이미지는 달 속에 남자든 여자든 사람이 있다는 것이다. 물론 실제로는 사람처럼 보이지 않는다. 좀 일그러지고 왜곡되고 늘어진 사람 형상이다. 왼쪽 눈 위에는 비프스테이크나 뭐 그런 것이 얹혀 있는 것 같다. 그리고 그 입 근처의 표정은 놀라서 '와!' 하는 것처럼 보이기도 하고, 서글픈 표정처럼 보이기도 하고, 심지어는 비탄의 표정처럼 보이기도 한다. 지구 생명체들의 고통을 알고 동정하는 것일까? 그 얼굴은 확실히 너무 둥글다. 귀는 찾아볼 수 없다. 내 생각에는 윗머리는 벗어진 것 같다. 아무튼 나는 달을 쳐다볼 때마다 한 남자의 얼굴을 본다.

민간 전승에서는 대개 달을 무지막지하게 묘사한다. 아폴로 우주선이 달에 착륙하기 이전 세대의 어린이들은 달이 초록색(물론 고약한 냄새도 나는) 치즈로 만들어졌다는 이야기를 듣고 자랐으며, 어떤 이유에서인지 그것을 믿을 수 없을 정도로 신기한 일이 아니라 재미있는 것으로 생각했다. 어린이들을 위한 책과 만화에서 달 속 남자는 동그라미 안에 이목구비를 간단하게 그려 넣은 것으로 표현되고는 했다. 눈은 점 한 쌍으로, 입은 둥근 호로 이루어진 그 얼굴은 '스마일(smile)' 하면 떠오르는 웃는 얼굴과 그리 다르지 않았다. 달의 남자는 인자한 표정으로 동물들과 아이들이 나이프와 숟가락을 들고 밤에 흥겹게 노는 모습을 내려다보고 있었다.

우리가 달을 맨눈으로 쳐다보았을 때 알아볼 수 있는 지형을 두 가지 범주로 다시 구분해 보자. 좀 더 밝은 부분은 이마요 뺨이요 턱이고, 좀 더 어두운 부분은 눈과 입이다. 밝은 부분은 고대에 형성된 크레이터라는 것이 망원경 관측으로 밝혀졌다. 그 형성 시기는 오늘날 우리가 알기로는 거의 45억 년 전으로 거슬러 올라간다. (아폴로 우주선의 우주인들이 지구로 가져온 월석 시료를 방사능 연대 측정법으로 조사한 결과이다.) 어두운 부분은 이 크레이터가 형성된 이후에 분출된 현무암 용암으로 형성된 것인데, 바다(mare, 라틴 어로 복수형은 maria이다.)라고 불린다. 물론 지금까지 알려진 바로는 달은 바싹 말라 있다. 달의 바다는 달의 역사에서 초기 수억 년 동안 분출된 용암으로 형성된 것이다. 부분적으로는 달에 고속으로 충돌한 거대한 소행성과 혜성이 용암 분출의 방아쇠 역할을 했을 것이다. 오른쪽 눈은 비의 바다(Mare Imbrium)이다. 왼쪽 눈 위에 죽 늘어져 있는 비프스테이크는 평온의 바다(Mare Serenitatis)와 고요의 바다(Mare Tranquilitatis, 아폴로 11호가 여기 착륙했다.)이고 중심에서 벗어나 있는 벌린 입은 습기의 바다(Mare Humorum)이다. (크레이터는 맨눈으로는 식별할 수 없다.)

달 속 남자는 사실 태곳적에 일어난 천재지변의 흔적인 것이다. 그 재앙은 대부분 지구에 인간이 등장하기 전에 일어났다. 포유류가 등장하기 전에, 척추동물이 나타나기 전에, 다세포 생물이 출현하기 훨씬 전에, 그리고 아마도 지구 생명이 탄생하기 전에 발생했다. 달의 남자는, 무작위적으로 자행된 우주적 폭력에서도 자신의 얼굴을 발견해 내는 너무나도 인간적인 자기 도취의 산물인 셈이다.

다른 영장류들과 마찬가지로 인간은 무리를 짓는다. 우리는 서로의 동료들과 어울린다. 우리는 포유류이고, 부모의 자식 돌보기는 우리의 유전적 계통의 연속성에 있어서 핵심적이다. 부모가 자기 아이를 보고 미소 짓고 아이는 미소로 화답한다. 이렇게 부모와 자식 사이에 유대가 형성 또는 강화된다. 갓난아기는 볼 수 있게 되자마자 얼굴을 알아본다. 오늘날 우리는 이런 능력이 뇌에 영구적으로 새겨져 있음을 알고 있다. 100만 년 전에 미소 짓는 부모의 얼굴을 알아보고 미소로 화답하는 능력이 덜했던 갓난아기들은 부모의 마음을 잘 사로잡지 못했을 것이며, 따라서 후손을 덜 남겼을 것이다. 오늘날 거의 모든 갓난아기는 사람 얼굴을 알아보고 순진한 웃음으로 빠르게 화답한다.

여기서 의도하지 않은 부작용이 생겼다. 잡다한 세부 사항에서 얼굴을 추출해 내는 우리 뇌의 패턴 인식 기제가 너무 효과적으로 작동하는 탓에 우리는 때때로 존재하지도 않는 얼굴을 보게 되었다. 우리는 아무런 상관도 없는 빛과 어둠의 얼룩을 조합해서 무의식적으로 거기서 하나의 얼굴을 보려고 애쓴다. 달의 남자는 그 결과 가운데 하나이다. 미켈

란젤로 안토니오니(Michelangelo Antonioni, 1912~2007년)의 1966년 영화 「욕망(Blowup)」은 또 다른 보기이다. (풍경 사진을 확대 인화(blowup)하다가 살인 현장을 찍었다고 생각하는 바람에 기묘한 사건에 말려든 사진 작가를 주인공으로 한 영화로 1967년 칸 영화제의 황금 종려상을 받았다. — 옮긴이) 그 밖에도 많은 사례들이 있다.

사람은 지리학적 정보에서 사람의 얼굴을 보기도 한다. 뉴햄프셔 주의 프랭코니아 노치(Franconia Notch) 주립 공원에 있는 산의 노인(Old Man of the Mountain)이 좋은 예이다. 그것은 어떤 초자연적인 행위의 결과물도 아니고 뉴햄프셔 주에 존재했던 고대 문명의 흔적도 아니다. 바위 표면이 침식되고 무너져 생긴 것일 뿐이다. 게다가 이제는 더 이상 사람 얼굴처럼 보이지도 않는다. (너새니얼 호손(Nathaniel Hawthorne, 1804~1864년)의 단편소설 『큰 바위 얼굴과 흰 산의 다른 이야기(*The Great Stone Face and Other Tales of the White Mountains*)』로 유명한 바위이기도 하다. 2003년 5월 일어난 붕괴로 옆얼굴 형상은 사라졌다. — 옮긴이) 노스캐롤라이나 주에는 악마의 머리가 있고, 잉글랜드 웨스트워터에는 스핑크스 바위가 있으며, 프랑스에는 아주머니 바위가 있고, 아르메니아에는 바르탄(Vartan)이라는 이름의 바위가 있다. 멕시코의 이차크시와틀(Ixtaccihuatl) 산은 기대앉은 여인처럼 보인다. 얼굴을 닮지 않은 것도 있다. 와이오밍 주에는 프랑스 어로 '커다란 젖가슴'이라는 뜻을 가진 그랑 테통(Grand Teton)이라는 산이 있는데, 서쪽에서 보면 2개의 봉우리가 여자의 젖가슴처럼 보여 프랑스 탐험가들이 그렇게 이름 붙였다고 한다. 실제로는 봉우리가 3개이다. 시시때때로 변하는 구름도 온갖 형상으로 보인다. 중세 후기 르네상스 시대에 스페인에서는 사람들이 구름 형상에서 성자(聖者)를 보았다고 주장했고, 그들 중 일부는 거기서 성모 마리아의 모습을 '확인'하기도 했다. (피지의 수도인 수바(Suva)에서 배를 타고 나올 때 나는 한번 짙게 깔린 폭풍우 구름 속에서 입을 떡 벌리고 있는 정말로 무시무시한 괴물의 머리를 본 적이 있다.)

간혹 식물이나 나뭇결의 모양, 또는 소의 가죽 무늬 같은 게 인간의 얼굴처럼 보일 때가 있다. 예전에 리처드 밀하우스 닉슨(Richard Milhous Nixon, 1913~1994년)을 쏙 빼닮은 것으로 유명한 가지가 있었다. 이러한 사실들에서 우리가 끌어낼 수 있는 결론은 무엇일까? 신의 간섭 또는 외계인의 개입? 가지의 유전자를 조작한 공화당원? 아니다. 세상에는 아주 많은 가지가 있으며, 그중에는 누군가와 닮은 것도 있을 법하다는 것이다. 그게 아무리 특별한 사람이라고 하더라도 말이다.

그것이 종교적인 인물의 얼굴처럼 보인다면, 예컨대 옥수수 가루를 반죽해 구운 멕시코 전통 빵 토르티야가 예수의 얼굴처럼 보인다면, 신자들은 거기서 바로 하느님의 손길을 생각해 낼 것이다. 대부분의 시대보다 더 회의적인 시대라면 신자들은 추가적인 보증을 갈구할 것이다. 그런데 기적이라는 게 그렇게 덧없는 매개체를 통해 구현된다니, 그럴 것 같지 않다. 세상이 시작된 이래 얼마나 많은 토르티야가 만들어졌는지 생각해 보면, 최소한 모호하게라도 비슷한 모습을 한 토르티야가 만들어지지 않았다는 게 오히려 더 놀라운 일이 될 것이다.*

인삼과 맨드레이크 뿌리에도 마술적 성질이 있다고 여겨져 왔다. 부분적으로는 그 모습이 인간의 형상과 얼추 비슷하기 때문이었다. 어떤 밤나무 가지들은 미소 짓는 얼굴처럼 보인다. 산호 가운데는 사람 손처럼 보이는 것도 있다. 목이버섯은 정말 귀처럼 보이고(유태인의 귀(Jew's ear)라는 불쾌한 이름으로 불리기도 한다.) 어떤 나방은 눈처럼 생긴 무늬를 가진 날

* 이 사례들은 이른바 토리노의 수의(Shroud of Turin) 같은 경우와 매우 다르다. 토리노의 수의는 자연적 패턴을 오인한 것이라고 하기에는 인간의 체형과 매우 닮았다. 오늘날 과학자들은 탄소14를 이용한 연대 측정법으로 이것이 예수의 유체를 감쌌던 수의가 아니라 14세기, 그러니까 가짜 성유물(聖遺物)이 많이 만들어지고, 그 제조가 큰 이득을 가져다주던 시대에 날조된 물건이라고 말한다.

개를 펄럭거린다. 이것들 가운데 일부는 우연의 일치에 지나지 않는 것이다. 얼굴을 가진 생물은 얼굴처럼 생긴 동식물을 잘 먹지 않았기 때문에 이런 일이 벌어졌을 수도 있다. 그 생물이 마찬가지로 얼굴을 가진 포식자를 두려워했다면 더 그랬을 것이다. 대벌레(walking stick)는 마치 나뭇가지처럼 생긴 곤충이다. 자연히 대벌레는 나무 위나 근처에 서식하는 경향이 있다. 식물 의태를 통해 대벌레는 조류와 다른 포식자로부터 자신을 보호한다. 그리고 그것은 그렇게 기묘한 형태가 다윈주의적 자연선택을 통해 아주 느리게 주조되는 거의 유일한 이유이기도 하다. 그러나 식물계와 동물계의 경계를 넘나드는 이런 식의 의태는 보는 사람을 불안하게 만든다. 대벌레를 한번 보고 놀란 아이는 작은 가지부터 큰 나무까지 온갖 나뭇가지들이 불순한 의도를 가지고 행군한다는 상상에 쉽게 빠지고 말 것이다.

영국의 신비주의자인 존 미셸(John Michell, 1933~2009년)이 1979년에 쓴 『자연의 유사성(*Natural Likeness*)』이라는 책을 보면 이런 부류의 사례들을 삽화를 곁들여 잔뜩 소개하고 있다. 미셸은 미국 UFO 붐의 효시 역할을 한 리처드 셰이버(Richard Shaver, 1907~1975년)의 주장을 진지하게 다룬다. 셰이버는 위스콘신 주에 있는 자기 농장의 바위들을 쪼개 보니, 세계의 역사에 대한 포괄적인 기록이 나왔다고 주장한다. 그 기록은 셰이버 말고는 볼 수도 없고 애초에 이해할 수도 없는 그림 문자로 씌어졌다고 한다. 미셸은 또한 극작가이자 초현실주의자인 앙토냉 아르토(Antonin Artaud, 1896~1948년)의 주장도 액면 그대로 받아들인다. 아르토는 멕시코산 선인장으로 만든 페요테(peyote)에 취한 상태로 바위 표면의 패턴들에서 사나운 야수들의 에로틱한 이미지, 고문받는 남자 같은 것을 보았다고 했다. "그 광경이 보여 주는 것은, 그것이 어떤 하나의 생각에 의해 창조된 것들이라는 사실 자체이다."라고 미셸은 말한다. 그러나 중요한 문제가 하나 있다. 그 생각이라는 게 아르토의 머리 안에 있는 것인가, 아니면 머리 밖에 있는 것인가 하는 점이다. 아르토의 결론에 따르면, 바위 위에 그렇게 분명하게 나타난 패턴들은 고대 문명의 산물이지, 환각제의 도움으로 아르토의 마음속에 생긴 이미지가 아니라고 한다. 미셸도 여기에 동의했다. 미셸은 아르토의 패턴을 의심하는 "유물론적 세계관"을 비난한다.

미셸은 엑스선으로 찍은 태양의 사진도 보여 준다. 분명 그 사진만 보면 사람의 얼굴이 보이는 것도 같다. 미셸의 주장에 따르면, 게오르기 이바노비치 구르지예프(George Ivanovich Gurdjieff, 1866/1877~1949년)의 추종자들이 태양의 흑점에서 "스승의 얼굴"을 보았다고 한다. 전 세계에 있는 나무들, 산들, 둥근 돌들에서 찾은 셀 수 없이 많은 얼굴들을 사람들은 고대인의 지혜의 산물이라고 추론한다. 아마 어떤 것은 그럴지도 모른다. 멀리서 보기에 거대한 얼굴처럼 보이도록 바위를 쌓는 것은 종교적 상징으로서뿐만 아니라 장난으로서도 멋진 일이기 때문이다.

하지만 이런 형상 대부분은 바위가 형성되는 자연 과정과, 동식물이 가진 좌우 대칭성에 약간의 자연 선택이 가미되어 생긴 것이다. 게다가 이 모든 것을 우리는 인간 지각 특유의 편향된 필터를 통해 받아들인다. 이러한 견해를 미셸은 "유물론적"이며 "19세기적 망상"이라고 비판한다. "합리주의적 신념에 오염된 우리의 세계관은 자연의 의도보다 지루하고 더욱 제한적이다." 그가 어떤 과정을 통해 "자연의 의도"를 꿰뚫어 보았는지는 적혀 있지 않다.

미셸은 자신이 제시한 이미지들에 대해서 다음과 같이 기술한다.

> 이러한 신비는 끝없는 경탄과 환희, 사변의 끊임없는 원천으로서, 지금도 그 본질은 거의 손상되지 않은 상태로 거기에 존재하고 있다. 분명한 것은 자연

이 그것들을 창조했으며 동시에 그것들을 지각할 수 있는 기관과 그 끝없는 매력을 온전하게 인식할 수 있는 마음을 우리에게 주었다는 것뿐이다. 그 은혜와 즐거움을 온전히 얻기 위해서 우리는 그것들을 어떤 의지에 따라 만들어진 자연으로 보아야 한다. 그러기 위해서는 각종 이론과 선입견이라는 구름을 걷어내고 순진한 눈으로, 우리 모두에게 내재되어 있는 다면적인 시각으로 보아야 한다. 그렇게 한다면 인간의 삶은 더 풍부하고 존엄한 것이 될 것이다. 우리는 지금까지 교양의 이름으로 획일적이며 고정된 관점만을 교육받아 왔다. 이런 식의 우둔한 관점은 바로 버려 버려야만 한다.

불길한 패턴과 관련된 것들 가운데 가장 유명한 거짓 주장은 아마 화성의 운하와 관련된 주장일 것이다. 1877년 처음 관측된 이래, 전 세계 천문학자들은 거대한 망원경을 사용해 화성을 열심히 관측했고, 그들의 성공 덕분에 화성의 운하는 거의 확인된 것처럼 보였다. 그들의 보고에 따르면, 화성 표면은 한 줄 또는 두 줄로 이루어진 선들로 그물눈처럼 뒤덮여 있었고, 그 지형적 규칙성은 어떤 지성에서 기원한 것이라고 설명할 수밖에 없는 것처럼 보였다. 여기서 다음과 같은 결론이 도출되었다. 바짝바짝 말라 가고 서서히 죽어 가는 이 행성에는 우리보다 오래되었고 기술적으로 더 발전된 문명이 존재하며 그들은 수자원의 보전에 전력을 다하고 있다고. 화성 지도에 수백 개의 운하가 표시되었고 이름이 붙여졌다. 그런데 기이한 일은 화성을 찍은 사진에는 그 운하들이 나타나지 않는다는 것이었다. 이 문제를 해결하기 위해 제안된 설명은, 사람의 눈은 화성 대기가 완벽하게 투명할 때 운하를 보고 기억할 수 있지만, 식별력이 떨어지는 카메라 감광판으로는 흐릿한 순간들을 평균해서 잡은 불분명한 화상을 얻을 뿐이라고 주장했다. 화성의 운하를 자기 눈으로 보았다는 천문학자도 있었다. 못 보았다는 천문학자도 많았다. 운하를 잘 찾아내는 관측자가 따로 있었을지도 모른다. 아니면 이 모든 게 지각의 장난이었을지도 모른다.

대중 소설에 흔히 나오는 '화성인(Martian)'을 비롯해서 화성 생명체 이야기의 상당 부분이 이 화성 운하 가설에서 유래한 것이다. 나 역시 성장기에 이런 문헌들에 푹 빠져 살았으며, 화성을 향해 발사된 매리너 9호(Mariner 9, 붉은 행성의 궤도에 도착한 최초의 우주 탐사선이다.) 프로젝트의 일원이 되었을 때에도 이 붉은 행성의 진짜 상황을 확인하고 싶었다. 이 매리너 9호와 바이킹(Viking) 탐사선 덕분에 우리는 화성의 한쪽 극에서 다른 쪽 극까지 구석구석 상세한 지도를 그릴 수 있었고 지구에서 식별 가능한 지형보다 수백 배 작은 것까지 조사할 수 있었다. 우리는 거기서 운하의 흔적은 단 하나도 찾지 못했다. 물론 나는 그리 놀라지 않았다. 망원경을 통해서 관측된 것과 같은 직선이라고 하자면 할 수 있는 지형이 꼭 없는 것은 아니었다. 예컨대, 5,000킬로미터 길이의 지구대(地溝帶)는 못 보고 지나치기 어려웠다. 그러나 극관에서 출발해 메마른 사막을 지나서 목마른 적도 지방의 도시들로 물을 운반하는 수백 개의 '고전적인' 운하들은 존재하지 않았다. 그것들은 환상이었다. 다시 말해, 불안정하고 난류로 가득한 대기를 통해서 화성 표면을 엿보면서 해상도의 한계 너머를 보고자 할 때, 인간의 손과 눈과 뇌가 합심해 만든 인지 오류의 결과였다.

이처럼 전문 과학자들이라고 하더라도 패턴 인식과 관련해 심각한 오류를 범할 수 있다. 심지어 훌륭한 발견을 이룩했던 유명한 천문학자들도 여기서는 자유롭지 않다. 특히 우리가 보고 있다고 생각하는 것이 정말로 중요한 발견과 얽혀 있는 것으로 보일 경우, 우리는 적절한 자기 수양과 자기 비판을 잊어버리고는 한다. 화성의 운하에 얽힌 소동은 중요한 교훈을 담은 신화가 될 것이다.

그래도 화성의 운하와 관련해서는 탐사선을 화성에 보냄으로써 과거의 오해와 오류를 바로잡을 수 있었다. 그런데 이 탐사선 때문에 예상하지 못한 의외의 패턴이 발견되었다는 충격적인 주장도 새로 나돌기 시작했다. 1960년대 초 나는 고대 문명의 유물(그 세계에서 자생적으로 만들어진 것이든 아니면 외부에서 온 방문자가 만든 것이든)을 발견할 가능성을 좀 더 진지하게 검토해야 한다고 주장한 적이 있다. 나는 그것이 그리 쉽게 발견될 리도 없다고 생각했고 가능성이 큰 것도 아니라고 생각했다. 게다가 이것은 아주 중요한 문제이기 때문에 아주 보잘것없는 증거라도 진지하게 다루어야만 한다고 주장한 것도 아니었다.

우주선 캡슐 주위를 '개똥벌레'가 돌고 있었다는 존 허셜 글렌 2세(John Herschel Glenn Jr., 1921~2016년)의 보고를 시작으로, 우주 조종사가 우주 공간에서 정체 불명의 물체를 보았다고 보고할 때마다 그것이 '외계인'이라고 주장해 대는 사람들이 있다. 글렌의 개똥벌레는 우주선에서 떨어져 나간 페인트 파편이었다는 식의 단조로운 설명들은 경멸적으로 거부되었다. 우주의 신비는 우리의 비판 능력을 무디게 하는 매력을 가진 듯하다. (달에 남자가 있다는 말이 그리 놀랍지 않은 것도 그 탓인 듯하다.)

아폴로가 달에 착륙했던 즈음에 소형 망원경을 가지고 취미로 하늘을 관측하던 이들과 비행 접시 같은 UFO에 열광하는 이들, 그리고 항공 우주 관련 잡지들에 기고하는 사람들 같은 아마추어들은 아폴로가 지구로 보내온 사진들 가운데 NASA의 과학자들이나 우주인들이 보지 못하고 놓친 초자연적 현상들이 없는지 찾아내기 위해 사진을 뚫어지게 조사했다. 얼마 지나지 않아 발견 보고가 나오기 시작했다. 달 표면에 새겨진 거대한 라틴 문자와 아라비아 숫자, 피라미드, 고속 도로, 십자가, 빛을 발하는 UFO 등을 발견했다는 것이다. 달에 다리가 있다는 보고도 있었으며, 전파 안테나, 대량의 운송 장치가 지나간 궤적, 강력한 기계가 달의 크레이터를 둘로 쪼개고 간 흔적 등에 대한 보고도 나왔다. 하지만 이런 발견 모두가, 달에서 자연적으로 형성된 지형인데 아마추어 분석가들이 잘못 인식한 것이거나, 달 표면에 내려간 우주인들이 휴대한 핫셀블라드(Hasselblad) 카메라의 내부 반사로 인한 것임이 밝혀졌다. 개중에는 탄도 미사일의 긴 그림자를 발견했다고 주장하는 사람도 있었다. 그 미사일은 미국을 겨냥한 (구)소련의 미사일이라는 것이다. 다른 사람은 "뾰족탑"이라고 주장한 이 로켓의 정체는 태양이 달의 지평선 근처에 올 때마다 긴 그림자를 던지는 나지막한 언덕임이 밝혀졌다. 삼각법 지식이 약간만 있었어도 이런 망상은 생기지 않았을 것이다.

이러한 경험들은 분명한 경고가 되어 준다. 달의 지형에는 지구에서는 보기 힘든 과정을 통해 만들어진 복잡한 것들이 있을 수 있다. 그런 지형을, 특히 해상도에 한계가 있는 사진을 가지고 조사하다 보면 아마추어들, 그리고 때때로 전문가들까지도 혼란에 빠질 수 있다. 그들의 바람과 두려움, 위대한 발견일지도 모른다는 흥분이 회의주의적이고 신중한 접근을 신조로 하는 과학의 발걸음을 어지럽힐 수 있는 것이다.

예를 들어, 금성 표면의 영상을 조사하다 보면 기묘한 지형을 여럿 볼 수 있다. 미국의 어떤 지질학자는 (구)소련이 보낸 금성 궤도 위성의 레이더 영상을 분석하다 "스탈린의 얼굴"을 보았다고 보고했다. 그렇지만 그 누구도 시대착오적인 스탈린주의자들이 레이더 영상을 담은 자기 테이프를 조작했다고 주장하거나, (구)소련이 극비리에 금성 표면에 뭔가 대규모 시설을 건설했다고 하지는 않는다. 금성 표면에 우주선을 내려놓자마자 한두 시간이면 바싹 익어 버릴 테니 말이다. 그 이오시프 비사리오노비치 스탈린(Iosif Vissarionovich Stalin, 1879~1953년)의 얼굴도 뭔가 특별한 지질학적 과정의 결과물일 것이다. 천왕성의 위성인 아리엘의 표면에서 만화 주인공 벅스 버니의 모습이 보이는 것도, 허블 우주 망원경이 근적외선으로 찍은 타이탄(토성의 위성)에서 구름으로 이루어진 거대한 웃는 얼굴이 보이는 것도 마찬가지이다. 행성 과학자들은 모두 다 자기가 연구하는 행성에서 지형과 기상의 장난이 만들어 내는 유사 사례를 한두 가지는 꼽을 줄 안다.

은하 천문학 역시 비슷한 사례로 가득하다. 예를 들어, 말머리, 에스키모, 올빼미, 난쟁이, 타란툴라거미, 북아메리카 대륙 모양의 성운들이 우리 은하 곳곳에 흩어져 있다. 이 성운들은 기체와 티끌로 이루어진 것으로 밝은 별들에서 나오는 빛으로 빛나고 있다. 성운 하나하나가 우리 태양계와 비교할 수 없을 정도로 거대하다. 천문학자들은 수억 광년까지 퍼져 있는 은하들의 분포도를 작성한 적이 있는데, 거기서 인체 같은 형상을 발견하고는 '스틱맨(Stickman, 막대 인간)'이라는 이름을 붙였다. 우리 우주는 거대한 비누 거품들이 서로 맞붙어 있는 구조를 이루고 있는 것처럼 보이는데, 거품 안쪽은 거의 비어 있고 은하들은 그 거품의 표면에 형성되어 있는 것으로 여겨진다. 그렇다고 한다면 은하들이 막대 인간처럼 좌우 대칭적으로 분포한다고 해도 이상할 게 없다.

화성의 기후는 금성보다 훨씬 더 온화하다. 비록 바이킹 착륙선이 생명의 존재를 입증하는 확실한 증거를 찾지는 못했지만 말이다. 화성의 지형은 장소에 따라 극단적으로 달라진다. 최근 수십 년 동안, 화성에 뭔가 기묘한 게 있다는 주장을 계속해서 들어 왔는데, 10만여 장의 화성 클로즈업 사진을 보다 보면, 그럴법하다는 생각이 들 때가 있다. 예를 들어, 화성에는 소행성 충돌로 생긴 지름 8킬로미터의 크레이터가 있는데, 그 안에는 밝게 '웃는 얼굴'이 있다. 중심에서 사방으로 퍼지는 방사선들까지 있어 그것은 태양을 나타내는 전통적인 기호인 '웃는 태양

(smile sun, ☼)' 그 자체처럼 보인다. 그러나 이것이 진보된(그리고 매우 친절한) 화성 문명의 건조물이고, 아마 지구인의 관심을 끌기 위해 만들어진 것이라고 주장하는 사람은 아무도 없다. 화성에도 크고 작은 천체가 수없이 떨어지고 그것이 표면에 충돌했다 튕겨 나오기도 하고 구르기도 하면서 지표면을 변형시킬 것이다. 과거에는 물이나 이류(泥流)가 지표면을 침식했을 테고, 지금은 맹렬한 바람이 모래를 날리고 있을 것이다. 이런 과정이 그렇게 기묘한 지형을 만든 게 틀림없다. 10만 장의 사진을 자세히 살펴보다가 어쩌다가 얼굴처럼 보이는 형상을 발견하는 것은 그리 놀라운 일이 아니다. 우리의 뇌는 갓난아이 때부터 안면 인식을 잘하도록 프로그램되어 있으므로, 만약 우리가 어디에서도 얼굴처럼 생긴 것을 발견할 수 없다면 그게 더 놀라운 일이 될 것이다.

화성의 작은 산들 중에는 피라미드처럼 생긴 것도 있다. 엘리시움 고원에는 그런 피라미드가 같은 방향을 바라보며 모여 있다. 그 가운데 가장 큰 것은 밑뿌리가 수 킬로미터에 달한다. 화성 사막에 있는 이 피라미드들은 이집트의 기자를 연상시키기도 하고, 한 방향을 보고 있다는 게 기묘한 느낌을 자아내기도 하기에, 나는 좀 더 자세히 조사해 보고 싶은 마음이 생겼다. 혹시 이것 역시 화성 파라오의 무덤일까?

이것과 비슷한 지형을 비록 축소된 형태이지만 지구, 특히 남극 대륙에서 발견할 수 있다. 그중 큰 것은 무릎 높이 정도이다. 그렇다면 이 작은 피라미드들은 불모의 땅에 사는 소형 이집트 인이 만든 것일까? 화성 피라미드를 화성 문명인이 만들었다고 한다면 그리 생각하는 게 공정한 일일지도 모른다. (겉보기 관찰에 따르면 이 가설도 그리 이상한 게 아닐지도 모른다. 그러나 극지의 환경과 인간의 생리에 대한 다른 지식들에 견주어 보면 그 가설이 올바른 게 아님을 알 수 있다.) 사실, 그것들은 바람의 풍화 작용 때문에 생성된 것이다. 항시 같은 방향으로 부는 강한 바람이 미세한 입자들을 모아 만든 불규칙한 작은 봉우리들이 몇 년 지나 좌우 대칭성을 뽐내는 피라미드로 성장한 것이다. 이런 지형을 드라이칸터(dreikanter, 삼각형 모양의 면을 뜻하는 독일어이다.)라고 부른다. 이것은 자연 과정을 통해서 혼돈으로부터 생성된 질서이다. 우리는 이런 것을 우주 전체에서(예를 들어, 회전하는 나선 은하들에서) 거듭해서 발견할 수 있다. 인간에게는 이런 질서를 발견할 때마다 조물주의 직접적인 개입을 추론하려는 버릇이 있는 것 같다.

화성에서는 우리가 지구에서 경험했던 어떤 바람보다도 훨씬 더 강한 바람이 맹렬하게 부는 듯하다. 그 증거도 있다. 그 바람은 음속의 절반에 가까운 속도로 분다. 모래 폭풍은 화성 전역에서 일반적인 현상이다. 이 바람을 타고 작은 모래 입자들이 운반된다. 지구 어디에서보다 훨씬 빠르게 날아다니는 이 모래 입자들은 지질학적 시간이 지나면 바위의 표면과 지형에 커다란 변화를 일으킨다. 그 변화의 결과물 중에 피라미드 같은 게 있다고 해도(심지어 아주 크다고 해도) 그리 놀랄 일이 아닐 것이다.

화성의 시도니아(Cydonia)라는 지역에는 폭 1킬로미터에 달하는 '인면암'이 하늘을 올려다보고 있다. 그리 친근한 생김새는 아니지만 사람 얼굴처럼 보인다. 한 가설에 따르면 기원전 4세기 고대 그리스의 조각가 프락시텔레스(Praxiteles)가 새긴 것이라고 한다. 시도니아에는 인면암 말고도 크고 작은 언덕이 몇 개 있다. 아마 이런 지형들 모두 과거에는 이류가, 오늘날에는 바람이 깎아 만들었을 터이다. 크레이터의 수를 가지고 추산하건대 이 부근의 지형은 적어도 수억 년 전에 형성된 것으로 보인다.

이 인면암은 미국에서뿐만 아니라 (구)소련에서도 사람들의 관심을 끌었다. 타블로이드판 대중지인 《위클리 월드 뉴스(*Weekly World News*)》는

1984년 11월 20일 자 지면에 다음과 같은 헤드라인을 실었다.(신뢰할 만한 매체는 아니다.)

> 소비에트 과학자의 놀라운 주장
> 화성에서 사원 유적지 발견!
> 우주 탐사선 5만 년 전 문명의 잔해 발견

《위클리 월드 뉴스》의 이 특종 기사는 익명의 (구)소련 소식통으로부터 입수한 것이라며, 존재하지도 않은 (구)소련의 우주선이 이룬 발견을 숨가쁘게 보도하고 있다.

그러나 화성 인면암 이야기는 거의 전적으로 미국에서 만들어진 것이다. 애초에 인면암을 발견한 것도 1976년에 화성 궤도를 돌던 바이킹 탐사선이었다. 불행하게도 화성 탐사 프로젝트의 담당자 중 한 사람이 이것은 빛과 그림자의 속임수이며 사람 얼굴처럼 생긴 바위는 없다고 공개적으로 부정해 버렸다. 시간이 좀 지나자 이 일은 NASA가 1,000년에 한 번 있을까 말까 한 커다란 발견을 은폐하고 있다는 비난으로 이어졌다. 몇 명의 엔지니어, 컴퓨터 전문가, 그 외 여러 분야의 전문가(그들 가운데에는 NASA의 계약직 직원도 있었다.) 들이 자신들의 자유 시간을 들여 그 이미지를 디지털로 처리하고 화질을 선명하게 하는 일에 착수했다. 아마 그들은 충격적인 사실이 드러나기를 기대했을 것이다. 이런 시도 자체는 과학에서는 허용되는 일일 뿐만 아니라 적극적으로 장려되는 일이다. 물론 높은 증거 기준을 넘어야 한다는 조건이 따라붙는다. 그들 가운데 일부는 매우 신중했고 칭찬받을 만한 성과를 거두기도 했다. 그러나 대부분은 어디선가 자제력을 잃었는지 좀 너무 나갔다. 그 결과, 이 인면암이 인공적인 일종의 기념비적 조각 작품이라는 결론에 도달했을 뿐만 아니라, 근처에서 사원과 성채가 있는 도시를 발견했다고 주장하기 시작했다.• 어떤 저술가는 그 기념물들이 천문학적으로 특별한 방향을 바라보고 있다고 주장했다. (그의 그럴싸한 논변에 따르면 그 방향은 지금이 아니라 50만 년 전에 특별했던 방향이라고 한다.) 여기서 그는 시도니아의 불가사의한 건축물 군이 50만 년 전에 만들어졌다는 가설을 도출해 낸다. 그의 가설이 맞는다고 해도, 인간이 만들었다고 하는 것은 무리가 있지 않을까? 50만 년 전이면, 우리 조상들은 돌로 만든 도구들과 불 다루는 법을 익히느라고 바빴을 터인데. 하물며 우주선은 만들지도 못했다.

화성의 인면암을 지구에도 있는 유사한 얼굴 형상 물체들과 비교하며, "이렇게 얼굴들이 모두 하늘을 올려다보고 있는 것은 신을 올려다보기 때문이다."라고 주장하는 사람도 나왔다. 다른 가설에 따르면, 과거 행성 간 전쟁이 있었고, 그것 때문에 화성(그리고 달)의 표면이 곰보가 되었다고 한다. 인면암을 만든 것은 그 전쟁의 생존자였다고 한다. 그렇다면 여기저기 천체들에 있는 크레이터가 모두 다 전쟁의 흔적이란 말인가? 인면암이 태곳적에 멸망한 인류 문명의 유적이라고 주장하는 가설도 있다. 그 가설을 받아들이는 사람 중에는 그것을 만든 게 지구인이라고 주장하는 이들도 있고, 화성인이라고 주장하는 이들도 있으며, 우주를 여행하던 성간 방랑자가 화성에 잠시 들러 만든 것이라고 주장하는 이들도 있다. 그들은 지구인의 관심을 끌기 위해 인면암을 만든 것일까?

• 이런 이야기는 꽤 오래된 것이다. 적어도 퍼시벌 로웰(Percival Lowell, 1855~1916년)의 화성 운하 신화까지 1세기를 거슬러 올라간다. 예컨대, 필립 앨러비 클리터(Philip Ellaby Cleator, 1908~1994년)는 1936년에 출간한 『우주를 나는 로켓: 밝아 오는 행성 간 여행의 여명(*Rockets Through Space: The Dawn of Interplanetary Travel*)』이라는 책에서 다음과 같은 사변을 늘어놓았다. "화성에서 고대 문명의 부서진 잔해들이 발견될지도 모른다. 그것은 사라져 간 문명의 한때 영광을 말없이 증언할 것이다."

성간 방문자들이 지구에도 왔었으며 지구 생명을 낳았다고 주장하는 사람들도 있다. 최소한 인간은 그들이 만들었다고 주장하는 이들도 있다. 여기서 한 걸음 더 나아가 이 외계인들이 신이었다고 주장하는 이들도 있다. 아무튼 수많은 억측이 인면암 관련 담론을 뜨겁게 달군다.

최근에는 화성의 '기념물들'과 지구의 들판에 새겨진 '크롭 서클(crop circle, 미스터리 서클)' 사이에 연관 관계가 있다는 주장도 나오고 있다. 나아가서, 무진장하게 비축된 에너지가 고대 화성인의 기계에서 추출될 때를 기다리고 있으며, NASA가 미국의 일반 시민으로부터 진실을 숨기기 위해 대규모 은폐 공작을 수행하고 있다는 이야기도 들린다. 화성 지형의 수수께끼에서 시작된 억측이 여기까지 부풀어 오르는 것을 보면 가슴이 답답해질 뿐이다.

1993년 8월 마스 옵저버(Mars Observer) 우주선이 화성 근처에서 고장났을 때, NASA가 일으킨 위장 사고라는 비난이 일었다. 인면암에 대한 정밀 사진을 공개하지 않기 위해 꾸민 일이라는 것이다. (만일 그랬다면, NASA의 공작은 정말로 용의주도한 것이어야만 했으리라. 화성 지형학 전문가 그 누구도 그 사실을 전혀 몰랐으며, 마스 옵저버의 사고를 바탕으로 새로운 화성 탐사선을 설계하기 위해서 애쓰는 다른 NASA 과학자들도 그것을 전혀 몰랐기 때문이다.) 제트 추진 연구소(Jet Propulsion Laboratory, JPL)의 출입문들 밖에는 피켓을 든 시위자들이 모이기도 했다. 그들의 주장은 NASA의 권한 남용을 막자는 것이었다.

타블로이드《위클리 월드 뉴스》1993년 9월 14일 자 1면은 "NASA의 새로운 사진, 화성에서 인간 탐지!"라는 헤드라인으로 장식되었다. 가짜 '얼굴' 사진 옆에 달린 설명에 따르면, 이 사진은 화성 궤도를 도는 마스 옵저버가 찍은 것이라고 했다. (마스 옵저버는 궤도를 돌기는커녕 궤도 진입 전에 고장 난 것으로 추정된다.) 실존하지 않는 "우주 과학의 제1인자"는 익명으로 이 인면암이야말로 화성인들이 20만 년 전에 지구를 식민지로 삼았다는 증거라고 주장하는 글을 실었다. 또 그 과학자에 따르면, 이 정보는 "전 세계적인 혼란"을 방지하기 위해서 비밀에 부쳐지고 있다고 한다.

설령 그러한 사실이 폭로된다고 해도 '전 세계적인 혼란'이 실제로 일어날 가능성이 없다는 점은 접어 두자. 누구든 진행 중인 불길한 일을 발견한 과학자들이 어떻게 되는지 목격한 사람이라면(1994년 7월 슈메이커-레비 9(Shoemaker-Levy 9) 혜성이 목성과 충돌한 사건이 떠오른다.) 과학자들이 흥분을 잘하고 자제를 잘 못 하는 경향이 있음을 잘 알 것이다. 그들은 새로운 자료를 공유하고 싶어 하는 누를 수 없는 충동을 가지고 있다. 과학자들은 군사 기밀이라고 하더라도 사전 동의를 하지 않았다면 지키려고 하지 않는다. 소급 입법도 통하지 않는다. 과학은 본래 비밀주의적이라는 생각에 나는 반대한다. 과학의 문화와 윤리는 근본적으로 집단적이고 협력적이며 소통적이다.

기존 지식에 만족하고 아무런 근거도 없이 획기적 발견이라고 부풀리는 타블로이드 업계의 관행과 수작을 무시하면 어떨까? 화성의 인면암에 대해 아는 것이 별로 없는 사람이라면, 처음에는 소름 돋을 정도의 흥분을 느낄 것이다. 그러나 조금이라도 지식이 늘어나게 된다면 수수께끼는 순식간에 얕아지고 만다.

화성의 표면적은 거의 1억 5000만 제곱킬로미터에 이른다. 지구의 육지 넓이와 엇비슷하다. 화성의 '스핑크스', 즉 인면암이 차지하는 넓이는 약 1제곱킬로미터이다. 우편 엽서 하나만 한 화상이 1억 5000만 개 있다고 해 보자. 비교하자면, 인면암은 그중 1개가 사람 얼굴처럼 보이는 것이다. 이게 그렇게 이상한 일일까? 게다가 우리는 갓난아기 때부터 다른 사물로부터 사람 얼굴 형태를 구분해 내는 버릇이 있다. 주변에 있는 작은 산과 대지(臺地)를 조사했는데, 크기는 비슷했지만 사람 얼굴 닮은 것을 찾을 수는 없었다. 그렇다면 왜 이것 하나만 사람 얼굴을 닮은 것일까? 고대 화성의 엔지니어들은 이 대지만을 기념비로 만들고(한두 개 더 있을지도 모른다.) 나머지는 모두 그대로 버려 두었다는 말인가? 아니면 다른 대지들 또한 얼굴 형태로 조각되었지만, 지구인에게는 익숙하지 않은 기이한 얼굴 모습이라 우리가 못 알아보는 것일까?

원래의 화상을 좀 더 주의 깊게 연구해 보았다면, 교묘한 위치에 자리 잡은 콧구멍(이것이야말로 인면암을 사람의 얼굴로 만들어 주는 데 가장 큰 공헌을 한 요소였다.)이 실제로는 화성에서 지구로 무선 송신된 데이터에서 결손된 부분에 생기는 검은 점임을 알 수 있다. 얼굴 모습이 가장 잘 드러난 사진을 자세히 보면, 한쪽 면은 햇볕에 노출되어 있고, 다른 쪽 면은 짙은 그림자에 가려져 있음을 알 수 있다. 원본 디지털 데이터를 이용해 명암 대비를 강조해 보면 그림자 부분에서 얼굴처럼 보이지 않는 어떤 것들이 나타나기 시작한다. 화성의 인면암은 기껏해야 반쪽짜리 얼굴이다. 숨 막힐 것 같은 기대를 배신하듯, 연구하면 할수록 화성의 스핑크스는 자연물이라는 게 밝혀진다. 인간의 얼굴을 빼닮은 것도 아니고 하물며 인공적인 것은 더욱 아니다. 아마도 그것은 수백만 년의 세월을 거치면서 서서히 진행된 지질학적 과정의 산물일 것이다.

그러나 내가 틀릴 수도 있다. 극단적으로 상세하게 살펴본 적이 거의 없는 세계에 대해서 확신을 가지기란 어렵다. 이런 지형들은 좀 더 높은 해상도로, 좀 더 가까이 다가가 살펴봐야 한다. 그만한 가치가 있는 일이다. 인면암에 대한 훨씬 더 정밀한 사진은 좌우 대칭 문제도 해결해 줄 것이고 지질학적 과정의 산물이냐 인공적인 기념비냐 하는 논쟁을 확실히 해소해 줄 것이다. 인면암 주위의 충돌 크레이터를 자세히 조사한다면 인면암이 언제 형성되었는지도 알 수 있을 것이다. 또 주변에 있는 구조물들이 고대 도시의 유적이냐 아니냐 하는 문제도 정밀하게 조사하면 분명하게 해결될 것이다. (내 생각으로는 고대 도시의 유적으로 밝혀질 가능성이 가장 작다.) 정말로 화성에 파괴된 도시가 있을까? 그 도시에 성벽 같은 게 있고 총안 같은 것도 있을까? 고대 바빌로니아와 아시리아에서 신전 역할을 했던 지구라트 같은 구조물이나 탑이 있고 거대한 기둥이 늘어선 거대한 사원이 있을까? 또 거기에 당당하게 자태를 뽐내는 조각상이나 프레스코화가 있지는 않을까? 아니면 이 모든 것은 없고 그저 바위만 달랑 있을까?

이런 주장들이 지극히 개연성이 없다고 해도(나는 그렇다고 생각한다.) 조사해 볼 가치는 있다. UFO 현상과 달리 이 주장들은 실험으로 검증할 수 있기 때문이다. 화성에 대한 이런 가설들은 반증 가능하다. 반증 가능하다는 것은 과학의 영역으로 가져가기 쉽다는 뜻이기도 하다. 장차 미국과 러시아의 탐사선들이 화성에 간다면, 특히 고해상도 텔레비전 카메라를 탑재한 궤도선이 가서 피라미드나 인면암이나 도시라고 불리는 것들을 자세히 살펴봐 주면 좋겠다. 물론 과학적 문제를 조사하는 게 먼저일 테지만.

비록 이러한 화성의 얼굴 모양들이 지질학적으로 형성된 것이고 인공적인 것이 아니라는 사실을 모든 사람이 분명히 알게 된다고 하더라도, 우주 어딘가에 기념비 역할을 하는 얼굴 같은 게 존재한다는 이야기는 사라지지 않을 것이다. 이미 타블로이드 신문들은 금성부터 해왕성까지 모든 행성에서 화성의 인면암과 거의 똑같은 얼굴들이 발견되었다고 보도하고 있다. (금성이나 해왕성의 경우에는 그 얼굴이 구름 사이에 떠 있는 것일까?) 정보원은 언제나 그랬던 것처럼 가공의 러시아 우주선이나 실재하지 않는 익명의 우주 과학자이다. 이것은 회의주의자들이 그 이야기의 진위를 확인하기 어렵게 만든다.

화성 인면암의 강력한 옹호자들 가운데 한 사람은 최근 이런 발표를 하기도 했다.

> 금세기 최대의 획기적인 뉴스
> 달에서 외계인의 고대 유적 발견
> 종교적 혼란을 우려한 NASA, 이것을 은폐

기사에 따르면 월면에 "거대 도시"가 있다는 사실이 "확인"되었다고 한다. "로스앤젤레스 분지만큼 거대한" 그 도시는 "엄청나게 큰 유리 돔으로" 덮여 있다고 한다. 그 도시는 "수백만 년 동안" 버려져 있었고 도시 가운데에는 "높이가 8킬로미터나 되고 맨 꼭대기에는 1제곱마일 크기의 입방체가 있는 거대한 탑"이 있었지만 "운석에 의해서" 산산이 부서져 있다고 한다. 증거는? NASA의 로봇과 아폴로 우주인들이 찍은 달 사진들이라고 한다. 이 사진들의 중요성을 미국 정부는 은폐하고 있고, '정부'를 위해 일하지 않는 타국의 연구자들에게는 알려주지 않았다고 한다.

《위클리 월드 뉴스》 1992년 8월 18일 자는 "NASA의 비밀 위성"이 M51 은하의 중심부에 자리 잡은 블랙홀로부터 "수천, 아마 수백만의 목소리"가 흘러나오는 것을 발견했다고 보도했다. 그 목소리들은 하나같이 "하늘에 계신 주님에게 영광을, 영광을, 영광을"이라고 "거듭거듭" 외치고 있었다고 한다. 심지어 "영어"로. 다른 타블로이드 신문은 우주 탐사선이 하느님의 사진을 찍었다고 보도했다. 그 신문이 실은 도판은 흐릿한 오리온 성운의 사진이었다. 그들은 거기서 "하느님의 눈과 콧대"를 봤다고 주장한다.

《위클리 월드 뉴스》 1993년 7월 20일 자는 "클린턴, JFK와 만나다." 라는 제목의 기사를 그럴듯하게 나이 들어 보이고 노쇠한 옛 대통령의 모습을 담은 위조 사진과 함께 톱으로 실었다. 사진의 존 피츠제럴드 케네디(John Fitzgerald Kennedy, 1917~1963년)는 암살 사건으로 인해서 훨씬 신세를 지게 되었지만 목숨을 건져서 캠프 데이비드(Camp David, 미국 대통령의 전용 별장. 메릴랜드 주에 있다. — 옮긴이)에 비밀리에 은신하고 있었다. 지면을 넘기면 사람들의 흥미를 끌 만한 다양한 기사를 접할 수 있다. "지구 최후의 날의 소행성들"이라는 제목의 기사에서는 어떤 "일급 비밀 문서"에 실린 "일급 과학자"의 주장이 소개되어 있다. 그의 주장에 따르면 1993년 11월 11일에 소행성("M-167"이라고 한다.)이 지구에 충돌해 "지구 생명체가 절멸할 것"이라고 한다. 빌 클린턴(Bill Clinton, 1946년~)은 "그 소행성의 위치와 속도에 관해서" 계속해서 보고를 받고 있었던 것으로 기사에는 적혀 있다. 아마 그 소행성 문제는 클린턴이 케네디와 만나서 논의한 주제들 가운데 하나였으리라. 1993년 11월 11일이 아무런 사건 없이 지나갔기 때문에, 다행히도 지구는 아무튼 소행성과 충돌하는 재앙을 모면한 모양이다. 하지만 이 사실은 기사 가치가 없었는지 보도되지 않았다. 적어도 세상의 종말을 알리는 그 뉴스를 1면에 싣지 않은 기자의 판단은 타당했다.

어떤 사람은 이런 기사를 오락거리로 여기는 것 같다. 하지만 장기적인 관점에서 보았을 때 소행성과 지구의 충돌은 통계적으로 실제적인 위협이라는 게 확인된 시기에 우리는 살고 있다. (《위클리 월드 뉴스》는 이런 진짜 과학에서 힌트를 얻어 자신들의 상품을 만들어 내고 있다.) 정부 기관들도 그런 위협을 인지하고 대책을 검토하고 있다. 이러한 종말론적 과장과 별난 생각으로 가득한 이야기만 유행하게 되면, 대중은 진정한 위험과 타블로이드 신문의 허구를 구분하기 어렵게 되고, 그 위험에 대처할 인류의 능력을 저하시키게 된다.

《위클리 월드 뉴스》가 고발당하는 일은 드문 일이 아니다. 연기를 혹평당한 남녀 배우가 고발하는 경우도 있다. 때로는 거액의 보상금이 오가기도 한다. 이 신문은 그러한 소송 사건들을 짭짤한 수익 사업을 하는 데 드는 필요 경비 따위로 여기는 듯하다. 그들은 필자의 글은 자신들의 견해와 다를 수 있으며, 필자의 재량으로 씌어진 그 내용의 신빙성을 확인할 책임은 자신들에게 없다는 식으로 자신들을 변호한다.《위클리 월드 뉴스》의 편집 주간인 살 아이본(Sal Ivone)은 이렇게 이야기한 적이 있다. "그 이야기들은, 어쩌면 흘러넘치는 상상의 산물일 수 있다. 타블로이드 신문인 우리가 그런 이야기들을 실었다고 해서 반성할 필요는 없는 것 같다." 회의주의의 정신은 신문 판매에 도움이 되지 않는다. 타블로이드 신문에서 벗어난 저술가들은 신문에 실릴 이야기와 헤드라인을 정하는 타블로이드 신문사의 편집 회의가 매우 "창조적"이라고 전한다. 이 모임에서는 괴상한 이야기일수록 더 훌륭한 것으로 간주된다.

타블로이드 신문을 읽는 독자의 수는 엄청나다. 그들 중에는 신문에 실린 이야기를 액면 그대로 받아들이는 사람들도 있을 테고, 사실이 아니라면 신문에 실렸을 리가 없다고 믿는 사람들도 적지 않을 것이다. 내가 대화를 나누어 본 독자들 가운데에는 텔레비전에서 '프로 레슬링'을 보는 것처럼 단지 재미로 타블로이드 신문을 읽지, 그 내용을 사실이라고 생각해 본 적이 없는 이들도 있었다. 타블로이드 신문은 애초에 오락거리이기 때문에 발행자나 독자 모두 그 매체들이 다루는 이야기의 부조리를 따지지 않는다는 것이다. 그런 이야기에 증거라는 짐을 지울 필요가 없다고 여긴다. 그러나 사람들이 내게 보낸 편지들은 꽤 많은 미국인들이 타블로이드 신문을 매우 진지하게 열독하고 있음을 보여 준다.

1990년대 들어 타블로이드 신문 산업은 대약진 중이다. 심지어 다른 매체들을 왕성하게 먹어 치우고 있다. 주류 신문이나 잡지나 텔레비전이 사실 확인이라는 까다로운 족쇄에 묶여 있는 틈을 타고 직업 윤리가 좀 더 느슨한 매체가 고객을 뺏어 가는 것이다. 이러한 경향은 최근 급증하는 비슷한 소재를 다루는 저속한 텔레비전 프로그램에서 쉽게 확인할 수 있다. 심지어 뉴스나 보도 같은 이름을 단 프로그램에까지 확산되고 있다.

타블로이드 스타일의 싸구려 기사가 그렇게 확산되는 것은 팔리기 때문이다. 그것이 팔리는 이유는 단조로운 일상을 벗어나게 해 줄 자극을 갈망하고, 어린 시절에 우리가 느꼈던 불가사의한 경이를 다시 느끼고 싶어 하며, 인류보다 오랜 역사를 살아 오며 더 슬기로워진 누군가가 우리를 지켜보고 있다는 믿음을 얻고자 하는 사람들이 우리 가운데 많기 때문이다. 적어도 믿음으로만 살 수 없는 사람들이 많은 것도 사실이다. 그런 사람들은 확실한 증거와 과학적 증명을 요구한다. 하지만 아쉽게도 그들은 과학의 승인 도장을 갈망하지만, 그 증거에 요구되는 엄격한 기준을 기꺼이 견뎌 낼 마음은 없다. 의심하지 말고 믿기만 해도 된다면 얼마나 편할까. 그렇게 된다면 자기 일은 자기가 책임져야 한다는 진저리쳐지는 부담도 벗을 수 있을 것이다. 만약 우리가 의지할 것이 우리 자신뿐이라면 인류의 미래가 어떻게 될지 근심이 커질 것이다. 하긴 이것은 근심할 만한 문제이기는 하다.

여기에서 현대의 기적이 만들어진다. 적당히 만들어진 그 기적은 부끄러운 줄도 모르는 사람들의 보증을 받아 회의주의적이고 공식적인 검사를 받지 않은 채, 사람들이 타블로이드 신문을 사는 전국 슈퍼마켓과 잡화점, 편의점의 판매대에 깔린다. 타블로이드 매체들은 과학의 이름으로 오래된 신앙을 포장한다. 우리가 낡은 믿음을 의심하는 데 사용하는 도구인 과학을 말이다. 그리고는 유사 과학과 사이비 종교를 하나로 묶는다.

새로운 세계를 탐구하는 과학자들의 마음은 대개 열려 있다. 만약 우리가 무엇을 발견할지 처음부터 알고 있다면 일부러 찾아가지 않을 것이다. 앞으로 우리가 미래의 탐사를 통해 화성을 비롯해 코스모스라는 숲에 있는 매력적인 세계들을 찾아간다면 정말로 놀라운 것들을 발견하게 될 것이다. 심지어 신화적인 존재나 사건과 조우할지도 모른다. 아마도 그럴 것이다. 그러나 인간은 스스로를 속이는 재능을 타고난 존재이다. 그러므로 우주를 탐험하는 사람이라면 도구 상자 속에 반드시 회의주의, 즉 의심의 정신을 챙겨 넣어야 한다. 그렇지 않으면 길을 잃을 것이다. 우리가 만들어 내지 않아도 저기 밖에는 경이로운 일들이 충분히 있다.

4장
외계인

"여긴 아무도 살지 않습니다.
양식 있는 존재라면 이런 데서 살고 싶지 않을 겁니다."
"그렇군요." 미크로메가스가 말했다.
"이런 데 사는 존재라면 양식이 없다고 봐야겠죠."
—지구로 접근하는 중에 한 외계인이 다른 외계인과 나눈 말.
볼테르(Voltaire, 1694~1778년)의 『미크로메가스: 철학적 역사
(*Micromegas: A Philosophical History*)』(1752년)에서

밖은 아직도 어둡다. 당신은 완전히 깬 채로 침대에 누워 있다. 아무래도 가위에 눌린 것 같다. 방에 당신 말고 무언가 있는 것 같다. 당신은 소리를 지르고 싶다. 그러나 소리가 나오지 않는다. 키가 1미터 조금 넘는 작은 회색 존재들 여럿이 발 쪽에 서 있는 게 보인다. 몸보다 큰 머리는 서양 배처럼 생겼고 털이 없다. 눈이 이상하게 크고 아무런 표정이 없는 얼굴은 모두 똑같다. 그들은 튜닉을 입고 장화를 신고 있다. 당신은 이것이 꿈이기를 바란다. 그러나 이것은 실제로 일어나고 있는 일이다. 그 생물들은 당신을 들어 올리고, 침실 벽을 스르르 뚫고 나간다. 당신과 그 생물들은 둥둥 떠서 하늘로 올라간다. 위를 보니 금속 접시처럼 생긴 우주선을 향해 상승해 가는 게 아닌가. 우주선에 도착하니 그 생물들에 둘러싸여 의학 실험실로 옮겨진다. 거기에는 똑같이 생겼지만 덩치가 좀 더 큰 생물이 있다. 의사인가? 그 생물이 당신을 넘겨받는다. 그다음 일어난 일들은 너무나도 무시무시하다.

그들은 각종 기구와 기계로 당신 몸 구석구석을, 특히 성기를 꼼꼼하게 조사한다. 당신이 남자라면 정자 샘플을 채취할 것이고, 당신이 여자라면 난자나 태아를 채취하거나 정액을 주입할 것이다. 당신에게 성교를 강요할지도 모른다. 그 후 당신은 또 다른 방으로 끌려가게 된다. 반은 인간을 닮고 반은 그들을 닮은 혼혈아나 태아가 그 방에 있다. 당신이 그

방에 들어가자 그들은 당신을 빤히 쳐다본다. 당신은 환경 파괴나 에이즈 유행이 인간의 악행 탓이라는 훈계를 듣는다. 그리고 그들은 황폐해진 지구의 미래를 화면으로 보여 준다. 마지막으로 이 음침한 회색의 밀사들은 당신을 우주선 밖으로 데리고 나온 다음, 침실 벽을 스르르 뚫고 지나가 침대 위에 올려놓는다. 몸이 자유로워지고 목소리가 나오기 시작하지만 그들은 사라지고 없다.

당신은 이 일을 기억하지 못할 수도 있다. 아무 기억도 나지 않는데 시간이 흐른 것을 발견하고 고개를 갸웃거릴 수도 있다. 이 모든 일이 너무나도 기이한 탓에 자신이 제정신인지 잠시 의심스러워지기도 할 것이다. 이 일 이야기를 하는 게 내키지 않는 것은 자연스러운 일이다. 그렇다고 마음속에 묻어 두기에는 너무 기묘한 체험이라 심란하기만 하다. 그래서 비슷한 체험담을 듣거나, 자신의 경험에 공감해 주는 심리 치료사의 최면 치료를 받거나, 잡지나 책이나 텔레비전에서 UFO '특집'이나 '외계인'의 그림을 보면 그 기억이 한꺼번에 되살아난다. 유소년기에 이런 경험을 했다고, 확실하게 기억한다고 주장하는 사람들도 있다. 그들 주장에 따르면 자기 자식도 외계인에게 유괴되었다고 한다. 이야기는 가족으로 확장된다. 인류를 품종 개량하는 일종의 우생학 프로그램이 진행되고 있다는 것이다. 아마 외계인들은 아주 오래전부터 이런 일을 계속해 왔을 것이다. 어떤 이는 그것이 바로 인류의 기원이라고 말한다.

몇 년에 걸친 반복적인 여론 조사를 통해 밝혀진 바에 따르면 대부분의 미국인은 지금도 외계인이 UFO를 타고 지구를 방문하고 있다고 믿는다. 1992년 거의 6,000명에 달하는 미국인 성인 남녀를 대상으로 한 로퍼 센터(Roper Center)의 여론 조사에 따르면, 미국인 18퍼센트가 깨어났으나 몸을 움직일 수 없는 상태에서 방 안에 낯선 존재가 있음을 인지했다고 한다. (이 조사는 외계인에 의한 납치를 문자 그대로 믿는 사람들이 의뢰한 것이기도 하다.) 약 13퍼센트가 기이한 시간 공백을 경험했다고 보고했고, 10퍼센트는 아무런 기계적 도움 없이 공중에 둥둥 떠 있었다고 주장했다. 여론 조사의 의뢰인들은 이런 결과만으로 전체 미국인의 25퍼센트가 다른 세계에서 온 존재에 의해서 납치된 경험이 있으며, 이들 가운데 다수는 반복적으로 그런 경험을 한다고 결론 내렸다. 하지만 이 조사에서 "외계인에게 납치된 적이 있는가?" 하는 질문은 하지 않았다고 한다.

만약 이 여론 조사를 후원하고 그 결과를 작위적으로 해석한 이들이 내린 결론을 믿는다면, 그리고 외계인이 미국인에게만 편파적이지 않다면, 지구 전체로 외계인에게 납치된 경험을 가진 사람의 수는 1억 명이 넘을 것이다. 이 말은 지난 몇십 년 동안 외계인에 의한 지구인 납치 사건이 몇 초에 한 건씩 일어났다는 뜻이다. 그런데도 그 많은 이웃 사람들이 눈치채지 못했다니 놀라운 일이다.

도대체 지구에서 무슨 일이 일어나고 있는 것일까? 자칭 납치 경험자들과 이야기해 보아도, 그들 대부분은 강한 감정에 사로잡혀 있는 것만 빼면 매우 신실해 보인다. 그들을 진찰한 정신과 의사들은 정신 병리학적 이상을 그들에게서 발견할 수 없다고 말한다. 아무 일도 일어나지 않았다면, 왜 외계의 존재들에게 납치된 적이 있다고 주장하는 사람들이 나오는 것일까? 이 모든 사람이 착각을 했거나 거짓말을 하거나 똑같은 (또는 비슷한) 줄거리의 환각을 보는 이유는 대체 무엇일까? 이렇게 많은 사람의 분별력을 의심하는 것은 오히려 오만하거나 무례한 일일지도 모른다.

그렇다고 해서 외계인이 진짜로 지구를 침공했다고 믿기는 어렵다. 그러니까 외계인들이 수백만 명의 선량한 남성과 여성, 그리고 아이 들을 대상으로 불쾌한 인체 검사를 자행해 왔고, 그들을 수십 년 동안 품종 개량을 위한 가축처럼 대해 왔다고 믿으라는 이야기가 되기 때문이다.

그리고 책임 있는 언론 매체와 의사, 과학자, 그리고 일반 시민의 생명과 안녕을 지키겠다고 맹세한 정부가 이러한 사실을 조금도 파악하지 못하고 있으며, 대책조차 세우지 못하고 있다는 이야기도 믿어야 한다. 아니면 바로 그 정부가, 많은 사람이 이야기하듯이, 시민들이 진실에 접근하지 못하도록 대규모 음모를 꾸미고 있다고 믿어야 할지도 모른다.

그런데 물리학과 공학 분야에서는 그렇게 진보한 존재들이 유독 생물학 분야에서는 그렇게 뒤떨어진 이유는 무엇일까? 광대한 성간 공간을 가로지르고 유령처럼 벽을 통과하는 기술을 가진 존재들 아닌가. 만약 외계인들이 자신들의 임무를 비밀리에 수행하고자 한다면, 납치한 사람들의 기억을 완벽하게 지워 버릴 수 있을 것이다. 왜 그렇게 하지 않았을까? 그것이 그들에게는 너무 어려운 일이었을까? 검사 기구들이 눈에 보일 정도로 크고 집 근처 병원에서 볼 수 있는 것들과 비슷해 보이는 것은 무엇 때문일까? 왜 외계인들은 인간과의 성적 접촉을 반복적으로 애써 시도하는 것일까? 난자 세포와 정자 세포 몇 개를 훔쳐서 유전 정보 전체를 판독한 다음, 자기 마음에 드는 유전적 변이를 골라 마음대로 복제품을 만들어 내면 되지 않을까? 성간 공간을 빠른 속도로 가로지르지도 못하고 벽을 스르르 통과하지도 못하는 우리 인류도 세포를 복제할 수 있는데 말이다. 인간의 활성 유전자 99.6퍼센트가 침팬지와 같다는 사실을 아는 사람이라면 인류가 외계인 품종 개량 계획의 유일한 산물이라는 주장을 감히 할 수 없을 것이다. 우리와 침팬지는 생쥐와 쥐보다 유전적으로 훨씬 더 가깝다. 어떤 경험담이 '번식'에 집착한다면 경계할 필요가 있다. 왜냐하면 인간 조건은 언제, 어디에서나 성적 충동과 그것에 대한 사회적 억압 사이의 아슬아슬한 균형에 따라 규정되어 왔기 때문이다. 게다가 지금은 아동기에 성적 학대를 입었다는 무시무시한 이야기(그것이 진실이든 거짓말이든)로 가득한 시대이기 때문이다.

여러 대중 매체의 보도•와는 달리 로퍼 센터의 여론 조사원들과 '공식' 보고서 작성자들은 외계인에게 납치당한 적이 있는지 결코 묻지 않았다. 그들은 그냥 깨어나 보니 낯선 존재가 주위에 있었던 적이 있는 사람들, 설명할 수는 없지만 공중을 떠다니는 것 같은 느낌을 받았던 적이 있는 사람들, 그밖에 비슷한 부류의 경험을 했던 사람들을 납치당한 사람으로 간주했다. 로퍼의 여론 조사원들은 무언가의 존재를 감지한 것과 날아다닌 것 등의 경험이 일련의 사건인지 별개의 사건인지도 알아보려고 하지 않았다. 그들의 결론, 즉 미국인 수백만 명이 납치된 적이 있다는 결론은 대충 설계된 조사에 근거한 거짓이다.

그러나 납치 경험이 있다고 주장하는 적어도 수백 명의 사람, 아마 수천 명의 사람이 심리 치료사를 찾거나 납치 피해자 지원 그룹의 문을 두드리고 있다. 비슷한 고민을 가진 이들이 더 있을 수도 있지만, 그들은 정신 질환이라고 비웃음을 사거나 오명 입을 것이 두려워서 소리를 내 이야기하거나 도움 청하는 것을 꺼리고 있다.

내가 듣기로는, 외계인 납치 경험자 중에는 강경한 회의주의자들의 적대감과 거부감이 두려워서 이야기하기를 꺼리는 이들도 있다고 한다. (많은 이들이 기꺼이 라디오와 텔레비전 토크쇼에 출현하지만 말이다.) 나서기를 꺼리는 그들의 태도는 이미 외계인 납치를 믿는 지지자들 사이에서도 나타난다. 그러나 아마 다른 이유도 있을 듯하다. 다시 말해 자신들의 기억이 외적 사건인지 아니면 마음의 내적 상태인지 스스로 확신하지 못하는 것일지도 모른다. 적어도 처음에는, 적어도 자신의 이야기를 여러 차례

• 예를 들어, 1994년 9월 4일 자 《퍼블리셔스 위클리(*Publishers Weekly*)》에 이런 기사가 실렸다. "갤럽 여론 조사에 따르면, 미국인 300만 명 이상이 외계인에 의해서 납치된 적이 있다고 믿는다."

반복해서 하기 전에는 말이다.

"진실을 사랑하는 틀림없는 표식"이란 "증거보다 큰 보증을 호언장담하는 제안은 절대로 받아들이지 않는 것이다."라고 존 로크(John Locke, 1632~1704년)는 1690년에 펴낸 저술에서 썼다. (이 저술은 『인간 지성론(*In Essay Concerning Human Understanding*)』을 말한다. — 옮긴이) 그렇다면 UFO의 문제와 관련된 증거들은 얼마나 강력할까?

'비행 접시'라는 말은 내가 고등학교에 들어갈 때 만들어졌다. 당시 신문들은 지구의 하늘 저편에서 날아온 함선들에 대한 이야기로 가득했다. 그 이야기들은 신빙성 있어 보였다. 우주에는 수많은 별이 있고 적어도 그중 일부는 우리 태양계처럼 행성들을 거느리고 있을 것이다. 태양만큼 또는 그 이상으로 오래된 별들도 많을 테니, 지능을 가진 생명체가 진화할 시간은 충분했다. 당시 캘리포니아 공과 대학의 제트 추진 연구소는 이제 막 2단 로켓을 발사한 참이었다. 인류는 달과 다른 행성들로 가려 하고 있었다. 그렇다면 우리보다 긴 역사를 가지고 더 슬기로운 다른 세계의 존재들도 자신들의 별을 떠나 우리에게로 오려고 하지 않을까? 그러지 않을 이유가 무엇일까?

이런 일은 히로시마와 나가사키에 원자 폭탄이 투하되고 나서 불과 몇 년 사이에 일어났다. UFO 승무원들은 우리를 염려했던 것일까? 그래서 우리를 도와주려고 찾았을지도 모른다. 아니면 우리와 우리의 무기들이 **그들을** 공격하거나 성가시게 할 수 있는지 확인하려고 했을지도 모른다. 많은 사람이 비행 접시를 본 것 같았다. 그중에는 마을과 도시의 유지나 경찰관도 있었고, 민간 항공기 조종사나 군인도 있었다. 그리고 다소의 헛기침과 비웃음 말고는 반론을 찾아볼 수 없었다. 목격자가 이렇게 많은데, 모두가 잘못 보았다고 할 수 있을까? 더욱이 원반 모양 물체가 레이더에 포착되기도 했고 사진까지 찍혔다. 신문이나 잡지에서 그런 사진들을 얼마든지 볼 수 있었다. 어떤 이유에서인지 파괴된 비행 접시와 작은 외계인 사체에 대한 보고서도 있었다. 그 보고서에 따르면 그 외계인은 치열이 온전하게 남아 있었고 미국 남서부에 있는 공군 기지에 딱딱하게 언 상태로 냉동 보관되어 있다고 했다.

그로부터 몇 년 후《라이프(*Life*)》는 당시 사람들 사이에 널리 퍼져 있던 일반적 견해를 다음과 같이 요약했다. "현대 과학으로는 이 물체들을 자연 현상으로 설명할 수 없다. 이 물체들은 아무래도 인공적인 장치로 보이며, 고도의 지적 생명체가 만들어서 조작한 것으로밖에 설명할 길이 없다." "계획 중인 것을 포함해 현재 지구에 있는 것으로 알려져 있는" 어떤 것으로도 "이 장치들의 성능을 설명할 수" 없다는 것이다.

그렇지만 내가 알기로는 UFO에 정신이 팔린 어른은 한 사람도 없었다. 나는 왜 그런지 이해할 수 없었다. 어른들은 UFO 대신에 중국의 공산화, 핵무기, 매카시즘, 임대료 등을 걱정했다. 정말로 중요한 것은 그런 게 아닐 텐데 하고 나는 걱정했다.

1950년대 초반 대학에 가고 나서야 나는 조금씩 배우기 시작했다. 과학이 어떻게 작동하는지, 과학이 위대한 성공을 거둔 비결이 무엇인지, 어떤 것이 참인지 아닌지 정말로 안다고 하려면 증거 기준을 얼마나 엄격하게 적용해야 하는지, 애초에 그릇되게 출발해 막다른 결론에 이른 것들이 인간의 사고를 얼마나 많이 좀먹었는지, 우리가 가진 심리적 편향과 편견이 증거 해석을 얼마나 심하게 오염시켰는지, 그리고 정치적, 종교적, 학문적 위계 구조 위에 세워진 신념 체계들이 약간 틀린 정도가 아니라 그로테스크하게 틀린 것으로 판명되는 경우가 얼마나 많았는지 말이다.

얼마 전 나는 찰스 맥케이(Charles Mackay, 1814~1889년)가 1841년에 쓴 『대중의 미망과 광기(*Extraordinary Popular Delusions and the Madness of Crowds*)』라는 책을 우연히 발견했다. 이 책은 지금도 발행되고 있다. 이 책에서 나는 광기 어린 거품 경제의 역사를 읽을 수 있었다. 예를 들어, 미시시피와 남해 '거품' 사건과 믿을 수 없을 정도로 높은 가격에 거래된 네덜란드 튤립 이야기에서 시작해, 각국의 부자와 유명 인사를 농락한 희대의 사기꾼 이야기들이 그 책에 소개되어 있었다. 일군의 연금술사들 이야기도 나왔다. 그중에서 특히 신랄했던 것은 켈리 씨(Mr. Kelly)와 디 박사(Dr. Dee)의 이야기였다. (그리고 수정을 들여다보면서 영적 세계와 교감하는 일에 필사적이었던 아버지 디 박사의 영향을 받아 수정을 들여다본 여덟 살 난 그의 아들의 이야기도.) 실현되지 않은 예언과 예견, 점괘의 사례들, 마녀 사냥, 저주받은 저택, 민중의 대도(大盜) 숭배 등등의 이야기도 실려 있었다. 생 제르맹 백작(Count of Saint Germain)의 이야기도 재미있었다. 그는 만찬 자리에서 자신은 불사신은 아니지만 몇 세기를 살아왔다고 주장하며 사람들을 가지고 놀았다. (만찬 자리에서 그는 사자심왕 리처드 1세(Richard I The Lionheart, 1157~1199년)와 나눈 대화를 재현해 보였다. 사람들이 믿지 않자 그는 하인을 불러 확인을 시켰다. "있으셨군요. 제가 주인님을 모신 것은 이제 500년밖에 되지 않았습니다."라고 하인이 대답했다. "아, 그렇지. 그건 자네가 우리 집에 오기 좀 전에 있었던 일이지."라고 그는 말했다.)

내 눈을 특히 더 강하게 사로잡은 것은 십자군에 관한 장이었다. 그 장은 이렇게 시작한다.

> 어느 시대든 그 시대 나름의 어리석음이 있다. 그것은 음모나 계획일 수도 있고 환상일 수도 있다. 사람들은 그것을 향해 달려드는데, 경우에 따라 획득에 대한 욕망이나 자극에 대한 필요, 아니면 흉내라도 내야 한다는 압박이

박차를 가하기도 한다. 어떤 것이든 여기에는 일종의 광기가 따른다. 그러한 광기를 정치적, 종교적, 또는 양자가 결합된 대의명분이 자극한다.

내가 처음 읽은 판본은 금융가이자 대통령의 경제 자문이었던 버나드 맨스 바루크(Bernard Mannes Baruch, 1870~1965년)의 찬사가 실린 것이었다. 그는 맥케이의 책을 읽은 덕분에 수백만 달러를 아낄 수 있었다고 썼다.

자기(magnetism)로 질병을 치료한다는 거짓 주장은 아주 오랜 역사를 가지고 있다. 예를 들어, 파라켈수스(Paracelsus, 1493~1541년)는 자석을 이용해 인체의 질병을 빨아들인 다음에 그것을 땅에 묻었다. 자기 치료와 관련해 가장 중요한 인물은 역시 프란츠 안톤 메스머(Franz Anton Mesmer, 1734~1815년)이다. 나는 '메스머라이즈(mesmerize)'라는 말을 최면술을 건다는 말과 비슷한 뜻으로 어렴풋이 알고 있었다. 그러나 맥케이의 책을 읽으면서 처음으로 메스머에 관해 알게 되었다. 오스트리아 빈 출신의 의사였던 메스머는 행성의 위치가 인간의 건강에 영향을 미친다고 생각했다. 그는 전기와 자기의 불가사의한 힘에 매료되어 있었다. 때는 프랑스 혁명 전야, 그는 몰락 직전의 프랑스 귀족들에 영합했다. 메스머는 그들을 어두운 방에 모았다. 황금 꽃장식을 한 비단 가운을 입고 상아로 만든 지팡이를 짚고 나타난 메스머는 묽은 황산을 담은 통 주위에 자신의 고객들을 앉혔다. 메스머와 그의 젊은 조수들이 환자들의 눈을 들여다보거나 그들의 몸을 문질렀다. 그동안 환자들은 황산 용액에 드리워진 금속 막대를 쥐고 있거나 서로의 손을 맞잡고 있었다. 이 소문은 곧 사방팔방으로 퍼져나갔고, 귀족들, 특히 젊은 여성들이 미친 듯이 치료를 받으러 달려왔다.

메스머는 선풍적인 인기를 끌었다. 그는 자신이 사용하는 힘을 '동물 자기(animal magnetism)'라고 불렀다. 하지만 재래식 의료인들에게 메스머의 치료법은 장사의 방해일 뿐이었다. 결국 프랑스 의사들은 메스머식 시술 행위를 엄단하도록 루이 16세에게 압력을 가했다. 그들은 메스머가 공중 보건을 해친다고 주장했다. 프랑스 과학 아카데미는 조사 위원회를 조직해 당대 최고의 화학자인 앙투안 로랑 라부아지에(Antoine Laurent Lavoisier, 1743~1794년)와 미국의 외교관이자 전기 분야 전문가인 벤저민 프랭클린 등의 전문가를 조사 위원으로 임명했다. 그들은 메스머식 치료법의 실체를 일목요연하게 밝혀 줄 대조 실험(control experiment)을 설계했다. 자기 치료를 시술할 때 환자에게 자기 치료라고 알리지 않으면 아무런 치료 효과도 나타나지 않았다. 어떤 경우든 메스머식 치료의 효과는 피시술자의 마음에 전적으로 달려 있었다. 이것이 조사 위원회의 결론이었다. 나중에 그 위원회의 위원 중 한 사람이 한 말에 따르면, 메스머의 동물 자기 치료로 최선의 효과를 얻기 위해서는 다음과 같은 마음가짐이 필요했다고 한다.

> 당분간 물리학에 대해 아는 것을 모두 잊어라. …… 마음속에서 일 수 있는 모든 반론을 떨쳐 버려라. …… 6주 동안은 이치를 따지지 마라. …… 시술자의 말을 그냥 믿어라. 과거의 모든 경험을 버리고 이성의 목소리에 귀 기울이지 마라.

아, 그렇지. 마지막 충고가 있었다. "따지기 좋아하는 사람 앞에서는 절대로 자기 시술을 하지 마라."

내 안목을 열어 준 또 하나의 책으로 마틴 가드너(Martin Gardner, 1914~2010년)의 『과학의 이름으로 벌어진 변덕과 오류(*Fads and Fallacies in the Name of Science*)』가 있다. 이 책에도 흥미로운 사례가 잔뜩 실려 있다. 인간이 느끼는 오르가슴의 에너지에서 은하 구조에 관한 열쇠를 발견했다는 정신 분석학자 빌헬름 라이히(Wilhelm Reich, 1897~1957년), 전기를 사용해 소금에서 아주 작은 곤충을 창조해 냈다고 주장한 영국의 과학자 앤드루 크로스(Andrew Crosse, 1784~1855년), 나치가 사랑했던 우주론으로 은하가 별이 아니라 눈덩이로 이루어졌다는 얼음 우주 이론(Welteislehre)을 제안한 오스트리아 공학자 한스 회르비거(Hanns Hörbiger, 1860~1931년), 기자의 대피라미드와 관련된 다양한 숫자 속에 천지 창조에서 예수 재림까지 세계의 연대기가 감춰져 있다고 주장한 스코틀랜드의 왕립 천문학자 찰스 피아치 스미스(Charles Piazzi Smyth, 1812~1896년), 자신의 글을 읽는 독자들을 미치게 만드는 작품(이 원고의 교정을 본 사람은 어떻게 되었을까?)을 썼다고 한 미국의 소설가이자 사이언톨로지라는 종교의 창시자 라파예트 론 허버드(Lafayette Ron Hubbard, 1911~1986년), 수백만 명의 사람으로 하여금 환생을 입증할 만한 증거가 있다고 믿게 만든 브리디 머피(Bridey Murphy, 1923~1995년), 초감각 지각(ESP)을 증명하겠다는 실험을 수행해 근대 초심리학의 아버지로 평가받은 미국의 식물학자이자 초심리학자인 조지프 뱅크스 라인(Joseph Banks Rhine, 1895~1980년)의 이야기를 여기에서 읽었다. 뿐만 아니라 찬물로 관장을 하면 충수염을 치료할 수 있다는 낭설, 구리관을 이용하면 세균성 질병을 치료할 수 있다는 거짓말, 초록색 조명을 이용하면 임질을 치료할 수 있다는 식의 헛소리도 소개되어 있었다. 그리고 자기 기만적이고 허황된 이 모든 이야기 한가운데에 놀랍게도 UFO에 관한 이야기가 있었다.

물론 온갖 거짓 믿음들을 분류해 책을 썼다는 것만으로도 맥케이와 가드너의 성격이 까탈스럽고 오만하지 않을까 하는 생각이 들었다. 두 사람은 믿을 만한 게 하나도 없었을까? 하지만 사람들이 열정을 가지고 뜨겁게 옹호했지만 나중에 아무것도 아닌 것으로 밝혀진 가설이 얼마나 많았던가! 이렇게 나도 인간이란 본래 오류를 범할 수밖에 없는 존재이며 하늘을 나는 원반에 대해서도 다른 설명이 있을지도 모른다고 생각하게 되었다.

내가 외계 생명체의 존재 가능성에 관심을 가지게 된 것은 아주 어릴 때, 그러니까 비행 접시 이야기를 듣기 훨씬 전부터였다. UFO를 향한 어린 시절의 열정이 수그러들고 난 후에도, 다시 말해 과학적 방법이라는 무자비한 작업 감독에 대해 더 잘 알게 된 뒤에도 외계 생명체에 관한 나의 관심은 식지 않았다. 하지만 증거가 모든 것이다. 중요한 문제일수록 그 증거는 손톱만 한 틈도 있어서는 안 된다. 그것이 참이기를 바라는 마음이 크면 클수록 우리는 더욱더 신중해야 한다. 목격자가 그렇게 말했다는 것만으로는 충분하지 않다. 사람은 실수할 수 있다. 장난을 칠 수도 있다. 돈이나 명성을 위해서 진실을 왜곡할 수도 있다. 또 잘못 볼 수도 있다. 게다가 때때로 사람들은 존재하지도 않는 것을 보기도 한다.

본질적으로 모든 UFO 목격 사례들은 일화적 이야기이며, 경험했다고 하는 이들의 주장일 뿐이다. UFO에 대한 묘사는 다양하다. 빠르게 움직이는 것도 있고 공중에 떠 있는 것도 있고 원반이나 궐련 모양을 한 것도 있으며 공 모양을 한 것도 있다. 조용하게 움직이는 것도 있고 시끄러운 소리를 내는 것도 있으며 타는 듯한 화염을 내뿜는 것과 반대로 아무런 화염도 내뿜지 않는 것도 있다. 번쩍이는 불빛들을 동반하는 것이 있는가 하면 전체가 은색인 것도 있고 여러 빛을 찬란하게 발산하는 것도 있다. 목격 내용이 이처럼 다양한 것은 그것들이 공통의 원천을 가지지 않았음을 보여 준다. 그렇게 공통점이 없는 여러 현상을 'UFO'나 '비행 접시' 같은 하나의 용어로 묶은 게 이야기를 배배 꼬아 버린 원인일지도 모른다.

'비행 접시'라는 단어가 만들어진 과정도 흥미롭다. 이 글을 쓰는 내 앞에는 CBS의 유명한 뉴스 진행자인 에드워드 로스코 머로(Edward

Roscoe Murrow, 1908~1965년)가 1947년 6월 24일 워싱턴 주의 레이니어 산 근처에서 무언가 특별한 것을 보았다고 주장하며 어떤 의미에서 '비행 접시'라는 말을 처음 만들어 낸 장본인인 민간 조종사 케네스 앨버트 아널드(Kenneth Albert Arnold, 1915~1985년)와 1950년 4월 7일에 한 인터뷰 내용의 복사본이 놓여 있다. 아널드는 신문들이 자기 주장을 제대로 인용하지 않았다며 다음과 같이 주장했다.

> 그들은 제 이야기를 제대로 인용하지 않았습니다. …… 제 이야기를 잘못 인용했다고 신문사에 이야기했더니, 한 신문사와 또 다른 신문사는 하나같이 흥분해서 그들이 이야기하는 것의 정체를 아무도 정확하게 알지 못한다고 하면서 되레 성을 냈죠. …… 그 물체들은 거친 물살에 흔들리는 보트처럼 다소 흔들거렸습니다. …… 그리고 그 물체들이 어떻게 날았는지 묘사하는 중에 저는 그것들이 접시를 들어 물 위로 던졌을 때처럼 날았다고 말했죠. 대부분의 신문은 그 말을 오해하고 잘못 인용했습니다. 신문에는 제가 그 물체들이 접시처럼 생겼다고 말한 것으로 되어 있었습니다. 하지만 제가 말하고자 한 것은 그 물체들이 접시가 날 듯이 날았다는 것이었습니다.

아널드는 일렬로 나는 9개의 물체를 보았고, 그중 하나는 "무시무시한 파란 섬광"을 방출했다고 했다. 그는 그 물체들이 새로운 종류의 날개를 단 항공기였다고 결론 내렸다. 머로는 인터뷰를 다음과 같이 정리했다. "그것은 역사적인 인용 실수였습니다. 아널드 씨의 원래 설명은 잊혀졌고, '비행 접시'라는 말은 일상 용어가 되고 말았죠." 케네스 아널드가 본 것은 외관과 비행 방식 모두 그로부터 몇 년 지나지 않아 대중들이 생각하게 된 '비행 접시'와 완전히 다른 것이었다. 고도의 기동성을 갖춘 거대한 프리스비(frisbee, 원반 모양의 스포츠 용품 또는 장난감. — 옮긴이) 같은 게 아니었다.

대부분의 사람은 자신이 본 것을 정직하게 보고했다. 그들이 본 것은 익숙한 것은 아니었지만 일종의 자연 현상이었다. UFO 목격 사례들 가운데 일부는 새로운 종류의 항공기, 별난 발광 패턴을 보이는 재래식 항공기, 높이 띄운 풍선, 발광성 곤충, 특별한 대기 조건에서 보이는 행성, 신기루, 렌즈 모양 구름, 구상 번개(ball lightning), 햇무리, 초록색 화구(green fireball)를 동반한 유성, 인공 위성, 노즈콘(nosecone, 로켓이나 미사일의 맨 앞부분. ㅡ옮긴이), 대기권으로 재진입하면서 장엄하게 불타오르는 로켓 부스터 등으로 밝혀졌다.• 이것은 내 상상이지만, UFO 목격 사례들 가운데 몇몇은 대기권 상층부에서 타 버린 혜성일지도 모른다. 레이더에 잡힌 현상은 '이상 전파(anomalous propagation)' 현상이라는 게 밝혀졌다. 대기 온도가 역전될 경우 전파의 경로가 휘는데, 전통적으로 그런 전파를 '레이더 천사(radar angel)'라고 했다. 있는 것처럼 보이지만 실제로는 없다는 뜻에서 붙인 이름이다. 육안과 레이더 모두 존재하지 않는 것을 포착하기도 한다.

하늘에서 무언가 낯선 것을 보면 어떤 이들은 흥분해서 비판 능력을 잃고 나쁜 목격자가 된다. 그런 부분이 사기꾼과 허풍쟁이를 끌어들이는 빈틈이 되는 듯싶다. 실제로 많은 UFO 사진들이 날조된 것으로 밝혀졌다. 가는 낚싯줄에 모형을 매달고 찍은 것도 있었고, 이중 노출을 사용한 것도 많았다. 미식 축구 경기를 관람하던 수천 명이 UFO를 보

• 지구 상공에는 아주 많은 인공 위성이 떠 있다. 그래서 우리는 세계 어디에서나 번쩍이며 자신의 존재를 드러내는 인공 위성을 항상 볼 수 있다. 날마다 2~3대의 인공 위성이 지구 대기권으로 재진입하며 부서지기 때문에 그 불타는 잔해를 맨눈으로도 볼 수 있을 때가 종종 있다.

았다는 사건도 있었지만, 그것은 한 대학 동아리의 장난으로 밝혀졌다. 판지 조각 하나와 양초 몇 개, 드라이클리닝 세탁물을 담는 얇은 비닐 주머니를 꿰매어서 만든 초보적인 열기구였다.

파괴된 비행 접시(그리고 그것을 타고 있던 온전한 치열을 가진 키 작은 외계인) 이야기도 철저한 속임수였음이 밝혀졌다. 《버라이어티(*Variety*)》의 칼럼니스트인 프랭크 스컬리(Frank Scully, 1892~1964년)는 석유 채굴업자 친구가 들려준 것이라며 이 이야기를 처음 소개했다. 이것을 주제로 한 그의 책 『비행 접시의 내막(*Behind the Flying Saucers*)』은 1950년에 베스트셀러가 되었다. 그의 이야기에 따르면, 금성에서 온 것으로 보이는 외계인 16명의 주검(모두 키가 1미터도 안 되었다.)이 파괴된 우주선 3대 가운데 하나에서 발견되었고, 외계인의 문자로 보이는 그림 문자로 씌어진 소책자도 복원되었지만, 군은 사건을 은폐했다는 것이다. 이것이 사실이라면 정말로 큰일이다.

이 사기 사건을 꾸민 일당은 실래스 뉴턴(Silas M. Newton, 1887~1972년)과 나중에 레오 게바우어(Leo A. GeBauer)라는 본명이 밝혀진 신비의 인물 '닥터 지(Dr. Gee)'였다. 뉴턴은 전파를 이용해 땅속에 묻힌 금이나 석유의 광맥을 탐사하는 남자였다. 뉴턴은 UFO에서 나온 기계로 어떤 장치를 만들거나 비행 접시의 근접 사진을 찍었다고 주장했다. 그러나 그는 그 장치를 사람들이 자세히 조사하지 못하게 했다. 회의주의자 중 한 사람이 뉴턴의 장치를 슬쩍한 다음, 외계인의 것이라는 그 물건을 조사해 보도록 분석가에게 보냈다. 그것은 알루미늄 주방용 냄비로 만든 가짜였다.

비행 접시 추락 사기는 뉴턴과 게바우어가 사반세기에 걸쳐 벌인 사기 행각의 작은 막간극에 불과했다. 두 사람은 보통 말도 안 되는 석유 채굴권 임대 계약을 맺거나 아무런 쓸모도 없는 석유 탐사 기계를 판매하는 것으로 먹고살았다. 1952년 그들은 미국 연방 수사국(FBI)에 체포되었고, 다음 해 신용 사기로 유죄 선고를 받았다. 그 후 1950년대 미국 남서부를 발신지로 하는 비행 접시 추락 이야기는 아무리 열광적인 UFO 신봉자라고 할지라도 믿지 않는 것이 되었다. (역사가 커티스 피블스(Curtis Peebles, 1955~2017년)가 이 사건을 정리한 기록을 남겼다.) 이것으로 UFO 소동은 끝났을까? 그런 행운은 없었다.

1957년 10월 4일 인류 최초의 지구 궤도 위성인 스푸트니크 1호(Sputnik 1)가 발사되었다. 그해 미국에서 기록된 UFO 목격 사례 1,178건 중에서 60퍼센트, 즉 701건이 10월과 12월 사이에 발생했다. (이 3개월은 1년의 25퍼센트이므로, 이 시기의 목격 사례가 차지하는 비중도 일반적으로 25퍼센트 정도여야 한다.) 이것은 스푸트니크 호가 UFO 목격 보고를 증가시키는 데 일정 정도 이바지했다는 뜻이다. 아마도 사람들은 밤하늘을 평소보다 더 자주 올려다보았으며, 이해할 수 없는 자연 현상들을 더 많이 보았을 것이다. 아니면 언제나 그곳에 있었던 외계인 우주선을 더 많이 올려다본 탓에 더 많이 보았던 것일지도 모른다.

비행 접시라는 아이디어는 전사(前史)가 있다. 이 아이디어의 출발점은 리처드 셰이버가 쓴 「나는 레무리아를 기억한다!(I Remember Lemuria!)」라는 제목의 글이다. 대중 SF 잡지인 《어메이징 스토리스(*Amazing Stories*)》의 1945년 3월호에 실렸다. 그 글은 내가 소년 시절 탐독했던 이야기들과 같은 부류였다. 그의 주장에 따르면, 과거 지구에는 지금은 사라진 대륙들이 있었고 지금으로부터 15만 년 전까지만 해도 우주에서 온 외계인들이 그곳에 살았다고 한다. 하지만 그곳에서 악마와 같은 지하 생물이 탄생했고 그들로 인해 인류는 시련을 겪게 되었으며 악(惡)이 존재하게 되었다. 그 잡지의 편집자인 레이 팔머(Ray Palmer, 1910~1977년)는 케네스 아널드의 UFO 목격담이 나오기 훨씬 전부터 원반 모양 우주선이 지구를 방문하고 있고 정부는 그것을 알고 있지만 외계인과 결탁해 그 사실을 감추고 있다는 말도 안 되는 이야기를 팔아먹었다. (팔머의 키는 그가 경고한 지하인의 키와 비슷한 120센티미터 정도였다.) 가판대에 널려 있는 그런 종류의 잡지 표지를 본 수백만의 미국인들은 비행 접시라는 말이 만들어지기도 전부터 비행 접시라는 아이디어에 노출된 셈이었다.

대체로 그들이 둘러대는 증거들은 빈약했다. 그것들은 속임수, 장난, 환각, 자연 현상 오인으로 드러나거나, 주목받고 싶다, 유명해지고 싶다, 부자 되고 싶다 같은 바람과 두려움의 표현으로 밝혀지기 일쑤였다. 이게 뭐야! 심지어 나도 그때 그렇게 생각했다.

그 후 나는 아주 운이 좋았는지 외계 생명을 찾기 위해서 다른 행성들에 우주선을 보내는 일과 지구 밖 머나먼 곳에 있는 별과 행성 들에 있을 외계 문명(그것이 있다면 말이다.)이 보냈을지도 모르는 전파 신호를 탐지하는 일에 참여하게 되었다. '이거다!' 하는 순간도 몇 차례 있었다. 하지만 아무리 가망 있는 신호라고 하더라도 까다로운 회의주의자가 그것을 검토한 다음 받아들이지 않는다면 외계 생명체의 증거라고 할 수 없다. 그 발견이 아무리 매력적인 것이라고 해도 말이다. 더 나은 데이터를 얻을 때까지(그날이 정말 온다면) 우리는 기다려야만 한다. 우리는 아직 지구 밖에도 생명이 있다는 사실을 입증할 만큼의 증거를 발견하지 못했다. 우리는 이제 막 그 탐사를 시작했다. 오늘 우리가 아는 것은, 내일이 오면 더 새로운 정보, 더 나은 정보가 생길지도 모른다는 것뿐이다.

외계인의 방문에 관심을 가진다는 점에서 나는 누구에게도 지지 않는다. 외계 생명체 연구에 직접 참여한 덕분에 나는 시간과 노력을 대폭 절약할 수 있었다. 그렇지 않았다면 멀리 돌아야 했으리라. 만약 외계인이 진짜로 존재한다면, 그가 키가 작고 음침하고 성적 망상에 젖어 있는 존재라고 하더라도 상관없다. 그들에 대해 정말로 알고 싶다.

우리가 '외계인'에게 기대하는 게 얼마나 수수한지, 우리 가운데 많은 사람이 기꺼이 받아들이는 증거의 기준이 얼마나 조악한지, 여실히 보여주는 게 바로 크롭 서클을 둘러싼 이야기들이다. 영국에서 시작되어 전 세계로 퍼진 이 이야기도 기묘하다.

크롭 서클 현상이란, 밀이나 귀리, 보리, 때로는 채소를 심은 밭에서 농작물이 원형으로(나중에는 복잡한 그림 문자 형태도 등장했다.) 넘어져 있는 것을 말한다. 이 현상은 그 밭에서 농사를 짓는 농민이나 그 근처를 지나던 사람들이 발견했다는 식으로 알려졌다. 1970년대 중반, 이 현상이 처음 발견되기 시작했을 무렵에는 단순한 원형이었지만, 그 모양은 해를 거듭할수록 복잡해졌다. 1980년대 후반과 1990년대 전반 사이에는 전원 지역, 특히 잉글랜드 남부 곳곳에서 거대한 기하학적 도형이 발견되었다. 개중에는 미식 축구장만 한 것도 있었다. 추수 전 곡물 밭에 그려진 이 도형들에는 동그라미와 동그라미를 붙여 놓은 것도 있었고, 동그라미를 축으로 연결해 놓은 것, 동그라미에서 시작되는 평행선을 그려 놓은 것도 있었으며, 심지어 곤충을 닮은 도형도 있었다. 또 중앙에 커다란 원이 하나 있고 그 주위에 동그라미 4개가 대칭적으로 배치되어 있는 것도 있었다. 어떤 사람은 이 모양이 비행 접시와 4개의 착륙용 발로 인해서 생긴 자국이 분명하다고 결론지었다.

누군가의 장난이 아닐까? 거의 모든 사람은 불가능하다고 말했다. 크롭 서클은 수백 건 발견되었고, 사위가 쥐 죽은 듯이 고요한 한밤중에 한두 시간 만에 그것도 불가능할 정도로 크게 그려진 것도 있다. 게다가 그 그림을 남기고 간 장난꾸러기의 흔적도 발견할 수 없었다. 무엇보다 장난이라고 한다면 그 동기를 짐작할 수 없다는 게 문제였다.

독특한 의견들이 여럿 제시되었다. 과학적 소양을 갖춘 사람들은 현장 검증을 하고 토의를 한 다음 자세한 기록을 남기고 크롭 서클을 다루는 잡지들을 창간했다. '주상와(柱狀渦, columnar vortex)'라고 불리는 희귀한 회오리바람이 남긴 자국일까, 그것도 아니면 훨씬 더 희귀한 '원환와(圓環渦, ring vortex)'가 남긴 흔적일까 묻는 사람도 있었다. 구상 번개가 남긴 자국이라는 가설도 제기되었다. 일본에서는 저 멀리 잉글랜드 남부의 윌트셔에서 일어난 현상을 플라스마 물리학으로 실험실에서 작은 규모로 시뮬레이션해 보려는 사람도 나왔다.

그러나 밭에 그려진 그림이 더욱 복잡해짐에 따라서 기상학적 설명과 전기학적 설명으로는 해명하기 힘들다는 게 분명해졌다. 그것은 UFO 아니면 설명할 수 없는 현상이 되어 갔다. 외계인들이 기하학적 문자로 지구 인류에게 말을 건 것이었다. 아니면 악마의 소행일 터였다. 그것도 아니면, 인간에 의해 오랫동안 고통 받아 온 참을성 많은 지구가 토해낸 신음일지도 몰랐다. 뉴 에이지 문화의 영향을 받은 관광객들이 떼를 지어 몰려들었다. 녹음기와 적외선 카메라로 무장한 마니아들은 밤새도록 망을 보았다. 전 세계의 인쇄 매체와 전자 매체의 기자들이 몰려들었고, 이 용감한 '곡물학자(cerealogist)'들의 일거수일투족을 생생히 보도했다. 곡물을 넘어뜨려 밭을 망치는 외계인에 대한 책은 날개 돋친 듯 팔려 나갔고 고무된 대중은 이 책들을 베스트셀러로 만들었다. 실제로 밀밭에 비행 접시가 착륙하는 것을 본 사람도 없었고, 기하학적 도형이 그려지는 광경을 담은 필름도 없었다. 그러나 점술로 지하 광맥이나 수맥을 찾는 다우저(dowser)들은 그 도형에서 힘을 느낀다고 주장했고, 외계인, 동물, 무생물 같은 인간 외 존재들의 말을 인간의 언어로 변환시킬 수 있다고 주장하는 채널러(channeler)들은 실체 있는 존재와 접촉을 했다고 주장했다. 빌헬름 라이히가 주장한 '오르곤 에너지(Orgone energy)'가 탐지되었다고 하는 사람도 있었다.

이 문제는 영국 의회에서도 다루어졌다. 영국 왕실은 전 국방부 과학 자문 위원회 위원장이었던 솔리 주커먼(Solly Zuckerman, 1904~1993년) 경에게 도움을 청했다. 유령과 관련된 사건이라는 설도 나왔다. 몰타 기사단 같은 비밀 결사와 관련이 있다거나, 악마 숭배자들이 연루되어 있다거나 하는 이야기까지 나왔다. 영국 국방부가 진실을 은폐하고 있다는 소문도 돌았다. 서툴게 그려진 몇 개의 동그라미는 대중의 시선을 돌리기 위해서 군이 동원되어 그린 것이라는 소문도 있었다. 타블로이드 업계는 축제 분위기였다.《데일리 미러(*Daily Mirror*)》는 한 농부와 그의 아들을 고용해 원 5개를 그리게 하고 경쟁지인《데일리 익스프레스(*Daily Express*)》에서 그것을 취재하도록 유도했다.《데일리 익스프레스》는 적어도 이 경우에는 속지 않았다.

'곡물학', 즉 밭에 그려진 신비의 도형을 연구하는 단체들이 늘어났고 분열되었다. 경쟁하는 단체들은 서로 으르렁거리며 비방했다. 자격도 없고 능력도 없다는 상호 고발이 이어졌다. 크롭 서클의 수는 곧 수천 개로 늘어났다. 그 현상은 미국과 캐나다, 불가리아, 헝가리, 일본, 네덜란드 등지로 확산되었다. 그림 문자들, 특히 그 가운데서도 좀 더 복잡한 것들은 외계인 방문 주장의 증거로 더욱 많이 인용되기 시작했다. 어떤 이들은 화성의 '인면암'과 엮기도 했다. 내가 잘 아는 과학자 중 한 사람은 그 형태 속에는 지극히 정교한 수학이 숨겨져 있으므로, 인류보다 우수한 지능을 가진 존재가 만든 것일 수밖에 없다는 글을 보내왔다. 사실 거의 모든 곡물학자들이 이 주장에 동의했다. 밭에 그려진 그림 문자는 인간이 만든 것이 아니며, 더군다나 무책임한 장난꾸러기들이 남긴 흔적이라고 보기에는 너무나 복잡하고 멋지다는 것이다. 고도의 지능을 가진 외계인의 소행임이 분명해 보였다…….

1991년 영국 남부의 해안 도시 사우샘프턴 출신인 더그 바우어(Doug Bower)와 데이비드 콜리(David Chorley)가 지난 15년 동안 자신들이 들판과 밭에 그림을 그렸다고 발표했다. 그들은 어느 날 저녁 퍼시 홉스라는 이름의 선술집에서 독주를 마시다가 그런 생각을 문득 했다. 그들은 UFO 이야기에 흥미를 느끼고 있었으며 UFO 이야기에 사족을 못 쓰는 이들을 속이면 재미있겠다고 생각했다. 처음에는 바우어가 방범용으로 자신의 화구 가게 뒷문에 놓아두었던 무거운 강철 막대기로 밀을 넘어뜨렸다. 나중에는 널빤지와 밧줄을 사용했다. 그들이 처음에 만든 것들은 몇 분밖에 걸리지 않았다. 그러나 장난이 상습화되자 원래 직업이 예술가였던 그들에게 도전 욕구가 생겨났다. 그들은 조금씩 난이도가 더 높은 도형을 설계하고 제작하게 되었다.

처음에는 아무도 알아차리지 못했다. 언론에 보도되지도 않았다. 그들의 예술 작품은 UFO 연구자들에게도 무시당했다. 크롭 서클 그리는 것을 포기하고 무언가 감정적으로 보상이 주어지는 다른 장난으로 바꾸려는 참이었다.

갑자기 크롭 서클이 유명해졌고 UFO 연구자들이 낚이기 시작했다. 바우어와 콜리는 기뻤다. 특히 과학자들과 여타 전문가들이 심사숙고한 끝에 이 도형은 인간의 지능으로 불가능하다고 판단했기 때문이다.

그들은 신중하게 계획을 세우고 밤 소풍에 나섰다. 어떤 경우에는 사전에 수채화 물감으로 정밀한 밑그림을 준비한 다음 그대로 그렸다. 그들은 자기 그림을 해석했다는 사람들의 이런저런 가설을 살펴보며 참조했다. 지역 기후학자가 밭의 곡물들이 모두 시계 방향으로 누우며 원을 그린 것을 보고 일종의 회오리바람이 원인이라고 발표하자, 그 원 바깥쪽 곡물을 시계 반대 방향으로 눕힘으로써 혼란을 더해 주었다.

곧이어 잉글랜드 남부 지방과 다른 지방에서도 크롭 서클이 나타나기 시작했다. 모방범들이 등장한 것이다. 바우어와 콜리는 밀밭에 "WEARENOTALONE.", 즉 "우리는 외롭지 않다."라는 답변을 남겼다. 어떤 이들은 이것조차도 진정한 외계인의 메시지라고 여겼다. (그렇다면 "YOUARENOTALONE.", 즉 "여러분은 외롭지 않다."라고 쓰는 게 더 좋았을 것이다.) 데이비드 바우어와 더그 콜리는 자신들의 작품에 서명을 하기 시작했다. ("D"라고.) 여기에도 외계인의 신비스러운 목적이 있으리라고 사람들은 생각했다. 바우어가 밤마다 없어지자 그의 아내 아일린 바우어(Ilene Bauer)가 의심하기 시작했다. 여러 난관이 있었지만 그녀는 결국 밤마다 집을 나가던 바우어가 바람 피우는 게 아님을 믿게 되었다. (어느 날 밤부터 아일린도 데이비드 바우어와 더그 콜리와 함께 그다음 날부터 맹신자들의 칭송을 받은 작품 제작에 참여했다.)

그러나 바우어와 콜리는 점점 더 정교한 작품을 내놓아야 하는 이 작업에 지치기 시작했다. 그들은 매우 건강한 편이었지만 둘 다 이미 60대였으므로 동정심 따위는 전혀 없는 안면 없는 농부들의 밭에서 야간 작전을 수행하기에는 좀 늙은 편이었다. 자신들의 작품을 사진 찍고 외계인이 만든 것이라고 주장하기만 해도 부와 명성을 얻는 작자들이 지긋지긋해진 것일지도 모른다. 더 이상 아무 말 않고 있으면 자기들 말을 믿어 줄 사람이 아무도 없을 것이라는 걱정이 들기 시작했다.

그래서 그들은 자백했다. 그들은 자신들이 만든 것들 가운데 가장 정교한 도형인 곤충 모양을 어떻게 만들었는지 기자들 앞에서 실연해 보였다. 이 정도 하고 나면, 장난이 이렇게 몇 년씩 계속될 리 없다 하는 주장이나 외계인의 존재를 믿게 하려고 이런 일을 하는 사람이 있을 리가 없다 하는 소리가 다시는 들리지 않으리라 생각하는 게 상식일 것이다. 그러나 대중 매체들은 그들의 고백에 아주 잠깐만 주목했다. 크롭 서클을 연구하는 곡물학자들은 그들에게 헛소리하지 말라고 몰아댔다. 결국 그들은 경이로운 해프닝을 가지고 상상하는 즐거움을 빼앗기기 싫었던 것이다.

그 후에도 다른 장난꾼들이 곡물이 무성한 들판에 크롭 서클을 그리는 일을 계속했지만 대부분 조잡했고 큰 영감을 주지도 못했다. 언제나처럼 장난 고백은 애초의 흥분이 가라앉기 전까지는 크게 주목받지 못하는 법이다. 들판에 그림과 도형이 남겨졌다는 이야기나 그것이 UFO와 관련이 있다는 억지 주장을 듣고 기억하는 사람들은 많지만, 바우어와 콜리의 이름이나 사건의 전모가 장난으로 밝혀졌다는 사실을 듣고 아는 사람은 많지 않다. 저널리스트 짐 슈나벨(Jim Schnabel)은 이 사실을 폭로하는 책, 『돌고 도는 서클(*Round in Circles*)』(1994년)을 썼다. 나는 이 글을 쓰면서 이 책을 많이 참조했다. 슈나벨은 곡물학자들의 초기 조사에 참여했으며 나중에는 혼자서 몇 개의 도형을 만드는 데 성공했다. (그는 나무로 된 두꺼운 널빤지보다는 정원용 롤러를 즐겨 썼으며, 발로 곡물을 밟아 주는 것만으로도 멋진 크롭 서클을 만들 수 있음을 발견했다.) 그러나 슈나벨의 책은 그다지 큰 성공을 거두지 못했다. (어떤 비평가가 "내가 근래에 읽은 가장 재미있는 책"이라고 평했음에도 불구하고.) 악령 이야기였다면 더 잘 팔렸을 것이다. 장난꾼이라니, 재미도 흥미도 떨어졌을 것이다.

회의주의, 즉 의심의 정신을 갖추는 데 학위 같은 고학력은 필요 없다. 중고차를 살 때 보면 대부분의 사람이 이 정신을 멋지게 발휘한다. 나는 회의주의의 민주화가 꼭 필요하다고 생각한다. 이 생각은 어떤 지식을 건설적으로, 그리고 효과적으로 평가하기 위해서는 모든 사람이 이 의심의 정신을 필수적인 도구로서 자신들의 도구 상자 속에 가지고 있어야 한다는 것이다. 과학이 요구하는 회의주의도 우리가 중고차를 살 때나 텔레비전 광고를 보고 진통제나 맥주를 살까 말까 판단할 때 취하는 것과 같은 수준의 것이다.

그러나 이 회의주의가 담긴 도구 상자를 일반 시민이 쉽게 구할 수 없는 것도 우리 사회의 현실이다. 의심의 정신이라는 것은 우리가 일상 생활에서 무언가에 실망할 때마다 자발적으로 싹트는 것이기는 하지만, 학교에서 학생들에게 제대로 가르쳐진 적도 없고, 심지어는 과학 학회에서도 거의 언급된 적이 없다. 이 정신을 가장 열심히 실천하는 과학자들도 예외는 아니다. 우리의 정치, 경제, 광고, 종교(뉴 에이지든 전통 종교든) 문화에는 무엇이든지 가볍게 믿어 버리는 경신(輕信)의 풍조가 만연되어 있다. 회의주의자들이라면 아마 이렇게 말할 것이다. 회의주의의 싹이라면 나자마자 솎아 내려는 이들이 사회 곳곳에 포진해 있다고. 무언가를 팔려는 사람들, 여론에 영향을 미치려는 사람들, 권력을 가진 사람들이 그들일 것이라고.

5장
속임수인가, 비밀주의인가

어떤 문제든, 사리사욕, 열정, 기적에 대한
애정을 가지지 않은 증인을 신뢰하라.
그런 것들이 개입되어 있다고 한다면,
그 개연성을 뒤집을 수 있을 정도의 검증과
정확하게 비례하는 확정적인 증거를 요구하라.
— 토머스 헨리 헉슬리(Thomas Henry Huxley, 1825~1895년)

외계인에게 납치되어 유명인이 된 트래비스 월튼(Travis Walton, 1957년~)의 어머니는 UFO가 그녀의 아들에게 번갯불 같은 것을 쏘아서 하늘로 채갔다는 이야기를 들었을 때, "그래요. 그게 그런 거지요."라고 아무 일도 아니라는 듯이 대답했다. 그것이 그렇게 당연한 일이었을까?

UFO가 우리 머리 위를 날아다닌다는 것을 인정하는 것 자체는 그리 대단한 일이 아니다. UFO는 그저 '미확인 비행 물체(unidentified flying object)'의 약자이기 때문이다. 이것은 '비행 접시'보다 더 포괄적인 용어이다. 평범한 관찰자나 전문가조차도 이해하지 못하는 현상이 존재하는 것은 너무나도 당연한 일이다. 그러나 우리가 정체를 알 수 없는 물체를 보았다고 해서, 그것을 다른 별에서 온 우주선이라고 추론하는 것은 당연한 일이 아니다. 좀 더 평범한 설명이 가능하다. 그것도 아주 다양하게.

UFO 목격담 데이터 집합에서 자연 현상을 오인한 것과 장난, 정신착란으로 인한 것을 제외하고 나면, 믿을 만한 증언이면서 극단적으로 기이한 현상이고, 특히 물리적 증거로 뒷받침되는 경우가 몇 가지나 될까? 이 모든 '잡음' 속에 어떤 '신호' 하나가 묻혀 있을까? 내가 아는 한 그 어떤 신호도 탐지되지 않았다. 신뢰할 만한 보고에는 이상한 게 없고, 이상한 현상이 있다는 보고는 신뢰할 만하지 않다. UFO 붐의 원년이라고 할 만한 1947년 이후 UFO 관련 보고는 100만 건을 넘어섰다고 하지만, 외계에서 온 우주선으로 볼 수밖에 없을 정도로 기묘하고 오인이나 거짓이나 망상도 아니며 신뢰할 만한 보고는 단 하나도 없었다. 여기서 내가 할 수 있는 말은 "너무하는데."뿐이다.

우리는 매일매일 UFO 주장의 폭격을 받고 있다. 그 주장은 작은 패키지로 포장되어 거리에서 판매되고 있다. 하지만 그런 주장을 했다고 처벌을 받았다는 이야기는 거의 듣지 못했다. 이것은 이해하기 어려운 일이 아니다. 예컨대, 이렇게 생각해 보자. 외계인이 탄 우주선이 추락했다고 하는 신문 잡지와, 노련한 사기꾼이 속기 쉬운 사람들을 속여 먹고 있다고 폭로하는 신문 잡지 중에 어떤 게 더 많은 매출을 올릴까? 강력한 힘을 가진 외계 생명체가 지구인을 농락하고 있다고 주장하는 방송과, 이런 이야기가 나도는 것은 인간의 약점과 미성숙 때문이라고 잔소리하는 방송 중에 어떤 게 시청률이 더 높을까? 어느 쪽이 더 믿을 만하고, 어느 쪽이 더 재미있을까? 어느 쪽이 현대인의 심금을 더 강하게 울릴까?

나는 이런 문제들을 오래전부터 꾸준히 다루어 왔기 때문에 UFO 이야기를 하는 편지를 많이 받는다. 자신의 체험을 상세하게 적은 것들도 적지 않았다. 그중에는 전화 한 통만 준다면 그 누구도 들은 적 없는 중요한 사실을 가르쳐 주겠다는 것도 있었다. 강의를 할 때면, 그 주제가 어떤 것이든 관계없이, "교수님은 UFO를 믿으십니까?"라는 질문을 받았다. 그럴 때면 언제나 그 질문의 말투가 마음에 걸렸다. 그들은 내게 믿음에 대해 물었지, 증거의 유무에 대해 묻지 않았기 때문이다. 애당초 "UFO가 외계인의 우주선이라는 증거가 어느 정도 신빙성이 있습니까?"라는 질문을 받은 적이 거의 없다.

많은 사람이 UFO를 그냥 받아들이는 것은 애초부터 그것이 진실이라고 믿기 때문임을 나는 발견했다. 그들은 목격 증언은 신뢰할 만하고,

사람들은 거짓말을 하지 않고, 망상이나 장난은 그 정도 규모로는 불가능하며, 우리가 진실에 접근하지 못하도록 정부 상층부가 장기간에 걸쳐 고도의 음모를 꾸미고 있다고 믿어 버리는 것이다. UFO 이야기에 쉽게 속아 넘어가는 풍조는 광범위하게 퍼져 있는 정부에 대한 불신을 양분 삼아 만연하고 있다. 사실 이런 현상은 공공 복리와 국가 안보 사이의 긴장 관계 속에서 정부가 거짓말을 하는 상황이라면 언제나 자연스럽게 일어나는 것이다. 정부는 사실 많은 문제와 관련해서 시민들을 기만하고 침묵을 지킨다. 그렇기 때문에 정부가 UFO와 관련해서는 은폐 공작을 하지 않는다고 주장하거나, 정부가 시민을 대상으로 중요한 정보를 감추고 있을 리가 없다고 주장한다고 해도, 그 누구도 쉽게 납득하지 못하는 것이다. 보통 전 세계 규모의 혼란을 막기 위해서나 정부 불신을 막기 위해서 은폐 공작이 이루어진다고 설명된다.

예전에 나는 미국 공군 과학 자문 위원회의 일원으로 일한 적이 있다. 그곳에서는 UFO를 조사했는데, 그 조사 계획을 처음에는 '프로젝트 그루지(Project Grudge)'라고 불렀으며 나중에는 '프로젝트 블루 북(Project Blue Book)'이라고 불렀다. (grudge는 불평불만이라는 뜻이 있다. — 옮긴이) 조사를 시작하자마자 이 위원회가 무기력하고 부정적인 곳임을 깨달았다. 1960년대 중반에 프로젝트 블루 북의 본부는 오하이오 주에 있는 라이트패터슨(Wright-Patterson) 공군 기지에 있었다. (이곳에는 (구)소련의 신무기 정보를 수집하는 해외 기술 정보부(Foreign Technical Intelligence)도 있었다.) 그곳에는 최신 기술로 만들어진 파일 검색 시스템이 있었다. 어떤 UFO 사건에 대해서 문의하면, 세탁소에 어제 맡긴 세탁물을 찾을 때 스웨터와 정장 수천 장이 고리에 매달려 눈앞을 스쳐 지나가다가 당신의 옷이 당신 앞에 멈추는 것처럼 수많은 파일이 당신 눈앞을 지나가다가 원하는 파일이 되면 당신 앞에 딱 멈추는 것이었다.

그러나 그 파일들의 내용물은 그리 가치 있는 것이 아니었다. 예를 들어, 뉴햄프셔 주의 한 작은 마을 상공에 불빛이 1시간 이상이나 떠 있는 것을 그곳 노인들이 보았다는 보고가 있었는데, 그 보고 밑에는 훈련을 위해 근처의 공군 기지에서 발진한 전략 폭격기들의 날개 불빛이었다는 설명이 달려 있었다. 그런데 폭격기들이 작은 마을 상공을 지나가는 데 1시간이나 걸릴까? 아니죠. 그렇다면 UFO가 보고된 바로 그 시각에 폭격기들이 하늘을 날고 있었을까? 아닙니다. 대령님, 전략 폭격기가 어떻게 하늘에 1시간 동안 '떠' 있을 수 있나요? 불가능하죠. 프로젝트 블루북의 조사는 과학적으로는 아무런 역할도 할 수 없는 허술한 것이었지만, 공군이 나름 임무를 잘 수행하고 있다는 신뢰감을 시민들에게 심어 주려는 관료주의적 의의는 컸다. 덧붙여서 UFO 보고들이 아무것도 아니라는 것을 보여 주는 데는 쓸모가 있었다.

물론 UFO에 관한, 좀 더 진지하고, 좀 더 과학적인 연구가 어디에서도 수행되지 않은 것은 아닐 것이다. 일단, 나는 그렇다고 단언할 수 없다. 왜냐하면 공군 대령급이 아니라 장성급이 지휘하는 연구가 있었을지도 모르기 때문이다. 나는 이 가능성을 좀 크게 본다. 내가 외계인의 지구 방문을 믿기 때문이 아니라 UFO 현상에는 과거 한때 군사적으로 중요했던 자료들이 얽혀 있다고 생각하기 때문이다. UFO, 즉 매우 빠르고 기동성이 매우 뛰어난 비행체가 보고되었다면 그 정체와 기능을 해명하는 일은 확실히 군의 의무였을 것이다. 만약 UFO가 (구)소련에서 제작된 것이라면 그 UFO의 공격으로부터 미국을 보호하는 것은 공군의 책임이다. (구)소련이 만든 고성능 UFO가 미국의 군사 시설과 핵 시설 상공을 날아다닌다면, 전략적으로 우려할 만한 상황이다. 한편 UFO가 외계인이 만든 것이라면 그 기술을 복제하거나 단 한 대라도 비행 접시 실물을 손에 넣은 진영은 냉전에서 압도적 우위를 확보할 수 있었을 것이다. 그리고 군부에서 UFO를 (구)소련이 만든 것도 외계인이 만든 것도 아니라고 믿는다고 해도, UFO 목격 보고가 제보된다는 사실 자체가 면밀하게 추적해 볼 만한 훌륭한 이유가 된다.

1950년대 미국 공군은 기구(氣球)를 다용도로 이용했다. 선전된 대로 기상 관측용 플랫폼으로 많이 쓰였을 뿐만 아니라, 비밀리에 레이더 반사판, 고해상도 카메라와 신호 정보 장비를 갖춘 로봇 정찰기를 고고도로 보내는 데에도 이용되었다. 기구 자체는 비밀이 아니었지만, 기구에 실려 있는 정찰 자산 일체는 군사 기밀 그 자체였다. 높이 뜬 기구는 지상에서 보면 접시 모양으로 보일 수도 있고, 눈대중을 잘못하면 멀리 있는 기구가 비정상적으로 빠르게 움직이는 것처럼 보일 수도 있다. 때때로 돌풍이 불어 기구가 부자연스럽게 방향을 바꾸기도 하는데, 그 방향 전환은 비행기라면 할 수 없는 것일 때가 많다. 또 그 속이 텅 비었고 크기에 비해 무게가 많이 나가지 않는다는 것을 모른다면 운동량 보존 법칙을 깨는 움직임처럼 보일 때가 많다.

이런 군사용 기구 시스템들 가운데 가장 유명한 것이 1950년대 초반에 미국 전역에서 널리 시험 사용되었던 '스카이훅(Skyhook)'이다. 그 밖에도 '모굴(Mogul)', '모비 딕(Moby Dick)', '그랜드선(Grandson)', '제네트릭스(Genetrix)' 등의 시스템과 프로젝트가 있었다. 미국 해군 연구소(Naval Research Laboratory)에서 군사용 기구 시스템에 관련된 임무에 종사했고 나중에는 NASA에서 일하기도 했던 물리학자 어너 리들(Urner Lidell, 1905~1979년)은 언젠가 내게 보고된 UFO는 모두 다 군사용 기구였으리라고 이야기한 적이 있다. 리들의 말 가운데 "모두 다"라는 표현은 지나친 감이 없지 않지만, UFO 목격 보고에 군사용 기구가 관련되어 있을 가능성은 지금까지 그리 많이 고려되지 않았다고 나는 생각한다. 내가 아는 한, 이 문제와 관련해서 계획적이고 체계적인 대조 실험이 이루어진 적은 한 번도 없었다. 고고도 기구를 몰래 띄운 다음 추적하면서, 맨눈 또는 레이더로 UFO를 목격했다는 보고가 얼마나 모이는지 조사한 적이 없는 것이다.

1956년에는 미국의 정찰용 기구가 (구)소련의 영공을 통과하기 시작했다. 절정일 때에는 하루에 수십 기의 기구가 날아갔다. 그 후 정찰용 기구는 U-2 같은 고고도 정찰기로 대체되었고 U-2 또한 정찰 위성으로 대부분 대체되었다. 기구가 군사용으로 사용되던 시기에 보고된 UFO 중에는 분명 과학용 관측 기구를 오인한 것도 잔뜩 있을 것이다. 최근에 나오는 보고 중에도 그런 게 섞여 있다. 고고도 기구는 지금도 과학 분야에서 현역으로 활약하고 있다. 대신 우주선(cosmic ray) 감지기, 광학 망원경과 적외선 망원경, 우주 배경 복사를 탐지하는 전파 수신기 등을 싣고 대기권 상층부로 올라가는 플랫폼 역할을 한다.

1947년 뉴멕시코 주 로즈웰 근처에 한 대 또는 그 이상의 비행 접시가 추락했다는 이야기가 퍼져 커다란 소동이 일어났다. 그 사건에 대한 초기 조사 보고와 신문 사진을 보면 그 잔해들이 고고도 기구의 파편이었다고 보는 게 이치에 맞는다. 그러나 수십 년이 지난 지금 지역 주민들은, 지구의 것이라고는 생각되지 않는 물질이 흩어져 있었고, 수수께끼 같은 상형 문자들을 보았고, 그들이 아는 것을 다른 사람에게 알려서는 안 된다고 군 관계자들이 협박했으며, 외계인의 사체와 기계 장치가 비행기에 실려 라이트패터슨 공군 기지에 있는 공군 군수 사령부로 운반된 사건으로 기억하고 있다. 외계인 주검 중 몇몇은 되살아나기도 했다는 이야기도 이 사건과 연관이 있다.

오랜 시간 UFO 회의주의자로서 정력적으로 활동해 온 필립 줄리언 클래스(Philip Julian Klass, 1919~2005년)는 그동안 기밀 문서로 취급되어 오다가 기밀 해제된 문서 하나를 발굴해 냈다. 그것은 1948년 7월 27일, 그러니까 로즈웰 '사건' 1년 정도 후에 씌어진 찰스 피어 캐벌(Charles Pearre Cabell, 1903~1971년) 소장의 편지였다. 당시 그는 미국 공군 정보부 부장이었다. (그 후 그는 CIA로 옮겨 갔다. 그리고 쿠바 위기를 낳은 미군의 피그스 만 침공 작전에서도 중요한 역할을 했다. 이 작전은 실패로 끝났다.) 캐벌은 그 편지에서 로즈웰 사건을 보고한 사람들에게 UFO의 정체가 무엇인가 묻고 있다. 그러니까 그는 아무것도 몰랐던 것이다. 이 편지에 대한 답변으로 같은 해 10월 11일 공군 군수 사령부가 입수한 정보까지 모조리 포함된 조사 보고서가 제출되었다. 여기서 캐벌 정보부 부장이 알아낸 것은 UFO와 관련된 단서를 하나라도 가진 사람이 공군에는 단 한 사람도 없다는 것뿐이었다. 이것만 보더라도 UFO의 잔해와 승무원의 주검이 라이트패터슨 공군 기지로 옮겨 갔을 가능성은 거의 없어진다.

공군에서 주로 우려했던 것은 UFO가 러시아에서 날아온 게 아닐까 하는 것이었다. 러시아 인들이 비행 접시의 시험 비행을 미국 상공에서 하는 이유는 수수께끼였지만, 다음과 같은 네 가지 이유가 제안되었다. "① 전쟁이 일어나면 원자 폭탄이 결정적인 무기가 되리라는 미국의 자신감을 부정하기 위해서. ② 정찰용 사진을 촬영하기 위해서. ③ 미국의 방공 역량을 시험하기 위해서. ④ 전략 폭격을 하기 전 미국 영공을 숙지하기 위해서." 지금은 UFO가 러시아의 것이 과거에도 아니었으며 현재도 아니라는 것을 안다. 게다가 (구)소련이 ①에서 ④까지의 목적을 달성하기 위해 수단과 방법을 가리지 않았다고는 해도, 비행 접시를 날려 보낼 생각을 하지는 않았을 것이다.

로즈웰 '사건'과 관련된 증거 대부분은 그 UFO의 정체가 고고도 기구임을 보여 주는 것 같다. 근처의 알라모고도(Alamogordo) 육군 비행장이나 화이트 샌즈(White Sands) 미사일 시험 발사장에서 띄운 것으로 추정되는 기구들이 로즈웰 근방에 추락한 것이리라. 성실한 군 관계자들은 비밀 장치의 잔해를 서둘러서 회수해 갔을 테고, 성질 급한 언론은 다른 행성에서 온 우주선이었다고 써 버렸을 것이다. (“RAAF(로즈웰 육군 항공군), 로즈웰 지역의 목장에서 비행 접시를 나포하다.”) 시간이 흐르면서 여러 기억이 뒤섞이며 뭉근하게 익어 갔고 약간의 명성과 돈에 대한 기대와 함께 되살아났다. (로즈웰에는 UFO 박물관 두 곳이 세워졌으며 오늘날 관광객의 발길을 멈추게 하는 대표적인 장소로 자리 잡았다.)

1994년 뉴멕시코 주에서 선출된 하원 의원의 끈질긴 추궁 때문에 공군 참모 총장과 국방부 장관의 명령으로 이 사건에 대한 보고서가 작성되었다. 로즈웰의 파편은 극비 기구 실험 계획인 ‘모굴’ 프로젝트에서 유래한 것으로 확인되었다. 그 기구에 탑재된 장거리 저주파 음향 탐지 시스템은 (구)소련이 대류권과 성층권 사이의 경계인 권계면에서 수행하는 핵실험을 감지하기 위한 것이었다. 공군 조사단은 1947년의 기밀 문서 파일들을 샅샅이 훑었지만 ‘사건’ 전후 교신량이 증가했다는 증거는 하나도 발견하지 못했다.

> 목적 불명의 외계인 비행체가 미국의 영토에 들어왔다고 가정할 때 논리적인 귀결로서 군과 정부에서 취했을 것으로 보이는 필요한 지시와 경보, 통보가 내려지거나, 평소보다 급하게 작전이 세워졌거나 하는 것을 보여 주는 흔적은 기록상 하나도 없었다. …… (만약 있었다고 한다면 매우 효과적이고 빈틈없는 비밀 유지 시스템의 관리를 받았을 것이다. 그러나 그렇게 훌륭한 정보 관리 시스템을 미국은 물론이고 다른 어떤 나라에서도 구축하지 못했다. 만약 당시에 그런 시스템이 존재했다면, 원자 폭탄에 관한 기밀을 (구)소련이 훔쳐 가지 못했을 것이다. 하지만 역사는 그것이 사실이 아니었음을 분명하게 보여 준다.)

관측 기구에 레이더 표적을 매다는 데 사용된 테이프는 뉴욕 완구 회사가 제작한 것이었다. 그 테이프에 인쇄된 장식용 그림이 세월이 흘러 사람들의 기억에서 외계인의 상형 문자로 왜곡되었던 것이다.

UFO가 한창 목격되던 시기는 핵무기를 실어 나르는 운반 수단이 항공기에서 미사일로 바뀌던 시기와 겹친다. 당시 핵미사일이 대기권에 재진입할 때 핵탄두를 감싸고 있는 노즈콘이 타버리지 않도록 하는 게 기술 측면에서 중요한 과제였다. (소행성과 혜성은 대기권에 진입할 때 타버리고 만다.) 노즈콘의 소재와 형상, 재진입 각도가 가장 중요했다. 재진입 양상(또는 더욱 장관인 발사 장면)을 알 수 있으면, 전략적으로 중대한 이 기술과 관련해서 미국이 얼마나 진보했는지 확인할 수 있고, 반대로 설계상의 결함도 알아낼 수 있다. 적대국이라면 이 정보에서 어떤 방어 수단을 고안해야 하는지 알아낼 터였다. 따라서 군 당국이 이 문제와 관련해서 그렇게 신경질적으로 반응한 것도 무리는 아닐 것이다.

불가피하게 군 관계자들에게 함구령이 내려지기도 했을 것이다. 또는 목격 당시에는 아무것도 아니었던 것들이 돌연 비밀 취급 인가를 가진 극소수의 사람들만 알 수 있는 일급 기밀로 분류되는 사례들도 왕왕 있었을 것이다. 시간이 지난 후에 공군 장교나 민간 과학자가 그 일을 다시 생각해 내고 정부의 UFO 은폐 공작이라고 주장한다고 해서 이상한 일도 아닐 것이다. 만약 UFO의 정체가 노즈콘이었다면 정부의 그런 조치도 당연한 일이었을 테고.

의도적인 '속임수'가 이 사건 뒤에 있었다고 생각해 볼 수도 있다. 미국과 (구)소련이 전략적으로 대치하는 상황에서 방공 역량이 충분히 갖춰졌는가 하는 문제는 매우 중대한 현안이었다. 캐벌 소장의 목록에 있던 목적 ③이 그것이다. 만약 약점을 하나라도 발견할 수 있다면, 그것은 전면 핵전쟁에서 '승리'의 열쇠가 될 수도 있을 것이다. 적국의 방어력을 시험하는 한 가지 확실한 방법은 '스푸핑(spoofing)', 즉 속임수 비행을 시도해 보는 것이다. 다시 말해 적국 영공으로 비행기를 날려 보내서 적국이 그것을 알아차리는 데 얼마나 시간이 걸리는지를 보는 것이다. 미국은 (구)소련의 방공 역량을 시험하기 위해서 정기적으로 이 방법을 사용했다.

1950년대와 1960년대에 미국은 최첨단 레이더 방어 체계를 구축했다. 동서 연안과 (구)소련의 폭격기와 미사일이 진입해 올 가능성이 가장 큰 북쪽을 엄중하게 경계하는 시스템이었다. 그러나 방어가 취약한 지점이 있었다. 역사적으로, 지정학적으로 훨씬 더 문제가 많았던 남쪽에는 조기 경보 시스템이 정비되지 않았던 것이다. 물론 이것은 잠재적인 적국에는 매우 중요한 정보였다. 이 정보가 제안하는 바는 즉각적인 속임수 비행이다. 즉 고성능 항공기 1대 또는 그 이상을 카리브 해에서 미국 영공으로 날려 보내, 미국 공군의 레이더가 이 항공기를 포착하기 전에 미시시피 강을 따라 몇 킬로미터까지 미국 영공을 침범할 수 있는지 확인하는 것이다. 레이더에 포착되면 침입한 곳으로 빠져나오면 된다. (대조 실험을 하고 싶다면 고성능 미군기 부대에 똑같은 속임수 비행을 지시하면 된다. 미국의 방공망이 얼마나 구멍투성이인지 확인할 수 있을 것이다.) 이러한 속임수 비행이 잠재적 적국에 의해 이루어진다면, 맨눈이나 레이더로 그것을 발견한 군인들과 민간인들은 서로 독립적인 목격 보고를 수없이 하게 될 것이다. 그런데 보고 속의 항공기와 일치하는 비행기가 미국 어디에도 없음이 밝혀진다. 공군과 민간 항공기 회사들은 그 비행 물체는 자신들의 것이 아니라고 솔직하게 이야기할 것이다. 공군의 경우, 남부 방면의 조기 경보 시스템을 구축하기 위한 돈을 달라고 의회를 압박하는 상황이라고 해도, (구)소련이나 쿠바의 전투기가 어느새 뉴올리언스는 물론이고, 멤피스까지 침입했다고 인정하기는 어려울 것이다.

이 문제와 관련해서도 고도의 전문성을 갖춘 조사 팀이 출동할 것이다. 공군과 민간인 목격자에게는 함구령이 내려질 것이고, 현실적으로는 자료 은폐와 은닉 활동이 이루어질 것이다. 그러나 이런 함구 작전은 외계인 우주선과는 아무런 관계도 없다. 이러한 추태와 관련해서 국방부는 관료주의적 이유 때문에 수십 년이 지나도 입을 열지 않을 것이다. UFO 수수께끼의 해결과 미국 국방부의 내부 사정 사이에는 잠재적인 이해 충돌이 있는 것이다.

더욱이 당시 CIA와 미국 공군은 UFO가 국가 위기 상황에서 통신 채널을 교란하고 적기의 목시(目視) 및 레이더 관측을 혼란케 하는 수단이 아닐까 하는 우려를 가지고 있었다. 이 신호 대 잡음 문제는 속임수 비행과 표리 관계의 문제였다.

이 모든 것을 함께 고려하고 나면, UFO 보고와 분석, 그리고 아마도 막대한 양의 파일 가운데 적어도 일부는 세금을 내는 시민이 접근할 수 없도록 통제되고 있음을 알게 되고 어느 정도 받아들이게 된다. 이제 냉전은 끝났다. 미사일과 기구 기술은 낡은 것으로 무시되어 버려졌거나 다른 분야에서 널리 활용되고 있다. 정보 공개로 난처한 상황에 처할 사람들도 이제는 현역에 있지 않다. 군사적 관점에서 보았을 때 정보 공개로 있을 수 있는 최악의 사건은 미국 정부가 국가 안보를 명목으로 국민이나 시민을 속이거나 헷갈리게 만든 것을 공식 인정하는 사례가 하나 더 느는 것뿐이다. 지금이야말로 파일의 기밀 취급을 해제해서 보고자 하는 사람이 있다면 누구라도 볼 수 있게 해야 한다.

미국 정부 내에는 음모가 기질과 비밀주의 문화를 두루 갖춘 또 하나의 조직이 있다. 바로 국가 안보국(National Security Agency, NSA)이다. 이 기관은 미국의 우방과 적국 가리지 않고 유선 전화나 무선 통신을 감청할 뿐만 아니라, 전 세계의 우편물도 몰래 읽어 본다. NSA가 하루에 감청하는 통신의 양은 막대하다. 국가 간 긴장이 고조되면 해당 국가의 언어에 능통한 NSA 요원들이 이어폰을 꽂고 나란히 앉아서 베갯머리 대화에서 참모 본부에서 내려보낸 암호 명령까지 모든 것을 실시간으로 엿듣는다. 다른 자료들의 경우에는 키워드와 컴퓨터를 사용해 필요한 정보와 대화를 골라 수집한다. 감청 정보는 모두 저장 장치에 기록되기 때문에 나중에라도 자기 테이프를 되감아 과거 기록을 확인하는 것이 가능하다. 그 덕분에, 예를 들어 어떤 암호가 언제 처음 나왔는지 확인하고, 위기 시 지휘 책임이 어디에 있는지 추적하는 것도 가능하다. 감청 대상 국가의 인근 국가(러시아의 경우는 터키, 중국의 경우는 인도)에 비밀 정보 수집 거점을 설치해 통신을 감청하거나, 부근을 순시하는 항공기나 선박에서, 또는 지구 궤도를 도는 정찰 위성에서 정보 감청을 한다. NSA와 다른 나라들의 방첩 부서 사이에서는 감청 장비와 이것에 대항하는 장비를 만들어 내는 일종의 군비 경쟁이 진행되고 있다. 어떤 국가든 도청당하는 것을 좋아할 리 없기 때문이다.

이런 사정만으로도 충분히 혼란스러운데, 여기에다가 정보 자유법(Freedom of Information Act, FOIA)이 추가되었다. 이 법에 따르면 NSA는 UFO와 관련해 NSA가 보유하는 모든 자료를 요청이 있으면 공개해야 한다. 하지만 같은 법에 따르면 NSA는 "정보의 출처와 확보 방법"은 밝힐 의무가 없다. NSA는 자신들의 활동이 다른 나라의 경계심을 자극할지도 모른다는 것에 깊은 책임감을 느끼는 것 같다. 우방이든 적국이든 내정 간섭으로 해석될 수 있는 일을 벌여 정치적으로 곤욕을 치르게 될 일을 하지 않기 위해 노력한다. 이러한 사정 때문에 FOIA에 따라 감청 자료의 정보 공개를 요청하면 NSA는 대개 3분의 1쪽 정도가 새까맣게 지워진 자료만 보내 주고 만다. "저고도에서 UFO를 발견했다고 보고했다."라는 문장만 읽을 수 있고 나머지 3분의 2쪽은 먹칠이 된 경우도 있다. 나머지 부분을 공개하면 정보 출처와 수집 방법을 누설할 우려가 있고, NSA의 입장에 따르면, 다른 나라의 항공기의 무선 정보를 입수한 경우라면, 항공기의 무선 통신이 얼마나 쉽게 도청되고 있는지 알려주는 셈이 되어 그 나라의 경계심을 높이는 일이 될 우려가 있다는 것이다. (그 통신이 항공기와 관제탑의 통신 같은 일상적이고 평범한 것이라고 해도 감청된다는 사실이 들키면 상대국은 주파수를 상시 변경하는 등의 방식으로 통신 수단을 바꿔 NSA의 감청을 어렵게 만들 우려가 있다.) 그러나 UFO 음모 이론가들이 FOIA에 따라 UFO 관련 정보의 공개를 요청했는데, 수십 쪽에 걸쳐 먹칠이 된 자료를 받는다면, 그들은 NSA가 UFO에 관해 상당한 정보를 보유하고 있지만 침묵의 카르텔의 일원으로 복무하기 때문에 제대로 된 정보는 아무것도 제공하지 않으려 한다고 믿게 될 것이다.

누가 이야기했는지 말할 수는 없지만, 나는 전에 NSA의 직원들에게 다음과 같은 이야기를 들은 적이 있다. UFO 관련 감청 내용 중에 가장 흔한 것은 UFO를 목격했다고 군용기와 민항기에서 보내는 무선 교신이라고 한다. 그들 주변에 미확인 물체가 날고 있다는 것이다. 그런 물체는 정찰 임무나 속임수 비행 임무를 띠고 비행 중인 미군기일 수도 있다. 하지만 대개 아주 평범한 물체일 것이기 때문에 나중에 그 정체도 NSA의 감청 보고서를 통해 밝혀질 것이라는 게 그들의 이야기였다.

이 정도 이야기만 가지고 NSA가 UFO 음모의 일원이라고 단정한다면, NSA를 세상 모든 음모에 관여하는 핵심적인 악의 조직으로 만들고 만다. 예를 들어, NSA는 가수 엘비스 아론 프레슬리(Elvis Aaron Presley, 1935~1977년)에 대해서 아는 정보를 공개하라는 요청을 받은 적이 있다. (엘비스 프레슬리가 부활해 나타났으며 그가 기적적으로 완치됐다는 보고가 나온 적 있다.) NSA는 역시 엘비스 프레슬리에 대해서도 다소의 정보를 가지고 있었다. 예를 들어, 어떤 나라의 경제 상황에 관한 보고서에 엘비스 프레슬리의 테이프와 CD가 그 나라에서 얼마나 판매되었는지가 기록되어 있었다. 물론 이 정보 역시 검열을 거쳐 대부분 새까맣게 지워진 여러 쪽의 보고서에서 알아볼 수 있는 몇 줄 안 되는 내용에 포함된 것이었다. 이것만 가지고 NSA가 엘비스 프레슬리 은폐 공작에 관여하고 있다고 믿어도 될까? 내가 개인적으로 NSA의 UFO 관련 통신 감청 내용을 면밀하게 조사한 적은 없다. 하지만 UFO에 관한 NSA의 이야기들은 아주 그럴듯해 보인다.

만약 외계인의 방문을 정부가 은폐하고 있다고 확신한다면, 군부와 정보 기관의 비밀주의 풍조와 정면으로 대결해야 한다. 적어도 최근 수십 년간 작성된 관련 정보를 공개하도록 압박할 수는 있다. 1994년 7월 공군이 발표한 '로즈웰 사건' 보고서가 좋은 사례이다.

UFO 연구자 중에는 편집증적 취향과 비밀주의 문화에 대한 소박한 견해를 가진 이들이 적지 않다. 전직 《뉴욕 타임스》 기자였던 하워드 블룸(Howard Blum, 1948년~)의 『아웃 데어(*Out There*)』(1990년)에서도 그런 경향을 발견할 수 있다.

> 아무리 혁신적인 시도를 해 보아도 나는 막다른 길에 갇히는 것을 피할 수 없었다. 나는 우물쭈물 조심스럽게 믿어 가기 시작했다. 이야기의 전모를 내가 파악하기는 힘들겠다고.
>
> 왜?
>
> 쌓일 대로 쌓인 의심의 정점에는 단 하나의 실제적이고 불가능한 다음과 같은 질문이 불길하게 균형을 잡고 올라앉아 있었다.
>
> 왜 정부 당국의 공보 담당관들과 연구 기관들은 하나같이 내 시도를 방해하고 가로막는 일에 사력을 다하는 것일까? 그때는 참이었던 이야기가 왜 오늘은 거짓이 되어 버리고 마는 것일까? 왜 빈틈 하나 없고 단단한 비밀주의만 있는 것일까? 왜 군 정보 기관 요원들은 거짓 정보를 흘리고, UFO 신

봉자들을 미친 사람으로 모는 것일까? 도대체 정부는 무엇을 알고 있고 무엇을 감추고 있을까?

방해가 있는 것은 당연하다. 기밀로 취급하는 게 합법인 정보도 있고, 군사 설비 관련 정보라면 비밀 유지가 국익에 도움이 되기 때문이다. 나아가 군부, 정계, 정보 기관에는 내부 사정 때문에 비밀 유지를 중요시하는 풍조가 있다. 비밀 유지는 자신들의 무능과 그것보다 나쁜 오류에 대한 비판을 막고, 책임을 모면하는 한 가지 방법이기 때문이다. 비밀주의는 국가 기밀을 취급할 수 있는 소수의 엘리트 계급이나 기득권 집단을 만들어 낸다. 그들은 그런 정보를 얻지 못하는 일반 시민 대중과 구분된다. 몇 가지 예외를 제외하면, 비밀주의는 민주주의나 과학과 근본적으로 양립 불가능하다.

UFO와 비밀주의가 교차하는 사건은 그치지 않는데, 그중에서 가장 시끄러운 소란을 만든 것은 이른바 MJ-12(Majestic 12) 문서를 둘러싼 사건이다. 이야기는 다음과 같이 시작되었다. 1984년 말 제이미 샌더라(Jaime Shandera)라는 영화 제작자의 우편함에서 현상하지 않은 필름 한 통이 든 봉투가 발견되었다. 그는 UFO와 정부 은폐 공작에 관심을 가지고 있었고, 마침 뉴멕시코 주 로즈웰에서 일어났다는 사건들을 가지고 책을 쓴 한 저술가와 점심 약속을 하고 외출하려던 참이었다. 필름을 현상해 보니 그것이 낭독이나 복사도 할 수 없이 "묵독"만 가능한 높은 기밀 등급의 행정 명령서임이 "판명"되었다. 모든 쪽에 "비밀" 도장이 찍혀 있는 그 문서의 날짜는 1947년 9월 24일이었다. 그날 해리 트루먼(Harry S. Truman, 1884~1972년) 대통령은 이 문서를 통해 과학자와 정부 관계자 12명을 모아 추락한 비행 접시와 키 작은 외계인의 사체를 조사하기 위한 위원회를 설립하라고 지시했다. 그 문서에 따르면 MJ-12 위원회는 아주 일반적인 군 및 정보, 과학, 공학의 전문가들로 구성되었는데, 만약 비행 접시 추락과 같은 사건이 실제로 일어나 그 잔해를 정밀 조사할 사람을 찾는다면 당연히 부를 만한 전문가들이었다. MJ-12 문서는 외계인의 특성이나 외계인 우주선의 기술에 관해서는 부록 문서를 인용하고 있었는데, 정작 그 중요한 부록 문서는 수수께끼 같은 필름에서 빠져 있었다.

공군은 그 문서가 가짜라고 주장하고 있고, UFO 전문가인 필립 줄리언 클래스를 비롯한 여러 사람이 그 문서의 용어 사용 방식과 표기 관련 모순을 지적하고 있다. 미술품을 구매하는 사람들은 그림의 내력에 관심을 가진다. 그러니까 가장 최근에 누가 소유했고, 그 전에는 누가 소유했는지 묻다가, 결국 최초의 창작자인 예술가까지 거슬러 올라간다. 만약 그 사슬에 끊긴 곳이 있다면, 예컨대 300년 된 그림이 불과 60년 전까지만 소유주를 추적할 수 있고 그 전에는 어느 집이나 어느 박물관에 걸려 있었는지 하나도 알 수 없다면, 위작이 아닐까 하고 의심하기 시작할 것이다. 미술품 위작은 돈이 되기 때문에 수집가들은 작품을 구매할 때마다 주의를 기울여야 한다. MJ-12 문서가 가진 가장 큰 취약점이 바로 출처에 대한 의문이다. 「구두장이와 요정들」 같은 동화에서처럼 그 증거 문서가 기적처럼 문 앞에 떨어져 있었으니 말이다.

인류의 역사에는 이것과 비슷한 사례들이 많다. 출처가 의심스러운 문서가 갑자기 발견되고 발견자의 입장을 강력하게 지지해 주는 중요한 정보가 그 문서를 통해 드러난다. 주의 깊게, 때로는 과감하게 조사하다 보면 그 문서가 가짜였음이 밝혀진다. 문서 위조자들의 동기를 이해하는 것은 그리 어렵지 않다. 전형적인 사례가 구약 성서의 「신명기」이다. 이 책은 예루살렘의 성전에 감추어져 있던 것을 기원전 7세기에 요시야 왕(King Josiah, 기원전 648~609년)이 발견한 것으로 되어 있다. 종교 개혁 투쟁의 한복판에 있던 요시야 왕은 자신의 견해 전체를 지지해 주는 책인 「신명기」을 기적적으로 발견한 것이다.

또 다른 사례는 「콘스탄티누스의 기증서(Constitutum Donatio Constantini)」라고 불리는 문서이다. 콘스탄티누스 1세(Constantinus, 274~337년)는 기독교를 로마 제국의 국교로 삼은 황제이다. 1,000년 이상 동로마 제국의 수도였던 콘스탄티노플(현재 이스탄불)은 콘스탄티누스 1세의 이름을 딴 것이다. 그는 337년에 세상을 떠났다. 9세기에 갑자기 「콘스탄티누스의 기증서」라는 문서에 관한 언급이 기독교 문헌에 등장하기 시작한다. 그 문서에 따르면 콘스탄티누스 1세가 당시 교황이었던 실베스테르 1세(Silvester I, 285~335년)에게 도시 로마를 포함한 서로마 제국 전체를 유증했다는 것이다. 이야기는 이렇게 계속된다. 그 "작은" 선물은 부분적으로는 실베스테르 1세가 콘스탄티누스 1세의 나병을 치료해 준 것에 대한 보답의 표시였다. 11세기까지 역대 교황들은 자신이 교회뿐만 아니라, 이탈리아 중부 지방의 세속적 지배자이기도 하다는 주장을 정당화하기 위해 「콘스탄티누스의 기증서」를 주기적으로 들고 나왔다. 당대에는 교회의 이런 세속적 주장을 지지하는 사람이나 반대하는 사람 모두 「콘스탄티누스의 기증서」는 진본이라고 여겼다. 이것은 중세가 끝날 때까지 이어졌다.

로렌초 발라(Lorenzo Valla, 1407~1457년)는 르네상스 시대 이탈리아의 박학가(博學家) 가운데 한 사람이었다. 논쟁을 좋아하고 성깔 있고 비판적이고 거만하며 현학적이라 당시 사람들로부터 미움을 샀던 로렌초 발라는 다른 모든 결점 가운데서도 특히 신을 두려워하지 않고 파렴치하고 무모하며 참람(僭濫)하다는 이유로 비난을 받았다. 그는 「사도신경」을 문법적으로 분석한 다음, 이 문헌은 열두 사도가 쓴 것이 아니라고 단언했다. 그는 종교 재판에 회부되었고 이단 선고를 받았다. 그의 후원자였던 당시 나폴리의 왕 알폰소(Alfonso, 1396~1458년)의 중재로 겨우 목숨을 건졌다. 그는 여기에 굴하지 않고 1440년 논문을 발표해 「콘스탄티누스의 기증서」가 엉성한 위조 문서임을 밝혀냈다. 기증서의 라틴 어는 4세기의 궁정 라틴 어와 비교해 보면 마치 런던 사투리와 표준 영어의 관계와 같다는 것이다. 로렌초 발라 때문에 로마 가톨릭 교회는 더 이상 「콘스탄티누스의 기증서」를 내세워 유럽 국가들에 대한 패권을 고집할 수 없게 되었다. 그 내력에 5세기의 공백이 있는 「콘스탄티누스의 기증서」는 교황들(특히 하드리아노 1세(Hadrianus I, 700~795년))이 정교일치(政教一致)를 주장하던 카롤루스 대제(Carolus Magnus, 740/741~814년) 시대쯤에 교황청 소속의 한 성직자가 위조한 것으로 일반적으로 이해되고 있다.

MJ-12 문서와 「콘스탄티누스의 기증서」 모두 같은 부류의 위조 문서라고는 해도, MJ-12 문서가 「콘스탄티누스의 기증서」보다 완성도가 높다. 그러나 내력에 공백이 있다든가, 발견자가 그 문서 발견으로 이득을 얻는다든가, 용어 사용상의 불일치가 있다든가 하는 점 등에서는 공통된 약점을 발견할 수 있다.

수천 명까지는 아니더라도 수백 명의 정부 직원이 45년간 외계 생명체 또는 외계인 납치에 관한 정보를 은폐하고 있다는 발상은 정말로 놀라운 것이다. 분명 정부는 비밀 정보를 가지고 있고, 일반 시민과 깊이 연관된 문제와 관련해서도 비밀을 지키는 경우가 있다. 그러나 그런 경우에는 국가와 시민을 보호하기 위해 비밀로 한 것이라고 명시하게 되어 있다. 그런데 UFO와 관련해 더 큰 사실이 은폐되어 있다고 주장하는 사람들이 있다. 외계인이 침략해 왔다는 사실 말이다. 외계인들이 정말로 수백만 명씩 사람들을 납치하고 있다면, 그것은 한 나라의 안전 보장보다 훨씬 더 큰 문제이다. 지구 주민 전체의 안전이 달린 문제인 것이다. 그런 문제와 관련해서 지식과 증거를 가진 사람들이 있는데, 그들 중 누구도 경고조차 하지 않고, 외계인이 아니라 인류의 편에 서지 않는다는 게 말이 될까? 게다가 세계에는 미국이라는 나라 하나만 있는 게 아니라 200개의 나라가 있는데도?

냉전 종식 이후에 NASA는 그 위상이 흔들리고 있고, 자신들의 존재를 정당화해 줄 사명을 찾아내기 위해 분주하게 움직이고 있다. 특히 우주에서의 인간 활동을 정당화해 줄 훌륭한 이유를 찾기 위해 고심하고 있다. 만약 우호적이지 않은 외계인들이 매일매일 지구를 방문하고 있다면, 정부 예산에 목매는 NASA가 이것을 증액의 지렛대로 이용하지 않을 리가 없다. 그리고 만약 외계인의 침략이 착착 진행 중이라면, 전통적으로 조종사 출신이 주도권을 가지는 공군이 유인 우주 비행에서 한 걸음 물러나서 무인 부스터 로켓만 쏘아 올릴 리도 없다.

위성 궤도의 미사일 위성과 레이저 위성을 이용해 핵미사일을 요격하겠다는 '스타 워즈(Star Wars)' 계획을 담당하는 예전의 전략 방위 구상 기구(Strategic Defense Initiative Organization, SDIO)도 살펴보자. 지금 그 조직은 위기에 처해 있다. 특히 우주 공간에 방어 기지를 건설하겠다는 목표 달성은 어려워지고 있다. 그 명칭과 구상도 조정되었다. 최근 명칭은 탄도 미사일 방어 기구(Ballistic Missile Defense Organization)이다. 이 기구는 더 이상 국방부 장관에게 직접 보고하지도 못하게 되었다. 스타 워즈 계획에서 거론된 기술 가지고는 대규모 핵미사일 공격에서 미국을 방어하는 것은 불가능하다는 게 분명해졌기 때문이다. 그런데 만약 외계인의 침략이 초미의 관심사가 된다면, 적어도 우주 공간에 방어 기지를 건설하자는 계획에 반대할 사람은 단 한 사람도 나오지 않을 것이다.

다른 나라에서도 그렇지만 국방부는 실제든 가상이든 적이 있어야 잘 나갈 수 있는 조직이다. 적이 존재한다는 사실로부터 최대의 이익을 얻는 조직이 적이 있다는 사실을 감춘다는 것은 가능성이 극히 작은 이야기이다. 탈냉전 시대 미국에서(그리고 다른 나라에서) 군사 분야든, 민간 분야든 우주 계획이 기를 펴지 못하는 것을 보면, 우리 곁에 이미 외계인이 와 있다는 생각을 강력하게 부정하게 만든다. 물론 국방 계획을 수립하는 사람들도 그런 사실을 모른다면 이야기는 달라진다.

UFO 보고서를 모두 액면 그대로 받아들이는 사람들이 있는 것과 마찬가지로 외계인 방문이라는 생각을 근본적으로 말도 안 된다며 강력하게 부정하는 사람들도 있다. 그런 사람들은 증거 조사도 필요하지 않으며, 그 문제를 숙고하는 것조차도 "비과학적"이라고 비판한다. 나는 과거 미국 과학 진흥 협회(American Association for the Advancement of Science, AAAS)의 연례 회의에서 UFO 관련 공개 토론회를 조직한 적이 있다. UFO 중 일부는 외계에서 온 우주선이라는 가설에 대해 그것을 지지하는 과학자들과 반대하는 과학자들이 모여 토론을 한 것이다. 그런데 다른 문제들과 관련해서는 훌륭한 판단을 해서 평소부터 존경해 오던 저명한 물리학자가 내게 이런 미친 짓을 계속한다면 미국 부통령에게 이야기해 행사를 못 하게 하겠다고 압박했다. (결국 토론회는 개최되었고 그 논쟁은 책으로 발간되었다. 이 행사를 통해 논점이 좀 더 분명해졌다. 그러나 당시 부통령이었던 스피로 시어도어 애그뉴(Spiro Theodore Agnew, 1918~1996년)는 내게 아무 말도 하지 않았다.)

1969년 미국 국립 과학원(National Academy of Science, NAS)이 조사 보고서를 발표했다. 그 보고서는 UFO 목격 보고 가운데 "쉽게 설명되지 않는" 것들이 있음을 인정하면서도 "UFO와 관련해 여러 가설이 있지만, 외계 지적 생명체의 방문이라는 설명이 가능성이 가장 작다."라는 결론을 내리고 있다. 그렇다면 다른 가설은 어떤 게 있을까? 그 보고서는 시간 여행자, 마계에서 온 악령, 다른 차원에서 온 여행자(옛날에 「슈퍼맨」 만화

책에 5차원의 Zrfff라는 나라에서 온 Mxyztplk 씨가 나온 적 있다. 아니, Mxyzptlk 씨였던가, 맨날 잊어먹는다.), 망자의 영혼, 아니면 과학 법칙, 심지어는 논리 법칙도 따르지 않는 '비데카르트적' 현상 등으로 설명하는 가설들을 언급하고 있다. 제안자 입장에서는 나름 진지한 설명들이다. "가능성이 가장 작다."라는 냉랭한 수사학적 딱지에는 다른 뜻이 담겨 있는지도 모른다. 적지 않은 과학자들이 이 화제를 끔찍하게 싫어한다는 것 말이다.

사람은 잘 알지 못하는 문제를 마주하게 되면 감정이 고조된다는 사실은 많은 것을 말해 준다. 특히 최근 유행하는 외계인 납치 관련 보고들이 일으키는 혼란과 관련해서 이것은 참이다. 그렇다고 한다면 인간을 대상으로 성적 실험을 하는 외계인이 침략하고 있다는 가설이든, 환각과 망상이 전염병처럼 유행하고 있다는 가설이든 간에 무언가 중요한 것을 우리에게 가르쳐 주고 있을 것이다. 아마도 우리가 이런 주장들에서 강렬한 느낌을 받는 것은, 두 대안 가설 모두 불쾌한 함의를 내포하고 있기 때문일 것이다.

오로라

> 증언이 다수 있고, 그 증언들이 일관성과 정합성을 갖추고 있다는 점에서 이 목격 증언들이 환각제로 인한 것이 아니라 어떤 배경을 가진 것임을 알 수 있다.
>
> —「수수께기의 항공기(Mystery Aircraft)」
>
> (전미 과학자 연맹 보고서, 1992년 8월 20일)

'오로라(Aurora)'는 미국이 극비리에 개발하고 있다는 고고도 정찰기를 말한다. U-2나 SR-71 블랙버드의 차세대 전략 정찰기

(strategic reconnaissance)이다. 실재하는지도 아직 불명이다. 1993년경 캘리포니아 주 에드워드 공군 기지나 네바다 주 그룸 레이크(Groom Lake) 부근에서 나온 몇 건의 목격담이 전부이다. 특히 네바다 주 근처에는 국방부의 실험기 시험 비행에 쓰이는 '51 구역(Area 51)'이라는 지역이 있다. 여기서 나오는 증언에는 나름의 일관성이 있다. 오로라를 확인했다는 증언은 세계 각지에서도 모이고 있다. U-2나 SR-71과 달리 오로라는 극초음속기로, 아마도 마하 6~8의 속도로 날 수 있는 것 같다. 오로라의 비행운은 "로프로 연결된 도너츠"로 묘사된다. 소형 비밀 위성을 궤도에 올리기 위해 개발되었다는 설도 존재한다. 챌린저 호 사고 이후, 우주 왕복선의 안정성이 의심받았기 때문이다. 특히 국방용 물품과 자재를 운반하기에 충분한 안정성을 확보하지 못한 것으로 평가되었기 때문에 그 대체용 항공기가 필요했던 것일 수 있다. 그러나 전직 우주 비행사로 상원 의원이기도 했던 존 글렌은 "CIA가 그런 계획이 존재하지 않는다고 분명하게 부정했다."라고 말하고 있다. 최고 기밀급의 미군기를 담당하는 주임 설계사도 이것과 같은 종류의 발언을 한 바 있다. 공군 참모 총장도 "그런 정찰기의 존재와 개발 계획은 공군은 물론이고 다른 곳을 뒤지더라도 찾을 수 없을 것이다."라며 강하게 부정했다. 공군 참모 총장이 거짓말을 하는 것일까? 공군의 대변인은 "우리는 UFO에 관한 다른 증언과 마찬가지로 오로라를 보았다는 증언에 대해서도 치밀하게 검토하고 있다."라고 이야기한다. 그리고 "우리는 이 건과 관련해 설명할 수가 없다."라고 덧붙인다. 이 와중에도 1995년 4월 미국 공군은 51 구역 인근 4,000에이커(약 16제곱킬로미터)의 땅을 수용했다. 일반 시민이 접근할 수 없는 지역이 점점 넓어지는 것이다.

생각해 볼 수 있는 가능성은 두 가지이다. 오로라가 실재하는가, 실재하지 않는가이다. 실재한다면 정부가 그 존재 자체를 감추려고 한다는 사실도, 그리고 그 비밀 유지가 아주 잘 작동하고 있다는 것도 충격적이다. 게다가 오로라는 세계 곳곳에서 시험 비행을 하고 있으며, 연료 보급을 받고 있는 것으로 보이는데, 그 사진은 물론이고 명확한 증거 하나 공개되지 않고 있다는 사실 자체도 경이적이다. 반대로 실재하지 않는다면 오로라에 관한 신화가 이렇게까지 퍼지고 이야기가 부풀어 오른 게 놀라운 일이 된다. 당국이 계속해서 공식적으로 부정하고 있는데도, 왜 이렇게까지 믿지 않는 사람들이 늘어나는 것일까? 어떤 명칭이 있다는 사실 자체(이 경우에는 '오로라'라는 이름이 그 역할을 한다.)가 사태를 심각하게 만들어 버리는 것일지도 모른다. 아무튼 오로라는 UFO라는 명칭이 잘 어울리는 물체인 것 같다. (오로라의 정체는 지금까지도 밝혀지지 않았지만, 2013년 11월 록히드 마틴은 극초음속 정찰기 SR-72의 개발 계획을 공개했다. 최대 속도는 마하 6, 실전 배치는 2030년을 목표로 하고 있다. — 옮긴이)

✶

6장
환각

깜깜한 어둠 속에 있는 아이들이 벌벌 떨며
무엇이든 무섭게 여기듯이, 밝은 곳에 있는 우리가
때로 어둠 속의 아이들을 공포에 떨게 했던,
하나도 무서울 것 없는 바로 그것을 두려워한다.
—티투스 루크레티우스 카루스(Titus Lucretius Carus, 기원전 99-55년),
『사물의 본성에 관하여(*De Rerum Natura*)』(기원전 60년경)에서

✶

광고주는 광고를 볼 사람들에 대해 알아야 한다. 제품과 기업의 생존이 걸린 문제이기 때문이다. 그런 의미에서 UFO 전문 잡지에 실린 광고들을 살펴보면 상업주의와 자유 기업의 나라 미국에서 UFO 마니아들이 어떤 존재인지 알 수 있다. 다음은 《UFO 유니버스(*UFO Universe*)》에 실린 광고들 가운데서 뽑은 카피 문구들이다. 아주 전형적이다.

- 2,000년간 감춰진, 부와 권력, 그리고 낭만적인 사랑을 얻는 비밀을 저명한 과학자가 마침내 발견!
- 극비 정보 공개! 초특급 비밀! 우리 시대 가장 충격적인 정부 음모를 퇴역 장교가 폭로한다!
- 당신이 지구에서 사는 동안 수행해야 하는 '특수 임무'란 무엇인가? 빛의 일꾼들, 방문자들, 다른 별에서 온 대표자들의 전 우주적 각성이 시작된다!
- 당신이 지금껏 기다려 온 바로 그것! 당신의 영적 인생을 바꿔 줄 24장의 UFO 장식 우표.
- 내게 여자가 생겼습니다. 당신은? 오는 기회를 놓치지 마세요!
- 우주 최강의 잡지! 지금 당장 정기 구독하십시오!
- 기적 같은 행운과 사랑과 돈을 당신에게! 수백 년간 입증된 파워를 당신에게도 드립니다.

- 심령 연구의 놀라운 발전! 단 5분이면 심령술의 마법을 증명할 수 있습니다.
- 행운과 사랑과 부를 얻을 용기가 있습니까? 행운이 반드시 찾아옵니다! 세상에서 가장 강력한 부적으로 당신이 원하는 모든 것을 얻으십시오.
- 검은 옷을 입은 사람들(Men in Black): 정부 요원인가, 외계인인가?
- 광석, 부적, 인장, 상징물의 힘을 증강시키십시오. 당신이 하는 모든 일의 효과를 키우십시오. 저희 회사의 마인드 파워 증폭기를 이용하시면 당신의 마인드 파워를 증폭시킬 수 있습니다.
- 돈을 끌어당기는 자석: 돈을 더 많이 벌고 싶지 않으십니까?
- 라엘의 성서, 사라진 문명의 성전.
- 내면의 빛에 따라 쓴 '코맨더 엑스(Commander X)'의 신간. 드디어 밝혀지는 숨겨진 지구의 지배자들. 우리는 외계인의 소유물이었다!

이 광고들을 한데 묶어 주는 공통의 끈은 무엇일까? UFO? 아니다. 이런 잡지 따위를 읽는 독자라면 잘 속을 것이라는 광고주의 흑심이 그 끈이다. 바로 그렇게 생각하기 때문에 이런 광고들을 UFO 관련 잡지에 싣는 것이다. UFO 관련 잡지를 산다는 행위 자체가 속기 쉬운 독자라는 딱지가 되는 셈이다. 의심할 것도 없이, 이런 잡지를 정기 구독하는 사람들 가운데에도 광고주나 편집자가 기대하는 것보다 적당히 회의주의적이고 충분히 이성적인 이들이 있을 것이다. 그러나 대부분의 독자와 관련해서는 광고주나 편집자의 판단이 맞는다면, 그것은 외계인 납치라는 패러다임에 있어서 어떤 의미를 가질까?

나는 가끔 외계인과 "접촉(contact)"하고 있다는 사람들의 편지를 받는다. 그들은 내게 "무엇이든 물어보라."라고 청한다. 외계인에게 물어봐 주겠다는 것이다. 그래서 나는 요 몇 년간 몇 가지 질문거리를 마련해 목록을 만들었다. 주지하는 바와 같이 외계인은 매우 진보된 존재일 것이다. 내가 준비한 질문은 "페르마의 마지막 정리를 간단히 증명해 주시오." 같은 것이다. 아니면 골드바흐의 추측도 괜찮고. 당연히 외계인들은 '페르마의 마지막 정리'라는 말이 무슨 뜻인지 모를 테니, 나는 그 내용이 무엇인지 설명하는 글을 쓰고, 거듭제곱이 있는 간단한 등식을 적은 회신을 보냈다. 하지만 답변을 단 한 번도 받지 못했다. 반면에 "우리는 왜 착하게 살아야 하는가?"와 같은 질문에는 거의 다 답변을 받았다. 막연한 질문들, 특히 도덕 판단과 관련된 진부한 질문들에 대해서는 무엇이든 쾌히 대답해 주는 주제에, 지구인보다 진보된 외계인이라면 알고 있을 법한 전문적인 질문에 대해서는 침묵으로 일관한다.• 이 간극의 의미는 무엇일까?

외계인 납치라는 패러다임은 비교적 최근에 생긴 것이다. 이 패러다임이 등장하기 전, 좋았던 옛날에는 UFO에 잡혀간 사람들은 핵전쟁의 위험성에 대한 설교를 들었다고 한다. 그런데 요즘에는 외계인들이 환경 오염과 에이즈에 집착하는 것처럼 보인다. 나는 이런 의문이 든다. 어째서 UFO의 승조원들은 우리 행성의 최신 문제나 당면 위기에 대해서만 우려하는 것일까? 1950년대에 CFC(chlorofluorocarbon, 염화 플루오린화 탄소)와 오존층 파괴에 대해서 경고해 주었다면 어땠을까? 아니면 1970년대에 HIV 바이러스에 대해서 지나가는 말로라도 경고해 주었다면 어땠을까? 그랬다면 정말로 도움이 되었을 텐데 말이다. 어째서 좀 더 빨리 우리가 생각지도 못하는 공중 보건과 환경 위기에 대해서 경고해 주지 않

• 현대인은 아직 그 답을 모르지만 답만 나온다고 한다면 그게 답인지 아닌지 금방 알 수 있는 질문을 고안해 내는 것은 굳은 머리를 자극하는 좋은 정신 체조가 된다. 수학 이외의 분야를 가지고 질문을 만들어 보는 것도 재미있을 것 같다. 일종의 경연 대회를 열어서 '외계인에게 물어볼 10가지 질문'을 공모해 보는 것도 좋을 듯하다.

은 것일까? 외계인이 아는 지식이 외계인이 있다고 보고하는 사람들의 지식과 같은 수준일 리 없을 텐데 말이다. 그리고 외계인 방문의 주요 목적 가운데 하나가 지구의 위기에 대해 알리는 것이라면, 소수의 사람에게만 그 내용을 알려서 그들이 아무리 설명해도 의심받게 만드는 이유가 도대체 무엇일까? 텔레비전 방송망을 장악한 다음 하룻밤 내내 설명할 수도 있고, 유엔 안전 보장 이사회 앞에 나타나 생생한 시청각 경고 자료를 보여 줄 수도 있을 텐데 말이다. 이런 일은 분명, 몇 광년의 거리를 날아온 외계인들에게는 그리 어려운 일이 아닐 것이다.

UFO의 외계인과 만난 '접촉자(contactee)'로서 상업적으로 성공한 최초의 인물은 조지 애덤스키(George Adamski, 1891~1965년)일 것이다. 그는 캘리포니아의 팔로마 산 기슭에서 작은 식당을 경영했는데, 뒷마당에 작은 망원경을 설치했다. 팔로마 산 정상에는 당시로서는 지상 최대 망원경이었던 200인치(약 580센티미터) 반사 망원경이 있었다. 워싱턴 D. C.의 카네기 협회와 캘리포니아 공과 대학이 소유한 것이었다. 애덤스키는 자신을 팔로마 산 '천문대'의 애덤스키 '교수'라고 칭했다. 그는 책을 한 권 냈는데 그 책에는 그가 부근 사막에서 긴 금발 머리에, 내 기억이 맞는다면, 흰색 원피스를 입은 멋진 모습의 외계인과 만나게 된 경위가 적혀 있었다. (그의 책은 꽤 큰 화제를 불러일으켰던 것으로 기억된다.) 그 외계인은 애덤스키에게 핵전쟁의 위험에 대해 경고했다고 한다. 그 외계인은 금성에서 왔다고 한다. (현재 널리 알려진 사실에 근거해 볼 때 이 이야기의 신빙성은 더 떨어진다. 왜냐하면 금성의 표면 온도가 섭씨 800도라는 게 밝혀졌기 때문이다.) 애덤스키라는 인물에게는 무언가 사람들을 믿게 만드는 요소가 있었던 모양이다. 당시

UFO 조사를 담당했던 공군 장교는 애덤스키를 이렇게 평했다.

> 그 사람을 만나 보고 이야기를 들으면, 곧바로 당신도 그를 믿고 싶어질 것이다. 아마 그의 용모 때문인 듯하다. 낡은 옷이기는 했지만 단정하게 차려입고 있었다. 머리가 약간 희끗희끗했고 내가 지금까지 본 것 가운데서 가장 맑은 눈을 지니고 있었다.

애덤스키의 별은 나이가 들면서 서서히 기울었다. 그러나 그는 다른 책들을 자비 출판했으며 비행 접시 '신봉자들' 모임에 고정 초대 손님으로서 꾸준히 출석했다.

현대적인 외계인 납치 장르의 첫 번째 에피소드는 뉴햄프셔 주에 살던 베티 힐(Betty Hill, 1919~2004년)과 바니 힐 2세(Barney Hill Jr., 1922~1969년) 부부의 이야기였다. 부인 베티는 사회 사업가였고 남편 바니는 우체국 직원이었다. 1961년 어느 늦은 밤에 차로 화이트 산맥을 지나가고 있을 때 베티는 밝게 빛나는 물체가 그들을 따라오는 것을 느꼈다. 처음에는 별인 줄 알았다. 바니는 그 물체가 자신들을 해칠까 두려워 간선 고속도로에서 벗어나서 좁은 산길로 향했고, 원래 예상했던 것보다 2시간 늦게 집에 도착했다. 이 체험을 계기로 베티는 UFO를 외계에서 온 우주선이라고 설명하는 책을 하나 읽게 되었다. 그 책에 따르면 UFO의 승무원들은 키가 작고 때로 인간을 납치하기도 한다는 것이었다.

그 일이 있고 나서 베티는 자신과 바니가 UFO에 납치되는 무서운 악몽을 반복해서 꾸었다. 베티는 자신의 꿈 이야기를 친구들과 직장 동료들, 그리고 UFO 연구자들에게 들려주었고, 결국 이 이야기는 남편 바니의 귀에까지 들어갔다. (기묘한 일은 베티가 남편에게는 자신의 꿈에 대해 직접 이야기한 적이 그때까지는 없었다는 것이다.) 그 일이 있고 1주일 정도 지났을 무렵에 그들은 "팬케이크 모양의 UFO를 보았으며 UFO의 투명한 창을 통해서 그 안에 제복을 입은 외계인들이 있는 것을 보았다."라고 이야기하기 시작했다.

그로부터 몇 년 후 바니를 담당하던 정신과 의사는 최면 요법 전문가인 보스턴의 벤저민 사이먼(Benjamin Simon) 박사에게 그를 소개했다. 베티도 바니와 함께 최면 치료를 받았다. 최면 상태에서 그들은 각기 "잃어버린" 2시간 동안 일어났던 일들을 자세히 기억해 냈다. 그들은 UFO가 고속 도로에 착륙하는 것을 보았고, 몸이 일부 마비된 상태에서 UFO 안으로 끌려 들어갔다. 그곳에는 코가 길고(요새 유행하는 외계인 패러다임과 일치하지 않는 부분이다.) 몸은 작은 인간과 흡사한 회색 생물이 있었다. 그 생물은 그들에게 본 적도 들은 적도 없는 신체 검사를 했다. 베티의 배꼽에 바늘을 꽂기도 했다. (당시 지구는 양막 천자술이 발명되기 전이었다.) 지금은 이 이야기를 듣고 베티의 난소에서 난자를 채취하고 바니에게서 정자를 채취한 것이라고 믿는 사람들이 있다. 물론 이것은 원래 줄거리에는 없는 부분이다.• UFO의 선장은 베티에게 우주선의 항로가 표시된 성간 지도를 보여 주었다.

마틴 코트마이어(Martin S. Kottmeyer, 1953년~)는 힐 부부의 이야기 속 모티프들이 1953년에 개봉된 「화성에서 온 침입자(Invaders from Mars)」라는 영화와 공통점이 많다고 지적한다. 그리고 바니가 묘사한 외계인의 모습, 특히 외계인의 눈이 아주 커다랗다는 묘사는 텔레비전 드라마인 「제3의 눈(The Outer Limits)」(1963년 방영)의 1화가 방영되고 나서 불과 12일밖

• 훗날 힐 부인, 즉 베티는 이렇게 적었다. "외계인은 성적인 것에 관심을 보이지 않았다. 하지만 납치한 사람의 소지품을 멋대로 가져가고는 했다. 예를 들어, 낚싯대, 다양한 장신구, 안경, 세탁 비누 같은 것을 훔쳐 갔다."

에 지나지 않은 시점에 최면을 걸었을 때 나온 것이었다.

힐 부부 사건은 큰 화제가 되었다. 이 사건은 1975년 텔레비전 영화로도 만들어져서 키 작은 회색 외계인 납치범들이 우리 주변에 있다는 생각을 수백만의 사람들 머릿속에 주입했다. 그러나 과학자들은, 특히 UFO들 가운데 몇몇은 외계인이 타고 온 우주선일지도 모른다고 조심스럽게 생각하던 소수의 과학자들조차 힐 부부 사건에 대해서는 신중한 태도를 취했다. 나름 가능성 있는 UFO 사건 목록을 만들고 있던 애리조나 대학교 대기 물리학자 제임스 에드워드 맥도널드(James Edward McDonald, 1920~1971년)도 힐 부부의 외계인 조우 사건을 자신의 목록에 싣지 않았다. 일반적으로 UFO를 진지하게 연구하는 과학자들은 외계인 납치 경험담에 대해 어느 정도 거리를 두는 경향이 예전부터 있다. 반면 외계인 납치를 액면 그대로 받아들이는 사람들은 하늘에 보이는 희뿌연 빛들을 분석할 이유가 거의 없다고 본다.

UFO에 대한 맥도널드의 견해는, 그 자신이 말했듯이, 반박할 수 없는 증거에 기초한 것이 아니라 소거법을 적용해 얻는 것이었다. 다시 말해서, 다른 모든 대안 설명들이 자신의 것보다 훨씬 신빙성 없어 보인다는 것이었다. 1960년대 중반에 나는 UFO와 관련해 이전에는 한 번도 자신의 견해를 주장한 적이 없는 일류 물리학자들과 천문학자들을 모은 비공개 회의를 마련한 적이 있다. 그 자리에 맥도널드를 초대해 자신이 최고의 사례로 꼽는 사건들을 발표할 수 있도록 했다. 그러나 그 과학자들은 맥도널드의 이야기를 듣고 나서도 외계인의 방문을 믿지 않았을 뿐만 아니라, 관심 가지는 것조차 저어하는 것처럼 보였다. 그날 모인 과학자들은 경이 지수(wonder quotient, WQ라고 할까?)가 아주 높은 집단이었다. 그러니까 호기심이 생기면 참지 못하는 사람들이었다. 하지만 그들은 맥도널드가 외계인의 증거로 거론한 사례들을 아주 단조로운 설명으로 해결할 수 있다고 여겼다.

다행히도 나는 힐 부부와, 또 사이먼 박사와 여러 시간을 함께 보낼 기회가 있었다. 만나 보니 베티와 바니는 정직하고 신실해 보였고, 이렇게 이상한 사건으로 유명인이 된 것 때문에 감정적 혼란을 겪고 있었다. 사이먼 박사는 힐 부부의 허락을 받고 내게(그리고 나와 함께 간 맥도널드에게) 최면 치료 당시 녹음한 음성 테이프 일부를 들려주었다. 가장 인상적인 부분은, 외계인과의 조우를 이야기하는('재현하는'이라고 하는 게 적절할 것 같다.) 바니의 목소리에서 절대적인 공포가 느껴진다는 것이었다.

사이먼은 전시나 평시나 최면 치료가 유효하다고 주장해 온 사람이었지만 UFO 붐에는 휘말리지 않고 한 걸음 떨어져 있었다. 그러나 그는 힐 부부의 체험을 소재로 한 존 풀러(John Fuller, 1913~1990년)의 베스트셀러 『중단된 여행(*The Interrupted Journey*)』의 인세 일부를 나눠 받는다. 만약 사이먼이 힐 부부의 이야기가 신빙성이 있다고 확언했다면 책의 매상은 더 높이 치솟았을 것이고 그의 이익 또한 상당히 늘어났을 것이다. 그러나 사이먼은 그렇게 하지 않았다. 동시에 힐 부부가 거짓말을 한다거나, 다른 정신과 의사가 주장한 것처럼, 힐 부부가 폴리 아 두(folie à deux, 감응 정신병. 일반적으로 순종적인 배우자가 지배적인 배우자를 추종하는 형태로 망상을 공유하는 정신 질환을 말한다.)에 걸려 있다는 견해를 즉각적으로 부정했다. 그렇다면 어떤 설명이 남을까? 힐 부부를 치료한 심리 치료사로서 사이먼은 그들이 일종의 "꿈"을 꾸었다고 말한다. 그것도 부부가 함께 말이다.

UFO 목격담의 원인이 여럿인 것과 마찬가지로 외계인 납치 이야기가 나오는 이유도 여럿일 것이다. 그 원인으로 생각할 수 있는 것이 어떤 것

인지 살펴보자.

1894년에 런던에서 『환각에 관한 국제 조사(*The International Census of Waking Hallucinaitons*)』라는 보고서가 발간되었다. 그때부터 지금까지 반복적으로 실시된 조사에 따르면, 평범한 정상인들 가운데 10~25퍼센트가 평생 적어도 한 번은 생생한 환각을 경험한다. 아무도 없는데 어떤 목소리를 듣거나 어떤 형체를 보는 게 일반적이다. 좀 드문 경우이기는 하지만 뭔가 향기 같은 것을 맡거나 음악 소리를 듣거나 감각과 무관하게 계시 같은 것을 받기도 한다. 어떤 경우에는 이런 일들이 삶을 송두리째 바꿔 버리는 개인사적인 사건이 되거나 심오한 종교적 경험이 되기도 한다. 무시당해 왔지만, 환각은 성스러운 것을 과학적으로 이해하는 길로 통하는 작은 쪽문일지도 모른다.

나 역시 돌아가신 부모님이 당신들이 살아 계실 때와 같은 목소리로 나를 부르시는 것을 열 번 정도 들었다. 물론 부모님은 살아 계실 때, 나를 자주 부르셨다. 집안일 좀 하라고, 맡은 일은 책임감 있게 잘하라고, 저녁 먹으러 오라고, 이야기 좀 하자고. 나는 아직도 그분들이 너무 그립다. 따라서 내 뇌가 가끔 그분들의 목소리를 생생하게 되살린다고 해서 놀랄 일은 아니다.

이렇게 환각은 아주 평범한 상황에서 아주 정상적인 사람들도 경험할 수 있다. 그렇지만 환각을 일으키는 계기는 굉장히 다양하다. 예를 들어, 밤에 하는 캠프파이어나 감정적 스트레스, 간질 발작이나 편두통, 고열이나 장기간의 단식이나 불면 또는 감각 차단(독방에 감금되는 경우 등) 때문에 일어나기도 하고, 아니면 LSD, 실로시빈(psilocybin, 환각버섯 등에서 추출할 수 있는 물질로, 환각, 정신 착란, 지각 상실 등을 일으킨다. — 옮긴이), 메스칼린(mescaline, 페요테선인장 등에서 추출 가능한 물질로, 환각 효과를 유발한다. — 옮긴이), 대마초와 같은 환각제를 복용해 일어나기도 한다. (알코올 중독으로 인해 일어나는 진전섬망(震顫譫妄, delirium tremens)도 무시무시한 환각 효과를 일으키는 것으로 잘 알려져 있다.) 소라진(Thorazine)과 같이 환각 작용을 억제하는 페노티아진(phenothiazine) 유도체들도 있다. 정상적인 인체 내부에서도 환각을 유발하거나 억제하는 물질들이 만들어지는 것으로 보인다. (엔도르핀(endorphin)이라는 뇌 내 단백질도 모르핀과 비슷한 작용을 하는 것 같다.) 리처드 버드(Richard Byrd, 1888~1957년) 제독과 조슈아 슬러컴(Joshua Slocum, 1844~1909년) 선장, 어니스트 섀클턴(Ernest Shackleton, 1874~1922년)과 같은 유명한 탐험가들(히스테리 증상을 보인 적이 없는 이들이기도 하다.) 역시 평상시와 다른 고립과 고독의 상태에 처했을 때 하나같이 생생한 환각을 경험했다.

신경학적 이유가 무엇인지, 그리고 분자적 원인이 무엇인지와 관계없이 환각은 그것을 경험한 사람에게는 현실처럼 느껴진다. 환각은 많은 문화에서 찾아볼 수 있고, 그중에는 영적 깨달음의 신호로 여기는 문화도 있다. 예를 들어, 서부 평원의 아메리카 원주민들이나 시베리아 토착민들의 문화 중에는 성인이 된 젊은이로 하여금 "깨달음의 여행(vision quest)"이라는 의식에 참여하게끔 하는 곳이 있다. 의식을 마치고 나면 어떤 환각을 보게 되는데, 그것은 그 젊은이의 미래를 보여 준 것으로 받아들여진다. 그리고 부족의 원로들과 샤먼들이 모여 그 환각을 진지하게 토의한다. 세계 각지의 종교에서 족장이나 예언자나 구원자가 사막이나 산으로 나아가 굶주림과 감각 차단의 고통에 시달리다가 신이나 악마를 만난다는 이야기를 셀 수 없을 정도로 많이 찾아볼 수 있다. 1960년대 서구 사회에서 환각제 복용과 종교적인 체험의 결합은 청년문화의 상징이었다. 그런 체험은 그것을 일으킨 수단이 무엇이든 간에 상관없이 '초월적', '신비적', '신성한', '거룩한' 같은 단어들로 존경스러운 것으로 묘사되었다.

환각은 흔한 현상이다. 환각을 경험했다고 해서 미쳤다는 뜻은 아니다. 인류학 문헌은 환각을 주제로 한 민속 정신 분석, REM 수면 시의 꿈,• 신들림의 무아경으로 가득 차 있고, 이런 경험들 속에 문화와 세대를 초월한 공통 요소들이 다수 포함되어 있음을 보여 준다. 환각이란 통상 선하거나 악한 영이 빙의된 상태로 해석된다. 예일 대학교 인류학자 웨스턴 라 바르(Weston La Barre, 1911~1996년)는 "문화의 상당 부분은 환각이다. 이렇게 보는 게 놀라울 정도로 좋을 것 같다."라고 썼다. 한발 더 나아가 "의식(儀式)의 목적과 기능은 전적으로 …… 환각을 통해 그 실체를 붙잡으려고 하는 바람에 다름 아니다."라고까지 주장했다.

다음 글은 환각을 신호 대 잡음 문제로 설명한 루이스 졸욘 웨스트(Louis Jolyon West, 1924~1999년)의 글이다. 그는 UCLA 신경 생리학 클리닉에서 의료 부장으로 일한 바 있다. 인용문의 출처는 『브리태니커 백과사전』의 15판이다.

> 한 남자가 닫힌 유리창 앞에 서서 해 질 녘의 정원을 내다보고 있는 모습을 상상해 보자. 그 남자의 등 뒤에는 난로가 있다. 창밖 경치에 몰두한 나머지 그의 눈에는 실내 모습이 전혀 들어오지 않는다. 그러나 바깥이 점점 더 어두워지면서 유리창에 그의 등 뒤 방 안에 있는 물체들이 비쳐 희미하게 보

• 꿈은 REM 수면 상태와 연관된다. REM은 급속 안구 운동(rapid eye movement)의 약자이다. (닫힌 눈꺼풀 아래의 안구가 움직인다. 꿈속의 행동을 추적하는 것 아니면 무작위 움직임일 것이다.) REM 수면 상태는 성적 흥분과 밀접하게 연관되어 있다. 피험자 집단을 둘로 나누어 실험군은 매일 밤 수면 중에 REM 상태가 될 때마다 깨우고, 반면에 대조군은 같은 밤에 꿈을 꾸고 있지 않을 때만, REM 상태 실험군 피험자와 똑같은 횟수만큼 깨우는 실험이 이루어졌다. 며칠 후, 대조군 피험자는 수면 부족으로 휘청거리는 정도로 끝났지만, 꿈을 꾸지 못하게 한 실험군 피험자는 백주대낮에 환각에 빠졌다. 특수한 비정상 상태에 처한 사람들만 환각에 빠지는 게 아니라, 모든 사람이 환각에 빠질 수 있다는 뜻이다.

이기 시작한다. 잠시 그가 보고 있는 게 정원인지(눈을 가늘게 뜨고 먼 곳을 보려고 한다면) 방 안 모습인지(그의 얼굴로부터 몇 센티미터 떨어지지 않은 창유리에 초점을 맞춘다면) 알 수 없는 상태가 된다. 밤이 되지만 벽난로는 꺼지지 않고 밝게 타오르고 그 난로의 불빛이 방을 밝힌다. 그의 눈에는 이제 유리에 비친 등 뒤 방 내부의 모습이 환하게 보인다. 그것은 창 밖에 있는 것처럼 보인다. 불이 꺼져 갈수록 이 환영은 더 희미해지고, 마침내 안팎이 모두 어두워지면 더 이상 아무것도 보이지 않게 된다. 가끔 불길이 깜빡깜빡 다시 타오르면 유리에 환영이 다시 나타난다.

이것과 마찬가지로, 일반적으로 꿈 같은 환각 경험은 '햇볕', 즉 감각적 자극이 약해졌지만 '내부 조명', 즉 표준 수준의 뇌 각성은 여전히 밝아, 우리 뇌의 '내부'에서 생긴 영상이 '창 밖'의 영상처럼 지각될 때 일어난다.

또 다른 비유도 가능하다. 꿈은 별처럼 항상 빛나고 있다는 것이다. 낮에는 햇빛이 너무 강해 대개 별이 보이지 않지만, 일식이 일어났을 때나 해가 졌을 때나 해가 뜨기 전에 하늘을 잘 살펴보거나 밤중에 갑자기 잠에서 깨어 맑은 밤하늘을 올려다보면, 별은 거기에서 항상 밝게 빛나고 있다. 꿈은 이런 별 같은 것이다.

뇌과학적 개념을 들자면, 끊임없이 이루어지는 정보 처리 활동(일종의 전의식(前意識, preconscious)의 흐름)으로 설명할 수 있다. 이 활동은 의식의 힘과 무의식의 힘 양쪽의 영향을 계속적으로 받으며 꿈 내용의 잠재적 공급원이 되기도 한다. 꿈이란, 처리 중인 데이터의 흐름을 몇 분간 의식했을 때 일어나는 개인적인 경험이다. 각성 상태에서 환각을 볼 때에도 똑같은 현상이 일어난다. 단, 그 현상을 일으키는 심리적인 조건이나 생리적인 조건은 조금 다르다. ……

인간의 모든 행동과 경험에는(비정상적인 것뿐만 아니라 정상적인 것에도) 환상이나 환각 현상이 항상 따라다니는 법이다. 이런 현상과 정신 질환 사이의 관계를 다루는 자료는 많지만, 일상 생활 속에서 이런 현상이 어떤 역할을 하는지는 아직 충분히 고찰되지 않은 듯하다. 정상인에게 나타나는 환영과 환각을 더 잘 이해한다면 신비적이거나 '초감각적'이거나 초자연적인 것으로 폄하되기 쉬운 경험들도 설명 가능해질 것이다.

그러니까 환각은 인간 존재의 일부이다. 이 사실을 정면으로 받아들이지 않는다면, 분명히 우리 자신의 본성에 관한 중요한 무언가를 놓치게 될 것이다. 물론 그렇다고 해서 환각이 내적인 어떤 게 아니라 외적인 실재가 되는 것은 아니다. 우리 중 5~10퍼센트는 암시에 걸리기 매우 쉽다. 한 마디 지시에 따라 깊은 최면 상태에 빠질 수도 있다. 미국인 중 대략 10퍼센트는 한 번 이상 유령을 본 적이 있다고 말한다. 이것은 외계인에게 납치된 적이 있다고 말하는 사람들의 수보다 훨씬 더 많고, 한 번 이상 UFO를 보았다고 보고한 사람들의 수와 대략 같다. 리처드 닉슨 대통령의 임기 마지막 주에(탄핵을 피하기 위해 사임하기 직전에) 실시된 여론조사에서 닉슨이 대통령직을 대체로 잘 수행하고 있다고 생각한 사람들의 수보다 적다. 전 인류의 적어도 1퍼센트, 그러니까 5000만 명 정도는 조현병 환자이다. 이것은 영국 인구보다 더 많다.

하버드의 정신과 의사인 존 맥(John Mack, 1929~2004년)은 1970년 악몽에 관한 책을 썼다. (존 맥에 대해서는 뒤에서 더 이야기할 것이다.) 다음 문장은 그의 책에서 인용한 것이다.

유년기에는 꿈을 현실로 여기는 시기가 있다. 그 시기에 아이들은 꿈을 구성하는 사건, 변신, 만족감과 공포를 마치 낮에 한 경험처럼 실제 일상 생활의 일부로 여기고는 한다. 아이들에게 꿈속 생활과 바깥세상의 생활을 확실하게 구별하고 그 구별을 유지하는 것은 어려운 일이다. 그런 능력을 온전히 갖추려면 여러 해가 지나야 한다. 보통 아이들은 8~10세경에 그런 능력을 갖추는 듯하다. 악몽은 생생하고 압도적인 정동(情動)을 동반하기 때문에 아이들은 이것을 쉽게 현실과 구별하지 못한다.

아이는 때때로 터무니없는 이야기를 하기도 한다. 침실 구석에서 마녀가 무서운 얼굴을 하고 노려보고 있었다고 하거나, 호랑이가 침대 밑에 숨어 있다고 하거나, 무지갯빛 새가 유리창 밖에서 날아와 꽃병을 깨뜨렸다고 하면서 자기는 집안에서 축구공을 차지 말라는 엄마 말을 어기지 않았다고 하거나 할 때 그 아이가 의식적으로 거짓말을 하고 있다고 할 수 있을까? 분명 부모들은 아이가 공상과 현실을 구별하지 못하는 것으로 여기고 대응한다. 그러나 상상력이 풍부한 아이들도 있고 그렇지 않은 아이들도 있는 법. 그래서 집마다 부모마다 대응법이 달라진다. 공상의 힘을 존중하고 아이들의 상상력을 격려하는 가정도 있지만, 때로는 "그것은 사실이 아니란다. 그냥 네 공상일 뿐이란다."라고 말해준다. 반대로 이야기 꾸며내는 것을 싫어하는 집도 있을 것이다. (집을 어지럽히고 대화를 꼬아 버리기 때문일 것이다.) 그런 가정에서는 부모가 인내심을 가지고 아이들과 허물없는 대화를 나누지 못하고 아이들의 공상을 막을 뿐만 아니라, 부끄러워하라고 가르치기까지 한다. 소수이기는 하겠지만 부모 자신이 현실과 공상 사이를 잘 구별하지 못하거나 공상의 세계에 심하게 빠져 사는 집도 있을 것이다. 이렇게 집마다 대응법과 육아법이 다 다른 탓에 어떤 사람은 성인이 되어서도 상상력을 잃지 않고 공상 세계의 이야기를 지어내고, 어떤 사람은 현실과 공상을 구분할 줄 모르는 사람은 모두 미친 것이라고 생각하는 성인이 된다. 대부분은 그 중간 어딘가에 있다.

외계인에게 납치된 적이 있다고 하는 사람들은 어린 시절에도 외계인을 본 적이 있다고 말하고는 한다. 그 '외계인'은 창을 뚫고 들어오거나 침대 밑이나 벽장에서 튀어나오고는 한다. 그런데 이것과 비슷한 이야기를 전 세계 어디서나 아이들의 입을 통해 들을 수 있다. 요정, 엘프(elf), 브라우니(brownie), 유령, 고블린(goblin), 마녀, 임프(imp) 등의 아주 다양한 상상의 '친구'들이 등장한다. 여기서 우리는 두 가지 부류의 아이들이 있다고 생각할 수도 있다. 한쪽에는 지상에 없는 존재를 공상해 내는 아이들이 있고, 다른 쪽에는 정말로 존재하는 외계에서 온 존재를 본 아이들이 있다고. 하지만 또 이렇게도 생각할 수 있다. 둘 다 같은 것, 그러니까 환각을 본 것이라고. 어느 쪽이 적절한 생각일까?

우리 대부분은 두세 살 무렵에 한밤중이나 날이 어두워졌을 때 '괴물' 같은 것을 보고 놀란 적이 있다. 그 괴물은 어린 마음에 진짜처럼 보였겠지만 상상의 산물이다. 나 역시 어린 시절 완전히 공포에 질려서 침대 밑에 숨거나 더 이상 참을 수 없을 것 같으면 안전한 부모님의 침실로 달려가고는 했다. 그 존재에게 잡히기 전에 부모님 침실에 도달할 수 있을지, 그것도 그것대로 무서웠던 기억이 난다. 공포 만화를 그리는 미국의 만화가 게리 라슨(Gary Larson, 1950년~)은 자신의 책 하나에 다음과 같은 헌사를 적었다.

> 어렸을 때 우리 집은 괴물들이 우글거렸다. 괴물들은 벽장, 침대 밑, 다락방, 지하실, 그리고 어두운 곳이라면 거의 어디에나 있었다. 이 모든 괴물로부터 나를 안전하게 지켜 주신 아버지께 이 책을 바친다.

아마 외계인 납치 경험담을 이야기하는 사람들을 담당하는 치료사들은 그 이상의 일을 해야 할 것이다.

아이들이 어둠을 두려워하는 이유 가운데 일부는, 얼마 전까지만 해도 아이들이 혼자서 잠자리에 들지 않았다는 데 있는지도 모른다. 인류의 긴 진화 역사 전체를 훑어볼 때 아이들이 혼자 자게 된 것은 극히 최근 일이다. 아이들은 어른, 대개 어머니의 품에 안겨서 안심감 속에 잠들었다. 계몽주의 이후 서구 사회에서는 아이들을 어두운 방에 혼자 두고 잘 자라고 인사만 하고 나오게 되었다. 그리고 아이들이 어째서 아주 무서워하고 짜증을 내는지 이해하려고 하지 않는다. 아이들이 무서운 괴물을 상상하고는 하는 것은 진화론적으로 쉽게 설명할 수 있다. 그것은 사자와 하이에나가 출몰하는 세상에서 무방비 상태의 아이가 보호자 없이 아장아장 돌아다니는 것을 막아 주기 때문이다. 호기심 왕성한 동물의 새끼가 보호자의 곁에서 떨어지지 않도록 하는 데 강한 공포만큼 효과적인 게 또 있으랴. 괴물을 무서워하지 않는 사람은 자손을 많이 남기지 못했을 것이다. 결국 인류의 진화 과정을 통해서 거의 모든 아이가 괴물을 무서워하게 되었다. 그리고 우리 모두가 어린 시절 무시무시한 괴물을 상상해 낼 수 있었다면, 어른이 되어서도, 때로는 무서운 망상에 빠지는 사람이 생기는 것도 그리 이상한 일은 아니리라. 특히 그 망상이 어린 시절의 것과 공통점이 많은 것이라면 말이다.

외계인 납치라는 사건이 주로 자고 있는 사람이나 막 깨어나려는 사람, 운전 중인 사람 등을 대상으로 잘 일어난다는 사실에는 시사점이 있어 보인다. 장시간 계속해서 운전을 하다 보면 자기 최면적 백일몽을 볼 위험성이 높아진다는 것은 이미 유명한 사실이다. 외계인 납치 전문 치료사들이 고개를 갸우뚱하는 것은 환자가 공포에 질려 소리 질렀는데 배우자는 옆에서 얌전히 잠들어 있었다 하는 이야기를 들을 때이다. 도움을 청하는데 아무도 듣지 못하는 것, 이것은 우리가 꿈에서 전형적으로 보는 현상 아닌가. 벤저민 사이먼이 힐 부부의 사례와 관련해서 제기한 것처럼, 외계인 납치 체험담은 수면 내지 일종의 꿈과 관계가 있는 것일지도 모른다.

외계인 납치와 아주 비슷한 심리 상태를 일으키는 것이 있다. 가위눌림이라는 말로 익숙한 수면 마비(sleep paralysis) 현상이다. 많은 사람이 수면 마비를 경험한다. 수면 마비는 완전히 깨어 있는 상태와 완전히 잠들어 있는 상태의 중간에 있을 때 발생한다. 몇 분 이상 움직이지 못하고 강한 불안감이 엄습한다. 무언가가 위에 타고 앉았거나 누워 있는 것처럼 가슴 쪽에 무게감을 느끼고 심장 박동이 빨라지며 호흡이 가빠진다. 사람, 악령, 유령, 동물, 새 등의 환각이나 환청을 경험할 수도 있다. 켄터키 대학교 심리학자 로버트 베이커(Robert Baker, 1921~2005년)에 따르면, 본격적인 가위눌림은 "현실과 같은 박력과 충격을 온전히" 지니기도 한다. 때로는 그 가위눌림에 성적인 게 분명한 요소가 포함되기도 한다. 베이커는 외계인 납치 경험담의 전부는 아니겠지만, 상당수의 사례 배후에는 수면 장애가 있다고 주장한다. (베이커 등의 주장에 따르면 외계인 납치 경험담에는 이것과 다른 부류의 이야기도 있다고 한다. 예컨대, 공상벽이 있는 사람이 만든 것과 사기벽이 있는 사람이 만든 것은 이것과 다른 것으로 분류할 수 있다고 한다.)

《하버드 멘탈 헬스 레터(*Harvard Mental Health Letter*)》 1994년 9월호에도 비슷한 논평이 실렸다.

> 수면 마비는 몇 분 동안 지속될 수 있고, 때로는 선명한 환각을 동반해, 신, 영, 외계 생물의 방문과 관련된 이야기를 만들어 내기도 한다.

캐나다의 신경 생리학자 와일더 펜필드(Wilder Penfield, 1891~1976년)는 초기 연구를 통해 뇌의 특정 부위에 전기 자극을 주면 완전한 환각 증상을 일으킬 수 있음을 알아냈다. 측두엽 간질(측두엽은 이마 아래쪽에 있는 부위로, 일련의 자연 발생적 전기 자극이 흐르는 증상을 동반한다.)이 있는 사람들은 현실과 거의 구별할 수 없는 환각을 지속적으로 경험한다. 예를 들어, 기묘한 생물이 보이거나 불안해지거나 공기 중에 떠다닌다고 느끼거나 성적 경험을 했다고 여기거나 시간이 사라진 것 같은 느낌을 받는다는 것이다. 심오한 수수께끼의 답을 발견한 듯한 깨달음이 들기도 하고 그 복음을 세상에 알려야 한다는 생각을 하게 될 때도 있다. 측두엽에 자연 발생적 전기 자극이 지속되는 상태는 심각한 간질을 앓는 사람들뿐만 아니라 보통 사람들에게도 종종 일어나는 일이다. 또 다른 캐나다 신경 과학자 마이클 퍼싱어(Michael Persinger, 1945~2018년)의 보고에 따르면, 항간질 약물인 카바마제핀(carbamazepine)을 여성에게 투약했더니 외계인에게 납치된 것 같다는 감각이 사라졌다고 한다. 그렇다면 이런 환각은 자연 발생적이거나, 화학적 또는 실험적으로 일으킬 수 있는 현상일 것이다. 그리고 이런 결론은 UFO 이야기를 해명하는 데 나름의 역할, 아마도 중요한 역할을 할 것이다.

그러나 이런 생각은 금방 반박을 받을 것이다. 왜냐하면 UFO를 '집단 환각'으로 설명해 버리는 셈이기 때문이다. 집단 환각이라니, 그런 게 어디 있는가 하고 말이다. 하지만 과연 그럴까?

외계 생명체의 존재 가능성이 널리 알려지기 시작하자, 특히 19세기에서 20세기로 넘어올 무렵 퍼시벌 로웰이 화성의 운하들에 대해 언급했을 때쯤, 외계인과 접촉했다는 사람들이 나오기 시작했다. 이때 외계인으로 주로 등장한 것은 화성인이었다. 심리학자 시어도어 플로노이(Theodore Flournoy, 1854~1920년)의 1901년 저서 『인도에서 화성까지(*From India to the Planet Mars*)』에는 프랑스 어를 하는 한 영매가 비정상적 각성 상태인 트랜스(trance) 상태에서 화성인의 모습을 그리고(우리와 똑같은 모습이었다.) 화성인의 문자와 단어를 썼다는(프랑스 어와 아주 비슷했다.) 이야기가 소개되어 있다. 정신과 의사 카를 구스타프 융(Carl Gustav Jung, 1875~1961년)은 1902년에 작성한 박사 학위 논문에 화성에서 온 "별나라 사람"이 전차 건너편 자리에 앉아 있었다고 주장한 젊은 스위스 여성 이야기를 기록해 놓았다. 흥분 상태에 있던 그녀의 말에 따르면, 화성인은 과학도 철학도 영혼도 모르지만 진보된 기술을 가졌다고 한다. "하늘을 나는 기계는 화성에서는 오래전부터 있었고, 화성 전체는 운하로 덮여 있다."라는 것이다. 1932년에 사망한, 이른바 초자연 현상 연구가였던 찰스 포트(Charles Fort, 1874~1932년)는 "아마 지구에는 화성인이 와 있는 것 같다. 그들은 우리 세상의 풍습에 관한 보고서를 자기들 정부에 비밀리에 보내고 있다."라고 썼다. 1950년에 제럴드 허드(Gerald Heard, 1889~1971년)는 자기 책에서 비행 접시 승무원은 고도의 지능을 가진 "화성 벌(Martian bee)"이라고 했다. 벌 말고 어떤 생물이 UFO의 환상적인 90도 방향 전환을 견뎌 낼 수 있겠는가 하는 게 그의 설명이었다.

그러나 1971년 매리너 9호의 탐사를 통해 화성 운하는 착각이었음이 밝혀지고, 1976년 바이킹 1호와 2호의 탐사가 화성에서 미생물이라도 존재한다는 증거를 하나도 발견하지 못하자, 로웰 이래 이어져 온 화성에 대한 대중의 열광은 수그러들었고, 화성인이 지구를 찾아온다는 이야기도 거의 들리지 않게 되었다. 그러자 이번에는 다른 행성에서 온 외계인에 대한 보고가 나오기 시작했다. 왜? 왜 더 이상 화성인이면 안 되는 것일까? 그리고 금성의 표면이 납을 녹일 정도로 뜨겁다는 사실이 밝혀진 후에는 금성인의 방문도 끊겼다. 이런 이야기들은 당대의 지식에 맞춰 조정되는 것처럼 보인다. 그리고 이런 사실은 외계인 이야기들의 기원에 관해 무언가 가르쳐 줄지도 모른다.

인간이 환각을 경험한다는 사실은 의심의 여지가 없다. 외계인이 존재하고, 우리 행성을 빈번하게 드나들며, 우리를 납치해서 괴롭힌다는 것은 매우 의심스러운 이야기이다. 세부 사항은 좀 더 논의해 볼 여지가 있지만, 외계인 납치는 실제 있었던 사건이 아니라 환각이라고 보는 가설이 증거 측면에서도 논리적 측면에서도 훨씬 더 그럴듯하게 보인다. 물론 아직도 환각 가설을 받아들이지 못하는 사람도 있을 것이다. 그런 사람이라면 아마 이런 의혹을 가지고 있으리라. 왜 그렇게 많은 사람이 오늘날에도 외계인 관련 환각을 체험했다고 이야기할까? 왜 그 환각에는 항상 음침한 작은 생물과 비행 접시와 성적 체험이 등장하는 것일까?

7장
악령이 출몰하는 세상

이 세계는 악령이 출몰하는 세상, 칠흑 같은 어둠에 덮여 있구나.
—『이사 우파니샤드(*Isa Upanishad*)』(인도, 기원전 600년경)에서

보이지 않는 것에 대한 두려움이
모든 사람이 종교라고 부르는 것의 자연적인 씨앗이다.
— 토머스 홉스(Thomas Hobbes, 1588~1679년),
『리바이어던(*Leviathan*)』(1651년)에서

인류의 많은 문화가 신이 우리를 굽어보고 우리의 운명을 인도한다고 가르친다. 신과는 별개로 사악한 존재가 실재하며 그것이 악을 낳는다고 여긴다. 이 두 부류의 존재는 때로는 자연적인 것으로, 때로는 초자연적인 것으로, 때로는 실재하는 것으로, 또 때로는 상상 속의 존재로 여겨졌지만, 인간의 필요에 봉사하는 것이었다. 신이나 악마가 완전히 공상적인 것이라고 하더라도 사람들은 그런 존재들을 믿으면 마음이 놓였기 때문이다. 그래서 과학의 맹렬한 포화 아래에서 전통 종교들이 시들어 가는 시대인 오늘날, 옛 신들과 악령들에게 과학의 옷을 입히고 외계인이라고 부르는 것은 어쩌면 자연스러운 일인지도 모른다.

악령에 대한 믿음은 고대 세계에 광범위하게 퍼져 있었다. 악령은 초자연적인 존재라기보다는 자연적인 존재로 생각되었다. 헤시오도스(Hesiodos, 기원전 7세기)는 별생각 없이 악령에 대해 언급했다. 소크라테스(Socrates, 기원전 470?~399년)는 자신에게 철학적 영감을 가져다준 것을 "자애로운 악령(benign demon)"의 작용이라고 설명했다. (소크라테스 등 고대 철학자들이 언급한 악령은 고대 그리스 어로 다이몬(daimon)이라는 영적 존재였다. 신령(神靈)

이라고 번역되기도 하는 이 단어는 악령을 뜻하는 영어 demon의 어원이 되었다. 이 책에서는 경우에 따라 '다이몬' 또는 '악령'이라고 번역했다. — 옮긴이) 그 스승인 만티네이아의 디오티마(Diotima of Mantineia, 기원전 5세기)는 소크라테스에게 이렇게 가르쳤다. 악령, 즉 "다이몬이라는 존재는 모두 신과 필멸자 사이에 존재한다. 신은 결코 사람과 직접 접촉하지 않는다. 깨어 있을 때이든 잠자는 동안이든 신과 사람 사이의 교류와 대화는 다이몬이라는 존재를 통해서만 이루어진다." (플라톤의 『향연』에서)

소크라테스의 가장 유명한 제자인 플라톤은 악령, 즉 다이몬에게 중요한 역할을 맡긴다. "인간은 본성상 오만과 오류에 빠지지 않고 최고 권능을 부여받은 존재로서 인간사 모두를 통치할 수 없는 존재입니다." 그리고 이렇게 이야기한다.

> 우리는 소를 소의 지배자로, 양을 양의 지배자로 앉히지는 않습니다. 그들보다 훨씬 우월한 종족인 우리 인간이 그들을 지배합니다. 신도 비슷한 방식을 취하십니다. 신은 인류를 사랑하기에 우리보다 훌륭한 종족인 다이몬들을 우리 위에 앉혔습니다. 다이몬들은 우리 종족을 보살핍니다만, 그들에게는 아주 쉬운 일일 테고 즐거움도 얻을 일일 겁니다. 그들의 보살핌 덕분에 우리는 결코 깨지지 않을 평화와 존경, 질서와 정의를 얻고, 우리 종족은 행복과 화목에 이르게 됩니다.

플라톤은 다이몬이 악의 근원이라는 주장을 단호하게 부정했다. 그리고 성적인 열정의 수호자인 에로스는 신이 아니라 다이몬의 일종이라고 주장했다. 신도 아니고, "필멸자도 아니며" "선하지도 않고 악하지도 않은" 존재라고 적었다. 그러나 기독교 철학에 큰 영향을 미친 신플라톤주의자들을 비롯한 후기 플라톤주의자들은 대개 다이몬에는 선한 존재도 있고 악한 존재도 있다는 입장을 취했다. 진자가 흔들리듯 여러 학설이 오갔다. 플라톤의 유명한 제자인 아리스토텔레스는 다이몬이 꿈의 각본가라는 가설을 진지하게 고려했다. 플루타르코스(Ploútarchos, 46~119년)와 포르피리오스(Porphýrios, 234~305년)는 다이몬이 상층 공기를 가득 채우고 있으며, 그들은 달에서 왔다고 주장했다.

기독교의 초기 교부들은 자신들이 속한 문화에서 신플라톤주의를 흡수했음에도 불구하고 '이교도적' 신앙 체계에서 빠져나오려고 애를 썼다. 이교도들은 모두 다 신을 제대로 이해하지 못하며, 신 대신 다이몬이나 인간을 숭배하는 오류를 범하고 있다고 가르쳤다. 사도 바울(Paul the Apostle, 5?~64/67년)이 "하늘의 악령들"과 싸우자고 썼을 때, 공격하고자 한 것은 부패한 정부가 아니라 하늘에 산다는 다이몬들이었다. (「에페소인들에게 보낸 편지」 6장 12절)

> 우리가 대항하여 싸워야 할 원수들은 인간이 아니라 권세와 세력의 악신들과 암흑 세계의 지배자들과 하늘의 악령들입니다.

이처럼 다이몬, 즉 악령은 사람의 마음속에 있는 악을 가리키는 시적 은유에 그치지 않고 그 이상의 의미를 가지게 되었다.

히포의 아우구스티누스(Augustinus Hipponensis, 354~430년)는 다이몬을 아주 싫어했다. 그 시대에 유행하던 이교도 사상에 대해 아우구스티누스는 이렇게 말한다. "신은 가장 높은 영역에 자리하고, 사람은 가장 낮은 영역에 자리하고, 다이몬은 중간 영역에 자리한다. …… 그들은 불멸의 육체를 가지고 있으나, 사람과 공통된 정념을 지니고 있다." 413년부터 쓰기 시작한 『신국론(*De Civitate Dei*)』 8권에서 아우구스티누스는 이런 고대의 전통을 동화, 흡수하면서 옛 신들을 기독교의 유일신으로 바꾸고, 다이몬을 악령으로 만든다. 그러니까 다이몬은 예외 없이 해롭다고 주장한 것이다. 다이몬, 아니 악령에게는 결점을 보충해 줄 만한 덕이 하나도 없다. 악령은 모든 정신적 악과 물질적 악의 근원이다. 아우구스티누스는 악령을 "공기 같은 짐승이며, …… 해를 입히는 일에 아주 열심이고, 올바름으로부터 완전히 소외되어 있고, 교만으로 부풀어 있으며, 질투로 창백하고, 교묘하게 사람을 속이는" 존재로 규정한다. 악령은 신과 인간 사이에서 메시지를 전해 주는 척하면서 주님의 천사로 가장할 때도 있지만, 이것은 우리를 파멸로 인도하기 위해 놓은 덫에 불과하다. 그들은 어떤 모습으로도 변할 수 있으며, 특히 물질 세계에 관해서 많은 것을 알고 있다. 'demon'은 그리스 어로 '지식'을 뜻하기도 한다.• 아무리 슬기롭다고 해도 악령에게는 자애심이 부족하다. 초대 교부 중 한 사람인 퀸투스 셉티미우스 플로렌스 테르툴리아누스(Quintus Septimius Florens Tertullianus, 155?~240?년)는 그들이 "속기 쉽고 잔꾀에 밝은 인간의 마음을 먹이로" 삼으며, "공기 속에서 살고 별을 이웃 삼아 구름과 교제한다."라고 적었다.

11세기 비잔틴 제국의 유력한 신학자이자 철학자였으며 막후 정치의 실력자였던 미카엘 프셀로스(Michael Psellos, 1017/1018~1078?년)는 이런 말로 악령을 묘사했다.

> 이 짐승들은 정념으로 가득 찬 우리 자신의 삶 속에 존재한다. 그래서 그들은 정념 속에서 빈번하게 출몰하고, 거주지도 물질이며, 그들의 계급과 지위도 물질에 따라 결정된다. 이리하여 그들은 정념에 종속되었고 정념에 묶이

• '과학(science)'은 라틴 어로 '지식'을 뜻한다. 더 이상 살펴보다 가는 관할권 분쟁이 생겨날 것 같다.

게 되었다.

1217년경 쉰탈의 대수도원장 리칼무스(Richalmus, ?~1219년)는 악령을 주제로 한 책을 하나 펴냈는데, 여기에는 악령에 대한 직접 체험 사례들이 풍부하게 수록되어 있었다. (『계시의 책(*Liber Revelationum*)』이다. — 옮긴이) 그는 무수히 많은 악령을 보았다고 썼다. 그 악령들이 먼지처럼 그의 머리, 그리고 다른 모든 사람의 머리 주위를 윙윙거리며 날아다니고 있었다는 것이다. (눈을 감을 때만 보였다고 한다.) 합리주의의 파도가 몇 차례 일렁였고, 페르시아, 유태교, 기독교, 이슬람교 같은 다양한 세계관들이 밀려왔다 물러갔으며, 사회, 정치, 사상 측면에서 혁명적인 격변이 있었음에도 불구하고, 악령의 존재에 대한 믿음, 악령의 특성에 대한 교리, 그리고 악령의 이름까지도 헤시오도스 시대로부터 십자군 시대에 이르기까지 크게 변하지 않고 살아남았다.

'공기의 권능(power of air)'이라는 별명을 가진 악령은 하늘에서 내려와서 여자들과 위법적인 성교를 나눈다. 아우구스티누스는 마녀가 이 금지된 결합의 자손이라고 믿었다. 중세에는 고전 시대와 마찬가지로 거의 모든 사람이 그런 이야기를 믿었다. 악령은 악마 또는 타락 천사라고도 불렸다. 악령 중에 여자를 유혹하는 것을 인큐버스(incubus), 즉 남몽마(男夢魔)라고 했고 남자를 유혹하는 것을 서큐버스(succubus), 즉 여몽마(女夢魔)라고 했다. 정신이 몽롱한 상태에서 본 인큐버스가 고해 신부나 주교와 놀랄 만큼 비슷했으며 다음 날 아침 깨어나서 보니 "마치 남자와 몸을 섞은 것처럼 더럽혀졌음을 알았다."라고 보고한 수녀들이 많다고 15세기의 한 연대기 기록자는 적었다. 수녀원은 아니지만 고대 중국에서도 남자 출입이 금지된 후궁이나 규방에서 비슷한 일이 일어났다는 기록들이 많다. 아주 많은 여성이 인큐버스를 보고했기 때문에, 장로

교 목사이자 저술가인 리처드 백스터(Richard Baxter, 1615~1691년)는 1691년 저술인 『영적 세계의 확실성(*Certainty of the World of Spirits*)』에서 "그것을 부정하는 것은 오만불손한 짓이다."라고 주장했다.•

꿈속에서 인큐버스나 서큐버스의 유혹을 당하면 무언가 가슴을 짓누르는 듯한 느낌을 받는다고 한다. mare라는 단어는 원래 라틴 어로 암컷 말을 뜻하지만, 고대 영어에서는 인큐버스를 의미한다. 또 악몽을 뜻하는 영어 단어 nightmare는 잠자는 사람의 가슴 위에 앉아서 꿈으로 괴롭히는 악령을 뜻한다. 알렉산드리아의 총대주교였던 아타나시우스(Athanasius, 295~373년)는 360년경에 펴낸 『성 안토니오의 생애(*Life of St. Anthony*)』에서 악령이 밀실을 마음대로 드나든다고 적었다. 1700년경에는 프란체스코 수도회의 신학자 루도비코 시니스트라리(Ludovico Sinistrari, 1622~1701년)가 『악마론(*De Daemonialitae*)』이라는 책에서 악령이 벽을 통과한다고 단언했다.

악령이 외적 실재라는 생각은 고대부터 중세 후기까지 거의 의문시되지 않았다. 유태교 랍비이자 철학자였던 모세스 마이모니데스(Moses Maimonides, 1135~1204년)는 악령의 실재를 부정했으나, 압도적 다수의 랍비들이 '디북(dybbuk)'이 실재한다고 믿었다. 유태교 전설에 등장하는 이 사령(死靈)은 산 사람에게 옮겨붙는다고 여겨졌다. 악령이 **내적** 존재라는, 다시 말해서 우리 마음속에서 생기는 존재라는 함의가 담긴 문헌도

• 백스터는 같은 책에서 이렇게도 논하고 있다. "마녀들이 폭풍을 일으킨다는 이야기에 대해서도 아주 많은 증언이 있기 때문에 일일이 열거할 필요도 없어 보인다." 신학자 메릭 캐소본(Meric Casaubon, 1599~1671년)은 『믿기 쉬운 것과 믿기 어려운 것에 관하여(*Of Credulity and Incredulity*)』(1668년)라는 책에서 결국 누구나 마녀를 믿기 때문에 마녀가 틀림없이 존재한다고 주장했다. 많은 사람이 믿는 것은 무엇이든 틀림없이 사실이라는 말이다.

몇 가지 있다. 그중 하나가 '사막 교부(Desert Father)' 중 한 사람인 포에멘(Poemen, 340?~450?년) 신부가 주고받은 문답이다. (사막 교부란, 3세기경 이집트 스케티스 사막에서 생활한 기독교 은수자, 수사, 수녀 들을 말한다. — 옮긴이)

"악령은 어떤 식으로 제게 싸움을 걸까요?"

"악령이 당신에게 싸움을 건다고요?" 포에멘 신부가 되물었다. 그리고 이렇게 말을 이었다.

"우리 자신의 의지가 악령이 됩니다. 우리에게 싸움을 거는 것은 바로 이것입니다."

인큐버스와 서큐버스에 대한 중세 사람들의 관점에 큰 영향을 미친 것은 4~5세기 저술가 마크로비우스 암브로세 테오도시우스(Macrobius Ambrose Theodosius, 385/390~430년)가 쓴 『스키피오의 꿈에 관한 주해(*Commentarii in Somnium Scipionis*)』라는 책이다. 이 책은 유럽이 계몽주의 시대에 들어가기 전까지 수십 차례 판을 바꾸어 출판되었다. 마크로비우스에 따르면 "유령(phantasma)"은 "깨어 있을 때와 잠들려고 정신이 몽롱해질 때 사이"에 보인다고 한다. 꿈을 꾸는 사람은 그 유령을 무서운 야수 같은 존재라고 "멋대로" 생각해 버린다고도 썼다. 마크로비우스는 회의주의적인 생각을 가지고 있었다. 중세의 독자들은 대개 무시했지만 말이다.

이런 식의 악령에 대한 강박 관념은 교황 인노첸시오 8세(Innocentius VIII, 1432~1492년)가 1484년의 유명한 교서에서 다음과 같이 선언했을 때 최고조에 이르렀다.

> 근자에 많은 양성(兩性)의 구성원들이 사악한 천사, 인큐버스, 서큐버스와의 교합을 피하지 않고, 그들의 마법과 주문과 부적과 주술로, 작물과 과실을 황폐하게 만들고, 가축의 씨를 말려 버리고, 여자를 불임으로 만들고 있다

고 한다.

그뿐만 아니라 수많은 다른 재앙을 일으켰다고 지적한다. 이 교서 이후 교황은 유럽 전체에서 셀 수 없이 많은 '마녀'를 체계적으로 고발하고 고문하고 처형하기 시작했다. 그들은 아우구스티누스가 말한 "보이지 않는 세계와 관계를 맺은 죄"를 저지른 것이었다. 교서에서는 분명 양성의 구성원들이라고 공평하게 말했음에도 불구하고, 박해받은 것은 주로 소녀와 부인 들이었다.

이후 여러 세기 동안 신교의 지도적 종파들도 가톨릭과의 수많은 차이점에도 불구하고 거의 같은 견해를 채택했다. 데시데리위스 에래스뮈스(Desiderius Erasmus, 1466~1536년)나 토머스 무어(Thomas More, 1478~1535년) 같은 인본주의자들까지도 마녀의 존재를 믿었다. 감리교의 창시자인 존 웨슬리(John Wesley, 1703~1791년)는 "마녀가 없다고 포기하는 것"은 결국 "성서를 포기하는 것과 같다."라고 말했다. 유명한 법률가 윌리엄 블랙스톤(William Blackstone, 1723~1780년)은 『영국 법 주해(*Commentaries on the Laws of England*)』(1765년)에서 다음과 같이 주장했다.

> 마법과 주술의 가능성, 아니 실재성을 부정하는 것은 구약과 신약의 여러 구절에 계시(啓示)되어 있는 하느님의 말씀을 단호하게 반박하는 것이다.

인노첸시오 8세는 이렇게 말했다. "우리의 사랑하는 아이, 하인리히 크라머(Heinrich Kramer, 1430?~1505년)와 야코프 슈프렝거(Jakob Sprenger, 1435~1495년)"는 "교황의 친서에 따라 해당 지역의 이단 심문관으로 파견되었다." 만약 "이 저주받은 대죄가 처벌받지 않는다면" 민중의 영혼은 영원한 심판에 직면할 것이다.

교황은 크라머와 슈프렝거에게 15세기 말의 학문을 모두 구사해 포괄적인 조사와 분석을 행하라고 명했다. 이 둘은 성서와 고대 문헌, 그리고 당대 최신의 학술 문헌을 총동원해, 인류 역사상 가장 무서운 책 중 하나라고 할 『마녀를 심판하는 망치(*Malleus Maleficarum*)』를 펴내게 된다. 17세기의 의사이자 인문주의자 토머스 애디는 『어둠 속의 촛불』에서 그 책이 "극악무도한 교리와 날조", "무시무시한 거짓말과 있을 수 없는 헛소리"로 가득하고, "역사상 유례없는 잔악함"을 세상의 이목으로부터 감추는 데 봉사한다고 비판했다. 『마녀를 심판하는 망치』의 결론은, 요약하자면, 만약 당신이 마법을 쓴다고 고발당한다면, 바로 그 순간부터 당신은 마녀라는 것이다. 피의자에게는 아무런 권리도 없다. 고발이 정당하다는 것은 피의자를 고문해 보면 반드시 증명된다. 고발자와 직접 대면할 기회는 주어지지 않는다. 그 고발이 의심스러운 동기, 말하자면, 질투나 복수심, 또는 피의자의 재산을 몰수해 자기 배를 채우고자 하는 이단 심문관의 탐욕에서 시작되었을지도 모른다는 가능성은 애초부터 고려되지 않는다. 이 책에는 피의자가 고문으로 죽기 직전에 희생자의 육신에서 악령을 떼어놓으려면 그녀의 몸을 어떻게 쑤시고 찢어야 하는지 설명하는 고문 기술 매뉴얼도 들어 있다. 이단 심문관들은 한 손에는 『마녀를 심판하는 망치』를 들고 등 뒤로는 교황의 격려를 받으며 유럽 전체를 들쑤시기 시작했다.

마녀 재판은 곧 돈 문제였다. 피고를 염탐하기 위해 고용된 정탐꾼의 일당, 감시인을 위한 포도주, 판사를 접대하기 위한 접대비, 다른 도시에서 경험 많은 고문자를 데려오기 위해 보낸 심부름꾼의 여비, 장작, 타르, 교수형 집행용 밧줄 비용에 이르기까지 조사, 재판, 처형에 들어가는 모든 비용을 마녀로 고발당한 피의자나 피의자의 친척들이 부담했다. 그다음에 마녀를 한 사람 불태울 때마다 법정 구성원에게는 특별 수

당이 주어졌다. 유죄를 선고받은 마녀의 나머지 재산은 모조리 교회와 국가가 나누어 가졌다. 이런 식의 대량 절도와 살인 행위가 법적, 도덕적으로 인정되고 제도화되면서 이 제도를 담당할 거대한 관료 기구가 형성되었고, 표적도 가난한 쪼그랑할멈에서 유복한 중류 계급의 남녀로 바뀌었다.

고문을 받아 마녀라고 자백하는 사람들이 많아지면 많아질수록, 이 모든 일이 단지 망상일 뿐이라고 주장하기가 더 어려워졌다. '마녀'들은 반드시 동료를 밀고했고, 그 수는 기하 급수적으로 늘어났다. 이것은, 훗날 미국에서 벌어진 세일럼의 마녀 재판에서 나온 말처럼, "악마가 아직도 살아 있다는 무서운 증거"로 여겨졌다. 무엇이든 쉽게 믿는 경신의 시대에는 망상이 극에 달한 증언조차 진지하게 받아들여졌다. 예를 들어, 프랑스에서 마녀 수만 명이 공공 광장에 모여 사바트(sabbath, 원래는 유태교 및 기독교의 안식일을 뜻하나, 마녀가 한밤중에 여는 악마의 연회를 가리키기도 한다. — 옮긴이)를 가졌다거나, 1만 2000명의 마녀들이 뉴펀들랜드 섬으로 날아가는 바람에 하늘이 어두워졌다는 말이 진지한 재판에서 정식 증언으로 채택되고는 했다. 성서에서 마술을 부리는 여자나 무당, 즉 "짐승과 교접하는 자는 반드시 사형에 처하여야 한다."(「출애굽기」 22장 18절)라는 문구를 가져와 수많은 여자를 불태워 죽였다.• 그리고 성직자가 축성한 고문 도구로 수많은 남녀노소가 끔찍한 고문을 당했다. 교황 인노첸시오 8세 자신은 1492년에 죽었다. 하지만 그를 살리기 위해 소년 3명을 희생시켜 가며 수혈을 했고 유모의 젖을 먹이기까지 했으나 성공하지 못했다. 그는 애인들과 그 자녀들의 애도 속에 세상을 떠났다.

• 이단 심문소에서 이 처형 방식을 채택한 것은, 1163년 투르 공의회에서 선의로 제정된 "교회는 피를 흘리지 않는다."라는 교회법의 문구를 문자 그대로 따르기 위해서였다.

영국에서는 '검침자(檢針者, pricker)'라고 불린 마녀 사냥꾼들이 고용되었고, 그들은 소녀와 과부를 처형장으로 넘기고 후한 보상금을 받았다. 그들의 고발에는 신중함이라고는 찾아볼 수도 없었다. 그들은 전형적인 악마의 표식을 찾았다. 흉터나 모반이나 반점 같은 것인데, 핀으로 찔러도 아프지 않고 피가 나지 않으면 악마의 표식으로 판정했다. 간단한 손재주로 핀이 마녀의 살에 깊이 박힌 것처럼 보이게 눈속임하는 일이 흔했다. 분명한 표식을 찾을 수 없는 경우에는 "보이지 않는 표식"이 있다고 말하는 것만으로도 충분했다. 17세기 중반의 한 검침자는 교수대 위에 올라갈 때가 되어서야, 잉글랜드와 스코틀랜드에서 220명 이상의 여자들을 죽게 했고, 한 사람당 20실링씩을 받았다고 자백했다.*

마녀 재판에서는 형벌을 가볍게 할 만한 증거나 피고 측 변호인이 허용되지 않았다. 어떤 경우라도, 마녀로서 고발된 사람의 무고를 입증해 줄 결정적인 알리바이나 증거가 제시되는 경우는 거의 없었다. 그 증거라는 게 매우 특수한 성격을 띠고 있었기 때문이다. 예를 들어, 마녀로 고발된 여자의 남편이 그의 아내는 마녀 집회에 참가해 악마와 놀았다고 하는 바로 그 순간에 그의 품에서 잠자고 있었다고 증언했다고 해 보자. 실제로 이런 증언은 여러 차례 나왔다. 그러나 대주교는 악령이 아내로 변해 누워 있었다고 남편을 설득한다. 남편으로서는 자신의 지각 능력이 사탄의 현혹 능력보다 뛰어나다고 주장할 수 없었으리라. 젊고 아

* 보상금을 노린 현상금 사냥꾼들과 밀고자들이 횡행하면 악질적인 부패가 만연하는 것은 인간사에서 불가피한 일이다. 이것과 유사한 사례를 인류사 전체와 세계 곳곳에서 흔하게 찾아볼 수 있다. 그중 하나를 아무거나 골라 소개해 보자. 1994년 클리블랜드 출신의 미국 우편 검열국(United States Postal Inspection Service, USPIS) 요원들이 수수료를 받고 지하에 숨은 범죄자들을 색출하는 일에 참여하기로 했다. 그 후 그들은 32명의 무고한 우체국 직원들을 범죄자로 만들어 냈다.

름다운 여인들은 이렇게 화염 속으로 던져졌다.

마녀 재판에는 아주 관능적인 측면과 여성 혐오의 요소들도 섞여 있었다. 당시가 성적으로 억압적인 남성 중심 사회인데다가, 심문관이 명목상 평생 독신이어야만 하는 성직자라는 상황을 고려하면 예측할 수 있는 것이기는 하다. 재판에서 정말로 열심히 묻고 철저히 조사한 것은 피고가 악령 또는 악마와 성교했을 때(아우구스티누스가 "악마를 간통자라고 할 수 없다."라고 단언했음에도 불구하고) 느낀 오르가슴의 질과 양, 그리고 악마의 '남근(member)'의 성질(모든 보고에 따르면 차다.)이었다. 루도비코 시니스트라리의 1700년 책에 따르면, 악마의 표식은 일반적으로 "가슴이나 음부"에서 발견된다고 한다. 전적으로 남성으로 이루어진 심문관들은 피고들의 음모를 깎고 그들의 성기를 자세히 조사했다. 20세의 잔 다르크(Jeanne d'Arc, 1412~1431년)가 희생되었을 때에도 루앙의 사형 집행인은 그녀의 옷에 불이 붙자 불길을 약하게 해서 참관자들이 "여자의 것이며 여자의 것이어야만 하는 비밀을 모두 볼 수 있게 했다."

이번에는 뷔르츠부르크라는 도시 하나에서 1598년 1년간 불태워진 사람들의 기록을 살펴보자. 이 기록을 보면 그저 통계로서의 의미를 넘어선, 인간 현실의 일면을 직시할 수 있게 된다.

> 의회 청지기 게링, 노부인 칸츨러, 재단사의 뚱뚱한 아내, 멘거도르프 씨의 여자 요리사, 이방인, 이방인 여자, 뷔르츠부르크에서 가장 뚱뚱한 시민이자 의원인 바우나크, 궁정의 나이 든 대장장이, 노파, 9세나 10세 정도의 소녀, 그녀의 여동생인 더 어린 소녀, 앞에서 말한 두 어린 소녀의 어머니, 리블러의 딸, 뷔르츠부르크에서 가장 아름다운 소녀인 괴벨의 딸, 여러 언어를 아는 학생, 민스터에서 온 12세의 소년 둘, 스테퍼의 어린 딸, 다리 입구를 지키는 여자, 나이 든 여자, 마을 평의회 의장의 어린 아들, 푸줏간 크네르츠의 아

내, 슐츠 박사의 갓 난 딸, 눈먼 소녀, 하크의 수사 신부 슈바르츠, …….

이 기록은 끝없이 이어진다. 어떤 사람들은 인도적 배려를 받기도 했다. "팔켄버거의 어린 딸은 몰래 먼저 사형을 집행하고 불에 태웠다." 그 작은 도시에서 1년 평균 28건의 공개 처형이 있었고, 그때마다 평균 4~6명의 희생자가 나왔다. 이것은 유럽 전체에서 일어나던 일의 축소판이었다. 전부 합쳐서 몇 명이 죽임을 당했는지 아무도 모른다. 아마 수만 명이거나 수백만 명일 것이다. 고발, 고문, 판결, 화형, 그 정당화를 담당한 사람들은 사심이 없었다? 아닌 것 같으면 그들에게 물어보라.

그들은 실수해서는 안 되었다. 마녀라는 자백이 말하자면 환각, 또는 심문관을 만족시켜 고문을 멈추게 하려는 절망적인 시도에서 나온 것이면 안 되었다. 그게 아니라면 마녀 재판관 피에르 드 랑크르(Pierre de Lancre, 1553~1631년)가 말한 것처럼(그가 1612년에 펴낸 600쪽짜리 『사악한 천사들의 무절조함에 관한 일람(*Tableau de l'inconstance des mauvais anges et démons*)』에서 볼 수 있다.) 가톨릭 교회는 마녀들을 불태움으로써 크나큰 범죄를 저지르는 것이 되기 때문이다. 따라서 그런 의문을 입에 담는 사람들은 교회를 공격하는 대죄를 범하는 셈이 된다. 마녀 화형을 비판한 사람은 처벌받았고 어떤 경우에는 그들 자신이 화형에 처해졌다. 심문관과 고문관은 신의 대리자였고 그들은 사람들의 영혼을 구원하고 있었다. 그들은 악령을 물리치고 있었다. (랑크르는 프랑스 라부르 지방에서 마녀 재판관으로 활동했다. 지방 감찰관으로 마녀 사냥을 한 그는 600명 이상의 여성을 마녀로서 화형시켰다고 주장했다. 주로 소녀와 젊은 여성을 대상으로 고문과 재판, 화형을 집행한 그는 교회의 의심을 사고 파문되기도 했지만 78세까지 장수했다. — 옮긴이)

물론 마녀만 고문과 화형을 당하지는 않았다. 이단이라는 훨씬 더 심각한 죄악이 있었고, 가톨릭교도든 신교도든 모두 이단을 무자비하게 처벌했다. 16세기에 신학자 윌리엄 틴들(William Tyndale, 1494~1536년)은 무모하게도 신약 성서를 영어로 번역하려고 했다. 사람들이, 한 줌도 안 되는 극소수의 사람만 읽을 수 있는 난해한 라틴 어가 아니라 자신들이 일상에서 쓰는 언어로 성서를 읽을 수 있게 된다면 어떻게 될까? 민중은 자신들만의 독자적인 종교관을 형성할 수가 있다. 그리고 중개인을 배제하고 자신과 신을 직접 연결하는 통로를 찾게 될 것이다. 이것은 로마 가톨릭 성직자들의 입장에서 보자면 영업 비밀에 대한 도전이었다. 자신이 번역한 성서를 출판하려고 한 틴들은 박해를 받고 유럽 전체를 떠돌았다. 결국 그는 체포되었고 교수형에 처해진 다음 덤으로 화형까지 당했다. 그의 신약 성서 번역본은 무장한 수색대가 집집이 뒤져 몰수해 갔다. 경건한 그리스도교인들이 그리스도교를 지키기 위해 다른 그리스도교인들이 그리스도의 말씀을 알지 못하게 막은 것이다. (이 책은 1세기 정도 후에 출간된 세련된 흠정(欽定) 영역 성서의 기초가 되었다.) 여기서 우리는 지식을 얻은 자는 고문과 죽음을 통해 처벌받아야 한다는 당대의 절대적 확신을 읽을 수 있다. 이런 풍조 속에서 마녀로 고발당한 사람은 도움을 받을 길이 없었다.

마녀 화형은 서구 문명의 현저한 특징 중 하나이다. 마녀 화형은 가끔 예외적으로 정치적인 이유에서 집행되기는 했지만 16세기 이후 점차 사라져 갔다. 영국에서 마지막으로 행해진 마녀 재판에서는 한 여자와 그녀의 아홉 살 딸이 교수형에 처해졌다. 그들의 죄는 긴 양말을 벗어서 폭풍우를 일으켰다는 것이었다. 현대에도 마녀와 진(djinn, 이슬람교 신화의 신령 또는 악령. — 옮긴이)을 어린이 대상 오락 방송을 통해 쉽게 접할 수 있고, 로마 가톨릭을 시작으로 기독교 교회에서는 아직도 구마(驅魔) 의식을 행하고 있으며, 컬트 종교의 신자들은 다른 컬트 종교의 신자를 마법이라고 비난한다. 복마전(pandemonium, 문자 그대로의 의미는 '모든 다이몬'이다.)

이라는 단어가 일상적으로 사용되고, 정신적으로 문제가 있어 폭력적인 사람을 '악마적(demonic)'이라고 일컫는다. (18세기가 되어서야 비로소 정신적인 질병의 원인을 초자연적 존재에서 찾지 않게 되었다.) 여론 조사에 따르면, 미국인의 절반 이상이 악마의 존재를 믿는다고 하고, 10퍼센트는, 마르틴 루터(Martin Luther, 1483~1546년)가 그랬던 것처럼, 악마와 대화한 적이 있다고 한다. 1992년 레베카 브라운(Rebecca Brown, 1956년~)은 『전쟁에 대비하라(*Prepare for War*)』라는 책을 펴냈다. 일종의 "영적 전쟁 매뉴얼"이라고 할 이 책에서 브라운은 혼외 성교와 낙태는 "반드시 악마의 침입을 낳을 것"이라고 주장했다. 그리고 명상, 요가, 무술은 의심할 줄 모르는 순진한 기독교인들을 악령 숭배로 유혹하기 위한 도구라고 주장했다. 록 음악도 "그냥 생긴 것이 아니라, 다름 아닌 바로 사탄 자신이 주도면밀하게 만든 계획"의 일부라고 주장했다. "당신이 사랑하는 사람이 악령에게 사로잡혀 분별을 잃을 수도 있다."라는 것이다. 악마론은 오늘날에도 여전히 진지한 신앙의 중심부에 똬리 틀고 있다.

그렇다면 악령은 무슨 일을 하는가? 『마녀를 심판하는 망치』에서 크라머와 슈프렝거가 밝힌 바에 따르면, "악령은 바쁘게 …… 정상적인 성교와 임신에 개입해 인간의 정액을 다른 인간에게 옮긴다." 악령이 인공 수정을 하느라 바쁘다는 생각은 적어도 성 토마스 아퀴나스(Thomas Aquinas, 1224/1225~1274년)까지 거슬러 올라간다. 그의 『보에티우스의 삼위일체론 주석(*Expositio super librum Boethii De Trinitate*)』에 따르면, "악령은 정액을 모아 다른 사람의 몸에 주입할 수 있다."라고 한다. 그의 동시대인인 성 보나벤투라(Bonaventura, 1221~1274년)는 좀 더 자세히 설명한다. 서큐버스는 "남성에게 몸을 맡긴 다음 그들의 정액을 받아 간다. 교묘한 기술로 정액의 잠재 능력을 보존하고 있다가 나중에 신의 허락을 받아 인큐버스가 된 다음, 그것을 여성의 그릇에 쏟아붓는다." 악령이 개입된 결합의 산물 역시 자라서 악령의 방문을 받는다. 이렇게 종족과 세대를 초월한 성적 결속이 만들어진다. 그리고 악령과 악마는 하늘을 나는 존재로 유명하다. 게다가 그들은 하늘 위에 거주한다.

이 이야기 어디에도 우주선은 나오지 않는다. 그러나 하늘에서 살고 벽을 통과하고 텔레파시로 대화하고 인류에게 번식 실험을 실행하는, 성에 집착하는 비인간 존재들의 이야기에는 외계인 납치 이야기의 중심 요소 대부분이 갖추어져 있다. 이 기묘한 신념 체계는 서구 세계 전체에서(우리 시대에도 지혜로운 사람이라고 평가받는 사람들마저도 이것을 믿었다.) 신봉되었고, 사람들의 개인적 체험은 여기에 살을 붙였고, 교회와 국가는 이것을 제도적으로 교육했다. 그렇다면 악령은 실재했을까? 인간 공통의 신경 회로와 화학 작용이 만들어 내는 공유 망상이 아니라 어떤 대안적 실재가 있는 것일까?

「창세기」를 읽다 보면 "사람의 딸들"이 천사들("하느님의 아들들")의 아내가 되었다는 이야기가 나온다. 고대 그리스와 로마의 신화를 보면 황소나 백조나 금빛 소나기로 변신해 여자들을 찾아가 임신시키는 신들 이야기가 나온다. 기독교의 초기 분파 중 하나는, 철학은 인간이 창안해 낸 것이 아니라 악령의 베갯머리 속삭임에서 나왔다고 가르쳤다. 철학은 타락 천사가 인간 배우자에게 누설한 천국의 비밀이라는 것이다. 비슷한 이야기가 전 세계 여러 문화에서 나타난다. 인큐버스와 유사한 것으로 아라비아의 진, 그리스의 사티로스(Satyros), 힌두교의 부트(bhut), 사모아의 호투아 포로(hotua poro), 켈트의 두시(dusii) 등이 있다. 악령 히스테리가 만연한 시대에는 우리가 두려워하거나 증오하는 것들을 쉽게 악령화했다. 그래서 아서 왕 전설에 등장하는 마법사 멀린(Merlin)도 인큐버스의 아들로 여겨졌다. 플라톤, 알렉산드로스 3세, 아우구스투스, 마르틴 루터도 그랬다. 때로는 훈족이나 사이프러스 주민들처럼 민족 전체가 악령의 자식 취급을 받았다.

유태교 탈무드에서 전형적인 서큐버스 역할을 한 것은 릴리스(Lilith)였다. 하느님은 릴리스를 아담과 마찬가지로 먼지(진흙)에서 만들었다. 그러나 그녀는 순종적이지 않다는 이유로 에덴에서 추방당했다. 하느님이 아니라 아담에게 순종하지 않았기 때문이다. 그 후로 그녀는 밤이면 밤마다 아담의 자손들을 유혹했다. 고대 이란을 포함해서 많은 문화에서 몽정은 서큐버스가 일으킨다고 믿었다. 아빌라의 테레사 데 세페다 이 아우마다(Teresa de Cepeda y Ahumada, 1515~1582년)는 천사와의 성적 만남을 생생하게 보고했다. (그녀는 기도하던 중 불로 만든 창을 든 천사를 만났고, 천사는 그녀의 가슴을 그 창으로 사정없이 찔렀다. 그녀는 자신이 만난 게 어둠의 천사가 아니라 빛의 천사라고 확신했다.) 이후 가톨릭 교회가 성인으로 인정한 다른 여성들도 비슷한 보고를 했다. 18세기에 활동한 마술사이자 사기꾼 알레산드로 디 칼리오스트로(Alessandro di Cagliostro, 1743~1795년)는 자신이 나사렛 예수처럼 "천국과 지상의 아이"로 태어났다고 주장했다.

1645년 콘월에 살던 10대 소녀 앤 제퍼리스(Anne Jefferies, 1626~1698년)는 몽롱하게 마룻바닥에 쓰러져 있는 상태로 발견되었다. 이 사건이 있고 한참 뒤에 그녀는 자신이 소인(小人) 대여섯 명의 공격을 받고 마비되어 공중누각으로 끌려가 정조를 잃고 집으로 돌려보내졌음을 기억해낸다. 그녀는 그 소인들을 요정이라고 불렀다. (무엇이라고 부르든 그것은 경건한 기독교인들에게는, 그리고 잔 다르크의 심문관이 그랬던 것처럼, 쓸데없는 구분이었다. 요정은 악령이었다. 명백하고 단순한 문제였다.) 그들은 되돌아와서 그녀를 두렵게 하고 괴롭혔다. 다음 해에 그녀는 마녀로 체포되었다. 요정은 전통적으로 마술적인 힘을 가진 존재로 여겨졌고, 아주 조금 닿기만 해도 사람 몸을 마비시킨다고 믿어졌다. 또 요정의 나라에서는 시간이 느리게 흐른다. 요정은 스스로 번식할 수 없기에 인간과 성교해 아기를 만든 다음 요람에서 유괴한다. (때로는 바꿔치기용으로 못생긴 체인질링(changeling)을 대신 남겨 두고 가기도 한다.) 당연히 다음과 같은 질문이 떠오를 것이다. 앤 제퍼리스가 요정이 아니라 외계인을, 그리고 공중누각이 아니라 UFO를 화제로 삼는 문화에서 성장했다면, 그녀의 이야기가 UFO에 납치되었다고 주장하는 사람들의 이야기와 얼마나 달라졌을까?

데이비드 허퍼드(David Hufford)의 1982년 책, 『밤에 찾아오는 공포: 초자연적 습격 전통에 대한 경험 중심 연구(*The Terror That Comes in the Night: An Experience-Centered Study of Supernatural Assault Traditions*)』에는 30대 중반의 대졸 학력의 어떤 회사 중역이 10대 시절에 숙모 집에서 보낸 여름을 회상하는 이야기가 적혀 있다. 어느 날 밤에 그는 신비한 빛이 항구 근처에서 움직이는 것을 보았다. 그러나 그는 곧바로 잠들고 만다. 잠시 후 그는 침대에 누운 채 흰색으로 빛나는 형체가 계단을 밟고 내려오는 것을 목격한다. 그녀는 그의 방에 들어와서 잠시 멈춘 다음, "저것은 리놀륨이다."라고 말했다. 내가 보기에는 용두사미 격 결말이다. 그 형체는 어느 날 밤에는 나이 든 여자였고, 다른 날 밤에는 코끼리였다. 그 청년도 언제는 이 모든 게 꿈이라고 확신했고, 또 언제는 깨어 있었다고 확신했다. 그는 침대 위에 짓눌렸고 마비되었고 움직이거나 소리칠 수 없었다. 그의 심장은 심하게 뛰었다. 그는 숨을 쉬기가 어려웠다. 비슷한 사건들이 여러 날 밤 이어졌다. 도대체 무슨 일이 일어난 것일까? 이 청년에게 벌어진 일은 외계인 납치 이야기가 광범위하게 나돌기 전에 발생했다. 이 청년이 외계인 납치에 관해서 알고 있었다면, 그가 본 노파는 커다란 머리와 큰 눈을 가지지 않았을까?

에드워드 기번은 『로마 제국 쇠망사(*The Decline and Fall of the Roman Empire*)』에서 고전 고대 후기에 경신과 회의 사이의 균형이 어떻게 흔들리고 변해 갔는지 기술한 바 있다. 그중 유명한 문장을 몇 개 인용해 보자.

> 거기에서는 경신이 신앙의 대역을 맡고 있었다. 그러니까 광신이 성령 말씀을 사칭했고, 우연과 작위의 결과가 초자연적 원인의 결과로 간주되었다. ……
>
> 현대에는(기번은 18세기 중반에 이 글을 썼다.) 아무리 경건한 사람이라고 할지라도, 알게 모르게, 자발적인 선택의 결과는 아니라고 하더라도, 회의주의를 받아들이고 있다. 그들이 초자연적 진리가 존재한다고 인정한다고 하더라도 그것은 적극적 인정이 아니라 냉담해진 소극적 묵인일 뿐이다. 우리는 불변의 자연 질서를 오래전부터 관찰하고 존중해 왔기 때문에 우리의 이성, 또는 적어도 우리의 상상력은 신이 눈에 보이는 행위를 한다는 것을 인정하는 게 갈수록 어려워지고 있다. 그러나 원시 기독교 시대에 인류가 처한 상황은 아주 달랐다. 기적의 권능이 말 그대로 실재한다고 주장하는 종교 집단에 가장 먼저 참여한 사람들은 이교도 중에서도 가장 호기심 많은 이들, 또는 새로운 주장을 쉽게 믿는 사람들이었다. 원시 기독교의 신도들은 끊임없이 신비주의가 지배하는 땅으로 들어갔고, 초자연 현상을 믿는 것은 그들의 습성이 되었다. 그들은 사방에서 쉴 새 없이 악령의 공격을 받았고, 환시로부터 위안을 얻었고, 예언을 통해 가르침을 받았으며, 교회에서 기도하면 위난과 질병, 심지어 죽음 자체로부터 풀려나리라고 느꼈다. 또는 공상했다. ……
>
> 그들은 숨 쉬는 공기 속에도 보이지 않는 적들이 있다고 확신했다. 빈틈을 노리는 수많은 악령이 온갖 모습으로 위장한 채 사람들을 시험하고 무엇보다도 무방비 상태의 덕(德, virtue)을 타락시키려 한다고 믿었다. 병적인 광

신의 환각은 상상력과 감각까지도 기만했다. 예컨대, 본의 아니게 수마(睡魔)에 짓눌려 심야 기도를 못 한 은둔자들은 그 책임을 잠잘 때든 백일몽을 꿀 때든 그들의 꿈을 점령한 공포와 환희의 유령의 탓으로 돌렸다. ……

미신적인 관행은 대중의 기호에 아주 잘 맞아서, 그들을 억지로 각성시킨다면 그들은 유쾌한 환상의 상실을 유감스러워할 정도이다. 신기하고 초자연적인 것에 대한 그들의 사랑, 미래의 사건에 대한 호기심, 그들의 희망과 공포를 가시적인 세계의 한계를 넘어서 확장하려는 강한 경향은 다신교의 확립을 도운 주요 요인이었다. 보통 사람들에게는 무언가를 믿는다는 게 다른 무엇보다 필요할 때가 있다. 만약 어떤 신화 체계가 몰락한다면, 대개의 경우 또 다른 미신 형태가 등장해 그 자리를 잇는 법이다. ……

대중을 이렇게까지 깔보는 모습에서 기번의 사회적 속물 근성을 읽을 수 있다. 그러나 악령은 상류 계급 역시 괴롭혔다. 스튜어트 왕조의 첫 번째 군주, 제임스 1세(James I, 1566~1625년) 같은 영국 국왕까지도 악령에 대한 경신과 미신으로 가득한 『악마학(*Daemonologie*)』(1597년)을 썼을 정도이다. 그는 성서를 영역하는 위대한 작업의 후원자이기도 했다. 이 성서 영역본은 아직도 그의 이름을 사용한다. 담배는 "악마의 풀"이라는 견해를 내놓아 이 풀을 상습적으로 빤다는 죄목으로 수많은 마녀를 적발하게 만든 빌미를 제공한 게 바로 제임스 1세였다. 그러나 1618년 무렵에 제임스 1세는 철저한 회의주의자가 되었다. 주된 이유는 일단의 청년들이 무고한 사람들을 악령에 씌었다고 마녀라고 고발했는데, 그것이 모두 무고로 밝혀졌다는 것이었다. 기번이 그의 시대를 특징짓는다고 말한 회의주의가 우리 시대에 쇠퇴했다고 평가한다면, 그리고 그가 고전 고대 후기에 만연했다고 말한 경신의 경향이 조금이라도 우리 시대까지 남아 있다면, 악령과 비슷한 어떤 것이 현대 대중 문화 속에 자리 잡고 있다고 당연히 예상할 수 있지 않을까?

물론 외계인의 방문을 열광적으로 믿는 사람들이라면 즉각적으로 이 역사적 유사 현상들에 대해 또 다른 해석이 있다고 반박할 것이다. 말하자면, 외계인은 **항상** 우리를 방문했고 우리를 쑤셨고 우리의 정자와 난자를 훔쳤으며 우리를 임신시켰다고 말이다. 예전에 우리는 외계인을 신, 악령, 요정, 정령으로 인식했고, 현대에 와서야 비로소 지난 수천 년 동안 우리를 속여 온 것이 바로 외계인임을 알게 되었다는 것이다. UFO 연구자 자크 발레(Jacques Vallee, 1939년~)가 그런 주장을 한 적이 있다. 그렇다면 1947년 이전에는 비행 접시에 대한 목격 보고가 사실상 없었던 것은 무엇 때문일까? 전 세계 주요 종교 중 어떤 곳에서도 비행 접시를 신의 상징으로 사용하지 않는 이유는 무엇일까? 왜 신과 악령 들은 그때까지 첨단 기술이 가진 위험을 경고하지 않았을까? 그들이 벌이는 이 유전학적 실험의 목적이 무엇이든 간에 대단히 우수한 과학 기술력을 가지고 있다고 가정된 존재들이 실험을 시작한 이후 수천 년 또는 그 이상의 시간이 흘렀는데도 지금까지 완성되지 않고 있는 이유는 무엇일까? 그들의 번식 프로그램이 우리의 운명을 개선하기 위한 것이라면 우리가 여전히 수많은 문제를 껴안고 있는 이유는 대체 무엇이란 말인가?

이런 식의 생각을 계속하다 보면, 오래된 신앙을 지지하는 사람 중에 '외계인'을 요정과 신과 악령의 일종으로 이해하는 사람들이 나오리라 예측할 수 있다. 실제로 오늘날에는 유일신 또는 신들이 UFO를 타고 지구에 왔다고 주장하는 종파가 여럿 활동하고 있다. 예를 들어, 1970년대 창시된 신흥 종교인 라엘리안(Raelian)이 있다. 납치당했다고 주장하는 사람 중에는 혐오감을 주기는 했어도 그 외계인은 천사 또는 신의 사자였다고 말하는 이도 있다. 그리고 그것을 악령으로 여기는 이도 있다.

휘틀리 스트리버(Whitley Strieber, 1945년~)는 자신의 외계인 납치 직접 체험담, 『영적인 나눔(*Communion*)』에서 다음과 같이 말한다.

> 대체, 그것보다 더 추하고 더럽고 불길하고 사악한 것이 있을까 싶었다. 당연히, 그들은 악령이었다. 틀림없었다. …… 그것은 소름 끼칠 정도로 징그럽고 거대한 곤충의 것과 같은 팔다리를 가지고 있었고 웅크린 채 나를 노려보고 있었다. 나는 그 광경을 지금도 생생하게 기억한다.

듣자 하니, 지금은 스트리버도 이 공포스러운 경험이 꿈이나 환각이었을 수도 있다는 가능성을 열어 두고 있다고 한다.

기독교 원리주의자들이 편찬한 『크리스천 뉴스 인사이클로피디아(*Christian News Encyclopedia*)』에 실린 UFO 항목에는 "기독교 정신에 반하는 광신적 집착"과 "UFO를 악마가 만들었다고 믿는 과학자"라는 구절이 나온다. 캘리포니아 주 버클리 시의 '영적 위조물 프로젝트(Spiritual Counterfeits Project)'에서는 UFO의 기원이 악마라고 가르친다. 오리건 주 맥민빌 시의 '물병자리 시대 만국 봉사 교회(Aquarian Church of Universal Service)'에서는 모든 외계인이 적이라고 가르친다. '코스믹 어웨어니스 커뮤니케이션스(Cosmic Awareness Communications)'의 1993년 회보에는, UFO의 승무원들은 인간을 실험 동물로 생각하고 인간의 숭배를 바라지만 '주기도문'을 들으면 두려워한다는 이야기가 적혀 있다. UFO 납치 피해자 중에는 복음주의 교파에서 쫓겨난 이들도 있다. 그들의 납치 체험담이 악마 숭배에 너무 가깝다는 게 그 이유였다. 데이비드 헌트(Dave Hunt, 1926~2013년)는 1980년에 펴낸 원리주의 소책자 『컬트 폭발(*The Cult Explosion*)』에서 다음과 같이 적고 있다.

> UFO가 물리적 대상이 아니라는 것은 분명하다. 인류의 사고 방식을 바꾸

기 위해 다른 차원에서 온 악령 같은 존재의 현현으로 보인다. UFO는 아마도 인간과 심령적 교감을 했을 것이다. 그리고 그것들은 언제나 이브를 유혹한 뱀과 마찬가지로 네 가지 거짓 교설을 늘어놓는다. …… 이 존재들은 악령이고 적그리스도를 준비하고 있다.

많은 종파들이 UFO의 내방과 외계인에 의한 납치를 종말의 징조라고 주장한다.

UFO가 다른 행성이나 다른 차원에서 온다면 그들을 보낸 것은 신일까? 그리고 그 신은 주요 종교에서 우리 앞에 나타나신 분이라고 믿는 것과 똑같은 존재일까? 기독교 원리주의자에게 있어 UFO 현상은 불쾌한 것인 듯하다. 하나밖에 없는 진정한 신을 향한 믿음을 북돋는 것은 하나도 없는 반면, 성서와 기독교 전통이 가르치는 신에 모순되는 것은 많기 때문이다. 가톨릭 저널리스트 랠프 래스(Ralph Rath, 1932~2019년)는 『뉴 에이지: 기독교인의 비판(*The New Age: A Christian Critique*)』(1990년)에서 UFO를 비판적으로 다룬다. 하지만 이런 문헌들이 항상 그러는 것처럼 경신의 극단적인 양상을 벗어나지 못한다. 과학적 회의주의라는 날카로운 칼을 사용하는 것이 아니라, UFO를 일단 사실로 받아들이고 사탄이나 적그리스도의 도구라고 비난하는 것이다. 예리하게 간 과학적 회의주의는 이단 배척 같은 편협한 목적보다 훨씬 더 숭고하고 의미 있는 목적에 사용할 수 있다.

기독교 원리주의자인 저자 할 린지(Hal Lindsey, 1929년~)는 1994년 종교 분야 베스트셀러가 된 『행성 지구: 기원후 2000년(*Planet Earth: 2000 A. D.*)』에 다음과 같이 썼다.

나는 UFO가 사실이라고 철저하게 확신하게 되었다. …… UFO를 조종하

> 는 것은 대단한 지성과 권능을 소유한 외계 존재이다. …… 나는 이 존재가 외계에서 온 존재일 뿐만 아니라 본래 초자연적 기원을 가진 존재라고 믿는다. 직설적으로 말하자면, …… 나는 그들이 악령이라고 생각한다. 사탄이 꾸민 음모의 일부일 것이다.

그리고 이러한 결론에 이르게 해 준 증거는 무엇일까? 그 증거는 주로 「누가복음」 21장 11절과 12절의 구절들이다. 여기서 예수는 종말의 날이 오면 "하늘에서는 무서운 일들과 굉장한 징조들"이 나타날 것이라고 말한다. 하지만 UFO 같은 것에 대한 설명은 없다. 상징적으로 린지는 32절을 무시한다. 예수는 32절에서 자신이 이야기하는 일들이 20세기가 아니라 1세기에 일어나리라고 아주 분명히 밝힌다. (32절 예수 말씀은 다음과 같다. "나는 분명히 말한다. 이 세대가 없어지기 전에 이 모든 일이 일어나고 말 것이다." — 옮긴이)

외계 생명체의 존재를 부정하는 기독교 전통이 하나 더 있다. 예를 들어, 《크리스천 뉴스(*Christian News*)》 1994년 5월 23일 자 지면에서 신학 박사 W. 게리 크램프턴(W. Gary Crampton)은 이렇게 설명한다.

> 성서는 명시적으로든, 암시적으로든 삶의 모든 영역에 대해 말한다. 성서에 답이 없는 일은 세상에 없는 것이다. 성서는 어디에서도 지성을 가진 외계 생명체를 명시적으로 긍정하거나 부정하지 않는다. 그러나 암시적으로 성서는 그런 생명체의 존재를 부정한다. 따라서 비행 접시의 가능성도 부정한다. …… 성서는 지구를 우주의 중심으로 본다. …… 베드로에 따르면, '행성을 뛰어다니는' 구세주는 있을 수 없다. 다른 행성에 지적 생명체가 있는가 하는 질문에 대한 답이 여기 있다. 만약 그런 존재가 있다면, 대체 누가 그들을 대속(代贖)할 수 있을까? 분명히 그리스도는 아니다. …… 성서의 가르침에

어긋나는 경험은 언제나 사람을 현혹하는 거짓으로서 부정되어야만 한다. 성서는 진리에 관해서 독점권을 가지고 있다.

그러나 로마 가톨릭을 시작으로 다른 많은 기독교 분파들은 외계인과 UFO의 실재에 대해서 가능성을 열어 두고 있으며, 편견을 내세워 반대하거나 강하게 지지하거나 하지 않는다.

나는 1960년대 초반 UFO 이야기가 주로 종교적인 갈망을 충족시키기 위해 만들어졌다고 논한 바 있다. 과학 때문에 옛 종교를 무비판적으로 옹호하기가 어려워진 시대인 오늘날, 신이라는 가설에 대해서도 다양한 대안이 제기되고 있다. 고대의 신과 악령이 과학적인 전문 용어로 무장하고 천국에서 내려와 우리를 사로잡으려고 한다. 그들의 강대한 권능을 겉보기에 과학적인 용어로 '설명'하고, 예언적인 환상을 안겨 주며, 희망 찬 미래 전망으로 우리를 애타게 하는, 우주 시대의 신비 종교가 막 태어나려고 한다.

민속학자 토머스 에디 불러드(Thomas Eddie Bullard, 1949년~)는 1989년에 다음과 같이 썼다.

> 외계인에 의한 납치 보고는 고래로부터 존재했던 초자연적 존재와의 조우라는 전통을 외계인에게 과거 신적인 존재가 하던 배역을 부여함으로써 다시 쓰는 것처럼 들린다.

그의 결론은 다음과 같다.

> 과학은 우리의 신앙에서 유령과 마녀를 쫓아냈지만, 곧바로 그 빈자리를 똑같은 기능을 하는 외계인으로 채웠을 뿐이다. 새로운 것은 외계, 즉 지구 밖

세계라는 껍데기뿐이다. 외계인과 대치하는 데에서 오는 모든 공포와 심리적 드라마는 그것들이 온 고향을 되짚어 따라가 찾는 게 간단해 보인다. 밤이 되면 온갖 것들이 덜거덕거리는 전설의 영토에서 그것들은 드물지 않다.

사람들은 때로는 너무나도 생생하고 사실적인 환각에 빠질 수 있다. 그 내용이 주로 성적인 것일 때도 있고, 텔레파시를 사용해 교신하고 벽을 투과하며 하늘 높은 곳에 사는 생물에게 납치당하는 것일 수도 있다. 그리고 그런 환각의 세부 내용은 시대 정신이나 그가 속한 문화를 반영해 그 분위기도, 그것을 설명하는 언어도 달라진다. 그런 경험을 직접 하지 못한 사람들도 있겠지만, 그들 역시 그 체험담을 들으며 공감하는 부분이 있다고 느낄 것이고, 어떤 면에서는 친숙하다고 여길 것이다. 그리고 그 이야기를 다른 사람에게 전달할 것이다. 곧 그 이야기는 독자적인 생명을 얻고, 자신이 본 환시와 환각의 의미를 알고자 하는 사람들에게 영감을 주고, 민화, 신화, 전설의 세계로 들어간다. 이 가설은 외계인 납치 패러다임을 측두엽에서 자발적으로 일어나는 환각의 내용과 연관시키려는 시도로 이어진다.

신들이 지상에 내려온다고 누구나 생각하던 시절, 사람들은 신과 관련된 환시를 보았을 것이다. 악령이 우리 곁에 산다고 생각하던 시절에 사람들은 인큐버스와 서큐버스를 보았다. 요정이 광범위하게 받아들여지던 시절에는 요정을 보았고, 심령주의가 지배하던 시절에는 우리는 정령을 만났다. 낡은 신화가 바래고 외계인이라는 존재가 개연성을 가지게 되자, 그들이 우리의 꿈속 세계를 찾기 시작했다.

노래나 외국어, 이미지, 우리가 목격했던 사건, 어린 시절 여러 번 들었던 이야기의 파편이 수십 년 후에 어떻게 머릿속에 들어왔는지 기억나지는 않지만 정확하게 생각날 때가 있다. 허먼 멜빌(Herman Melville,

1819~1891년)은 『모비딕(*Moby-Dick*)』에서 이런 에피소드를 소개한다. "폭력적인 고열에 시달리는 무지렁이들이 고대 언어로 이야기했다더군. 그래서 어찌 된 영문인가 조사해 보니, 까맣게 잊고 살았는데, 유년 시절에 훌륭한 학자들이 고대 언어로 대화하는 것을 실제로 들었다더군." 우리도 일상 생활 속에서 문화 규범을 힘들이지 않고 무의식적으로 습득하고, 자신의 것으로 만든다.

이것과 비슷한 동기 흡수를 조현병 환자들의 '명령 환각(command hallucination)'에서 찾아볼 수 있다. 이 환각에 빠진 사람들은 위압적이거나 신비적인 인물에게서 해야 할 일을 지시받는다고 느낀다. 그들은 정치적 지도자나 민족 영웅을 암살하라거나 영국 침략자들을 물리치라거나 스스로 자해하라는 명령을 받는다. 그 명령을 내리는 존재는 신, 예수, 악마, 악령, 천사, 또는 (최근에는) 외계인이다. 조현병 환자는 이 강력한 명령을 분명하게 알아듣고 거기에 사로잡히지만, 다른 사람은 아무도 그 목소리를 듣지 못한다. 그 명령을 내리는 것은 누구일까? 머릿속에서 대화를 걸어오는 것은 대체 무엇일까? 우리가 자라 온 문화 속에서 대답을 찾아보자.

반복적으로 방영되는 광고를 생각해 보자. 특히 암시에 걸리기 쉬운 시청자들에게 미치는 영향은 아주 크다. 거의 무엇이든지 믿게 할 수 있다. 심지어 흡연이 멋지다고 믿게 할 수 있을 정도이다. 오늘날 외계인을 소재로 한 SF 소설, 텔레비전 연속극, 영화가 무수히 제작되고 있다. UFO는 삼류 신문과 잡지의 고정 출연자이며, 그 매체들은 사실인지 속임수인지 신경 쓰지도 않고 UFO 신비화에 열을 쏟는다. 지금까지도 사상 최고의 수익을 거둔 극장 영화 중 하나는 UFO에 납치되었다고 주장하는 사람들이 묘사하는 것과 아주 비슷한 외계인이 등장하는 것이다. 외계인 납치 이야기는 1975년 이전까지는 비교적 드물었다. 그해에 힐 부부 사건을 그대로 극화한 텔레비전 드라마가 방영되었다. 이런 이야기가 다시 한번 비약적으로 대중적인 인기를 끌게 된 것은 1987년 이후였다. 이해에 한 번 보면 잊을 수 없는 큰 눈의 외계인 그림이 표지를 장식한 스트리버의 "직접 체험담"이 베스트셀러가 되었다. 대조적으로, 최근에 인큐버스, 엘프, 요정에 관한 이야기는 거의 들리지 않는다. 모두 어디로 갔을까?

외계인 납치 이야기는 전혀 세계적이지 않고 오히려 실망스럽게도 지역적이다. 대다수는 북아메리카에서 나온다. 미국 문화를 거의 넘어서지 못한다. 다른 나라에서는 새나 곤충의 머리를 한 외계인이나 파충류 인간, 로봇, 금발에 푸른 눈을 가진 외계인이 보고된다.(금발에 푸른 눈을 가진 외계인 이야기는 독자 여러분의 예상대로 북유럽에서 나온 것이다.) 이 외계인 무리의 행동 양태는 각각 다르다. 이런 측면에서 볼 때 분명히 문화적인 요인이 중요한 역할을 하고 있다.

비행 접시나 UFO라는 용어가 발명되기 오래전부터 SF의 세계는 작은 초록색 인간과 벌레 눈의 괴물로 넘쳐났다. 어떤 식으로든 머리가(그리고 눈이) 크고 머리카락이 없는 키 작은 존재는 오랫동안 외계인다움의 표상이었다. 1920년대와 1930년대의 대중 SF 잡지에는 매호 그런 외계인 그림이 실렸다. (예를 들어, 잡지 《쇼트 웨이브 앤드 텔레비전(*Short Wave and Television*)》의 1937년 12월호에서 지구에 전파 메시지를 보내는 화성인의 그림을 살펴보라.) 영국의 SF 개척자 허버트 조지 웰스(Herbert George Wells, 1866~1946년)가 논한 것처럼 그 외계인은 아마도 우리의 먼 후손들 모습일지도 모른다. 웰스의 주장에 따르면, 인류는 뇌가 더 작지만 털은 더 많고 운동 능력은 빅토리아 시대 학자들을 훨씬 능가하는 영장류에서 진화했다. 이 진화 경향을 먼 미래까지 연장해 본다면, 인류의 후손들은 털이 거의 없고 머리는 거대하지만 혼자 힘으로는 제대로 걷지도 못하는 존재가 되어 있을 것이다. 따라서 다른 세계에서 온 진보된 존재도 비슷한 특징을 가지고 있을 것이다.

1980년대와 1990년대 초반 사이에 미국에서 보고된 전형적인 현대풍 외계 생명체는 몸집이 작고, 머리와 눈이 불균형하게 크고, 이목구비가 발달하지 않고, 눈썹이나 생식기는 눈에 잘 띄지 않으며, 매끄러운 회색 피부를 갖고 있다. 내 생각에 이것은 대략 임신 12주의 태아나 기아 상태의 어린이와 기분 나쁠 정도로 닮았다. 태아나 영양 실조 아동에게 집착하는 사람이 왜 그렇게 많은 것일까? 게다가 그렇게 생긴 존재들에게 공격을 받고 성적 학대를 당했다고 상상하는 사람들이 왜 그렇게나 많은 것일까? 이것은 정말로 흥미로운 문제이다.

최근 몇 년 동안 미국에서는 키가 작고 회색 피부를 가진 외계인 말고도 다른 유형의 외계인이 출몰하기 시작했다. 새크라멘토의 심리 치료사인 리처드 보일런(Richard Boylan)은 이렇게 적고 있다.

> 키는 105~120센티미터인 유형, 150~180센티미터인 유형, 110~140센티미터인 유형이 있다. 손가락은 3개, 4개, 5개 있는 세 가지 유형이 있다, 손가락 끝이 패드 형태인 유형이 있고 흡반 달린 유형이 있다. 손가락 사이에 물갈퀴가 있는 게 있고 없는 게 있다. 커다란 아몬드 모양 눈의 눈꼬리가 위쪽으로 올라간 유형이 있고 수평으로 찢어진 유형이 있다. 눈이 커다란 달걀 모양으로 눈꼬리가 없는 유형도 있고 고양이처럼 가느다란 동공을 가진 유형도 있다. 신체 형태도 이른바 사마귀처럼 생긴 것부터 파충류처럼 생긴 것까지 다양하다. …… 이런 것들을 반복적으로 계속 접하고 있다. 몇 가지 이색적인 사례와 한 가지 사례에 대해서는 더 많은 확증이 나올 때까지 조금 더 신중을 기할 생각이다.

겉보기에 외계인 유형 목록이 호화로워 보인다. 그러나 내가 보기에 UFO 납치 증후군에 빠진 사람들이 묘사하는 우주는 진부하다. 이러한 외계인 묘사를 듣다 보면 인간의 상상력이라는 게 얼마나 빈곤한지, 별 볼 일 없는 세상사에 얼마나 얽매여 있는지 깨닫게 된다. 이런 외계인을 만난다고 하더라도, 전에 새를 한 번도 본 적 없는 사람이 관앵무새의 일종인 코카투(cockatoo)를 보았을 때만큼 놀라지 않을 것이다. 원생생물이나 세균이나 균류를 다루는 교과서를 몇 쪽 넘겨 보기만 해도 외계인 납치 체험담에 등장하는 그 어떤 외계인보다 훨씬 기묘하고 경이로운 생명체들을 만날 수 있다. UFO 신봉자들은 그들의 이야기가 서로 비슷한 것은 진실이라는 증거라고 주장한다. 그러나 그 공통점이야말로 그들의 외계인 이야기가 인류가 공유하는 문화와 생물학 지식의 산물이라는 증거일 것이다.

8장

네가 본 것은 진짜인가, 가짜인가

무엇이든 쉽게 믿는 마음은 이상한 것을 믿을수록
무상의 즐거움을 느끼고, 이상하면 할수록 더 쉽게 받아들인다.
그러나 평범하고 있을 법한 것은 중요시하지 않는다.
그런 것은 누구나 믿을 수 있기 때문이다.

— 새뮤얼 버틀러(Samuel Butler, 1613~1680년),
『사람들(*Characters*)』(1667~1669년)에서

가끔, 어두운 방에 무언가 나타났다 사라진 것 같을 때가 있다. 그것은 유령일까? 시야 끝에 무언가 있는가 싶었는데, 눈 깜짝할 사이에 사라진다. 고개를 돌렸지만 아무것도 없다. 전화벨이 깜빡거린 것일까, 아니면 나의 상상일 뿐일까? 해변에 와 있는 것도 아닌데, 바다 냄새가 나 깜짝 놀랄 때도 있다. 어린 시절 자주 가 놀았던 코니아일랜드 여름 해변의 냄새이다. 처음으로 방문한 낯선 도시일 텐데, 길모퉁이를 돌면 너무 낯익어서 평생 알고 있던 것처럼 느껴지는 거리가 펼쳐질 때도 있다.

흔해 빠진 경험이지만 이런 경험을 할 때마다 우리는 살짝 당혹스러워한다. 내 눈이(또는 귀, 코, 기억이) 장난을 친 것일까? 아니면 어떤 초자연적 경험을 한 것일까? 이런 경험을 했다면 침묵을 지켜야 할까, 아니면 누군가에게 말해야 할까?

이 질문의 답은 내가 처한 환경과 문화, 그리고 내 친구들과 사랑하는 가족이 어떠냐에 아주 많이 달렸다. 매우 완고하고 실제적인 것을 중시하는 사회라면, 아마 그런 경험을 가볍게 입에 담지 않는 편이 좋을 것이다. 사람들이 나를 경솔하고 불건전하며 신뢰할 수 없는 사람이라고 낙인찍을 수도 있기 때문이다. 그러나 유령이나 강신술을 기꺼이 믿는 사회라면, 그런 경험을 이야기하는 일은 용인될 것이고, 운 좋으면 명성도 얻을 것이다. 나도 전자 같은 사회에서는 이런 경험을 누구에게도 이야기하지 않고 참을 것이고, 후자 같은 사회에서는 아마 살짝 과장하거나 약간 다듬어서 실제보다 훨씬 더 기적적인 일로 만들고 싶을 것이다.

합리주의에 무게를 두었지만 심령주의 역시 번성하는 문화 속에서 살았던 찰스 존 허펌 디킨스(Charles John Huffam Dickens, 1812~1870년)는 이 딜레마를 다음과 같이 설명했다. (단편 소설 「소금 한 알에 사로잡히기(To be Taken with a Grain of Salt)」에서)

> 진작부터 알고 있는 일이기는 하지만, 보통 이상으로 훌륭한 지성과 교양을 갖춘 사람들도 그들 자신의 이상한 심리적 경험을 입에 담는 문제에 관해서는 그럴 용기를 내지 못하는 풍조가 있다. 거의 모든 사람이, 듣는 사람의 내면에도 평행한 것이나 호응하는 것이 있을지도 모른다는 것을 알지 못한 채, 그런 식으로 말하면 의심이나 비웃음을 사지 않을까 두려워한다. 정직한 여행자는 바다뱀과 비슷한 어떤 이상한 생물을 보았다면 아무런 두려움 없이 보았다고 말할 것이다. 그러나 똑같은 여행자라도 불길한 예감, 충격, 엉뚱한 생각, 이른바 환시, 또는 꿈 같은 것을 보고 심상치 않은 인상을 받았다면, 그것을 인정하기 전에 상당히 머뭇거릴 것이다. 이런 주제에 얽힌 불명료함의 태반이 이러한 머뭇거림에서 기인할지도 모른다.

우리 시대에도 이런 경험을 함부로 입에 담으면 거부의 비웃음과 냉소가 돌아올 것이다. 그러나 불명료함 앞에서 머뭇거리는 감정은 디킨스 시대와는 달리 더 쉽게 극복할 수 있는 것처럼 보인다. 예를 들어, 디킨스 시대에는 없던 심리 치료사나 최면술사가 마음속 이야기를 털어놓을 수 있는 '지지 상황'을 만들어 준다. 그러나 불행하게도, 믿기 어려운 사람도 있겠지만, 상상과 기억 간의 경계선은 매우 흐릿하다.

외계인에게 납치된 적이 있다고 주장하는 사람 중에는 최면술 없이도 그 경험을 기억할 수 있다고 이야기하는 사람도 있다. 그러나 적지 않은 '피해자'가 최면술에 걸리고 나서야 그런 기억을 되살려냈다. 그러나 최면술은 기억을 되살리는 방법으로는 신뢰하기 어려운 방법이다. 최면술은 진짜 기억뿐만 아니라 상상, 공상, 연극적 상황까지 끌어내는 경우가 많을 뿐만 아니라, 환자나 치료사 모두 진짜 기억과 아닌 것을 구분할 수 없기 때문이다. 최면술에 걸린 환자는 암시 수용성이 고조된 상태에 빠지는 것처럼 보인다. 미국 법원은 최면술을 증언 확보의 수단이나 범죄 수사의 도구로 사용하는 것을 금지했다. 미국 의사 협회(American Medical Association, AMA)는 최면 상태에서 떠오른 기억은 그렇지 않은 기억보다 신뢰성이 더 떨어진다고 밝힌 바 있다. 의과 대학에서 사용되는 표준적인 교과서(해럴드 어윈 캐플런(Harold Irwin Kaplan, 1927~1998년)이 1989년에 펴낸 『종합 정신 의학(*Comprehensive Textbook of Psychiatry*)』을 보라.)는 "최면술사의 믿음이 환자에게 전달될 가능성이 크고, 환자가 기억이라고 믿는 것에 그 믿음이 결합해 강한 확신을 형성하는 경우가 적지 않다."라고 경고한다. 따라서 최면에 걸린 사람이 "나는 외계인에게 납치당한 적이 있다."라고 말해도 그것을 그대로 믿어서는 안 된다. 최면술사가 자신도 의식하지 못한 채 미묘한 힌트를 환자에게 줄 수도 있고, 환자가 최면술사를 기분 좋게 하려고 그 힌트에 반응하려고 할 위험이 있다.

캘리포니아 주립 대학교 롱비치 캠퍼스 교수 앨빈 휴스턴 로슨(Alvin Houston Lawson, 1929~2010년)은 사전 심사를 통해 UFO 신봉자를 걸러 낸 피험자 8명을 대상으로 다음과 같은 연구를 수행했다. 우선, 의사가 피험자에게 최면을 걸고, 당신은 납치되어 우주선으로 끌려갔고 검사를 당했다고 말한다. 다른 자극은 주지 않고 그 경험을 설명해 보라고 요구한다. 피험자들이 내놓은 진술(대부분 간단하게 진술을 내놓게 할 수 있었다.)의 내용은 자칭 외계인 납치 피해자들의 이야기와 거의 구별할 수 없었다.

분명 로슨도 그의 피험자들에게 힌트를 주었다. 그러나 외계인에게 납치되었다고 주장하는 사람들을 일상적으로 대하는 치료사들도 대개 어떤 형태로든 그들의 환자들에게 힌트를 준다. 때로는 아주 자세한 힌트를 주기도 하고, 때로는 아주 미묘하고 간접적인 힌트를 준다.

정신과 의사 조지 거너웨이(George K. Ganaway)는 암시에 걸리기 쉬운 여성 환자에게 최면을 걸고 "어느 날 하루에서 5시간 분량 기억을 잊어버리신 듯합니다."라고 말했다. (로런스 라이트(Lawrence Wright, 1947년~)가 전해 준 사례이다.) 그리고 거너웨이가 "머리 위에 밝은 빛이 보이지 않나요?" 하고 언급하자 환자는 즉시 UFO와 외계인에 관해 이야기했다. 그가 환자에게 "검사를 당하신 것 같아요."라고 강하게 암시하자, 환자는 납치 상황을 자세하게 이야기하기 시작했다. 최면 상태에서 깨어난 다음 최면요법이 진행 중일 때의 비디오를 살펴보고 난 환자는 꿈같은 것이 의식에 떠올랐음을 인정했다. 그리고 이후 1년 동안 그 환자는 때때로 그 꿈 내용을 반복적으로 이야기했다고 한다.

워싱턴 대학교 심리학자 엘리자베스 로프터스(Elizabeth F. Loftus, 1944년~)는 최면술 따위를 걸지 않아도 간단하게 피험자들로 하여금 실제로 보지 않은 것을 보았다고 믿게 만들 수 있음을 보였다. 그의 실험은 전형적으로 다음과 같이 진행된다. 피험자들에게 자동차 사고의 영화를 보여 준다. 그다음 무엇을 보았는지 질문을 던지면서 중간중간 은근슬쩍 거짓 정보를 흘린다. 예를 들어, 영화에는 정지 신호가 나오지 않았지만 "정지 신호가 있었지요." 하는 식으로 불쑥 언급하는 것이다. 그러면 많은 피험자들이 정지 신호를 보았다고 대답했다. 속임수였음을 밝히면, 어떤 사람들은 격렬하게 항의하면서, 자신이 얼마나 생생하게 그 신호를 기억하는지 강조하기도 한다. 영화를 본 시간과 거짓 정보를 받은 시간 사이의 간격이 길면 길수록 기억이 변형되는 피험자의 수가 증가한다.

로프터스는 "어떤 사건의 기억은 원래 정보의 묶음이라기보다는 끊임없이 수정되며 다시 씌어지는 이야기와 더 비슷하다."라고 말한다.

다른 사례들도 많다. 그중에는 커다란 감정적 충격을 동반하는 것도 있다. 예를 들어, 어린 시절에 백화점에서 길을 잃은 적이 있다는 가짜 기억이 심어진 경우도 있다. 일단 핵심 생각이 주어지고 나면 환자 자신이 그 생각을 뒷받침하는 그럴듯한 세부 사항을 붙여 나가는 경우도 드물지 않다. 아주 사소한 힌트를 제공한 다음 질문을 하면 뚜렷하지만 거짓인 기억이 불려 나오는 것이다. 특히 심리 치료 상황일 경우에는 이런 일이 훨씬 쉽게 일어난다. 기억은 오염될 수 있다. 스스로 비판적이고 건전한 정신을 가졌다고 자부하는 사람일지라도 그 마음에 가짜 기억이 파고들 틈이 있는 것이다.

코넬 대학교의 스티븐 세시(Stephen J. Ceci)와, 로프터스, 그리고 그의 동료들은 취학 전 아동들이 유난히 암시에 걸리기 쉽다는 것을 발견했다. 이것은 그리 놀라운 일이 아니리라. "쥐덫에 손 물린 적 있지?" 하고 물으면 처음에는 정확하게 부정했던 아이들도 나중에는 그런 적 있다고 대답하게 된다. 게다가 그때 어떤 일이 있었는지 자세한 이야기가 덧붙는다. 더 직접적으로 "네가 어렸을 때 이런 일이 있었어."라고 이야기해 주면, 아이들은 주입된 기억을 저항 없이 자기 것으로 받아들인다. 기억이 변형된 아이들의 진술을 비디오로 보면 전문 심리학자라고 하더라도 가짜 기억과 진짜 기억을 거의 구별할 수 없다. 어른들은 아이들이 범하는 오류에서 자유롭다고 할 수 있을까? 우리는 오기억(誤記憶, false memory)에 대해 면역력을 가지고 있을까?

로널드 레이건 대통령은 제2차 세계 대전 기간 내내 할리우드에서 보냈음에도 불구하고 자신이 나치의 강제 수용소를 해방시키는 과정에서 어떤 역할을 수행했던 것처럼 생생하게 이야기하고는 했다. 영화의 세계에서 산 레이건은 그가 본 적 있는 영화와 그가 겪지 않았던 사실을 혼동한 게 분명하다. 또 레이건은 대통령 선거 유세에서 여러 번, 제2차 세계 대전을 무대로 한, 희망과 용기의 서사시적 이야기로 우리 모두를 감동시킨 바 있다. 그러나 그런 일은 실제로 일어나지 않았다. 그의 이야기는 「날개와 기도(A Wing and a Prayer)」(1944년)라는 영화의 줄거리였다. (나도 9세 때 그 영화를 보았다. 정말로 감동적인 영화였다.) 레이건의 공적 발언에서 비슷한 사례를 무수히 찾아볼 수 있다. 그런데 정치, 군사, 과학, 종교 분야 지도자들이 사실과 허구를 구별하지 못한다면 어떻게 될지 말할 필요도 없을 것이다.

법정 증언을 준비할 때 증인들은 변호사의 지도를 받는다. 변호사들은 증인 또는 피고인이 증언을 '올바르게' 할 수 있을 때까지 몇 번이고 암송시키고는 한다. 증언대에 섰을 때 그들 머릿속에 떠오르는 것은 변호사 사무실에서 암송했던 이야기이다. 세부 사항은 희뿌옇게 흐려지고 사건을 특징 짓는 부분조차 실제로 일어난 일과 달라지기도 한다. 편리하게도 증인 자신이 그들의 기억이 가공되었음을 잊는 경우도 있다.

이런 사실은 광고와 정치적 선전의 사회적인 영향을 고찰할 때에도 고려해야 하는 중요한 문제이다. 그러나 여기에서는 외계인에 의한 납치로 문제를 좁혀 보자. 이른바 납치 피해자들에 대한 인터뷰는 전형적으로 그들이 말하는 사건 이후 여러 해 지나서 이루어진다. 이런 사실들은 치료사들이 환자에게 이야기를 심어 주거나 환자에게서 끌어낸 이야기를 치료사 자신이 거르지 않도록 엄중한 주의를 기울일 필요가 있음을 말해 준다.

아마도 우리가 실제로 기억하는 것은 우리 자신이 짠 직물 위에 꿰매 놓은 일련의 기억 단편들일 것이다. 그 바느질 솜씨가 아주 좋다면 언제든 생각해 낼 수 있는 기억하기 쉬운 이야기가 만들어질 것이다. 단편들이 따로따로 흩어져 있고 바느질이 엉성하다면 생각해 내기 어려울 것이다. 이 상황은 과학의 방법과 비슷하다. 과학은 서로 독립된 수많은 데이터를 기억해 두었다가 이론의 틀 속에서 개괄적으로 설명해 내려고 한다. 일단 이것이 가능해진다면 데이터 하나하나를 생각해 내는 것보다 설명에 사용된 이론을 생각해 내는 게 더 쉬워진다.

과학에서 이론들은 언제나 재평가되고 새로운 사실들과 직면하게 된다. 이론과 새로운 사실이 심각하게 불일치한다면, 즉 그것이 오차 범위를 넘는다면 그 이론은 수정되어야만 한다. 그러나 일상에서는 오래전에 일어난 사건과 관련해 새로운 사실과 직면하는 일이 아주 드물다. 우리 기억은 도전받는 일이 거의 없는 것이다. 대신에 기억은, 결함이 얼마나 많든 상관없이, 그 모습 그대로 동결되거나, 인위적인 수정이 계속 가해져 하나의 작품에서 또 다른 작품으로 탈바꿈해 간다.

이제 발현(發現, apparition)에 대해 다루어 보자. 신이나 악령 같은 초자연적 존재가 사람들 앞에 나타나는 것을 발현이라고 하는데, 서구 사회에서는 성인(聖人)의 발현과 관련된 증언이 많다. 특히 중세 후기와 현대 사이에는 동정녀 마리아, 즉 성모를 만났다는 이들이 많다. 외계인 납치 이야기는 분명 이단적, 악마적 색깔이 짙기는 하지만, 성스러운 환시에 대해 고찰해 봄으로써 UFO 신화에 대한 이해를 심화시킬 수 있을 듯싶다. 아마 가장 유명한 성모 발현(Marian apparition)은 프랑스의 잔 다르크, 스웨덴의 성 비르지타(Heliga Birgitta, 1303~1373년), 이탈리아의 지롤라모 사보나롤라(Girolamo Savonarola, 1452~1498년)의 사례일 것이다. 그러나 우리의 목적에 더 부합하는 것은 양치기와 농부와 아이 들이 본 발현이다.

불확실성과 공포에 시달리는 세상에서 이들은 신적인 것과의 접촉을 갈망했다. 윌리엄 아미스티드 크리스천 2세(William Armistead Christian, Jr. 1944년~)는 자신의 『중세 후기와 르네상스 시대 스페인에서 일어난 발현들에 대하여(*Apparitions in Late Medieval and Renaissance Spain*)』(1981년)에서 카스티야와 카탈루냐에서 일어난 그런 사건들을 자세히 기록해 놓고 있다.

전형적인 성모 발현 사건은 다음과 같이 일어난다. 시골에 사는 여자나 아이가 기묘할 정도로 작은 몸집을 한(키가 90~120센티미터인) 여성과 만난다. 그녀는 자신을 신의 어머니, 동정녀 마리아라고 주장한다. 그리고 마을 신부나 지역 교구의 높은 사람에게 가서 죽은 자를 위해 기도하라거나 신의 계명에 복종하라거나 바로 여기에 성전을 지으라는 말을 전하라고 지시한다. 그들이 따르지 않으면 무서운 형벌을 받을 것이라고, 아마도 전염병이 돌 것이라고 위협한다. 전염병이 만연한 시대일 경우에는 자기 말을 따르면 병이 치료될 것이라고 약속한다.

목격자들은 시킨 대로 하려고 노력한다. 그러나 그 이야기를 들은 목격자의 아버지나 남편이나 성직자는 이 이야기를 아무에게도 말하지 말라고 명령한다. 여성의 어리석은 착각이거나 경박한 공상이거나 악령이 불러일으킨 환각일 뿐이라고 여긴다. 결국 목격자는 침묵을 지킨다. 며칠 후에 그녀는 다시 마리아와 만나고 성모는 자신의 요구가 지켜지지 않았다는 말을 한다.

"사람들이 저를 믿지 않습니다."라고 목격자는 호소한다. "징표를 주세요." '증거'가 필요하다.

마리아는 징표를 준다. 애초에 증거가 필요하다고 생각지 않았던 것일까? 마을 사람들과 성직자들은 즉시 납득하고 성당을 세운다. 그 후 치유의 기적들이 근처에서 일어난다. 순례자들이 멀리 사방에서 온다. 성직자들은 바빠지고 그 지역 경제도 활성화된다. 최초의 목격자는 거룩한 성소의 관리자로 임명된다.

알려진 사례 대부분, 마을의 지도자와 성직자로 이루어진 조사 위원회가 구성된다. 거의 전적으로 남성으로 이루어진 그 위원회의 구성원들은 발현의 진실성을, 처음에는 믿지 않았음에도 불구하고, 진실하다고 증언하게 된다. 그러나 증거라고 하는 것의 기준은 그리 높지 않았다. 8세 소년이 흥분해서 한 이야기를 증언으로 채택하는 경우도 있었다. 그가 전염병으로 죽기 이틀 전에 말이다. 개중에는 발현 이후 진짜 기적이라고 인정되기까지 수십 년, 또는 100년 이상의 시간을 들여 심의한 경우도 있었다.

이 문제에 정통한 프랑스 신학자 장 샤를리에 드 제르송(Jean Charlier de Gerson, 1363~1429년)은 『참된 환시와 거짓 환시의 구별에 관하여(*On the Distinction Between True and False Visions*)』에서 신뢰할 만한 목격자를 구분해 내기 위한 판단 기준을 열거하고 있다. 그중 하나가 정치적, 종교적 위계에서 상층부에 속한 이의 충고를 적극적으로 수용하는 사람이다. 그러니까 권력자를 불안하게 만드는 환시를 본 사람은 그런 환시를 보았다는 사실만으로 믿을 수 없는 목격자라는 뜻이다. 결국 권력자들이 듣고 싶어 하는 이야기만이 성인들과 성모가 한 말로서 신뢰를 받을 수 있었다.

성모 마리아가 주었다는 징표, 다시 말해 설득력 있는 물적 증거로는 평범한 초, 비단 조각, 자력을 띤 돌, 색깔 있는 타일 조각, 증인이 유별나게 빨리 모은 엉겅퀴, 땅속에 박힌 소박한 나무 십자가, 목격자의 몸에 난 채찍 자국과 가시에 긁힌 상처 같은 게 거론되었고, 목격담이 인정받는 순간 목격자의 여러 가지 신체 장애(12세 소녀가 주먹을 이상하게 쥔다든가, 다리 관절이 반대 방향으로 휘어 있다든가, 일시적 벙어리가 된다든가 하는 장애)가 '치유'되었다는 사실도 증거로 받아들여졌다.

어떤 경우에는 목격자들이 증언 내용을 사전에 비교하고 조정했을 것이다. 예를 들어, 한 작은 마을에서 다수의 목격자가 "지난 밤에 온통 흰옷을 입은 키 큰 여자가 어린 아들을 품에 안고 나타났다. 그 여자는 빛으로 둘러싸여 있었고 밤길을 밝게 비추었다."라고 말했다고 치자. 그런데 그 목격자들 바로 옆에 서 있던 사람들은 아무것도 보지 못했다고 말한다. 1617년 카스티야에서 일어난 발현이 그런 경우이다.

> "이봐요, 바르톨로메, 저기 저 부인 보세요. 요 며칠 저를 찾아온 부인 말이에요. 저기 풀밭을 지나 이쪽으로 오고 계시잖아요. 저분이 저기서 무릎을 꿇고 십자가를 끌어안고 계시네요. 저기요, 저기를 보세요!" 바트톨로메라고 불린 젊은이는 할 수 있는 한 열심히 둘러보았지만 작은 새 몇 마리가 십자가 위로 날아다니는 것 말고는 아무것도 보지 못했다.

이런 이야기를 꾸며내고 받아들이는 동기는 어렵지 않게 찾을 수 있다. 성직자, 공증인, 목수, 상인을 위한 일거리가 생기고, 불경기일 때에는 지역 경제의 활성화로 이어지기 때문이다. 목격자와 목격자 가족의 사회적 지위도 올라갈 것이다. 혈족과 친족 들의 무덤이 전염병, 가뭄, 전쟁 때문에 버려져 있을 경우에는 무덤을 관리해 주고 기도를 올려 줄 성직자나 수도자를 불러모을 수 있을 것이다. 무어 인 같은 이교도에 대한 대중의 적개심을 고양시킬 수 있을 테고 교회법에 대한 대중의 순종심을 확산시키고 경건한 사람들의 신앙심도 강화할 수 있을 것이다. 이렇게 성지나 성당이 새로 만들어지면 그곳을 순례하고자 하는 사람들의 열정은 놀라울 정도로 강해진다. 성지의 바위 부스러기나 흙을 물과 섞어서 약으로 마시는 것은 드문 일이 아니다. 그렇다고 해서 목격담 전부가 날조된 것이라는 말은 아니다. 다른 어떤 일이 일어났다.

정말로 놀라운 것은 성모의 명령이 그 긴박한 출현에 비하면 대부분

무척이나 평범하다는 것이다. 예를 들어, 1483년 카탈루냐에 나타난 성모는 다음과 같이 말한다.

> 나는 너의 영혼을 걸고 너에게 명령하노니, 엘 토른, 밀레라스, 엘 살렌트, 산트 미켈 드 캄프마이오르 교구 각각의 성직자들에게 가서 성직자들이 그들의 영혼을 걸고 각 교구의 남자들에게 다음과 같이 전하도록 하라. 십일조를 지키고 교회의 다른 모든 의무를 다하고 그들 소유가 아닌데도 은밀히 또는 공개적으로 가지고 있는 모든 것을 정당한 소유주에게 30일 이내에 돌려주어라. 그렇게 해야 하기 때문이다. 그리고 안식일을 성수(聖守)하라.
>
> 그리고 두 번째로 하느님을 욕되게 하지 말고 그들의 죽은 조상들이 그랬던 것처럼 '자선'을 행하라.

발현은 대개 목격자가 잠에서 깨어난 직후에 일어난다. 1523년 발현을 본 프란치스카 라 브라바(Francisca la Brava)라는 여성은 잠에서 막 깨 "자신의 감각을 통제하지 못해 아무것도 알 수 없는" 상태에서 그 발현을 목격했다고 증언했다. 그렇지만 이후의 증언에서는 완전히 깨어 있었다고 주장했다. (이것은 완전히 깬 상태, 잠이 들락 말락 하는 상태, 망아 상태, 수면 상태 중 하나를 고르라는 질문에 대한 답이었다.) 때로는 세부 사항이 완전히 빠져 있는 경우도 있다. 예를 들어, 마리아를 수행한 천사의 모습 같은 게 완전히 누락되기도 하고 성모의 키도 커졌다 작아졌다 한다. 또 성모였다가 성자였다가 한다. 이 모든 게 꿈이었음을 시사한다. 수도승 하이스터바흐의 카에사리우스(Caesarius von Heisterbach, 1180~1240년)는 1223년경에 쓴 『기적에 관한 대화(*Dialogus Miraculorum*)』에서 성직자들이 동정녀 마리아의 환시를 보는 것은 '새벽 기도(matin)' 때가 많았다고 적고 있다. 수도원에서 새벽 기도는 보통 밤 12시에 올린다.

많은 수의, 아마도 모든 발현 사건이, 깨어 있을 때 꾼 것이든 자고 있을 때 꾼 것이든, 일종의 꿈이었을 것이다. 여기에 약간의 조작이나 속임수가 덧붙었으리라. (처음부터 의도적으로 날조된 발현도 있었을 것이다. 기적은 큰 장사가 되기 때문이다. 그런 경우, 우연히 또는 신의 가르침에 따라 성화나 성물의 조각이 발견되거나 발굴되었다.) 1248년 카스티야의 현왕(賢王) 알폰소 10세(Alfonso X, 1221~1284년)의 명에 따라 교회법과 민법을 망라한 『7부 법전(*Siete Partidas*)』이 편찬되었다. 이 법전에서는 이 발현 문제를 다음과 같이 다룬다.

> 들판이나 마을에서 제단을 발견했다고 주장하거나 제단을 세워 그곳에 어떤 성인의 유물이 담겨 있다고 주장하는 사기꾼들이 있다. 그들은 그 성인이 어떤 기적을 일으켰다고 말한다. 이 때문에 각지에서 순례자들이 몰려들고, 무언가 하나라도 가지고 돌아가려고 한다. 그리고 자신이 본 꿈과 쓸데없는 유령에 놀라, 그것들을 본 토지에 제단을 만들고 그것을 발견한 척하는 자들도 있다.

알폰소 10세는 다양한 종파와 주의주장에서 공상, 꿈, 환각까지 열거한 다음, 그 각각이 잘못된 신앙임을 보여 주는 증거들을 제시해 나간다. 공상의 일종인 안토이안샤(antoiança)는 다음과 같이 정의한다.

> 안토이안샤는 눈앞에 나타났다 싶으면 없어지는 어떤 것이다. 무아경에 빠졌을 때 보거나 듣는 것을 말하는데 그것은 실체가 없다.

1517년 교황 교서는 꿈에서 본 발현과 하느님의 권능으로 이루어진 발현을 구분했다. 경신이 횡행하는 시대에도 속임수로 만들어진 망상에 대해서는 세속의 권력도, 교회의 권위도 분명히 경계했던 것이다.

그렇지만 중세 유럽 대부분의 시기에 로마 가톨릭 성직자들은 발현을 따뜻하게 환영했다. 특히 마리아의 훈계가 성직자들의 뜻에 아주 잘 맞았기 때문이다. 보기 딱할 정도로 형편없는 몇 가지 징표만 있어도 충분했다. 징표라고 해도 돌조각이나 발자국 같은 것이었으니 위조할 수 없는 것은 하나도 없었다. 그러나 15세기가 되어 종교 개혁의 시대가 시작되자 교회의 태도도 변했다. 천국에 이르는 길이 따로 있다는 소리를 하는 자들은 신을 정점으로 하는 교회의 지휘 계통을 뒤흔드는 무리일 뿐이었다. 게다가 잔 다르크의 사례처럼 몇 가지 발현은 정치적으로나 도덕적으로 곤란한 문제를 포함하고 있었다. 잔 다르크의 환시로 대표되는 위험을 1431년에 그녀를 조사한 심문관들은 이렇게 말했다.

> 그녀는 커다란 위험을 보았다고 하지만, 그것은 자신이 발현을 목격하고 지시를 받았다고 믿는 주제넘은 자들이 꾸며낸 이야기에 불과하다. 그들은 하느님을 보았다고 거짓말하면서, 하느님이 가르쳐 주신 것이 아니라 거짓 예언과 점을 떠들어댄다. 여기서부터 민중의 타락, 새로운 종파의 파생, 그리고 교회와 정통 신앙을 전복시키는 불신 등이 뒤따른다.

잔 다르크와 지롤라모 사보나롤라는 모두 그들이 본 환시 때문에 화형에 처해졌다.

1516년에 열린 5차 라테란 공의회는 발현의 진실성을 조사할 권리를 '사도좌(Sedes Apostolica)', 즉 로마 교황청에 유보했다. 그리고 정치적 내용이라고는 단 하나도 없는 환시를 본 농민들이 가혹하기 이를 데 없는 처벌을 받았다. 젊은 어머니이기도 했던 프란치스카 라 브라바도 성모 발현을 목격했으나, 그녀의 심문관이기도 했던 리첸치아도 마리아나(Licenciado Mariana)는 그것을 "거룩한 가톨릭 신앙을 훼손하고 그 권위에 상처를 입힌 것"이라고 기술했다. 그녀가 목격했다는 발현은 "전적으로 헛되고 경박한 것"이며, "그녀는 마땅히 가장 엄한 처벌로 다루어져야 한다."라고 목소리를 높인다. 이단 심문관의 말은 다음과 같이 이어진다.

> 그러나 프란치스카 라 브라바에게는 엄한 처벌을 완화할 만한 몇 가지 정당한 사유가 있다. 그것을 감안하되, 다른 이들이 비슷한 일을 꾸미지 못하도록 본보기를 보여야 하기 때문에, 그녀를 나귀에 태우고 예의 벨몬트 거리를 지나도록 하고, 그동안 공중의 면전에서 허리 위쪽을 벗기고 100대의 채찍질을 하며, 엘 킨타나 마을에서도 같은 방법으로 같은 수의 채찍질을 할 것을 명한다. 오늘 이후로 공공 장소에서든, 사적 장소에서든, 대놓고 말하든, 속삭여 말하든 고백 때 말한 것을 다시 입에 담거나 긍정해서는 안 된다. 그렇지 않으면 회개하지 않는 자로서, 그리고 성스러운 가톨릭 신앙을 믿지 않고 동의하지 않는 자로서 고발당할 것이다.

이렇게 엄한 처벌을 받았음에도 불구하고, 그리고 거짓말했다거나 꿈꾸었다거나 잘못 보았다고 고백하라는 압박을 받았음에도 불구하고 목격자들이 자기 주장을 굽히지 않고 자신의 환시를 진짜 본 것이라고 주장했다는 것은 놀라운 일이다.

당시 신문과 라디오와 텔레비전은 당연히 없었고 문자를 읽을 수 있는 사람도 거의 없었다. 그런 시대에 발현이, 그 종교학적, 도상학적 세부 요소가 어떻게 그렇게 비슷할 수 있었을까? 윌리엄 크리스천은 대성당 벽을 가득 채우고 있는 성화와 성상 들이 보여 주는 종교적 드라마(특히 크리스마스 관련 그림이나 연극도 좋은 예일 것이다.), 마을과 마을을 순회하는 설교사들과 국경을 넘어 떠도는 순례자들, 교회 설교에 그 답이 있다고 본다. 새로 생긴 근처 성지에 관한 전설은 빠르게 퍼져나갔다. 예를 들어,

성모가 밟았던 조약돌이 있다는 소문이 퍼지면 그 돌로 병든 아이를 치료하기 위해서 사람들이 수백 킬로미터 떨어진 곳이나 더 먼 곳에서도 찾아왔다. 전설이 발현에 영향을 주었고 발현은 전설에 영향을 주었다. 가뭄과 전염병과 전쟁에 시달리고, 평민이 이용할 수 있는 사회 복지 시설이나 의료 시설이 없고, 대부분의 민중이 읽고 쓸 줄 모르고 과학적 방법은 들은 적도 없던 시대에 의심의 정신, 즉 회의주의가 깃들기는 어려웠다.

그런데 발현을 통해 나타난 성모의 경고는 왜 그렇게 평범했을까? 신의 어머니 정도 되는 찬란한 존재가 기껏 인구가 수천 명밖에 안 되는 작은 지방에 나타나 성당을 수리하지 않으면 재앙이 내릴 것이라는 경고만 하고 사라진 이유는 무엇일까? 하느님이나 성인만이 내렸을 것 같은, 후손 대대로 인간사를 뒤흔들 정도로 중요한 예언이나 메시지가 아니라 사소하다면 사소한 말씀만 남긴 이유는 무엇일까? 가톨릭이 프로테스탄티즘이나 계몽주의와 사투를 벌이고 있던 시대에 발현하신 성모는 왜 가톨릭의 권위를 높여 주지 않았을까? 교황청 쪽에 천동설은 잘못된 생각이니 받아들이지 말라고 주의 주거나, 나치 독일과 공모하지 말라고 경고하는 발현도 없었다. (이 문제들은 역사적으로나 도덕적으로 아주 중요한 것이었다. 교황 요한 바오로 2세(Ioannes Paulus PP. II, 1920~2005년)는 이 문제들과 관련해서 교회의 오류를 인정했다.)

발현한 성인 중에 마녀와 이단을 고문하고 불에 태운 관행을 비판하는 이는 하나도 없었다. 왜 없었을까? 성인들은 그런 일이 일어나고 있는지 몰랐을까? 성인들이 그런 일이 악이라는 것을 파악할 수 없었을까? 왜 성모 마리아는 언제나 불쌍한 농부에게 나타나 높은 사람에게 알리라고 명령했을까? 왜 높은 사람 앞에 나타나 직접 경고하지 않았을까? 왕이든 교황이든 그 앞에 나타나 직접 말하지 않았을까? 19세기와 20세기에는 중요한 문제를 다루는 발현도 몇 건 있었다. 1917년 포르투갈 파티마에서 발현한 동정녀 마리아는 세속 정부가 교회의 통제를 받는 정부를 대신했다고 격분했다. 1961년과 1965년 사이에 스페인의 가라반달에서 발현한 성모는 정치적, 종교적 보수 정책을 즉시 채택하지 않으면 종말이 온다고 위협했다.

내 생각에 성모 발현과 외계인 납치 사이에는 유사성이 많아 보인다. 성모 발현의 목격자가 천국에 끌려간 것도 아니고 생식기를 조사받은 것도 아니기는 하지만 말이다. 일단, 목격된 존재들은 작다. 키가 75~120센티미터인 경우가 많다. 대개 그들은 하늘에서 내려온다. 대화의 내용도 천국 또는 천상에서 온 것치고는 속되다. 수면이나 꿈하고도 분명한 관련이 있는 것처럼 보인다. 목격자가 여성인 경우가 많고, 특히 권세 있는 남성의 비웃음을 사는 경우가 많은데, 그 후로는 터놓고 말하지 않게 된다. 그런데도 그들은 끈질기게 주장한다. 정말로 보았다고. 목격담을 전달하는 별도의 방법이 존재해 이야기가 퍼져 나가며 서로 만난 적이 없는 목격자들이 자세한 내용을 조정하기도 한다. 발현이 일어난 시간과 장소에 있던 다른 사람들은 평소와 다른 것을 전혀 보지 못한다. '징표', 다시 말해 증거는 예외 없이 사람이 만들거나 구할 수 있는 것이다. 실제로 마리아는 증거가 필요하다는 생각에 공감하지 않는 것처럼 보이고, 때로는 징표를 주기 '전에' 그녀의 발현 이야기를 믿은 사람들만 치료해 준다. 심리 치료사는 없었지만, 당시 사회에는 영향력을 가진 교구 사제나 그 윗사람이 조직망을 구성하고 있었고, 그들의 기득권은 환시의 진위와 관련해 이득을 보거나 손해를 볼 수 있었다.

우리 시대에도 여전히 성모 마리아와 천사들이 발현할 뿐만 아니라, 예수 그리스도 자신도 나타나고는 한다. 심리 치료사이자 최면술사인 그레고리 스콧 스패로(Gregory Scott Sparrow)는 우리 시대의 예수 목격담을 『언제나 나는 너와 함께 있다: 예수와 만난 실제 이야기(*I Am With You Always: True Stories of Encounters with Jesus*)』(1995년)에 모아 놓았다. 이 책에는 어느 정도는 감동적인 이야기도 있고 어느 정도는 진부한 이야기도 있다. 기묘하게도 이 이야기 중 대부분은 꿈이다. 책에도 꿈이라고 적혀 있다. 환시와 꿈의 차이는 "깨어 있을 때" 경험했느냐 아니냐 하는 것뿐이다. 그러나 스패로에게는 어떤 것을 "단지 꿈"으로 판단하는 게 그것이 가진 외적 실재성을 상처 입히지는 않는 것 같다. 스패로는 꿈속에서 본 존재든 사건이든 모두 머리 밖 세계에 실재한다고 여기는 듯하다. 그는 특히 꿈이 "순수하게 주관적"이라는 것을 부정한다. 증거는 필요 없다. 꿈을 꾸었는데, 그 꿈이 좋은 느낌을 주거나 경외감을 유도한다면, 그것은 실제로 일어난 일이다. 스패로에게는 회의주의가 흔적도 없다. 참을 수 없는 결혼 생활에 괴로워하는 여성의 꿈에 예수가 나타나 건달 같은 남편을 차 버리라고 말한다면, 스패로는 그것을 "성서를 문자주의적으로 해석하는 사람들"에 대한 문제 제기로 받아들인다. 그리고 "누군가가 아마도 궁극적이라고 할 가르침은 내면에서 만들어진다."라고 말한다. 예수가, 예를 들어, 낙태 또는 사적 복수를 제안하는 꿈을 꾸었다고 누군가가 고백하면 어쩌려고 이런 주장을 하는 것일까? 우리는 결국 어떤 식으로든 꿈과 현실 사이에 선을 그어야 한다. **모든** 꿈은 꿈꾸는 사람이 꾸며낸 것이라고 하는 편이 맞지 않을까?

사람들이 납치 이야기를 꾸며내는 이유는 무엇일까? '출연자'가 성적 모욕을 당했다는 이야기만 다루려는 시청자 참여 텔레비전 프로그램에 출연하려는 사람이 줄지 않는 이유는 무엇일까? (이런 프로그램은 현재 미국에서 대유행 중이다.) 자신이 외계인 납치의 피해자임을 발견하는 것은 최소한 틀에 박힌 일상에서 잠시 벗어나게 해 줄 것이다. 동료들과 심리 치료사들의 관심을 얻고 아마 언론의 주목까지도 모을 것이다. 발견, 흥분, 경외의 느낌을 받는다. 그다음에는 어떻게 될까? 앞으로 일어날 중요한 사건의 선각자나 그 사건을 일으킬 도구라고 믿기 시작할지도 모른다. 그리고 치료사를 실망시키고 싶지 않다, 치료사의 인정을 받고 싶다 하는 열망을 느낄지도 모른다. 납치당했다는 것에는 어떤 심리적 보상이 주어지는 것처럼 보인다.

비교를 위해서 식품에 이물질을 혼입했다고 신고하는 사건을 살펴보자. UFO나 외계인에 의한 납치 이야기와 비슷한 점이 하나도 없는 사건이다. 불가사의하거나 신비로운 느낌도 주지 않는다. 어떤 사람이 청량음료 깡통 안에서 피하 주사기를 찾았다고 주장한다. 당연히, 사실이라면 큰일이기 때문에 신문과 텔레비전이 보도한다. 곧 전국에서 비슷한 보고가 홍수처럼, 사실상 유행병처럼 쏟아져 나온다. 그러나 엄격한 제조 공정을 거치는 깡통 속에 주사기가 어떻게 들어갔는가 추적하는 보도는 보기 힘들고, 아무도 손대지 않은 깡통을 열었더니 그 안에 주사기가 있었다 하는 순간을 목격한 제3의 증인도 나오지 않는다.

서서히 이것이 '모방 범죄(copycat)'라는 증거가 모인다. 요컨대, 음료 깡통에서 주사기가 발견된 척한 것뿐이다. 왜 그랬을까? 동기가 무엇일까? 어떤 정신과 의사들은 근본적인 동기는 물욕(제조업체를 상대로 손해 배상 소송을 제기하면 된다.), 관심을 끌고 싶은 열망, 희생자로 조명받고 싶은 소망이라고 말한다. 그러나 외계인 납치 사건과는 달리, 깡통 속에 주사기가 들어 있었다는 것은 사실이므로 그것을 발표하라고, 암시적으로든 직접적으로든 권유하는 치료사는 없다는 점에 주목해야 한다. 또 제품에 이물질을 넣는 등의 장난을 치거나, 제품에 이물질이 들었다고 거짓

진술을 하기만 해도 무거운 처벌을 받는다. 대조적으로 외계인 납치 사건의 경우에는 납치 피해자들의 이야기를 대중에게 공표하라고 권유하는 심리 치료사들이 **있고**, UFO에게 납치되었다는 거짓 주장은 법적인 처벌을 전혀 받지 않는다. 그 동기가 무엇이든 간에, 콜라 깡통에서 우연히 주사기를 발견했다는 것보다 불가사의한 목적을 가진 고차원적 존재에게 선택되었다는 것이 얼마나 큰 만족감을 줄지는 말하지 않아도 짐작할 수 있으리라.

9장
치료

자료도 없는데, 이것은 저렇고 저것은 이렇다 하고
이론화하는 것은 커다란 실수이다.
사실에 맞추어 이론을 만드는 대신,
슬금슬금 이론에 맞추어 사실을 왜곡하게 되기 때문이다.
—아서 코난 도일(Arthur Conan Doyle, 1859~1930년),
『셜록 홈스: 보헤미아의 추문』(1891년)에서

참된 기억은 환영처럼 보이는 반면,
거짓 기억은 사실을 대신할 정도로 설득력 있다.
—가브리엘 호세 데 라 콘코르디아 가르시아 마르케스
(Gabriel José de la Concordia García Márquez, 1927~2014년),
『이방의 순례자들(*Doce Cuentos Peregrinos*)』(1992년)에서

하버드 대학교의 정신 의학자 존 맥은 나와 여러 해 동안 알고 지낸 사이이다. 하루는 이렇게 물어왔다.

"요새 UFO가 화제던데, 뭔가 재미있는 게 있나요?"

"별로 없죠. 정신 의학적으로는 재미있는 이야깃거리를 제공할 것 같군요."라고 대답했다.

그 후 그는 UFO 납치 사건들을 조사하기 시작했다. 그는 납치 피해자들을 인터뷰하면서 생각이 바뀌었다. 그는 이제 피랍자들의 이야기를 액면 그대로 받아들인다. 왜 그렇게 되었을까?

"저로서도 의외의 일입니다."라고 그는 말한다. 외계인 납치 이야기를 위해 "제가 이제껏 살아온 삶을 보면, 외계인 납치에 이렇게 관심 가지리라 믿기 어렵지요. 하지만 체험담이라고 하는 것에는, 무엇이라고 할까, 감정에 호소하는 힘이 있었고, 때문에 납득하게 되었습니다." 『납치(*Abductions*)』라는 책에서 맥은 진위 판단의 기준은 "거기서 느껴지는 힘이나 세기"라는 아주 위험한 주장을 노골적으로 내놓았다.

나 역시 납치 이야기가 감정에 호소하는 측면이 있음을 부정하지 않는다. 그러나 강한 감정은 꿈속에서도 일상적으로 경험할 수 있는 법이다. 누구나 한 번쯤 극심한 공포로 깨어난 적이 있을 것이다. 맥 자신이 강력한 감정을 불러일으키는 환각의 힘을 잘 아는, 악몽에 관한 책의 저자이지 않은가? 맥의 환자 중에도 어린 시절부터 환각에 시달려 왔다고 고통을 호소하는 이들이 여럿 있을 것이다. 외계인 납치 피해자들을 다루는 최면술사와 심리 치료사 들은 환각과 지각 기능 장애에 관해 진지하게 연구한 적이 있을 것이다. 그런데 왜 그들은 외계인 납치 이야기는 믿으면서도, 신, 악령, 성인, 천사, 요정과의 만남은 거부하는 것일까? 확신의 정도는 UFO 목격자들에게 지지 않을 텐데, 왜 믿어 주지 않는 것일까? 내면의 목소리로부터 저항할 수 없는 명령을 듣는 사람들은 또 어떤가? 깊은 감명을 준다고 해서 진실이라고 믿어도 되는 것일까?

내가 아는 한 과학자는 이런 말을 한 적이 있다. "외계인들이 납치한 사람들을 모두 데리고 있어 주기만 해도 우리 세상은 좀 더 정상적으로 돌아갈 텐데." 그 과학자의 판단은 너무 가혹하다. 그리고 문제는 '정상'이냐 아니냐 하는 것이 아니다. 캐나다의 심리학자 니콜라스 스패너스(Nicholas Spanos, 1942~1994년)와 그의 동료들의 결론에 따르면 UFO에게 납치되었다고 보고하는 사람들에게서 분명한 병증을 볼 수는 없다고 한다. 다만,

> 강렬한 UFO 체험은 일반적으로는 신비주의적 믿음 전반에 흥미를 가진 사람, 그중에서도 특히 외계인에 흥미를 가진 사람, 그리고 감각적, 상상적으로 기묘한 경험을 외계인의 존재를 전제로 두고 해석하는 사람에게 발생할 가능성이 더 컸다. UFO 신봉자 중에서도 꼬리에 꼬리를 물 듯 공상을 즐기는 경향이 강한 사람일수록 머릿속에서 그런 체험을 만들어 낼 가능성이 컸다. 게다가 그들은 감각이 차단된 환경(예를 들어, 밤이나 잠을 잘 때)에서 그런 체험을 만들어 내기 쉬웠고, 그런 체험을 상상 속 사건이 아니라 실제 사건으로 해석하는 경향이 있었다.

비판적인 사람이라면 환각이나 꿈이라고 받아들일 만한 것을, 더 쉽게 믿는 사람들은 난해하지만 심오한 외적 실재를 감지한 것으로 해석하는 것이다.

외계인 납치 이야기 중에는 어린 시절 받았던 성적 학대나 강간 등의 기억이 가면을 쓰고 되살아난 것도 있는 듯하다. 이 경우에 외계인은 아버지나 양아버지, 삼촌이나 어머니의 남성 친구의 변형이다. 물론 자신이 믿었고 사랑했던 사람에게 학대받았다는 것보다는 외계인에게 학대받았다고 믿는 것이 더 위안이 된다. 외계인 납치 이야기를 액면 그대로 받아들이는 치료사들은 이것을 부정하면서, 환자가 성적 학대를 받았다면 환자 자신이 잘 알 것이라고 말한다. 설문 조사로부터 추정해 보면, 미국 여성 4명 중 1명, 그리고 미국 남성 6명 중 1명 정도로 많은 사람이 어린 시절에 성적 학대를 받았다고 한다. (사실, 이 추정치는 좀 높은 것 같다.) 외계인 납치를 전문으로 하는 심리 치료사를 찾아가는 환자 중에 성적 학대를 받은 사람의 비율이 이것보다 낮다면 놀라운 일이 아닐 수 없다.

성적 학대 치료사들과 외계인 납치 치료사들은 모두 여러 달, 때로는 여러 해에 걸쳐 환자들의 기억을 끌어내기 위해 노력한다. 그들의 방법은 비슷하고 어떤 의미에서 목적도 동일하다. 그러니까 아주 오래된 고통스러운 기억을 되찾을 수 있게 돕는 것이다. 두 경우 모두 치료사들은 환자가 과거 일로부터 정신적 외상, 즉 트라우마(trauma)를 입고 무서운 나머지 그 기억을 억압하고 있다고 믿는다. 그런데 놀라운 일은 외계인 납치 전문 치료사의 환자 중에는 성적 학대를 입은 사람이 거의 없고, 반대로 성적 학대 전문 치료사의 환자 중에는 외계인에 의한 납치 경험을 가진 사람이 거의 없다는 것이다.

어린 시절 성적 학대나 근친상간으로 고통 받은 사람들은 다른 사람이 자기 경험을 가볍게 보거나 부정하거나 하면 민감하게 반응한다. 격분한다고 하더라도 충분히 이해할 만한 일이다. 미국에서 여자 10명 중 적어도 1명이 강간당한 경험이 있다고 한다. 그중 3분의 2 정도는 18세 이전에 범행을 당했다. 최근의 조사 보고에 따르면, 경찰에 신고된 강간 피해자 중 6분의 1이 12세 미만이다. (그리고 이 연령층은 피해를 입어도 신고하는 비율이 가장 낮은 층이다.) 이 소녀 중 5분의 1이 자기 아버지에게 강간당했다. 그녀들은 배신당한 것이다. 부모 또는 부모 역할을 하는 자들에 의한 짐승 같은 성적 착취가 현실적으로 일어나고 있는 것이다. 결정적인 물리적 증거(예를 들어, 사진이나 일기, 임질이나 클라미디아 같은 성병 증상이 아이에게서 발견되는 것)가 드러나기도 한다. 이러한 아동 학대가 중요한 사회 문제의 원인으로 거론되기도 한다. 한 조사에 따르면, 폭력 사건을 일으킨 교도소 수감자 중 85퍼센트가 어린 시절 성적 학대의 피해자라고 한다. 10대 미혼모의 3분의 2는 강간이나 성적 학대의 경험을 가지고 있다. 강간 피해자는 알코올과 약물을 과용할 가능성이 다른 사람들보다 10배 더 크다. 사태는 긴급하고 심각하다. 그러나 이 비참하고 견디기 힘든 성적 학대의 기억은 어른이 되어도 사라지지 않는 경우가 대부분이다. 되살려야 하는 숨겨진 기억 따위는 없다.

요즘은 과거보다 신고가 더 잘 되고 있음을 고려한다고 하더라도, 병원과 사법 당국에 신고되는 아동 학대 사건의 건수는 매년 크게 증가하고 있다. 미국의 경우 1967년과 1985년 사이에 10배(170만 건)까지 증가했다. 성인의 아동 학대가 증가하는 이유로서 알코올이나 기타 약물 중독과 경제적 어려움이 거론된다. 또 최근 아동 학대 사건에 대한 대중의 관심이 커져 언론 보도가 늘어나면서 어린 시절 학대 경험에 대한 기억을 용기 있게 되살리는 성인이 늘어나는 것과도 관계가 있어 보인다.

1세기 정도 전에 지그문트 프로이트는 '억압(repression)'이라는 개념을 도입했다. 다시 말해 강한 심리적인 고통을 피하기 위해 현실에서 일어난 사건을 잊음으로써 정신 건강을 유지하는 메커니즘이 우리 마음속에 존재한다고 주장한 것이다. 억압은 특히 히스테리 환자에서 많이 나타난다고 보았다. 당시 환각 증상과 마비 증상을 겪는 사람들은 히스테리 환자로 진단되고는 했다. 처음에 프로이트는 모든 히스테리 징후의 배후에 어린 시절 성적 학대에 대한 기억이 억압되어 있다고 믿었다. 그러나 결국 프로이트는 자신의 학설을 바꾸어, 히스테리는 어린 시절 성적으로 학대받았다는 **공상**에서 기인한다고 주장하게 되었다. (프로이트에 따르면 그 공상이 전부 다 불쾌한 것은 아니다.) 이렇게 되자 죄책감이라는 짐은 부모에서 아이에게로 전가되었다. 이것과 비슷한 논쟁이 요즘 맹위를 떨치고 있다. (프로이트가 생각을 바꾼 이유는 아직도 논란거리로 남아 있다. 그가 빈의 중년 남성 동료들의 분노를 사서 학설을 바꿨다는 설명에서, 히스테리 환자들의 이야기를 너무 진지하게 받아들였다고 반성하고 학설을 바꿨다는 설명까지 여러 가설이 있다.)

'기억'이 갑자기 되살아나는 경우, 특히 심리 치료사나 최면술사의 도움을 받은 데다, '되살아났다는' 처음 기억이 유령처럼 흐릿하고 꿈처럼 모호하다면 그 신빙성은 의심스러울 수밖에 없을 것이다. 이렇게 소환된 성적 학대의 주장 가운데 많은 수가 만들어진 것으로 드러났다. 에모리 대학교의 심리학자 울리크 리하르트 구스타프 나이서(Ulric Richard Gustav Neisser, 1928~2012년)는 이렇게 썼다.

> 아동 학대는 실제로 일어나고 있고, 억압된 기억 같은 것들이 있다는 것도 분명하다. 그러나 오기억과 작화증(作話症, confabulation) 같은 것들도 있고, 게다가 그런 것들은 전혀 드물지 않다. 오기억은 예외적인 현상이 아니라,

아주 흔한 현상이다. 피험자가 그 기억에 절대적인 확신을 가진 경우에도 마찬가지이다. 그 기억이 사진 플래시가 터졌을 때처럼 선명한 기억처럼 보이는 경우에도 사정은 다르지 않다. 오기억 같은 현상은 암시 같은 것에 걸렸을 경우에 많이 일어난다. 또 치료 상황에서 형성되는 강력한 인간 관계의 필요에 따라 변형되는 경우도 많다. 그리고 일단 이런 식으로 기억이 구성되고 나면, 바꾸기가 아주 어려워진다.

이것은 어디까지나 일반 원칙일 뿐, 개별 사례나 주장과 관련해 진실이 무엇이라고 결정하는 데 도움이 되지는 않는다. 그러나 이런 사례를 다수 모아 평균을 구한다면, 우리가 돈을 어디에 걸어야 하는지는 분명해질 것이다. 과거에 일어난 사건을 잘못 기억하는 것이나 소급적 재가공은 인간 본성의 일부분이다. 이런 일은 언제, 어디서나 일어난다.

나치의 강제 수용소에서 살아남은 사람들의 생생한 증언은 잔혹하기 이를 데 없는 학대의 기억마저도 사람들은 한순간도 잊지 않고 기억할 수 있음을 잘 보여 준다. 뿐만 아니라 많은 수의 홀로코스트 생존자들이 자신과 죽음의 수용소 사이에 감정적 거리를 두지 못하고 그때의 기억을 잊지 못한 채 괴로워한다. 그러나 역사가 바뀌어 나치가 패망하지 않은 세계가 있다고 해 보자. 그 세계의 독일은 반유태주의만 버렸을 뿐 여전히 나치가 지배하고 있다. 홀로코스트에서 살아 돌아온 유태인들은 포스트 히틀러 체제의 독일을 떠나지 못하고 그대로 살 수밖에 없다. 이때 이 생존자들이 느낄 심리적인 부담을 상상해 보자. 아마도 그들은 죽음의 수용소에 대한 기억을 망각 속에 묻으려고 할 것이다. 그 기억이 살아 있다면 그들의 현재 삶을 견딜 수 없는 것으로 만들어 버릴 테니 말이다. 이런 것들을 고려한다면 '기억의 재생'과 이후에 이루어지는 '기억의 회복'에는 다음과 같은 두 가지 조건이 필요함을 알 수 있다. ①

학대가 실제로 발생했다는 것, 그리고 ② 피해자는 오랫동안 그런 일이 발생하지 않았던 것처럼 살 수 있어야 한다는 것.

캘리포니아 주립 대학교 버클리 캠퍼스의 사회 심리학자인 리처드 제이슨 오프시(Richard Jason Ofshe, 1941년~) 교수는 다음과 같이 논하고 있다.

> 기억이 돌아왔을 때의 일을 이야기해 달라고 하면, 환자들은 단편적인 이미지나 아이디어, 감정이나 감각 들을 모아서 최소한 앞뒤가 맞는 이야기를 짜 맞추어 말한다. 이른바 '기억 작업(memory work)'이 여러 달 이어지면서, 감정이 흐릿한 이미지가 되고, 그 이미지는 어떤 인물이 되고, 그 사람은 아는 사람이 되어 간다. 신체 특정 부위에 막연한 불편함 또는 불쾌감 같은 게 있으면, 어린 시절 강간 사건의 결과로 재해석된다. …… 그 후 원래 신체적 감각은 — 때로는 최면으로 강화되어 — '신체 기억'이라는 이름이 붙는다. 그러나 몸의 근육이 기억을 저장하는 메커니즘 따위는 존재하지 않는다. 이런 방법이 먹히지 않으면, 심리 치료사들은 훨씬 더 난폭한 방법에 기대기 시작한다. 환자들은 생존자 집단(survivor group)에 들어가게 되고, 거기서 동료들의 압력을 받아 가면서 생존자 하위 문화(survivor subculture)의 일원으로 자리 잡음으로써 정치적으로 올바른 연대감을 증명하라는 요구를 받게 된다.

1993년 미국 정신 의학 협회(American Psychiatric Association, APA)는 이 문제와 관련해서 신중한 성명을 발표했다. 그들은 이 성명에서 정신적 고통에 대처하기 위해 어린 시절의 학대를 망각하는 경우도 있음을 인정한다. 동시에 다음과 같이 경고한다.

> 실제 사건에 기초한 기억과 다른 것에 근거한 기억을 정확하게 구별하는 방법은 현재 알려져 있지 않다. …… 반복적으로 묻고 답하는 과정이 개인을

실제로 일어난 적이 없는 사건에 대한 '기억'으로 이끌지도 모른다는 우려가 있다. 성적 학대의 기억을 보고하는 성인 중 몇 퍼센트가 실제로 학대를 받았는지는 알려져 있지 않다. …… 환자가 껴안은 문제가 성적 학대 따위를 원인으로 생긴 것이라는(또는 그렇지 않다는) 정신과 의사의 강한 예단이 적절한 진단과 치료의 장애가 될 우려가 있다.

그렇지만 무서운 성적 학대를 당했다고 말하는 사람을 두고 징징거리지 말라고 그 고발을 차갑게 기각해 버리는 것은 냉혹하고 부당한 행위일 수 있다. 반대로 환자의 기억을 비틀어 어린 시절 학대를 받았다는 이야기를 만들어 내고 멀쩡한 가족을 파괴하고 무고한 부모를 감옥으로 보내는 것 역시 냉혹하고 부당한 행위일 것이다. 어떤 경우든 일단 의심해 보는 것, 회의주의를 작동시켜 보는 것이 필수적이다. 이 양극단 사이에서 올바른 길을 선택하는 것은 아주 까다로운 문제일 수 있다.

엘런 베이스(Ellen Bass, 1941년~)와 로라 데이비스(Laura Davis)의 영향력 있는 책인 『치유하려는 용기: 성적 아동 학대의 여성 생존자를 위한 안내서(*The Courage to Heal: A Guide for Women Survivors of Child Sexual Abuse*)』(1988년)의 초판에는 치료사를 위한 지침이 다음과 같이 제시되어 있다.

생존자들을 믿어라. 의뢰인 본인은 자신이 없다고 하더라도, 의뢰인이 성적으로 학대받았다고 믿어 주어야 한다. 의뢰인은 당신이, 자신이 학대받았다는 사실을 확실하게 믿어 주기를 바란다. 의뢰인 자신의 의심에 동조하는 것은 자살을 생각하는 의뢰인의, 자살이 최선의 탈출구라는 믿음에 동조하는 것과 비슷한 결과를 낳을 수 있다. 의뢰인이 "확신은 없지만 학대를 받았을지도 모른다."라고 말한다면, 학대를 전제하고 대해야 한다. 지금까지 우리가 직간접적으로 대화를 나누어 온 수백 명의 여성 중에서 자신이 학대받았을

지도 모른다는 의심에서 출발해, 조사한 다음, 그런 적이 없다고 단언한 사람은 단 한 명도 없었다.

그러나 버지니아 주 퀀티코 시에 있는 FBI 아카데미 행동 과학 연구과 주임 특수 요원이자 아동 대상 성범죄의 일류 전문가인 케네스 래닝(Kenneth V. Lanning)은 다음과 같은 의문을 제기한다. "아동 학대 사건이라고 하면, 아무리 부조리하거나 비현실적이어도 맹목적으로 받아들여지는 측면이 있다. 그런 이야기들이 요 몇 세기 동안 얼마나 많이 기각되었는지 모르는 것일까?" 이 의문에 대해 캘리포니아에 사는 한 치료사는 이렇게 반박한다. 《워싱턴 포스트》에 기고된 글이다. "그것이 사실인지 아닌지는 나에게는 상관없다. …… 우리는 결국 망상 속에 살고 있다."

아동 성적 학대 문제에는 있지도 않은 일을 가지고 거짓 고발하는 사람들이 존재한다. (특히 권위 있는 인물의 치료를 받을 때 이런 일이 잘 일어난다.) 내가 보기에 이것은 외계인 납치 문제와 통하는 부분이 있다. 어린 시절 부모에게 성적 학대를 받았다는 거짓 기억을 열정적으로 강한 확신을 가지고 주장하는 사람이 존재할 수 있다면, 외계인에게 납치당했다는 가짜 기억을 마찬가지로 열정적으로 강한 확신을 가지고 주장하는 사람 역시 존재할 수 있을 테니 말이다.

외계인에 의해 납치된 적이 있다는 이야기를 조사하면 할수록, 어린 시절 성적 학대에 대한 기억을 '재생'했다는 사람들의 이야기와 비슷해 보인다. 게다가 이런 기억 관련 이야기에는 제3의 부류가 존재한다. 악마 숭배 컬트와 관련된 억압된 '기억'이 그것이다. 이 컬트 종파의 주된 특징으로는 성적 고문, 배설물 선호, 유아 살해, 식인 등이 거론된다. 미국 심리학회(American Psychological Association)의 회원 2,700명을 대상으로 한 조사에서 12퍼센트가 악마 숭배 의식으로 인한 학대 사례를 다룬 적이 있다고 대답했다. (종교의 이름으로 행해진 학대 사례를 다룬 적이 있다고 한 회원들은 30퍼센트였다.) 최근 몇 년 동안 미국에서는 유사 사례가 매년 1만 건 가까이 보고되고 있다. 악마주의가 미국에 만연한다고 소리 높이는 사람 중 상당수가 기독교 원리주의자들로 밝혀졌다. 그들은 사법 당국에 근무하기도 하고 이것을 주제로 한 세미나를 조직하기도 한다. 기독교 원리주의 분파 중에는 인간 일상 생활에 관여하는 글자 그대로의 악마를 필요로 하는 것도 있다. "사탄이 없으면, 신도 없다."라는 말에서 신과 악마의 관계에 대한 그들의 교리를 짐작할 수 있다.

이 문제와 관련해서는 경찰도 쉽게 속는 것 같다. 다음 인용문은 FBI의 전문가 래닝이 쓴 "악마주의, 오컬트, 그리고 사교(邪敎) 범죄"에 관한 분석에서 발췌한 것이다. 이 분석은 고통스러운 경험에 기초하고 있고, 《더 폴리스 칩(*The Police Chief*)》이라는 전문지의 1989년 10월호에 발표되었다.

> 악마주의와 마녀에 관한 논의는 거의 모두 청중의 종교적인 믿음에 비추어 해석된다. 많은 사람의 종교적 믿음을 지배하는 것은 논리와 이성이 아니라 신앙이다. 그 결과, 직업상 보통 회의주의적일 수밖에 없는 사법 집행관들조차 종교적 출처를 가진 정보를 비판적으로 평가하거나 그 정보원을 의심하지 않고 받아들일 때가 많다. …… 사람에 따라, 자신의 종교적 신념 체계 밖에 있는 것은 모두 악마주의로 여기게 된다.

그다음 래닝은 개인적으로 수집한 정보를 바탕으로 그런 출처에서 악마주의로 기술된 적이 있는 신앙 체계의 목록을 작성해 제시한다. 여기에는 로마 가톨릭, 동방 정교회, 이슬람, 불교, 힌두교, 모르몬교, 로큰롤 음악, 채널링, 점성술, 뉴 에이지 등 인류의 신앙 체계가 총망라된다. 마녀 사냥과 유태인 학살이 어떻게 시작되었는가에 관한 힌트가 여기 있지 않을까?

래닝은 이렇게 이야기를 이어 나간다.

> 사법 집행관의 개인적, 종교적 신앙 체계 안에서 기독교는 선(善)이고 악마주의는 악(惡)일 수 있다. 그러나 헌법 아래에서는 둘 다 중립적이다. 선도 아니고 악도 아니다. 이것은 많은 사법 집행관들에게 있어 받아들이기 어려운 개념일 수 있다. 하지만 매우 중요한 개념이다. 그들은 십계명이 아니라 형법을 수호하라고 월급을 받는다. 사실, 하느님, 예수, 무함마드의 이름으로 자행된 범죄와 아동 학대가 사탄의 이름으로 저질러진 것보다 훨씬 더 많다. 이 사실 역시 받아들이기 힘들어하는 사람이 많을 테지만, 반박할 수 있는 사람은 거의 없을 것이다.

악마주의에 의한 학대를 주장하는 사람들은 유아를 살해하고 제물로 바치는 그로테스크한 의식이 행해진다고 이야기한다. 그러나 유럽의 역사를 조금만 살펴봐도 그런 주장이 반대파를 비방하고 중상하는 데 사용된 상투 수단임을 알 수 있다. 예를 들어, 로마 교황청이 파문한 카타리파 신자들, 유월절을 기념하는 유태인들, 14세기 프랑스에서 해산 명령을 받은 성전 기사단 등이 비슷한 비방을 들었다. 역설적으로 유아를 살해하고 나눠 먹으며 근친상간적인 향연을 벌인다는 비방과 중상은 로마 제국이 초기 기독교인들을 박해할 때 사용했던 구실이었다. 예수 자신이 이런 말을 하지 않았던가? "정말 잘 들어두어라. 만일 너희가 사람의 아들의 살과 피를 먹고 마시지 않으면 너희 안에 생명을 간직하지 못할 것이다."(「요한복음」 6장 53절) 다음 절에서 자신이 말하는 "사람의 아들의 살과 피"가 자신의 살과 피라고 밝히고 있지만, 제국을 지키기 위해서라면 잔인해져도 된다고 믿었던 사람들은 그리스 어 '사람의 아들'을 '아이' 또는 '아기'로 해석했을 것이다. 테르툴리아누스와 같은 초기 교부들은 이런 그로테스크한 고발에서 교단을 지키기 위해 전력을 다했다.

그런데 악마 숭배가 만연하고 있고 유아 살해 의식이 곳곳에서 치러지고 있는 것치고는, 경찰 파일을 보는 한, 행방불명되는 아동의 수가 그리 많지 않다. 악마주의를 넘어서 '악마교'가 존재한다고 주장하는 사람들은 미국이 아닌 다른 나라에서, 나아가 세계 각국에서 희생 제물용 영아가 양육되고 있고 그것으로 공급이 충분하기에 그렇다고 설명한다. 이런 발상은 외계인 납치 피해자들의 "외계인과 지구인 사이의 혼혈아를 만드는 실험이 곳곳에서 수행되고 있다."라는 주장과 통하는 부분이 있다. 악마 숭배와 관련된 학대는 특정 가문과 얽혀 있다고 주장되는 경우가 많은데, 이것 역시 외계인 납치 패러다임을 연상시킨다. 내가 아는 한, 외계인 납치 이야기와 마찬가지로, 그런 주장을 뒷받침하는 분명한 물적 증거가 법정에 제출된 적은 단 한 번도 없다. 그렇지만 그러한 주장이 가진 감정적인 호소력은 분명하다. 인간이라는 포유동물은 본능적으로 그런 일이 일어나고 있을지도 모른다는 이야기를 듣기만 해도 무엇인가 하지 않으면 안 된다고 생각하는 법이다. 그리고 우리는 악마 숭배의 의식이 존재한다고 믿는 만큼, 그 위험성을 경고하는 사람의 사회적 지위를 올리려고 한다.

다음 다섯 사례를 함께 살펴보자. ① 마이라 오베이시(Myra Obasi)는 루이지애나 주의 학교 교사였다. 그녀와 그녀의 자매들은 후두(hoodoo) 주술사와 상담한 후 그녀가 악령에 사로잡혔다고 믿게 되었다. 그 증거는 조카가 악몽을 꾸었다는 것이었다. 그녀들은 자녀 5명을 버리고 댈러스로 떠났다. 그다음 자매들은 마이라의 눈알을 파냈다. 재판에서 마이라는 자기 자매들을 옹호했다. 자매들은 자신을 도우려고 했을 뿐이라고. 그런데 후두는 악마 숭배가 아니다. 후두는 가톨릭과 아프리카계 아이티 인의 토착 종교가 습합(習合)한 신앙 체계이다. ② 부모가 딸을 때려서 죽였다. 그녀가 부모가 믿는 가족 독자적인 기독교 신앙을 받아들이려 하지 않았기 때문이다. ③ 아동을 성적으로 학대하는 사람이 있었다. 그는 피해자에게 성서를 읽어 주면서 자신의 행동을 정당화하려고 했다. ④ 14세 소년이 귀신 쫓는 의식에서 눈알을 뽑혔다. 가해자는 악마교 신자가 아니라 종교적 수행을 강조한 원리주의 개신교의 목사였다. ⑤ 아들이 악마에 홀렸다고 생각한 한 여성은 12세밖에 안 된 자신의 아들과 성관계를 가지고 그의 목을 베어 버렸다. 이 사례에서도 악마교나 악마 숭배에 대한 '집착'은 발견되지 않았다.

사례 ②와 ③은 FBI 서류에서, 사례 ④와 ⑤는 캘리포니아 주립 대학교 데이비스 캠퍼스의 심리학자 게일 굿맨(Gail S. Goodman) 박사와 동료들이 1994년에 미국 국립 아동 학대 및 유기 센터(National Center on Child Abuse and Neglect, NCCAN)의 요청으로 수행한 연구에서 인용했다. 그들은 악마 숭배와 얽혀 있다고 고발된 성적 학대 사건 1만 2000건 이상을 조사했지만, 정밀 조사 결과 사실로 밝혀진 경우는 단 한 건도 없었다. 심리 치료사들은 "최면을 걸었더니 환자가 이야기하기 시작했다."나 "이 아이는 악마의 상징을 두려워한다." 같은 말만 가지고 악마 숭배로 인한 학대가 있다고 보고한 것이다. 어떤 경우에는 아이들이 아주 흔하게 보이는 행동을 가지고 이런 진단을 내놓기도 했다. 굿맨 등에 따르면, "물증이 제출된 경우는 거의 없었고, 있어도 '흉터' 정도였다." 그리고 그 흉터라는 것도 아주 경미한 것이거나 아예 없다고 해도 되는 것이었다. "흉터가 있는 경우에도, 그것을 피해자 자신이 만든 것인지 확인되지도 않았다." 이것 역시 외계인 납치 이야기와 아주 비슷하다. 에모리 대학교의 정신 의학 교수인 조지 거너웨이는 이렇게 말한다. "대개의 경우, 컬트와 관련된 기억은 환자와 심리 치료사 사이의 대화에서 기인하는 경우가 많다."

로런스 라이트는 『사탄 기억하기(*Remembering Satan*)』(1994년)에서 악마 숭배 의식으로 인한 학대와 관련된 '기억 재생'의 사례 중 가장 고통스러운 것을 하나 소개하고 있다. 너무 쉽게 속고 너무 쉽게 암시에 걸리고 세상일을 한 번쯤은 의심해 보는 습관이 너무나도 없었던 탓에 인생을 망쳐 버리고 만 폴 잉그램(Paul Ingram)이 그 주인공이다. 1988년 잉그램은 워싱턴 주 올림피아 시 서스턴 카운티 공화당 위원장이었고, 지역 경찰의 부서장으로서 존경받는 이였다. 신심 깊고 학교 집회에서 학생들에게 약물의 위험성을 경고하는 역할을 맡았다. 그러다가 악몽 같은 순간이 찾아왔다. 그의 딸 중 하나가 원리주의자들의 집회에 참석하고 돌아와 아주 격앙된 상태로 그에게 비난을 퍼붓기 시작했다. 잉그램이 딸인 자신을 성적으로 학대했다는 것이다. 끝없이 이어질 수많은 비난 중 첫 번째 비난이었다. 비난은 매번 이전보다 더 무시무시해졌는데, 그 내용은 성적 학대에서 시작해, 그녀를 임신시켰다, 고문을 가했다, 아버지의 동료들에게 윤간을 시켰다, 악마 숭배 의식에 끌고갔다, 아기들을 토막 내 먹였다 하는 것으로 이어졌다. 게다가 이 모든 일이 그녀의 어린 시절부터 그녀가 그 모든 것을 기억하기 시작했던 날까지 계속되었다고 했다.

잉그램은 그의 딸이 왜 이런 거짓말을 하는지 알 수 없었다. 자신은 그런 기억이 전혀 없었기 때문이다. 그러나 경찰 수사관, 임상 정신과 의사, 그가 소속된 뉴 에이지 계열의 생명의 물 교회(Church of Living Water) 목사는 모두 "성적 학대의 가해자들은 자신의 범죄 행위 기억을 억압하려고 한다."라고 한목소리로 주장했다. 잉그램은 완전히 고립된 상태였지만 조사에 최대한 협력하고자 했다. 그는 필사적으로 기억을 더듬었다. 한 심리학자가 최면술을 사용해 트랜스 상태를 유도하자, 잉그램은 경찰이 설명한 것과 똑같은 이야기를 하기 시작했다. 마음속에 떠오른 것은 실제 기억이라기보다는 안개 속의 단편적인 이미지 같은 어떤 것이었다고 한다. 그가 그렇게 머릿속에 떠오른 것을 하나씩 입에 담을 때마다, 그 내용이 혐오스러울수록, 심리학자와 정신과 의사의 동조와 격려를 받았고 기억으로서 단단하게 굳어 갔다. 그의 목사는 목사대로 "하느님은 당신의 환상 속에 참된 기억만 허락하실 겁니다."라고 거들었다.

잉그램은 "이런, 거의 다 내가 만든 이야기처럼 보이려나? 하지만 그렇지 않습니다."라는 말을 했다고 한다. 그는 악령의 짓일지도 모른다는 설명을 제안하기도 했다. 잉그램이 최신 자백을 내놓을 때마다 그 소식은 교회의 소식망을 통해 퍼져나갔고 경찰 수사가 가족을 압박하기 시작하자 그의 다른 자녀들과 부인 역시 나름의 이상한 '기억'을 입에 담기 시작했다. 지역 유지와 저명 인사가 난교 파티의 참석자 또는 관련자라고 비난받기 시작했고 다른 지역의 사법 당국도 이 사건을 주목하기 시작했다. 이것은 빙산의 일각에 불과하다고 목소리 높이는 사람도 있었다.

캘리포니아 주립 대학교 버클리 캠퍼스의 리처드 오프시가 검찰의 요청을 받아 대조 실험을 수행했다. 그것은 한 줄기 상쾌한 바람이었다. 잉그램에게 "당신은 아들과 딸에게 근친상간을 강요했다."라고 암시를 걸고 앞에서 언급한 기억 재생법을 사용해 보라고 유도하자마자 그는 암시받은 대로 '기억'을 되살렸다. 압박하거나 위협할 필요도 없었다. 암시와 기억 재생법만으로 충분했다. 그러나 이 '사건'의 당사자였던 아들과 딸은 다른 일은 미주알고주알 기억했음에도 불구하고 이 사건만은 일어났다는 사실 자체를 부정했다. 이런 증거를 마주하고도 잉그램은 자신이 이야기를 꾸며내거나 다른 사람의 조종을 받았다는 사실을 격렬하게 부정했다. 이 사건과 관련된 그의 기억은 그의 다른 모든 기억과 마찬가지로 선명한 '진짜'였다.

딸 중 하나는 폭행을 당했고 억지로 낙태를 했기 때문에 그녀의 몸에 흉측한 상처가 남았다고 주장했다. 그러나 그녀를 진찰한 결과, 그 말에 부합하는 흉터는 찾아볼 수 없었다. 결국 검찰 측은 잉그램을 악마 숭배로 인한 학대의 죄로 기소하지 못했다. 그러나 잉그램은 형사 사건을 다뤄 본 경험이 없는 변호사를 고용했다. 목사의 충고에 따라 오프시의 보고서는 아예 읽지도 않았다. 그 보고서는 그에게 혼란을 줄 뿐이라고 했다. 그는 6회의 강간에 대해 유죄를 인정했고 투옥되었다. 형무소에서 판결을 기다리는 동안, 그러니까 딸들과 동료 경찰들, 그리고 목사로부터 멀리 떨어져 있는 동안, 그는 생각을 바꿨다. 그는 자신의 유죄 인정을 철회하겠다고 주장했다. 그의 기억은 외부에서 주입된 것이고 진짜 기억과 공상을 구별하지 못한 것이라고 주장했다. 그의 항변은 기각되었다. 그는 현재 20년 형을 선고받고 복역 중이다. 20세기가 아니라 16세기였다면, 아마 그의 온 가족이 워싱턴 주 올림피아 시의 유력 시민 상당수와 함께 기둥에 묶여 화형당했을 것이다. (잉그램은 2003년 출소했다. — 옮긴이)

FBI는 악마 숭배로 인한 학대에 대해 아주 회의적인 견해를 드러내는 보고서를 작성한 바 있다. (케네스 래닝이 1992년 1월에 발표한 「'의식'을 통한 아동 학대 고발 사건에 대한 수사관 지침(Investigatior's Guide to Allegations of 'Ritual' Child Abuse)」을 말한다.) 악마교가 존재한다고 열렬하게 주장하는 사람들은 이것을 대놓고 무시한다. 1994년 영국 보건 당국도 악마교 또는 악마 숭배 컬트에 의한 학대 사건을 정밀 조사했으나 84건의 혐의 사례 중에서 사실로 밝혀진 경우는 하나도 없었다고 결론 내렸다. 그렇다면 이 모든 소동은 왜 일어났을까? 영국 보건 당국의 조사 보고서에는 다음과 같이 설명되어 있다.

> 악마주의적 학대를 밝혀내자는 풍조가 유행하는 것은 사실이다. 그러나 이 풍조를 부추기는 데 강력한 영향력을 행사하는 것은 다름 아닌 복음주의 기독교의 신흥 종교 반대 캠페인이다. 또 악마주의에 의한 학대라는 개념 자체를 영국 사회에서 확산시킨 데 있어 이 캠페인에 버금가는 역할을 한 것은 미국과 영국의 '전문가'들이다. 이들은 아무런 자격도 없음에도 불구하고, '이런 사례를 많이 경험했다.'라는 것만 가지고 전문가 행세를 하고 있다.

악마교가 우리 사회의 심각한 위험 요소라고 확신하는 사람들은 회의주의를 참지 못하는 경향이 있다. 미국 임상 최면 학회(American Society of Clinical Hypnosis, ASCH)의 회장을 역임한 코리던 해먼드(Corydon Hammond) 박사의 다음과 같은 분석을 살펴보자.

> 이런 사람들(악마교의 존재를 의심하는 사람들)은 세 부류로 나눌 수 있다. 첫 번째 부류는 임상 경험이 적은 사람이나 비전문가, 두 번째 부류는 홀로코스트에 가담할 정도로 아무 생각 없는 사람이나 무엇이든 의심하고 보는 사람, 세 번째 부류는 그 자신이 악마교 같은 컬트 교단의 신자이다. 이런 사람들은 어디나 있는 법이다. …… 예를 들어, 의사, 정신 보건 전문가, 컬트 신자, 여러 세대에 걸친 컬트를 만들어 내려는 사람들 말이다. …… 컬트로 인한 학대의 피해자를 조사한 연구는 세 가지가 있는데, 모두 아주 명확한 결론에 도달한 바 있다. 첫 번째 연구에 따르면 외래 환자(다중 인격 장애가 있는 환자)의 25퍼센트가, 또 다른 연구에 따르면 20퍼센트가 컬트로 인한 학대의 피해자로 보인다. 세 번째 연구는 전문 병동 입원 환자를 대상으로 한 것인데, 그 비율은 50퍼센트에 이른다.

다른 발언들로 볼 때, 그는 CIA가 수만 명의 무고한 미국 시민들을 대상으로 나치의 악마주의적인 정신 조작(mind control) 실험을 실시했다고 믿는 것처럼 보인다. 그런 실험을 수행한 최대 동기는 "악마주의적 질서를 구축하고, 세계를 지배하는 것"이라고 한다.

이른바 '기억 재생'에는 세 분야가 있는 것 같다. 각각 전문가를 자칭하는 자들이 딱지처럼 붙어 있다. 외계인 납치 전문가, 악마 숭배 전문가, 아동기 성적 학대 전문가 들이 억압된 기억을 되살린다고 떠든다. 이런 문제로 고민하는 환자들은 다른 일반적인 정신 건강 관련 의료 활동과 마찬가지로 자신의 증상과 관련된 것처럼 보이는 전문 분야의 심리 치료사들을 선택하거나 소개받는다. 세 분야 모두 적용되는 이야기인데, 치료사들이 하는 일은 오래전에(경우에 따라서는 수십 년 전에) 발생했다고 여겨지는 사건의 심상을 끌어내도록 돕는 것이다. 분야에 상관없이 치료사들은 환자들의 고통(이것은 의심의 여지 없는 진짜 괴로움이다.)에 깊이 공감한다. 일부 치료사들은 유도 심문을 활용한다고 한다. 유도 심문은 실질적으로는 명령이다. 권위 있는 인물이 암시에 걸리기 쉬운 환자에게 "기억해 내세요."라고 요구하기 때문이다. (하마터면 "고백하세요."라고 쓸 뻔했다.) 세 분야 모두 의뢰인의 병력과 치료법을 교환하는 치료사들만의 네트워크가 존재한다. 치료사들은 모두 의심 많은 동료들에 맞서 자신의 처방과 치료법을 옹호해야 한다는 필요를 느낀다. 치료가 병의 원인일지도 모른다는 의원병(醫原病) 가설은 지체없이 기각된다. 피해자는 대개 여성이다. 물증도 대개 없다. (앞에서 언급한 '흉터'는 별개로 치자.) 이렇게 정리해 놓고 보니 외계인 납치 이야기는 더 큰 그림의 일부 아니냐는 생각이 든다.

더 큰 그림이라, 나는 이 질문을 하버드 의과 대학의 정신 의학 교수이자, 보스턴의 베스 이스라엘 병원의 정신과 과장이며, 최면에 관한 일류 전문가인 프레디 해럴드 프랭클(Freddy Harold Frankel, 1924~2021년) 박사에게 했다. 그의 대답은 다음과 같다.

외계인 납치가 더 큰 그림의 일부라면, 그 그림은 도대체 무엇일까? 저도 천사들도 발 딛기 두려워하는 어려운 문제에 뛰어들기 두렵습니다. 그러나 박사님이 거론한 요소들은 모두 다 20세기 초반에 히스테리라는 개념으로 설명되던 현상들과 부합합니다. 이 용어는 유감스럽게도 너무 광범위하게 사용되는 바람에 지금은 이해하기 어려운 모호한 개념이 되어 버렸고, 저희는 잘 사용하지 않게 되었습니다. …… 용어가 원래 가진 무게도 없어졌을 뿐만 아니라, 이 용어가 가리키던 본래의 현상도 잊혀져 가고 있습니다. 말하자면, 고도의 피암시성(suggestibility)이라든가, 상상 수용성(imaginal capacity)이라든가, 맥락 단서(contextual cue)나 예단에 대한 민감성이라든가, 접촉 감염(contagion)의 요소라든가 하는 것들 말이죠. 많은 임상의들이 이런 부분에 대해 잘 모르는 것 같습니다.

치료사들은 환자의 시간을 거꾸로 돌려 '과거의 삶'과 관련된 잊혀진 기억을 되찾게 해 준다고 한다. 그런데 프랭클의 지적에 따르면, 완전히 똑같은 방법으로 최면 상태에 빠진 사람들의 시간을 앞으로 돌려 미래를 '기억'하게 할 수도 있다고 한다. 시간 역행이나 존 맥의 최면 요법과 마찬가지로 시간을 앞으로 돌리는 것도 환자의 마음속에 강한 감정을 불러일으킨다. "환자들이 무의식중에 속이고 있는 것은 치료사가 아니라 자기 자신입니다." 프랭클의 말이다. "그들은 자신이 만들어 낸 이야기와 실제로 체험한 이야기를 구별하지 못하기 때문이죠."

문제를 잘 처리하지 못한다고 느끼거나, 생각만큼 열심히 하지 못한다고 느끼면 누구나 무거운 자책감을 가지게 된다. 그때 자격증으로 상담실을 장식한 전문 치료사가 "당신은 잘못이 없다. 모두 악마교 신자, 성적 학대 가해자, 그것도 아니면 외계인 탓이다."라고 해 준다면 얼마나 반가울까. 게다가 이런 생각에 의학적, 심리학적 보증을 더해 준다면, 상담비로 아무리 많은 돈이 든다고 해도 치르고 싶어질 것이다. 건방진 회의주의자들이 주절거리는, "모두 다 당신 머릿속에서 만들어진 것이다." 라든가, "당신 기분을 좋게 해 주려고 치료사가 심어 준 생각일 뿐이다." 라는 소리가 귀에 들어오겠는가 말이다.

치료사들은 과학적 방법이나 회의주의적인 정밀 조사나 통계학 또는 인간의 오류 가능성에 대해서 얼마나 배우고 어떻게 훈련받는 것일까? 정신 분석이라는 게 애초에 반증 가능한 작업은 아니지만, 임상 진료 현장에 있는 사람들은 의학 박사 학위를 가진 경우가 많다. 의학 공부를 제대로 했다면 과학의 성과와 방법도 상당히 많이 접했을 것이다. 그러나 학대 문제를 다루는 심리 치료사 중 많은 사람이 과학에 대해 충분히 아는 것 같지 않다. 미국의 정신 보건 전문가들은 2 대 1의 비율로 사회 운동가가 많고 정신과 의사나 심리학 박사가 적다.

심리 치료사 대부분이 자기 일은 질문하거나 의심하는 것이 아니라 환자를 지지하는 것이라고 생각한다. 환자가 말하는 것은 그것이 얼마나 기괴하든 상관없이 받아들인다. 때로는 치료사가 아무렇지도 않게 환자를 자극하기도 한다. 다음은 오기억 증후군 재단(False Memory Syndrome Foundation)이 발행하는 회보, 《FMS 뉴스레터(*FMS Newsletter*)》 4호 4권(1995년) 3쪽에 실린 글이다. 전형적인 사례를 보여 준다.

> 예전에 나를 담당했던 치료사는 아직도 내 어머니가 악마교도이고 아버지가 나를 폭행했다고 믿는다고 한다. …… 내가 그런 말도 안 되는 이야기를 기억이라고 믿게 된 것은 치료사의 망상에서 기원한 신념 체계와 치료사의

암시 및 설득 테크닉 때문이었다. 내가 그 기억이 진짜로 일어난 일인지 의심할 때마다 그는 그 기억들이 진짜라고 우겼다. 뿐만 아니라, 내가 좋아지려면 그의 이야기를 모두 받아들여야 하고, 나아가 스스로도 모두 기억해 내야 한다고도 주장했다.

1994년 미국 펜실베이니아 주 앨러게니 카운티에서 일어났던 사건도 살펴보자. 니콜 앨터스(Nicole Althaus)라는 10대 소녀가 교사와 사회 상담사의 부추김을 받고 자신의 아버지가 자신을 성적으로 학대했다고 신고하고 고소했다. 결국 그의 아버지는 체포되었다. 니콜은 자신이 세 아이를 낳았는데 그 아이들을 친척들이 죽였고 많은 사람으로 붐비는 식당에서 강간당했으며 자기 할머니는 빗자루를 타고 날아다녔다고 주장했다. 다음 해 니콜은 신고를 철회하고 아버지에 대한 고소를 취하했다. 니콜과 그녀의 부모는 니콜이 이상한 말을 하기 시작한 직후 그녀를 상담했던 치료사와 지역 정신과 클리닉을 상대로 민사 소송을 제기했다. 배심원들은 의사와 클리닉의 과실을 인정했고 니콜에게 25만 달러 이상의 배상금을 주라고 판결했다. 그녀의 아버지는 감옥에서 나왔고 그녀와 그녀의 부모는 화해했다. 이런 종류의 사건들은 점점 더 늘어나고 있다.

치료사들 사이에도 환자 획득 경쟁이 있고, 치료가 길어질수록 수익이 증가하는 것도 사실이기 때문에 환자의 이야기에 회의주의적 의문을 던져 환자의 기분을 망치고 싶지 않은 치료사도 분명 있을 것이다. 그러나 어쩌다 찾아온 환자가 불면과 비만의 원인이 쭉 잊고 있던 부모의 학대나 악마 숭배 의식이나 외계인의 납치라는 이야기를 들으면 어떤 딜레마에 빠질지 깊이 생각해 보는 심리 치료사가 몇 명이나 될까? 윤리적 제약이 있기는 하지만, 대조 실험과 비슷한 것을 해 보고 싶어진다. 그러니까 동일한 환자를 세 분야의 전문가들 모두에게 보내는 것이다. "아니요, 당신의 문제는 잊혀진 어린 시절의 학대(또는 잊혀진 악마 숭배 의식, 또는 외계인 납치) 때문이 아닙니다."라고 말할 치료사가 하나라도 있을까? "훨씬 더 간단한 설명이 있습니다."라고 말할 치료사는 몇 명이나 될까? 일단 존 맥은 그렇게 말하지 않았다. 한참 더 나아가서 그의 환자에게 감탄조로 "당신은 영웅의 여행을 하고 있다."라고 말하기까지 했다. 서로서로 비슷한 납치 경험을 가진 사람들의 그룹에서 한 사람은 이렇게 썼다.

> 동료 중 몇 명이 용기를 짜내 카운셀러에게 자신의 체험을 이야기했다. 하지만 그들은 신경질적으로 그 주제를 회피하거나 말없이 눈썹을 찌푸리거나 그 체험을 꿈이나 환각이라고 단정했다. 그리고 그런 일은 흔하다고 여러분은 정신적으로 건강하니까 걱정하지 말라고 선심 쓰듯이 우리를 안심시킬 뿐이었다. 좋다! 우리는 미치지 않았다. 그러나 이 체험을 진지하게 받아들이다 보면, 우리는 미치고 말 것이다!

이런 환자가 자신의 이야기에 동조해 주고 동정해 주는 치료사를 만나게 된다면 얼마나 큰 안도감을 느낄지 어렵지 않게 상상할 수 있다. 게다가 치료사들은 자신들의 납치 이야기를 있는 그대로 받아들일 뿐만 아니라 외계인 사체를 목격했다는 이야기나 정부 상층부가 UFO를 은폐하고 있다는 이야기도 꿰고 있지 않은가!

전형적인 UFO 치료사들은 다음과 같은 세 가지 경로를 통해 자신의 환자들을 모은다. 환자가 치료사의 책에 적힌 주소를 보고 편지를 보내는 것이 첫 번째, 다른 치료사(그들 역시 외계인 납치를 전문으로 하는 치료사이다.)의 소개를 받아 찾아오는 것이 두 번째, 치료사의 강연을 들은 사람이 클리닉을 찾아오는 게 세 번째 경로이다. 환자가 치료사의 상담실을 찾기 전까지 아무리 유명한 납치 체험담이라고 하더라도 단 한 번도 들은 적이 없거나, 치료사의 치료 수법과 사고 방식을 하나도 모른 채 상담실의 문을 두드리는 경우가 있기나 한지 나는 의심스럽다. 첫마디를 주고받기 전부터 그들은 서로에 대해 아주 많이 알고 있는 것이다.

또 다른 어떤 저명한 치료사는 환자들에게 외계인 납치에 관한 자신의 논문을 읽히고 환자들이 그 체험을 '기억'해 내도록 돕는다고 한다. 그는 트랜스 상태에 빠진 환자들이 그가 논문에서 설명한 것과 비슷한 것을 이야기하면 기꺼워한다. 복수의 사례에서 공통점이 발견되는 게 외계인 납치 사건이 실제로 일어난다는 믿음의 주요 근거 중 하나가 되기 때문이다.

한 유명 UFO학 연구자는 이렇게 논평했다. "최면 치료를 하는 치료사가 (외계인 납치) 대상자와 관련된 지식을 갖추고 있지 않으면, 사태의 본질을 분명하게 파악할 수 없다." 이 논평을 뒤집으면, 치료사가 자기도 모르는 사이에 환자를 유도하고 있다고 생각할 수도 있지 않을까?

우리는 가끔 잠에 빠졌을 때 높은 곳에서 발이 미끄러져 떨어지는 느낌을 받고는 한다. 그때마다 팔다리가 갑자기 저절로 퍼덕거린다. 이른바 놀람 반사(startle reflex)의 일종이다. 아마 이것은 우리 조상이 나무에서 잠잘 때부터 전해 내려온 진화의 흔적일 것이다. 이것이 가르쳐 주는 것은 안전한 지면 위에서 살게 된 이후 더 이상 경험하지 않게 된 것도 우리는 '생각'해 낼 수 있다는 것이다. 따라서 암시에 걸리기 쉬운 상태에 있을 때 던져진 질문을 실마리 삼아 시작된 진술에서 유래한 가짜 기억이나, 멋진 이야기를 듣거나 했을 때의 즐거움이 만든 오기억이나, 예전에 어디서 읽은 건지 들은 건지 헷갈리는 흐릿한 망상 같은 것 들이 실제 사건과 관계없이 주입되어 기억이라는 우리 머릿속 방대한 보물 창고 어딘가에 박혀 있다고 해도 이상할 게 하나도 없는 것이다.

10장
차고 안의 용

마술은 마술사와 관객들 간의 협력이 필요한 예술이라는 것을
반드시 기억해야 한다.

— 엘리자 매리언 버틀러(Eliza Marian Butler, 1885~1959년),
『마술사의 신화(*The Myth of the Magus*)』(1948년)에서

"우리 집 차고에는 불을 뿜는 용이 살고 있다."

내가 진지하게 그런 주장을 한다고 가정해 보자. (다음은 심리학자 리처드 프랭클린(Richard L. Franklin, 1925년~)의 집단 치료법을 따른 것이다.) 물론 당신은 직접 보고 싶을 것이다. 용 이야기는 지난 몇 세기 동안 수없이 회자되어 왔지만, 증거라고 할 만한 것은 단 하나도 발견되지 않았다. 대단한 기회가 아닌가!

"보여 주세요."라고 당신이 말한다. 나는 차고로 당신을 안내한다. 안쪽을 들여다보니 사다리와 빈 페인트 깡통과 오래된 세발자전거가 보이지만 용은 보이지 않는다.

"용은 어디 있습니까?" 당신이 묻는다.

"용은 바로 여기 있습니다." 나는 어정쩡하게 손을 흔들면서 대답한다. "이 용은 보이지 않는 용이라고 말하는 것을 잊었군요."

당신은 차고 바닥에 밀가루를 뿌려서 용의 발자국이 찍히는 것을 보자고 제안한다.

"좋은 생각이지만, 이 용은 하늘을 납니다."라고 나는 말한다.

그러면 당신은 적외선 감지기를 사용해서 보이지 않는 불을 탐지해 보자고 할 것이다.

"그것도 좋은 생각이지만, 보이지 않는 불은 열도 없습니다."

당신은 용에게 스프레이 페인트를 뿌려 보자고 제안한다. 그러면 보이지 않겠냐고.

"좋은 생각인데요, 우리 용은 물질로 되어 있지 않아서 페인트가 묻지 않습니다."

당신이 물리적 조사 방법을 하나하나 제시할 때마다 나는 이러쿵저러쿵 핑계를 늘어놓으며 당신의 제안을 무효화해 갈 것이다.

그렇다면 보이지도 않고 물질로 되어 있지도 않고 날아다니며 뜨겁지도 않은 불을 뿜는 용이 있다는 것과 용이 아예 없다는 것 사이에 어떤 차이가 있을까? 나의 주장을 논파할 방법도 없고 나의 주장을 반증할 만한 실험을 생각해 낼 수 없다면, 용이 존재한다는 내 주장이 의미를 가질 수 있을까? 내 가설을 무효화할 수 없다고 해서 내 가설을 참이라고 할 수는 없다. 이 두 주장은 완전히 다른 것이기 때문이다. 검증할 수 없는 주장들, 반증할 수 없는 단정들은 아무리 영감이나 경이감을 준다고 하더라도, 진실과 관련해서는 가치가 없다. 내가 하는 이야기는 당신에게 증거 없이 믿어 달라고 하는 것이나 마찬가지이다.

용이 차고에 산다는 내 주장에서 실제로 알 수 있는 것은 내 머릿속에서 무언가 우스운 일이 일어나고 있다는 것뿐이다. 물리적 검증을 단 하나도 할 수 없는데, 나는 왜 그런 소리를 하는 것일까? 꿈이나 환각을 본 것일까? 꿈이나 환각을 본 것이라면, 어떻게 그렇게 진지할 수 있을까? 아마 나는 도움이 필요할 것이다. 의사의 도움이 필요할지도 모른다. 아무튼, 나는 인간의 오류 가능성을 과소 평가했음이 틀림없다.

당신이 마음이 넓은 사람이라고 해 보자. 증거는 하나도 없고 검증 방법도 없지만, 당신은 내 차고에 불을 뿜는 용이 산다는 생각을 대놓고 무시하지는 않을 것이다. 틀렸다고는 생각하지만 판단을 유보한다. 현재까지 나온 증거들에 따르면 내가 매우 불리하지만 새로운 자료가 나오고 데이터가 쌓인다면 다시금 조사해 볼 생각을 한다. 그런 당신에게 내가 믿어 주지 않는다고 화를 내거나 답답하고 상상력이 없다고 비난한다면 부당한 일이 될 것이다. 그것은 당신이 "증명되지 않았다."라는 이유로 내 주장을 온전히 믿지 않더라도 마찬가지이다.

일이 다른 식으로 진행되었다고 상상해 보자. 여전히 용은 보이지 않지만 당신이 지켜보는 동안 밀가루를 뿌리면 발자국이 찍힌다. 적외선 탐지기의 바늘이 떨리며 무엇인가 탐지해 낸다. 스프레이 페인트를 뿌리니 공중에 위아래로 울퉁불퉁한 벼슬이 보이기 시작한다. 당신이 용의 존재를 얼마나 의심하는지 상관없이(보이지 않는 용은 논외로 하자.) 당신은 이제 여기에 무언가가 있다고 인정하지 않을 수 없게 된다. 그리고 그것은 보이지 않는 불을 뿜는 용과 모순되지 않는다.

또 다른 시나리오도 생각해 볼 수 있다. 용이 있다고 주장한 게 나만이 아닌 경우이다. 당신이 아는 다른 사람이, 그리고 서로 모르는 게 분명한 사람들이 모두 자기 집 차고에 용이 산다고 주장한다고 상상해 보자. 게다가 모두 다 증거는 뜬구름 잡듯 모호한 것뿐이라고 해 보자. 다들 물증도 없는데 이렇게나 확신하게 되었다고, 스스로도 당혹스럽다고 말한다. 정신이 이상한 사람은 아무도 없다. 실제로 전 세계의 차고에는 보이지 않는 용이 오래전부터 살아 왔고, 우리는 그 사실을 이제 겨우 파악하기 시작했을 뿐이라면 어떻게 될까? 나는 오히려 그것이 사실이 아니었으면 좋겠다고 말한다. 그러나 용에 관한 신화는 고대 유럽과 중국 등 동서양을 가리지 않고 존재해 왔다. 어쩌면 그 신화는 실제로는 신화가 아닐지도 모른다.

이런 상황에서 용의 발자국 같은 게 발견되었다는 보고가 나오기 시작한다. 그러나 그 발자국은 용 회의주의자가 보고 있을 때에는 전혀 만들어지지 않는다. 정밀 조사 결과 발자국이 가짜일 수 있다는 가능성이 제시되고 대안적인 설명도 나온다. 이번에는 또 다른 용 신자가 화상 입은 손가락을 보이며 용이 뿜는 불길이 드물게 물리적 작용을 해서 데었다고 주장한다. 그러나 이번에도 다른 가능성이 존재한다. 보이지 않는 용의 숨결 이외에도 손가락을 태우는 다른 방법들이 있기 때문이다. 이런 증거들은 결정적인 물증이라고 할 수 없다. 용 신자들이 그것을 얼마나 중요하게 생각하든 말든 말이다. 이런 상황에서 현명한 접근법은 용이 존재한다는 가설을 일단 부정하고 장래에 물리적 데이터가 쌓일 때까지 기다리는 것이다. 그리고 겉보기에 제정신을 가진 것처럼 보이는 사람들이 서로 똑같은 이상한 망상을 공유하는 이유가 무엇인지 고찰하는 것이다.

마술이 성립하기 위해서는 관객과 마술사 사이에 무언의 협력이 필요하다. 관객은 의심을 버려야 한다. '자발적인 불신의 중지'라고 하기도 한다. 따라서 마술을 꿰뚫어 보고 속임수를 드러내려면 협력 관계를 깨지 않으면 안 된다.

감정적으로 부담스럽고 논쟁의 여지가 많은 이 골치 아픈 주제와 관련해서 조금이라도 진전을 이루려면 어떻게 해야 할까? 우선, 환자들은 심리 치료사들이 '외계인 납치'라는 결론에 성급하게 도달하려 하거나, 그런 확신을 환자에게 심어 주려는 것은 아닌지 주의해야 한다. 치료하는 사람 역시 환자들에게 환각은 절대로 있어서는 안 되는 이상한 일이 아니며, 어린 시절의 성적 학대도 적지 않다는 것(곤란한 일이기는 하다.)을 설명해 주어야 한다. 환자나 의뢰인이 대중 문화 속 외계인 이야기에 많이 오염되어 있을 수도 있음을 잊지 말아야 한다. 또 그들을 '목격자'로 유도하지 않도록 세심한 주의를 기울여야 한다. 또 의뢰인들에게 회의주의, 의심하는 습관을 가르쳐 주어야 한다. 그리고 치료사 자신도 자신의 지식 창고가 바닥을 드러내지 않도록 새로운 정보와 기초 지식으로 채워야 한다.

'외계인에 의한 납치'는 많은 사람을 여러 가지 방식으로 괴롭힌다. 이 문제는 현대인의 정신 생활을 들여다볼 수 있게 해 주는 창이다. 납치된 적이 있다고 거짓 증언하는 사람들이 많은 것은 분명 우리 사회의 걱정거리이다. 그러나 훨씬 더 우려스러운 것은 너무 많은 치료사가 이 주장을 액면 그대로 믿는다는 것이다. 자신들의 의뢰인이 암시에 걸리기 쉽다는 것이나 자신들이 무의식중에 신호를 보내고 있을지도 모른다는 사실을 간과한 채 말이다.

적어도 과학적 훈련을 받은 정신과 의사들과 그 밖의 전문 심리 치료사들은 인간 마음의 불완전함을 알고 있을 터이다. 그렇지만 그들 중 많은 사람이 놀랍게도 환자들 또는 자칭 목격자들의 이야기가 일종의 환각이거나 일종의 차폐 기억(screen memory)일 수 있음을 인정하지 않는다. 사실 더 황당한 이야기를 하는 사람들도 있다. 외계인 납치 이야기가 마술이 진짜 있다는 증거라거나, 인간의 현실 파악 능력에 대한 도전이라거나, 신비주의적 세계관의 핵심 근거라는 주장을 하는 자들 말이다. 그 중 대표자라고 할 존 맥은 이렇게 말한다. (외계인에 의한 납치 이야기는) "당연히 진지한 연구가 필요한 중요한 현상입니다. 기존의 주류 패러다임인 형이상학적 서구 과학은 이 문제를 다루기에는 부적절할지도 모릅니다." 《타임》과의 인터뷰에서 그의 말은 다음과 같이 이어진다.

> 왜 다들 그렇게 열심히 기존 물리학만 가지고 설명을 하려고 하는지 모르겠습니다. 분명 이상한 어떤 일이 우리 주위에서 일어나고 있는데, 그 간단명료

한 사실을 왜 그렇게 받아들이지 못하는지 모르겠습니다. …… 우리는 물리적 세계를 뛰어넘는 것을 이해할 수 있는 능력을 모두 잃어버린 것일지도 모릅니다.•

그러나 우리는 환각이 감각 박탈, 약물, 질병, 고열, REM 수면 부족, 뇌 화학 작용의 변화 등 때문에 일어난다는 것을 알고 있다. 그리고 존 맥과 같이 '외계인 납치' 사건을 말 그대로 믿는다고 하더라도, 피해자들의 '증언'에서 주목할 만한 측면('벽을 통과한다.' 같은 이야기)은 마법이 아니라, 물리학(외계인의 고도로 발전된 기술)의 범주에 속할 가능성이 더 크다.

나의 친구 중 하나는 외계인 납치 패러다임에서 흥미로운 문제는 "누가 누구를 속이고 있는가?" 하나뿐이라고 주장한다. 의뢰인이 치료사를 속이고 있는가, 아니면 그 반대인가? 나는 동의하지 않는다. 우선, 외계인 납치 이야기에는 또 다른 흥미로운 문제가 많기 때문이다. 그리고 의뢰인과 치료사 양자 모두 서로를 속이고 있을 수 있기 때문이다.

외계인 납치 이야기에 대해 생각할 때마다 마음에 걸리는 게 하나 있었다. 나는 의식의 바닥에 있던 그것을 결국 기억해 냈다. 그것은 대학 시절 읽었던 『50분의 시간(*The Fifty-Minute Hour*)』이었다. 로버트 린드너(Robert M. Lindner, 1914~1956년)라는 이름의 정신 분석학자가 1954년에 펴낸 책이었다. 그는 로스앨러모스 국립 연구소의 요청을 받고 한 우수한 젊은 핵물리학자를 치료했다. 그 물리학자는 망상에 시달리고 있었고, 그것이 정부의 기밀 연구에 지장을 주기 시작했다. 린드너가 '커크 앨런

• 그다음 문장을 읽어 보면 외계인 납치 패러다임이 구세주 신앙과 천년 왕국 사상과 아주 가깝다는 사실을 알 수 있다. 존 맥은 거기서 "저는 이 두 세계 사이를 잇는 다리입니다."라고 결론 내린다.

(Kirk Allen)'이라는 가명으로 부른 그 물리학자는 핵무기 개발에 종사하고 있었는데, 린드너의 조사 결과, 동시에 또 다른 인생을 살고 있었다는 게 밝혀졌다. 그는 자신이 먼 미래에서 온 성간(interstellar) 우주선 조종사라고 털어놓았다. (조종사가 될 것이라고도 했는데, 그의 말은 시제가 약간 혼란스러웠다.) 그는 다른 별을 도는 행성에서 피가 끓고 살이 뛰는 모험을 즐겼다. 그는 많은 천체를 소유했다. 아마 사람들은 그를 '커크 선장'이라고 불렀을 것이다. (SF 「스타 트렉」의 주인공 중 한 사람으로 우주 전함 엔터프라이스 호 선장의 이름도 커크이다. 제임스 커크. ― 옮긴이) 그는 이 이세계(異世界) 생활을 '기억'했을 뿐만 아니라, 그가 원할 때면 언제든 그 삶으로 들어갈 수도 있었다. 올바른 방법에 따라 생각하거나 바라기만 하면, 그는 자신을 여러 광년의 거리와 여러 세기의 시간을 가로질러 전송할 수 있었다.

> 저도 이해하기 어려운 일입니다만, 그렇게 바라기만 하면 광대한 우주 공간을 가로지르고 시간의 벽을 넘어 머나먼 미래의 자기와 합체할 수 있었습니다. 말 그대로 나 자신이 된 거죠. …… 설명하라고 하지 마세요. 하느님께 맹세코 설명하려고 애썼지만 실패하고 말았습니다.

린드너가 실제로 만나 보니, 커크 앨런은 지성적이고 감성적이고 쾌활하고 예의 바르며 일상사에 완벽하게 대처 가능한 청년이었다. 그러나 앨런은 대량 살상 무기 제조에 관여하고 있음에도 불구하고 지구 생활을 약간 지루하게 여겼다. 별과 별 사이를 넘나드는 생활이 주는 자극의 반작용이었을까. 연구소 상사들이 주의가 산만하다고, 멍하게 있지 말라고 주의 줄 때마다 그는 사과했다. "죄송합니다. 앞으로 이 행성에서 더 많은 시간을 보내도록 노력하겠습니다."라고. 그러자 상사들은 린드너에게 연락했다.

앨런은 벌써 미래 세계에서 경험한 것에 관해 1만 2000쪽의 글을 쓴 상태였고, 다른 별을 도는 행성의 지리, 정치, 건축, 천문, 지질, 생명 형태, 계통수, 생태에 관한 전문적인 논문도 수십 편 썼다. 독특한 논문 제목들이 흥미롭다. 「스롬 노르바 엑스의 크리스토페드의 독특한 뇌 발달(The Unique Brain Development of the Chrystopeds of Srom Norba X)」, 「스롬 소드라트 II의 불 숭배와 희생 제물(Fire Worship and Sacrifice on Srom Sodrat II)」, 「은하 간 과학 연구소의 역사(The History of the Intergalactic Scientific Institute)」, 「통일장 이론과 항성 구동 역학의 우주 여행 응용(The Application of Unified Field Theory and the Mechanics of the Stardrive to Space Travel)」. (마지막 논문은 나도 읽어 보고 싶다. 앨런은 미래 세계에서 최고 수준의 물리학자였다고 한다.) 린드너는 앨런에게 매료되었고 그의 글을 열심히 읽었다.

앨런은 자신의 논문을 쾌히 린드너에게 보여 주었을 뿐만 아니라, 아무런 망설임 없이 그와 대화를 나눴다. 냉정하고 지적인 그는 정신 의학 전문가인 린드너에게 만만한 상대가 아니었던 것이다. 다른 모든 방법이 실패하고 나자 린드너는 방법을 조금 바꿔 보았다.

> 나는 다른 방법을 시도해 보기로 했다. 우선, 그가 정신 이상임을 증명하고 그를 정상으로 되돌리기 위해 대화하는 것이라는 인상을 어떤 식으로든 주지 않으려고 노력했다. 그 대신에 그의 기질을 이용하기로 했다. 그는 성격적으로 과학 지향적이었고 교육과 훈련도 일관적으로 과학적인 것만 받아 왔다. 그러니까 그의 인생을 틀 잡고 그로 하여금 과학이라는 길을 걷게끔 만든 '호기심'이라는 기질을 이용하기로 했다. 적어도 한동안 나는 그의 경험을 진짜라고 받아들이기로 했다. 커크를 광기로부터 떼어놓기 위해서는 내가 그의 망상 속으로 들어가 그곳을 디딤돌 삼아 그를 정신 이상으로부터 구해 내야 한다고 생각하게 되었다.

린드너는 논문에서 발견되는 모순에 주목했고 앨런에게 그 모순을 해결해 달라고 부탁했다. 이 모순을 해결하려면 앨런은 다시 미래로 돌아가서 대답을 찾아야 했다. 착실하게도 앨런은 다음 상담 시간에 깔끔하게 고쳐 쓴 논문을 들고 나타나고는 했다. 린드너는 어느새 앨런과의 인터뷰를 고대하게 되었다. 생명과 지성으로 가득한 은하계의 미래에 푹 빠질 수 있었기 때문이다. 둘이 힘을 합치니 수많은 모순이 해결되는 것처럼 보였다.

그러는 와중에 기묘한 일이 일어나기 시작했다. "커크의 정신병을 구성하는 요소들과 내 인격상 약점이 시계의 톱니바퀴처럼 맞물려 돌아갔다." 정신 분석학자는 그의 환자와 함께 망상 속에서 살기 시작했다. 앨런의 이야기를 심리학적으로 설명하는 일이 부질없는 일처럼 여겨졌다. 앨런의 이야기가 사실이 아니라고, 어떻게 단정할 수 있다는 말인가! 머나먼 미래의 우주 여행자라는 또 다른 인생에 의지의 힘만으로 들어가지 못할 이유가 어디 있다는 말인가!

> 내 마음은 놀라울 정도로 빠른 속도로 점점 더 많은 영역이 그 공상에 먹혀가고 있었다. …… 커크는 당황하는 것 같았지만 내가 우주 모험에 참가할 수 있도록 도와주었다. 그가 줄거리를 쓴 심금을 울리는 광상곡의 흥분을 공유할 수 있었다.

그러나 결국 더 기묘한 일이 일어났다. 자기 치료사가 걱정된 커크 앨런이 용기를 짜내서 정직하게 고백한 것이다. 이 모든 게 다 자기가 만든 이야기라고. 그것은 그의 외로운 어린 시절과 여자들과의 관계 실패에 뿌리를 두고 있다고. 그는 현실과 상상 사이의 경계를 흐릿하게 만듦으로써 그것들을 잊고자 했던 것이다. 그럴듯한 세부 사항을 채워 넣어 현실성 있는 성간 세계와 그 세계에서 펼쳐지는 장대한 이야기를 창조해 내는 것은 도전할 만한 작업이었다. 그는 린드너를 이 쾌락의 세계로 끌고 온 것을 미안하게 생각했다.

"왜죠?" 정신 분석가는 물었다. "왜 그런 일을 한 거죠? 왜 그런 이야기를 제게 계속한 거죠?"

"그래야 한다고 느꼈기 때문입니다." 물리학자는 대답했다. "당신이 **제가 그러기를 원한다고** 느꼈기 때문입니다."

커크와 자신의 역할이 바뀌었다고 린드너는 설명했다.

> 정신 분석이라는 일은 예측 불가능하지만 매력적이고 보람 있는 일이다. 대단원이 되는 부분에서 역전극이 펼쳐지기 때문이다. 우리가 함께했던 풍자극도 이렇게 무너졌다. …… 나는 환자를 위한다고 말하면서 나를 위한 행동을 합리화했고, 따라서 조심성 없는 모든 심리 치료사들이 빠지는 함정에 빠지고 말았다. …… 커크 앨런이 내 삶에 들어오기 전까지 나는 내 정신의 안정성을 의심해 본 적이 없다. 마음의 탈선 따위, 나와 관계없는 것으로 여겨 왔다. 이런 독선이 부끄럽다. 그러나 이제는 나도, 환자용 침상 뒤의 의자에 앉아 환자의 이야기를 들을 뿐, 내 의자와 환자용 침상 사이에는 종이 한 장 정도의 간격밖에 없음을 잘 안다. 그러니까 환자용 침상에 누워야 할 사람과 그 뒤 의자에 앉아야 할 사람을 정하는 게 행운과 우연의 축적 말고는 없음을 잘 알고 있다.

이 이야기만 가지고는 커크 앨런이 정말로 망상을 품고 있었는지 확실하게 알 수는 없다. 다른 사람을 곤란하게 만드는 연극을 즐기는 성격 이상을 가지고 있었을지도 모른다. 린드너가 이 이야기를 어느 정도 윤색했는지도 모른다. 그는 앨런의 공상을 "공유"하고 거기에 "들어갔다."

라고 썼지만, 정신 분석가 자신이 머나먼 미래의 여행에 참가하고 성간 대모험에 참여했다고는 단 한 마디도 쓰지 않았다. 마찬가지로 존 맥과 그 밖의 외계인 납치 치료사들 역시 자신들이 납치되었다고 하지 않는다. 단지 그들의 환자들이 납치되었다고 말할 뿐이다.

만약 이 물리학자가 고백하지 않았다면 어떻게 되었을까? 린드너는 당연히 제기될 만한 합리적인 의심을 모두 무시하고 낭만으로 가득한 시대로 들어갔을까? 처음에는 의심했지만 묵직한 증거들을 보면서 확신하게 되었다고 말하면서 말이다. 20세기에 발이 묶인 미래 우주 여행자를 돕는 전문가라고 자신을 소개하며 도움의 손을 뻗지는 않았을까? 정신 의학에 그런 분야가 존재한다고 하면서 이런 부류의 공상이나 망상을 조장하거나 하지는 않았을까? 나아가 린드너는 몇 가지 비슷한 사례를 경험하다 보니 "정신 차려, 밥." 하는 식의 설득을 참지 못하게 되었고 스스로 리얼리티의 새로운 레벨로 들어갔다고 말하게 되지 않았을까?

커크 앨런을 광기로부터 구하는 데 도움이 된 것은 결국 그 자신의 과학적 소양이었다. 이 에피소드에는 치료사와 환자가 역할을 바꾼 순간이 있다. 그 순간, 환자인 앨런이 치료사인 린드너를 구해 냈다. 그러나 존 맥은 그 정도로 운이 좋지는 않았던 것 같다.

외계인을 찾아내는 아주 다른 접근법이 존재한다. 전파를 사용해 외계의 지성체를 탐사하는 것이다. 이것은 공상 과학이나 유사 과학과 얼마나 다를까? 1960년대 초 (구)소련의 천문학자들이 모스크바에서 기자회견을 열고 CTA-102라는 머나먼 미지의 천체에서 강력한 전파가 방출된다고 발표했다. 게다가 그 전파는 100일 정도를 주기로 사인파와 같이 규칙적으로 변한다고 했다. 그렇게 주기적인 변화를 보이는 원거리 전파원은 이전에 발견된 적이 없었다. 그들은 왜 기자 회견까지 열어서 그렇게 어려워 보이는 발견을 발표했을까? 그들이 강대한 힘을 가진 외계 문명을 탐지했다고 생각했기 때문이다. 확실히 그것은 기자 회견을 소집할 가치가 있는 일이었다. 그 보고는 단숨에 언론의 주목을 받았고, 미국 록 그룹 버즈(Byrds)는 그 천체 이름을 제목으로 해서 노래까지 작곡해 녹음했다. (1966년에 녹음된 이 노래의 가사 중 일부는 다음과 같다. "CTA-102, 여기 우리는 당신들의 신호를 받았다. / 신호는 당신들이 그곳에 있다고 알려 준다. / 우리는 그 신호를 크고 분명하게 들을 수 있다.")

CTA-102가 전파를 방출하는 것은 당연히 사실이다. 그렇다면 CTA-102의 정체는 무엇일까? 오늘날 우리는 CTA-102가 먼 거리의 퀘이사(quasar, 준성)임을 알고 있다. 그러나 당시에는 퀘이사라는 용어조차 없었고, 아직도 우리는 퀘이사의 정체를 잘 모른다. 과학 문헌을 살펴보아도 아직은 퀘이사에 대한 양립 불가능한 설명이 나돌 뿐이다. 하지만 오늘날의 천문학자 가운데(모스크바 기자 회견을 연 사람들도 포함해서) CTA-102 같은 퀘이사가 수십억 광년 떨어진 곳에서 고출력 전파를 방출하는 외계 문명이라고 진지하게 주장하는 사람은 없다. 왜 없을까? 그것은 퀘이사의 성질이 외계 지성체나 생명체를 언급할 필요도 없이 기존의 물리학 법칙으로 설명되어 버렸기 때문이다. 외계 생명체는 가설로서는 최후의 수단이다. 다른 모든 가설이 실패하고 나서야 무대에 올릴 수 있다. (퀘이사는 현재 형성 중인 원시 은하의 핵으로서 초거대 블랙홀이라는 게 정설로서 받아들여지고 있다. — 옮긴이)

1967년에는 영국 과학자들이 CTA-102보다 훨씬 더 가까운 곳에서 놀라울 정도로 정확하게 점멸하는 강력한 전파원을 발견했다. 그 주기는 유효 숫자 열 자리 이상의 정확도로 일정하게 유지되었다. 그 전파원의 정체는 무엇일까? 영국 과학자들은 처음에는 그것이 누군가가 우리에게 보내는 메시지이거나 성간 내비게이션이거나 별 사이를 정기적으로 왕복하는 우주선을 위해 시계 역할을 하는 비콘(beacon)일지도 모른다고 생각했다. 케임브리지 대학교의 과학자들은 그것에 'LGM-1'이라는 억지스러운 명칭을 붙이기도 했다. LGM이란, '작은 초록색 인간(Little Green Men)'의 약자였다.

그러나 그들은 (구)소련 과학자들보다 현명했다. 그들은 기자 회견을 열지 않았다. 그들이 관측한 것은 오늘날 '펄서(pulsar)'라고 불리는 것임이 곧 분명해졌기 때문이다. 최초로 발견된 펄서인 게성운(Crab Nebula) 펄서였다. 그렇다면 펄서는 무엇일까? 펄서는 무거운 별이 최후에 도달하는 상태로 태양이 도시 하나만 한 크기로 줄어들어 기체 압력이 아니라 전자의 축퇴(縮退, degeneracy)로 지탱되는 상태를 말한다. 어떻게 보자면 펄서는 지름 십수 킬로미터 정도의 원자핵이다. 은하 문명의 성간 내비게이션 신호라는 생각만큼이나 기괴한 생각이다. 펄서의 정체에 대한 답은 아주 낯선 것이지만, 그것이 외계 문명이었을 때 못지않은 깨달음을 준다. 우리의 눈과 마음을 열어 주고 자연이 가진 상상조차 못 한 가능성을 가르쳐 주기 때문이다. 앤서니 휴이시(Antony Hewish, 1924~2021년)는 펄서의 발견으로 1974년 노벨 물리학상을 받았다.

최초의 오즈마 계획(Project Ozma, 외계 지성체를 찾으려는 최초의 계획적인 전파 탐사 계획을 말한다.)과 하버드 대학교 및 행성 협회의 META(Megachannel Extraterrestrial Assay), 오하이오 주립 대학교 연구 그룹, 캘리포니아 주립 대학교 버클리 캠퍼스의 SERENDIP(Search for Extraterrestrial Radio Emissions from Nearby Developed Intelligent Populations), 그리고 다른 많은 그룹 모두 한 번쯤은 우주에서 날아오는 이례적인 신호를 탐지했고, 관측자들은 가슴이 뛴 적이 있다. 잠시이기는 하지만 우리 태양계 너머 먼 곳에서 지적 존재가 보낸 신호를 잡은 게 아닌가 생각했기 때문이다. 그러나 그 신호의 정체를 아주 희미하게라도 밝혀내지 못했다. 그 신호가 반복되지 않았기 때문이다. 몇 분 후에, 또는 다음날에, 또는 몇 년 후에 하늘의 똑같은 지점에 똑같은 주파수, 똑같은 주파수 대역, 똑같은 편극, 그리고 다른 모든 조건을 똑같이 설정하고 똑같은 망원경을 돌려 보지만 아무것도 들리지 않는다. 외계인이 있다고 말하지 못할뿐더러 발표하지도 못한다. 그것은 통계적으로 불가피한 전기적 요동이나 검출기 고장에서 기인한 것일지도 모른다. 아니면, 지구에서 발사한 우주선이나 공군기가 지나가면서 전파 천문학자들이 쓰기로 되어 있는 채널로 교신을 주고받은 것일 수도 있다. 차고 자동문의 개폐 신호일 수도 있고 수백 킬로미터 떨어진 라디오 방송국에서 송신한 신호일 수도 있다. 많은 가능성이 있다. 모든 대안을 속속들이 확인하고 아닌 것은 모조리 제외한다. 마지막으로 남은 게 반복되지 않는 신호라면, 그것만 가지고 외계인 발견의 증거라고 떠들 수는 없다. 그런데 반복 신호가 존재한다면 어떨까? 어떤 대안 설명으로도 설명되지 않는 신호가 남았다면. 바로 언론이나 대중에게 발표해야 할까? 역시 안 된다. 누군가 장난을 치고 있을지도 모른다. 우리가 아직 알지 못하는 오류가 검출기에 생긴 것일 수도 있다. 이전에 발견되지 않은 미지의 천체가 전파원일 수도 있다. 따라서 천문학자들은 반복 신호를 외계인의 신호라고 발표하기 전에 다른 전파 천문대의 과학자에게 연락해서 그 전파 신호가 날아온 하늘의 특정 지점이나 구역에서, 또는 그 전파 신호의 주파수와 그 대역 또는 그 밖의 모든 조건을 설명하고 그 조건에서 흥미로운 현상이 일어나지 않았는지 물을 것이다. 그리고 여러 독립적인 관찰자들이, 그러니까 자연의 복잡성과 인간 관측자의 오류 가능성을 충분히 숙지하는 과학자들이 하늘의 동일 지점에서 동일한 종류의 정보를 얻는 경우에만 외계인의 신호를 검출했을지도 모른다고 진지하게 생각하기 시작할 것이다.

여기에는 일종의 규율이 있다. 정체 불명의 신호가 검출될 때마다 나가서 "작은 초록색 인간이다!"라고 소리쳐서는 안 된다는 것이다. CTA-102의 신호를 발견하고 기자 회견을 연 (구)소련의 전파 천문학자들처럼 망신당할 수 있기 때문이다. 위험이 크면 클수록 신중해야 하는 법이다. 증거가 손에 들어오기 전까지 판단할 필요는 없다. 확신을 얻을 수 없다고 해도 그것은 그것대로 좋은 일이다.

나는 종종 이런 질문을 받는다. "외계 지적 생명체가 존재한다고 믿으시는지요?" 이런 질문을 받으면 나는 아주 표준적인 논거를 내놓는다. 우주에는 생명이 진화할 법한 장소가 엄청나게 많고 생명을 이루는 분자는 어디에나 있다. 나는 "수십조(billions)"라는 단어로 그 가능성을 강조한다. 그런 다음에 "외계 지적 생명체가 존재하지 않는다면 정말로 놀라운 일일 것입니다. 하지만 아직은 결정적인 증거가 없습니다."라고 이야기한다.

그러면 대개 다음과 같은 질문이 이어진다. "진짜로 그렇게 생각하세요?"

나는 대답한다. "제가 진짜로 생각하는 걸 방금 말씀드렸습니다."

"그래요, 그렇지만 직감은 어떻습니까?"

그러나 나는 직감으로 생각하지 않으려고 노력한다. 세계를 진지하게 이해하고자 할 때 뇌 말고 다른 것으로 생각한다면 곤란한 지경에 빠질 것이다. 직감, 직관, 육감 따위로 번역되는 어떤 느낌이 속삭인다고 하더라도, 진짜 증거가 나올 때까지 판단을 보류하는 것이 좋다.

비행 접시 옹호자들과 외계인 납치 지지자들이 옳고 우리가 조사할 수 있는 진정한 외계 생명체의 증거가 있다면 나는 아주 행복할 것이다. 그렇지만 그들 역시 우리에게 증거도 없이 믿으라고 요구하지는 않는다. 그들은 자신들이 강력한 증거를 가지고 있다고 믿고, 우리에게도 그 증거의 힘을 믿으라고 요구한다. 증거라고 하는 것을 철저하게 조사하는 것은 우리의 의무이기도 하다. 적어도 외계인 전파 신호를 추적하고 있는 전파 천문학자들만큼은 회의주의적으로 조사하지 않으면 안 된다.

이렇게 중요한 문제를 다룰 때에는 일화적인 주장을 근거로 삼아서는 안 된다. 그 주장이 얼마나 진지하든, 그 이야기가 얼마나 감동적이든 상관없다. 또 그 주장을 내놓은 사람이 얼마나 성실하고 모범적인 시민이든 중요하지 않다. 일화는 일화일 뿐이다. 예전의 UFO 이야기와 마찬가지로 일화적 주장에 오류가 침투하는 것을 막기 힘들다. 이것은 자신이 납치되었다고 말하는 사람들이나 그들을 심문한 사람들 개인을 비판하는 게 아니다. 목격자들을 모욕하는 것도 아니다.* 진심 어린 감동적인 증언을 무턱대고 부정하는 것은 오만이다. 다만, 인간은 오류를 범하기 쉬운 존재이기 때문에, 아쉽지만 일화적 주장을 신용할 수 없다고 이야기하고 싶을 뿐이다.

외계인이 특수한 능력(외계인은 고도로 발전된 기술을 가지고 있다고 간주된다.)을 가지고 있다고 해 버리면, 모순되는 일이든, 있을 법하지 않은 일이든 상관없이 모든 일을 설명해 버릴 수 있다. 예를 들어, 한 학구적인 UFO 옹호자는 납치가 이루어지는 동안 외계인과 납치 피해자가 투명해져 보이지 않게 된다는 가설을 제안했다. (이 경우에도 외계인과 피랍자 당사자들은 서

* 그들을 간단히 목격자 또는 증인이라고 말할 수 없다. 그들이 어떤 것(적어도 미럿속이 아니라 그 바깥에 있는 어떤 것)을 목격했는지, 안 했는지가 바로 쟁점이기 때문이다.

로 볼 수 있다.) 따라서 이웃 주민들이 알아채지 못했다는 것이다. 이런 설명은 무엇이든 설명할 수 있다. 그런데 사실상 아무 의미도 없다.

미국의 경찰과 사법 당국은 일화가 아니라 증거를 중시한다. 유럽의 마녀 재판이 일깨워 주는 바와 같이 용의자는 심문 도중에 위협받을 수도 있고 사람들은 자신들이 저지르지도 않은 죄를 자백하기도 한다. 그리고 목격자도 잘못 볼 수 있다. 이것은 많은 탐정 소설에서 중요한 요소로 사용되기도 한다. 그러나 중요한 것은 꾸며내지 않은 사실 증거(화약 때문에 생긴 화상, 지문, DNA 시료, 발자국, 저항하는 피해자의 손톱 밑에 낀 머리털 등)이다. 범죄학자는 과학적 방법과 아주 비슷한 방법을 사용하고 그 이유도 거의 같다. 따라서 UFO나 외계인에 의한 납치 문제를 다루면서 다음과 같이 묻는 것은 정당하다. "증거가 있는가? 명명백백한 물리적 증거나 예단을 내리지 않은 배심원들을 설득할 데이터가 있는가?"

열광적인 UFO 신자들 중에는 UFO가 착륙한 것으로 추정되는 곳에서 흙이 파헤쳐진 사례가 수천 건 발견되었다고 주장하며, 이것으로 충분하지 않은가 하고 묻는다. 그것으로 충분하지 않다. UFO나 외계인 말고도 흙을 파헤칠 방법은 차고 넘칠 정도로 많기 때문이다. 금방 머리에 떠오르는 가능성은 삽을 든 인간들이다. 어떤 UFO 옹호자는 "65개국에서 4,400건의 물리적 흔적이 발견"되었는데 무시한다고 나를 비난한다. 그러나 이 사례들 가운데 분석을 통해 그 흔적이 인간이 만들 수 없는 것이라는 게 밝혀지고, 물리학이나 화학, 야금학, 토양학 분야의 동료 심사 시스템을 갖춘 학술지에 논문으로 발표된 것은 내가 아는 한 단 한 건도 없다. 게다가 그것은 윌트셔의 농작물을 눕혀 만든 '미스터리한 크롭 서클'과 비교해 보더라도 미미한 흔적이다.

마찬가지로 사진도 쉽게 위조하거나 날조할 수 있다. UFO 사진이라고 하는 것 중 상당수가 의심의 여지 없이 날조된 것이다. 일부 열광적인

UFO 신자들은 매일 밤 들판에 나가서 하늘에서 밝은 빛을 찾는다. 빛이 보이면 그들은 회중 전등을 켜고 비춘다. 그들의 말에 따르면 가끔 응답하는 불빛이 있다고 한다. 글쎄, 그럴지도 모른다. 그러나 낮은 고도로 나는 항공기도 빛을 깜빡거릴 수 있다. 그리고 조종사들도 그럴 마음만 있다면 지상의 빛에 반응해 발광 장치를 점멸해 빛을 낼 수 있다. 이것만으로는 의미 있는 증거라고 할 수 없다.

물증은 어디 있을까? 악마 숭배 의식에서 학대를 받았다는 주장에서도 그랬듯이, 가장 많이 언급된 물증은 피랍자의 몸에 생긴 흉터나 "무언가를 도려낸 듯한" 자국이었다. (그리고 마녀 재판에서도 몸에 새겨진 악마의 표식 이야기가 수도 없이 반복되었다.) 피랍자들은 그 흉터가 어디서 생겼는지 전혀 모른다고 말한다. 그러나 이 점이 열쇠이다. 그 흉터가 인간이 만들어 낼 수 있는 능력 범위 안에 있다면, 그것은 외계인에게 학대받았다는 결정적인 물증이 될 수 없다. 실제로 자신(또는 다른 사람)의 몸을 긁거나 찢거나 심지어는 잘라 버리는 정신 장애를 가진 사람도 있다. 통증의 문턱값이 높아 기억에 저장되지 않은 경우에는 실수로 자신에게 상처를 입히고 잊어버리기도 한다.

존 맥의 환자 중에는 의사도 놀랄 만한 흉터가 자신의 몸에 있다고 주장하는 여성이 있었다. 그렇다면 어떤 흉터였을까? 그녀는 그 흉터를 보여 줄 수 없었다. 그 흉터가 음부에 있었기 때문이다. 우리는 이것과 비슷한 사례를 마녀 사냥에서 보았다. 맥은 이것을 결정적인 증거라고 생각한다. 그는 그 흉터를 본 적이 있을까? 회의주의적인 의사가 찍은 흉터 사진을 가지고 있을까? 맥은 도려낸 상처 자국이 있는 사지 마비 환자를 알고 있고, 이것이 회의주의자들의 주장을 "귀류법적으로(Reductio ad absurdum)" 반증한다고 주장한다. 어떻게 사지가 마비된 환자가 자신의 몸에 상처를 입힐 수 있겠는가 하는 것이다. 그러나 이것은 사지 마비 환자가 다른 사람은 접근할 수 없는 밀실에 혼자 있었을 때만 성립하는 주장이다. 게다가 그 상처를 볼 수 있을까? 맥이나 그 환자라는 사람과 상관없는 의사가 그 환자를 조사해 볼 수 있을까? 맥의 환자 중 하나는 그녀가 성적으로 성숙했을 때부터 외계인이 계속 그녀의 난자를 채취해 갔고 부인과 의사는 그녀의 생식 기관을 보고 당황했다고 말한다. 그렇다면 그 의사는 그 사례를 기록해 《뉴잉글랜드 저널 오브 메디슨(*The New England Journal of Medicine*)》에 연구 논문으로 발표하는 게 맞지 않았을까? 그렇게나 놀라운 사건인데. 그 정도로 놀라운 사건이 아니었으니, 그렇게 하지 않았으리라.

다음으로 우리는 《타임》의 보도를 통해 그의 환자 중 한 사람이 모든 일을 꾸며 냈지만 맥은 아무것도 모른 채 속아 넘어갔다는 사실을 알고 있다. 그는 완전히 낚였다. 그는 비판적인 안목을 가지고 있기나 한 것일까? 그가 한 사람에게 속았다면 다른 사람에게 속지 않았다고 어떻게 말할 수 있겠는가 말이다.

존 맥은 이러한 "현상"이 과학과 논리 같은 서구적 사고 방식에 근본적인 도전장을 던진다고 주장한다. 그리고 사람들을 납치하는 범인은 우리 우주의 외계인이 아니라, 다른 차원에서 온 방문객일지도 모른다고 주장한다. 그가 무슨 소리를 하는지, 그의 책에서 문장을 인용해 살펴보자.

> 납치된 적이 있는 사람들은 그 체험을 흔히들 '꿈'이라고 하는데, 자세히 탐문해 보면, 그것은 무언가를 덮어 감추기 위한 완곡 표현임을 알 수 있고, "자기는 확실히 일어난 일이라고 생각하고 있지만, 절대로 일어날 수 없는 일"을 뜻한다는 것도 알게 된다. 다시 말해서 그것은 다른 차원에서 일어난 사건이며, 깨어나는 일이 없는 사건임을 뜻한다.

더 높은 차원이라는 생각은 UFO 연구나 뉴 에이지 사상에서 나온 게 아니다. 반대로 이 개념은 현대 물리학의 중심 기둥 중 하나이다. 아인슈타인의 일반 상대성 이론 이래로 시공간이 더 높은 물리적 차원 안에서 휘어 있다거나 굽어 있다는 생각은 우주론 분야의 상식이다. 칼루차-클라인 이론(Kaluza-Klein theory)에서는 우주가 11차원이라는 가설을 제안한다. 존 맥은 초과학적 현상의 수수께끼를 풀기 위해 철저하게 과학적인 아이디어를 도입하는 셈이다.

우리는 고차원의 물체가 우리가 사는 3차원 우주를 지나갈 때 어떻게 보이는지 약간이지만 알고 있다. 설명하기 쉽게 1차원씩만 낮추어 보자. 2차원 생물이 2차원 우주, 즉 평면 안에 갇혀 있다고 해 보자. 거기에 3차원 사과가 지나간다고 하자. 2차원 존재에게 사과는 평면을 지나가면서 그 모양이 계속 변형된다. 처음에는 점 하나로 보이다가, 그다음에는 점점 더 커지는 사과 단면으로 보이다가, 다시 작아지기 시작하고, 결국 다시 점 하나로 보인다. 결국 마지막에는 뿅 하고 사라진다. 마찬가지로 4차원이나 그 이상 차원의 물체가 우리 우주를 통과해 간다면 그 모양은 격렬하게 변화할 것이다. 초원통(hypercylinder) 모양 물체가 그 축을 따라 3차원을 통과하는 아주 단순한 경우를 제외하면 말이다. 만약 지금까지의 외계인 목격 보고가 외계인을 끊임없이 모양이 바뀌는 존재로 묘사했다면, 존 맥이 다른 차원에서 온 존재를 납치범으로 모는 이유를 조금은 이해할 수 있었을 것이다. (그래도 문제는 남는다. 3차원 생물과 4차원 생물의 짝짓기가 무슨 뜻인지 이해하는 것이다. 그 자손은 3.5차원의 주민이 될까?)

다른 차원에서 온 존재에 대한 맥의 이야기를 듣다 보면 그가 그 정체에 대해서 아무것도 모른다는 것을 쉽게 알 수 있다. (그의 환자들은 자신들의 경험이 꿈이나 환각일지도 모른다고 말하기라도 한다.) 그러나 맥이 물리학이나 수학을 들먹인다는 사실은 많은 것을 말해 준다. 그는 과학의 언어와 신빙성은 빌리고 싶지만, 과학의 방법과 규칙에 얽매이고 싶지는 않은 것이다. 과학의 신빙성이 과학적 방법의 결과라는 것을 그는 알지 못하는 것처럼 보인다.

존 맥의 사례가 우리 사회에 던지는 문제는, 다들 쉽게 속는 사회에서 (하버드 출신 정신 의학 교수까지 속아 넘어가지 않는가!) 비판 정신과 과학적 사고 방식을 더 넓게 더 깊이 가르치려면 어떻게 해야 하는가 하는 것이다. 이것은 오래된 문제이기도 하다. 비판 정신과 과학적 사고 방식이 서구의 것이고 일시적인 유행에 지나지 않는다는 생각도 있는 것 같은데, 매우 어리석은 생각이다. 싱가포르나 방콕에서 중고차를 살 때나, 고대 페르시아의 수사나 고대 로마에서 중고 전차를 살 때도, 미국 매사추세츠 주 케임브리지 시에서 유익한 사고 습관이 도움을 줄 것이다.

중고차를 구입할 때에는 "아주 싸고 아주 좋은 차입니다!"라는 판매원의 말을 그대로 믿고 싶어질 때도 있다. 아무튼, 회의주의적 태도를 견지하는 것은 수고스럽다. 차에 관해서 뭔가 알아야 하고 판매원을 불쾌하게 할 우려도 있다. 그렇지만 판매원이 진실을 감출 만한 동기가 있을지도 모른다는 것도 알고 엉망인 차를 사 낭패를 본 다른 사람 이야기도 들어 본 적이 있다. 그래서 타이어를 차 보고 후드 아래를 들여다보고 시운전도 해 본다. 또 차에 대한 날카로운 질문을 던지기도 한다. 기계에 대해 잘 아는 친구와 함께 갈 수도 있다. 회의주의적인 태도가 필요하다는 것을 알고 있고 왜 그래야 하는지도 이해한다. 중고차 구입 시에는 다소간의 긴장 관계가 생기기 마련이고 그것이 유쾌한 경험은 아니라는 것쯤은 다들 잘 알고 있다. 그러나 의심을 거두고 말없이 속아 넘어간다면 나중에 대가를 치러야 하는 사람은 당신이 된다. 그리고 나면 진작 회의주의에 약간 투자할 걸 하고 후회하게 될 것이다.

오늘날 미국의 많은 가정은 상당히 정교한 방범 시스템을 갖추고 있다. 적외선 센서나 동작 감지 센서를 장착한 카메라가 있는 집도 많다. 외계인이 침입하는 모습(특히 벽을 통과하는 장면)이 찍힌, 시간과 날짜가 표시된 믿을 만한 동영상이 있다면 아주 좋은 증거가 될 것이다. 수백만 명의 미국인이 납치되었다고 하는데, 그중 단 한 명도 그런 시설을 갖춘 집에 살고 있지 않다는 것은 이상한 일 아닌가?

들리는 이야기에 따르면 외계인이나 외계인의 정액에 의해 임신하게 된 여성이 많다고 한다. 그 태아는 외계인이 데리고 갔다고, 그런 사례는 아주 많다고 한다. 만약 이러한 주장이 사실이라면 일상적으로 초음파 검사나 양막 천자 검사를 하는 산부인과 의사들이 외계인과 지구인의 혼혈아를 한 번쯤은 보았어야 하지 않을까? 또 외계인 혼혈아의 유산 기록이 없다는 것도 이상하다. 의료진들이 반은 인간이고 반은 외계인인 태아를 아무 생각 없이 한 번 보고 다음 환자로 넘어갈 정도로 우둔하다는 이야기가 될 수도 있기 때문이다. 또 태아 실종 사건이 급증한다면 분명히 산부인과 의사, 조산원, 간호사 사이에 소동이 일어났을 것이다. 페미니즘이 주목받는 시대 아닌가. 그러나 그런 주장을 실증하는 의료 기록은 단 한 줄도 없다.

UFO 연구자 중에는 성관계가 없었는데도 임신했다고 주장하는 여성들이 있다는 것과 그녀들이 외계인이 수태하게 했다고 주장한다는 것에 주목하는 이들도 있다. 그런 주장을 하는 여성의 상당수는 10대이다. 진지한 연구자들이라면 그들의 이야기를 말 그대로 받아들이기 전에 한 번 더 생각해야 한다. 확실히 우리는 외계인 방문 이야기가 범람하는 사회에 사는 10대 여성이 원치 않는 임신에 괴로워하다가 그런 이야기를 만들어 내는 사정을 십분 이해할 수 있다. 게다가 종교적인 선례 비슷한 것도 있지 않은가.

피랍자를 자처하는 사람 중에는 금속 조각 같은 작은 이식물이 몸속에 삽입된 적이 있다고 주장하는 이들도 있다. 예를 들어, 콧구멍 속 깊은 곳에 집어넣었다는 것이다. 외계인 납치 치료사들의 말에 따르면 이 이식물은 떨어져 나오는 경우가 많다고 한다. 아주 특별한 소수의 경우를 제외하고 거의 모든 경우 이식물은 쓰레기통에 버려지거나 사라졌다고 한다. 외계인 납치라는 기묘한 일을 겪은 것치고는 호기심이 너무나 없는 사람들 같다. 아마도 그의 신체 정보를 자동으로 계측해 그 데이터를 하늘 어딘가에 떠 있을 우주선에 전송하는 물체일지도 모르는 이상한 물체가 코에서 떨어져도, 그것을 아무 생각 없이 살펴보다가 쓰레기통에 던져 버리니 말이다. 들은 바에 따르면, 외계인에 의한 납치 사건에서 비슷한 사례는 꽤 많다.

소수이기는 하지만 그런 물체가 증거로서 제출되고 전문가들이 조사한 경우도 있다. 그러나 그중에는 지구 이외의 장소에서 만들어진 것으로 확인된 사례가 단 하나도 없다. 다른 별과 다른 행성에서는 동위 원소의 조성 비율이 달라진다는 것은 잘 알려진 사실이다. 그러나 그렇게 제출된 물체 중에 조금이라도 희귀한 조성 비율을 보이는 것조차 하나도 없었다. 물리학자들은 우주에는 지구에서는 발견되지 않는 안정된 원소 군이 있으리라 생각하고 있다. 초우라늄 원소로 이루어진 '안정성의 섬(island of stability, 고도로 안정된 원자핵을 가진 아주 무거운 원소들을 말한다. — 옮긴이)'에 속하는 금속도 그 물체들에서는 발견되지 않았다.

납치 이야기에 열광하는 사람들이 최고의 사례라고 생각하는 것은 리처드 프라이스(Richard Price)의 사례일 것이다. 그는 8세 때 외계인에게 납치되어 작은 인공물을 성기 안에 이식당했다고 주장했다. 25년 후 한 의사가 그곳에 박혀 있는 "이물질"을 확인했다. 그로부터 8년 후 그것이 떨어져 나왔다. 지름 1밀리미터에 길이 4밀리미터의 그 물체를 MIT와 매사추세츠 종합 병원의 과학자들이 정밀하게 조사했다. 그들의 결론은? 염증 때문에 생긴 콜라겐(collagen, 교원질)과 프라이스의 속옷에서 나온 면섬유가 섞인 것이었다.

1995년 8월 28일 루퍼트 머독(Rupert Murdoch, 1931년~)이 소유한 텔레비전 방송국은 외계인의 사체 부검을 다루었다는 16밀리미터 영화를 방송했다. 시대에 뒤진 방사능 방호복(사각형 유리창이 달린 옷)을 입고 마스크를 쓴 병리학자들이 커다란 눈과 손가락 12개를 가진 외계인에게 메스를 대고 내장을 조사했다. 영화는 가끔 초점이 나갔고 사체는 움직이는 사람들 때문에 보였다 말았다 했지만 시청자들은 전율을 느꼈다. 마찬가지로 머독이 소유한 런던의 일간지《타임스》는 한 병리학자의 말을 인용했는데, 그는 부검하는 사람들이 비현실적일 정도로 서두르는 것 같아 이상해 보였다고 말했다. (그렇지만 텔레비전 프로그램으로 보기에는 이상할 정도로 빠르게 움직였다.) 이 영상은 1947년에 뉴멕시코 주에서 촬영된 것이라고도 했다. 촬영자는 80대의 노인이며 익명으로 남기를 희망한다고도 했다. 방송과 기사에서 결정적인 증거로 발표한 것은 그 필름의 리더(leader, 필름의 시작 부분)에 이 필름을 제조한 것은 코닥 사이며 제조 연도는 1947년이라는 정보가 암호화되어 포함되어 있다는 것이었다. 그러나 얼마 지나지 않아 그 영화에 사용된 필름 전체가 아니라 리더 부분만 코닥 것이었음이 밝혀진다. 그렇다면 리더 부분은 미국 극장 곳곳에 보존되어 있는 1947년도 뉴스 영화 필름에서 잘라 낸 것이고, 부검 장면이 담긴 필름은 최근에 촬영되어 합쳐진 것일 수도 있다. 머독의 방송국은 이 두 필름을 합친 것을 가지고 한 편의 영화로 방송한 것일지도 모른다. 보이지 않는 용의 발자국일 수도 있지만 날조일 수도 있는 것이다. 만약 속임수라면 크롭 서클이나 MJ-12 문서보다 훨씬 더 교묘한 솜씨가 필요한 것도 아니다.

어떤 이야기를 살펴봐도 그 기원을 지구 밖에서 찾아야 하는 게 보이지 않는다. 현재의 기술 수준을 크게 뛰어넘는 교묘한 기계 장치 역시 찾아볼 수 없다. 외계인 선장의 항해 일지 한 장이나 검사 도구 하나를 훔쳐 오거나, 믿을 만한 우주선 내부 사진을 찍어 오거나, 지구에서 얻을 수 없었던 과학 정보(검증 가능할 정도로 자세한 정보)를 가지고 돌아온 피랍자도 한 명 없다. 왜 그러지 않았을까? 아무래도 이 실패 속에 답이 있는 것 같다.

20세기 중반 이후 외계 생명체 긍정론자들은 물증을 이미 손에 넣었다고 자신 있게 주장해 왔다. 심지어 그 물증이라는 게 몇 년 전에 본 성도에 대한 기억도, 몸에 남은 흉터도, 파헤쳐진 흙도 아니라 외계인의 진짜 기술을 입수했고 그 분석 결과가 곧 공표되리라고 주장했다. 이러한 주장의 연원을 찾다 보면 일찍이 뉴턴과 게바우어의 비행 접시 추락 사기 사건까지 거슬러 올라가게 된다. 그로부터 수십 년이 지났지만 물증은 아직 제출되지 않았다. 금속 공학과 요업 공학의 전문지, 미국 전기 전자 통신 학회의 출판물, 《사이언스(*Science*)》나 《네이처(*Nature*)》에 발표된 논문 역시 한 편도 없다.

만약 그런 발견이 이루어졌다면, 정말로 획기적인 사건이 되었을 것이다. 물리학자들과 화학자들은 우주 문명의 산물을 발견하는 특권을 누리기 위해 앞다투어 나섰을 것이다. 외계인들은 미지의 합금이나 장력이나 연성이나 전도율이 뛰어난 물질을 사용한다고 하지 않는가. 그런 물질을 발견한다면 그 영향력은 어마어마할 것이다. (외계인의 지구 침략이 밝혀진다는 것은 일단 논외로 하자.) 과학자라는 존재는 그런 발견에 목숨을 건다. 그런 발견이 없다는 사실은 틀림없이 무언가 가르쳐 준다.

열린 마음을 가지는 것은 하나의 미덕이다. 그러나 우주 공학자 제임스 에드워드 오버그(James Edward Oberg, 1944년~)가 언젠가 말했듯이, "뇌가 굴러떨어질" 정도로 마음을 열어서는 안 된다. 물론 새로운 증거가 떠오른다면 기꺼이 생각을 바꿔야 한다. 그러나 증거는 강력해야 한다. 지식에 관한 한, 모든 주장이 같은 무게를 가지지는 않기 때문이다. 외계인에 의한 납치 사건의 증거 수준은 중세 스페인의 동정녀 마리아 발현 사건의 것과 엇비슷하다.

정신 분석 분야에서 선구적인 역할을 한 카를 구스타프 융은 이런 문제와 관련해 일리 있는 말을 남겼다. 그는 "UFO가 잠재 의식의 투영이다."라고 단언했다. '역행/퇴행'과 오늘날 '채널링'이라고 하는 것에 대해서도 다음과 같이 썼다.

> 이러한 것은 단순히 심리학적 사실이나 혹은 끝없이 이어지는 무의식과의 대화로서 이해하는 게 적절하다. …… 꿈도 마찬가지이다. 꿈 역시 무의식에 관한 기술이기 때문이다. 현재 상황을 고려할 때, 더 설득력 있는 물리 현상이 나타날 때까지 정관(靜觀)하는 게 좋을 것 같다. 만약 의식과 무의식의 변조, 자기 기만, 선입관 등을 참작한 후에도 그 배후에서 무언가 긍정적인 것을 발견한다면 인간 경험의 다른 모든 영역에서 일어났던 것과 같이 엄밀한 과학이 실험과 증명으로 이 분야 역시 정복할 것이다.

또 증언을 말 그대로 받아들이는 사람들에 관해서는 이렇게 논평한다.

> 이들은 비판 정신이 결여되어 있을 뿐만 아니라 심리학의 기초 중의 기초에 대한 지식도 없다. 속으로는 더 잘 배울 생각도 없고, 단지 계속해서 믿고 싶어 할 뿐이다. 물론 우리 인간의 결점을 고려할 때에는 대단한 일도 아닐 것

이다.

언젠가는 견실한 물증을 갖추고 외계인의 방문 말고는 설명할 수 없는 UFO 사건이나 외계인 납치 사건과 마주할지도 모른다. 그렇다면 그것보다 더 중요한 발견은 없으리라. 그렇지만 지금까지 그런 사건은 일어나지 않았고 그 비슷한 사건조차 일어나지 않았다. 보이지 않는 용은 아직 위조 불가능한 발자국을 남기지 않았다.

우리 앞에는 두 가지 가능성이 있다. 둘 중 어느 쪽이 가능성이 클까? 성적 학대를 하는 외계인이 대규모로 지구에 침입했지만 우리는 발견하지 못하고 있다는 게 첫 번째, 사람들이 스스로도 이해하지 못하는 기묘한 정신 상태를 경험하기도 한다는 게 두 번째 가능성이다. 사실 우리는 외계인의 존재가 되었든, 인간의 심리가 되었든 아주 무지하다. 그렇다고 해도 둘 중 하나만 골라야 한다면 어느 쪽을 골라야 할까? 당신이라면 어느 쪽을 고를까?

외계인 납치 이야기가 뇌 생리학적 현상이나 환각, 아니면 어린 시절의 왜곡된 기억이나 꾸며 낸 이야기라면 우리는 아주 중요한 문제를 마주하게 된다. 그 문제는 인류의 한계와 관련된 문제이며 인간의 속기 쉬운 본성과 신념이 형성되는 과정이나 우리가 믿고 기도하는 종교의 기원과 연결된 것이기 때문이다. UFO와 외계인 납치라는 주제에는 과학적 관점에서 보았을 때 진정한 보물이 묻혀 있다. 그러나 그 보물은 분명 인류의 고향에서 유래한, '메이드 인 어스(Made in Earth)', 즉 지구제라는 특질을 가지고 있다.

11장
비탄의 도시

아, 슬프기도 해라. 비탄의 도시 그 거리가 얼마나 낯선지.
—라이너 마리아 릴케(Rainer Maria Rilke, 1875~1926년),
「열 번째 비가(The Tenth Elegy)」(1923년)에서

잡지 《퍼레이드(*Parade*)》의 1993년 3월 7일호에 이 책의 4장부터 10장까지의 내용을 간단하게 요약한 기사가 실렸다. 그 기사를 보고 정말로 많은 사람이 열정으로 가득한 편지를 내게 보내 주었다. 나는 적지 않은 충격을 받았다. 그리고 외계인에 의한 납치라는 기묘한 체험이 (그 실체가 무엇이든 간에) 얼마나 많은 고통을 낳고 있는지 가슴 깊이 느낄 수 있었다. 외계인 납치 이야기는 현대 사회를 살아가는 우리 이웃 시민들의 마음과 삶을 보여 주는 기대하지 않던 창 역할을 했다. 편지를 보낸 사람들 가운데는 합리적으로 생각하는 사람도 있었고, 자신만만하게 단언하는 사람도 있었으며, 열변을 장황하게 늘어놓는 사람도 있었다. 또 솔직하게 당황스럽다고 말하는 사람도 있었다. 그리고 심한 혼란에 빠진 사람도 있었다.

그 기사는 많은 이들의 오해를 사기도 했다. 텔레비전 토크쇼 진행자인 제랄도 리베라(Geraldo Rivera, 1943년~)는 《퍼레이드》 한 부를 들고는 칼 세이건이 외계인의 방문을 믿고 있다고 소개했다. 《워싱턴 포스트》의 비디오테이프 평론란에서는 "외계인에 의한 납치가 몇 초에 1건씩 일어나고 있다."라는 문장을 내 의견인 양 인용했다. 물론 그 문장은 내가 쓴 게 맞다. 하지만 문맥상 반어적 뉘앙스를 띤 것이었고, 그 뒤에 이어지는 문장("이웃 사람들이 지금까지 알아차리지 못했다니 더욱 놀라운 일이다.")을 빼 버렸다.

임사 체험 연구로 유명한 레이먼드 무디(Raymond A. Moody, 1944년~)는《뉴에이지 저널(*New Age Journal*)》의 칼럼과 그의 책 『재결합(*Reunions*)』의 서론에서 "나 역시 돌아가신 부모님이 당신들이 살아 계실 때와 같은 목소리로 나를 부르는 것을 열 번 정도 들었다."라는 내 문장(6장 참조)을 "죽음 이후"의 삶, 즉 사후 세계가 있다는 증거라고 인용했다. 나는 분명 그것을 "환상"이라고 했다. 무디 박사는 사후 세계를 입증할 증거를 찾는 데 평생을 바친 사람이다. 나의 말을 증거라고 일부러 인용한 것을 보면 대단한 증거를 발견하지 못한 게 분명해 보인다. 편지를 보낸 사람 가운데 많은 이들이 내가 외계 생명체의 존재 가능성을 연구해 왔기 때문에 틀림없이 UFO의 존재를 '믿을' 것이라고 결론짓거나, 아니면 내가 UFO에 관해 회의적인 것을 보니 우리 우주에서 지능을 가진 존재가 인간밖에 없다는 불합리한 믿음을 가지고 있을 것이라고 결론 내렸다. 좀 짧은 생각 같다. 아무튼, 이 주제에는 분명 사람의 사고력을 둔화시키는 어떤 게 숨어 있는 것 같다.

논평은 이 정도로 하고, 대표적인 편지를 몇 편 여기서 소개하고자 한다.

- 외계인과의 조우가 어떤 것인지, 인간을 만난 야생 동물의 입장이 되어 상상해 보자. 어느 날 갑자기 굉음을 내는 물체가 머리 위에 나타난다. 당신은 깜짝 놀라 도망치기 시작할 것이다. 곧 옆구리에 날카로운 통증을 느낀다. 그리고는 갑자기 땅에 쓰러진다. …… 인간들이 이상한 도구를 들고 다가온다. 그들은 당신의 성기와 치아를 조사한 다음, 당신 몸 밑에 그물을 밀어 넣는다. 그리고 이상한 장치로 들어 올린다. 당신은 공중에 붕 뜬다. 모든 검사가 끝난 후에 그들은 당신 귀에 이상한 금속 물체를 채운다. 그런 다음에 나타났던 것처럼 홀연히 사라진다. 잠시 후 근육 통제

능력이 되돌아오고, 여기가 어딘지 두리번거리던 당신은 일단 숲속으로 비틀비틀 걸어 들어가 숨는다. 방금 일어난 일이 악몽인지 사실인지 알지 못한 채 당신도 사라진다.

- 저는 어린 시절에 성적으로 학대를 받았습니다. 그 상처를 극복하는 과정에서 저는 '우주 생물들'을 잔뜩 그렸습니다. 압도적인 힘에 눌려 자빠지기도 했고, 무언가에 눌리거나 공중에 떠다니는 것 같은 느낌을 여러 번 받기도 했습니다. 어린 시절 성적 학대를 받고 그 상처를 마주해 온 사람들에게 외계인에게 납치되었다고 주장하는 사람들의 이야기들 가운데 어떤 것도 낯설지 않습니다. …… 당연히 신뢰해도 좋을 어른들 때문에 일어났던 끔찍한 일을 직시하느니, 차라리 나의 학대를 우주에서 온 외계인 탓으로 돌리는 편이 나았습니다. 제 친구 중에도 외계인 납치를 암시하는 듯한 기억에 관해 이야기하는 사람들이 있습니다. 그런 이야기를 들을 때마다 미칠 것만 같았습니다. …… 그럴 때마다 저는 항상 그들에게 이렇게 말합니다. 너는 궁극적인 피해자 역할을 연기하고 있다고. 우리가 어른이라고 해도, 잠자고 있을 때 작은 회색 인간이 덮치면 아무것도 할 수 없지 않냐고 말이죠. 하지만 이것은 사실이 아닙니다. 궁극적인 피해자 역할은 학대하는 부모와 학대당하는 피해자 아이가 함께 만들어 낸 역할인 것입니다.
- 그것들이 일종의 악령인지, 아니면 실재하지 않는 무엇인지 저는 알지 못합니다. 저희 딸은 어릴 때 몸 안에 센서가 삽입되었다고 주장하고 있습니다. 도대체 무슨 일이 일어났을까요? …… 저희는 문도 잠그고 빗장도 채우고 삽니다만, 정말 무섭습니다. 저희는 딸을 좋은 의사에게 보낼 돈도 없고, 딸은 이 일 때문에 아무것도 할 수 없습니다. …… 저희 딸은 테이프에서 목소리가 들린다고 합니다. 그것들은 밤거리를 떠돌며 아이들을 유괴하고 성적으로 괴롭힌다고 합니다. 또 그들 말을 따르지 않으면,

가족 중 누군가가 다칠 것이라고 합니다. 제정신 가진 인간이 할 짓이 아닙니다. 그들은 저희가 집 안에서 말하는 것도 알고 있습니다. …… 아는 사람은 누군가가 아주 오래전에 저희 가족에게 저주를 걸었다고 합니다. 정말 그랬다면, 어떻게 해야 그 저주를 풀 수 있을까요? 이런 모든 이야기가 이상하고 기괴하게 들리시겠지만, 저희가 정말로 무서워한다는 것만은 믿어 주십시오.

- 불행하게도 강간을 당한 여성들 가운데 몇 명이나 가해자의 신분증이나 사진, 또는 강간의 증거로 삼을 만한 무언가를 제출할 수 있을까요? 선생님의 주장은 무리한 요구처럼 보입니다.
- 이제부터는 폴라로이드 카메라를 베개 곁에 두고 자려고 한다. 당신 말대로 다음번에 또 납치되면 증거가 필요할 테니까. …… 어떤 일이 일어났는지 증명하는 일이 왜 납치 피해자의 책임이란 말인가?
- "외계인에 의한 납치는 수면 장애로 괴로워하는 사람들의 마음속에서 일어난 일이다."라고 칼 세이건은 주장한다. 그것을 뒷받침하는 살아 있는 증거가 바로 나다. 나는 진심으로 그것이 사실이라고 믿는다.
- 서력 2001년이 되면, 행성 간 연맹에 속한 33개 행성의 우주선들이 지구에 도래해 3만 3000명의 형제들을 내려놓을 것이다! 그들은 행성 간 생활에 대한 우리의 이해를 확장시켜 줄 다른 별에서 온 교사들이자 과학자들이다. 우리 지구는 행성 간 연맹의 33번째 구성원이 될 것이다!
- 이 분야는 정말로 기괴한 검투장 같습니다. 도전도 많습니다. …… 저는 20년 이상 UFO를 연구해 왔지만, 결국 이 컬트와 이 컬트를 둘러싼 무리에게 환멸을 느끼게 되었습니다.
- 저는 손자도 있는 47세의 여성입니다. 아주 어린 시절부터 계속 이 현상의 희생자였습니다. 그렇지만 저는 외계인 이야기를 그대로 믿지도 않고, 진실이 무엇인지 알고 있다고 주장할 생각도 없습니다. 지금까지 그런 식

으로 주장한 적도 단 한 번도 없습니다. 이 정체 불명의 경험과 교환할 수 만 있다면, 조현병이나 정신병처럼 잘 알려진 병으로 진단받고 싶을 정도입니다. …… 희생자와 연구자 모두를 괴롭히는 게 물증의 부족이라는 점은 저도 잘 알고 있습니다. 불행하게도 피해자가 납치당할 때 겪는 상황을 고려해 보면, 그런 증거를 제출하는 게 왜 어려운지 짐작하실 수 있을 겁니다. 저의 경우를 보자면 납치당할 때 대개 저는 잠옷을 입은 채이거나, 어느새 나체 상태입니다. (잠옷을 입고 있어도 나중에 벗겨집니다.) 이런 상황에서 사진기를 숨기는 것은 완전히 불가능합니다. …… 깨어나면 깊은 상처, 침 같은 것에 찔린 상처, 조직을 도려낸 듯한 흉터, 안구 손상, 코와 눈의 출혈, 화상, 더러운 손가락 자국, 퍼런 멍 같은 게 생긴 걸 발견합니다. 사건 이후 여러 날이 지나도 잘 사라지지 않습니다. 저는 이 모든 것을 의사에게 보여 주고 검사도 받았지만 만족스럽게 설명된 상처는 단 하나도 없었습니다. 저는 자해 행위에 빠진 것도 아니고, 성흔(聖痕)을 받은 것이라고 여기지도 않습니다. …… 다만, 알아주셨으면 하는 것은, 피랍자 중 대다수가 사전에 UFO에 관심이 없었다는 것(저도 그런 사람이었습니다.), 어린 시절 학대받은 이력이 없었다는 것(저도 그런 사람이었습니다.), 악명이든 명성이든 유명해지고 싶어 하지 않는다는 것(저도 그런 걸 원하지 않습니다.)입니다. 그뿐만이 아니라, 신경 장애나 정신병으로 의심받을까 봐 두려워 오랫동안 입을 다물고 살아온 사람이 많다는 것(저도 그런 사람이었습니다.)도 살펴봐 주시면 좋겠습니다. 물론 금전적인 이득이나 세간의 이목을 끌고자 납치되었다고(또는 조우했다고) 주장하는 이들이 많다는 것도 잘 알고 있습니다. 저는 이런 사람들이 존재한다는 사실을 결코 부정하지 않습니다. 제가 정말로 부정하고 싶은 것은 '모든' 피해자들이 자신들의 개인적인 사정 때문에 이런 사건이 일어났다고 망상하거나 꾸며낸다는 의심입니다.

- UFO는 존재하지 않는다. 내 생각에 그것은 영구적인 에너지원이 필요하기 때문에 존재할 수가 없다. …… 나는 예수와 이야기했다. 《퍼레이드》에 실린 기사들은 엉망진창이고, 사회를 소란스럽게 할 뿐이다. 부디 열린 마음을 가져 주기 바란다. 그렇게 하면 우주에서 온 지적 생명체가 분명히 존재하고 그들이 우리의 창조자임을 알 수 있을 것이다. …… 나 역시 납치된 적이 있다. 솔직하게 말해서, 그러나 그들은 나를 나쁘게 한 게 아니라 좋게 해 주었다. 내 생명을 구해 주었다. …… 지구에 사는 생명체들은 증명, 증명, 증명만을 요구한다. 오히려 그게 더 큰 문제이다.
- 분명 성서에서는 천상의 물체와 지상의 물체에 관해 이야기한다. 그렇다고 해서 이것이 하느님이 인간들을 성적으로 학대한다는 뜻도 아니고, 우리가 미쳤다는 말도 아니다.
- 저는 강력한 텔레파시 능력을 가지고 있습니다. 이 사실을 깨달은 것은 27년 정도 되었습니다. 저는 텔레파시를 수신하지 않고 송신합니다. …… 파동은 우주 어딘가에서 날아오고 있습니다. 그것은 제 머리를 지나 일정한 범위 안에 있는 누군가의 머릿속으로 생각, 말, 이미지를 전달합니다. …… 어떤 이미지가 제 머릿속에 불쑥 떠올랐다가 사라집니다. 하지만 그 이미지는 누가 집어넣은 것이 아닙니다. 꿈은 더 이상 꿈이 아닙니다. 오히려 할리우드에서 만든 영화와 더 비슷합니다. …… 그들은 영리하고 포기할 줄 모릅니다. …… 아마 이 작은 사람들은 대화를 하고 싶은 것 같습니다. …… 이런 압박 때문에 제가 결국 정신병자가 된다면, 또는 심장 발작이 한 번 더 일어난다면, 그것은 우주에 생명체가 존재한다는 결정적인 증거가 될 것입니다.
- 저는 수많은 UFO 목격담을 지구의 과학으로 설명할 수 있는 방법을 발견해 냈습니다. (이 편지의 주인은 이어서 구형 번개 이야기를 한다.) 제 이론이 마음에 드신다면, 출판할 수 있도록 도와주시면 좋겠습니다.

- 20세기 과학으로 설명할 수 없다면 그 목격 보고가 아무리 대단한 것이라고 하더라도 칼 세이건은 무시해 버린다.
- 이제 당신의 글을 읽은 독자들은 외계인에게 납치된 적이 있는 피해자들을 단순한 망상의 희생자로 취급하게 될 겁니다. 납치 피해자들은 강간 피해자들과 마찬가지로 트라우마에 시달리고 있습니다. 가장 가까운 사람들에게 자신의 체험을 무시당하는 것은 일종의 2차 피해라고 하지 않을 수 없습니다. 외계인과의 조우라는 문제는 다루기 아주 어려운 미묘한 문제입니다. 피해자들에게 필요한 것은 마음의 버팀목이지 논리적 설명 따위가 아닙니다.
- 제 친구 프랭키는 다음번에 또 납치되면 재떨이나 성냥을 훔쳐 오라고 합니다. 하지만 제 생각에 이 방문자들은 아마 지나치게 지적이어서 담배 같은 건 피우지 않을 것 같습니다.
- 개인적인 견해를 이야기하자면, 외계인 납치 현상은 무언가의 대리물로서 기억 장치에서 꺼내 온 꿈 같은 어떤 것일지도 모른다. 초록색 난쟁이나 비행 접시가 존재한다고 주장하는 것은 인간의 뇌 속에 이미 그런 이미지가 있다고 주장하는 것과 마찬가지로 보인다.
- 과학자라고 자처하는 무리가 무슨 짓을 하는지 보십시오. 새로운 통찰이나 가설을 제시하려고 노력하는 사람들을 겁주거나 검열하는 것뿐이지 않습니까. 그런 짓을 하는 자들을 더 이상 과학자로서 존중해서는 안 된다고 생각합니다. 겉보기에만 그럴듯한, 속셈 많고 이기적인 사기꾼일 뿐입니다. FBI 국장이었던 존 에드거 후버(John Edgar Hoover, 1895~1972년)가 조직 범죄의 동성애자 똘마니가 아니라, 훌륭한 FBI 책임자였다고 주장하려는 셈인가 묻지 않을 수 없습니다.
- 당신은 지금 이 나라에 사는 아주 많은 수의 사람들이, 아마 500만 명 정도의 사람들이 모두 동일한 집단 환각의 피해자라는 결론을 내리고 있습

니다. 제가 볼 때 어리석은 생각입니다.

- 미국은 지금 동양의 이교(異教)에게 문호를 개방하고, 악마와 악령의 지배 아래로 들어가 버리고 말았다. 이 모든 게 대법원 때문이다. 이제 지구인은 키 1미터 정도의 회색 생물에 납치당하고 온갖 인체 실험으로 유린당하고 있다. 또 지적으로 우리보다 고등한 존재들에게 사육되며 번식당하고 있다. …… 당신의 질문('우리가 방문을 받고 있는가?')은 사실 하느님의 말씀을 이미 '알고' 있는 사람들과, 거듭 태어난 기독교인들, 우리의 죄를 대속해 주신 구세주를 찾는 사람들에게는 문제조차 되지 않는다. 이 세상은 벌써 원죄, 질병, 전쟁, 에이즈, 범죄, 낙태, 동성애 속에 침몰해 가고 있고, 뉴 에이지와 새로운 세계 질서를 떠드는 사교 집단이 언론계, 정계, 교육계, 산업계, 금융계, 지역 사회, 심지어 종교계까지 침투하며 사람들을 세뇌하고 있다. 당신의 글이 진실이라는 주장 자체가 일종의 동화 같은 소리이다. 성경의 창조주를 믿지 않는 자들만이 그렇게 믿으리라.
- 당신은 외계인 방문의 문제를 진지하게 다룰 필요가 없다고 주장한다. 그렇다면 미국 정부가 쥐고 있는 극비 정보는 도대체 무엇인가?
- 아마도 아주 긴 역사를 가진 외계인이 자기 행성에서 금속이 부족해지자 더 젊고 더 나은 행성을 찾아온 것이 틀림없다. 그들은 새로운 세계의 원주민들과 교잡함으로써 자신들의 수명을 연장하려는 것일지도 모른다.
- 내가 도박을 하는 사람이라면, 당신의 우편함이 내가 지금 쓴 것과 비슷한 이야기들로 넘칠 것이라는 쪽에 걸겠다. 악령과 천사, 빛과 원 같은 것 모두 우리 정신에서 기원한 것이다. 그러한 것을 발생시키는 것은 우리 본성의 일부이다.
- 과학은 '효과적인 마술'이 되었다. 그리고 UFO 연구자들은 파문되거나 화형대에 매달려야 하는 이단자가 되어 버렸다.
- (많은 독자가 외계인은 사탄이 보낸 악령이며 사람의 마음을 현혹할 수 있다는 소식을

알리기 위해 편지를 썼다. 그중 한 사람은 UFO 납치 사건에 사탄의 교활한 의도가 숨겨져 있다고 썼다. 우리가 UFO의 출몰과 외계인의 침략을 우려하게 된 나머지, 심판과 구원의 그날 예수와 그의 천사들이 예루살렘 상공에 나타나도, 기뻐하지 않고 겁에 질리게 하려는 게 사탄의 의도라는 것이다. 이 이야기를 쓴 그녀는 다음과 같이 적었다.) 저를 신종 광신자 따위로 생각하고 무시하지 말아 주시기 바랍니다. 저는 매우 정상이고 지역 사회에서도 잘 알려진 보통 사람입니다.

- 당신의 입장은 다음 두 가지 중 하나일 겁니다. 납치에 관해 알고 은폐하는 것이거나, 당신이 납치된 적이 없기 때문에(아마도 그들은 당신 따위에게는 관심이 없을 겁니다.) 그런 일은 일어나지 않는다고 생각하는 것 말이죠.
- 미국 대통령과 의회를 상대로 한 반역죄 기소가 제기된 바 있다는 사실을 알고 계신가요? 그것은 1940년대 초에 미국 정부가 외계인과 체결한 조약 때문이었습니다. 외계인들은 조약 체결 후 적대적인 본성을 드러냈습니다. …… 그 조약은 비밀을 지켜 주는 대신 외계인의 기술 몇 가지를 전수받는 것이었습니다. (이 편지의 발신인은 이 조약으로 전수받은 기술이 레이더에 포착되지 않는 항공기에 사용되는 스텔스 기술과 광섬유 관련 기술이라고 주장했다.)
- 이들은 하늘을 나는 영체(靈體)를 방수(傍受)할 수 있다고 합니다.
- 저는 외계 존재와 교신하고 있습니다. 이 교신은 1992년 초에 시작되었습니다. 이 말 말고는 할 수 있는 말이 없습니다.
- 이성인(異星人)들은 과학자들보다 항상 한두 수 더 앞선 존재입니다. 그래서 그들은 모든 것을 가르쳐 주지 않고 세이건 같은 자들이 만족할 법한 불충분한 실마리만 남기고 물러설 줄 압니다. 그들은 인간 사회가 그 모든 것을 받아들일 수 있을 정도로 정신적으로 더 잘 준비될 때까지 기다릴 것입니다. …… UFO와 외계인과 관련된 것이라면 그것이 아무리 실제로 일어나는 사실이라고 하더라도 너무 충격적이어서 생각조차 하기

싫은 분도 있을 것입니다. …… 그러나 그들은 5,000년, 아니 1만 5000년 전이나 더 오래전부터 지금까지 오랜 기간에 걸쳐 지구에 있어 왔고 여러 문화에서 신/여신으로 묘사되는 존재로 활동해 왔습니다. 어떤 문화를 살펴보더라도 그들의 흔적을 어렴풋이나마 발견할 수 있는 것은 모두 여기서 연유한 것입니다. 그리고 가장 중요한 것은 그동안 그들이 지구를 정복한 적도 없고, 우리를 지배하거나 말살한 적도 없다는 것입니다.

- 애초에 호모 사피엔스는 하늘의 주인들(SKY-LORDS, 딩기르들(DINGIRS)/엘로힘(ELOHIM)/아눈나키(ANUNNAKI)라고 불리기도 했습니다.)을 위한 노동력 또는 종으로 창조되었습니다.
- 사람들이 본 빛은 우주 전함의 수소 연료가 폭발하는 것이었고, 착륙 지점은 캘리포니아 북부로 추정되었다. …… 그 우주 전함의 승조원들은 텔레비전 드라마 「스타 트렉」의 등장 인물인 스폭과 같은 모습이었다.
- 15세기 것이든 20세기 것이든 목격 보고는 공통의 실로 연결되어 있다. 성적 트라우마를 입은 사람들이 그 트라우마를 이해하고 받아들이는 것은 무척 어려운 일이다. 이 트라우마 때문에 결과적으로 환각을 볼 수도 있다. 그 환각을 설명하는 언어에는 모순이 생길 수도 있고 다른 사람이 이해하기 어려운 요소가 섞여 들어갈 수도 있다.
- 인간은 독선적인 존재이고 교만이라는 대죄에서 아직 해방되지 못했습니다. 그렇지만 우리는 스스로 생각하는 것만큼 지혜롭지 못하다는 것도 알고 있습니다. 우리 길이 아마겟돈으로 이어지고 있다는 것조차도 알지 못하니까 말입니다. 그 별은 마구간의 위치를 정확하게 잡아냈고, 그리고 하늘을 가로질러 동방 박사들을 말 구유로 인도했습니다. 그리고 겁에 질린 목자들에게 두려워하지 말라 하고 놀래켰습니다. 그 별의 강렬한 빛은 에제키엘(Ezekiel, 에스겔)이 본 하느님의 영광이었고, 바울을 일시적으로 눈멀게 했던 그 빛이었습니다. …… 그리고 그 배야말로 브라우니, 요정,

엘프 같은 작은 피조물들이 특수한 임무를 부여받고 늙은 립 밴 윙클(Rip Van Winkle, 19세기 미국 소설의 등장 인물로 숲에서 조상들의 유령과 술 마시다 잠들었다 집으로 돌아오니 어느새 20년이 지났더라 하는 이야기의 주인공이다. — 옮긴이)을 데리고 간 배인 것입니다. …… 하느님의 사람들은 아직 우리 앞에 나설 생각이 없는 것 같습니다. 먼저 아마겟돈이 일어나지 않으면 안 됩니다. 그다음에 우리가 '알 수 있게' 된 다음에야, 우리는 혼자 힘으로 일을 해 나갈 수 있게 될 것입니다. 우리가 겸손해져 그들을 격추할 생각조차 하지 않게 되어야만 하느님은 돌아오실 것입니다.

- 우주에서 왔다는 외계인들의 정체는 쉽게 알 수 있습니다. 그것은 인간이 사용하는 약물이 만든 존재입니다. 미국 각지의 정신병 치료 시설에는 자신의 감정과 행동을 통제하지 못하는 사람들이 있습니다. 그들을 통제하기 위해서 다양한 항정신병 약물을 사용합니다. …… 약물을 자주 투여하다 보면 '블리드스로(bleedthrough)'라는 징후가 생기기 시작합니다. 이상하게 생긴 사람이 당신 얼굴 앞에 섬광처럼 나타났다 사라지는 것입니다. 그러면 당신은 외계인이 존재하고 그들이 당신에게 무슨 짓을 하려고 한다고 믿게 될 것입니다. UFO에 납치되었다고 주장하는 수천 명 중 한 사람이 되는 것입니다. 사람들은 미쳤다고 말하겠죠. 이상한 형상은 소라진(소라진은 상품명이고 약효를 가진 화합물 이름은 클로르프로마진(chlorpromazine)이다. — 옮긴이)이라는 약물이 잠재 의식의 심상을 왜곡하기 때문에 생깁니다. …… 이 이야기를 소개한 저술가는 비웃음과 조롱을 당하기도 했고 심지어 생명을 위협받기도 했습니다. (이런 생각을 표현했기 때문이라고 한다.)
- 최면술은 악령, 악마, 작은 회색 인간을 사람 마음에 침입시키기 위한 준비 작업이라고 볼 수 있습니다. 하느님은 우리가 바르게 입고 올바른 정신을 갖추기를 바라십니다. …… 그 '작은 회색 인간'이 할 수 있는 것은 무

엇이든, 그리스도는 더 잘하실 수 있습니다!

- 천지창조는 우리 세계만이 아니라, 우주와 그 안에 포함된 모든 것에 걸쳐 이루어진 것입니다. 그것을 인정하지 못할 정도로 교만해져서는 안 된다고 생각합니다.
- 1968년, 내 머리에 상처가 생겼다. 그 뒤 1977년에 천상의 존재가 나를 불러 그 상처가 생겼을 때의 일을 이야기해 주었다.
- (다음은 UFO와 24회 조우했다는 남자가 보낸 편지에서 가져온 문장이다.) 하늘을 나는 원반이 소리도 내지 않고 하늘에 떠 있었습니다. 그날 이후로 저는 천리안과 텔레파시 능력을 가지게 되었습니다. 그리고 저의 정신 능력은 나날이 발전했고, 치유력을 가진 보편적 우주 생명 에너지에 챌린징(challenging, 채널링을 말하는 것일까?)할 수 있을 정도로 증폭되었습니다.
- 여러 해 전부터 저는 '유령'을 보고 이야기를 나눌 수 있게 되었습니다. 외계인도 찾아왔죠. (아직 납치당하지는 않았지만 말입니다.) 제 침대 근처를 떠다니는 3차원의 머리를 보기도 했고, 누군가 문을 두드리는 소리를 듣기도 했습니다. 이런 체험은 현실과 구별하는 것은 불가능합니다. 저는 그것이 마음의 장난이라고 생각해 본 적이 단 한 번도 없습니다. 그럴 리가 없기 때문입니다.•
- 99퍼센트가 망상일지도 모릅니다. 아니, 100퍼센트라고 해야 할까요?
- UFO 문제는 사실 근거 따위는 단 하나도 찾아볼 수 없는 헛소리에 불과합니다. 인간 의식의 심연에서 나온 상상의 산물일 뿐입니다. 이런 속임수에 당신의 신용을 빌려 주는 일 없도록 주의하시기 바랍니다.

• 회의주의 잡지인 《스켑티컬 인콰이어러(*The Skeptical Inquirer*)》가 받은 독자 편지에서 발췌한 것이다. 켄드릭 크로스비 프레지어(Kendrick Crosby Frazier, 1942년~)의 허가를 받고 실었다.

- 세이건 박사는 정부의 UFO 조사를 평가하는 공군 위원회에서 소속된 적이 있다. 그런데 세이건 박사는 UFO의 존재 증거가 실제로는 없다고 사람들이 믿기를 바라고 있다. 그렇다면 왜 정부가 그런 위원회를 만들어야 했는지 설명해 주기 바란다.
- 나는 우리 지역구의 하원 의원에게 압력을 가해 외계인의 신호를 탐지하려는 연구에 지원금을 주지 못하게 할 참이다. 그것은 돈 낭비이기 때문이다. 그들은 이미 우리 사이에 와 있다.
- 미국 정부는 수백만 달러의 세금을 UFO 연구에 지출하고 있다. 정부가 진정으로 UFO가 존재하지 않는다고 믿는다면 SETI(Search for Extra-Terrestrial Intelligence, 외계 지성체 탐사) 프로젝트는 돈 낭비일 것이다. 나는 개인적으로 SETI 프로젝트에 관심이 많다. 이 프로젝트는 우리가 올바른 방향으로 나아가고 있음을 보여 주기 때문이다. 다시 말해 마지못한 관찰자에 머무르는 것이 아니라 적극적인 대화를 지향하기 때문이다.
- 1978년과 1992년 사이에 내게 여몽마, 즉 서큐버스가 나타났다. 영적 강간이라고 하기에는 지나칠 정도로 생생한 경험이었다. 서큐버스는 진실된 가톨릭 교도에게는 가혹한 존재였다. 그것은 나를 타락시키려고 했고 인간성을 버리게 만들려고 했다. 나는 특히 질병이라는 육체적인 영향을 정말 크게 걱정했다.
- 이성인들이 오고 있습니다! 그들은 가능한 한 많은 사람을, 특히 다음 세대의 '묘목'이 될 어린이들과 협력적인 그들의 부모나 조부모 등의 성인들을 안전한 곳으로 이송하려고 합니다. 태양의 흑점 활동과 행성파가 정점에 이르는 시기가 멀지 않았기 때문입니다. 그들의 우주선은 매일 밤 볼 수 있을 정도로 가까이 다가오고 있습니다. 태양 표면에서 대폭발이 일어나 대기권이 요동치기 전에 우리를 구하기 위해서 오는 것입니다. 시대는 이제 물병자리 시대로 접어들고 있습니다. (여기서 이 편지의 발신인은 자신들

이 맡은 임무를 소개한다.) 저희는 애시타르(Ashtar) 부대에서 일하고 있습니다. 그 부대에서 예수 그리스도는 직접 지휘를 하고 계십니다. 대천사 미카엘과 가브리엘을 포함한 높은 사람들도 잔뜩 참가하고 계십니다.

- 저는 치료를 위한 에너지 워크(energy work)에 관한 경력을 꽤 많이 쌓았습니다. 에너지 워크를 활용하면 그리드 패턴(grid pattern)이나 부정적인 기억 코드나 외계인 이식물을 체내에서 제거할 수 있고, 그것들 주위에 있을지도 모를 에너지 장도 해소할 수 있습니다. 제 작업은 주로 심리 치료의 보조 작업으로 활용되어 왔습니다. 제 의뢰인들은 사업가, 주부, 직업 예술가, 치료사, 어린이에 이르기까지 광범위합니다. 외계인의 에너지는 체내에 있을 때나 제거된 뒤에도 아주 유동적이기 때문에 가능한 한 빨리 용기에 봉인해야 합니다. 에너지 그리드는 대개 심장 근처에 있거나, 심장과 두 어깨가 그리는 삼각형 안에 박혀 있습니다.
- 그런 경험을 하고 났는데, 어떻게 그냥 돌아누워서 다시 잠들 수 있었는지 모르겠다.
- 저는 행복한 결말을 믿습니다. 항상 그렇게 믿어 왔습니다. 천장에 닿을 만큼 키가 큰 그를 본다면 당신도 그렇게 생각하게 될 것입니다. 그는 금발이고 전등 달린 크리스마스트리처럼 빛으로 둘러싸여 있었습니다. 그리고 제 옆에 있던 작은 아이를 안아 올렸습니다. 저는 그가 아이에게 전하고자 한 메시지를 온전히 이해했습니다. 그것은 저였습니다. 저와 그는 언제나 함께 이야기를 나눴습니다. 그렇지 않았다면 어떻게 인생을 견딜 수 있었을까요? 이렇게 평화롭게 말이죠. …… 정신 상태가 이상한 것 아니냐고요? 그 말을 증명하실 수 있나요?
- **진짜로** 누가 이 행성을 책임지고 있는가?

12장

헛소리 탐지기

인간의 지성은 건조한 등불이 아니라,
의지와 정념의 영향을 받는다.
거기서부터 '각자 뜻대로의 과학'이라고 할 과학이 나온다.
왜냐하면 사람은 진실이었으면 한다고 바라는 것을
더 강하게 믿기 때문이다. 그러므로 사람은
탐구에 대한 조급함 때문에 어려운 것을 거부하고,
희망을 좁히기 때문에 냉정한 것을 거부하고,
미신 때문에 자연 속 심오한 일들을 거부하고,
오만과 자존심 때문에 경험의 등불을 거부하고,
저속한 사람들의 의견을 추종하기 때문에
통속적으로는 믿기지 않는 것들을 거부한다.
그 결과, 셀 수 없이 많은 방법과 때로는 눈치 챌 수 없는 방식으로
정념이 지성을 물들이고 오염시킨다.

— 프랜시스 베이컨(Francis Bacon, 1561~1626년),
『신기관(*Novum Organum*)』(1620년)에서

부모님이 돌아가신 것은 벌써 몇 년 되었다. 나는 당신들과 아주 가까웠다. 아직도 그분들이 지독하게 그립다. 언제나 그러리라는 것을 알고 있다. 나는 그분들의 핵심, 그분들의 개성, 내가 그분들에 관해서 너무도 사랑했던 것들이 아직도 어딘가에 존재한다고 믿고 싶은 마음이, 정말로, 간절하다. 그리 많은 시간이 필요하지도 않다. 겨우 1년에 5분이나 10분 정도, 예를 들어, 그분들에게 손자들 이야기나 최근 소식을 들려드리거나, 내가 지금도 당신들을 사랑한다고 전할 수만 있으면 좋겠다. 철없는 소리처럼 들릴지도 모르지만, 내 마음속 한구석에는 지금 두 분이 어떻게 지내실까 궁금해하는 부분이 있다. "두 분 모두 잘 지내시죠?"라고 묻고 싶다. 그러고 보니 아버지께서 돌아가시던 순간 그분께 건넨 마지막 말은 "잘 지내세요."였다.

가끔은 부모님과 이야기하는 꿈을 꾸고, 갑자기 (꿈속에서) 당신들이 실제로는 돌아가시지 않았고 모든 것이 일종의 무서운 실수였다는 강렬한 깨달음에 사로잡힐 때가 있다. 그분들이 여기 건강하게 살아 계시지 않은가. 아버지는 삐딱한 농담을 던지시고, 어머니는 날씨가 차니까 목도리를 하라고 강권하신다. 잠에서 깨어나면 애도의 과정을 짧게나마 모두 다시 겪는다. 솔직히 말해서 내 마음속에도 사후 세계를 기꺼이 믿고 싶다는 부분이 있다. 그리고 그 부분은 사후 세계에 대한 냉정한 증거 유무에는 조금도 관심이 없다.

그래서 나는 남편의 기일에 남편의 무덤을 찾아 남편과 이야기를 나누었다고 말하는 여자를 보고 비웃거나 하지 못한다. 오히려 그녀의 마음을 너무 잘 이해한다. 그녀가 대화를 나누는 상대가 누구인지 또는 무엇인지는 상관없다. 그것은 문제가 아니다. 진짜 문제는 사람이 사람답게 산다는 것이 무엇인가 하는 것이다. 미국 성인 중 3분의 1 이상이 어떤 수준에서든 죽은 사람과 접촉한 적이 있다고 믿는다. 그 수는 1977년과 1988년 사이에는 15퍼센트 정도 급상승했고, 미국인의 4분의 1이 환생(還生, reincarnation)을 믿는다.

그렇다고 해서 내가 고인의 영혼을 채널링한다고 주장하는 자칭 '영매'나 '채널러' 들을 인정하는 것은 아니다. 나는 그것이 사기로 얼룩진 장사임을 잘 안다. 나 역시 부모님이 곤충이나 뱀이 허물을 벗는 것처럼 단지 육체의 껍질을 벗고 다른 곳으로 가셨다고 한다면 정말로 기뻐할 것이다. 그러나 바로 그런 느낌 때문에 어설픈 사기에 당한 사람이나, 무의식적 심리에 농락당하는 사람들이나, 해리성 동일성 장애로 고생하는 사람들의 이야기를 많이 들어 알고 있다. 그렇기 때문에 내키지는 않지만 나는 내 지적 도구 상자에 보관해 둔 회의주의를 불러일으키지 않을 수 없다.

나는 이렇게 자문해 본다. 채널러들은 채널링 말고는 다른 방법으로는 구할 수 없는 정보, 그리고 과학적으로 검증 가능한 정보를 주지 않는다. 왜 그럴까? 왜 알렉산드로스 대왕은 자기 무덤의 정확한 위치를 우리에게 알려 주지 않고, 피에르 드 페르마(Pierre de Fermat, 1607~1665년)는 자신의 마지막 정리에 관해 알려 주지 않고, 존 윌크스 부스(John Wilkes Booth, 1838~1865년)는 링컨 암살 음모에 관해 알려 주지 않으며, 헤르만 빌헬름 괴링(Hermann Wilhelm Göring, 1893~1946년)은 옛 독일 의회의 화재에 관해 알려 주지 않을까? 왜 소포클레스(Sophoklēs, 기원전 497~406년), 데모크리토스(Democritos, 기원전 460?~380?년), 사모스의 아리스타르코스(Aristarchos of Samos, 기원전 310~230년)는 유실된 그들의 책을 구술해 주지 않을까? 자신들의 걸작이 후세에 전해지는 것을 원치 않는 것일까?

만약 사후 세계가 존재한다는 증거가 발표된다면 나는 꼭 그것을 조사해 볼 것이다. 다만, 그것은 어떤 이야기 같은 게 아니라 제대로 된 과학적 데이터여야 한다. 화성의 인면암과 외계인 납치와 마찬가지로 위안을 주는 공상보다는 냉혹한 사실이 더 필요하다. 그리고 결국에는 대개 사실이 공상보다 더 많은 위안을 준다.

채널링이나 강신술은 죽은 사람의 영혼을 불러 미래를 점치는 행위이다. 근본적인 전제는 사람은 죽어도 죽지 않는다는 사고 방식이고. 엄밀하게 말하자면, 모든 게 죽는 게 아니라 우리의 생각, 감각, 기억에 관련된 부분만은 계속 살아남는다는 것이다. 그렇게 살아남는 것이 무엇이든 간에(그것이 영(靈)이냐 혼(魂)이냐 백(魄)이냐 따지는 이도 있지만, 아무튼 물질도 에너지도 아닌 어떤 것이다.) 그것이 사후에 인간이나 다른 생물의 몸에 다시 들어갈 수 있다고도 한다. 만약 그렇다면 죽음이 주는 슬픔과 고통은 상당히 줄어든다. 그뿐만 아니라 강령술사들이나 채널러들의 주장이 사실이라면 이미 죽은 가족들과 접촉할 수도 있다.

미국 워싱턴 주에 사는 주디 제브라 'J. Z.' 나이트(Judy Zebra 'J. Z.' Knight, 1946년~)는 '람사(Ramtha)'라는 이름을 가진 3만 5000세 먹은 사람과 교신할 수 있다고 주장한다. 그는 영어를 아주 잘 하고 나이트의 혀와 입술과 성대를 사용해서 인도 왕조풍 억양으로 말한다고 한다. 많은 사람이(아이들부터 직업적인 배우까지) 서로 다른 여러 목소리로 말할 줄 안다. 따라서 나이트 여사의 주장을 설명하는 가장 간단한 방법은, 그녀가 홍적세 빙하기 시대에서 온 영혼 같은 것과 교신하는 게 아니라 스스로

'람사' 연기를 하는 것이라고 보는 것이다. 이것을 반박할 만한 증거가 있다면 나는 기꺼이 들어보겠다. 나이트 여사의 입을 빌리지 않고 람사가 혼자 힘으로 말한다면 더 좋을 것이다. 그렇게 하지 못한다면 우리는 그 주장을 검증할 수 없다. (배우 셜리 매클레인(Shirley Maclaine, 1934년~)은 람사가 아틀란티스에 살 때 자신의 형제였다고 증언한다. 그러나 그것대로 검증이 필요한 이야기이다.)

람사를 심문할 수 있다고 가정해 보자. 우리는 그가 자신이 말하는 그대로의 존재인지 질문만으로 증명할 수 있을까? 그는 자신이 3만 5000년 전부터 살았다고 하는데, 그것을 어떻게 아는 것일까? 그는 어떤 달력을 사용해 그것을 계산해 냈을까? 3만 5000년을 한 해 한 해 세 본 적이 있는 것일까? 정확하게 3만 5000년일까, 아니면 몇 년 모자라지는 않을까? 3만 5000년 전의 세상은 어떤 모습이었을까? 가능성은 둘 중 하나뿐이다. 람사가 진짜로 3만 5000세라면 우리에게 그 시대에 대해 무언가 가르쳐 줄 것이다. 아니면 그는(그보다는 그녀는) 가짜이고 무심결에 실수를 범할 것이다.

람사는 어디에 살았을까? (내가 알기로는 그는 인도식 억양이 섞인 영어를 쓴다. 그러나 3만 5000년 전에 그 언어를 사용하는 곳이 있었을까?) 당시 기후는 어떠했을까? 람사는 무엇을 먹었을까? (고고학자들은 그 시기 사람들이 무엇을 먹었는지 조금은 알고 있다.) 당시 사람들이 실제로 쓴 언어는 어떤 것이고 사회 구조는 어떠했을까? 람사는 누구와 함께 살았을까? 아내는 1명이었을까, 아니면 여럿이었을까? 자녀, 손자는 몇이었을까? 생애 주기, 유아 사망률, 평균 수명은 얼마나 되었고 산아 제한 방법은 무엇이었을까? 그들은 어떤 옷을 입었고, 또 그 옷은 어떻게 만들었을까? 당시 사람들에게 가장 위험한 포식 동물은 무엇이었을까? 사냥이나 낚시에 사용된 도구와 전략은? 무기는? 당시에도 성차별이나 인종 차별, 자민족 중심주의 같은 게 있었을까? 만약 람사가 아틀란티스라는 '문명 사회' 출신이라면, 아틀란티스의 언어, 기술, 역사, 기타 등등에 관해 설명해 줄 수 있지 않을까? 그들은 어떤 책을 쓰고 읽었을까? 알고 싶다. 하지만 우리가 '람사'에게서 들은 것은 진부한 설교뿐이었다.

채널링 말고는 얻을 수 없다는 정보의 사례를 하나 더 살펴보자. 인간이 아닌 미지의 존재로부터 채널링을 통해 얻은 정보라고 한다. 이 존재는 미스터리로 가득한 저 크롭 서클을 만든 장본인이라고 한다. 다음 문장은 저널리스트 짐 슈나벨의 책에서 인용한 것이다.

> 우리는 이 죄 많은 나라가 우리에 관한 거짓말을 퍼뜨리는 것에 대해 크게 우려하고 있다. 우리는 기계를 타고 오지 않았다. 우리는 당신들의 대지에 기계를 타고 착륙하지도 않았다. …… 우리는 바람처럼 온 것이다. 우리는 생명력(Life Force)이다. 땅의 생명력. …… 이리로 오라. …… 우리는 아주 가까이 있다. …… 아주 가까이 …… 우리는 수백만 킬로미터 떨어져 있지 않다. …… 생명력은 당신들 몸 안의 에너지보다 더 크다. 그러나 우리는 생명보다 더 높은 수준에서 만나게 될 것이다. …… 우리는 이름이 필요 없다. 우리는 당신들 세계와 평행한, 그러니까 당신들 세계와 나란히 있는 세계에서 왔다. …… 벽은 무너졌다. 두 사람이 과거로부터 되살아날 것이다. …… 큰곰자리 …… 세계는 평화로울 것이다.

사람들이 이런 유치한 기적에 관심을 보이는 것은, 그것이 전통 종교와 비슷한 것을 약속해 주기 때문이다. 특히 죽어도 없어지지 않는 생명이나 영생 같은 것 말이다.

영생 또는 영원한 생명이라고 하니, 일찍이 영국의 다재다능한 과학자인 존 버던 샌더슨 홀데인(John Burdon Sanderson Haldane, 1892~1964년)이 기존 종교와는 좀 다른 아이디어를 제기한 적 있다는 게 생각난다. 그는 많은 일을 했지만 특히 집단 유전학의 창시자 중 한 사람으로 유명하다. 홀데인은 머나먼 미래의 우주를 상상한 적이 있다. 별들도 어두워지고 우주 공간도 모두 차갑게 식은 희박한 기체만 남은 우주였다. 그러나 충분히 오랜 시간이 흐른다면 이 희박한 기체 밀도에도 통계적인 요동이 발생할 것이다. 헤아릴 수도 없을 정도로 오랜 시간이 흐른다면 이 요동에서 현재의 우리 우주와 비슷한 어떤 것이 재구성되리라. 우주가 무한한 나이를 가지고 있다면 그런 재구성 역시 무한정 존재했으리라고 홀데인은 지적했다.

그러니까 은하와 별과 행성과 생명이 무수하게 존재하는 무한대의 수명을 가진 우주에서는 지구와 완전히 똑같은 행성이 반드시 등장해야 한다. 그곳에는 당신과 당신 가족 구성원 전원이 다 똑같이 살고 있을 것이다. 나도 그곳에서 나의 부모님과 재회하고 그분들에게 당신들이 전혀 알지 못하는 손자들을 소개할 수 있으리라. 그리고 이런 모든 일은 한 번만 일어나는 것이 아니라, 무한한 횟수로 일어날 것이다.

그렇지만 이것만으로는 종교가 주는 위안을 완전히 대체할 수는 없다. '이번 생'에 일어난 일들(독자 여러분과 내가 공유하고 있는 바로 이 우리 우주에서 일어난 일들)을 기억하지 못하고 육체만 부활하는 것이라면, 독자들은 어떨지 모르겠지만, 적어도 나는 만족하지 못한다. 공허한 메아리일 뿐이다.

그러나 나의 이런 투정은 무한의 의미를 과소 평가한 것이다. 홀데인의 생각에 따르면, 무한한 수의 우주들이 있을 것이고, 그중에는 우리의 뇌가 무수히 많은 '과거'에 일어난 일을 모조리 완전하게 기억하는 세계도 있을 수 있다. 과연, 이 정도면 만족할 만한 수준에 가깝다. 하지만 내가 이번 생에서 경험한 것과는 비교할 수 없을 정도로 슬픈 비극과 괴로운 공포를 마주하게 될 수도 있음(그것도 한 번이 아니라 무한 번)에 생각이 미치다 보면, 만족스럽다고, 위안이 된다고 말하기 주저하게 된다.

그렇지만 '홀데인의 위로'를 받을 수 있을지 없을지는 우리가 사는 우주가 어떤 종류의 것인지에 달려 있고, 아마도 우주의 팽창을 결국 역전시킬 만큼의 물질이 있는가와, 진공 요동(vacuum fluctuation)의 성질에 달려 있을 것이다. 그렇다면 사후 세계를 갈망하는 사람들은 우주론, 양자 중력, 입자 물리학, 초한수 수학 등에 관심을 보여야 할 것 같지만, 꼭 그렇지만도 않은 것 같다.

초기 교회의 교부인 알렉산드리아의 클레멘트(Clement of Alexandria, 150?~215?년)는 『그리스 인에게 보내는 권고(*Exhortations to the Greeks*)』(190년경)라는 책에서 오늘날에는 약간 반어적으로 들릴지도 모르는 말로 이교도의 믿음을 뿌리친다.

> 실제로 우리는 어른들이 그런 만들어진 이야기에 귀 기울이도록 놔두지 않는다. 우리 자신의 아이들에게도, 심지어 그 아이들이 목이 터져라 울 때라도, 그 아이들을 달래기 위해서라도 그따위 허황된 거짓 이야기를 만들어 들려주는 습관을 가지고 있지 않다.

우리 시대의 규범은 좀 완화된 편이다. 우리는 어린이들의 정서 함양에 도움이 된다는 이유로 아이들에게 산타클로스, 부활절 토끼, 이빨 요정에 관한 이야기를 들려준다. 그러나 아이들이 다 자라기 전에 이 이야기들이 사실이 아니라 신화나 전설임을 깨우쳐 준다. 왜 한 입으로 두 말을 할까? 성인으로서 살아가려면 세계를 있는 그대로 받아들이는 법을 알아야 하기 때문이다. 산타클로스가 실재한다고 어른이 되어서도 진지하게 믿는 사람이 있다면, 주위 사람들은 마음이 편치 않을 것이다.

철학자 데이비드 흄(David Hume, 1711~1776년)은 교조적인 종교에 관해서 다음과 같이 썼다.

> 사람들은 교조적 종교에 대한 의심을 품고 있다고 해도, 마음속으로라도, 그것을 감히 인정하는 용기를 가지고 있지 않다. 오히려 그들은 맹목적인 신앙을 일종의 공덕처럼 여기고, 대담무쌍한 단정과 노골적이기 그지없는 편협함으로 자신의 실질적 부정(不貞, infidelity)을 위장한다.

이러한 부정은 도덕에 심각한 영향을 미친다. 미국 혁명의 이론가 토머스 페인(Thomas Paine, 1737~1809년)은 『이성의 시대(*The Age of Reason*)』에서 다음과 같이 썼다.

> 부정은 신앙이나 불신앙 둘 중 어디에도 속하지 않는다. 부정은 믿지도 않는 것을 믿는 척 언명하는 것이다. 이것이 도덕에 미치는 악영향은 이루 헤아릴 수 없다. 이렇게 표현해도 좋다면, 머릿속으로 거짓말하는 습관이 사회 속에 생기기 때문이다. 전문가가 자신이 믿지도 않는 것을 믿는다고 공언할 정도까지 타락하고 마음의 정조를 팔아먹는다면, 그는 그 어떤 범죄라도 저지를 수 있을 것이다.

토머스 헨리 헉슬리는 이것을 다음과 같이 정식화했다.

> 도덕의 기초는 …… 증거가 없는 것을 믿는 척하지 않는 것, 그리고 이해 가능성을 넘어선 사안에 대해 영문 모를 주장을 단순히 반복하는 일을 포기

하는 것이다.

클레멘트, 흄, 페인, 헉슬리의 말은 모두 종교에 관한 것이다. 그러나 그들의 견해는 더 일반적으로 적용할 수 있다. 예를 들어, 우리가 사는 오늘날의 상업주의 문명에 대해서 생각해 보자. 끈질긴 권유와 유혹이 일상인 세계 아닌가. 일단, 아스피린 광고를 보자. 의사로 분장한 배우가 나와 각사의 경쟁 제품에 함유된 진통 성분을 비교해 보여 주고, "의사들이 가장 많이 권하는 제품은 바로 이것입니다."라고 시청자들에게 말을 건다. 그들은 그 신비한 성분이 무엇인지, 어떤 작용을 하는지는 말해 주지 않고, 단지 자신들의 제품에 그 성분이 극적으로 많이 들어 있다고(1정당 1.2~2배 정도라고.) 사라고 권유한다. 그런데 경쟁사의 제품 2정을 복용하면 안 되나? 이번에는 자기 회사의 진통제가 경쟁사의 '일반' 제품보다 효과가 좋다고 광고하는 경우를 생각해 보자. 그렇다면 경쟁사의 '특별' 또는 '강화' 제품을 사 복용하면 되지 않을까? 게다가 광고 모델은 부작용에 대해서는 입을 다문다. 아스피린 사용 때문에 미국에서 매년 수천 명 이상이 사망한다거나, 아세트아미노펜, 주로 타이레놀 사용 때문에 매년 5,000건 정도의 콩팥 기능 부전이 발생한다는 사실은 말해 주지 않는다. (타이레놀의 경우 인과 관계는 명확하게 밝혀지지 않았다. 인과 관계는 없고 상관 관계 정도만 있을 수도 있다.) 그리고 아침 시리얼에 비타민이 잔뜩 들어 있다고 강조하는 광고도 있다. 그렇다면 그 시리얼을 살 필요 없이 다른 메뉴로 아침을 먹고 비타민 영양제를 따로 1정 먹으면 되지 않을까? 마찬가지로 칼슘이 영양 섭취에는 도움을 주지만 위염과 무관하다면 왜 칼슘이 들어 있는 제산제를 피할 필요가 있을까? 상업주의 문화는 소비자를 희생시키는 이런 식의 잘못된 지시와 책임 회피로 가득 차 있다. 그러니까 묻지 마라, 생각하지 마라, 그냥 사라 하고 싶은 것이다.

특히 자칭 또는 세칭 전문가들이 돈을 받고 쓴 추천사나 보증서도 문제이다. 홍수처럼 넘치는 그 글들은 사기와 기만으로 가득하다. 그들이 소비자들의 지성을 우습게 본다는 것은 조금만 읽어 보아도 일목요연하다. 이런 자들 때문에 대중 사이에서 부패가 싹트고, 과학적 객관성에 대한 태도에도 크나큰 해악을 끼친다. 요즘에는 정상적인 과학자들이 기업과 한통속이 되는 경우도 많다. (그중에는 저명한 이도 있다.) 그들은 과학자도 돈 때문에 거짓말한다고 가르치는 셈이다. 토머스 페인이 경고했듯이, 거짓말하는 습관은 다른 악을 위한 기초 작업이다.

지금 이 글을 쓰고 있는 내 눈앞에는 매년 개최되는 뉴 에이지 박람회 중 하나인 홀 라이프 엑스포(Whole Life Expo) 샌프란시스코 대회의 프로그램 하나가 놓여 있다. 이 행사에는 보통 수만 명의 사람이 참가한다. 프로그램을 펼쳐 보니 아주 수상한 전문가들이 아주 수상한 제품들을 내다 팔기 위해 노력하고 있음을 쉽게 알 수 있다. 이 박람회의 발표 주제를 몇 가지 살펴보자. "뭉친 혈중 단백질이 어떻게 통증과 질병을 일으키는가." "수정, 그것은 부적인가 돌인가?" (나도 나름 의견이 있다.) 이 제목 밑에는 다음과 같은 문장이 이어진다. "수정이 라디오와 텔레비전의 음파와 광파를 집속(集束)하는 것처럼(라디오와 텔레비전의 작동 방식에 대한 한심한 오해이다.) 수정은 균형이 깨진 인간의 정신적인 파동을 증폭시킬 수 있다." 또 이런 것도 있다. "여신의 귀환, 표상으로서의 의식." 이런 것은 또 어떨까? "동시성(synchronicity), 인식의 경험." 이것은 "수도사 찰스"가 발표한다고 한다. 다음 쪽에는 "당신, 생 제르맹, 그리고 보라색 화염을 통한 치유."라는 문구가 나온다. 그리고 홀 라이프 엑스포에서 제공하는 수많은 "기회"에 대한 광고가 끝없이 이어진다. 말 그대로 기괴한 것부터 사기인 게 명백한 것까지 온갖 게 전시된 박람회이다.

암 때문에 정신까지 이상해진 암 환자들은 '심령 치료'를 받겠다고 필리핀으로 여행 간다. 그곳에서 '심령 외과의'들은 환자의 몸속에 맨손을 집어넣어 병든 조직을 꺼내는 시늉을 한다. 그렇게 하면 병이 낳는 것처럼 말이다. 그러나 그들이 꺼냈다고 하는 환부 조직은 미리 손에 감추고 있던 닭의 간이나 양의 심장 조각이다. 서구 민주주의 국가의 지도자들도 국가 대사를 결정하기 전이나 정기적으로 점성술사나 신비주의자나 무당 또는 아무개 법사(法師)의 자문을 구한다. 미궁에 빠질 것 같은 살인 사건이나 실종 사건을 다루는 경찰은 결과를 내놓으라는 대중의 압력 때문에 초능력자들, 즉 ESP '전문가(expert)'들의 사무실을 찾는다. (소위 초능력자들이 할 수 있는 예측은 상식의 범위를 벗어나지 못한다. 그러나 ESP 전문가들 또는 초능력자들의 말에 따르면 경찰이 계속해서 그들을 찾는다고 한다.) 미국의 중앙 정보국(Central Intelligence Agency), 즉 CIA는 천리안이나 투시력 같은 초능력 연구에 있어 적대국보다 뒤처져 있다는 의회의 공격을 받고는, 염력(念力)만으로 심해 잠수함의 위치를 알아낼 수 있는지 알아내려고 세금을 탕진하고 있다. 지도 위에서 추를 흔들거나 비행기에서 다우징(dowsing)을 해 새로운 광맥을 찾아낼 수 있다는 초능력자들도 있다. '사이킥(psychic)'이라고 불린다. 오스트레일리아의 채광 회사 중 하나는 한 초능력자에게 막대한 선금을 지급하고, 실패할 경우에는 선금을 반납하지 않아도 되고 성공할 경우에는 광산 개발로 번 이득의 일부를 나눠주는 계약을 체결했다. 물론 아무것도 발견되지 않았다. 예수상이나 성모 마리아 벽화에 습기가 차 물방울이 생긴 것을 보고 수천 명의 선량한 사람들이 기적을 목격했다고 확신하는 경우도 있다.

이것들은 모두 헛소리나 엉터리로 밝혀졌다. 또는 그런 것으로 추정된다. 한마디로 사기라고 하기에는 사정이 제각각이기는 하다. 어떤 것은 많은 사람이 관여되어 있기는 하지만 악의는 없고, 또 어떤 것은 냉혹한 기획하에 이루어진다. 이런 사기에 낚이는 피해자는 대개 불가사의한 일에 관심이 많고, 놀라움, 두려움, 탐욕, 비탄 같은 강렬한 감정에 사로잡히는 경우가 많다. 헛소리나 엉터리를 쉽게 믿고 받아들이면 그 대가가 클 수 있다. 미국의 서커스 왕으로 유명했던 흥행사 피니어스 테일러 바넘(Phineas Taylor Barnum, 1810~1891년)이 "호구는 1분마다 1명씩 태어난다."라고 말했는데, 바로 이 경우를 가리킨다. 그러나 문제는 돈 문제에 그치지 않는다. 정부나 사회가 비판적 사고 능력을 상실한다면 그 결과는 재앙이 될 수 있다. 엉터리 이야기에 낚인 사람들을 동정하기는 하지만 문제는 심각하다.

과학을 할 때 우리는 실험 결과나 데이터, 관측 결과나 측정값 같은 '사실'에서 출발해야 한다. 이 사실에 대한 설명을 가능한 한 풍부하게 고안해 내고 각 설명을 사실과 체계적으로 대조해 본다. 과학자들은 과학자로서의 훈련 과정에서 '헛소리 탐지기'라고 할 만한 것을 갖추게 된다. 새로운 아이디어가 등장할 때마다 과학자들은 이 탐지기를 꺼내 쓴다. 그 아이디어가 탐지기에 들어가 다양한 검사를 통과해 살아남는다면 당분간은 과학자들의 따뜻한 대우를 받을 것이다. 만약 당신이 헛소리(그것이 아무리 큰 위안을 주는 것이라고 해도)에 낚이거나 넘어가고 싶지 않다면 소비자 테스트를 거친 실적이 있는 방법을 사용하는 게 좋을 듯하다.

그렇다면 이 헛소리 탐지기에는 어떤 검사 도구들이 들어 있을까? 의심할 줄 아는 사람, 그러니까 회의주의적 사고가 가능한 사람들을 위한 도구들이 들어 있다.

회의주의적 사고란, 결국 합리적인 논의를 구성하고 이해하기 위한 수단이다. 그중에서도 중요한 것은 사람을 현혹하는 사기를 꿰뚫어 보는 것이다. 문제는 일련의 추론을 통해 나온 결론이 **마음에 드는가**가 아니라, 그 결론이 전제 내지 출발점에서 **제대로 유도된 것인가** 하는 것이고, 또 그 전제가 참인가 하는 것이다.

그 도구들의 예를 몇 가지 들어 보자.

- 확증을 잡아라. '사실'이라고 한다면, 서로 독립적인 확증을 가능한 한 많이 모아라.
- 논의를 무대 위로 올려라. 증거가 나온다면 그것을 서로 다른 관점을 지지하는 사람들 앞에 내놓고 실질적인 논쟁이 가능하도록 하라.
- 권위주의에 빠지지 마라. 권위자들의 말이라고 해서 특별히 중요한 것은 아니다. '권위자들'은 과거에도 실수했고 미래에도 다시 그럴 것이다. 아마 이런 식으로 말하는 것이 더 적절할 것 같다. "과학에 권위자 따위는 없다. 기껏해야 전문가만 있을 뿐이다."
- 가설은 복수로 만들어라. 작업 가설을 하나 이상 만들어야 한다. 설명되지 않은 게 있다면 그것을 설명할 수 있는 가설을 가능한 한 많이 만든다. 그다음 거기서 얻어지는 각각의 가설을 체계적으로 반증할 방법을 고안한다. 이 다윈주의적 선택을 통과해 살아남은 가설은 막 생각해 낸 가설보다 올바른 답을 가져다줄 가능성이 훨씬 더 클 것이다.•
- 자기애에 빠지지 마라. 자신이 만든 가설이라는 이유만으로 지나치게 집착하지 않도록 노력해야 한다. 그것은 지식의 추구에서 하나의 중간역일 뿐이다. 왜 그 생각이 마음에 드는지 자문하라. 그 생각을 다른 대안들과 공정하게 비교하라. 그 생각을 거부할 이유가 없는지 살펴보라. 당신이 찾

• 이것은 재판의 배심제와도 관련이 있다. 이제까지의 사례 연구에 따르면, 배심원 중에는 아주 일찍 — 아마도 개시 변론을 듣는 동안에 — 마음을 정한 다음, 그 최초의 인상에 부합하는 것처럼 보이는 증거만 받아들이고 반대 증거는 거부하는 이들이 있다고 한다. 작업 가설을 복수로 만들라는 헛소리 탐지기가 그들의 머릿속에서는 작동하지는 않는 것이다.

지 않는다면 다른 사람이 찾을 것이다.

- 정량화하라. 척도가 있고 수치로 나타낼 수 있다면 서로 경쟁하는 가설들 사이에서 하나를 골라내는 데 도움이 된다. 모호하고 정성적인 문제들은 다양한 설명이 있을 수 있다. 물론 우리는 다종다양한 정성적인 문제들에 직면할 수 있고, 그 문제 중에도 찾아내야만 하는 진실이 있을 수 있지만, 진실을 '알아내는' 게 더 도전할 만한 일이다.
- 약점을 때려라. 논증이 사슬처럼 이어져 있다면 그 사슬의 연결 고리 '하나하나가' 제대로 기능하는지 확인해 보아야 한다. '대부분'만으로는 안 된다. 전제를 포함해서 연결 고리 '모두가' 제 기능을 해야 한다.
- 오컴의 면도날(Occam's Razor)을 잊지 마라. 이 편리한 경험 법칙에 따르면 데이터를 '똑같은 정도로 잘' 설명하는 가설이 2개 있을 경우 단순한 쪽을 선택해야 한다.
- 반증 가능성을 점검하라. 가설이 나오면, 반드시 적어도 원리상으로라도 반증 가능한지 점검해야 한다. 반증할 수 없는 명제는 별다른 가치도 없다. 예를 들어, 다음과 같은 가설이 있다고 해 보자. "우리 우주와 우주 안의 삼라만상은 훨씬 더 큰 우주의 전자 같은 기본 입자에 지나지 않는다." 정말로 원대한 생각이 아닐 수 없다. 그러나 우리 우주 밖에서 정보를 얻을 수 없는 한 이 가설은 반증 불가능하다. 주장은 검증할 수 있는 것이어야 한다. 회의주의자들이 추론 과정을 되짚을 수 있게 해 주어야 하고, 실험을 반복하거나 재현해 검증할 수 있도록 해 주어야 한다.

앞에서 강조했듯이 실험이 핵심이다. 특히 그 실험은 신중하게 설계되어야 하고, 대조 실험도 가능해야 한다. 머릿속에서 생각하고 자리에 앉아 명상하는 것만으로는 많은 것을 배울 수 없다. 물론 처음 생각해 낸 가설이 만족스러운 결과로 이어진다면 좋은 일이고, 가설이 전혀 없는 것보다는 하나라도 있는 게 낫다. 그러나 가설을 여러 개 고안해 냈다면 어떨까? 그중에서 무엇을 고를지 어떻게 결정할 수 있을까? 결정은 우리가 하는 것이 아니다. 실험이 결정한다. 프랜시스 베이컨의 고전적인 설명을 들어보자.

> 새로운 성과를 발견해 내기 위해서는 논증만으로는 충분하지 않다. 왜냐하면 자연의 정묘함은 추론의 정묘함보다 몇 배 더 크기 때문이다.

대조 실험은 필수적이다. 예를 들어, 어떤 신약의 치료 효과가 20퍼센트 정도라는 주장이 있다고 해 보자. 그러나 설탕으로 만들어진 위약(僞藥)을 위약인지 모르는 피험자들에게 먹인 대조 실험이 수행되지 않았다면 이 주장을 인정할 수 없다. 이 대조 실험에서도 마찬가지로 20퍼센트의 사람들이 자가 치유된다면 그 신약의 효과는 없는 거나 마찬가지이기 때문이다.

변수는 반드시 분리해야 한다. 당신이 뱃멀미가 있다고 해 보자. 그래서 지압 효과가 있는 팔찌를 차고 멀미약인 메클리진(meclizine) 50밀리그램을 복용한다. 불쾌함이 사라질 것이다. 그런데 무엇 때문일까? 팔찌 덕분일까, 약 덕분일까? 다음번에 뱃멀미할 때 하나를 다른 것 없이 시험해야만 해답을 알 수 있다. 그러나 당신이 기꺼이 뱃멀미를 감수할 만큼 과학에 관심이 있는 것은 아니라고 해 보자. 그렇다면 변수를 분리하지 않을 것이다. 다시 팔찌도 차고 약도 먹을 것이다. 전에 이걸로 나았으니, 다시 불편해지면서까지 지식을 얻을 필요가 어디 있느냐 하고 반문할지도 모르겠다.

실험은 '이중 맹검법(double-blind test)'을 사용하지 않으면 안 되는 경우가 종종 있다. 이 방법을 사용하는 것은, 어떤 발견을 기대하는 사람이 모르는 사이 그 결과에 힘을 실어 주어 실험 전체를 의심스러운 것으로 만드는 것을 막기 위해서이다. 예를 들어, 신약 시험을 할 때, 환자의 증상이 호전되거나 고통이 감소했는지 판정하는 의사는 신약을 복용한 환자가 누군지 몰라야 한다. 그 지식은 의사의 판단에 (무의식적으로든 잠재적으로든) 영향을 줄 수 있기 때문이다. 따라서 증상 호전을 경험한 사람들의 목록과 신약을 복용한 사람들의 목록을 각각 독립적으로 작성한 다음 비교해야 한다. 이렇게 하면 증상 호전과 신약 복용 사이에 상관 관계가 있는지 없는지 분명하게 알 수 있다. 또 다른 예를 하나 더 들어 보자. 경찰서에서 범인을 찾기 위해 용의자들을 줄 세워 놓고 목격자로 하여금 보게 하거나, 사진을 쭉 훑어보도록 하는 경우가 있다. 이때 목격자를 담당하는 경찰관이 누가 제1용의자인지 알아서는 안 된다. 그의 언동이 목격자의 판단에 의식적으로든 무의식적으로든 영향을 미치기 때문이다.

확신에 찬 주장을 만나게 된다면 헛소리 탐지기를 준비하라. 성능 좋은 탐지기라면 그 주장을 음미할 때 해야 할 일을 가르쳐 줄 뿐만 아니라, 하지 말아야 할 일도 가르쳐 준다. 흔하게 빠지는 논리적 함정과 수사학적 오류를 피하는 데에도 도움을 준다. 종교와 정치 분야에서 이 함정과 오류의 좋은 예들을 무수히 찾아볼 수 있다. 종교인과 정치가는 서로 모순되는 두 명제를 동시에 정당화해야 하는 경우가 아주 흔하기 때문이다. 그 예를 몇 가지 들어 보겠다.

- 대인 논증(ad hominem): ad hominem은 원래는 '사람에게'라는 뜻의 라틴

어이다. 논의 내용이 아니라 논쟁 상대를 공격하는 것이다. 예: "스미스 목사는 유명한 성경 원리주의자이고, 따라서 진화에 대한 그의 반대 의견은 진지하게 받아들일 필요 없다."

- 권위에 호소하는 논증(argumentum ab auctoritate): 예: "리처드 닉슨 대통령은 동남아시아의 전쟁을 끝낼 계획을 가지고 있기 때문에 그를 다시 대통령으로 뽑아야 한다. 그러나 그것은 극비 계획이기 때문에 유권자들에게 그 진가를 설명할 방법이 없어 아쉬울 뿐이다." (이 주장은 그가 대통령이기 때문에 그를 신뢰해야 한다는 것이나 마찬가지이다. 그러나 이후 밝혀진 바와 같이 그는 믿을 만한 사람이 아니었다.)
- 불리한 결과에 의거한 논증(argument from adverse consequences): 예: "하느님은 존재하고 상과 벌을 심판하신다. 하느님이 존재하지 않는다면, 사회는 훨씬 더 혼란스럽고 위험해질 것이고 심지어 무정부 상태에 빠질 것이기 때문이다."• 예: "부인 살해의 혐의로 세상을 소란스럽게 하고 대중 매체의 주목을 받은 재판이 있다. 그 재판의 피고인은 유죄 처분을 받아야 한다. 그렇지 않으면 남자들에게 자기 아내를 죽여도 된다고 광고하는 꼴이 되기 때문이다."
- 무지에 호소하는 논증(argumentum ad ignorantiam): "거짓으로 증명되지 않은 것은 무엇이든 참이다." 또는 "참이라고 증명되지 않은 것은 거짓이다." 하는 부류의 주장. 예: "UFO의 지구 방문을 부정하는 결정적인 증거가 없다. 그러므로 UFO는 존재한다. 그리고 우주의 어딘가에 지적 생명체

• 로마의 역사가 폴리비오스(Polýbios, 기원전 200?~118?년)는 더 냉소적으로 이렇게 말했다. "대중은 변덕스럽고 허망한 욕망으로 가득 차 있고 열정에 끌려다니며 결과 따위는 개의치 않는 무리에 불과하다. 그들을 질서에 순종하게 만들기 위해서는 공포를 맛보게 할 수밖에 없다. 그러므로 고대인들은 신과 사후 세계의 심판 같은 믿음을 고안해 냈다."

가 존재한다." 예: "우주에 무수히 많은 세계가 있을 수 있다. 하지만 지구보다 도덕적으로 진보한 세계는 단 하나도 알려져 있지 않다. 따라서 우리는 여전히 우주의 중심이다." (결론으로 바로 뛰어드는 이 참을성 없는 주장은 다음과 같은 말로 비판할 수 있다. "증거의 부재는 부재의 증거가 아니다.")

- 특별 변론(special pleading): 이중 잣대의 오류와 이어진다. 대개 논리적, 수사학적 난관에서 빠져나오려고 할 때 종종 쓰인다. 예: "한 여자가 명령을 거역하고 한 남자에게 사과를 먹으라고 유혹했다는 이유로, 어떻게 자비로운 하느님이 그 후손 모두에게 고통을 선고할 수 있는가? 이 질문에 대한 특별 변론은 다음과 같다. 당신은 자유 의지라는 난해한 교리를 이해하지 못한다." 예: "위격(位格)은 하나인데, 하느님이신 성부, 성자, 성령이 따로 존재할 수 있는가? 이 질문에 대한 특별 변론은 다음과 같다. 당신은 삼위일체의 신성한 신비를 이해하지 못한다." 예: "하느님은 유태교, 기독교, 이슬람교의 추종자들에게 긍휼과 자비라는 영웅적인 수단을 취하라고 가르쳤다. 그런데 어째서 그렇게 오랫동안 잔혹 행위를 저지르는 것을 허용해 왔는가? 이 질문에 대한 특별 변론은 다음과 같다. 당신은 여전히 자유 의지를 이해하지 못하고 있다. 하느님은 언제나 신비하게 움직이신다."
- 선결 문제 요구(petitio principii): 논점을 회피하는 데 쓰인다. 답은 처음부터 정해져 있다. 예: 폭력 범죄를 억제하기 위해서는 사형을 제도화해야 한다. (그런데 사형제가 있다고 해서 진짜로 폭력 범죄 발생률이 떨어질까?) 예: "어제 주식 시장이 하락한 것은 투자자들의 기술적인 조정과 차익 실현 때문이다." (그러나 조정과 차익 실현이 원인이라는 '독립적인' 증거는 어디에도 없다. 주식 방송에서는 이것을 설명이라고 내놓지만 아무것도 설명하지 못한다.)
- 선택 편향(selection bias): 관찰 결과 중 유리한 상황만 골라 나열하는 것을 말한다. 철학자 프랜시스 베이컨은 "적중한 것은 계산에 넣고 빗나간 것

은 잊어버리기."라고 표현했다.• 예: "어떤 주에서 자기 주에서 대통령이 여러 번 나온 것은 자랑하지만, 연속 살인범이 잔뜩 나온 것은 말하지 않는다."

- 소수 통계(statistics of small numbers): 선택 편향의 친척 격 오류이다. 예: "5명 중 1명은 중국인이라고 합니다. 그럴 리가 없습니다. 저는 수백 명을 알지만, 그중에 중국인은 1명도 없습니다." 예: "로우 게임인데 7 카드가 세 번 나왔다. 오늘 밤에는 질 리가 없다."
- 확률의 본성에 대한 오해(misunderstanding of the nature of statistics): 예: "드와이트 아이젠하워 대통령은 미국인의 절반이 평균 이하의 지능 지수를 가졌음을 알고 깜짝 놀랐다."
- 비정합성(inconsistency): 일관된 견해를 가지지 않는 것. 예: "가상 적국에 대해서는 최악의 상황에 대비해서 신중하게 대처하지 않으면 안 된다. 그

• 다음 이야기는 이탈리아 물리학자 엔리코 페르미의 일화로 실은 내가 무척 좋아하는 이야기이다. 페르미는 미국에 도착하자마자 맨해튼 계획의 참가자 후보로 선정되었고, 제2차 세계 대전이 한참 진행되던 와중에 미국 해군의 고위 장교들과 만나게 되었다.

"아무개 씨는 위대한 장군입니다."라고 한 장교가 말했다.

"위대한 장군이라니 정의가 무엇입니까?" 페르미가 그답게 물었다.

"제 생각에 여러 전투에서 승리한 장군을 말하는 것 같습니다."

"구체적으로 몇 번이죠?"

장교들은 몇 마디 주고받은 후 다섯 번이라고 답했다.

"그렇다면 미국 장군 중 위대한 장군은 몇 퍼센트나 될까요?"

다시 몇 마디 주고받은 후 그들은 3~4퍼센트 정도일 것이라고 답했다.

그 말을 받아 페르미는 다음과 같이 이야기했다, "일단, 위대한 장군 같은 것은 없고, 모든 군대가 비슷한 정도로 우수하고, 전투의 승리는 순전히 우연의 문제라고 가정해 봅시다. 그러면 전투 한 번에서 이길 확률은 2분의 1, 전투 두 번에서는 4분의 1, 세 번은 8분의 1, 네 번은 16분의 1이 되고, 전투에서 다섯 번 연속 이길 확률은 32분의 1이 됩니다. 대략 3퍼센트죠. 따라서 미국의 장군들 가운데 3퍼센트 정도는 우연만으로도 5회 연속 승리하리라고 기대할 수 있습니다. 그런데 전투를 열 번 해서 모두 승리한 장군이 있을까요?"

러나 환경 위기에 관한 과학적 예측에는 대처하지 않아도 된다. 과학적 예측은 아직 '증명'된 게 아니기 때문이다." 예: "(구)소련의 평균 수명이 줄어든 것은 공산주의(이미 소멸한 체제이다.)의 실패 탓이지만, 미국의 높은 유아 사망률(현재 주요 산업 국가 중 최고 수준이다.)은 자본주의의 실패 탓이 아니다." 예: "우주가 미래로 영원히 존재한다는 것은 합리적이라고 생각하지만, 우주에 무한한 과거가 있다고 하는 것은 불합리하다."

- 그릇된 결론(non sequitur): non sequitur는 '나올 수 없는 결론'이라는 뜻의 라틴 어로 전제와 제대로 이어지지 않은 불합리한 결론을 말한다. 예: "신은 위대하니 우리나라는 영원하리라!" (대부분의 나라가 이것과 비슷한 문구를 진실처럼 믿는다. 독일어로는 독일군 문장에 사용된 "신은 우리와 함께하시리라."라는 뜻의 "Gott mit uns."가 있다. 대개 그릇된 결론에 빠지는 사람들은 대안적인 가능성을 인식하지 못했을 뿐이다.)
- 선후, 즉 인과 혼동(post hoc, ergo propter hoc): '그것은 이것 이후에 발생했다. 고로 그것은 이것의 결과이다.'라는 뜻의 라틴 어. 선후 관계를 인과 관계로 판단하는 오류이다. 예: 마닐라의 대주교 하이메 신(Jaime Sin, 1928~2005년) 추기경은 다음과 같이 말했다. "내가 아는 한 여성은 60세처럼 보이지만 26세이다. 그녀는 피임약을 복용했기 때문에 그렇게 되었다." 예: "여성들이 투표권을 갖기 전까지 세상에 핵무기는 없었다."
- 무의미한 질문(meaningless question): 예: "불가항력(不可抗力)의 힘이 부동(不動)의 물체와 만나면 어떻게 될까?" (불가항력 같은 게 있다면 부동의 물체 따위는 있을 수 없고 그 반대도 마찬가지이다.)
- 배중률(principe du tiers exclu)의 잘못된 적용: 또는 잘못된 이분법. 중간 또는 제3의 가능성이 있는데도 양극단만 생각하는 것을 말한다. 예: "남편 말이 맞아요. 나쁜 건 언제나 나니까." 예: "너는 국가를 사랑하는가, 아니면 증오하는 것이다." 예: "문제를 해결하려 하지 않는 자는 문제를 일으키

는 자이다."

- 단기와 장기의 혼동(shor-term vs. long-term): 배중률 오류의 부분 집합이지만, 중요한 문제이므로 특별히 주의하기 위해서 따로 항목을 만들었다. 예: "우리는 영양 실조 아동을 구호하고 취학 전 아이들을 교육하는 프로그램을 지원할 수 없다. 급선무는 거리의 범죄를 줄이는 것이다." 예: "막대한 재정 적자를 껴안고 있는데, 우주 탐사를 하거나 기초 과학을 연구할 여유가 어디 있는가?"
- 미끄러운 비탈길(slippery slope): 배중률 오류와 관계가 있다. 사소한 결정이 의도하지 않은 커다란 결과를 초래할 수 있다고 주장하려는 경우 많이 볼 수 있다. 예: "임신 초기 몇 주간의 낙태를 허용한다면 만삭의 유아 살해를 막을 수 없을 것이다." 예: (앞의 예와 반대 사례이다.) "일단 정부가 낙태를 금지한다면 임신 기간 내내 여성의 몸에 대해 시시콜콜 지시하는 상황이 초래될 것이다. 따라서 해산달이 다 되었다고 하더라도 낙태를 금지해서는 안 된다."
- 상관 관계와 인과 관계의 혼동(confusion of correlation and causation): 라틴어로는 "cum hoc ergo propter hoc."라는 표현이 있다. "이것이 함께 있다. 고로 이것이 원인이다."라는 뜻이다. 현대 과학계에서는 "Correlation does not imply causation.", 즉 "상관은 인과를 함축하지 않는다."라는 표현을 주로 쓴다. 예: "조사에 따르면 교육 수준이 낮은 사람들보다 대학 졸업자 중에 동성애자가 더 많다. 그러므로 교육은 사람들을 동성애자로 만든다." 예: "안데스 산맥의 지진은 천왕성의 최대 접근과 상관 관계가 있다. 따라서 천왕성의 최대 접근이 안데스 산맥 지진의 원인이다." (더 가깝고 더 무거운 행성인 목성은 그런 식의 상관 관계를 보인 적이 없다.)•

• 이런 예도 있다. "폭력적인 텔레비전 프로그램을 보는 아이들이 자라서 더 폭력적으로 되

- 허수아비 때리기(straw man): 상대방의 견해를 가공해 공격하기 쉬운 것으로 바꾸는 것이다. 예: "과학자들은 생물들이 단순한 우연을 통해 현재 모습으로 만들어졌다고 생각한다." (자연은 제대로 작동하는 것은 보존하고 그렇지 않은 것을 폐기함으로써 서서히 변해 간다는 다윈주의의 핵심 통찰을 고의적으로 무시하는 것이다.) 예: "환경주의자들은 인간보다 달팽이시어(snail darter)나 점박이올빼미(spotted owl)에 더 많은 관심을 가진다." (이것은 단기와 장기의 혼동의 오류와도 관계가 있다.)
- 증거 억압(suppression of evidence): 진실의 절반만 이야기하는 것이다. 예: "레이건 대통령 암살 계획에 대한 '예언'이 텔레비전을 통해 방송되었다. 놀라울 정도로 정확한 예언이었고 널리 알려졌다." (그런데 이 예언 영상이 암살 미수 사건이 일어나기 전에 녹화되었는가, 아니면 사건이 일어난 후에 녹화되었는가 하는 정말 중요한 문제는 이 방송에서는 다루어지지 않았다.) 예: "부패한 국가를 타도하기 위해서는 혁명이 필요하다. 혁명 과정에서 다소의 희생이 발생할 수 있지만 어쩔 수 없다." (그렇겠지. 그러나 이전 체제보다 훨씬 더 많은 사람이 희생된다면 그 혁명이 꼭 필요한 것일까? 역사상 수많은 혁명의 경험 속에서 우리는 어떤 교훈을 얻을 수 있을까? 압제를 타도하겠다는 혁명이 모두 바람직할까? 또는 진짜로 인민을 위한 것일까?)

는 경향이 있다." 그러나 텔레비전이 폭력의 원인인가, 아니면 폭력적인 아이들이 폭력적인 프로그램을 선호하는가? 둘 다 참일 가능성이 아주 크다. 텔레비전의 폭력적인 방송 프로그램을 옹호하는 사람들은 누구나 텔레비전과 현실을 구별할 수 있다고 주장한다. 그러나 오늘날 토요일 아침에 하는 어린이 방송에는 시간당 평균 25건의 폭력 장면이 포함되어 있다. 이 영향을 아무리 최소화한다고 하더라도, 이렇게 많은 장면에 노출된다면 아이들도 공격성이나 무차별적 잔학 행위에 익숙해지고 무감각해져 버릴 것이다. 심지어 성인도 민감한 시청자는 이 정도로 노출될 경우 가짜 기억을 가지게 될 수도 있다. 어린이들이 초등학교를 졸업하기 전까지 대략 10만 건의 폭력 장면에 노출된다면, 대체 그들의 마음에 어떤 생각이 심어지게 될까 두렵다.

- 얼버무리기(weasel word): '익명의 권위자(anonymous authority)'를 이용해 고의로 의미를 얼버무리는 오류이기도 하다. 예: 아메리카 합중국의 헌법에 명기된 삼권 분립 조항에 따르면 합중국은 의회의 선전 포고 없이 전쟁을 수행할 수 없다. 한편, 대통령에게는 외교 정책에 대한 권한과 전쟁 수행에 대한 통수권이 부여된다. 대통령은 이것을 재선을 위한 강력한 도구로 활용할 수도 있다. 그러므로 어느 당에서 배출된 대통령이든 국민의 애국심을 선동하고 전쟁을 무언가 다른 이름('치안 활동', '무장 습격', '방어 대응', '분쟁 해결', '미국의 권익 보호'처럼 대의명분을 주는 듯한 작전 이름을 고안해 붙인다.)으로 부르면서 전쟁의 씨앗을 뿌린다. 정치적 목적을 위해 언어를 재발명하는 것은 드문 일이 아니다. 그중 전쟁과 관련된 완곡 어법은 하나의 커다란 장르를 이루고 있다. 탈레랑, 즉 샤를모리스 드 탈레랑페리고르(Charles-Maurice de Talleyrand-Périgord, 1754~1838년)는 이렇게 이야기했다. "민중이 불쾌해하는 어떤 제도의 낡은 이름을 새로운 이름으로 바꿔 붙이는 것은 정치가로서 중요한 기술 중 하나이다."

'헛소리'에 이러한 논리적 오류와 수사학적 함정이 있다는 것을 알면 우리의 '탐지기'는 완전해진다. 물론 다른 모든 도구와 마찬가지로 헛소리 탐지기를 오용하거나 문맥에 맞지 않게 사용할 수도 있다. 또 스스로 생각하는 것을 대체해 버리는, 재미없는 장치가 되어 버릴 수도 있다. 그러나 이 탐지기를 슬기롭게 사용한다면 세상을 바꿀 수 있다. 특히 다른 사람과 논쟁하기 전에 자기 주장을 이 탐지기로 점검해 본다면 세상은 더욱 좋아질 것이다.

미국 담배 산업은 매년 약 500억 달러의 매출을 올린다. 담배 업계는 흡연과 암 사이에 통계적인 상관 관계가 있음은 인정하지만 인과 관계는 인정되지 않았다고 주장한다. 담배를 피우면 암에 걸리기 쉽다고 하는 것은 논리적 오류라는 말이다. 이 말은 무슨 뜻인가? 유전적으로 암에 걸리는 경향이 있는 사람들은 유전적으로 중독성 약물을 복용하는 경향도 있을 것이라는 뜻일까? 만약 그렇다고 한다면 암과 흡연 사이에 상관 관계는 있지만, 암은 흡연의 결과가 아니다. 이런 식으로 점점 더 무리한 연결을 꾸며낼 수 있다. 이것이 바로 과학이 대조 실험의 중요성을 강조하는 이유 가운데 하나이다.

생쥐 여러 마리 등에 담배의 성분인 타르를 바르고 같은 수의 다른 생쥐에게는 타르를 바르지 않은 다음 두 집단을 동일한 조건에 두고 건강 상태를 추적한다고 해 보자. 전자는 암에 걸리고 후자는 암에 걸리지 않는다면 그 상관 관계가 인과 관계라고 어느 정도 확신할 수 있다. 담배 연기를 허파까지 깊이 들이마시면 암에 걸릴 가능성이 커진다. 들이마시지 않으면 그 확률은 최저 수준에 머무를 것이다. 폐기종, 기관지염, 심혈관 질환도 마찬가지이다.

담배 연기에 포함된 물질을 설치류의 등에 바르면 악성 종양이 생긴다는 것을 보여 준 첫 번째 과학 문헌이 발표된 것은 1953년이었다. 당시 미국 6대 담배 회사의 반응은 슬론 케터링 재단(Sloan Kettering Foundation)이 후원한 그 연구에 이의를 제기하는 홍보 활동을 시작하는 것이었다. 1974년에 프레온 제품이 지구 생명의 보호막이라고 할 오존층을 파괴한다는 것을 보여 준 첫 번째 연구가 발표되었을 때에도 듀폰 사(Du Pont Corporation)는 거의 같은 반응을 보였다. 유사 사례는 이것 말고도 잔뜩 있다.

대기업이라면, 반갑지 않은 연구 결과를 비난하기 전에 제조 중이거나 계획 중인 제품의 안전성 검사에 돈을 쓰는 편이 더 낫지 않을까? 자금이 윤택하다는 측면에서 그들보다 나은 경제 주체가 또 누가 있을까? 그리고 그들이 놓친 것을 독립적인 과학자들이 발견해 경고했다고 해서 트집 잡는 것은 좋아 보이지 않는다. 이익을 잃느니 차라리 사람들을 죽이겠다는 게 대기업의 본심인 것일까? 불확실한 세상에서 오류는 필연적이다. 그렇다면 고객과 대중을 보호하는 편에 서야 하지 않을까? 덧붙이자면, 이런 사례들을 보다 보면 도대체 자유 기업들에게 자기 관리 능력이 있는지 묻고 싶어진다. 적어도 이런 공익적 문제와 관련해서는 정부가 시장에 개입해야 하는 게 아닌가 싶다.

브라운 앤드 윌리엄슨 담배 회사(Brown and Williamson Tobacco Corporation)의 1971년도 내부 보고서는 "흡연이 폐암과 기타 질병의 원인이라는 잘못된 신념, 다시 말해서 광신적인 가정, 그릇된 소문, 근거 없는 주장, 그리고 명성을 추구하는 기회주의자들의 비과학적인 진술과 억측 등에 근거한 신념을 수백만의 마음에서 없애는 것"을 기업 목표로서 제시한다. 그들은 다음과 같이 불평한다.

> 이것은 담배에 대한, 믿어지지 않을 정도로 지독한 공격이다. 자유 기업의 역사에서 어떤 제품에 대해서도 저질러진 적이 없는 비방과 중상이 가해지고 있다. 심지어 이 범죄적 중상모략은 대규모로 진행되고 있다. 이런 식의 죄인 만들기 박멸 운동과는 화해의 여지가 없다. 이것은 아메리카 합중국의 헌법을 우롱하는 위헌적 행위이다.

좀 과격한 수사학이 사용된 것처럼 보이겠지만, 이것은 담배 업계가 대중을 상대로 공개 발언할 때 사용하는 것과 큰 차이가 없다.

"저(低)타르(1개비당 타르 10밀리그램 이하)"를 광고하는 담배 브랜드가 많이 있다. 왜 이것을 장점이라고 광고할까? 왜냐하면 불용성 타르에는 다환성 방향족 탄화수소 같은 발암 물질이 농축되어 있기 때문이다. 담배 회사가 저타르 제품을 광고하는 것은 담배가 발암 물질을 함유하고 있음을 암묵적으로 인정하는 셈이다.

헬시 빌딩스 인터내셔널(Healthy Buildings International)은 담배 업계로부터 연간 수백만 달러의 자금 지원을 받는 영리 단체이다. 이 단체는 간접흡연에 관한 연구를 수행하고 담배 회사에 유리한 증언을 했다. 1994년 이 단체의 기술자 3명이 공기 중에 퍼지는 담배 입자에 관한 데이터를 날조했다고 단체 중역들을 고발했다. 날조 또는 '수정'된 데이터는 이 기술자들이 측정한 데이터보다 흡연을 더 안전하게 보이도록 하는 것이었다. 담배 회사의 연구 부서들이나 외주 연구 용역을 받은 회사들은 공식적으로 발표된 것보다 높은 위험성을 나타내는 수치를 얻은 적이 전혀 없을까? 아니면, 담배 회사들은 그런 결과를 얻은 연구자들을 해고해 버린 것일까?

담배는 중독성이 있다. 여러 기준에서 볼 때 담배는 헤로인과 코카인보다 더 중독성이 강하다. 1940년대 광고 문구처럼, 사람들에게는 "카멜 담배를 위해서라면 1마일을 걸어간다."라고 할 만한 이유가 있다. 제2차 세계 대전으로 죽은 사람보다 더 많은 사람이 담배로 죽었다. 세계 보건기구(World Health Organization, WHO)에 따르면 흡연 때문에 매년 전 세계에서 300만 명의 사람들이 죽는다. 이 수치는 2020년까지 연간 사망자 1000만 명으로 증가할 것이다. 부분적으로는 개발 도상국들에서 젊은 여성들을 대상으로 흡연을 진보적이고 현대적인 모습으로 묘사하는 대규모 광고가 성공하고 있기 때문이다. 담배 산업이 이 중독성 독극물을 장사하는 데 성공한 또 다른 이유에는 헛소리 탐지기와 비판적 사고, 과학적 방법이 아직 널리 확산되지 못했다는 것도 있다. 쉽게 속는 성향이 사람을 죽인다. (2019년 현재 흡연으로 인한 사망자 수는 전 세계적으로 800만 명에 이른다고 한다. 2005년 WHO 담배 기본 규제 협약이 발효되었지만, 여전히 신흥국을 중심으로 흡연 인구는 증가세에 있고, 전자 담배 등 새로운 형태의 상품이 개발되어 젊은 층 사이에서 새로운 시장을 형성하고 있다고 한다. — 옮긴이)

13장
사실이라는 가면

한 선주가 이민선을 바다로 내보내려고 하고 있었다. 그는 배가 낡았고 애초에 아주 잘 만들어진 배도 아님을 잘 알고 있었다. 이 배는 많은 바다와 여러 지방을 돌아다녔고 자주 수리해야 했다는 것도 알고 있었다. 아마 이 배가 항해를 견딜 수 없으리라는 의심이 들기 시작했다. 이 의심 때문에 그는 마음이 괴로웠고 불행하다고 느꼈다. 그는 아주 많은 돈이 들더라도 배를 정밀하게 조사하고 다시 수리해야 한다고 생각했다. 그러나 배가 출항하기 전, 그는 이 우울한 반성을 극복하는 데 성공했다. 그는 이 배가 아주많은 항해를 성공적으로 해 냈고, 수많은 폭풍을 견뎌 냈다고, 이 배가 안전하게 돌아오지 못할 것이라는 추측은 쓸데없는 생각이라고 스스로를 납득시켰다. 그는 하느님의 섭리를 믿기로 했다. 하느님의 섭리는 조국을 떠나서 다른 곳으로 더 나은 인생을 찾아가는 이 모든 불행한 가족들을 보호하지 않을 수 없으리라. 그는 조선업자와 하청업자의 성실성에 대한 옹졸한 의심을 모두 마음에서 쫓아 버리기로 했다. 이런 식으로 그는 자신의 배가 이번 항해에도 안전하게 돌아오리라는 확신을 얻었고 마음의 평안도 얻었다. 그는 가벼운 마음을 가지고 출항을 기다렸다. 그리고 조국을 떠나 낯선 땅에 정착하려는 사람들이 성공하기를 자비로운 마음을 가지고 기원하기까지 했다. 그러나 배는 대양 한가운데에서 침몰했고, 그는 보험금을 받았다. 그리고 아무 이야기도 하지 않았다.

이 선주에 대해 당신은 어떻게 생각하는가? 당연히 그는 이민자들의 죽음에 대해 유죄이다. 물론, 그는 자기 배가 온전하리라고 진심으로 믿었다는 것은 인정할 수 있다. 그러나 그의 진정성이 그의 죄를 씻어 주는 게 아니다. 그는 자신이 증거라고 생각한 것을 믿을 권리가 없었기 때문이다. 그는 자신의 믿음을 끈기 있고 공정한 조사를 통해서가 아니라, 의심을 억누름으로써 얻어 냈다.

—윌리엄 킹던 클리퍼드(William Kingdon Clofford, 1845~1879년),
『믿음의 윤리학(*The Ethics of Belief*)』(1874년)에서

과학의 변경 지대에서는 온갖 아이디어가 출몰한다. 그중에는 근대 과학이 탄생하기 전의 사고 방식이 이월된 것도 있다. 그 아이디어들은 나름 설득력도 있고 적당한 놀라움을 주는 것도 있다. 그러나 그 아이디어들은 헛소리 탐지기의 검사를 받은 적이 한 번도 없다. (적어도 그 아이디어의 주창자 자신이 이 검사를 수행한 적은 없다.) 예를 들어, 지구라는 구체의 내부에 또 다른 지표면이 있다는 생각이나, 명상으로 공중 부양할 수 있고 발레 무용수나 농구 선수는 이 기술을 이용해 일상적으로 그렇게 높이 뛴다는 주장이나, 우리는 영혼 같은 것을 가지고 있으며 그것은 물질이나 에너지로 이루어진 것이 아니라 증거를 댈 수 없는 다른 어떤 것으로 이루어져 있고 죽은 후에 그 영혼이 소나 벌레로 환생한다는 주장이 있다.

유사 과학과 미신의 전형적인 헛소리 중에 대표적인 예들을 몇 가지 골라 보자. (다음에 열거하는 항목들은 포괄적인 게 아니라 어디까지나 일부 사례이다.) 점성술, 버뮤다 삼각 지대, 설인과 네스 호의 괴물, 유령, '흉안(凶眼, evil eye. 이 시선에 닿으면 흉액을 당한다고 한다.)', '오라(aura, 모든 사람의 머리를 둘러싸고 있다는 후광 같은 것으로 사람마다 다르다고 한다.)', 텔레파시, 예지, 염동력(telekinesis), 천리안 같은 초감각 지각(ESP), 13이 불행한 숫자라는 믿음(이 믿음 때문에 미국의 사무실 건물과 호텔 중에는 12층 다음이 14층인 경우가 많다. 일부러 불행을 자초할 필요가 없지 않은가 하는 생각이 작용하는 것이다.), 피 흘리는 성상,

토끼의 발을 가지고 다니면 행운이 온다는 믿음, 다우징, 막대기를 사용한 수맥 탐사, 자폐증 환자의 대화 능력을 키워 준다는 주장, 면도날을 작은 마분지 피라미드 안에 보관하면 그 날이 예리하게 유지된다는 믿음과 기타 '피라미드학(pyramidology)'의 주장들, 죽은 사람으로부터 걸려 온 전화(그중에 수신자 부담 전화는 없다.), 노스트라다무스의 예언, 훈련한 플라나리아의 사체를 으깨 훈련하지 않은 플라나리아에게 먹이면 훈련 내용을 학습시킬 수 있다는 낭설, 보름달이 뜨면 범죄가 더 많이 일어난다는 속설, 수상(手相)과 관상(觀相), 수비학(數秘學), 거짓말 탐지학(polygraphy), 혜성이 흉조라는 점성술, 찻잎 점과 기괴하게 생긴 아이나 동물이 탄생한 것을 어떤 징조로 보는 생각 (그리고 내장, 연기, 불꽃, 그림자, 배설물의 모양을 보고 점을 치거나, 위장의 꼬르륵 소리를 듣고 점을 치는 일도 있었고, 대수표를 보고 점을 치는 게 잠시나마 유행하기도 했다.) 예수가 십자가에 못 박히는 것과 같은 과거 사건의 '사진', 유창하게 말하는 러시아 코끼리, 슬쩍 눈을 가리면 손가락으로 책을 읽을 수 있다는 '민감한 사람들', 1960년대에 사라진 아틀란티스 대륙이 솟아오를 것이라고 예언한 에드거 케이시(Edgar Cayce, 1877~1945년)와 온갖 예언자들(잠들어 있을 때 예언하는 사람도 있고 깨어 있을 때 예언하는 사람도 있다.), 엉터리 식이 요법사들, 임사 체험 같은 유체 이탈 체험은 현실 세계에서 일어나는 외적 체험이라고 주장하는 사람들, 안수 치료를 한다는 성직자들, 심령술 운세 게임판인 위저 보드(Ouija board), 제라늄의 감정을 거짓말 탐지기로 읽을 수 있다는 주장, 물이 전에 녹았던 물질 분자를 기억한다는 주장, 얼굴 형상과 두상으로 성격이나 운명을 알 수 있다는 학설, '100번째 원숭이(100th monkey)' 같은 속담처럼 많은 사람이 믿으면 그대로 현실이 된다는 생각, 비슷하게 간절히 바라면 우주가 도와 바라는 대로 된다는 믿음, 자연 발화 현상이 일어나 인간이 재가 되어 버렸다는 소문, 바이오리듬의 세 주기, 무제한의 에너지 공급을 약속하는 영구 운동 기계(회의주의자들의 검사를 통과한 것은 단 하나도 없다.), 맞은 적이 없는 진 딕슨(Jean Dixon, 1904~1997년)의 예언(그는 1953년 (구)소련이 이란을 침공할 것이라고 예언했고, 1965년 (구)소련이 미국보다 먼저 달에 첫 번째 인간을 착륙시킬 것이라고 '예언'했다.)과 그 밖의 프로 '예언자들',• 1917년에 세상이 종말을 맞을 것이라고 한 여호와의 증인들과 유사한 예언을 내놓은 종말론자들, 론 허버드가 고안한 심리 치료술인 다이어네틱스(Dianetics)와 종교인 사이언톨로지(Scientology), 카를로스 카스타네다(Carlos Castaneda, 1925~1998년)와 '주술(sorcery)', 노아의 방주의 잔해를 찾았다는 주장, '아미티빌의 공포(Amityville Horror)' 같은 귀신의 집 풍문, 현대 콩고 공화국의 우림을 헤치고 다니는 소형 브론토사우루스 이야기 등도 있다. (무신론 운동가이자 작가인 고든 스타인(Gordon Stein, 1941~1996년)이 엮은 『초상 현상 백과 사전(*Encyclopedia of the Paranormal*)』(1996년)을 보면 이런 주장에 대한 심층 분석을 읽을 수 있다.) 이런 주장이나 교리 들을 기독교의 성서는 배척하는 경우가 많다. 그래서 원리주의 기독교인들과 유태인들은 이중 상당수를 즉시 물리쳤다. 성서 「신명기」(18장 10~12절)에는 다음과 같은 구절이 있다.

> 너희 가운데 자기 아들이나 딸을 불에 살라 바치는 자가 있어서는 안 된다. 또 점쟁이, 복술가, 술객, 마술사, 주문을 외는 자, 도깨비 또는 귀신을 불러 물어보는 자, 혼백에게 물어보는 자가 있어서도 안 된다. 이런 짓을 하는 자는 모두 야훼께서 미워하신다.

• 1656년 토머스 애디는 『예언자들과 마법사들(*Oraclers and Wizards*)』에서 이렇게 썼다. "이들은 의심스러운 것에 대해서는 의심스러운 대답을 준다. …… 그럴듯한 것에 대해서는 그럴듯한 대답을 준다." 딕슨은 애디가 말한 이 규칙조차 따르지 못하는 것처럼 보인다.

이처럼 성서는 점성술, 채널링, 위저 보드, 예언 등을 금지하고 있다. 「신명기」의 기자는 그런 것들을 이행하지도 못할 말뿐인 약속이라고 비판하는 것이 아니다. 다른 민족이나 백성은 모르겠지만, 하느님의 백성이라면 하느님이 "미워하시는" 그런 행위에 손을 대서는 안 된다고 하는 것이다. 그리고 아주 많은 문제를 아주 쉽게 믿는 사도 바울조차 "모든 것을 시험해 보라."(「데살로니카 사람들에게 보낸 첫째 편지」 5장 21절)라고 충고한다.

12세기 유태인 철학자 모세스 마이모니데스는 「신명기」보다 훨씬 더 나아가 이 유사 과학이 아무런 효과도 없다고 단언한다.

> 점성술에 참가하는 것, 부적을 사용하는 것, 주문을 중얼거리는 것은 금지되어 있다. …… 이런 모든 관행은 고대 이교도 민족들이 대중을 속여 타락시키기 위해 사용한 거짓말과 기만에 불과하다는 것을 현명하고 지성적인 사람들은 다들 잘 알고 있다.
>
> —『미슈나 토라(*Mishneh Torah*)』, 「우상 숭배(Avodah Zara)」, 11장에서

유사 과학의 주장 중에 간단하게 검증하기 어려운 것도 있다. 예를 들어, 브론토사우루스나 유령을 찾기 위해 원정대를 보낸다고 해도 금방 발견할 수는 없을 것이다. 또 발견할 수 없었다고 해서 존재하지 않는다는 뜻이 되지도 않는다. 증거의 부재는 부재의 증거가 아니기 때문이다. 또 어떤 주장은 비교적 쉽게 검증할 수 있다. 예를 들어, 플라나리아가 동족의 사체를 먹으며 학습한다는 주장이나, 배양 접시에 항생제를 더한다고 해도 기도를 하면 세균 군체가 대량 번식한다는 주장은 실험하면 쉽게 검증할 수 있다. 세균의 경우에는 기도를 받지 못한 대조군만 따로 두고 확인해 봐도 알 수 있다. 또 영구 운동 기계처럼 기초 물리학만으로 기각할 수 있는 것도 있다. 그러나 이런 것들 말고는 어떤 주장이

거짓이라고 주장하려면 **먼저** 증거를 조사해 보아야만 한다. 왜냐하면 진짜 과학에는 훨씬 더 기묘한 것들이 차고 넘치기 때문이다.

언제나 그렇듯이 문제는 증거가 얼마나 확실한가 하는 것이다. 당연히 증명의 책임은 그런 기이한 주장을 내놓은 사람이 져야 한다. 그런데 유사 과학 지지자 중에는 그 책임은 회의주의자들에게 있고 진정한 과학은 의심 따위 하지 말고 조사하는 일이라고 주장하는 이들도 있다. 좋은 말처럼 들리지만 소용없는 변명에 불과하다.

초심리학을 연구하는 수전 제인 블랙모어(Susan Jane Blackmore, 1951년~)는 연구를 하다 보니 '사이킥' 현상에 대해 점차 회의적으로 변했다고 한다. 그녀를 그렇게 만든 것은 다음과 같은 경험들이 쌓이면서였다고 한다.

> 스코틀랜드에서 온 모녀가 있었다. 그녀들은 서로 상대방의 머릿속에 떠오른 이미지를 포착할 수 있다고 주장했다. 그녀들을 검사하는 데 트럼프 카드를 사용하기로 했다. 그녀들이 집에서 늘 사용하던 방법이라고 했기 때문이다. 나는 그녀들에게 검사받을 방을 고르게 했고 '수신자'에게는 보통 방법으로는 카드를 볼 수 없는 조치를 취해 놓았다. 그녀들은 실패했다. 그녀들은 확률적으로 예측되는 것보다 더 많이 맞힐 수 없었고 크게 실망했다. 그녀들은 진심으로 자신들이 할 수 있다고 믿었다. 나는 이 경험을 통해 믿고 싶다는 바람이 얼마나 쉽게 사람을 속일 수 있는가를 알기 시작했다.
>
> 비슷한 경험을 여럿 더 했다. 다우저들, 염동력으로 물체를 움직일 수 있다고 주장하는 아이들, 텔레파시 능력이 있다고 말하는 아이들도 있었다. 그들도 모두 실패했다. 지금도 내 집의 부엌에는 다섯 자리 숫자와 단어 하나, 작은 물체들이 있다. (그것들을 두는 장소는 때때로 변경한다.) 한 청년이 부탁해서 그렇게 하는데, 그는 자신이 몸에서 빠져나와 그것을 '보겠다고' 한다. 그것들을 그렇게 둔 지 벌써 3년이 지났지만 그는 아직 성공한 적이 없다.

'텔레파시(telepathy)'는 문자 그대로 먼 곳에서 느낀다는 뜻이다. tele-라는 접두사가 붙은 telephone(전화)이 먼 곳에서 듣는다는 뜻이고 television(텔레비전)이 먼 곳에서 본다는 뜻인 것과 같다. 뒤에서 보겠지만, 텔레파시로 주고받는 것은 생각이나 사고가 아니라 느낌이나 감정이다. 미국인의 4분의 1 정도가 텔레파시 비슷한 것을 경험했다고 믿는다. 아주 친한 사이이거나 함께 살거나 서로의 감정 상태나 연상 대상, 사고 패턴에 익숙해지려고 노력하는 사람들은 상대방이 말하려는 게 무엇인지 말하기도 전에 아는 경우가 종종 있다. 이것은 일상적인 직감과 함께 인간의 공감 능력, 감수성, 사고력이 작용한 것에 불과하다. 초감각이라고 느낄 수도 있지만 '텔레파시'라는 단어가 나타내는 의미는 이것과 완전히 다르다. 만약 이 직감 비슷한 것의 존재가 결정적으로 증명되기만 한다면, 식별 가능한 물리적 원인이나 요인이 밝혀질 것이다. (내 생각으로는 아마도 뇌 속의 전류 같은 것이 될 수 있다.) 유사 과학은, 이 이름이 맞든 틀리든 간에, 결코 초자연 현상과 동일한 것이 될 수 없다. 초자연 현상 또는 초상 현상이란, 어떤 식으로든 자연의 섭리 밖에 있는 것을 말한다.

초자연 현상 중에는 언젠가 제대로 된 과학적 데이터를 바탕으로 한 증명이 이루어질 게 단 하나도 없다고 할 수는 없다. 그러나 적절한 증거 없이 그런 주장을 받아들이는 것은 어리석은 짓이다. '차고에 사는 용'을 다룰 때 언급했던 정신을 바탕으로, 결론을 서두르려는 마음을 억누르고 모호한 상태를 참아 내며 증명 또는 반증의 증거가 나올 때까지 기다려야 한다. 아니면 스스로 나서서 찾아보든가.

남태평양의 머나먼 땅에 현자이자 치유자이며 사람의 모습을 한 영혼에 관한 이야

기가 전해져 온다. 시대를 초월한 이야기를 할 수 있는 그는 드높은 스승으로 불린다. 사람들은 그가 오고 있다고, 스승이 오고 있다고 이야기한다. ……

1988년 오스트레일리아의 신문사, 잡지사, 텔레비전 방송국에 복된 소식이 담겼다는 보도 자료와 비디오테이프가 배달된다. 그중 인쇄물의 내용은 다음과 같았다.

카를르스가 오스트레일리아에 오다.

그 광경을 한 번 본 사람은 결코 잊지 못할 것이다. 그때까지 대화를 나누고 있던 총명한 젊은 예술가가 갑자기 휘청하더니 쓰러진다. 그의 맥박은 위험할 정도로 느려지고 죽기 일보 직전까지 간다. 그 자리에는 면허를 가진 의사도 있었는데, 상황을 주의 깊게 살펴보다가 경보기를 울리려고 한다.

그러나 바로 그 순간, 놀랍게도 맥박이 갑자기 다시 뛰기 시작한다. 이전 어느 때보다도 더 빠르고 강하게. 그의 육신에 생명력이 돌아온 것이다. 하지만 그 육신 안에 있는 것은 더 이상 19세의 청년 예술가 호세 알바레스(José Alvarez)가 아니다. (알바레스는 유니크한 채색 도자기를 만들었는데, 그의 작품들은 미국 최상류층의 가정을 장식하고 있다.) 지금 알바레스의 육신은 카를로스라는 고대인의 영혼이 들어가 있다. 그의 가르침은 충격과 영감으로 다가온다. 하나의 존재가 어떤 종류의 죽음을 거쳐 다른 존재가 되는 이 현상이야말로, 카를로스를 (그리고 호세 루이스 알바레스의 채널링을 통해) 뉴 에이지 사조에서 가장 유력한 인물로 만들어 주었다. 뉴욕의 회의주의적인 비평가도 이렇게 쓸 정도이다. "채널러의 생리 기능에 불가사의한 변화가 생긴다는 것을 잘 알려진 사실이다. 그러나 지금까지 구체적인 물증이 주어진 것은 단 한 번도 없다. 알바레스의 사례는 물증을 제공하는 최초이자 유일한 것이리라."

이제 이런 작은 죽음과 변형을 170회 이상 거친 호세에게 카를로스는 오스트레일리아를 방문하라고 고한다. 스승의 말씀으로는, 오스트레일리아는 특별한 계시의 원천이 될 오래되었지만 새로운 땅이다. 카를로스는 벌써 세 차례의 예언을 했다. 1988년에 재앙이 지구를 휩쓸 것이고, 2명의 주요 세계 지도자가 죽을 것이며, 같은 해에 지구의 미래에 깊은 영향을 미칠 거대한 별이 떠오를 텐데, 오스트레일리아 인들은 그 모습을 처음으로 볼 백성이 되리라는 것이다.

2월 21일 일요일 오후 3시 오페라 하우스 드라마 시어터에서 그를 만날 수 있으리라.

보도 자료의 설명에 따르면, 호세 알바레스는 1986년(당시 17세였다.) 오토바이 사고로 가벼운 뇌진탕을 입었다. 회복 후 그는 변했다고 한다. 그의 입에서 다른 사람 목소리가 불쑥불쑥 튀어나오는 일이 일어나기 시작한 것이다. 알바레스는 당황해서 심리 치료사, 다중 인격 장애의 전문가에게 도움을 구했다. 정신과 의사는 "호세가 카를로스라는 별개의 존재를 채널링하고 있음을 발견했다. 이 존재는 호세의 육체적 생명력이 약해지면 알바레스의 몸을 넘겨받는다."라고 진단했다. 카를로스는 나이 2,000세의 영혼으로 육신이라는 형체를 가지지 않은 존재이며, 인간의 몸에 들어간 것은 1900년 베네수엘라 카라카스가 마지막이었다고 한다. 불행하게도, 그 몸은 12세 때 말에서 떨어져 죽었다. 심리 치료사들의 설명에 따르면, 이 때문에 카를로스는 오토바이 사고가 난 뒤에 알바레스의 몸에 들어갈 수 있었던 것이다. 알바레스가 무아경 상태에 빠지면, 진귀한 대형 수정에 집속되어 있던 카를로스의 영혼이 그에게 들어가서 오랜 세월 쌓아 온 지혜를 들려준다고 한다.

보도 자료에는 알바레스/카를로스가 이제까지 방문했던 미국 여러 도시의 목록과, 그가 브로드웨이 극장에서 받은 떠들썩한 환영회의 비디오테이프, 뉴욕 라디오 방송국 WOOP와의 인터뷰 등등, 뉴 에이지의 본고장 미국에서 일대 사건을 일으켰구나 하는 느낌을 불러일으키는 자료들이 포함되어 있었다. 사소하지만 실증적인 정보도 몇 가지 있었다. 예를 들어, "극장 소식: 3일 예정이었던 채널러 카를로스의 전쟁 기념관 출연이 대중의 요청으로 연장되었다."라는 내용의 플로리다 남부 지역 신문 기사와, "카를로스의 실상에 도전한다: 이 심층 조사는 오늘날 가장 인기 있고 가장 논란 많은 유명 인사의 배후 사실을 밝힌다."라는 프로그램 제목이 실려 있는 텔레비전 프로그램 안내의 발췌문이 있었다.

알바레스와 그의 매니저는 콴타스 항공기의 일등석을 타고 시드니에 도착했다. 그들은 어디를 가든 거대한 흰색 리무진을 타고 다녔고 그 도시에서 가장 유명한 호텔에서도 국빈용 특별실에 묵었다. 알바레스는 우아한 흰색 가운을 차려입고 큰 금색 메달을 목에 걸었다. 첫 번째 기자 회견에서 카를로스는 빨리 나타났다. 그는 힘 있고 박식하고 당당했다. 이때 오스트레일리아의 방송국들은 카메라를 주르르 배치하고 알바레스와 매니저, 그리고 그의 간호사(그의 맥박을 검사하고 카를로스의 등장을 알리는 역할을 했다.)를 촬영했다.

오스트레일리아의 텔레비전 프로그램 중 하나인 「투데이 쇼(Today Show)」에서는 진행자 조지 에드워드 네거스(George Edward Negus, 1942년~)가 그들을 인터뷰했다. 네거스가 몇 가지 합리적이고 회의적인 질문(당연한 질문이었다.)을 하자 '뉴 에이저(New Ager)'들은 아주 신경질적인 반응을 보였다. 카를로스는 사회자를 저주했고 그의 매니저는 네거스에게 물 한 컵을 끼얹었다. 둘 다 거들먹거리며 세트에서 걸어나갔다. 이 사건은 대중 매체들 사이에서 센세이션을 일으켰고 오스트레일리아의 방송국들은 이 행동과 사건의 의미에 관해 토론하는 프로그램들을 만들어 방영했다. "텔레비전 폭발하다: 네거스에게 쏟아진 물"은 1988년 2월 16일자《데일리 미러(*Daily Mirror*)》의 1면 머리기사의 제목이었다. 텔레비전 방송국에는 전화가 쇄도했다. 한 시드니 시민은 네거스가 받은 저주를 진지하게 받아들이라고 충고했다. 그는 사탄의 군대가 이미 유엔을 통제하고 있고 오스트레일리아가 다음 차례가 될 것이라고 말했다.

카를로스가 모습을 나타낸 다음 프로그램은 오스트레일리아의 간판 시사 프로인 「커런트 어페어(A Current Affair)」였다. 회의주의자가 한 사람 초대되어 한 팔의 맥박을 잠깐 중지시키는 마술의 트릭을 설명했다. 겨드랑이에 고무공을 넣고 꽉 누르면 맥박이 잠시 멈춘다는 것이다. 카를로스는 진실성을 의심받자 격분했다. "이 인터뷰는 끝났다!" 그는 소리 질렀다.

지정된 날이 되자 시드니 오페라 하우스의 드라마 시어터는 거의 만원이었다. 남녀노소 모두 흥분하고 있었다. 입장은 무료였다. 이것 때문에 일종의 사기일지도 모른다고 막연히 의심하던 사람들도 안심했다. 알바레스는 낮은 소파에 앉았다. 그의 맥박은 모니터링되었다. 갑자기 맥박이 정지했다. 겉보기에 그는 거의 죽은 상태였다. 낮은 후두음이 그의 내부 깊은 곳으로부터 나오기 시작했다. 관객은 놀라움과 두려움으로 숨이 막혔다. 갑자기 알바레스의 몸은 힘을 되찾았다. 그의 몸짓은 자신감이 넘쳤다. 그리고 알바레스의 입에서 대담하고 자비로우며 영적인 전망이 흘러나왔다. 카를로스가 왔다! 나중에 인터뷰한 관객들은 자신들이 얼마나 많은 감동을 받고 기뻐했는지 이야기했다.

다음 일요일에 오스트레일리아에서 가장 인기 있는 텔레비전 프로그램인 「추적 60분(Sixty Minutes)」(미국에도 같은 콘셉트에 같은 제목의 프로그램이 있다.)은 카를로스 사건이 처음부터 끝까지 자신들이 꾸민 속임수 '쇼'였다고 발표했다. 이 프로그램의 프로듀서는 심리 치료사와 정신적 스승이라는 '구루'들이 대중이나 언론을 얼마나 쉽게 속이고 있는지 보여 주는 게 유익하다고 생각했다. 그래서 그들은 대중 기만에 관한 한 세계 제일의 전문가 중 한 사람에게(적어도 정치인의 사무실에서 일하고 있거나 정치인의 참모 역할을 하지 않는 사람 중에서 골라) 연락했다. 마술사 제임스 랜디(James Randi, 1928~2020년)였다.

벤저민 프랭클린은 1784년에 이렇게 썼다.

> 질병 중에는 저절로 치료되는 것도 있고, 사람 중에는 자기 자신과 다른 사람을 속이는 성벽을 가진 이도 있다. …… 나는 상당히 오래 살았기 때문에 만병을 치료한다고 추켜올려지다가 얼마 지나지 않아 곧 쓸모없는 것으로 밝혀져 완전히 잊혀진 사례들을 많이 볼 수 있었다. 따라서 새로운 질병 치료 방법으로부터 큰 이익을 얻을 것이라고 기대하는 것은 망상이라고 우려하지 않을 수 없게 되었다. 그러나 경우에 따라서는 그런 망상도 오래 지속되면 사람들에게 유익을 줄 수도 있다.

그는 자신이 조사한 메스머의 치료법에 관해 말한 것이다. 그러나 "어떤 시대든 그 시대 나름의 어리석음이 있다."

프랭클린과는 달리, 과학자 대부분은 유사 과학의 속임수를 드러내는 것은 자신들의 일이 아니라고 생각한다. 더구나 심각한 자기 기만에 빠진 사람을 다루는 일 따위는 너무나도 성가시게 여긴다. 이런 일들을 그리 잘하는 것도 아니다. 과학자들은 자연과 싸우는 데 익숙하다. 자연은 자신의 비밀을 마지못해 넘겨줄지언정 공정하게 싸운다. 그러나 '초자연 현상' 운운하는 파렴치한들과 싸우는 것과 관련해서는 준비되어 있지 않다. 이 무리에게는 과학의 규칙이 통하지 않기 때문이다. 한편, 마술사들은 속이는 일이 직업이다. 그들은 거짓말도 즐거움 같은 좋은 목적을 위한 방편이라고 관대하게 이해해 주는 순진한 관찰자들을 상대로 장사를 한다. (배우, 광고, 관료주의적 종교, 정치 등도 이런 장사로 볼 수 있다.) 그런데 마술사 중에는 자신의 장사가 속임수가 아니라 신비로운 근원으로부터 받은 어떤 힘을 보여 주는 것이라고 주장하는 이들도 있고, 최근에는 그 힘이 외계인으로부터 온 것이라고 주장하는 자들도 늘어나고 있다. 반대로 마술사로서의 전문 지식을 활용해 자기 업계 안팎의 협잡꾼들을 잡아내는 사람들도 있다. 이이제이(以夷制夷), 도둑이 도둑을 잡는 것이다.

'놀라운 랜디(Amazing Randi)'라는 별명을 가진 제임스 랜디만큼 이 어려운 일을 정열적으로 해낸 사람은 거의 없다. 그는 자신을 "분노하는 자(angry man)"라고 칭한다. 그는 태고의 신비주의와 미신이 현대까지 살아남은 것에 그렇게 분노하는 것이 아니라, 신비주의와 미신의 무비판적인 수용이 착취와 모욕과 살인으로 이어지는 것에 분노한다. 우리 모두와 마찬가지로 랜디 역시 불완전하다. 랜디는 가끔 편협하고 잘난 척하며 경신의 성향 밑에 잠재한 인간적인 약점에 대한 배려를 잃을 때가 있다. 그는 지금 강연과 마술 공연으로 보수를 받지만, 그가 만약 자신의 마술이 영적 힘이나 신 또는 외계인이 부여한 힘에서 나온다고 주장했다면 지금과는 비교할 수 없을 정도로 많은 돈을 벌었을 것이다. (전 세계 직업 마술사의 대부분은 심령 현상이 사실이라고 믿는 것 같다. 그들을 대상으로 한 여론 조사에 따르면 그렇다.) 마술사로서 그는 대중을 등쳐먹는 원격 투시 능력자, 텔레파시 능력자, 심령 치료사 들의 속임수를 많이 폭로해 왔다. 염력으로 숟가락을 구부릴 수 있다는 사람들이 저명한 이론 물리학자를 속여서 이것이 새로운 물리 현상이라고 결론 내게 만든 적이 있다. 이때에도 랜디는 숟가락 구부리기가 간단한 트릭과 교묘한 손동작만으로 가능함을 보여 주었다. 그는 과학계에서 유명해졌고 이른바 '천재들의 장학금'으로 알려진 맥아더 재단의 상금도 받았다. 한 비평가는 그를 "진짜에 집착한다."라고 혹평했다. 그러나 나는 미국 국민만 아니라 인류 전체가 똑같은 말을 들었으면 좋겠다.

심령 치료는 돈이 되는 사업이다. 랜디는 그 속의 속임수를 드러내기 위해 다른 누구보다도 더 많은 일을 했다. 그는 쓰레기통을 뒤지기도 했다. 그는 가십 기사를 모으기도 했다. 그는 곳곳을 순회하는 심령 치료사들에게 흘러 들어가는 '기적'의 정보를 도청하기도 했다. 그 정보는 신이 내리는 영감이나 계시 같은 게 아니라, 치료사의 아내가 무대 뒤에서 발신하는 39.17메가헤르츠의 전파 신호였다.• 또 치료사가 휠체어에서 일으켜 세우며 "당신은 치료되었습니다."라고 선언하는 사람들이 휠체어에 앉아 생활한 적이 단 한 번도 없음을 밝혀내기도 했다. 시연장에 온 그들은 안내인의 안내에 따라 휠체어에 앉은 것뿐이었다. 랜디는 심령 치료사들에게 제대로 된 의학적 증거를 제출하라고 요구했고, 지방 정부나 연방 정부의 의료 및 사법 당국에는 의료 사기와 과실 관련 법률을 강화하라고 요청했다. 또 언론에 대해서는 문제를 의도적으로 회피하지 말라고 질책했다. 랜디는 심령 치료사들이 환자와 지역민을 어떻게 바보 취급하는지 폭로했다. 심령 치료사들은 대부분 확신범이다. 그들은 기독교 복음주의나 뉴 에이지의 언어와 상징을 차용해서 속기 쉬

• '기적'의 정보는 치료 시연을 하기 1~2시간 전에 심령 치료사의 아내를 포함한 수하들이 환자를 인터뷰해 들은 이야기였다. 그래 놓고서 "하느님을 통해서가 아니라면 어떻게 그들의 증상과 주소를 알 수 있겠는가?" 하고 떠들었다. 기독교 원리주의 목사이자 심령 치료사 피터 조지 포포프(Peter George Popoff, 1946년~)의 이러한 사기 행각은 랜디에 의해 폭로되었다. 영화 「기적 만들기(Leap of Faith)」(1992년)는 이 이야기를 각색한 것이다.

운 성향을 가진 인간의 약점을 먹이로 삼는다. 돈을 벌겠다는 것 말고도 다른 동기가 있을 수 있다.

내가 너무 가혹한가? "심령 치료에 협잡꾼이 있지만 과학계에서도 가끔 사기꾼이 나오지 않는가. 소수의 나쁜 사람 때문에 심령 치료 전체를 의심하고 매도하는 게 과연 공정한가?" 하고 묻는 사람도 있을 것 같다. 내 생각에 과학과 심령 치료 사이에는 적어도 두 가지 중요한 차이점이 있다. 첫 번째, 때로 오류나 속임수가 나오기는 하지만, 그렇다고 해서 과학의 효력을 의심하는 사람은 없다. 그러나 심령 치료가 거론하는 치유의 '기적' 가운데 인체가 가진 자연 치유 능력을 넘어서는 게 단 하나라도 있는지 의심스럽다. 두 번째, 과학에서 발생한 오류와 속임수는 거의 다 과학 스스로가 폭로하고 교정해 왔다. 과학이라는 학문 분야에는 자기 관리 능력이 있는 것이다. 과학자들은 오류와 속임수가 언제나 일어날 수 있음을 알고 있다. 그러나 심령 치료사들은 동업자의 오류와 속임수를 거의 폭로하지 않는다. 실제로 기독교 교회와 유태교 회당에서도 내부에서 벌어진 사기나 속임수를 처벌하지 않고 묻어 두려는 경향이 강하다. 그 행태가 얼마나 퇴행적인지 경악스러울 정도이다.

기존의 치료법이 효과가 없을 때나 끝없이 이어지는 고통이나 머잖아 찾아올 죽음에 직면했을 때, 우리는 다른 데에서 희망을 찾으려고 한다. 인지상정(人之常情)이다. 그리고 정신 상태에서 기인한 심인성 질병도 있고, 긍정적인 마음을 먹는 것만으로도 증상이 호전되는 질병들도 있다. 위약은 대개 설탕으로 만든 정제인 경우가 많다. 제약 회사들은 같은 병에 걸린 환자들에게 약과 위약을 주고 약의 유효성을 검사한다. 환자들에게는 받은 약이 진짜 약인지 위약인지 가르쳐 주지 않는다. 이 위약은 감기, 불안, 우울, 통증 등 마음먹기에 따라서 호전될 수 있는 증상에 대해 놀라울 정도로 잘 듣는 경우가 있다. 약이 효과가 있다고 믿는 게 엔도르핀(뇌 내 단백질로 모르핀과 비슷한 효과를 보인다.) 분비로 이어지는 것일지도 모른다. 위약의 효과는 환자가 그 약이 잘 듣는다고 믿는 경우에만 나타난다. 엄격하게 제한된 조건 아래에서 희망은 생화학적 물질로 변환되는 것처럼 보인다.

전형적인 예로, 암 환자들과 에이즈 환자들이 받는 화학 요법에 자주 수반되는 메스꺼움과 구토를 생각해 보자. 메스꺼움과 구토는 심인성으로(예를 들어, 두려움 때문에) 발생할 수도 있다. 온단세트론 염산 염수화물(ondansetron hydrochloride hydrate)이라는 약물은 이런 증상의 발생을 크게 완화한다. 그런데 이것은 실제로 약물의 작용 덕분인가 아니면 그 약이 들 것이라는 기대 덕분인가? 이중 맹검법을 이용한 조사 결과, 환자 96퍼센트가 그 약이 효과적이라고 평가했다. 그리고 똑같이 생긴 위약을 복용한 환자의 10퍼센트도 그렇게 평가했다.

어떤 기도가 응답이 없다면 잊어버리거나 신경 쓰지 않는 사람들이 많다. 관측 결과 중 자기 마음에 드는 것만 골라 쓰는 선택 편향의 오류를 기억해 보자. 이것은 그 전형적인 사례가 될 것이다. 그렇지만 문제가 질병에 관한 것이라고 한다면 그 대가는 무시하기 어렵다. 신앙에 의지했지만 치료되지 않은 환자 중에는 자신을 책망하는 이들이 있다. 자신에게 잘못이 있거나 신앙이 부족했기 때문이라고 자책하는 것이다. 과연, 의심하는 마음, 그러니까 회의주의라는 정신은 신앙의(그리고 위약의) 방해물이구나 하는 생각이 든다.

미국인의 절반 가까이가 '사이킥' 같은 초능력을 이용한 치료나 심령 치료가 가능하다고 믿는다. 인간의 역사를 살펴보면, 진짜로 나은 경우든 상상 속에서만 나은 경우든 모두 포함해, 치유에는 항상 기적이 얽혀 있었다. 결핵성 질환인 연주창은 영국에서 '왕의 병(King's Evil)'이라고 불렸고 '왕의 손(King's Hand)'으로만 치료할 수 있다고 여겨졌다. 이 병에 걸린 사람들은 참을성 있게 줄을 서서 왕이 환부를 만져 주기를 기다렸다. 왕은 왕대로 시간을 쪼개 군주로서의 의무를 다했다. 실제로 치료된 사람은 단 하나도 없었던 것 같지만 이 관행은 여러 세기 동안 지속되었다.

17세기 아일랜드에 발렌틴 그레이트레이크스(Valentine Greatrakes, 1628~1682년)라는 심령 치료사가 있었다. 그는 어느 날 갑자기 자기에게 감기, 궤양, 속쓰림, 간질 등 여러 질병을 치료하는 힘이 있음을 깨달았다고 한다. 치료를 받겠다고 그를 찾는 사람이 많아졌다. 다른 일을 할 시간이 전혀 없을 정도였다. 그는 치료자가 되지 "않을 수 없었다."라고 탄식했다. 그의 방법은 질병의 원인인 악령을 쫓아내는 것이었다. 그는 모든 질병이 악령 때문에 발생한다고 단언했다. 그는 수많은 악령을 알아보고 그 진명(眞名)을 불렀다. 동시대 연대기 기자의 기록을 찰스 맥케이의 책에서 인용해 보자.

> 그레이트레이크스는 자신이 인간 세계의 일보다 악령의 음모에 관해서 훨씬 더 정통하다고 자랑했다. …… 그는 너무나도 자신만만했기 때문에 그를 찾은 맹인은 자신이 보지도 못하는 빛을 보았다고 생각했고 귀머거리는 들었다고 상상했고 절름발이는 똑바로 걸었다고 상상했으며 중풍 환자는 팔다리를 다시 사용할 수 있다고 상상했다. 건강한 상태를 생각하는 것만으로도 환자들은 잠시나마 자신의 질병을 잊을 수 있었다. 상상력이라고 하는 것은 보고자 하는 열망을 가진 사람에게 거짓 시각을 주었고, 낫고 싶다고 강하게 바라는 사람에게는 거짓 치료의 효과를 주었다. 게다가 이러한 상상력은 그저 호기심에 이끌려 온 사람들에게도 병자들과 마찬가지라고 할 정도로 풍부하게 갖추어져 있었다.

전 세계의 탐험기와 인류학 문헌을 보면 심령 치료를 통해 병이 나았다는 보고뿐만 아니라, 마법사에게 저주를 받아 쇠약해지고 죽어 간 사람들에 대한 보고도 수없이 살펴볼 수 있다. 스페인의 탐험가로 식민지 총독도 지냈던 알바르 누네스 카베사(Álvar Núñez Cabeza, 1490~1559년)는 전형적이라고 할 수 있는 예를 전해 준다. 그는 1528년부터 1536년까지 소수의 동료들과 함께 플로리다로부터 텍사스를 거쳐 멕시코까지 육지와 바다를 방랑한 적이 있다. 지독한 기아 상태를 포함해 꽤 고생한 듯하다. 그는 여러 아메리카 원주민 사회와 만남을 가졌다. 그중 많은 수가 흰 피부에 검은 수염을 가진 이방인 카베사와 그의 동료로 검은 피부를 가진 모로코 출신 에스테바니코(Estevanico, 1500?~1539?년)에게 초자연적인 치유력이 있다고 멋대로 믿었다. 결국 마을 사람들 전체가 그들을 만나러 나왔고 그들의 재산을 몽땅 스페인 사람들의 발 앞에 쌓아 놓고 치료해 주기를 겸손하게 간청했다. 시작은 충분히 온건했다.

> 그들은 질문도 던지지 않고 증거를 보이라고 요구하지도 않은 채 우리를 주술사로 만들려고 했다. 그것도 그런 것이 그들은 아픈 사람에게 입김을 불어서 질병을 치료했기 때문이다. …… 그들은 우리에게 무언가 유익한 일을 하라고 요구했다. …… 우리는 그들 머리에 성호(聖號)를 그어 주고 입김을 불어 준 다음 주기도문과 성모송을 암송해 주었다. …… 우리가 십자가를 그어 준 이든, 기도해 주었던 이든 모두 다 자신들이 회복했고 건강해졌다고 말했다.

곧 그들 일행은 앉은뱅이를 치료했다. 카베사는 죽은 사람을 살리기도 했다고 보고한다. 그러자

> 우리는 곧 수많은 사람에게 둘러싸였다. …… 그들은 아주 열심히 우리에게 다가와서 끈질기게 만져 달라고 간청했다. 우리를 그냥 내버려 두라고 설득

하는 데 3시간이나 걸렸다.

한 부족이 스페인 사람들에게 떠나지 말라고 애원했을 때, 카베사와 그 일행은 원주민들에게 화를 냈다. 그러자 이번에는

기묘한 일이 일어났다. …… 그들 중 몇 명이 병에 걸렸고 다음날 8명이 죽었다. 이 일이 알려지자 그들은 우리를 무서워하게 되었다. 우리를 보기만 해도 두려움으로 거의 죽을 것 같았다.

그들은 우리에게 화내지 말라고 간청했고 그들을 더 이상 죽이지 말라고 빌었다. 우리에게 바라는 것만으로도 사람을 죽일 힘이 있다고 믿는 것 같았다.

1858년 동정녀 마리아의 발현이 프랑스 루르드에서 보고되었다. 신의 어머니는 불과 4년 전에 교황 비오 9세(Pius IX, 1792~1878년)가 선언했던 성모 무염시태(無染始胎, Immaculata conceptio. 원죄 없는 잉태)의 교리를 재확인시켜 준 것이다. 그 후로 10억 명의 사람들이 병 치료의 희망을 가지고 루르드를 찾았다. 그들은 당대의 의학으로는 치료 불가능한 병에 걸린 이들이었다. 로마 가톨릭 교회는 루르드에서 일어났다는 기적의 치유를 상당수 부정했고, 거의 150년 동안 단 65건만을 인정했다. (인정을 받은 것은 종양, 결핵, 안구염, 농가진, 기관지염, 마비 같은 질병의 치료였다. 그러나 잘려나간 팔다리나 망가진 척수가 재생된 사례는 없었다.) 65건의 치유 사례에서 남녀 비율은 1 대 10 정도로 여성이 많다. 루르드의 기적을 만나 병이 치료될 확률은 대략 100만분의 1이다. 복권 당첨 가능성이나 정기 항공편(루르드행 비행기 포함)의 추락 사고로 죽을 확률과 비슷하다.

암이 종류에 상관없이 자연적으로 치유되어 증상이 가벼워질 확

률은 1만분의 1과 10만분의 1 사이로 추정된다. 루르드의 순례자 중 5퍼센트 정도가 암을 치료하고자 하는 이라면, 암의 '기적적인' 치료는 50~500건 정도 이루어졌을 것이다. 입증된 65건의 치료 중 단 3건만이 암과 관련된 것이기 때문에 루르드에서의 자연 치유 확률은 환자가 그냥 집에 머물렀을 경우보다 더 낮은 것처럼 보인다. 물론 자신이 그 65건 중 하나에 속한다면 루르드 순례가 질병 회복의 원인이 아니었다고 확신하기는 매우 어려울 것이다. 전형적인 선후, 즉 인과 혼동의 오류이다. 심령 치료 각각에 대해서도 마찬가지의 이야기를 할 수 있다.

미국 미네소타 주의 내과의 윌리엄 놀런(William A. Nolen, 1928~1986년)은 자신에게 오는 환자들로부터 '심령 치료' 이야기를 잔뜩 들었다. 그는 그 치료의 진상을 알아보기 위해 1년 6개월을 투자하기로 결심한다. 심령 치료로 치유되기 전에 그 병에 진짜로 걸렸다는 것을 보여 주는 의학적 증거가 있는지, 진짜로 걸렸다면 치료된 뒤에 그 병이 진짜로 사라졌는지, 아니면 심령 치료사나 환자가 그렇게 이야기하고 있는 것뿐인지 조사해 보기 시작했다. 그는 미국 최초의 '심령 수술'을 포함해서 많은 사기 사례를 적발했다. 그러나 그는 심각한 기질성(비심인성) 질환의 치료 사례는 단 한 건도 발견하지 못했다. 예를 들어, 담석이나 류머티즘성 관절염이 치료된 경우도 없었고, 암이나 심혈관 질환이 치료된 사례는 더욱더 없었다. 그는 이렇게 썼다. "아이의 비장이 터지면 간단한 외과 수술로 완전히 회복시킬 수 있다. 그러나 심령 치료사에게 데려가면 하루 만에 죽을 것이다." 놀런은 다음과 같은 결론을 내린다.

> 심령 치료사가 심각한 기질성 질환을 치료한다고 나설 경우, 그는 말 못 할 고통과 불행에 책임을 져야 한다. …… 치료사는 살인자가 된다.

최근 기도가 치유 효과를 가진다고 주장하는 책이 출간되었다. (래리 도시(Larry Dossey, 1940년~)의 『치료하는 기도(*Healing Words*)』라는 책이다.) "과학이 증명한 놀라운 기도의 힘"을 소개한다는 이 책도 기도를 통해 치료하기 쉬운 병과 어려운 병이 따로 있다는 문제 때문에 애를 먹는다. 기도가 효과가 있다면, 왜 신은 암을 치료하거나 절단된 팔다리를 다시 자라게 하지 않는 것일까? 왜 신은 그렇게 쉽게 고통을 막을 수 있는데도 그렇게나 많은 고통을 인간에게 안기는 것일까? 도대체 왜 신은 기도를 받는 것일까? 신은 누가 어떤 고통을 겪고 있고 어떤 치료가 필요한지 무엇이든 이미 알고 있지 않은가? 도시는 책 서두에 의학 박사 스탠리 크리프너(Stanley Krippner, 1932년~)의 말을 인용하면서 시작한다. (도시는 크리프너를 다음과 같이 소개하고 있다. "전 세계에서 사용되는 다양한 비정통적 치료 방법들을 연구하고 있는 최고의 권위자 중 한 사람.")

> 막연한 기도가 치료를 일으킬 수 있는지 하는 문제는 상당히 유망한 연구 주제이다. 그러나 수가 너무 적기 때문에 확실한 결론을 끌어낼 수는 없다.

그런데 수천 년 동안 수십억 번의 기도가 행해지지 않았는가?

카베사의 경험이 시사하는 바와 같이 마음은 어떤 질병을 일으킬 수 있고 죽음에 이르게 할 수도 있다. 환자의 눈을 가리고 옻나무의 잎을 문질렀다고 속이면 보기 흉한 빨간색 붓기가 생기는 경우도 있다. 심령 치료가 도움이 되는 전형적인 경우는 심인성 질병 내지 위약성 질병이다. 예를 들어, 허리와 무릎의 통증, 두통, 말더듬, 궤양, 스트레스, 꽃가룻병, 천식, 히스테리성 마비나 실명, 상상 임신(월경 주기가 멈추고 배가 부풀어 오른다.) 등이 있다. 이런 질병들은 모두 마음 상태가 중요한 역할을 한다. 중세 말기 성모 마리아의 발현 사건에는 병 치료 사건도 동반되었다. 아마도 대부분은 돌발적인 전신 또는 부분 마비였고 대개 심인성이었으리라. 게다가 믿음이 깊은 신자들만이 그런 치유를 받을 수 있었다고 하는데, 믿음이라는 마음 상태에 기댐으로써 다른 마음 상태(믿음이라는 마음 상태와 그리 다르지 않은 상태일 것이다.)에서 기인한 증상이 완화된 경우가 많았을 것으로 보인다.

그러나 증상이 다소 가벼워진 것으로 끝나지 않은 사례들도 있다. 미국의 중국인 공동체에서 전통적으로 중요하게 여겨 온 명절은 중추절이다. 중추절 전주에는 중국인 공동체의 사망률이 35퍼센트 정도 낮아진다고 한다. 중추절 다음 주에는 사망률이 35퍼센트 정도 급상승한다. 중국인이 아닌 대조군에서는 그런 효과를 볼 수 없다. 자살을 원인으로 생각할 수도 있겠지만, 여기서 고려하는 것은 자연사만이다. 스트레스나 과식을 원인으로 생각할 수도 있겠지만, 이것으로는 중추절 이전의 사망률 하락을 설명할 수 없다. 가장 큰 효과는 심혈관 질환을 가진 사람들에게서 나타났다. 이들은 스트레스의 영향을 많이 받는다고 알려져 있다. 암 환자에의 영향은 적었다. 더 자세한 연구에서 밝혀진 바에 따르면, 사망률의 변동은 전적으로 75세 이상의 여자들 사이에서만 발생했다. 중국인 공동체에서 중추절 행사는 가정에서 가장 나이 많은 여자가 통솔한다. 그들은 명절을 잘 보내고 자신의 의무를 다하기 위해 1주일이나 2주일 정도 죽음을 늦추는 것이다. 비슷한 효과를 유월절을 전후한 1주일 동안 유태인 남자들 사이에서도 찾아볼 수 있다. 유태인 공동체에서 유월절의 의식과 행사는 나이 많은 남자가 주도적인 역할을 한다. 마찬가지의 사례를 전 세계에서, 생일이나 졸업식 같은 행사에서도 찾아볼 수 있다.

논란 많은 연구도 있다. 스탠퍼드 대학교의 한 심리학자는 전이성 유방암에 걸린 86명의 여성을 2개 집단으로 나누었다. 한 집단에는 죽음의 공포를 마주하고 자신의 삶을 정리하고 돌보라는 격려를 받은 사람들을 배치했고, 다른 집단에는 별도의 심리적 지원이나 돌봄을 받지 못한 사람들을 모았다. 놀랍게도, 심리적 지원을 받은 집단은 고통이 줄어들었을 뿐만 아니라, 더 오래(평균 18개월 더) 살았다.

스탠퍼드 대학교의 연구를 이끈 데이비드 스피걸(David Spiegel)은 원인이 몸을 보호하는 면역 체계를 손상시키는 코르티솔 같은 '스트레스 호르몬'에 있으리라고 생각한다. 심각하게 우울한 사람, 시험 기간의 학생, 가족과 사별한 사람 들은 모두 백혈구의 수가 감소한다. 정서적인 지원을 충분히 제공하는 것은 말기암에는 큰 효과가 없는 듯하지만, 암이나 항암 치료 때문에 크게 약해진 환자의 2차 감염을 막는 데에는 효과가 있는 듯하다.

1907년 마크 트웨인(Mark Twain, 1835~1910년)은 『크리스천 사이언스(*Christian Science*)』라는 책을 펴냈다. 거의 잊혀진 이 책에서 그는 다음과 같이 썼다.

> 사람의 상상력은 육체에 작용해 육체를 치료하거나 병들게 하는 능력을 가지고 있다. 우리는 모두 이 힘을 타고난다. 최초의 인간은 그 힘을 가지고 있었고, 최후의 인간도 그 힘을 소유할 것이다.

심령 치료가 비교적 심각한 질병의 통증과 불안 같은 증상을 경감시키는 경우도 있을 수 있다. 그러나 질병의 진행을 막는 것은 아니다. 물론 통증과 불안을 줄여 주는 것도 작지 않은 도움이 된다. 신앙과 기도가 질병과 치료에 따른 증상이나 통증을 줄이거나 완화하고 수명을 약간 더 연장할 수 있다. '크리스천 사이언스'라는 종교를 평가하면서 마크 트웨인(크리스천 사이언스에 대한 당대 제일의 비판가였다.)은 이렇게 말했다. "이 종교는 암시의 힘을 통해 육체와 생명을 '완전한 것'으로 만들었을지 모르지만, 기도에 기대느라 의학적 치료를 받지 않아 죽은 사람들을 생각한다면 도저히 인정할 수 없다."

케네디 대통령의 사후 아주 다양한 사람들이 대통령의 유령과 조우했다고 보고하기 시작했다. 케네디의 사진을 건 영묘(靈廟)가 만들어지기도 하고 그곳에서 치유의 기적이 일어났다는 보고가 나오기 시작했다. 처음부터 실패작이었던 이 어설픈 종교의 신자들은 "그는 자신의 목숨을 국민에게 바쳤다."라고 주장했다. 『미국 종교 백과사전(*Encyclopedia of American Religious*)』에 따르면, "신봉자들에게 케네디는 신이다." 비슷한 현상을 엘비스 프레슬리의 신봉자들에게서도 볼 수 있다. 앨비스 프레슬리 신봉자들은 "왕은 살아 있다."라는 슬로건을 외친다. 이처럼 아무 일도 안 해도 신앙 체계가 자생적으로 생겨난다. 그렇다면 견고한 조직을 가지고 악랄한 캠페인을 전개한다면 어떤 일이 벌어질지, 여러분도 한번 생각해 보기 바란다.

오스트레일리아 「추적 60분」 제작진의 타진에 응한 랜디는 처음부터 끝까지 통째로 속임수를 만들어 보면 어떻겠냐고 제안했다. 마술은 물론이고, 사람 앞에서 말하는 훈련을 받은 적도 없고, 연단에 서 본 경험조차 없는 사람을 써 보기로 했다. 기념비적인 속임수 쇼를 구상하던 랜디의 눈에 그의 임차인인 젊은 행위 조각가, 호세 루이스 알바레스가 띄었다. "좋죠. 하겠습니다."라고 알바레스는 대답했다. 내가 만난 알바레스는 똑똑하고 성격 좋고 사려 깊은 사람으로 보였다. 그는 방송 출연과 기자 회견을 위한 집중적인 훈련을 받았다. 사실 그는 대답을 생각할 필요도 없었다. 그는 소형 전파 수신기를 귀에 꽂고 있으면 되었고, 답은 랜디가 할 예정이었기 때문이다. 그것을 통해서 랜디는 대답을 일러 주었다. 「추적 60분」에서 비밀리에 보낸 요원이 알바레스의 연기를 점검했다. 카를로스라는 캐릭터는 알바레스가 고안했다.

알바레스와 그의 '매니저'가(그 역시 같은 방식으로 채용된 무경험자였다.) 시드니에 도착했을 때 제임스 랜디도 그 자리에 나와 있었다. 그는 현장 주변에서 고개를 숙이고 눈에 띄지 않게 송신기에 속삭였다. 증거로 여겨진 문서류 역시 모두 가짜였다. 저주, 물 끼얹기 등도 언론의 관심을 끌기 위한 연기였고 리허설까지 거친 것이었다. 그들은 잘 해냈다. 오페라하우스에 모인 사람들은 방송과 언론이 관심을 보이니 흥미가 생겨 모인 것이었다. 오스트레일리아의 신문 체인 중 하나는 '카를로스 재단'에서 입수한 문서를 한 글자 한 글자 그대로 인쇄한 호외를 발행하기까지 했다.

「추적 60분」이 진상을 발표하자 나머지 오스트레일리아 언론 매체들은 격노했다. 그들은 이용당하고 속았다고 불평했다. 《오스트레일리아 파이낸셜 리뷰(*Australian Financial Review*)》의 피터 로빈슨(Peter Robinson)은 이렇게 비난했다.

> 경찰의 함정 수사에도 법적 지침이 있는 것과 같이, 언론 매체가 사람을 오도할 수 있는 상황을 어디까지 만들어도 좋은지에 대한 가이드라인도 있어야 한다고 생각한다. …… 무엇보다 나는 사실을 보도하기 위해서라면 거짓말을 해도 된다는 주장을 절대로 용인할 수 없기 때문이다. …… 모든 여론조사 결과를 보면 알 수 있듯이, 일반 대중은 언론 매체가 완전한 진실을 말하지 않는가, 사건을 왜곡하지 않는가, 과장하지 않는가, 누군가의 편을 드는 게 아닌가 하는 의심을 가지고 있다.

로빈슨이 우려한 것은 이 널리 퍼진 오해에 카를로스의 사건이 신빙성을 더하지 않을까 하는 것이었다. 신문 머리기사들은 "카를로스가 모두를 바보로 만든 수법"부터 "속임수는 말이 없다."에 이르기까지 다양했다. 카를로스를 치켜세우지 않았던 신문들은 자신들의 신중함을 뽐내며 우쭐거렸다. 네거스는 「추적 60분」에 대해서 "성실한 사람도 실수할 수 있다."라고 말했고 속았음을 부정했다. 채널러라고 자칭하는 인간은 "그것만으로도 사기꾼"이라는 말을 더했다.

「추적 60분」의 제작진과 랜디가 역설하고 싶었던 것은, 오스트레일리아 언론 매체가 모두 다 '카를로스'의 진실성을 검증하려고 진지하게 노력하지 않았다는 것이었다. 카를로스는 보도 자료에서 열거했던 도시들 어디에서도 출연한 적이 전혀 없었다. 뉴욕 극장의 무대 위에서 찍은 카를로스의 비디오테이프는 그 극장에서 공연을 하던 마술사 겸 코미디언 콤비인 펜과 텔러(Penn & Teller)의 협력을 받아 찍은 것이었다. 그들은 관객에게 "성대한 박수"를 부탁했다. 긴 옷을 입고 메달을 건 알바레스가 등장하자 관객은 시킨 대로 열심히 박수 쳤고 랜디는 비디오테이프를 찍었다. 알바레스는 손을 흔들며 퇴장했고 펜과 텔레의 쇼는 계속되었다. 그리고 WOOP라는 호출 부호(call sign)를 사용하는 라디오 방송국은 뉴욕 시에 없다.

카를로스의 문헌을 꼼꼼하게 살펴보면 기자들도 의심스러운 점을 쉽게 발견할 수 있었을 것이다. 그러나 우리 시대의 지적 수준이 너무 떨어진 탓인지, 뉴 에이지든 올드 에이지(old age)든 경신의 풍조가 너무 만연해 있는 탓인지, 아니면 의심의 정신이 외면받은 탓인지 그런 서툰 패러디도 세상에 통용될 수 있었다. 예를 들어, 카를로스 재단은 '아틀란티스 수정'이라는 물건을 판다고 내놓았다. (실제로는 그 어떤 물건도 팔리지 않도록 해 놓았다.)

이 독특한 수정 5개는 드높은 스승이 여행 도중에 발견한 것이다. 이 수정들은 극도로 순수한 에너지를 방출한다. 이것은 과학으로는 설명되지 않는다. …… (그리고) 막대한 치유 능력을 가지고 있다. 그 형태는 영적 에너지가 화석화되면서 만들어진 것이고 새로운 시대를 맞이할 지구에 커다란 은혜를 줄 것이다. …… 드높은 스승은 이 아틀란티스 수정 5개 중에서 하나를 골라 언제나 몸 가까이 두고 있다. 그를 보호해 주고 그의 영적 에너지를 높여주고 있다. 2개는 드높은 스승의 요청에 따라 많은 돈을 기부한 미국의 친절한 탄원자에게 갔다.

'카를로스의 물'이라는 물품도 있었다.

드높은 스승이 보시기에 정말로 순수한 물은 세상에 많지 않다. 따라서 드높은 스승은 사람들을 돕기 위해 물에 에너지를 주입해 순수한 물을 만들어 내는 일을 맡기로 했다. 그것은 강렬한 과정이다. 한 번 만들 때마다 소량만 나오지만, 드높은 스승은 그 일을 할 때마다 언제나 자신을 먼저 정화하고 플라스크 안에 넣을 순수한 수정을 정화한다. 그런 다음에 그는 커다란 구리 그릇 안에 수정과 함께 자리를 잡는다. 그 구리 그릇은 아름답게 광을 내고 따뜻하게 덥혀 놓은 것이어야 한다. 드높은 스승은 24시간 동안 그 속에서 물에 에너지를 쏟아 넣는다. 이 물은 영적인 것의 보고라고 할 것이다. …… 이 물을 영적으로 활용하기 위해서 용기에서 꺼낼 필요는 없다. 용기를 들고 상처나 치료했으면 하는 질병에 정신을 집중하기만 하면 놀라운 결과가 일어난다. 그러나 당신이나 당신의 친지에게 커다란 재난이 닥치면, 에너지가 충만한 이 물을 조금 꺼내 살짝 뿌리면, 회복의 힘을 다시 얻을 수 있을 것이다.

'카를로스의 눈물'은 또 어떤가.

드높은 스승은 눈물을 넣기 위한 용기를 만들었다. 그 빨간색 용기에는 어떤 힘이 숨겨져 있다. 그 힘은 이미 증명된 것이지만, 명상 도중에 느끼게 되는 그 감동을 기술하는 기회는 '영광스러운 일치'를 체험한 사람들에게만 주어진다.

『카를로스의 가르침(*The Teachings of Carlos*)』이라는 작은 책도 있다. 이 책은 다음과 같이 시작한다.

나는 카를로스다.

나는 너희에게 왔다.
무수한
환생을 거쳐.

나는 너희에
위대한 가르침을 주리라.

조심스럽게 들어라.
조심스럽게 읽어라.
조심스럽게 생각하라.

진리는 여기에 있다.

첫 번째 가르침은 이런 질문으로 시작된다. "왜 우리는 여기에 있는가?" 답은 다음과 같다. "이 물음의 답이 하나라고 할 수 있는 사람이 있겠는가? 어떤 물음이든 많은 대답이 있다. 그리고 모든 답은 옳은 답이다. 그것은 그렇다. 알겠는가?"

이 책은 한 쪽을 다 이해할 때까지 다음 쪽으로 가지 말라고 명한다. 이것은 이 책을 다 읽을 수 없는 여러 이유 가운데 하나이다.

이런 문장도 있다. "의심하는 자들에게 내가 해 줄 수 있는 말은 이것뿐이다. 그들이 원하는 대로 하게 하라. 그들은 결국 아무것도 얻지 못한다. 있어도 한 줌의 헛된 지식일 뿐이다. 그러나 믿는 자들은 무엇을 얻는가? '모든 것'을 얻는다! 모든 물음에는 답이 주어져 있다. 모든 답은 다 옳은 답이기 때문이다. 그리고 이 답은 옳다! 의심하는 자들아, 멋대로 따져라."

또 "일일이 설명을 구하지 마라. 특히 서구인들은 언제나 이것은 왜 이러냐, 저것은 왜 저러냐 하며 지루한 설명을 요구한다. 대부분의 물음은 명백한 답을 가지고 있다. 왜 번거롭게 문제를 풀려 하는가? 믿으면, 모든 것은 진실이 된다." 같은 문장도 있다.

책의 마지막 쪽에는 그의 마지막 훈계가 커다란 글자로 단 한 문장 적혀 있다. "생각하라!"

『카를로스의 가르침』은 모두 랜디가 썼다. 랜디와 알바레스는 이 책의 원고를 워드프로세서로 불과 몇 시간 만에 단숨에 완성해 냈다.

오스트레일리아의 방송과 언론은 동업자에게 배신당했다고 느끼는 것 같았다. 오스트레일리아의 주요 방송국과 언론의 사실 확인 수준이 어설프다는 것과, 뉴스와 공공 정보를 다루는 전문 기관들이 경신의 풍조에서 자유롭지 않음이 드러났기 때문이다. 일부 언론 평론가들은 카를로스 사건이 그리 중요한 것이 아니었기 때문에 사실 확인을 엄밀하게 하지 않았을 뿐이라고 변명하기도 했다. 자신의 과실을 인정하는 사람은 거의 없었다. 「추적 60분」은 그다음 주 일요일에 '카를로스 사건'을 되돌아보는 방송을 예고했지만 관련자 중에 출연하겠다고 한 사람은 단 하나도 없었다.

물론 오스트레일리아만 특별한 것은 아니다. 알바레스, 랜디, 그리고 그 공모자들은 지구 어떤 나라라도 선택할 수 있었고 어디에서든 성공했을 것이다. 전국 방송에 카를로스를 출연시켜 준 사람들도 회의적인 질문 정도는 던질 수 있었다. 그러나 그들은 우선 카를로스를 출연시켜야 한다는 유혹을 이기지 못했다. 카를로스가 오스트레일리아를 떠난 이후 신문 등의 머리기사를 차지한 것은 언론계 내부의 분란이었다. 그 폭로와 관련해서 당혹감을 감추지 못하는 칼럼이나 기사 들이 발행되었다. 그 사건의 요점은 무엇인가? 그 사건은 대체 무엇을 보여 주었는가?

알바레스와 랜디가 보여 준 것은 믿음을 가지고 장난치는 것은 지극히 간단하다는 것이었다. 그리고 사람을 유도하는 일이 얼마나 간단하며, 무언가 믿을 것에 굶주린 외로운 이들을 속이는 게 얼마나 쉬운지 증명했다. 카를로스가 오스트레일리아에 좀 더 오래 머무르고 치유의 힘을 나타냈다면(기도해 주고 믿음을 주고 병에 담긴 그의 눈물을 축복하며 그의 수정을 쓰다듬었다면) 틀림없이 많은 사람이 질병, 특히 심인성 증상에서 나았다고 보고했을 것이다. 카를로스가 모습을 보이고 말을 하고 작은 도구를 휘두르는 것만으로도 어떤 사람들은 카를로스 덕분에 병세가 호전되었으리라 느꼈을 것이다.

이것은 말 그대로 거의 모든 심령 치료에서 볼 수 있는 위약 효과이다. 효능 있는 약을 복용하고 있다고 믿으면 고통은 사라진다. 한동안이라고 해도. 그리고 효능 있는 영적 치료를 받고 있다고 믿으면 질병도 가끔은 사라진다. 한동안이겠지만. 실제로 낫지 않았는데도 자발적으로 나았다고 주장하는 사람들도 있다. 놀런, 랜디, 그리고 그 밖의 많은 연구자가 치료되었다고 말해지고 환자 본인도 동의했던 사람들을 자세히 추적 조사했지만, 심각한 기질성 질병이 실제로 치료된 환자는 단 한 사람도 찾아낼 수 없었다. 증상이 호전된 것뿐인 사례도 없지는 않았지만, 의심스러운 구석이 있다. 루르드의 경험이 시사하는 바와 같이, 정말로 놀라운 회복의 사례를 발견하려면 1억 건 가까이의 사례를 훑어야만 할 것 같다.

심령 치료를 시작한 계기는 치료사 개인마다 다를 것이다. 처음부터 사기 칠 생각을 한 이도 있을 테고 그렇지 않은 이도 있을 것이다. 그런데 환자들의 상태가 실제로 개선된 것처럼 보여 환자는 물론이고 치료사 스스로도 놀랄 때가 있다. 그때 환자들이 느끼는 감정은 진정성이 있고, 그들의 기쁨과 감사는 사람의 마음에 울림을 준다. 치료사가 비판받으면 그런 환자들은 그를 옹호하려고 몰려든다. 시드니 오페라 하우스의 채널링 행사에 참석했던 몇몇 노인들은 『추적 60분』의 폭로 이후 크게 분노했고 알바레스에게 이렇게 말했다. “그 사람들이 뭐라고 하든 우리는 상관하지 않습니다. 우리는 당신을 믿습니다.”

이런 식으로 성공을 거두고 나면 대다수의 사기 치료사들은, 처음에 얼마나 냉소적이었든 상관없이, 자신들이 실제로 신비로운 능력을 ‘가지고’ 있다고 확신하게 된다. 아마 그들은 매번 성공하지는 못할 것이다. 그러면 그 능력은 나타났다 안 나타났다 하는 법이라고 스스로를 속일 것이다. 힘이 나타나지 않을 때에는 폐관수련(閉關修鍊)을 한다는 둥 어떻게든 상황을 모면하려고 할 것이다. 그리고 어쩌다가 속임수를 쓰는 정도는 더 숭고한 목적을 실현하기 위한 것이라고, 자신조차 속이려고 할 것이다. 그들의 떠벌림은 이미 소비자 테스트를 통과하지 않았는가! 그들의 속임수는 잘 돌아간다.

이런 자들의 목적은 대개 돈이다. 그러나 돈만 탐한다면 그나마 나쁘지 않다고 생각한다. 내가 걱정하는 것은 그들이 더 크고 중요한 것을 노리는 것이다. 만약 또 다른 카를로스가 나와 더 매력적으로, 더 당당하게, 더 지도자스럽게 애국자를 자처하며 우리에게 다가온다고 생각해 보자. 우리는 모두 유능하고 부패하지 않은 카리스마적인 지도자를 갈망한다. 우리는 그런 지도자를 지지하고 믿고 따를 기회를 향해 달려들 것이다. 대부분의 기자, 편집자, 방송 피디는 대중과 함께 휩쓸려 갈 것이고 회의주의적인 정밀 조사 따위는 내던져 버릴 것이다. 그런 지도자는 기도나 수정이나 눈물 따위를 팔지 않을 것이다. 아마도 그는 전쟁이나 희생양이나 카를로스보다 훨씬 체계적인 믿음의 다발을 팔 것이다. 그것이 무엇이든, 회의주의는, 그러니까 무엇이든 의심하는 자유로운 정신은 위험에 처할 것이다.

유명한 영화 「오즈의 마법사」에서 도로시, 허수아비, 양철 나무꾼, 겁쟁이 사자는 위대한 오즈라는 신비로운 거물을 알현한다는 생각에 위축된다. 그러나 도로시의 작은 개 토토는 비밀의 커튼을 당겨 위대한 오즈가 실제로는 그들과 마찬가지로 이 이상한 나라로 쫓겨온 작고 땅딸막한 겁많은 남자가 작동시키는 기계 인형이라는 사실을 폭로한다.

제임스 랜디가 커튼을 당긴 것은 우리에게 다행스러운 일이었다. 그러나 사기꾼, 허풍쟁이, 헛소리꾼이 나올 때마다 랜디에게 정체를 밝혀 달라고 기대는 것은 그런 무리를 그대로 믿는 것과 마찬가지로 위험한 일이다. 호구가 되지 않기를 바란다면 우리 스스로 이 일을 해야 한다.

인간은 충분히 오랜 시간 속다 보면 속임수라는 증거가 나와도 그것을 받아들이지 않게 된다. 가장 슬픈 역사의 교훈 중 하나이다. 진실을 찾는 데 관심을 잃고 속임수에 사로잡힌 채 살아가게 된다. 속임수에 낚였다는 사실을 인정하는 게 너무나 괴로운 탓에 사기꾼에게 자신에 대한 통제권을 넘기고 나면 다시는 돌려받지 못하게 된다. 이렇게 오래된 속임수가 새로운 옷을 입고 계속해서 살아남게 된다.

강신회 또는 강령회는 언제나 어두운 방에서 열린다. 유령이 방문한다고 해도 기껏해야 흐릿하게 보일 뿐이다. 전등을 켜려고 하면, 영혼은 사라진다. 유령들은 부끄럼쟁이일지도 모른다. (실제로 이런 설명을 하는 사람도 있고, 실제로 그렇게 믿는 사람도 있다.) 20세기 초심리학 연구 분야에서는 '관찰자 효과(observer effect)'라는 말이 사용된다. 말하자면, 회의주의자가 있으면 사이킥 같은 초능력자들이 힘을 잃고, 제임스 랜디처럼 숙련된 마술사가 있으면 초능력이 완전히 사라진다는 것이다. 그들에게 필요한 것은 어둠과 쉽게 속는 성향뿐이다.

강령술 중에는 질문자가 탁자를 두드리면 유령이 탁자를 두들기는 듯한 소리로 대답을 하는 방식의 것도 있다. 이것을 이용한 사기 행각이 19세 중반 미국 사회에서 큰 소동을 일으킨 적이 있다. (마거릿 폭스(Margaret Fox, 1833~1893년)와 케이트 폭스(Kate Fox, 1837~1892년)의 사건을 말한다. — 옮긴이) 이 사기 사건의 공범자였던 소녀는 자라서 그 일이 속임수였다고 고백했다. 그녀는 엄지발가락의 관절을 꺾어 딸깍거리는 소리를 냈다고 했다. 그리고 그것을 실제로 시연하기도 했다. 그러나 공식적인 고백과 사과는 무시되었고 진실을 말하는 그녀는 오히려 거짓말하지 말라는 매도를 당했다. 영혼의 두드림으로 포장된 이 강령술은 너무도 많은 위안을 주었기 때문에 강령술사 한 사람이 자백한 것만으로는 단념할 수 없는 사람들이 너무 많았다. 사기 사건의 장본인이 자백했는데도 말이다. 광신적인 합리주의자가 그녀에게 자백을 강요했다는 이야기까지 돌기 시작했다.

앞에서 이야기했듯이, 밀밭에 그려진 기하학적 형태, 다시 말해서 크롭 서클의 경우 그 짓을 저지른 영국 사기꾼들이 자백한 바 있다. 그 불가사의한 도형은 외계인 예술가들이 밀밭을 소재로 해서 만든 작품이 아니라 두 남자가 판자와 밧줄을 이용해 기발한 취향을 표현한 것이었다. 그들이 자기들이 한 일을 실연해 보였을 때에도 신봉자들은 영향을 받지 않았다. 그들은 크롭 서클 중 '일부'는 그렇게 속임수로 만들어졌지만, 세상에는 크롭 서클이 너무나도 많고, 그중 어떤 도형은 인간이 그리기에는 너무 복잡하다고 주장한다. 외계인들만이 그런 일을 할 수 있다는 것이다. 그러자 자기들도 장난을 쳤다고 고백하는 영국인들이 추가적으로 나왔다. 그러나 외국에서도, 예를 들어 헝가리 같은 곳에서도 크롭 서클이 발견되었는데 그것은 어떻게 설명할 수 있느냐는 반론이 나왔다. 그러자 또 헝가리의 10대 모방 범죄자들이 나와 고백했다. 그러나 신봉자들의 반론은 계속 이어졌다.

외계인 납치를 주장하는 심리 치료사나 정신과 의사 들이 얼마나 쉽게 속는지를 시험하기 위해서 한 여성이 피랍자로 가장하고 상담실을 찾았다고 해 보자. 그 치료사는 그녀가 꾸며낸 이야기에 몰두한다. 그때 그녀는 이 모든 게 가짜였어요 하고 자백한다. 그러면 치료사는 어떤 반응을 보일까? 자신의 방법론과 납치 사건에 대한 자신의 사고 방식 전체를 재고해 볼까? 아니다. 시기와 상황에 따라 다르겠지만, 그는 다음과 같은 이야기를 늘어놓을 것이다. ① 그녀가 스스로 인식하지 못하고 있지만 실제로 납치된 적이 있다. ② 그녀는 미쳤다. 정신과 의사를 찾아오지 않았는가? ③ 자신은 처음부터 속임수인 줄 알고 있었고, 단지 그녀가 솔직하게 말할 때까지 하고 싶은 대로 말하게 두었을 뿐이다.

인간은 때로는 자신의 잘못을 인정하기보다 증거를 완고하게 거부하는 편이 더 쉽다고 느낀다. 그렇다면 우리는 우리가 이런 존재라는 것을 알아야만 한다.

한 과학자가 파리의 신문에 무료로 별점을 보아 주겠다는 광고를 낸 적이 있다. 그는 대략 150통의 답장을 받았다. 답장에는 그가 요청한 대로 태어난 장소와 시간이 자세히 적혀 있었다. 그 과학자는 모든 사람에게 완전히 똑같은 별점을 보내고, 그 별점이 얼마나 정확한가를 묻는 질문지도 동봉했다. 응답자의 94퍼센트가(그리고 가족과 친구 90퍼센트도) 별점이 어느 정도 맞는다고 회신했다. 그러나 그 별점은 프랑스의 한 연쇄 살인범에 대한 것이었다. 점성술사가 상대방을 만나 보지도 않고 이 정도로 별점을 맞힐 수 있다면, 사람의 표정을 교묘하게 읽을 줄 알고 지나치게 양심적이지 않은 점성술사가 직접 만난 사람의 별점을 얼마나 잘 맞힐지는 어렵지 않게 짐작할 수 있다.

우리는 왜 이렇게 간단히 점성술, 초능력, 수상과 관상, 찻잎, 타로 카드, 산가지 같은 것을 가지고 점치는 점쟁이들에게 넘어가는 것일까? 물론 그들은 우리의 태도와 표정과 복장, 아무렇지 않게 주고받는 대화 속의 정보를 예민하게 포착한다. 점쟁이 중에는 무시무시할 정도로 눈이 좋은 사람도 있지만 과학자들은 그런 데 둔하다. 사이킥 '전문가'들이 가입하는 컴퓨터 네트워크도 있다. 여기서 고객들의 생활상이나 조건 같은 정보를 교환하기도 한다. 핵심적인 장사 수단은 '콜드 리딩(cold reading)'이다. 서로 반대되는 성질 또는 성향을 교묘하게 섞어서 누가 들어도 그 속에 진실이 있는 것처럼 느끼게 말하는 기술이다. 다음은 한

가지 예이다.

> 당신은 외향적이고 상냥하고 사교적일 때도 있지만, 내성적이고 세심하고 수줍어할 때도 있습니다. 당신은 자신을 남에게 너무 솔직하게 드러내는 것은 현명하지 않다는 것을 알고 있습니다. 당신은 어느 정도의 변화와 다양성을 선호하고, 특정한 틀 안에 속박되는 데 만족하지 못합니다. 바깥으로는 규칙을 잘 지키고 자제를 잘하지만, 속으로는 걱정이 많고 불안해하는 경향이 있습니다. 인격적인 약점이 약간 있지만, 대개는 그것을 메울 수 있습니다. 당신에게는 아직 쓰이지 않은 많은 잠재력이 있지만, 본격적으로 활용하지는 못하고 있습니다. 스스로에 대해 비판적인 경향이 있기 때문입니다. 그러면서도 다른 사람들이 당신을 좋아하고 칭찬해 주기를 강하게 바라고 있습니다.

이런 이야기를 들으면 누구나 맞는다고 생각할 것이다. 자기 성격을 너무나 잘 안다고, 꼭 자기 이야기라고 느끼고 놀라는 사람도 있을 것이다. 사실 놀라운 일이 아니다. 우리는 모두 인간이기 때문이다.

심리 치료사 중에는 어린 시절의 성적 학대를 받은 '증거'의 목록을 작성하는 사람들이 있다. (예를 들어, 엘런 베이스와 로라 데이비스의 『치료하려는 용기』에도 이 목록이 실려 있다.) 대개 이 목록은 아주 길고 체계도 없으며 진부하다. 그 목록에는 수면 장애, 과식, 식욕 부진과 식욕 항진, 성기능 장애, 막연한 불안, 그리고 어린 시절의 성적 학대에 대한 기억 상실까지도 포함된다. 사회 상담가인 수 블럼(E. Sue Blume)의 책에는 억압된 근친상간의 기억을 드러내는 징후로 두통, 과도한 의심, 의심의 결여, 과잉 성욕, 성욕의 결여, 그리고 부모에 대한 존경 등이 열거되어 있다. 의학 박사 찰스 휫필드(Charles L. Whitfield)는 "기능 부전" 가족을 가려내기 위한 진단

항목으로서 아픔과 고통, 위기에 빠질수록 살아 있는 실감이 든다는 느낌, 권위 있는 인물에 대한 불안감, 상담이나 심리 요법을 받은 경험은 있지만 "무언가 잘못되었거나 빠졌다는" 느낌이 드는 것 등을 거론했다. 콜드 리딩과 마찬가지로 목록이 길어질수록, 그리고 항목이 광범위해질수록 이 '증상'을 가지는 사람들은 늘어날 것이다.

사물을 회의적으로 검토하는 태도는 악랄한 사기꾼과 허풍쟁이와 헛소리꾼을 근절하는 데 필수 불가결한 도구이다. 이런 장사의 희생양이 되는 것은 항상 스스로를 보호할 힘이 없고 도움을 필요로 하며 다른 희망을 가지기 힘든 사람들이다. 나아가 정치가 부패했지만 바꿀 방법이 없어 보이는 사회에서는 좌절해 욕구불만으로 가득한 사람들, 마음에 틈이 있어 경솔한 사람들, 무방비한 사람들 역시 좋은 호구가 된다. 군중 집회, 라디오와 텔레비전, 인쇄 매체와 전자 마케팅, 그리고 통신판매 기술 등을 이용한 '몸의 정치학(body politics, 몸을 매개로 권력과 불평등의 관계가 만들어지는 것을 뜻한다. — 옮긴이)'을 통해 '헛소리'가 주입되는 상황이 올 수도 있다. 그런 상황이 오더라도 사물을 회의적으로 검토하는 태도는 사태를 누구보다 먼저 깨닫게 해 주리라.

헛소리와 사기와 속임수, 경솔한 생각과 바람이 사실이라는 가면을 쓰고 등장하는 것은 마술 공연장과 모호한 조언을 읊는 점쟁이의 상담실에서만이 아니다. 불행하게도 정치, 사회, 종교, 경제 등 모든 분야에서 그런 일이 벌어진다. 그리고 이것은 한 나라에 국한된 일만도 아니다.

14장
반과학

세상에 객관적인 진실 따위는 없다.
우리가 나름의 진실을 만든다.
세상에 객관적인 실재 따위는 없다.
우리가 나름의 실재를 만든다.
그러나 이 세상에는 앎을 얻는 통상적인 방법보다
훨씬 우월한 영적이고 신비적이며 내적인 방법이 존재한다.
만일 어떤 경험이 현실인 것 같다면, 그것은 현실이다.
만일 어떤 생각이 당신에게 옳게 느껴진다면, 그것은 옳다.
실재의 참된 본성에 대한 지식을 우리는 절대로 얻을 수 없다.
과학도 비합리적이거나 신비적인 것이다.
과학 역시 또 다른 신앙이나 신념 체계 혹은 신화에 지나지 않는다.
그것이 다른 것과 다른 특별한 정당성을 가지지도 않는다.
어떤 믿음이 당신에게 의미를 준다면
그것이 참이냐 거짓이냐는 문제가 아니다.

—「뉴 에이지의 믿음에 관한 요약」, 시어도어 시크 2세(Theodore Schick Jr.)
루이스 본(Lewis Vaughn), 『불가사의한 것들에 대해 생각하는 법:
뉴 에이지에 대한 비판적 사고(*How to Think About Weird Things:
Critical Thinking for a New Age*)』(1995년)에서

만약 기존의 과학 체계가 혹시 틀린 것이라는 주장을 듣는다면 당신은 어떻게 반응할까? (아니면 과학은 임시 방편이라는 주장이나, 잘못된 방향으로 가고 있다는 주장이나 비애국적이라는 주장이나 불경한 것이라는 주장이나 주로 권력자의 이익에 봉사하는 것이라는 주장을 듣는다면 또 어떨까?) 아마도 당신은 이렇게 생각하게 될 것이다. '그렇다면 고생스럽게 과학을 배우지 않아도 되겠구나. 그렇게도 많은 사람이 복잡하고 어렵고 수학적이며 반직관적인 지식 덩어리라고 하지 않던가. 잘됐다.' 그리고 이렇게 생각할지도 모르겠다. '그렇다면 과학자들에게 응분의 대가를 치르게 해야겠다. 그래야 과학을 선망하거나 과학에 대해 콤플렉스를 품었던 사람들도 마음의 짐을 덜어 놓을 수 있을 테니까. 그리고 과학 말고 다른 길로 앎에 이르고자 했던 사람들이나 과학자들의 경멸을 받던 믿음을 몰래 간직해 왔던 이들도 떳떳하게 활보할 수 있게 되겠구나. 좋은 일이야, 좋은 일.'

과학이 대중의 비난을 초래하게 된 데에는 그 변화 속도에 일부 책임이 있다. 과학자들의 이야기를 이해할 만한 수준에 어렵사리 도달하고 나면, 그들은 더 이상 그 이야기가 참이 아니라는 이야기를 한다. 거짓까지는 아니라고 해도 새로운 사실들이 쏟아져 또다시 우리의 발목을 잡는다. 한 번도 들어본 적이 없는 사실들, 도저히 믿기 어려운 사실들, 마음을 뒤흔드는 사실들이 최근 발견되었다며 다시 우리 앞을 가로막는 것이다. 과학자들이 우리를 가지고 논다고 여길 수도 있다. 과학자들은 모든 것을 뒤집고 싶어 하는 사회적인 위험 분자로까지 여겨진다.

에드워드 울러 콘던(Edward Uhler Condon, 1902~1974년)은 미국의 탁월한 물리학자이자 양자 역학의 선구자였고 제2차 세계 대전 당시 레이더와 핵무기의 개발에 참여했으며 코닝 글래스(Corning Glass) 사의 연구 이사, 국립 도량형국 국장, 미국 물리학회 회장을 역임했다. (그뿐만 아니라 만년에는 콜로라도 대학교의 물리학과 교수까지 지냈는데, 거기에서 그는 공군의 재정 지원을 받아 당시 논란을 불러일으켰던 UFO에 관한 과학적 조사를 지휘했다.) 그는 1940년대 후반과 1950년대 초반 사이에 진행된 미국 의회의 빨갱이 사냥의 표적 중 하나였다. 특히 리처드 닉슨 하원 의원은 콘던의 비밀 취급 인가를 취소해야 한다고 주장했다. 광적인 애국주의자로서 미국 하원의 비미 활동 위원회(House Un-American Activities Committee, HCUA) 위원장이었던 공화당의 존 파넬 토머스(John Parnell Thomas, 1895~1970년)는 물리학자 "콘던 박사"야말로 미국의 국가 안보 체계에서 "가장 취약한 연결 고리"이며 어떤 점에서는 "잃어버린 고리"라고 부르기까지 했다. 토머스가 헌법에 보장된 권리를 어떻게 생각했는지는, 어떤 증인의 변호사에게 보인 다음과 같은 발언에서 조금 엿볼 수 있다. "당신의 권리는 이 위원회가 당신에게 부여한 것입니다. 이 위원회에서 당신이 어떤 권리를 가지고 어떤 권리를 가지지 않는지는 우리가 결정할 것입니다."

알베르트 아인슈타인은 HCUA의 소환을 받은 모든 사람에게 위원회에 협조하지 말 것을 공개적으로 촉구했다. 1948년 해리 트루먼 대통령은 전미 과학 진흥 협회와의 연례 회의에서 공화당원인 토머스와 HCUA를 비판했다. (그의 옆자리에는 콘던이 앉아 있었다.) "근거 없는 소문과 가십, 그리고 중상모략을 공공연하게 개진함으로써 모든 사람이 불안감을 느끼는 분위기가 조성되면 창의적인 연구가 불가능해질 수 있다."라는 이유에서였다. 그는 HCUA의 활동이야말로 "오늘날 우리가 맞서 싸워야만 하는 가장 비미국적인 활동이며 이러한 풍조는 전체주의적인 국가에나 있을 법한 것"이라고 지적했다.•

극작가 아서 밀러(Arther Miller, 1915~2005년)는 그 시기에 「도가니(*The Crucible*)」라는 작품을 발표했다. 그것은 '세일럼의 마녀 재판'을 소재로 한 작품이었다. 이 연극이 유럽 상연을 앞두고 있을 때 미국 정부는 밀러에게 여권을 발급하지 않았다. 그의 출국이 미국의 이익에 부합하지 않는다는 이유에서였다. 브뤼셀에서 초연되던 날 밤 청중은 떠나갈 듯한 박수로 밀러의 작품에 찬사를 보냈고, 결국 미국 대사가 대신 일어서서 답례할 수밖에 없었다. HCUA에 불려간 밀러는 이 작품이 의회의 조사 활동을 마녀 사냥에 빗대고 있다고 호된 비난을 받았다. 거기서 그는 이렇게 응수했다. "그런 비교는 불가피하군요." 얼마 지나지 않아 토머스는 사기죄로 투옥되었다.

어느 해 여름인가 내가 대학원생으로서 콘던에게 배우고 있을 때, 그가 "충성 검증 위원회"에 불려 가서 겪었던 일을 들려주었다. 생생한 이야기였다.

"콘던 박사, 여기 적혀 있는 걸 보니 당신은 물리학 혁명의 최전선에

• 하지만 1940년대 후반부터 1950년대 초반까지 미국 사회에 마녀 사냥의 분위기가 조성된 데에는 트루먼의 책임이 막중하다. 그가 1947년에 공표한 대통령령 9835호는 연방 정부 직원에 대해 사상과 인간 관계를 조사할 수 있도록 했다. 고발당한 사람은 고발한 사람과 대면할 권리도 인정받지 못했고 고발 내용이 무엇인지 알 권리도 부정되었다. 조사 결과 문제가 있는 사람들은 해고되었다. 당시 연방 정부의 검찰 총수였던 토머스 캠벨 클라크(Thomas Campbell Clark, 1899~1977년)가 '파괴 분자' 조직의 목록을 얼마나 광범위하게 작성했던지 한때는 미국 최대의 소비자 단체이자 교육 기관인 소비자 연맹(Consumer's Union)도 그 리스트에 올라 있을 정도였다.

서 있다고 하는군요. 그러니까…….” 여기까지 읽고 조사관은 잠시 뜸을 들인 다음, 아주 천천히, 그리고 조심스럽게 그다음을 읽어 내려갔다. “양자 역학이라고 불리는 것 말입니다. 본 위원회는 다음과 같은 생각을 떠올리게 됩니다. 만일 누군가 어떤 한 분야에서 혁명의 최전선에 있을 수 있었다면 …… 그 사람은 다른 혁명의 전선에서도 그럴 수 있다는 것 말입니다.”

콘던은 벌떡 일어나 그 혐의는 사실 무근이라고 반박했다. 그는 물리학의 혁명가가 아니었다. 그는 오른손을 들고 선서하듯 말했다. “저는 기원전 3세기에 정식화된 아르키메데스(Archimedes, 기원전 287?~212?년)의 원리를 믿습니다. 저는 17세기에 발견된 천체 운동에 관한 케플러의 법칙을 믿사오며, 뉴턴의 법칙을 믿습니다…….” 그러고 나서 베르누이, 푸리에, 앙페르, 볼츠만, 그리고 맥스웰까지 계속해서 유명한 과학자들의 이름을 줄줄이 읊었다. 그러나 이러한 물리학 신앙 고백은 콘던에게 도움이 되지는 못했다. 위원회 위원들에게는 그의 유머가 통하지 않은 것이다. 하지만 내가 기억하기에, 그들이 잡아낼 수 있었던 최고의 단서는 콘던이 고등학생 시절 자전거를 타고 사회주의 신문을 배달하는 아르바이트를 했다는 것뿐이었다.

만약 당신이 양자 역학이 어떤 학문인지 진지하게 알고 싶다고 해 보자. 그러자면 우선 수학적인 기초를 닦아야 한다. 수학의 다양한 분야를 습득하고 나서야 양자 역학이라는 새로운 단계로 가는 문턱에 도달할 수 있기 때문이다. 당신은 단순한 산술에서 시작해 유클리드 기하학, 고등학교 때 배우는 대수 방정식, 미적분, 상미분 방정식 또는 편미분 방정식, 벡터 연산, 수리 물리학의 특수 함수들, 그리고 군론을 차례로 배워야만 한다. 보통 물리학과 학생은 이것들을 배우는 데 초등학교 3학년부터 대학원 입학 때까지 대략 15년의 시간을 투자하게 된다. 이러한 학습 과정도 실제로 양자 역학을 배우는 과정은 아니다. 양자 역학에 제대로 달려드는 데 필요한 수학적 준비가 얼추 끝난 것에 불과하다.

이런 통과 의례를 거치지 않은 일반 청중에게 양자 역학의 개념 몇 가지를 설명하는 일은 항상 어려운 법이다. 양자 역학의 대중화가 성공하지 못한 부분적인 이유도 바로 여기에 있다. 이런 수학적 어려움에 양자 역학 자체가 극단적으로 비직관적이라는 사실이 난해함을 더한다. 양자의 세계에서 상식은 아무런 소용이 없다. 리처드 필립스 파인만(Richard Phillips Feynman, 1918~1988년)이 언젠가 말했듯이, 왜 그런지 묻지 마라. 왜 그런지는 아무도 모른다. 그냥 그럴 뿐이다.

자, 이제 당신이 어떤 음침한 종교나 뉴 에이지의 교리, 또는 어떤 샤머니즘적 믿음 체계에 회의적인 입장을 가지고 접근해 본다고 생각해 보자. 당신은 열린 마음을 가지고 있다. 당신은 그런 것들에도 무언가 흥미로운 내용이 있음을 안다. 당신은 관련자를 찾아가 알아들을 수 있는 간략한 설명을 요청한다. 하지만 그 내용은 근본적으로 너무 어려워서 간단하게 설명되지 않으며, 거기에는 '신비'가 가득 차 있다는 답변을 듣는다. 그렇지만 15년의 기간을 기꺼이 수련하기만 한다면, 수련이 끝날 때쯤에 비로소 당신도 그 분야를 깊이 있게 이해할 수 있는 준비를 갖추게 된다는 이야기를 듣는다. 내 생각에 그 이야기를 들은 사람 대부분은 그럴 시간이 어디 있느냐고 간단히 말할 것이다. 그리고 많은 사람은 단지 이해의 문턱에 도달하기 위해 15년의 시간을 투자하라는 것이야말로 그 분야 전체가 속임수임을 입증하는 것이라고 의심할 것이다. 만약 너무 어려워 이해할 수도 없는 것이라면, 제대로 된 비판을 할 수 없을 정도로 어렵다는 이야기가 되기 때문이다. 그 사기꾼 집단은 행동의 자유를 확보하는 셈이 된다.

그렇다면 샤머니즘이나 신학이나 뉴 에이지 교리와 양자 역학은 어떻게 다르다는 말인가? 당신은 양자 역학을 이해할 수 없다고 하더라도 양자 역학이 제대로 기능하는지는 검증할 수 있다. 답은 여기에 있다. 우리는 양자 역학이 제시하는 정량적 예측과 실험으로 측정한 화학 원소 스펙트럼선 파장을 비교할 수 있고, 반도체와 액체 헬륨, 그리고 마이크로프로세서의 작동 방식을 분석해 볼 수 있고, 어떤 원자에서 어떤 형태의 분자들이 형성되는지 조사해 볼 수 있고, 백색 왜성의 존재와 성질을 알아낼 수 있고, 메이저와 레이저 장치의 작동 원리를 이해할 수 있으며, 어떤 물질이 어떤 식으로 자기를 띠는지 예측할 수 있다. 그 이론 전체를 온전하게 이해하지 못해도 그 이론이 무엇을 예측하는지 알 수 있다. 물리학자가 아니어도 실험을 통해 무엇이 밝혀졌는지 알 수 있다. 앞에서 언급한 사례 중 아무것이나 골라도(아니면 다른 사례를 가져와도 좋다.) 양자 역학의 예언이 놀라울 정도로 정확하게 맞는다는 것을 확인할 수 있다. 극도의 정확도와 정밀도로 실험과 일치하는 것이다.

하지만 주술사들도 자신의 주문이 제대로 기능하기 때문에 진실이라고 말한다. 심지어 소수만 이해할 수 있는 수리 물리학과 달리 정말로 중요한 가르침이라고 주장한다. 사람들을 치유할 수도 있기 때문이다. 그것은 그것대로 아주 훌륭한 일이다. 그렇다면 주술적 치료에 관한 통계를 조사한 다음, 위약 효과 이상의 효과가 있는지 알아보자. 만약 그 이상의 효과가 있다면 정말로 거기에 무언가가 있다는 사실을 기꺼이 인정하도록 하자. 그 질병 중에 마음먹기에 따라서 증상이 가벼워지기도 하는 심인성 증상이 있다고 해도 인정해 주자. 또 서로 다른 주술 체계의 효능에 대해서도 비교해 볼 수 있다.

그런데 주술사는 자신의 치료법이 효과를 보이는 이유를 알고 있을까? 양자 역학을 통해 우리는 자연의 원리 같은 것을 조금 알게 된다. (그 지식은 잠정적인 것이지만 그 정도라도 얻은 게 어디인가!) 그 이해를 디딤돌 삼아 이전에 시도된 적이 없는 실험을 수행하고 그 실험에서 어떤 결과가 나올지 정량적으로 예측한다. 만약 이론적으로 예측한 대로 실험 결과가 나오면 더욱이 그 수치가 정밀하게 들어맞는다면 우리가 그리 잘못 이해한 것은 아니라는 확신을 얻게 된다. 과학자들은 이런 식으로 한 발 한 발 나아간다. 주술사나 사제, 뉴 에이지의 구루에게서는 이런 특징을 거의 볼 수 없다. 있다고 해도 극히 드물다.

저명한 과학 철학자인 모리스 라파엘 코헨(Morris Raphael Cohen, 1880~1947년)은 1931년에 펴낸 『이성과 자연(*Reason and Nature*)』이라는 책에서 또 다른 중요한 차이점을 제시한다.

> 분명히 훈련을 받지 않은 대다수 사람에게 과학의 성과를 받아들이게 하기 위해서는 권위에 기댈 수밖에 없다. 하지만 과학의 권위는 다양한 가능성을 받아들이고 그 방법을 배우고자 하는 사람이라면 누구든 받아들여 개선책을 제시하도록 권장하는 성질을 가진 제도에서 나오는 것이다. 신빙성에 의문을 제기하는 것은, 뉴먼 추기경이 성서의 무오류성을 의문시하는 사람들을 가리켜 말한 것처럼, 사특한 마음에서 나오는 것이라고 치부해 버리는 제도에서 생기는 권위와는 커다란 차이점이 있다. …… 합리적인 과학은 자신이 받은 신용장을 요구만 있으면 언제든 즉시 상환하지만, 비합리적인 권위주의는 신용장을 상환하라는 요구 자체를 신앙의 결여를 보여 주는 불경의 증거로 여긴다.

근대 이전 문화의 신화나 민간 전승은 세계와 사람에 대한 나름의 설명을 제공해 주거나, 최소한 기억술로서의 가치를 지닌다. 누구라도 이해할 수 있고 실제로 목격할 수도 있는 이런 이야기들 안에는 세계에 대한 실마리가 담겨 있다. 1년 중 어느 날 어떤 별자리가 떠오르는지, 은하수가 어느 쪽으로 흐르는지를 1년에 한 번씩 다시 만나는 연인들의 이야기와 별의 강을 헤치고 나아가는 뱃사공의 이야기를 통해 기억하는 것이다. 하늘이 돌아가는 이치를 아는 것은 씨앗을 뿌리고 곡식을 거두고 사냥감을 쫓는 데 실용적인 도움을 주었다. 그리고 이런 이야기들은 사람의 마음을 비추는 심리학적 거울 역할도 했고, 우주에서 인간의 위치를 보증해 주는 역할도 했다. 그렇다고 해서 은하가 정말로 하늘의 강이라거나 그 강을 떠다니는 배나 뱃사공이 있다는 의미는 아니다.

말라리아 특효제인 키니네(quinine)는 아마존 열대 우림에서 서식하는 특별한 나무의 껍질에서 우려낸 추출물이다. 밀림의 수많은 나무 가운데 하필이면 그 나무에서 추출해서 만든 차가 말라리아 증상에 효과가 있으리라는 사실을 근대 이전의 사람들은 어떻게 발견했을까? 그들은 틀림없이 모든 나무와 식물을 대상으로 각각의 뿌리, 줄기, 껍질, 잎사귀까지 전부 시험해 보았을 것이다. 씹어 보기도 하고 짓찧어 보기도 하고 다려 보기도 했을 것이다. 그런 과정이 수세대에 걸쳐 지속되면서 과학적인 실험 결과로서 대량 축적되었을 것이다. 의료 윤리의 관점에서 보자면 오늘날 수행할 수 없는 시험도 있었을 것이다. 엉뚱한 나무의 껍질에서 우려낸 효능 없는 추출물들이 얼마나 많았을지 한 번 생각해 보라. 또 그런 추출물이 얼마나 많은 환자를 토하게 만들고 심지어는 죽게 만들었을까 생각해 보라. 그런 경우, 치료자는 그것을 잠재적인 약물 목록에서 빼 버리고 다음 나무로 관심을 옮겼을 것이다. 민족 약리학의 데이터는 체계적이지 않았을 수도 있고, 의식적으로 수집된 것도 아닐 수 있다. 그럼에도 불구하고 사람들은 시행착오를 거듭하고 그 결과를 세심하게 기억함으로써 마침내 키니네가 말라리아에 효능이 있다는 발견에 이르렀을 것이다. 식물계에 존재하는 물질 분자라는 보물 창고를 이용해 효능 있는 약종(藥種, pharmacopoeia)에 대한 정보를 축적해 온 것이다. 현대인은 이런 민간 요법 속에서 절체절명의 위기에 처한 사람의 목숨을 구해 줄 중요한 정보를 획득할 수 있었다. 세계 각지의 민간 지식 속에 담긴 보물들을 파내기 위해 우리는 지금보다 더 큰 노력을 기울여야 한다.

예컨대, 오리노코 강 유역 사람들의 기상 예측에 대해서도 같은 이야기를 할 수 있다. 그곳 사람들은 수천 년 전부터 특정 지역 기후의 규칙성, 전조, 인과 관계에 대해 알았을 것이다. 그들이 아는 지식에는 어디 멀리 대학에서 나온 교수 나부랭이는 알 수 없는 것도 잔뜩 있으리라. 그렇다고 해서 그 지역의 샤먼이나 주술사가 파리나 도쿄의 날씨를 예측할 수 있는 것은 아니다. 더구나 지구 규모의 기상 예측은 말할 것도 없다.

민간 지식 가운데에는 값을 산정할 수조차 없을 정도로 귀중한 역할을 하는 것도 있고, 그저 메타포에 지나지 않는 것이나 분류만 간신히 해 놓은 것에 불과한 것도 많을 것이다. 민족 약리학은 전자에 속하지만, 민간 천체 물리학은 그렇지 않다. 모든 신앙과 신화가 경청할 만한 가치를 지닌다는 사실은 분명히 옳다. 하지만 민간 신앙이 모두 다 동등하게 유효하다는 것은 진실이 아니다. 특히 우리의 논의가 내적인 마음 상태에 관한 것이 아니라 외적 실재를 이해하는 문제에 관한 것이라면 말이다.

과학은 몇 세기에 걸쳐 공격을 받아 왔다. 과학에 창끝을 들이댄 것은 유사 과학이 아니라 반과학이었다. 오늘날 유행하는 담론에 따르면, 과학을 비롯한 학계의 학문들은 너무 주관적이다. 워낙 주관적인 탓에 과학이 역사학과 다를 바 없다고까지 단언하는 사람도 있을 정도이다. 역사는 주로 승자가 쓰는 법이다. 승자의 행동을 정당화하거나, 애국심을 고취하거나, 패배하거나 정복당한 이들의 불평불만을 억압하기 위해서 씌어지는 경우가 많다. 어느 편도 압도적인 승리를 거두지 못한 경우에는 각 진영이 '실제로' 일어난 일 가운데 자기 입맛에 맞는 것만 가져다 역사를 쓴다. 영국의 역사서들은 프랑스를 악으로 기술하고, 마찬가지로 프랑스 역사서들은 그 반대로 기술한다. 미국의 역사책은 아메리카 원주민의 거주 지역을 제한하고 그들을 대량 학살했던 정책들이 실제로 집행되었다는 사실을 최근까지 무시해 왔다. 일본의 역사책은 제2차 세계 대전으로 이어지는 일련의 사건들을 기술하면서 자신들의 잔혹 행위를 최소화했다. 그리고 자신들의 주목적이 유럽과 미국의 식민 지배로부터 동아시아를 해방하기 위한 이타적인 행동이었다고 둘러댄다. 나치의 역사가들은 독일이 1939년 폴란드를 침략한 것은 그들이 정당한 이유도 없이 무례하게도 독일을 먼저 침범했기 때문이라고 주장했다. (舊)소련의 역사가들은 헝가리(1956년)와 체코(1968년)의 민중 혁명을 짓밟은 (舊)소련 군대는 러시아의 괴뢰 정부가 끌어들인 것이 아니라 침략당한 그 두 나라의 국민이 지지하고 초청한 것이라고 억지 주장을 늘어놓았다. 벨기에의 역사책은 콩고가 벨기에 국왕의 영지였을 때 벨기에 사람들이 저질렀던 만행에 대해 발뺌하려고 애쓴다. 중국의 역사가들은 마오쩌둥의 '대약진 운동'이 초래한 수백만 명의 죽음에 대해서는 이상할 정도로 외면한다. 노예제를 운영한 기독교 국가들의 지식인들은 교회 연단과 학교 강단에서 하느님은 노예제를 묵인할 뿐만 아니라 심지어 옹호하기까지 한다고 끊임없이 주장했지만 노예 해방이 이루어지고 난 후 대부분 이 문제에 대해 침묵하고 있다. 에드워드 기번과 같이 총명하고 폭넓은 교양을 자랑하는 냉철한 역사가조차 자신이 묵고 있는 영국 시골의 한 여관에 벤저민 프랭클린이 같이 투숙했다는 사실을 알았을 때 그를 만나려고 하지 않았다. 미국 혁명을 불쾌하게 여겼기 때문이다. (당시 프랭클린은 기번이 로마 제국 쇠망의 역사에서 대영 제국 쇠망의 역사로 관심이 바뀔 때를 위해 자료를 제공하겠다고 제안했다. 프랭클린은 기번의 생각이 바뀔 것이라고 확신했던 것 같다. 대영 제국의 쇠퇴에 대한 프랭클린의 생각은 옳았지만, 그의 시간표는 2세기 정도 빨랐다.)

이런 역사책들은 전통적으로 학계의 존경받는 역사가들이나 기득권의 중심 인물이 쓰는 경우가 많았다. 소수 의견은 가차 없이 기각되었다. 객관성은 숭고한 목적을 위한다는 명분 아래 희생되었다. 이런 서글픈 사실로부터, 애초에 진짜 역사 따위는 존재하지 않았으며, 정말로 일어난 일을 재구성하는 일은 절대로 불가능하다고 결론 내리는 사람들이 나오게 되었다. 곧 우리가 아는 모든 것이 치우친 자기 정당화에 지나지 않는다는 뜻이다. 이제 이런 결론은 역사학을 넘어 과학을 포함한 모든 지식으로 확장되고 있다.

하지만 역사를 온전하게 재구성하는 게 불가능하다고 해도, 그리고 사실(史實)을 가리키는 단서가 자화자찬의 거친 폭풍과 파도에 쓸려 갔다고 해도, 진정한 인과의 실타래로 엮인 일련의 역사적 사건들이 실제로 존재했다는 사실을 그 누가 부정할 수 있으랴? 주관성과 선입관의 위험은 역사학이 탄생할 때부터 분명하게 존재했다. 고대 그리스 역사가 투키디데스(Thucydides, 기원전 460~400년)도 그것을 경고한 바 있고, 로마 시대 작가이자 정치가 키케로도 다음과 같이 적었다.

> 첫 번째 계율은 역사가는 결코 거짓을 기록해서는 안 된다는 것이다. 두 번째 계율은 감히 진실을 감추려 해서는 안 된다는 것이다. 세 번째 계율은 자신이 쓴 것에 정실이나 편견이 있을 수도 있음을 의심해서는 안 된다는 것이다.

고대 로마 시대의 그리스 작가인 사모사타의 루키아노스(Lucianos, 125?~180년)는 170년에 출판된 『역사는 어떻게 써야 하는가(*How History Should Be Written*)』에서 "역사가는 두려움이 없어야 하고 청렴결백해야 한다. 솔직함과 진실을 사랑하는 독립적인 인간이어야 한다."라고 역설한다.

실제로 일어난 일들을 재구성하는 작업은 그 결과가 아무리 실망스럽고 위험스럽다고 해도 고결한 역사가에게 주어진 책무이다. 자신의 조국이 모욕을 받는다면 누구나 분노를 느낄 것이다. 그러나 역사가는 그 분개심을 억누르는 법을 배워야 한다. 때로는 자기 나라의 지도자들이 저지른 잔학한 범죄 행위들에 대해서도 인정하지 않으면 안 된다. 또 그들의 직업상, 격앙된 애국자들의 공격을 피해야 할 때도 있을 것이다. 역사라는 것은 언제나 필연적으로 인간이라는 왜곡된 필터를 통해 기술될 수밖에 없다. 역사가는 이것을 인정하지 않으면 안 된다. 그리고 역사가 자신도 왜곡된 존재임을 인정해야 한다. 실제로 무슨 일이 일어났는지 알고 싶은 사람들은 한때 적국이었던 다른 나라 역사가들의 견해에도 정통해야 한다. 우리가 바랄 수 있는 것은 근삿값을 조금씩 개선해 가는 것이 고작이다. 한 단계 한 단계 나아가며 자기 인식을 심화해 가야지만 역사적 사건에 대한 이해를 얻을 수 있는 것이다.

과학도 마찬가지라고 할 수 있다. 우리는 편향 또는 편견을 가지고 있다. 주변 사람들도 마찬가지로 편향을 가지고 우리를 대한다. 우리는 주변에 만연한 편향 속에서 숨 쉬며 사는 것이다. 때로는 과학이 해로운 교리에 힘을 빌려 주거나 그 교리를 보증해 주는 경우가 있을 수 있다. (그런 불건전한 교리에는 다음과 같은 것들이 있다. 뇌의 크기나 머리뼈의 울퉁불퉁함이나 IQ 검사 결과 따위를 가지고 특정한 민족이나 성별이 다른 민족이나 성별보다 '우월'하다는 억지 주장 말이다.) 과학자 중에는 돈이나 권력을 손에 쥔 자들에게 거스르지 않으려는 이들도 있다. 나아가 처세에 능한 한 줌의 과학자들이 그들 곁에서 달콤한 즙을 빨기도 한다. 나치를 위해 일한 과학자들은 사실 많았다. 그러나 그중 많은 이들이 윤리적 반성을 털끝만큼도 하지 않았다. 쇼비니즘적 편견을 드러내는 과학자도 있고, 인간이라는 존재에 대한 지식의 한계 때문에 편견을 가진 과학자도 있다. 앞에서 이야기한 것처럼 과학자들은 죽음을 불러올 수도 있는 기술을 다루기 때문에 책임감을 느껴야 한다. 왜냐하면 그들의 선배 과학자들이 고의로 죽음의 그림자를 띤 기술을 발명하기도 했고, 때로는 의도하지는 않았지만 있을 수 있는 부작용에 주의를 충분히 기울이지 않는 실수를 저지르기도 했기 때문이다. 하지만 그런 위험에 대해 경종을 울리는 사람들 또한 바로 과학자들이다.

과학자들도 실수를 저지른다. 따라서 인간으로서의 약점을 인식하고 최대한 폭넓게 여러 의견을 들으며 무자비할 정도로 자기 비판을 하는 것이 바로 과학자의 임무이다. 과학은 자기 오류 수정 기능을 가진 집단적 작업인 것이다. 이 기능은 상당히 잘 작동하고 있다. 이것이 역사학에 비해 과학이 압도적으로 유리한 점이다. 왜냐하면 과학은 실험을 할 수 있기 때문이다. 만약 1814년 제1차 파리 조약부터 1815년 제2차 파리 조약까지의 과정이 마음에 들지 않다고 하더라도, 그 사건을 재현하는 것은 불가능하다. (제1차 파리 조약과 제2차 파리 조약을 통해 전 유럽을 휩쓴 나폴레옹 전쟁이 종결되었다. 두 조약 사이에 잠시 나폴레옹이 복위하고 워털루 전투가 벌어졌다. — 옮긴이) 그저 오래된 기록들을 파고드는 수밖에 없다. 이제는 관련자들에게 질문을 던질 수 있는 기회조차 가질 수 없다. 그 사건의 관련자들이 이미 다 죽었기 때문이다.

그렇지만 과학에서는 의문이 생길 때마다 얼마든지 마음대로 사건을 재현해 볼 수 있다. 또 다양한 대안 가설을 세우고 검증해 볼 수 있다. 또 더 높은 정확도와 정밀도를 가진 새로운 장치가 나오면 그것으로 사건을 보면 어떤 새로운 현상을 볼 수 있는지 확인할 수도 있다. 역사학적인 성격을 가진 과학이라고 한다면 사건을 재현할 수는 없지만 유사한 사례들을 조사해 보고 공통점을 모아 볼 것이다. 예를 들어, 지구 인류 마음대로 다른 별들을 폭발시킬 수는 없다. 또 어떤 포유류를 그 조상으로부터 다시 한번 진화시켜 볼 수도 없다. 그러나 초신성 폭발의 경우에는 관련 물리학을 바탕으로 시뮬레이션을 할 수도 있고, 포유류와 파충류의 경우에는 유전 암호를 상세하게 분석해 비교할 수도 있다.

과학도 다른 분야의 지식과 마찬가지로 임의적이거나 비합리적이라는 주장을 들을 때가 종종 있다. 심지어 이성 자체가 환상이라고 주장하는 사람도 있다. 민병대 '그린 마운틴 보이스(Green Mountain Boys)'를 이끌고 티콘데로가 요새를 점령했던 미국 혁명의 지도자 이선 앨런(Ethan Allen, 1737~1789년)은 이 주제에 관해 몇 마디를 남겼다.

> 이성을 무효화하는 사람들은 자신들이 이성적으로 이성에 반대하고 있는지 비이성적으로 이성에 반대하고 있는지 진지하게 고려해 보아야 한다. 만약 이성적으로 그러는 것이라면, 그들은 자신들이 몰아내 버리려고 애쓰는 바로 그 원리를 옹립하려는 꼴이 된다. 그게 아니라 만약 비이성적으로 주장하는 것이라면(모순을 피하려면 그럴 수밖에 없으리라.) 그들은 이성적으로 납득시키는 것이 불가능한 상대가 된다. 즉 그들은 이성적 토의가 불가능한 상대가 되어 버리고 만다.

독자들이 직접 이 논증의 깊이를 헤아려 보면 좋겠다.

과학이 발전하는 양상을 현장에서 직접 본 사람이라면 일이 꽤 개인적으로 돌아간다는 것을 알 수 있다. 과학 현장에는 늘 통렬한 핵심 질문을 던지는 소수가 있다. 그들을 추동하는 동기는 다들 다르지만 말이다. 어떤 이들은 그저 경이롭기에 어떻게든 문제를 풀고 싶다는 열망에 이끌려 핵심 문제에 다다르고, 또 어떤 이들은 기존 지식의 부족함에 낙담한 끝에 그 문제에 도달하며, 또 어떤 이들은 다른 사람들은 다 아는데 자기만 이해할 수 없다고 괴로워하다가 그 문제에 이른다. 그리고 성인 같은 소수의 사람이 시기심, 야심, 험담에도 굴하지 않고, 이단적 견해에 대한 억압과 터무니없는 교만이 들끓는 혼란의 바다로 나아간다. 고도로 생산적인 연구 분야에서는 이런 일이 항상 벌어진다.

나는 그런 사회적 소란도, 인간으로서의 약점도 과학의 비료가 된다고 생각한다. 과학에는 확립된 어떤 틀이 있고 과학자는 그 속에서 다른 동료의 오류를 밝힐 수 있으며 그것을 널리 알릴 수도 있다. 게다가 아무리 비천한 동기에서 시작된 연구라고 해도 그 속에서 새로운 무언가를 발견하게 되는 것이 과학이다.

노벨상을 받은 미국 화학자 해럴드 클레이턴 유리는 예전에 나에게 한 가지 이야기를 털어놓은 적이 있다. 나이가 듦에 따라(당시 그는 70대였다.) 그가 틀렸음을 증명하려는 사람들이 더 많아지는 것처럼 느껴진다는 것이었다. 그는 그것을 "서부에서 가장 빠른 총잡이 증후군"이라고 이름 붙였다. 유명한 늙은 총잡이보다 더 빨리 총을 뽑아 들 수 있는 젊은이가 늙은 총잡이의 것이었던 존경과 명성을 가져가려 한다는 뜻이다. "성가신" 경험이었다고 그는 투덜거렸지만, 그것은 결국 "건방진 애송이"가 자기 혼자만의 힘으로는 결코 들어가지 못할 중요한 연구 분야에 들어가는 데 도움을 주었다.

과학자도 인간인지라 관찰 결과 중 유리한 상황만 골라 나열하는 선택 편향의 오류를 범하고는 한다. 그들도 자신들이 옳았던 사례들은 잘 기억하고 틀렸던 사례들은 잘 잊는다. 하지만 '거짓'이 부분적으로 '참'인 경우도 많고, 이 '거짓'이 다른 연구자를 자극해 새로운 '참'을 발견하는 연구로 이어지기도 한다. 우리 시대 가장 생산적인 천체 물리학자 중 한 사람이 바로 프레드 호일(Fred Hoyle, 1915~2001년)인데, 그는 별의 진화, 화학 원소의 합성, 우주론 등 여러 분야에서 기념비적인 업적을 내놓았다. 그의 성공은, 아직 그 누구도 문제조차 파악하지 못하고 있을 때 올바른 이야기를 한 데에서 나왔다. 때로는 잘못된 주장을 내놓아 성공한 적도 있다. 때로는 아주 도발적인 주장을 함으로써, 즉 관측가들이나 실험가들이 확인해 보지 않으면 안 된다고 느낄 정도로 기발한 가설을 제시함으로써 새로운 관측과 실험, 그리고 연구를 촉발하기도 했다. '프레드 호일이 틀렸음'을 증명하기 위한 연구들이 집중포화처럼 쏟아졌는데, 그중 어떤 것은 성공했고 또 어떤 것은 실패했다. 하지만 대부분의 시도는 지식의 최전선을 전진시켰다. 말도 안 되는 헛소리처럼 보이는 가설조차, 예를 들어 인플루엔자 바이러스와 HIV 바이러스는 혜성에서 지구로 떨어진 것이며 성간 공간의 티끌은 미생물일지도 모른다는 주장조차 커다란 지적 진보를 이루는 데 이바지했다. (방금 소개한 두 견해를 지지하는 증거는 하나도 발견되지 않았다. 아직.)

과학자들은 종종 자신이 저지른 오류나 실수를 목록으로 정리해 볼 필요가 있다. 그것은 과학에서 신비주의적 포장을 벗겨 줄 것이고, 젊은 과학자들의 계발이라는 교육적 목적에도 도움을 줄 것이다. 요하네스 케플러(Johannes Kepler, 1571~1630년), 아이작 뉴턴, 찰스 로버트 다윈(Charles Robert Darwin, 1809~1882년), 그레고어 멘델(Gregor Mendel, 1822~1884년), 그리고 알베르트 아인슈타인과 같은 위대한 과학자들도 심대한 실수를 범했다. 하지만 과학이란 집단 작업이다. 팀워크가 승리를 가져다준다. 우리

중에 가장 똑똑한 사람이 오류를 놓치고 실수를 범해도 가장 둔하고 무능한 사람이 그것을 밝혀내고 교정할 수 있는 것이다.

나 역시, 과거 책을 쓰면서 내가 옳았던 사례만 골라 자세히 기술하는 경우가 많았다. 이제 내가 틀렸던 사례 몇 가지를 언급할까 한다. 탐사선을 금성에 보내지 못했던 시절에 나는 그 행성의 대기압이 지구의 몇 배 정도라고 생각했다. 수십 배 되리라고는 생각지 못했던 것이다. 나는 금성의 대기가 주로 수증기로 이루어져 있으리라고 생각했다. 하지만 수증기는 25퍼센트만이라는 사실이 밝혀졌다. 나는 화성에 판 구조가 있을 수 있다고 생각했다. 하지만 오늘날 탐사선으로 근접 관찰한 결과 판 구조의 단서는 거의 보이지 않는다. 나는 토성의 위성 타이탄의 온도가 좀 높은 적외선 대역에 있는 것을 강력한 온실 효과 때문이라고 생각했다. 하지만 성층권의 기온 역전 현상에서 기인한 것으로 밝혀졌다. 1991년 이라크군이 쿠웨이트의 유전에 불을 붙이려고 했을 때 나는 그 화재에서 발생한 대량의 연기가 대기권에서도 상당히 높은 곳까지 올라갈 것이고 결국 남아시아 대다수 지역의 농산물 경작에 피해를 주리라고 경고했다. 유전에서 화재가 일어나자 페르시아 만 지역은 정오에도 칠흑같이 어두워졌으며 기온도 4~6도가량 떨어졌다. 하지만 성층권 고도까지 도달한 연기는 많지 않았고 아시아는 피해를 입지 않았다. 내 계산에 모호한 부분이 있었는데 그것을 충분히 강조하지 않았던 것이다.

과학자들의 추론 스타일은 사람마다 다 다르다. 다른 사람보다 신중한 사람도 있다. 아무튼 새로운 아이디어가 검증 가능하고 그 아이디어를 내놓은 과학자가 과도하게 독단적이지만 않다면 해로울 것은 아무것도 없다. 그 아이디어 덕분에 커다란 진보가 이루어질 수도 있다. 앞에서 언급한 사례 중 첫 네 가지 사례는 모두 우주 탐사선을 통한 조사가 아직 수행되기 전의 일이다. 그때 나는 소수의 단서만을 가지고 머나먼 세계를 이해해 보고자 노력했다. 앞으로 수행될 행성 탐사들을 통해 더 많은 데이터가 수집된다면, 낡은 아이디어의 군대가 새로운 사실이라는 신무기 앞에 썩은 짚단 쓰러지듯 쓰러져 가는 모습을 보게 될 것이다.

포스트모더니즘의 옹호자들은 케플러의 천문학을 비난한다. 그의 천문학이 중세적이고 유일신교적인 그의 종교관에서 나왔기 때문이라고 말이다. 다윈의 진화 생물학 역시 그가 속해 있던 사회적 특권 계급을 영속시키기 위한 바람에서, 또는 그가 더욱 중요하게 생각했던 무신론을 정당화하기 위한 동기에서 시작되었기 때문에 비판을 받아야 한다고 주장한다. 이것 말고도 여러 가지가 있다. 이런 주장이 모두 틀렸다고 할 수는 없다. 하지만 뜬금없는 비판이라고 하지 않을 수 없는 것도 있다. 우선, 과학자들은 편견이나 감정을 가지고 연구를 하면 무조건 안 될까? 그가 신중하고 정직하며 관점이 다른 사람들에게 그의 연구 성과를 검증할 수 있도록 하면 되는 것 아닐까? 보수주의자든 자유주의자든 14 더하기 27의 값이 다르다고는 하지 않을 것이다. 또 자기가 자신의 도함수인 수학 함수가 북반구에서는 지수 함수이지만 남반구에서는 다른 함수라고 주장하지도 않을 것이다. 무슬림이든 힌두교도이든 주기가 일정한 함수를 푸리에 급수로 전개할 수 있다는 데 동의할 것이고, 인도유럽 어족의 화자이든 핀우그리아 어족의 화자이든 비가환 대수(A×B가 B×A와 같지 않다.)가 자기 모순 없는 대수 체계라는 데 동의할 것이다. 수학이 존중을 받은 시대와 문화가 있었고 그렇지 못한 때와 장소가 있었지만, 수학은 민족, 문화, 언어, 종교, 이데올로기에 상관없이 성립한다.

이 정반대편에는 추상적 표현주의 회화가 '위대한' 예술인지, 랩 음악이 '위대한' 음악인지 하는 문제들이 있다. 인플레이션을 억제하는 게 더 중요한지 실업을 막는 게 더 중요한지 하는 문제나, 프랑스 문화가 독일 문화보다 더 우월한지 아니면 그 반대인지 하는 문제나, 살인의 금지를 정부에도 적용해야 하는지 아니면 말아야 하는지 하는 질문들도 마찬가지이다. 이런 문제들은 대개 사태를 과도하게 단순화한 것이거나, 이분법을 잘못 적용한 것이거나, 암묵적인 가정에 따라 답이 이미 정해져 있는 것이다. 이런 문제들은 당연히 나라마다 그 답이 달라질 것이다.

한마디로 주관적이라고 해도 그 폭이 매우 넓어 문화 규범과 아무런 관련이 없는 것이 있는가 하면, 문화 규범만으로 거의 다 결정되어 버리는 것도 있다. 과학은 그 스펙트럼 어디에 위치해 있을까? 문화에서는 언제나 편향이 작동하고, 쇼비니즘이 출몰한다. 그 내용도 항상 바뀐다. 그래도 과학은 패션보다 수학 쪽에 훨씬 가깝다. 과학의 발견이 일반적으로 임의적이고 독단적이며 편향에 사로잡힌 것이라는 주장은 그 주장 자체가 편향된 것일 뿐만 아니라 눈가림식 알맹이 없는 주장에 지나지 않는다.

역사가 조이스 애플비(Joyce Appleby, 1929~2016년), 린 헌트(Lynn Hunt, 1945년~), 그리고 마거릿 제이컵(Margaret Jacob, 1943년~)은 아이작 뉴턴을 비판한 적이 있다. (1994년 발간된 『역사가 사라져 갈 때(*Telling the Truth About History*)』라는 책을 살펴보라.) 뉴턴은 르네 데카르트(René Descartes, 1596~1650년)의 철학적 입장을 거부했는데, 그것은 뉴턴이 데카르트의 입장을 전통 종교에 대한 도전으로 보고 결국 사회적 혼돈과 무신론의 원인이 되리라고 여겼기 때문이라는 것이다. 그러나 이런 비판은 과학자는 인간이어서는 안 된다는 소리나 마찬가지이다. 당연히 뉴턴도 당대의 사상적 흐름과 부대끼며 살았다. 사상사를 연구하는 역사가라면 흥미로워할 만한 주제이기는 하다. 하지만 그것은 그가 내놓은 정리나 명제가 참이냐 거짓이냐 하는 문제와는 거의 아무런 상관이 없다. 뉴턴의 이론이 폭넓게 수용되려면 무신론자나 유신론자 할 것 없이 모두를 설득할 수 있어야만 한다. 그리고 실제로 모두를 납득시켰다.

애플비와 그의 동료들은 "진화론을 체계화했을 때 다윈은 무신론자에다 유물론자였다."라고 주장한다. 그리고 진화론은 무신론자들의 의도에 따라 만들어진 가설에 지나지 않는다고 논한다. 그들은 가엾게도 원인과 결과를 혼동하고 있다. 비글 호를 타고 항해할 기회가 굴러왔을 때 다윈은 영국 성공회의 목사가 되려던 참이었다. 다윈의 종교관은 그가 직접 쓴 것처럼 당시로서는 매우 평범한 것이었다. 그는 성공회의 교리들을 전적으로 받아들였다. 그러나 자연에 의문을 던지고 과학을 하면서 자신이 믿는 종교에 틀린 부분이 있다는 생각을 하기 시작했다. 그의 종교관은 이런 식으로 진화해 갔다.

애플비와 그의 동료들은 다윈이 "야만인들의 저급한 도덕성, ……, 그들의 불충분한 추론 능력, ……, (그들의) 취약한 자제력"이라는 표현을 썼다고 질겁했고, "오늘날 많은 사람이 그의 인종주의에 충격을 받고 있다."라고 주장한다. 하지만 다윈의 말로 인용된 앞의 문구가 속한 맥락을 보건대, 내가 이해하는 한, 그 어떤 인종주의도 들어 있지 않다. 그는 아르헨티나 남부의 불모지 티에라 델 푸에고 제도에서 극심한 식량 부족으로 고통 받는 원주민들을 묘사하는 와중에 이런 표현을 쓴 것뿐이다. 노예가 되느니 스스로 죽음을 택한 아프리카 출신의 남아메리카 여인을 묘사하면서 다윈은 다음과 같이 썼다. "고귀한 로마 귀족 집안의 여성이 이와 같은 행동을 했다면 우리는 영웅적 행동이라고 보았을 것이다. 이 여인의 대담한 반항을 그것과 같은 식으로 보지 않는 것은 편견 말고는 다른 이유가 없을 것이다." 다윈은 비글 호의 선장 로버트 피츠로이(Robert FitzRoy, 1805~1865년)의 인종주의를 격렬하게 비판하다 배에서 쫓겨날 뻔까지 했다. 이런 측면에서 다윈은 동시대인 대부분보다 앞서 나간 이였다.

하지만 그렇지 않았다고 해서 자연 선택 이론의 진위가 바뀌는 것은 아니다. 토머스 제퍼슨과 조지 워싱턴(George Washington, 1732~1799년)은 노예를 소유했다. 알베르트 아인슈타인과 위대한 영혼으로 평가받는 '마하트마' 간디는 불성실한 남편이자 아버지였다. 그런 목록은 끝도 없이 계속된다. 우리는 모두 우리 시대의 결점 많은 피조물이다. 미래의 기준으로 현재의 우리를 재단하는 것은 공정한 일일까? 후세 사람들은 우리 시대의 어떤 관습들을 의심할 바 없는 야만적 행위로 여길지도 모른다. 이를테면, 아이들이나 심지어 아기들까지 부모가 함께 자지 않고 따로 재워야 한다고 고집한다거나, 대중의 인기를 얻거나 정치적인 승리를 거두기 위해 국수주의적 감정을 자극한다거나, 동물을 애완용이나 식용으로 기른다거나, 침팬지를 가둔다거나, 성인들의 도취제(euphoriant) 사용을 범죄시한다거나, 또는 우리의 아이들이 무식하게 자라나도록 내버려 둔다거나 하는 관습들 말이다.

역사를 되돌아보면 종종 정말로 탁월한 인물이 등장할 때가 있다. 내 생각에 영국 태생의 미국인 혁명가 토머스 페인이 바로 그런 사람이다. 그는 자기 시대를 훨씬 앞서 나갔다. 그는 군주정, 귀족정, 인종주의, 노예제, 미신과 성차별 모두가 너무나도 당연한 풍조요 문화였던 시대에 담대하게 그 모든 것에 맞섰다. 전통 종교에 대한 그의 비판은 과감했다. 그는 『이성의 시대』에서 이렇게 썼다. "성서의 절반 이상은 음탕한 이야기, 육욕에 빠진 방탕한 행실, 잔인한 고문, 비정한 복수로 가득하다. 이런 이야기들을 읽다 보면 하느님의 말씀이라고 하기보다는 차라리 악마의 소리라고 하는 편이 더 일리 있을 것 같다는 생각이 든다. …… 이것은 인류를 타락시키고 잔인한 존재로 만드는 데 이바지해 왔다." 동시에 그는 우주의 창조주에 대해 최상의 경의를 표한다. 자연계를 힐끗 보기만 해도 창조주의 존재는 명백하다고 주장한다. 그러나 신을 받아들이면서 다른 한편으로는 성서의 많은 부분을 규탄하는 그의 입장을 동시대 사람들은 도저히 받아들일 수 없었던 것 같다. 기독교 신학자들은 그를 술주정뱅이에다 광인이며 타락한 인간이라고 비판했다. 유태인 학자 데이비드 레비(David Levi, 1742~1801년)는 동료 종교인들에게 페인의 책은 손도 대지 말아야 하고 조금도 읽어서는 안 된다고 말했다. 페인은 자기 입장 때문에 너무나 심한 고통을 겪었다. (프랑스 혁명이 일어난 후 전제 정치를 비판해 온 그의 주장과 프랑스 혁명의 전개 과정이 너무나도 똑같다는 이유로 투옥되기도 했다.) 결국 그는 비참한 노년을 맞이하고 말았다.*

당연히 다윈주의의 통찰도 뒤집힐 수도 있고 괴상하게 오용될 수도 있다. 탐욕스러운 자본가들은 자신들의 억압과 착취를 사회 다윈주의로 정당화했고, 나치와 다른 인종주의자들은 '적자 생존'이라는 개념으로 자신들의 대량 학살을 정당화했다. 하지만 다윈이 존 데이비슨 록펠러(John Davison Rockefeller, 1839~1937년)나 아돌프 히틀러를 만든 것은 아니

* 페인은 혁명 팸플릿 『상식론(*Common Sense*)』의 저자였다. 이 소책자는 1776년 1월 10일에 출간되었고, 그로부터 몇 달간 50만 부 이상 팔려나갔다. 그리고 많은 미국인의 독립 열망을 부채질했다. 그는 18세기에 가장 많이 팔린 베스트셀러 3종의 저자였다. 그러나 후대인들은 그의 사회적, 종교적 견해를 비난했다. 시어도어 루스벨트는 그가 신을 믿었음에도 불구하고 그를 "추악하고 보잘것없는 무신론자"라고 불렀다. 그는 아마도 워싱턴 D.C.의 기념비에 이름이 새겨지지 않은 미국 혁명가 중 가장 걸출한 인물일 것이다. (토머스 페인은 『이성의 시대』를 완성한 이후 1802년 미국으로 다시 건너가 노예제 반대 운동 등을 벌였으나 무신론자로 오해받아 공격을 받고 빈곤과 고독 속에서 세상을 떠났다. 그의 유해는 그가 세상을 떠난 뉴욕이 아니라 롱아일랜드 공동 묘지에 묻혔다. 1819년 영국 저널리스트 윌리엄 코벳(William Cobbett, 1763~1835년)이 그의 유해를 거두어 영국에 매장하는 것을 추진했으나 영국에서도 거부당해 코벳의 자택에 보관되었다. 코벳의 사후 페인의 유해는 행방을 알 수 없게 되었다. — 옮긴이)

다. 19세기의 자본주의를 설명하는 데에는 탐욕, 산업 혁명, 자유 기업, 정경 유착 같은 개념이 더 적절할 것이다. 히틀러의 권력 획득 과정을 설명하는 데에는 자민족 중심주의, 외국인 혐오, 사회적 위계 구조, 독일 반유태주의의 오랜 역사, 베르사유 조약, 독일식 육아 관습, 인플레이션, 대공황 같은 단어가 적절해 보인다. 다윈이 있건 없건 이런 사건들은 발생했을 것이다. 그리고 현대적 다윈주의는 악덕 자본가들이나 총통 각하가 좋아하지 않았을 덜 무례한 특성들, 예를 들어 이타주의, 지성 일반, 연민 같은 특성이 생존의 열쇠일 수 있음을 풍부한 사례로서 증명해 주고 있다.

다윈을 검열할 수 있을 정도라면 어떤 지식이든 검열할 수 있을 것이다. 그런데 그 검열을 누가 할까? 어떤 정보와 통찰은 버려도 좋고, 다른 정보와 통찰은 10년 혹은 100년 혹은 1,000년이 지나면 필요해지리라는 사실을 그 누가 알 수 있다는 말인가? 그렇게 현명한 인간이 이 세상에 존재할 수 있을까? 분명히 기계나 제품의 안전성에 관해서는 판단할 수 있고 판단해야 할 때도 있다. 왜냐하면 어떤 기술이 어떤 결과를 낳을지 그 가능성을 모두 조사해 볼 정도의 자원은 없기 때문이다. 하지만 지식을 검열해 허용되는 생각과 허용되지 않는 생각, 탐구할 수 있는 증거와 탐구할 수 없는 증거 등을 정해 주는 것은 사상 경찰의 짓거리이고, 멍청하고 무능력한 결정이며, 우리 문명을 장기적으로 쇠락의 길로 이끌 바보짓이다.

열렬한 이데올로기 신봉자나 권위주의적 정권은 자신들의 생각을 강제로 주입하고 반대 사상을 억압하는 것을 쉬운 일로, 당연한 일로 여긴다. 노벨상 수상자인 물리학자 요하네스 슈타르크(Johannes Stark, 1874~1957년) 같은 나치 과학자들은 과학을 '유태 과학'과 '아리아 과학'으로 나눌 수 있다고 공개적으로 주장했다. 상대성 이론과 양자 역학은 허황하고 공상적인 유태 과학이고 현실적이고 실제적인 아리아 과학이 아니라는 것이다. 아돌프 히틀러는 이렇게 말하기도 했다. "이 세계를 마법처럼 설명할 수 있는 시대가 동터오려 하고 있다. 이 설명은 지식이 아니라 의지에 따라 이루어지는 것이다. 진리라는 것은 도덕 관념이나 과학적 이해 사이에 존재하는 것이 아니다."

1922년 미국 유전학자 허먼 조지프 멀러는 신생 사회주의 국가인 (구)소련의 사회를 직접 보기 위해 경비행기를 타고 베를린에서 모스크바로 날아갔다. 이 이야기는 이 사건 30년 후 내가 멀러로부터 직접 들은 것이다. 그는 자신이 보았던 (구)소련 사회가 마음에 들었던 게 틀림없다. 왜냐하면 방사능이 돌연변이를 만든다는 것을 발견한 후(그 발견은 후에 그에게 노벨상을 안겨 주었다.) 그는 모스크바로 이주해 (구)소련의 현대 유전학 확립을 도왔기 때문이다. 하지만 1930년대 중반 트로핌 데니소비치 리센코(Trofim Denisovich Lysenko, 1898~1976년)라는 협잡꾼이 나타나 사람들의 이목을 끌기 시작하더니 결국 스탈린의 열정적인 후원을 받게 되었다. 리센코는 기존의 유전학, 즉 그가 그 분야 선구자들의 이름을 따서 "멘델-바이스만-모건주의"라고 불렀던 것의 철학적 기초는 도저히 용인할 수 없는 것이라고 주장하기 시작했다. 철학적으로 '올바른' 유전학, 즉 공산주의의 변증법적 유물론에 적절한 경의를 바치는 유전학은 매우 다른 결론을 도출하리라고 주장했다. 특히 리센코의 유전학에 따르면 밀 생산량을 늘릴 수 있으리라 여겨졌고, 그것은 스탈린의 무모한 집단 농장 정책으로 인해 비틀거리던 소비에트 경제에 반가운 소식이었다.

그러나 리센코가 증거라고 제시했던 것은 모두 다 의심스러웠고 대조 실험도 거치지 않은 것이었다. 그의 가설에서 도출된 광범위한 결론들은 수많은 데이터와 충돌을 일으켰고 모순을 빚었다. 그러나 리센코의 권력은 강해져만 갔다. 멀러는 고전적인 멘델의 유전학이 변증법적 유물론과 대립하지 않는다고 열심히 주장해야만 했다. 동시에 획득 형질의 유전을 신봉하며 유전의 물질적 기반을 거부하는 리센코야말로 '관념론자', 아니 그것보다 더 나쁜 인간이라고 주장했다. 멀러는 소련 농업 과학 아카데미 유전학 연구소 소장이던 니콜라이 이바노비치 바빌로프(Nikolai Ivanovich Vavilov, 1887~1943년)의 강력한 지원을 얻었다.

1936년, 이제는 리센코에게 장악당한 소련 농업 과학 아카데미의 회의에서 멀러는 다음과 같은 감동적인 연설을 했다.

> 유전학을 조금이라도 아는 사람이 보기에 불합리한 게 분명한 이론이나 주장이 있다고 해 보죠. 최근, 리센코 소장과 그의 견해에 동조하는 사람들의 주장이 바로 그런 것에 해당합니다. 훌륭한 실천가들이 이런 견해를 지지하게 된다면, 우리는 다음과 같은 선택을 마주하게 될 것입니다. 마술이냐 의학이냐, 점성술이냐 천문학이냐, 연금술이냐 화학이냐, 둘 중 하나를 골라야 할 것입니다.

무단 체포와 경찰 폭력이 난무하는 나라에서 이런 연설을 하는 것은 고결함과 용기를 필요로 하는 일이었으리라. 그러나 그 주변 사람들은 무모한 행동이라고 여겼다. (구)소련에서 망명한 역사가 마크 포포프스키(Mark Popovsky)는 이 연설이 끝나자 "우레와 같은 박수가 전 강당에" 울려 퍼졌고 "아직도 생존해 있는 그 모임의 참석자 모두가 아직도 그 연설을 기억하고 있다."라고 『바빌로프 사건(*The Vavilov Affair*)』(1984년)에 적었다.

석 달 후 멀러는 한 서방 유전학자의 방문을 받았다. 방문객은 멀러의 서명이 든 편지가 널리 유포되고 있고 그 내용에 자신은 매우 놀랐다고 이야기했다. 그 편지에서 멀러는 '멘델-바이스만-모건주의'가 서구에 널리 퍼져 있는 것을 개탄하고 (구)소련은 다가올 국제 유전학 학술

대회를 보이콧해야 한다고 주장했다는 것이다. 서명한 적도 없고 그런 편지를 본 적도 없었기 때문에 격분한 멀러는 그것이 리센코가 사주한 조작이라고 결론 내렸다. 멀러는 즉시 공산당의 중앙 기관지인《프라우다》에 리센코를 탄핵하는 글을 보냈고 그 글을 스탈린에게도 보냈다.

다음날 아직도 흥분을 가라앉히지 못한 멀러에게 바빌로프가 찾아왔다. 바빌로프는 멀러가 스페인 내전에 참전하겠다고 지원했다는 '결정'을 멀러 자신에게 전해 주었다.《프라우다》에 보낸 편지가 멀러를 생명의 위험에 빠뜨린 것이다. 다음날 그는 모스크바를 떠났다. 나중에 들은 바로는 그렇게 했기 때문에 NKVD(내무 인민 위원회), 즉 비밀 경찰의 추격을 따돌릴 수 있었다고 한다. 바빌로프는 운이 좋지 않았다. 그는 1940년 체포되었고 1943년 시베리아 유형지 감옥에서 사망했다.

리센코는 스탈린과, 나중에는 흐루쇼프의 지속적인 지원을 받아 가며 고전 유전학을 가혹하게 탄압했다. 1960년대 초반 (구)소련의 생물학 교과서는 염색체나 고전 유전학에 관한 이야기를 거의 싣지 않았다. 그것은 오늘날 미국의 수많은 생물 교과서에서 진화론 이야기가 거의 언급되지 않는 것과 마찬가지 상황이었다. 하지만 겨울 밀을 봄에 뿌려도 수확은 늘어나지 않았다. '변증법적 유물론'이라는 마법의 주문을 재배 식물의 DNA가 듣지 않은 것이다. (구)소련의 농업은 침체에서 벗어나지 못했다. 그리고 오늘날 부분적으로는 바로 이 이유 때문에 다른 많은 과학 분야에서는 세계 최고 수준에 올라 있는 러시아가 분자 생물학과 유전 공학만큼은 아직도 거의 절망적인 후진 상태를 면하지 못하는 것이다. 현대 생물학의 두 세대가 상실된 것이다. (구)소련의 과학 아카데미에서 일련의 토론과 투표를 거친 끝에 리센코주의는 1964년에 포기되었다. (과학 아카데미는 (구)소련 사회에서 당과 국가로부터 어느 정도 독립성을 유지할 수 있었던 몇 안 되는 기관 중 하나였다. 여기에서 활약한 것이 핵물리학자 안드레이 사하로프

(Andrei Sahkarov, 1921~1989년)였다.)

(구)소련의 경험을 듣는다면, 미국인들은 믿을 수 없다는 듯 고개를 절레절레 저을 것이다. 정부가 미는 이데올로기나 대중의 편견이 과학의 진보를 가로막을 수 있다니, 감히 생각할 수도 없는 일이라고 할 것이다. 200년 동안 미국인들은 자신들이 실천적이고 실용적이며 이데올로기에 좌우되지 않은 사람들이라는 사실에 자랑스러워해 왔다. 하지만 그런 미국에서도 인류학이나 심리학의 간판을 단 가짜 과학들이 판치고 있다. 예를 들어, 인종에 관한 유사 과학이 그렇다. 또 '창조 과학'이라는 옷을 걸친 유사 과학이 학교에서 진화론 교육을 막기 위해 끈질기게 애쓰고 있다. 생물학 전체를 통틀어 가장 강력한 포괄적 아이디어이며, 천문학에서 인류학에 이르기까지 다른 모든 과학에서도 중요한 역할을 하는 사고 방식인 진화론을 말이다.

과학은 인간이 이룩해 온 다른 업적들과 다른 측면을 가지고 있다. 과학의 종사자들도 자신들이 성장해 온 문화의 영향을 받으며, 때로는 실수나 오류를 범하기도 한다는 측면에서는 다르지 않다. (이것은 인간사 전체에 공통된 것이다.) 하지만 검증 가능한 가설을 세워 보고자 애쓴다는 점, 어떤 아이디어를 확증하거나 반증할 수 있는 결정적인 실험을 찾는다는 점, 알맹이 있는 토론을 하고자 하는 열망을 가졌다는 점, 부족한 것이 발견된 아이디어들은 기꺼이 포기하는 태도를 보인다는 점에서 분명히 다르다. 그럼에도 불구하고 우리가 인간으로서 가진 한계를 깊이 반성하지 못한다면, 더 나은 데이터를 찾으려 하지 않는다면, 그리고 대조 실험을 게을리하고 증거를 존중하지 않는다면, 진리를 찾기 위한 우리의 지렛대는 매우 작아질 것이다. 그리고 기회주의에 물들고 겁에 질려 꼭 붙잡고 놓지 말아야 할 지속적 가치는 모두 잃어버린 채 이데올로기의 바람에 이리저리 흔들리는 처지로 전락할지도 모른다.

15장
뉴턴의 잠

신이시여, 외눈박이 시각과 뉴턴의 잠으로부터
우리를 깨어 있게 하소서.
—윌리엄 블레이크(William Blake, 1757~1827년), 토머스 버츠(Thomas Butts, 1757~1845년)에게 보내는 편지 속 시(1802년)에서

확신이라고 하는 것은 지식은 있는 데보다는
지식이 없는 곳에서 만들어지는 경우가 많다.
즉 이런저런 문제는 과학이 결코 해결할 수 없다고
단언하는 사람들은 지식을 가진 사람들이
아니라 거의 무지한 사람들이다.
—찰스 다윈, 『인간의 유래(*The Descent of Man*)』(1871년)에서

시인이며 화가이자 혁명가였던 윌리엄 블레이크는 "뉴턴의 잠(Newton's sleep)"이라는 말로 뉴턴 물리학의 시야가 좁을 뿐만 아니라 뉴턴이 신비주의에서 (불완전하게) 벗어났음을 뜻하고자 했던 것 같다. 블레이크는 원자와 빛의 입자 같은 아이디어가 우습다고 생각했고, 뉴턴이 인류에 미치는 영향은 "악마적"이라고 생각했다. 과학에 가해지는 비판의 공통점은 그것이 너무 편협하다는 것이다. 인간의 오류 가능성을 너무나도 잘 알기 때문인지, 정신을 고양시켜 줄지도 모를 다양한 심상들이나 번뜩번뜩 떠오르는 쾌활한 개념들, 철두철미한 신비주의나 넋을 잃게 만드는 경이로움을, 과학은 진지한 토론의 법정에 올리기도 전에 가차 없이 배제해 버린다. 과학은 물적 증거가 존재하지 않는 한 영혼, 천사, 악마, 심지어 부처의 법신(法身)조차 믿지 않는다. 외계로부터의 방문자도 마찬가지이다.

초감각 지각의 증거가 설득력 있다고 믿는 미국 심리학자 찰스 타트(Charles Tart, 1937년~)는 다음과 같이 적고 있다.

> 최근 '뉴 에이지' 사상이 유행하는 것은 부분적으로는 인간성과 정신성을 앗아 가는 과학주의에 대한 반발 때문이다. 과학주의란, 우리가 물질적 존재에 지나지 않는다는 철학적 신념을 말한다. (이것은 객관적 과학이라는 탈을 쓰

고 있지만, 그 실체는 광신적인 원리주의나 근본주의와 다를 것이 없다.) 물론 '영성적'이나 '사이킥'이나 '뉴 에이지' 같은 딱지가 붙어 있다고 해서 무엇이든 생각 없이 신봉하는 것은 바보 같은 짓이다. 왜냐하면 아무리 고귀하고 영감 어린 사상이라고 하더라도 틀린 것이 많기 때문이다. 그렇지만 뉴 에이지에 관심을 가지는 것은 인간 본성과 깊은 관련을 맺고 있는 어떤 실재를 합당하게 받아들이는 일이기도 하다. 사람들은 지금까지 '영성적', '사이킥'이라고 부를 만한 경험을 해 왔고, 앞으로도 계속 할 것이기 때문이다.

하지만 그런 초자연적 체험을 한다는 것과 우리가 물질로 이루어져 있다는 생각을 서로 대립하는 것으로 생각해야 하는 이유는 무엇일까? 일상 세계를 보면 물질(그리고 에너지)이 존재한다는 것은 의심의 여지가 거의 없는 사실이다. 증거는 얼마든지 존재한다. 앞에서도 언급했듯이, 대조적으로 '영' 또는 '혼'이라는 모종의 비물질적 존재가 있다는 증거는 상당히 의심스러운 것뿐이다. 물론 누구나 정신 세계에 대한 경험을 풍부하게 가지고 있다. 하지만 물질의 엄청난 복잡성을 고려한다면, 우리의 정신 세계 역시 모두 물질에서 기원했음이 증명되지 않으리라고 단언할 수는 없을 것이다. 그렇다, 인간 의식의 많은 부분에 대해서 우리는 아직도 완전히 이해하지 못하고 있으며, 신경 생물학으로 설명할 수 없는 부분도 여전히 많다. 인간의 능력에는 한계가 있으며 이 점은 과학자들이 그 누구보다 잘 안다. 그래도 불과 몇 세기 전만 해도 기적으로 생각되던 수많은 자연 현상이 오늘날 물리학과 화학의 힘으로 깔끔하게 설명되고 있다. 오늘날의 미스터리 중 최소한 몇 가지는 후손들에 의해서 완전하게 해결될 것이다. 현재의 뇌과학이 의식 상태의 변화를 상세하게 설명하지 못한다는 사실이 '영적 세계'가 존재한다는 증거가 되지는 못한다. 해바라기를 보라. 우리가 굴광성(屈光性, phototropism)과 식물

호르몬을 알지 못할 때까지만 해도 해바라기가 태양을 쫓는 것은 말 그대로 기적의 증거였지 않은가.

그리고 세상일이 우리 소망대로 돌아가지 않는다고 해서 그것이 과학의 잘못일까? 오히려 그런 소망을 세상에 주입하려고 하는 사람들의 잘못은 아닐까? 다른 동물과 마찬가지로 포유류는 모두 공포, 욕망, 희망, 고통, 사랑, 혐오, 인도를 받고 싶은 욕구 등을 가지고 있다. 물론 인간은 다른 어떤 동물보다 미래에 대해 더 잘 생각할 수 있는 동물이다. 그러나 인간이 가진 감정 중에 우리만 특별히 가진 것은 아무것도 없다. 그렇지만 과학 같은 것을 가진 동물은 인간뿐이다. 그런데 어떻게 과학을 '비인간적'인 것이라고 할 수 있을까?

그래도 세상은 너무나 불공정해 보인다. 누구는 유아기를 벗어나기도 전에 굶어 죽는다. 반면 다른 누구는 부자로 태어나 부와 건강을 누린다. 누구는 아이를 학대하는 집안에 태어나기도 하고, 다른 누구는 천대받는 민족의 일원으로 태어난다. 장애를 가진 채로 인생을 출발하는 이도 있다. 사람은 고난을 짊어진 채 태어나 살다 죽는다. 죽으면 그것으로 끝일까? 꿈도 없고 끝도 없는 깊은 잠에 빠져들고 마는 것일까? 정의는 도대체 어디 있는가? 너무나도 냉혹하고 무자비한 세계 아닌가! 기울어지지 않은 운동장에서 다시 한번 더 뛸 기회가 주어져야 하지 않을까? 곤란한 환경을 극복하고 인생을 충실하게 살았다면, 다음 생에서는 그 점을 참작한 환경에 태어날 수 있는 기회를 가져야 하지 않을까? 그렇다면 이전 삶에서의 고난은 문제가 되지 않을 것이다. 또 만약 우리가 죽은 후에 심판의 시간이 존재한다면, 이승에서 우리에게 부여된 소명을 멋지게 해 냈을 뿐만 아니라, 검소하고 성실하게, 그 밖에도 여러 가지 측면에서 훌륭하게 산 사람이라면, 세상의 번민과 혼란으로부터 영구히 벗어나 시간이 끝날 때까지 행복하게 사는 보상이 주어져야 하지 않을까? 만약 세상이 공정한 것이라면, 또는 그렇게 계획되어 있는 것이라면, 그렇게 되어야만 한다. 고통과 괴로움에 시달린 사람들은 위안을 받아야만 하는 것이다.

이렇게 괴로운 인생도 죽은 뒤에 보상받으리라 믿고 싶어지는 것은 인지상정이라고 하지 않을 수 없다. 이것을 이용해 사후 세계에서 있을 보상을 기다리고 현재의 삶에 만족하라고 가르치는 사회도 있다. 이런 가르침은 보통 혁명에 대한 예방 접종처럼 작용해 그 사회는 혁명 같은 자기 개혁과 혁신을 꺼리게 된다. 나아가 이 같은 가르침은 죽음에 대한 공포에도 영향을 미칠 수 있다. 본래 죽음에 대한 공포는 진화적 생존 투쟁의 관점에서 보면 적응적(살아남는 데 도움이 된다.)이지만, 전쟁의 관점에서 보면 비적응적(전쟁에서 도망치려고 한다.)이다. 그렇지만 영웅은 죽으면 천국에 간다거나 권위를 가진 자들의 명령을 그대로 따른 사람들은 사후 세계에서 영광을 얻으리라 가르치는 문화에서는 사람들이 죽음에 대해 덜 두려워할 것이므로 전쟁에 나가는 것을 덜 꺼릴 것이고, 이것은 다른 문화나 사회와 경쟁하는 국면에서는 그 사회에 이점으로 작용할 것이다.

따라서 우리 본성에는 죽음 후에도 살아남는 영적인 부분이 있으며 사후 세계가 존재한다는 생각은 종교나 국가가 팔아먹기에 좋은 것이었다. 이 주제는 회의주의가 스며들기도 어려운 것이었다. 그 증거가 거의 무(無)에 가까울 정도로 희미함에도 불구하고 사람들은 그것을 믿고 싶어 하기 때문이다. 물론 우리의 인격이나 성격이나 기억이(그리고 당신이 원한다면 영혼까지도) 뇌라는 물질 속에 담겨 있다는 생각에는 설득력 있는 증거가 있다. 예를 들어, 뇌가 손상되면 중요한 기억들이 상실되는 현상이나 조증이 있는 사람이 얌전해지거나 얌전하던 사람이 발작적인 행동을 보이는 현상을 보면 그것을 알 수 있다. 또 뇌의 화학 반응을 변화시키면 음모론적 몽상에 빠지거나 하느님의 목소리가 들린다는 망상을 유발할 수 있다. 그러나 이런 증거들을 외면하거나 그런 증거의 무게에서 몸을 빼는 것은 사실 그리 어려운 일이 아니다.

게다가 사회적으로 강력한 힘을 가진 조직이 내세가 존재한다고 강하게 주장한다면, 반대의 목소리가 줄어드는 것은 어쩌면 당연한 일이다. 반대하는 사람들은 주변의 분노를 살지도 모르고 침묵을 강요당할 수도 있기 때문이다. 플라톤주의와 마찬가지로 동양 종교, 기독교, 그리고 뉴 에이지의 종교에는 현실 세계가 실재하지 않는 가짜이고 고통과 죽음과 물질 모두 환상이라는 교리가 존재한다. 진짜로 존재하는 것은 '마음'뿐이라는 것이다. 이것과는 대조적으로 현대 과학의 주류 입장은 마음은 뇌에서 일어나는 일에 대한 지각 방식에 지나지 않는다는 것이다. 다시 말해서 뇌 속 신경 연결 100조 개가 만들어 내는 성질로 본다.

어떤 견해든 모두 다 자의적인 것이고 참과 거짓도 환상에 지나지 않는다는 학설이 최근 학계에서 이상할 정도로 무서운 기세로 확산되고 있다. 이 학설은 1960년대에 그 뿌리를 두고 있다. 어떻게 보면 이것은 과학자를 비판의 도마 위에 올리고자 하는 시도일지도 모른다. 왜냐하면 과학자들은 오래전부터 문학 비평, 종교, 미학 일반, 그리고 철학과 윤리학의 대부분은 유클리드 기하학의 정리처럼 증명할 수도 없고, 실험을 통한 검증도 불가능하기 때문에 주관적인 주장에 불과하다고 주장해 왔기 때문이다.

세상에는 모든 것이 가능하기를 바라는 사람들이 있다. 그들은 리얼리티의 굴레에 갇히지 않기를 바란다. 그들은 인간의 상상력과 마음이 바라는 것은 정말로 크고 넓은데, 과학이 타당하다고 선을 긋고 한정 짓는 것은 아주 빈약하다고 느끼는 것 같다. 뉴 에이지의 구루들(그중에는 배우 셜리 매클레인도 포함되어 있다.) 중에는 여기서 한참 더 나아가 '유아론(唯

我論, solipsism)'을 받아들이기까지 한다. 유일한 실재는 바로 자기 생각뿐이라는 것이다. 한 발 더 나아가 그들은 "내가 신이다."라고 말하고 다닌다. 매클레인은 언젠가 한 회의주의자에게 이렇게 말했다. "저는 모든 사람이 저마다 자신의 리얼리티를 창조하고 있다고 생각합니다. 지금 여기 있는 당신 역시 제가 창조한 것입니다."

내가 만약 사별한 부모나 자식과 재회하는 꿈을 꾸었다면, 그것이 실제로 일어난 일이 아니라고 말할 사람이 누가 있을까? 내가 만약 유체이탈을 해 우주에서 유영하다 지구를 내려다보았다고 주장한다면, 내가 거기 있지 않았다고 할 수 있는 사람이 어디 있을까? 그런 체험을 해보지도 못한 주제에, 감히 과학자 따위가 그 모든 것은 당신 머릿속에서 일어난 일에 지나지 않는다고 한다니, 얼마나 무례한 일인가! 당연히 이렇게 생각하는 사람들의 마음을 다 이해할 수 있다. 다른 사례이지만 이런 일도 있을 수 있다. 내가 믿는 종교는 하느님의 말씀은 단 한 마디도 단 한 글자도 틀릴 수 없다고 가르치며, 우주는 수천 년 전에 창조되었다고 가르친다. 그런데 감히 과학자 따위가 나와서 "우주의 나이는 100억 년 이상입니다." 하고 떠든다니, 얼마나 불경스럽고 무례한가!

이런 불만은 또 어떤가. 과학은 감히 이것은 할 수 있고 저것은 할 수 없다고 잔소리한다. 정말로 귀에 거슬린다. 심지어 원리적으로 불가능하다는 것도 있다. 도대체 누가 빛보다 빠르게 여행할 수 없다고 정했다는 말인가? 과거, 음속보다 빠른 물체는 없다고 하지 않았는가? 강력한 검출기를 만든다면 전자의 위치와 운동량을 동시에 측정하는 것도 가능해질지도 모르고, 머리를 좀 더 똑똑하게 굴리면 1종 영구 기관(공급 에너지보다 더 많은 에너지를 생산하는 기계)이나 2종 영구 기관(결코 멈추지 않는 기계)도 만들 수 있지 않겠는가 말이다. 인간의 천재성에 감히 한계를 정하고자 하는 자들이 대체 누구냐는 말이다.

사실, 그는 바로 자연이다. 우주의 작동 원리와 자연 법칙을 포괄적이면서도 매우 간략하게 정리하다 보면, 그런 금지 목록을 만나게 된다. 그렇지만 유사 과학과 미신은 자연에는 아무런 금지 목록이 없는 것처럼 여긴다. 대신 "모든 것이 가능하다."라고 떠든다. 그들은 좋은 일이 무한정 일어나는 세계를 약속한다. 이 약속에 얼마나 많은 이들이 실망하고 배신당했는지는 말할 것도 없다.

또 다른 불만은 과학이 너무 단순하고 너무 '환원주의적'이라는 것이다. 과학자들은 단순 무식하며, 그들은 언젠가 자연 법칙 몇 개만으로 모든 것을 설명할 수 있는 날이 오리라고 순진하게 믿는다는 것이다. 그 법칙들은 아주아주 간단한 것이리라. 하지만 삼라만상을 설명한다. 눈의 결정에서 거미집의 격자 구조, 나선 은하의 모양, 인간의 창조성까지 만물이 결국은 그런 법칙들로 '환원'될 수 있다고 믿는다는 것이다. "환원주의는 우주의 복잡성을 너무나도 우습게 본다." 하는 말이나 "환원주의란, 인간의 오만과 지적 태만의 혼합물이다." 하는 소리가 이 불평불만에 이어진다.

아이작 뉴턴의 눈에 우주는 똑딱똑딱 규칙적으로 돌아가는 시계 장치처럼 보였다. (과학을 비판하는 사람들의 마음속에서 뉴턴은 '외눈박이 시야'의 대표자이리라.) 말 그대로였다. 태엽을 한 번 감으면 똑같은 방식으로 작동하는 시계처럼, 한 번 돌기 시작한 태양 주위를 도는 행성의 공전 운동이나 지구 주위를 도는 달의 궤도 운동 모두 진자나 태엽의 진동을 기술하는 것과 본질적으로 같은 미분 방정식으로 높은 정밀도와 정확도로 예측할 수 있다. 오늘날 우리는 한 단계 높은 곳에서 내려다보는 것처럼 뉴턴적 세계관의 편협함이나 부족함을 탓하지만, 오늘날의 물리학자들도 적절한 범위 안에서 태엽 시계의 규칙적 운동을 기술하는 뉴턴의 조화 방정식과 똑같은 것으로 머나먼 우주의 천체에서 당신 머리 위에서 흔들거리는 진자까지 온갖 물체의 운동을 기술한다. 이것은 심오한 의미를 가진 사실이며 사소한 평행 현상이 아니다.

물론 태양계에는 톱니바퀴도 없고 중력이라는 부품도 서로 맞닿아 있지 않다. 일반적으로 행성은 진자나 태엽보다 더 복잡한 운동을 한다. 또 시계 장치라는 모형은 특정한 조건에서는 무너지고 만다. 엄청나게 긴 시간이 흐르면 엄청나게 멀리 떨어져 있는 행성들 사이의 중력 줄다리기가 티끌이 쌓여 산이 되는 것처럼 원래 궤도를 예상할 수 없을 정도로 심하게 바꿀 수 있기 때문이다. (궤도를 몇 번 도는 정도의 시간으로는 무시해도 좋을 정도로 작은 효과만을 낳겠지만 말이다.) 그리고 진자 시계에서도 카오스적 운동이 일어날 수 있음이 밝혀졌다. 진자의 위치를 수직 위치에서 갑작스럽게 크게 바꾸면 복잡한 운동을 하게 된다. 그러나 태양계는 그 어떤 태엽 시계보다도 정확하게 작동한다. 애초에 시간을 잰다는 생각 자체가 태양과 별들의 운동을 관찰하는 데에서 생겨난 것이다.

똑같은 수학이 행성 운동과 진자 시계라는 아주 다른 물체에 똑같이, 아주 잘 적용된다는 것은 놀라운 사실이다. 반드시 그럴 필요도 없었고 우리가 그것을 우주에 강요한 것도 아니다. 우주가 그러한 것뿐이다. 그것을 환원주의라고 한다면, 그렇다고 할 수밖에 없다.

20세기 중반에 이르기까지 신학자, 철학자, 그리고 적지 않은 생물학자 들 사이에는 한 가지 믿음이 공유되었다. 즉 생명에는 물리학과 화학의 법칙으로 '환원'할 수 없는 '생명력(vital force)', '엔텔레키(entelechy)', '도(道)', '마나(mana)' 같은 것이 존재하고 그것이 생물을 살아 있게 한다고 믿었다. 단순한 원자와 분자만으로는 생명체가 가진 복잡성과 우아함, 그리고 기능과 완벽한 조화를 이루는 형태를 설명할 수 있다고 여기지 않았던 것이다. 이것은 세계 곳곳의 종교를 불러내는 주문이었다. 생명이 없는 물질에다 생명과 영혼 같은 것을 불어넣으려면 하느님 같은 신들이 필요했던 것이다. 18세기의 화학자 조지프 프리스틀리(Joseph Priestly, 1733~1804년)도 '생명력'을 찾으려고 노력했다. 그는 쥐의 몸무게를 죽기 직전에 재고 죽은 직후에도 쟀다. 무게는 같았다. 그런 식의 시도는 모두 실패로 끝났다. 만약 영혼 같은 것이 존재한다고 해도 틀림없이 그것은 무게가 나가지 않을 것이다. 그러니까 그것은 물질로 만들어진 것이 아니라는 뜻이다.

그러나 생물학적 유물론자들조차도 판단을 유보했다. 식물, 동물, 균류나 미생물에서 영혼 같은 게 발견되지는 않았지만, 생명 현상을 이해하기 위해서는 아직 발견되지 않은 과학 원리가 필요하다고 여겼다. 예를 들어, 영국의 생리학자 존 스콧 홀데인(John Scott Haldane, 1860~1936년. 존 버든 샌더슨 홀데인의 아버지이다.)은 1932년에 다음과 같은 의문을 제기했다.

> 생명에 관한 기계론적 이론이 질병이나 부상에서 회복되는 현상에 대해 어떤 합리적인 설명을 할 수 있을까? 간단히 말하자면 아무것도 없다. 만약 있다면, 그런 현상들은 너무 복잡하고 기이해서 아직까지 이해할 수 없다는 말뿐일 것이다. 그것과 매우 밀접한 관계가 있는 번식 현상에 대해서도 마찬가지이다. 우리의 상상력을 아무리 넓힌들 살아 있는 유기체가 번식을 통해 스스로를 무한하게 복제하는 그런 미묘하고 복잡한 메커니즘에 대해 생각조차 할 수 없을 것이다.

하지만 불과 20~30년도 지나지 않아 면역학과 분자 생물학이 비약적으로 발전했고, 한때 인류가 발을 들일 수 없는 신비의 영역으로 여겨졌던 현상들이 과학적으로 밝혀지기 시작했다.

1950년대와 1960년대 사이에 DNA 분자 구조와 유전 암호의 성질이 처음으로 밝혀졌다. 그때 생명체를 전체로서 연구하던 생물학자들은 새로운 분자 생물학을 지지하는 과학자를 '환원주의자'라고 비판했다. 나는 그 시절을 아주 잘 기억하고 있다. ("DNA를 가지고는 벌레 한 마리조차 이해하지 못할 것이다."라고 단언하던 이도 있었다.) 하지만 모든 것을 하나의 '생명력'으로 환원하려는 시도 또한 환원주의라고 할 수 있지 않을까? 오늘날 우리는 지구 생명체는 모두 유전 정보가 새겨진 핵산을 가지고 있고, 그 유전적 명령을 기본적으로 동일한 암호표를 사용해 해석하고 실행하고 있음을 잘 알고 있다. 게다가 그 암호의 해독법 역시 알아냈다. 생명 현상에서는 수십 종류의 유기 분자가 반복적으로 사용되며 그것이 믿을 수 없을 정도로 다양한 기능을 수행해 낸다. 낭포성 섬유증과 유방암에 대해서는 주요 요인이 되는 유전자도 이미 밝혀냈고, 헤모필루스 인플루엔자라는 세균의 DNA 사다리에는 180만 개의 가로대가 있다는 것과 그 순서도(1,743개의 유전자로 이루어져 있다는 것도) 모두 알아냈다. 그리고 이 유전자 1,743개 각각의 기능이 무엇인지도 거의 대부분, 아름다울 정도로 자세하게 밝혀냈다. 수백 종류에 이르는 복잡한 분자들을 만들어 내고 유지하는 일부터 열이나 항생 물질로부터 세균 자신을 보호하는 일뿐만 아니라, 돌연변이체를 늘리고 세균 자신과 완전히 똑같은 사본을 만드는 일까지 세균의 어떤 유전자가 하는지 다 알게 되었다. 최근에는 생물들의 유전체(genome) 지도를 작성하는 일까지 이루어지고 있다. (예쁜꼬마선충(*Caenorhabditis elegans*)의 유전체 지도는 이미 완성되었다.) 분자 생물학자들은 인간의 생물학적 설계도를 밝혀내기 위해 30억 개의 염기 서열을 정신없이 분석하고 있다. 10년 내지 20년 안에 그 서열 분석은 완성될 것이다. (그것이 어떤 위험을 가져다줄지, 어떤 혜택을 가져다줄지는 아직 분명하지 않지만 말이다.) (인간 유전체 분석은 2003년 완성되었다. 세이건 사후 30년도 안 된 지금 인류는 유전체 '읽기' 단계를 넘어 유전체를 편집하고 다시 쓰는 '쓰기' 단계에 이르렀다. — 옮긴이)

오늘날 우리는 원자 물리학과 분자 화학에서 지성소(至聖所)라고 할 만한 번식과 유전에 이르기까지 물질 세계가 모두 연결되어 있음을 알게 되었다. 추가적인 과학 원리는 필요하지 않았던 것이다. 생명 현상이 아무리 복잡하고 다양하다고 해도 소수의 단순한 사실만으로 이해할 수 있었다. (또한 분자 유전학은 생물 개체가 가진 고유성이나 독자성도 설명해 준다.)

환원주의의 가장 견고한 아성은 물리학과 화학 분야이다. 나는 뒤에서 전기, 자기, 빛, 그리고 상대성에 대한 지식이 예상하지 못한 방식으로 결합해서 하나의 이론 체계를 이룩한 과정을 기술할 것이다. 우리는 몇 세기 전부터 상대적으로 간단한 소수의 법칙만 가지고도 숨 막힐 정도로 다양한 현상을 설명할 수 있을 뿐만 아니라 그것을 정량적으로도 정확하게 예측할 수 있음을 알고 있었다. 그리고 그 법칙이 지구만 아니라 우주 곳곳에도 적용된다는 사실도 함께 말이다.

'어느 곳에서나 동일하게 적용되는 자연 법칙'이라는 개념은 오류에 빠지기 쉬운 과학자들과 그들 주변의 사회 환경이 우주에 강요한 예단에 지나지 않는다고 주장하는 사람들이 있다. 예를 들어, 신학자 랭던 브라운 길키(Langdon Brown Gilkey, 1919~2004년)가 자신의 책 『자연, 실재, 그리고 성스러움(*Nature, Reality, and the Sacred*)』(1993년)에서 그런 주장을 했다. 그는 다른 종류의 '앎'을 갈망한다. 과학이 과학의 맥락 안에서 유효하듯이 그 앎도 그 앎의 맥락 안에서 유효하다는 것이다. 하지만 우주의 질서는 가설이 아니라 관측된 사실이다. 우리는 멀리 떨어져 있는 퀘이사가 방출하는 빛을 탐지할 수 있다. 그것은 지구에서 성립하는 전자기학의 법칙이 100억 광년 이상 떨어져 있는 우주 저편에서도 성립하기 때문이다. 또 퀘이사의 스펙트럼을 읽고 분석할 수 있는 것도 지구에도 동일한 화학 원소가 존재하기 때문이고 똑같은 양자 역학이 그대로 적용되기 때문이다. 은하들도 우리가 잘 아는 뉴턴의 중력 법칙을 따라 서로 돌고 돈다. 중력 렌즈가 존재하는 것과 쌍성계를 이루는 펄서의 자전 속도가 감소하는 것은 우주의 심연에서도 일반 상대성 이론이 성립함을 드러낸다. 우리는 장소에 따라 자연 법칙이 달라지는 우주에 살 수도 있었다. 하지만 현실은 그렇지 않다. 나는 엄연한 이 사실 앞에서 경외의 마음을 품지 않을 수 없다.

단순한 법칙 몇 개만으로는 무엇 하나 이해할 수 없는 우주에 살 수도 있었을 것이다. 그렇게 되었다면 우리는 우리의 이해 능력을 넘어서는 복잡한 자연 속에 살게 되었을 것이다. 그런 우주에서는 지구에서 적용되는 법칙들이 화성이나 멀리 떨어져 있는 퀘이사에서는 성립하지 않았을 것이다. 하지만 사실은(예단이 아니라) 우주가 그렇게 복잡하지 않다고 가르쳐 준다. 우리는 운 좋게도 많은 현상을 비교적 적은 수의 간단한 자연 법칙으로 '환원'할 수 있는 우주에 산다. 그렇지 않았다면 우리의 이해력과 지력만 가지고는 세계를 조금도 이해하지 못했을 것이다.

물론 환원주의를 과학에 적용할 때 실수를 저지를 수도 있다. 우리도 잘 아는 바와 같이 몇 개의 비교적 간단한 법칙들로 환원될 수 없는 현상들이 세상에는 존재한다. 하지만 지난 몇 세기 동안 이루어진 발견들에 비추어 볼 때 환원주의에 불만을 표시하는 것은 어리석은 일이다. 그것은 과학의 결점이 아니라 과학이 거둔 최고의 승리들 가운데 하나이다. 그리고 내 생각에 과학의 성과들은 수많은 종교와 완벽하게 조화를 이룬다. (비록 과학이 종교의 타당성을 '증명'한 것은 아니지만 말이다.) 단순한 자연 법칙 몇 개만 가지고 이렇게나 많은 것을 설명할 수 있고 그 법칙들이 이렇게나 광대한 우주 곳곳에서 성립하는 이유는 무엇일까? 이것이야말로 우주의 창조주에게나 기대할 법한 성질일지도 모른다. 그런데도 왜 신앙인들은 신비주의에 대한 그릇된 사랑에서 벗어나려고 하지는 않고 과학의 환원주의적 프로그램을 반대하려고만 하는 것일까?

종교와 과학을 화해시키려는 시도는 몇 세기 전부터 종교의 중요 과제였다. 물론 성서나 코란을 문자 그대로 해석하는 사람들은 경전 속 말씀이 비유나 상징이라는 주장조차 기각해 버리기 때문에 종교와 과학의 화해에 대한 필요성조차 느끼지 않았다. 이 문제와 관련해서 로마 가톨릭 신학이 거둔 최고의 성과는 성 토마스 아퀴나스가 저술한 『신학 대전(*Summa Theologica*)』과 『호교 대전(*Summa Contra Gentiles*)』이다. 이 책이 나오게 된 발단은 12세기와 13세기 사이에 세련된 이슬람 철학이 기독교권에 흘러 들어온 것이었다. 그 물결 속에는 고대 그리스의 저작들, 특히 아리스토텔레스의 저술도 들어 있었다. 아리스토텔레스가 도달한 수준은 슬쩍 보기만 해도 쉽게 알 수 있을 정도로 높았다. 아리스토텔레스의 저작을 읽은 가톨릭 신학자들 사이에서 자연스럽게 이런 의문이 제기되기 시작했다. "이 고대의 학문은 하느님의 거룩한 말씀과 양립할 수 있을까?"• 『신학 대전』에서 아퀴나스는 기독교와 고전 문헌 사이에서 발생하는 631가지 의문을 해소하는 임무를 스스로에게 부여했다. 하지만 서로 모순되는 게 명백해 보이는 문제를 어떻게 처리할 것인가? 어떤 부가적인 조직화 원리, 즉 세계를 이해하는 한 단계 높은 방법을 도입하지 않는 한 그 일을 성취할 수가 없었다. 아퀴나스는 때때로 '상식'과 '자연'을

• 딜레마로 느끼지 않은 사람도 많았다. 11세기의 신학자 캔터베리의 안셀무스(Anselmus Cantuariensis, 1033/1034~1109년)는 "나는 믿는다. 따라서 나는 이해한다."라고 했다.

이용했다. 자연을 이용한다는 것은 오류 수정 장치로서 과학을 사용하는 것이나 마찬가지였다. 아퀴나스는 상식과 자연 양쪽 모두를 조금씩 왜곡함으로써 631개의 문제 모두를 어떻게든 해소하는 데 성공한다. (문제가 매우 어려울 경우 그는 적당한 답을 아무렇지도 않게 꺼내 놓는다. 신앙은 이성에 대해 항상 승리하는 셈이다.) 유사한 화해 시도가 탈무드 편찬 시대와 그 후의 유태교 문헌에서, 중세 이슬람 철학에서 이루어졌다.

하지만 종교의 핵심 교리들은 과학으로 검증할 수 있다. 그런 사실 자체가 종교계의 높은 사람들과 일반 신자들 사이에서 과학에 대한 경계심을 키운다. 교회에서 가르치는 것처럼 성체는 (비유나 상징이 아니라) 실제로 그리스도의 육신인가, 아니면 사제가 당신에게 건네주는 (과학적으로 검증하고자 하면 화학적 성질과 분자 구조를 분석하면 되는) 성찬용 빵에 지나지 않는 것인가?• 신들에게 희생 제물을 바치지 않으면 52년마다 한 번씩 세계는 파멸하고 말 것인가?•• 할례를 받지 않은 유태인 남성은, 오래된 계약에 따라 모든 남성 신도들에게 음경의 포피 한 조각을 요구하는 하느님의 명령을 묵묵히 따르는 동료들보다 못된 사람인가? 말일성도들, 즉 모르몬교도들이 가르치는 것처럼 무수히 많은 다른 별과 행성 들에도

• 이 질문에 대한 답변이 생사와 직결되던 때가 있었다. 영국 출신의 뱃사람 마일스 필립스(Miles Phillips)는 그가 타고 가던 배가 스페인령 멕시코 해안에서 좌초한 적이 있었다. 그와 그의 동료들은 1574년 종교 재판소 앞에 불려 나갔다. 재판관은 그들에게 물었다. "사제가 그대의 머리 위로 들어 올린 성체(성체용 빵)와 성배에 담긴 포도주가 우리 구세주 그리스도의 살과 피라는 사실을 믿습니까?" 필립스는 이렇게 말했다. "거기서 '그렇습니다.'라고 답하지 않았다면 죽음을 피할 수 없었을 겁니다."

•• 아즈텍과 마야의 신들에게 희생 제물로서 바쳐진 사람들은 흔들림 없는 신앙과 자신이 우주를 살리기 위해 죽는다는 자긍심을 바탕으로 그 고통과 공포를 이겨 냈을 것이다. 하지만 중앙아메리카의 그런 의식이 거행되지 않은 지 벌써 5세기 이상이 지났다. 그래서 우리는 그 숭고한 희생자들에게 실례가 되는 생각을 가지게 된 것이다.

인간이 살고 있을까? 흑백 분리주의 무슬림 운동 단체인 네이션 오브 이슬람(Nation of Islam)이 주장하는 것처럼 백인은 '미친 과학자'가 흑인을 이용해 만든 것인가? 만약 힌두교도들이 희생 의례를 생략한다면 태양은 정말로 떠오르지 않을 것인가? (『샤타파타 브라흐마나(*Shatapatha Brahmana*)』에 그렇다고 써 있다.)

세계 각지의 종교와 문화를 연구하다 보면 기도의 인간적인 뿌리에 대한 통찰을 얻을 수 있다. 예를 들어, 기원전 2000년경에 만들어진 바빌로니아의 원통형 인장에는 설형 문자로 다음과 같은 글귀가 새겨져 있다.

> 오, 닌릴(Ninlil)이여, 이 땅의 여주인이시여, 당신의 결혼 침실에서, 환희의 처소에서 당신의 사랑인 엔릴(Enlil)에게 나에 대해 잘 말씀해 주소서. (서명) 밀리시파크(Mili-shipak), 닌마흐(Ninmah)를 섬기는 샤탐무(Shatammu).

닌마흐를 섬기는 샤탐무가 살던 시절 이래로 아주 오랜 시간이 흘렀다. 닌마흐는 그것보다 더 오래되었다. 엔릴과 닌릴이 중요한 신들이었다는 사실에도 불구하고(2,000년 동안 문명화된 서양 세계의 모든 사람이 그들에게 기도했다.) 이제 그 둘에게 기도하는 사람은 거의 없다. 그렇다면 불쌍한 밀리시파크는 허깨비에게 기도했던 것일까? 사회적으로 용인된 것이라고는 해도 상상력의 산물에 불과한 존재 아닌가. 그렇다면 오늘날 우리는 어떨까? 이런 의문을 품는 것 자체가 신을 두려워하지 않는 불경스러운 짓일까? 분명 엔릴을 숭배하는 사람들은 그렇게 생각할 것이다.

기도는 효과가 있을까? 있다면 어떤 효과일까?

기도의 범주 중에는 신이 인간의 역사에 개입해 주기를 바라는 것도 있다. 천재지변이나 실재하는 불의(不義)나 상상 속의 부정(不正)을 바로

잡아 달라고 비는 것이다. 예를 들어, 미국 서부 출신의 주교가 하느님이 개입하셔서 그 지방을 메마르게 하는 건조 기후를 멈춰 달라고 기도하는 것이다. 그런데 꼭 기도할 필요가 있을까? 하느님이 가뭄에 대해 모르고 계실까? 하느님은 가뭄이 그곳 교구민들을 위협하리라는 사실을 아시지 못할까? 그 기도는 전지전능한 존재에게 한계가 있다고 주장하는 셈이지 않을까? 주교는 신도들에게도 마찬가지로 기도하라고 요청했다. 적은 사람이 할 때보다 더 많은 사람이 한꺼번에 자비나 정의를 구하면 하느님의 개입 가능성이 커지는 것일까? 1994년 아이오와 주에서 발행된 주간 기독교 정보지인 《더 프레이어 앤드 액션 위클리 뉴스(*The Prayer and Action Weekly News*)》에 실린 다음 요청을 살펴보자.

> 디모인에서 시행 중인 가족 계획을 하느님께서 불살라 주시도록 함께 기도해 주십시오. 그 불길이 사람의 손에 의한 것이 아님을 누구라도 알 수 있게 해 달라고 기도해 주십시오. 공정한 사람이라면 기적이라고 알 수 있도록(설명할 수 없는 현상임을 알 수 있도록) 해 달라고 기도해 주십시오. 그리고 기독교인이라면 하느님의 일임을 알 수 있도록 해 달라고 기도해 주십시오. 함께 기도해 주십시오.

우리는 신앙에 기댄 심령 치료에 관해 앞에서 논의한 바 있다. 그렇다면 장수를 바라는 기도는 어떻게 보아야 할까? 빅토리아 시대의 유전학자이자 통계학자인 프랜시스 골턴(Francis Galton, 1822~1911년)은 장수의 기도가 효과가 있다면 다른 조건이 모두 같을 경우 영국의 왕족들은 아주 오래 살아야만 한다고 주장했다. 왜냐하면 세계 각지에서 수백만 명의 국민들이 매일같이 소리높여 진심에서 우러난 '주문'을 읊어 대기 때문이다. "하느님, 여왕(또는 왕)을 지켜 주소서." 하지만 골턴은 왕족들이 오래 살기는 하지만, 유복하고 만족스러운 삶을 사는 다른 귀족들과 그리 다르지 않은 정도로만 오래 산다는 것을 증명했다. 중국에서는 수천만 명의 사람들이 마오쩌둥이 '1만 세'까지 장수하기를 빌었고(이것을 꼭 기도라고 할 수 있을지는 잘 모르겠다.) 고대 이집트 민중의 대부분이 파라오의 '영생'을 신에게 빌었다. 그러한 집단적인 기도는 모두 실패로 끝났다. 이러한 실패는 그 자체로 데이터인 셈이다.

이렇게 원리적으로 검증 가능한 주장을 하게 되면, 내키지는 않겠지만, 종교 또한 과학이 마련한 검증의 도마 위로 올라가게 된다. 오늘날 종교는 실재와 관련해서 무언가 주장할 때마다 그 진위에 관한 물음을 마주해야만 한다. (종교 권력이 세속 권력을 장악하고 사람들에게 신앙을 강요하는 경우는 예외로 하자.) 이런 상황에 분개하는 종교인들도 있다. 때로는 노골적으로 끔찍한 천벌을 받을 것이라며 회의주의자들을 협박하는 이들도 있다. 예를 들어, 윌리엄 블레이크가 쓴 「순수의 전조(Auguries of Innocence)」를 살펴보자. 그가 이 순진무구한 제목 속에 얼마나 무시무시한 양자택일을 숨겨 놓았는지.

> 아이에게 의심하라고 가르친 자
> 썩은 무덤은 결코 그를 꺼내 놓지 않으리라.
> 소년의 신앙을 존중한 자
> 지옥과 죽음을 넘어서 승리하리라.

물론 숭배, 경외, 윤리, 의례, 공동체, 가족, 자선, 그리고 정치적, 경제적 정의를 위해 헌신하는 종교들은 과학의 발견 앞에서도 전혀 도전받지 않는다. 오히려 과학을 통해 고양된다. 과학과 종교 사이에 필연적인 갈등 같은 것은 없다. 어떤 수준에서 과학과 종교는 비슷한 역할을 하고 서로를 필요로 한다. 솔직하고 활발한 토론뿐만 아니라 심지어 의심하는 것을 신성화하는 것은 존 밀턴(John Milton, 1608~1674년)의 『아레오파지티카(*Areopagitica*)』(1644년)까지 거슬러 올라가는 기독교의 한 전통이었다. 기독교와 유태교의 주류 종파는 겸허와 자기 비판을 바탕으로 한 합리적인 토론을 중시했고 과학이라는 최신 지식이 던지는 전통 지식에 대한 의문을 흔쾌히 수용했고 때로는 선취하기도 했다. 하지만 보수주의 또는 원리주의라고 불리는 종파는 이미 반증된 것을 지지했고, 따라서 과학을 위험시했다. (그리고 오늘날 그들의 세력이 욱일승천하는 것처럼 보인다. 종교계의 주류 견해는 거의 들리지도, 보이지도 않는 것 같다.)

종교적 전통은 워낙 풍부하고 다면적이기 때문에 수정과 교정의 기회 역시 잔뜩 가지고 있다. 특히 자신들의 경전을 은유나 우화로서 해석할 때 그런 기회를 많이 가지게 된다. 바로 거기에서 과거의 잘못을 고백하고 고치는 타협점을 찾을 수 있다. 1992년 로마 교황청이 갈릴레오의 지동설이 맞는다고 인정한 것은 그 좋은 사례이다. 비록 3세기나 늦었지만 그것은 대단히 훌륭한 용기 있는 결단이었다. 현대 로마 가톨릭의 교리는 대폭발 이론과 대립하지 않을 뿐만 아니라, 우주의 나이가 150억 살이고 최초의 생물이 전생물학적 분자들에서 기원했으며 인간이 유인원 조상으로부터 진화했다는 사실도 반대하지 않는다. (비록 '영혼의 주입'에 관해서는 특별한 교리를 가지고 있지만 말이다.) 개신교와 유태교의 주류 종파 대부분도 비슷한, 건전한 입장을 취하고 있다.

나는 이제까지 여러 종교 지도자와 신학을 가지고 토론을 해 왔다. 그때마다 나는 만약 당신 신앙의 핵심 교리가 과학을 통해 반증된다면 어떻게 할 것이냐고 묻고는 했다. 이 질문을 현 달라이 라마 14세 텐진 갸초(Tenzin Gyatso, 1935년~)에게 던졌을 때 그는 주저 없이 보수주의적이거나 원리주의적인 종교 지도자라면 하지 않았을 답변을 해 주었다. "그렇게 된다면, 티베트 불교는 바뀌어야 하겠죠." 그것이 정말로 핵심적인 교리라면, 이를테면(나는 그런 예를 찾느라고 잠시 머뭇거렸다.) 윤회(輪廻) 같은 것이라면 그때는 어떻게 하겠느냐고 물었다.

"그래도 바뀌야겠죠." 그는 답했다.

"하지만" 그는 눈을 반짝이며 덧붙였다. "윤회를 반증하기란 어려울 겁니다."

달라이 라마 말이 옳다. 반증하기 어려운 종교적 교리라면 과학의 진보를 걱정할 이유가 거의 없다. '우주의 창조주' 같은 여러 신앙에 공통되는 거창한 개념도 바로 그런 교리에 속한다. 그것을 증명하는 것이나 반증하는 것 모두 똑같이 어렵기 때문이다.

모세스 마이모니데스는 그의 책 『방황하는 자들을 위한 안내서(*The Guide for the Perplexed*)』에서 물리학과 신학 모두를 편견 없이 자유롭게 연구할 때만 하느님을 진정으로 알 수 있다고 주장했다. 만약 과학이 우주의 과거가 무한히 오래되었음을 증명한다면 어떻게 될까? 그러면 신학은 혁신되어야 한다고 마이모니데스는 주장했다. 실제로 그것은 창조주의 존재에 대한 과학적 반증일 수 있다. 왜냐하면 무한하게 오래된 우주는 창조를 필요로 하지 않기 때문이다. 우주는 항상 이렇게 있었을 것이다.

과학이 앞으로 무엇을 더 알아낼지 우려하는 교리와 기득권은 이것 말고도 여럿 있을 것이다. 어떤 이들은 모르는 편이 더 나을 것이라고 말하며 이렇게 묻는다. 만약 남성과 여성의 유전 형질이 다른 것으로 밝혀진다면, 그것은 남성이 여성을 억압하는 구실로 사용되지 않을까? 만약 폭력 성향을 촉발하는 유전자가 발견된다면, 그것은 한 민족 집단이 다른 집단을 억압하는 행위를 정당화하는 데 사용될 수 있지 않을까? 또는 예방적 차원에서 미리 제거해 버리는 행위도 정당화할 수 있지 않을까? 만약 정신 질환이 단지 뇌 화학적 문제라면, 현실 감각을 유지하고 행동에 책임을 지고자 하는 우리의 노력은 무의미해지지 않을까? 만약 인간이 우주의 창조주가 만든 특별한 작품이 아니라면, 만약 인간 사회의 토대가 되는 도덕 규범들이 신이 아니라 오류를 범할 수 있는 입법자들에 의해 고안된 것에 지나지 않는다면, 사회 질서를 유지하기 위한 우리의 분투는 물거품처럼 사라지지 않을까?

이런 우려는 종교적인 것이기도 하고 세속적인 것이기도 하다. 그러나 그것이 어떤 것이든 간에 진리에 가장 가까운 것을 알고 있는 편이, 그리고 우리의 공동체와 신념 체계가 과거에 범한 오류를 제대로 파악하고 있는 편이 세상을 더 좋게 만드는 데 이바지하리라고 나는 생각한다. 진리 또는 진실이 대중에게 널리 알려질수록 비참한 일이 벌어진다고 주장하는 사람들도 있다. 하지만 그런 주장은 어떤 것이든 사태를 과장하는 것에 불과하다. 다시 말하지만, 우리는 어떤 거짓말 또는 어떤 사실 은폐가 더 나은 사회를 만드는 데, 더 숭고한 사회적 목적을 실현하는 데 도움이 되는지 알 수 있을 정도로 슬기롭지 않다. 장기적인 측면은 말할 것도 없고 말이다.

16장
과학자가 죄를 알 때

인간의 마음이라고 하는 것은 어디까지 올라가는 걸까?
그 후안무치함에도 한도가 없다. 만일 인간의 악행과 인간의
생명이 적당히 차오르고, 자식이 아버지보다 사악해져 간다면,
결국에는 신들도 또 다른 세계를 만들어 이렇게 넘치는 죄인들을
보내 살게 할 생각을 하지 않을 수 없을 것이다.

—에우리피데스(Euripides, 기원전 480?~406년),
『히폴리토스(*Hippolytos*)』(기원전 428년)에서

맨해튼 계획의 과학 부문 책임자였던 줄리어스 로버트 오펜하이머(Julius Robert Oppenheimer, 1904~1967년)는 전후에 해리 트루먼 대통령과 만난 자리에서 침통한 표정으로 이렇게 말했다고 전해진다. "과학자들의 손은 피로 물들고 말았습니다. 이제 과학자들은 자기 죄를 알게 되었습니다." 그 만남 이후 트루먼은 측근에게 다시는 오펜하이머를 보지 않겠다고 말했다고 전해진다. 이처럼 과학자들은 잘못을 저질렀다고 비난받을 때도 있지만 과학이 악용되는 것을 경고했다고 공격받기도 한다.

그러나 그것보다 더 자주 받는 비판은 과학과 그 산물이 윤리적으로 모호한 영역에 머문다는 것이다. 과학을 옹호하는 사람들은 '과학과 그 산물은 도덕적으로 중립이다.'라는 말로 이것을 포장하지만, 선한 목적만이 아니라 악한 목적으로도 쓰일 수 있기 때문에 과학에서 비판의 시선을 거둘 수 없다는 것이다. 이러한 비판에는 오랜 역사가 있다. 아마 돌을 쪼개 도구를 만들고 불을 길들이던 시대까지 거슬러 올라갈 것이다. 기술은 최초의 현생 인류가 등장하기 이전 인류의 조상들이 살던 시절부터 우리와 함께해 왔다. 우리는 테크놀로지가 없으면 안 되는 종이다. 그렇다면 이것은 과학의 문제라고 하기보다는 인간 본성의 문제로 보는 게 맞을 듯하다. 물론 나 역시 과학의 산물을 악용하는 것과 관련해 과학이 아무런 책임도 없다고 생각하는 것은 아니다. 과학의 책임은 무겁고 깊다. 그리고 과학의 산물이 가진 권능이 강력해질수록 그 책임 역시 더 무거워진다.

우리는 지구 환경의 은혜를 입으며 살고 있다. 따라서 환경을 변화시킬 수도 있는 기술들, 예를 들어, 공격 무기나 그 부산물 들을 사용할 때면, 주의 깊게, 신중하게 사용해야 한다. 그렇다, 인간과 기술의 관계는 어제오늘의 문제가 아니고 오늘 기술을 개발하는 우리나 옛날 기술을 개발한 조상들 역시 같은 인간이다. 우리는 지금도 언제나 그랬듯이 새로운 기술들을 개발하고 있다. 그런데 문제는 인간의 약점은 예나 지금이나 변함이 없는데, 그 기술은 전에 없던 파괴력, 심지어 행성 규모의 파괴력을 가진 수준에 이르렀다는 것이다. 이런 시대에는 과학이나 기술 쪽이 아니라 인간 쪽에도 지금까지 없었던 무언가를 요구하지 않을 수 없다. 그러니까 우리는 이제 공전절후(空前絶後)의 규모로, 다시 말해 지구 규모로 새로운 도덕과 윤리를 확립해야만 하는 것이다.

그러나 과학자들은 이 문제와 관련해 이중적 태도를 취하는 경우가 많다. 다시 말해 삶을 풍요롭게 해 준 과학 기술을 낳은 공로는 인정받고 싶어 하지만, 동시에 의도했든 의도하지 않았든 관계없이 과학 기술이 죽음의 도구로 사용되는 것으로부터는 거리를 두고 싶어 하는 것이다. 오스트레일리아 철학자 존 패스모어(John Passmore, 1914~2004년)는 『과학과 그 비판자들(*Science and Its Critics*)』이라는 책에 다음과 같이 적었다.

> 스페인의 종교 재판소는 이단자를 속세 권력의 손에 넘겨줌으로써 사람을 태워 죽이는 것에 대한 직접적인 책임을 회피하려고 했다. 그들은 자신들이 직접 사람을 태워 죽이는 것은 기독교의 교리에 반한다고 설명했다. 이 설명으로 자신들의 피 묻은 손을 씻으려고 한 것이다. 그러나 아무리 경건한 설명을 붙인다고 해서 납득할 사람은 거의 없다. 속세 권력에 넘겨진 이단자들

이 무슨 일을 당할지 종교 재판소 스스로, 즉 교회 스스로 너무도 잘 알았기 때문이다. 과학에 대해서도 마찬가지 이야기를 할 수 있다. 과학적 발견이 기술적으로 어떻게 응용될지 잘 알았을 경우에(신경 가스를 연구하는 과학자처럼) 사람을 무력화하거나 죽이는 데 그 독가스를 사용한 것은 군대이지 과학자가 아니기 때문에 자신들은 그 일과 무관하다고 과학자들이 스스로 이야기하는 것은 부적절하다. 과학자가 연구비를 대가로 정부에 협조하는 경우에는 상황이 보다 분명하다. 만약 과학자 또는 철학자가 해군 연구소 같은 기관으로부터 연구비를 받는다고 해 보자. 만약 그가 자신은 연구비 지급 기관에 도움이 되는 줄 모르고 연구를 했다고 한다면 거짓말을 하는 셈이다. 만약 도움이 되는 줄 알았다면 그 결과에 대해서도 상응하는 책임을 져야 한다. 연구자는 자신의 연구에서 파생된 모든 기술 혁신에 대해 상찬을 받든 비난을 받든 종속되어 있다. 당연히 종속되어 있다.

헝가리 출신 미국 물리학자인 에드워드 텔러(Edward Teller, 1908~2003년)의 삶은 이 문제와 관련해서 중요한 사례를 제공한다. 텔러가 어렸을 때인 1919년 헝가리에서 쿤 벨러(Kuhn Béla, 1886~1938년)의 공산주의 혁명이 일어났다. 변호사의 아들이었던 텔러와 같은 중류 계급은 재산을 몰수당했다. 또한 텔러는 20세 때 전차에 치여 오른쪽 다리에서 발목 아래를 잃고 평생 고통을 안고 살아야 했다. 인생 전반기에 그는 양자 역학의 선택 규칙(selection rule), 고체 물리학, 우주론 등 광범위한 분야에서 공헌했다. 1939년 7월에 롱아일랜드에서 휴가를 보내고 있던 알베르트 아인슈타인을 만나러 간 물리학자 실라르드 레오(Szilárd Leó, 1898~1964년)를 차로 태워다 준 사람이 바로 텔러였다. 아인슈타인과 실라르드의 만남은 아인슈타인이 프랭클린 루스벨트에게 보낸 역사적인 서신으로 이어졌다. 나치 독일에서 진행되고 있는 과학적, 정치적 상황을 고려할 때 미국은 '핵분열 폭탄', 다시 말해 '원자 폭탄' 개발을 서둘러야 한다는 내용의 서신이었다. 이 서신을 계기로 시작된 맨해튼 계획에 참여하게 되었을 때, 텔러는 로스앨러모스에 도착하자마자 다른 연구자들과 협력하기를 거부했다. 원자 폭탄의 위력을 두려워했기 때문이 아니었다. 실은 정반대 이유였다. 그는 '핵융합 폭탄'이라는 훨씬 더 파괴적인 무기, 즉 '열핵 폭탄' 또는 '수소 폭탄'이라고 불리는 무기의 개발을 원했다. (원자 폭탄의 위력에는 상한선이 있지만 수소 폭탄에는 없다. 그러나 수소 폭탄을 폭발시키기 위해서는 원자 폭탄이 필요하다.)

결국 핵분열 폭탄이 개발되고 독일과 일본이 항복했다. 이렇게 전쟁이 끝난 후에도 텔러는 그가 "슈퍼(Super)"라고 불렀던 핵융합 폭탄의 개발을 강변했다. 소비에트 연방을 위협할 무기가 필요하다는 것이었다. 당시 (구)소련은 전쟁의 폐허에서 강력한 군국주의 국가로 재건되고 있었다. 한편 미국 국내에서는 매카시즘이라는 편집증적 반공주의가 활개를 치고 있었다. 이러한 내외 상황은 텔러에게 순풍이 되어 주었다. 하지만 그의 앞에는 오펜하이머라는 장벽이 가로막고 서 있었다. 전후 오펜하이머는 원자력 위원회에서 민간 자문 위원회의 위원장을 맡고 있었다. 그러나 오펜하이머에게 이른바 '충성 문제'가 제기되기 시작했다. 오펜하이머의 청문회에 증인으로서 불려간 텔러는 오펜하이머의 충성심에 문제를 제기하는 중요한 증언을 했다. 텔러의 증언이 이 청문회에 큰 영향을 준 것은 분명하다. 그러나 조사 위원회는 오펜하이머의 충성심을 확실하게 부정하지는 못했다. 그럼에도 불구하고 오펜하이머의 비밀 취급 인가는 박탈되었고 원자력 위원회에서도 해임되었다. 이제 텔러는 '슈퍼'를 향해 순풍에 돛 단 듯 나아갈 수 있었다.

열핵 무기를 만드는 기술의 개발은 텔러와 수학자 스타니스와프 마르친 울람(Stanisław Marcin Ulam, 1909~1984년)의 공이다. 맨해튼 계획의 이론

부서를 지휘했고 원자 폭탄과 수소 폭탄 개발에서 주요한 역할을 했던 노벨 물리학상 수상자 한스 베테(Hans Bethe, 1906~2005년)의 증언에 따르면, 텔러의 처음 제안에는 결함이 있었고 열핵 무기를 실현하는 데는 많은 사람의 연구가 필요했다고 한다. 리처드 로런스 가윈(Richard Lawrence Garwin, 1928년~)이라는 젊은 물리학자가 중요한 기술적 공헌을 했다. 미국 최초의 열핵 '장치'는 1952년에 폭파되었다. 여기서 '장치'라고 한 것은 그것이 폭탄이라고 하기에는 부족한 부분이 많아서이다. 그 장치는 너무도 커서 미사일이나 폭격기로 운반할 수 없었다. 그래서 조립한 장소에 그대로 둔 채 터뜨려야 했다. 그로부터 1년 후 (구)소련이 진짜 수소 폭탄이라고 할 만한 것을 만들었다. 그렇다면 당연히 이런 의문이 떠오를 것이다. 만약 미국이 수소 폭탄을 개발하지 않았다면 (구)소련이 굳이 그것을 개발했을까? 아니면 반대로, 당시 미국은 굳이 열핵 무기를 개발하지 않아도 (구)소련의 수소 폭탄 사용을 억지할 수 있지 않았을까? (당시 미국은 핵분열 폭탄을 상당히 많이 가지고 있었기 때문이다.) 이 문제는 지금까지 논쟁거리로 남아 있다. 오늘날 입수 가능한 증거들로 볼 때, (구)소련은 핵분열 폭탄을 완성하기 전부터 열핵 무기의 설계도를 입수한 것이 틀림없다. (구)소련에게 열핵 무기 개발은 "논리적으로 필연적인 다음 단계"였다. 그러나 미국이 열핵 무기를 개발하고 있다는 첩보는 당연히 첩자를 통해 (구)소련에 전달되었을 테고, (구)소련 측은 이 정보를 수소 폭탄 개발을 추진하는 동력으로 삼았으리라.

아무튼, 수소 폭탄의 개발로 지구 규모의 핵전쟁은 훨씬 더 위험스러운 것이 되었다. 왜냐하면 '핵겨울'을 불러온다는 측면에서 볼 때 열핵 무기 쪽이 더 큰 영향력을 발휘하기 때문이다. 핵무기는 공중에서 폭발하기 때문에 도시를 불태우게 되고, 그 과정에서 막대한 양의 매연이 생성되며, 이것이 대기권으로 올라가 지구 규모의 한랭화를 유발한다. 이것이 핵겨울이다. 핵겨울 문제는 아마도 내가 참여했던 과학적 논쟁들 가운데에서도 가장 논쟁적인 것이었다. (내가 이 문제를 다룬 것은 주로 1983년과 1990년 사이였다.) 이 논쟁은 상당히 정치적인 것으로 발전했다. 핵공격을 억지하기 위해서는 대량 보복이 필수적이라는 정책에 매몰된 사람들이나, 필요하다면 대량 선제 공격도 주저하지 말아야 한다고 주장하는 사람들에게 있어 핵겨울이라는 과학적 예측이 가진 전략적 함의는 불편한 것이었기 때문이다. 보복 공격이든 선제 공격이든 핵무기를 대량 사용하는 것은 적대국의 반격이 없더라도 환경적으로 보면 자기 파멸로 귀결되고 만다. 수십 년간 채택되어 온 전략 정책의 상당 부분과 핵무기 수만 기를 축적해 온 근거가 갑자기 신뢰성을 잃어버린 것이다.

핵겨울에 관한 최초의 과학 논문(1983년)에서 예측한 지구 규모의 기온 저하는 섭씨 15~20도 내려가는 것이었다. 오늘날의 추정값은 섭씨 10~15도이다. 이런 계산에는 모호함이 따르는 법인데, 이 정도면 잘 일치하는 편이라고 할 수 있다. 어떤 값이든 그 저하의 폭은 모두 오늘날 지구의 기온과 마지막 빙하기의 기온 사이의 차이보다 훨씬 크다. 200명의 과학자로 구성된 국제 연구진이 전 세계에서 열핵 전쟁이 벌어졌을 때 그 장기적 영향을 조사한 적이 있다. 그들은 지구 문명의 주민 대다수가(핵무기의 주요 목표 지역인 북반구 중위도 지역으로부터 멀리 떨어진 곳에 사는 사람들까지 포함해) 생명의 위기에 처할 것이고, 그 위기의 주원인은 기아가 될 것이라는 결론에 이르렀다. 다시 말해 대규모 핵전쟁이 일어나 도시들이 표적이 된다면, 인류의 미래는 막을 내리고 만다는 것이다. 만약 그렇게 된다면 에드워드 텔러와 그의 동료들(그리고 안드레이 사하로프가 지휘한 (구)소련의 연구진)은 무거운 책임을 져야만 한다. 수소 폭탄은 지금까지 인간이 발명한 무기 가운데 가장 무서운 무기이다.

1983년 핵겨울이 발견되었을 때 텔러는 재빨리 두 가지 반론을 내놓았다. ① 증명에 사용된 물리학이 잘못되었다. ② 핵겨울은 이미 몇 년 전에 로런스 리버모어 국립 연구소에서 자신의 감독하에 이루어진 연구를 통해 발견되었다. 그러나 핵겨울이 1983년 이전에 발견되었다는 증거는 하나도 없다. 반대로 핵무기가 미치는 영향에 대해 각국의 지도자들에게 정보를 제공할 의무를 진 책임자들이 핵겨울을 계속해서 간과했다는 무시 못 할 증거는 잔뜩 있다. 그러나 텔러의 말이 사실이라면, 그가 핵겨울의 영향을 받는 사람들, 즉 그가 속한 국가의 시민들과 지도자들, 그리고 전 세계에 그 발견을 공표하지 않은 것은 비양심적인 일이었다. 스탠리 큐브릭(Stanley Kubrick, 1928~1999년) 감독의 영화 「닥터 스트레인지러브(Dr. Strangelove)」에서 그려진 것처럼 궁극의 무기가 존재한다는 사실이나 그 무기로 무엇을 할 수 있는지를 비밀로 한다는 것은 궁극의 부조리라고 하지 않을 수 없다.

핵겨울 이야기는 제쳐놓고라도 정상적인 사람이라면 그런 무기를 발명하는 일에 가담한 일로 양심의 가책을 받고 괴로워하지 않을 수 없을 것이다. 그런 발명품의 아버지나 어머니라고 불리는 사람은 의식적으로든 무의식적으로든 틀림없이 상당한 스트레스를 받을 것이다. 실제로 어느 정도의 공헌을 했든, 에드워드 텔러는 '수소 폭탄의 아버지'라고 불린다. 1954년 《라이프》는 텔러를 일방적으로 치켜세우는 기사를 실었는데, 그 기사마저도 수소 폭탄에 대한 그의 결의를 "거의 광신적인 것"이라고 기술했다. 그 후 텔러가 살아온 삶 대부분은 자신이 해 온 일들을 정당화하는 노력이었다고 얼추 이해할 수 있다. 텔러는 수소 폭탄을 보유하면 평화가 유지된다고, 적어도 열핵 전쟁은 막을 수 있다고 주장했다. 핵전쟁을 일으키는 것 자체가 너무나도 위험해졌기에 핵보유국들 모두 전쟁을 일으킬 수 없게 되었기 때문이란다. 실제로 핵전쟁이 일어나지 않았고 지금도 그렇지 않은가 하고 텔러는 묻는다. 그러나 그런 식의 주장이 계속 통하려면 핵무장 국가들이 예외 없이 모두 이성적 행위자로 행동한다는 전제가 필요하다. 그리고 그 나라들의 지도자들(또는 핵무기를 관리하는 군부나 비밀 경찰의 고관)이 분노나 복수심이나 광기에서 자유롭다는 전제도 필요하다. 히틀러와 스탈린이 등장했던 세기에 이 무슨 순진한 이야기인가.

텔러는 포괄적 핵실험 금지 조약의 체결을 저지하려고 애쓴 세력의 중심 인물이었다. 그는 1963년에 제한적(지상) 핵실험 금지 조약이 비준되려고 했을 때에도 방해를 했다. 당시 텔러는 핵무기의 성능을 유지하고 '개선'하려면 지상 실험이 불가결하다고 논하며 이 조약을 비준하는 것은 "우리나라의 미래 안보를 포기하는 것이다."라고 주장했다. 나중에 입증된 것처럼 이것은 겉으로만 번지르르한 말이었다. 또한 그는 핵분열을 이용한 핵발전소의 안전성과 비용 효율성이 높다고 열렬히 주장했다. 1979년에 펜실베이니아 주 스리 마일 섬에서 원전 사고가 일어났을 때 그 사고의 유일한 피해자는 자신이라고 했다. 텔러는 이 문제로 논쟁하다가 심장 발작이 일어난 적이 있다고 한다.

텔러는 알래스카에서 남아프리카까지 세계 각지에서 핵무기를 터뜨리면 항구와 운하를 만들고 방해만 되는 산들을 모조리 날려 버리고 대량의 토사를 치워 버리는 땅 고르기 작업을 할 수 있으리라 제안하기도 했다. 그가 이런 계획을 당시 그리스 왕비 프레데리케 폰 하노버(Friederike von Hannover, 1917~1981년)에게 제안했을 때 왕비는 이렇게 대답했다고 한다. "고맙습니다. 텔러 박사. 그러나 그리스에는 폐허가 이미 충분히 있습니다." 텔러는 이런 이야기를 한 적도 있다. "아인슈타인의 일반 상대성 원리를 검증하고 싶다고요? 그렇다면 태양 뒤편에서 핵무기 하나를 터뜨리면 됩니다. 달의 화학적 구성 성분을 알고 싶다고요? 그렇다면 수소 폭탄을 달로 날려 보내서 폭파시키고 그때 생기는 섬광과 불덩이의 스펙트럼을 조사하면 됩니다."

1980년대에도 텔러는 로널드 레이건 대통령에게 '스타 워즈', 이른바 '전략 방위 구상(Strategic Defense Initiative, SDI)'이라는 것을 팔아먹었다. 레이건은 텔러의 허풍 섞인 공상적 이야기를 진심으로 믿었던 것 같다. 수소 폭탄을 이용하면 책상만 한 엑스선 레이저 발사 장치를 만들 수 있고, 그 레이저 무기를 우주 궤도에 올려놓으면 비행 중인 (구)소련의 미사일 탄두 1만 발을 파괴할 수 있으므로, 지구 규모의 핵전쟁이 일어난다고 하더라도 미국 국민은 안전하게 보호할 수 있으리라고 말이다.

레이건 행정부를 변호하는 사람들은 전략 방위 구상에 다소 과장이 섞이기는 했지만 (구)소련을 붕괴시키기 위해 의도적으로 추진된 것이라고 주장한다. 이런 주장을 지지할 만한 진지한 증거는 하나도 없다. 미하일 고르바초프(Michael Gorbachev, 1931년~)는 물론이고, 그에게 자문을 했던 안드레이 사하로프, 예브게니 파블로비치 벨리코프(Evgeny Pavlovich Velikhov, 1935년~), 로알드 진누로비치 사그데예프(Roald Zinnurovich Sagdeev, 1932년~) 같은 과학자들은, 만약 미국이 정말로 스타 워즈 계획을 추진했다고 하더라도 (구)소련으로서는 기존의 핵무기와 그 발사 시스템을 확충하기만 해도 되었다고 주장한다. 게다가 이것은 미국보다 돈도 덜 들고 핵무기 운용의 안정성도 더 높이는 방법이었다. 그러니까 스타 워즈 계획은 열핵 전쟁의 위험을 줄이기는커녕 증가시키는 것이었다. 아무튼 미국의 핵미사일에 대응하기 위한 (구)소련의 우주 방위 예산은 미국에 비하면 보잘것없었다. (구)소련 경제의 붕괴를 야기할 정도가 못 되었다. (구)소련의 몰락은 중앙 통제식 계획 경제의 실패, 서방 세계의 생활 수준에 대한 대중의 인식 확대, 소멸해 가는 공산주의 이데올로기에 대한 불만의 팽배, 그리고 고르바초프의 '글라스노스트(Glasnost)', 즉 개방 정책과 훨씬 더 관련이 깊다. (고르바초프는 자신의 개혁 개방 정책이 이런 결과를 낳을지 몰랐으리라.)

스타 워즈 계획이 추진되고 있을 때 미국의 과학자와 기술자 1만여 명이 스타 워즈 계획에 참여하지 않거나 전략 방위 구상 관련 기구로부터 돈을 받지 않겠다고 공개적으로 선언했다. 이것은 과학자가 개인적으로 다소 손해를 보더라도 길을 잃고 헤매는 민주주의 정부에의 협력을 (최소한 단기적으로라도) 거부한다는 용기 있는 행동을 취할 수 있음을 보여주는 사례이다.

텔러는 또 굴착형 핵탄두 개발을 주장했다. 땅속으로 파고 들어갈 수 있는 핵탄두를 개발해 적국의 지하 사령부나 최고 지도자(그리고 그 가족)의 은신처를 쓸어 버리자는 것이었다. 0.1킬로톤의 핵탄두를 사용해 적국의 인프라만 집중 공격하면 "단 한 사람의 사상자도 내지 않고" 적국의 전쟁 수행 능력을 흔적도 없이 지워 버릴 수 있다는 주장도 했다. 일반 시민에게는 대피하라고 미리 경고하면 될 테니 말이다. 핵전쟁은 충분히 인도적일 수 있다는 말도 덧붙였다.

이 글을 쓰고 있는 지금 에드워드 텔러(80대 후반에 접어들었는데도 여전히 원기왕성하며 무시 못 할 지력을 유지하고 있다.)는 새로운 세대의 고출력 열핵 무기를 개발하자는 캠페인을 준비하고 있다. 대량의 방사선을 방출하는 그 신무기로 지구와 충돌할지도 모르는 소행성을 파괴하거나 궤도를 비껴가도록 하자는 것이다. 텔러는 이 캠페인을 위해 냉전 시기에 (구)소련의 핵무기 군산 복합체에서 그와 같은 역할을 했던 이들과 손을 잡았다. 그러나 지구 근처로 날아온 소행성을 대상으로 그런 실험을 섣불리 하다가는 인간이라는 종을 미증유의 위험에 빠뜨리는 사태를 일으킬지도 모른다. 나는 그것을 우려하고 있다.

텔러 박사와 나는 개인적으로 만난 적이 있다. 우리는 학술 회의나 방송이나 언론에서 공개적으로 토론한 일도 있고 의회의 비공개 회의에서 논쟁을 벌인 적도 있다. 우리는 특히 스타 워즈 계획과 핵겨울, 소행성 방어 문제와 관련해서 의견 차이가 심했다. 나는 텔러를 색안경을 끼고 바라보는지도 모른다. 그는 언제나 열렬한 반공주의자였고 기술 애호가였지만, 그의 삶을 돌이켜 보건대, 수소 폭탄을 정당화하려는 그의 필사적인 시도에는 그 이상의 무언가가 있는 것처럼 내게는 보인다. 텔러는 이렇게 말한다. 수소 폭탄은 여러분이 생각하는 것만큼 악한 것이 아니다. 과학이나 민간의 공학 기술에도 응용 가능하고, 적국의 다른 수소 폭탄이나 열핵 무기로부터 미국과 나아가 세계의 인민을 보호하는 역할도 한다. 핵전쟁이라고 하더라도 인도적으로 수행할 수 있고, 우주에서 비롯되는 천재지변으로부터 지구를 보호하는 데에도 수소 폭탄을 사용할 수 있다. 아무튼, 텔러는, 마음 한구석으로, 열핵 무기가, 그리고 텔러 자신이 언젠가 전 인류로부터 파괴자가 아니라 구원자로 인정받는 날이 오리라 믿는 것이다.

오류에 빠지기 쉬운 국가들과 정치 지도자들에게 과학이 무시무시한 힘을 부여한다면 수많은 위험이 뒤따르게 된다. 예컨대, 이 일과 관련된 과학자 중에서 피상적 객관성만을 강조하는 이들이 나오는 것이다. 권력은 언제 어디서나 부패하기 쉽다. 이런 상황에서 비밀주의는 특히 유해한 역할을 한다. 그리고 이런 상황을 견제하고 균형을 잡아 주는 민주주의의 가치가 다시금 부각된다. (비밀주의가 성행하던 시절 영화를 누렸던 텔러는 시시때때로 민주주의를 비판했다.) 한 CIA 간부는 1995년에 "절대적인 비밀주의는 절대적으로 부패한다."라는 말을 했다. 기술이 악용되는 것을 막는 가장 좋은 방법은 공개된 자리에서 활발한 토론을 가지는 것일 때가 많다. 결정적인 반론이 나올 수도 있다. 과학자가 그것을 내놓을 수도 있고, 발언하는 것에 패널티가 주어지지 않는다면, 일반인도 그것을 내놓을 수 있다. 아니면 워싱턴 D. C.에서 멀리 떨어진 시골에 사는 이름 없는 대학원생이 놀라운 아이디어를 제시할 수도 있을 것이다. 하지만 이런 토론이 비공개적으로 비밀리에 이루어진다면, 그 대학원생은 문제를 제기할 기회조차 얻지 못할 것이다.

인간의 행함은 본래 도덕적으로 모호한 법이다. 행동 규범과 도덕의 가르침을 담은 민간의 속담과 격언에서도 이런 양면성을 확인할 수 있다. 그런 사례를 몇 가지 살펴보자. "급할수록 돌아가라." 맞는 말이다. 그러나 "첫 단추를 잘 꿰어야 나중에 아홉 단추를 덕 본다."라는 말을 함께 생각해 보자. "조심하는 것이 후회하는 것보다 낫다."라는 말이 있다. 그러나 "호랑이를 잡으려면 호랑이 굴에 들어가야 한다."라는 말도 있다. "아니 땐 굴뚝에 연기 나지 않는다."라는 말에는 "표지만 보고 책 내용을 말할 수는 없다."라는 말이 있다. "안 쓰는 것이 버는 것이다."라는 말에는 "빈 손으로 와서 빈 손으로 간다."라는 말이 있다. "망설이면 놓친다." 라는 말에는 "바보는 서두르고 천사는 밤길을 조심한다."라는 말이 있다. "백지장도 맞들면 낫다."라는 말에는 "사공이 많으면 배가 산으로 간다."라는 말이 있다. 사람들은 이렇게 모순적이고 진부하기 이를 데 없는 문구를 근거로 미래를 계획하거나 과거를 정당화하고는 한다. 이런 속담이나 격언을 만들어 낸 사람들의 도덕적 책임을 물어야 하지 않을까? 아니면 점성술사, 타로 점쟁이(타로 심리 상담사라고 불리기도 한다. — 옮긴이), 타블로이드 신문을 장식하는 센세이셔널한 예언가들의 도덕적 책임도 물어야 하지 않을까?

또 주류 종교들은 어떤가? 구약 성서의 「미가」에서는 정의롭게 행동하고 자비를 사랑하라고 명령한다. 「출애굽기」에서는 살인하지 말라고 가르친다. 「레위기」에서는 자신을 사랑하는 것처럼 이웃을 사랑하라고 명한다. 복음서에서는 원수까지 사랑하라고 가르친다. 성서는 이렇게 선한 가르침으로 가득하다. 하지만 이러한 간곡한 권고를 담은 이 책들의 열렬한 신봉자들이 이제까지 흘린 그 막대한 양의 피를 생각해 보라.

「여호수아서」와 「민수기」의 후반부는 가나안 땅 전역에서 행해진 대량 학살을 자세하게 기록하고 있다. 도시에서 도시로, 남자만이 아니라 여자들과 아이들까지, 그리고 가축에 이르기까지 모조리 죽이는 피비린내 나는 이야기를 찬미하듯 묘사하고 있다. 여리고라는 도시는 히브리 어로 온전히 바친다는 뜻의 헤렘(kherem), 즉 '성전(聖戰)'으로 흔적도 없이 사라졌다. 이 대학살을 옹호하는 주장은 이 학살을 벌인 살인자들의 것 말고는 남아 있지 않다. "아주아주 옛날 하느님은 우리의 조상과 약속을 하셨다. 아들들에게 할례를 행하고 특정한 의식들을 대대로 거행한다면 이 땅을 우리에게 주시리라고. 이제 그 약속이 실현될 날이 왔다." 이러한 절멸 전쟁에서 족장이나 신이 자책하는 마음을 품었다거나 동요했다거나 하는 흔적을 성서에서는 단 한 줄도 찾아볼 수 없다. 그 대신에 여호수아는 "이렇게 이스라엘의 하느님 야훼께서 분부하신 대로 숨 쉬는 것이면 무엇이든지 모조리 죽여 버렸다."(「여호수아」 10장 40절)라고 말한다. 더욱이 이런 사건들은 우연히 한두 건 일어나고 마는 것이 아니라, 구약 성서라는 서사를 추동하는 중요한 역할을 한다. 이것과 비슷한 대량 학살의 이야기들을 「사무엘」과 「에스더서」를 비롯해 성서의 곳곳에서 찾아볼 수 있다. (아말렉 인의 경우는 홀로코스트 이상의 민족 근절을 꾀한 제노사이드라고 볼 수 있다.) 하지만 이 이야기들의 그 어디에서도 도덕적 괴로움을 찾아볼 수 없다. 당연히 후대의 진보적 신학자들은 이 문제를 어떻게 다루어야 할지 괴로워했다.

"악마도 자기 목적을 위해 성서를 인용할 수 있다."라는 말이 있다.

(「베니스의 상인」에서 유래한 말이다. ─ 옮긴이) 그 말대로 성서는 역사상 모든 시대, 모든 사람에 의해 근친상간이나 노예 제도나 대량 학살에서부터 순결한 사랑과 용기와 자기 희생에 이르기까지 모든 행동을 정당화하는 데 사용되어 왔다. 그만큼 성서는 도덕적인 관점에서 볼 때 서로 모순되는 이야기로 가득하기 때문이다. 그리고 이러한 도덕적 다중 인격 장애는 유태교와 기독교에만 국한되는 것도 아니다. 이슬람교와 힌두교는 물론이고 전 세계의 거의 모든 종교가 마찬가지일 것이다. 그렇다면 도덕적 모호함 또는 양면성은 과학자 고유의 것이 아니라 인간이라는 존재가 가진 본성이라고 보는 게 타당할 것이다.

일어날 수 있는 위험을 대중에게 알리는 일, 특히 과학이 야기하는 위험이나 과학의 사용으로 생길 수도 있는 위험을 경고하는 일은 과학자의 의무라고 나는 믿는다. 그것을 예언자적 사명이라고 부를지도 모르겠다. 당연히 경고를 할 때에는 신중해야 하며 필요 이상으로 위험을 과장해서도 안 된다. 하지만 인간이라는 존재가 실수를 피할 수 없는 존재이고 위험이 진짜로 실현될 경우 치명적인 결과를 낳을 것이라는 점을 고려한다면, 무엇보다도 안전에 무게 중심을 두어야 한다.

칼라하리 사막의 수렵 채집 민족인 !쿵 산(!Kung San) 족 사회에서는 남자 둘이 말싸움을 시작하면(아마 테스토스테론 때문에 흥분한 것이리라.) 여인들은 그들의 독화살을 집어서 손에 닿지 않는 곳으로 치운다고 한다. 오늘날 우리의 독화살은 지구 문명 전체를 파괴하고 인간이라는 종을 멸종시킬 수 있을 정도로 강력하다. 도덕적으로 모호한 도구, 그러니까 우리가 쓰기에 따라 선이 될 수도 있고 악이 될 수도 있는 도구를 사용하는 대가가 생각 외로 너무나 크다. 이 대가의 크기 때문에 과학자들이 져야 하는 윤리적 책임 또한 무거워지고 있다. (지식 추구 방법이 올바른가 하는 것도 과학자가 책임져야 하는 윤리적 문제인데, 이것은 여기에서 고려하지 않는다.) 역사상 전례를 찾아볼 수 없을 정도로 무겁다고도 할 수 있다. 나는 미래의 과학자와 기술자를 키우는 대학원 교육 과정에 이 문제를 진지하게, 그리고 여러 각도에서 다루는 과정이 포함되기를 바란다. 나는 가끔 이런 생각을 한다. 우리 사회에서도 언젠가 독화살을 안전한 장소에 감추는 것은 결국 여성들, 그리고 아이들 아니겠냐고.

17장

의심의 정신과 경이의 감성

진실만큼 경이로운 것은 없다.

— 마이클 패러데이의 말로 전해진다.

검증도, 근거도 없는 통찰을 진리의 보증으로 삼기에는 불충분하다.

—버트런드 아서 윌리엄 러셀(Bertrand Arthur William Russell, 1872~1970년),

『신비주의와 논리(*Mysticism and Logic*)』(1929년)에서

미국의 법정에서는 증인에게 다음과 같은 선서를 시킨다고 한다. "나는 진실을, 온전한 진실을, 그리고 오로지 진실만을 말할 것을 맹세합니다." 그러나 이것은 우리가 절대로 이행할 수 없는 일을 약속하라고 하는 셈이다. 우리의 기억은 틀릴 수 있고, 과학적 참이라고 할지라도 일종의 근삿값에 불과하며, 우리는 우리 우주에 대해 아는 것이 거의 없기 때문이다. 그렇지만 우리의 증언에 사람의 목숨이 왔다 갔다 하기도 한다. 따라서 다음과 같은 한정 문구를 추가하는 게 좋을 듯하다. "나는 진실을, 온전한 진실을, 그리고 오로지 진실만을 **능력이 미치는 범위 안에서** 말할 것을 맹세합니다." 이렇게 고쳐야만 현실적인 맹세라고 할 수 있을 것이다. 그러나 아무리 인간의 현실이 그렇다고 해서 그런 한정 조건을 붙이는 법체계는 없을 것이다. 모든 사람이 자기 나름의 판단으로 진실이라고 생각하는 것만 말해도 된다고 한다면, 자신을 유죄로 만들 수도 있는 일이나 처벌을 무겁게 할 수도 있는 일을 증언하는 사람은 없어지고, 죄를 감추거나 책임을 회피하고자 하는 사람들은 이것을 최대한 이용할 것이다. 결국 많은 사건이 어둠 속에 묻히고 정의는 사라질 것이다. 따라서 법률은 할 수도 없는 일을 하라고 요구하고 우리는 그래도 할 수 있는 한 하려고 애를 쓴다.

법원은 배심원을 선출할 때 판결이 증거에 기반해 이루어질 수 있도록 신중에 신중을 기해 마련한 절차를 밟는다. 법원은 인간이라는 존재가 가진 약점을 잘 알기 때문에 배심원의 마음에서 선입관, 편견, 편향을 배제하기 위해 눈물겨울 정도로 노력을 기울인다. 일단 다음 사항들을 점검한다. 배심원 후보자가 지방 검사나 경찰 수사관 또는 피고 측 변호사와 개인적 친분을 가지고 있지는 않은가? 판사나 다른 배심원과는 친분이 없는가? 법정에서 제시된 사실들이 아니라 공판 전에 공표된 정보들을 바탕으로 이 사건과 관련된 의견을 가지게 되지는 않았는가? 피고 측의 증인이 제시하는 증거와 경찰 측이 제시하는 증거 중 어느 쪽을 더 중시하지는 않는가? 피고가 속한 인종 집단에 대한 편견은 없는가? 배심원 후보자가 범죄 현장 근처에 살지는 않는가? 또는 그 사실이 판단에 영향을 끼치지는 않는가? 전문가가 출석해 증언할 문제에 대해 과학적인 사전 지식이 있는가? (과학 지식을 가지고 있는 것은 종종 배심원 선출에서 탈락하는 사유가 된다.) 가족이나 친척 중에 경찰관이나 형사 사건 전문 변호사가 있는가? 후보자 자신이 형사 사건과 얽힌 적이 있어 판단에 영향을 받을 수도 있지 않은가? 가까운 친구나 친척이 비슷한 사건으로 체포된 적이 있는가?

타고난 성향, 편견, 개인적 경험 들처럼 우리 판단을 어지럽히고 객관성을 흔드는 요인들은 광범위하게 존재한다. 우리는 스스로 알지도 못한 채 치우친 판단을 내리고는 한다. 미국의 사법 제도는 이것을 잘 안다. 법원은 이런 인간으로서 가진 약점이 형사 재판의 유무죄 판단에 개입하지 못하도록 정말로 번거로운, 어쩌면 지나치다 싶을 정도로 번잡한 절차를 마련해 놓고 있다. 하지만 이 모든 노력에도 불구하고 배심원 선발이 잘못되는 경우가 종종 있다. 어떤 의미에서는 당연한 일이다.

그렇다면 왜 우리는 자연을 심문석에 앉힐 때나, 정치, 경제, 종교, 윤리 같은 중요한 문제와 관련해 판단을 내리려고 할 때, 법원이 하는 것과 같은 절차를 밟지 않는 것일까?

과학은 많은 선물을 준다. 그러나 만사를 과학적으로 대하고 처리하는 것은 아무래도 성가신 일이다. 하지만 우리는 **우리 자신**과 문화와 제도에 대해서도 과학적으로 생각해야 한다. 그러니까 다른 사람의 말을 아무런 비판 없이 받아들여서는 안 되고, 자신의 바람이나 독단, 검증되지 않은 신념에 흔들리지 않고 자신을 있는 그대로 볼 수 있도록 스스로를 단련해 가야 한다. 행성 운행이나 세균 유전자에 대한 연구 결과는 편견 없이 받아들이지만, 물질의 기원이나 인간 행동에 대해서는 출입 금지 구역을 선포하고 과학자들의 연구를 거부하며 받아들이려고 하지 않는 것은 적절하지 않다. 과학의 설명력은 너무나도 막강하기 때문에 일단 요령을 습득하고 나면 모든 곳에 적용하고 싶어진다. 그러나 우리 내면을 깊이 성찰하다 보면 거북한 사실들을 마주하게 될지도 모른다. 예를 들어, 외부 세계가 주는 두려움과 고통을 위로해 주는 생각들에 문제 제기를 해야 하는 상황에 빠질 수도 있다. 앞 장에서 다룬 논의 중에는 그런 성격을 가진 것이 있음을 나도 잘 알고 있다.

인류는 수천의 서로 다른 문화와 민족으로 이루어져 있다. 사람들은 보통 아무리 이국적인 사회라고 하더라도 그 사회 역시 인간 사회라면 항상 나타나는 특징을 꽤 많이 가지고 있으리라고 여긴다. 그러나 인류학자들의 연구 결과는 인류 공통의 특성이라고 할 만한 것이 실제로는 매우 적다는 놀라운 사실을 가르쳐 준다. 예를 들어, 우간다의 이크(Ik)족은 십계명 전부를 체계적이고 제도적으로 무시하는 것처럼 보이는 문화를 가지고 있다. 노인과 신생아를 버리는 사회도 있고, 적을 먹어 치우는 사회도 있으며, 조개 껍데기나 돼지 또는 젊은 여인을 돈으로 이용하는 사회도 있다. 그러나 그런 사회들도 모두 근친상간을 엄격하게 터부시하고 기술을 사용한다는 공통점을 보인다. 그리고 거의 대부분의 사회가 신이나 영혼 같은 초자연적 존재와 세계가 있다는 믿음을 가지고 있다. 또 그들이 믿는 신이나 영혼은 그들을 둘러싼 자연 환경, 그들이 먹는 동식물과 연관되어 있는 경우가 대부분이다. (하늘에 사는 최고신을 섬기는 사회는 적대자를 잡으면 고문을 하는 등 대체로 잔인한 성격을 가지는 경향이 있다. 통계적 상관 관계는 분명히 존재한다. 그러나 인과 관계가 확립된 것은 아니다. 당연히 그 이유를 이러쿵저러쿵 추측해 보고 싶어진다.)

그런 사회에는 사람들이 소중하게 여기는 신화와 은유의 세계가 있다. 그 세계는 사람들의 일상 세계와 공존한다. 사람들은 이 두 세계를 어떻게든 결합해 보려고 노력한다. 반대로 이 두 세계가 만나는 지점에 생긴 틈이나 잘 설명되지 않는 부분은 금기시하거나 무시해 버린다. 우리는 영역을 나눈다. 과학자 중에도 의심하는 것을 주지(主旨)로 삼는 과학의 세계와 믿는 것을 주지로 삼는 신앙의 세계를 칸을 쳐 나누고 마음 편하게 오가는 이들이 있다. 그러나 이 두 세계 사이의 틈이 커짐에 따라 두 세계 어디에 있든 양심의 가책 없이는 편안히 있기 어려워진다.

인생은 짧고 불확실하다. 그리고 한 번뿐이다. 그런 인생을 사는 사람들이 겪는 온갖 고통을 해결해 주지도 못하는 주제에 그런 사람들로부터 신앙의 위로마저 빼앗는다는 것은 무자비한 일일지도 모른다. 과학이라는 짐을 견딜 수 없는 사람들이 그 가르침을 무시하는 것은 자유이다. 그러나 과학을 잘게 쪼개, 우리가 안전하다고 느낄 때는 사용하고, 우리를 위협한다고 느낄 때는 무시하는 것은 옳은 일이 아니다. 다시 말하지만, 우리는 그런 일을 잘할 수 있을 정도로 슬기롭지 않다. 뇌를 여러 부위로 쪼개 밀폐 용기에 나눠 넣지 않는 한, 지구의 나이는 1만 년 정도이고 사수자리의 외계인들은 모두 사교적이고 상냥한 존재들이라고 믿으면서, 동시에 비행기를 타고 다니고 라디오를 듣고 항생제를 먹으면서 사는 것은 불가능하다.

분명히 회의주의자들은 오만하고 다른 사람들을 깔보는 듯한 태도를 취할 때가 있다. 물론 나도 그런 사례를 보고 들은 적이 있고, 나 자신도, 지금 생각하면 부끄러운 일이지만, 사람들을 불쾌하게 만드는 말투로 말한 적이 있다. 인간의 불완전함에서 나오는 문제이다. 과학적 회의주의는 아무리 신중하게 사용한다고 하더라도, 사람들에게 거만하고 냉혹하며 타인의 감정이나 깊은 신앙심을 상하게 하는 것을 괘념치 않는다는 인상을 준다. 그리고 과학자들과 열성적인 회의주의자들 중에는 이 도구를 거의 다듬지 않은 채로 마구 휘두르는 이들도 있다. 그러다 보면 증거를 검토하기도 전에 회의적인 결론을 먼저 내리고 논쟁을 끝내 버리게 된다. 우리는 모두 자신의 신념을 소중히 여긴다. 신념은 어느 정도 자기 규정적이다. 어떤 설명도 필요 없이 거기 그렇게 있는 것이다. 그런데 누군가 와서 그런 신념 체계의 토대가 빈약하다고 몰아세우거나, 소크라테스처럼 당황스러운 질문을 던지거나, 논의의 토대에 불편한 전제가 숨어 있음을 폭로한다면, 문제는 지적 탐구의 영역을 넘어설 것이고, 우리는 모욕을 당했다고 느낄 것이다.

르네 데카르트는 의심을 탐구 정신의 제1의 덕목으로 신성시하자고 제안했던 최초의 과학자였다. 하지만 데카르트는 의심은 수단이지 그 자체로 목적은 아니라는 점을 분명히 했다. 그리고 이렇게 적었다.

> 나는 저 회의주의자들, 그러니까 오로지 의심을 위한 의심만 하고, 언제나 결정된 것이 없는 것처럼 행동하는 사람들을 흉내 낸 적이 없다. 내가 정말로 하고자 하는 바는 정반대의 것이다. 확실성에 도달하는 것, 그리고 부엽

토와 모래를 파고 내려가 바닥의 바위나 점토에 이르는 것 말이다.

회의주의를 세상사에 적용할 때 자칫하면 문제를 왜소화하거나 잘난 척하듯 다루거나 무시하는 경향이 있다. 그러나 속임수에 넘어갔든 아니든, 미신이나 유사 과학의 지지자들도 회의주의자들과 동일한 감정을 가진 인간이고, 세계의 작동 방식이 어떠하고 그 속에서 우리가 맡은 역할이 무엇인지 이해하고 싶어 하는 존재라는 점에서 차이가 없다. 회의주의자들은 인정하기 싫어할 수도 있지만, 그들 역시 과학자와 거의 같은 동기에서 출발한 경우가 많다. 다만, 그 탐구에 필요한 도구를 그들의 문화로부터 부여받지 못한 것뿐일지도 모른다. 그렇다고 한다면 좀 더 완곡하게 비판해도 좋지 않을까? 완전 무장을 하고 태어나는 사람은 없지 않은가.

한 가지 분명한 것은 회의주의를 무제한적으로 사용해서는 안 된다는 것이다. 회의주의를 사용할 때에도 비용 편익 분석이 필요하다. 만약 신비주의나 미신이 주는 안식, 위안, 희망이 크고 그것을 믿는다고 해서 생기는 위험이 상대적으로 작다면, 회의주의를 마음속에만 담아 두고 꺼내지 않는 것도 방편일 수 있다. 그러나 문제는 그리 간단하지 않다. 당신이 대도시에서 택시를 잡아타고 자리에 앉자마자 운전 기사가 특정 인종을 가리켜 범죄를 잘 저지르고 열등하다고 열변을 토한다고 해 보자. 침묵이 암묵적 동의로 여겨질 수도 있음을 잘 알면서도 잠자코 있어야만 할까? 아니면 택시 기사와 말다툼을 벌이고 분노를 표시하며 택시에서 내리는 것도 마다하지 않는 게 도덕적으로 더 옳을까? 침묵을 지킨다면 택시 기사는 자신감을 얻고 다른 사람에게도 자기 의견을 떠들 것이다. 반대로 반대 입장을 단호하게 밝힌다면 택시 기사는 말하기 전에 한 번 더 생각할지도 모른다. 마찬가지로 신비주의와 미신에 대해서도 침묵의 동의를 너무 많이 해 주게 된다면, 설령 그렇게 하는 게 약간이라도 좋은 경우가 있을지라도, 회의주의는 무례하고 과학은 지루하며 엄밀한 사고 방식은 고리타분하고 분별없는 것으로 몰아세우는 세간의 풍조를 조장하는 꼴이 될 수도 있다. 균형을 잡는 지혜가 필요한 것이다.

'초자연적 현상 주장에 대한 과학적 조사 위원회(Committee for the Scientific Investigation of Claims of the Paranormal, CSICOP)'는 새롭게 생긴 유사 과학(또는 이미 성숙한 유사 과학)에 관해 회의주의적으로 조사하기 위해 결성된 단체로 과학자, 학자, 마술사 같은 사람들로 이루어져 있다. 이 단체는 1976년 버펄로 대학교의 철학자 폴 커츠(Paul Kurtz, 1925~2012년)에 의해 세워졌다. 나는 초창기부터 이 단체에 참여해 왔다. 이 단체의 약자인 CSICOP은 '사이캅'으로 읽히는데, 마치 경찰 기능을 수행하는 과학자 조직처럼 들린다. CSICOP의 분석으로 상처를 받은 사람들은 꼭 이런 불평을 한다. "CSICOP은 새로운 생각이라면 하나같이 적대시한다. 새로운 생각이 발표되면 조건 반사처럼 터무니없이 긴 폭로문을 발표한다." "자경단"이나 "신판 종교 재판소"라고 비판하는 이들도 있다. (CSICOP은 2006년 단체명을 CSI(Committee for Skeptical Inquiry, 회의주의적 연구 위원회)로 바꾸었다. — 옮긴이)

CSICOP도 불완전하다. 따라서 이런 비판이 정당한 경우도 있다. 그러나 내가 보기에 CSICOP은 중요한 사회적 기능을 수행한다. 우선, 대중 매체가 자문을 구하고 싶을 때 상대할 수 있는 권위 있는 전문가 단체로서의 역할을 한다. 유사 과학 쪽에서 충격적인 주장이 나왔을 때 그것이 뉴스 가치가 있는지 물어볼 데가 되는 것이다. 과거에는 종종(그리고 글로벌 뉴스 매체에서는 지금도 여전히) 공중 부양하는 도사나 지구를 방문한 외계인이나 채널러나 심령 치료사 들이 대중 매체를 뒤덮어도 사실에 기초한 비판을 받지 않았다. 방송국이나 신문사나 잡지사에는 과거에 비슷한 속임수나 사기가 다루어진 적이 있음을 기억하는 시스템이 없는 모양이다. CSICOP은 아직 충분히 큰 목소리를 내지 못하고 있지만, 유사 과학과 쉽게 속는 것이 제2의 천성인 듯한 대다수 대중 매체 사이에서 균형추 노릇을 하고 있다.

내가 좋아하는 만화 중에 점쟁이가 손금을 살펴보면서 진지한 표정으로 "당신은 아주 잘 속는군요."라고 말하는 것이 있다. CSICOP은《스켑티컬 인콰이어러》라는 격월간지를 발행하고 있다. 책이 배달되는 날이면 나는 그 책을 사무실에서 집으로 가져와서 어떤 것들이 새롭게 거짓으로 밝혀졌는지 궁금해하면서 한 장 한 장 꼼꼼히 읽는다. 언제나 내가 전혀 생각해 보지도 못한 속임수가 소개된다. 예를 들어, 경작지에 그려진 원들! 외계인들이 와서 밀밭에 완벽한 원들과 수학적인 메시지들을 그려 놓았다니! …… 밀밭이라니, 도대체 누가 그런 생각을 했을까? 그림판으로 쓰기에는 좀 그렇지 않나? 외계인들이 와서 소들의 창자를 꺼냈다는 이야기도 있다. 그것도 대규모로 체계적으로. 그래서 농부들이 매우 화가 났다고 한다. 처음에 나도 그 이야기들의 독창성에 깊은 인상을 받았다. 그러나 곧 이런 이야기들이 얼마나 진부하고 뻔한 것인지 깨닫게 되었다. 진부하고 고리타분한 생각들, 쇼비니즘, 희망, 공포 등이 사실이라는 옷을 입고 나타난 것이다. 이런 관점에서 보자니 그들 얼굴에 혐의가 다 드러나 있었다. 그들이 고작 생각해 낸 게 …… 밀밭에 그림을 그리는 외계인 말고는 없다는 말인가. 상상력이 참으로 부족하구나. 잡지는 이런 식으로 매 호 매 호, 지긋지긋하게 튀어나오는 유사 과학의 정체를 폭로하고 비판해 나간다.

하지만 회의주의 운동에도 결함이 있다. 먼저 눈에 띄는 중요한 결함은 진영 논리, 또는 흑백 논리적 양극화이다. '우리' 대 '저들'로 나누는 것이다. 다시 말해, "우리는 진리를 독점하고 있고, 저런 바보 같은 교리를 신봉하는 저들은 멍청이들이다."라고 말하는 것이다. 아니면 "만약 분별력이 있다면 우리 의견에 찬성할 것이다."라고 말하거나 "그렇지 않다면 구제 불능이다."라고 말해 버리는 것이다. 이런 것은 건설적이지 못하다. 이렇게 해서는 메시지가 전달되지 않는다. 회의주의는 영원히 소수파로 남을 것이다. 반면에 처음부터 유사 과학과 미신이 가진 인간적 뿌리를 인정하고 공감을 표하며 접근한다면 회의주의는 더욱 폭넓게 받아들여질 것이다.

이것을 이해한다면, 외계인에게 납치되었다고 주장하는 사람들이나 점을 치거나 별자리표를 보지 않고는 감히 외출하지 못하는 사람들이나 아틀란티스 수정을 굳게 믿고 의지하는 사람들의 불안과 고통을 공감할 수 있을 것이다. 같은 뿌리에서 출발한 지적 탐구를 나름의 방식으로 수행하는 동료 인간에 대한 이러한 이해심은 과학과 과학적 방법에 대한 수용성을 높일 것이다. 특히 젊은이들에게 더 큰 효과를 발휘할 것이다.

유사 과학과 뉴 에이지 운동의 신념 체계가 어디서 나왔는지 조사하다 보면 전통적인 가치관과 사고 방식에 대한 불만에서 나왔음을 알게 되는 경우가 많다. 그것 역시 일종의 회의주의인 셈이다. (적지 않은 종교의 뿌리도 비슷한 곳에 있다.) 데이비드 헤스(David J. Hess)는 이렇게 주장한다. (그의 책 『뉴 에이지 시대의 과학(*Science in the New Age*)』에서 인용했다.)

> 초자연 현상을 믿고 실천하는 사람들이 모두 다 기인(奇人)이나 광인(狂人)이나 돌팔이인 것은 아니다. 아주 많은 진지한 사람들이 개인적인 의미, 영성, 치유, 그리고 초자연적 체험 일반에 대해 기존과 다른 접근법을 찾고 있다.

회의주의자들이 보기에 그들의 탐구는 결국 망상을 좇는 것에 불과할지도 모른다. 그러나 회의주의자들의 의도가 아무리 오해와 미신적 사고를 불식시키기 위한 합리주의적인 것이라고 해도 속임수를 폭로하는 것만으로는 대단한 효과를 얻을 수 없을 것이다. ……

회의주의자에게는 문화 인류학의 접근법이 힌트가 되어 줄지도 모른다. 자신과는 다른 신념 체계를 가진 사람들이 세상을 보는 방식을 알고, 그 신념 체계를 이해하고, 그것을 역사적, 사회적, 문화적 문맥에 놓고 보는 것. 그렇게 하면 더 세련된 회의주의를 만들 수 있을 것이다. 그리고 초자연 현상의 세계도 지금까지와는 다르게 볼 수 있을 것이다. 초자연 현상을 믿는다는 것은 비합리주의로의 어리석은 퇴행이 아니라 오히려 모순이나 딜레마나 정체성을 표현하기 위해 우리 사회의 일부에서 자주 사용되어 온 상투 수단이다. ……

회의주의자들은 뉴 에이지의 신념 체계를 심리학 내지 사회학으로 설명하려고 하지만 그것은 지나치게 일면적인 접근이다. 가령 초자연 현상을 믿는다는 것은 신이 없는 이 세상의 현실과 마주할 수 없는 사람들을 '편안'하게 해 준다는 주장이나, 그런 것이 유행하는 것은 비판적 사고 방식을 장려하지 않는 무책임한 대중 매체의 결과물이라는 주장이 좋은 사례이다.

헤스의 비판은 적확하다. 그러나 그런 그의 논조도 순식간에 수준 낮은 불평불만에 휩쓸려 들어가고 만다. 예를 들어, "초심리학자들은 회의주의적인 동료 심리학자들 때문에 경력을 망쳐 버리고 만다."라든가, "회의주의자들은 유물론적, 무신론적 세계관을 수호하려는 종교적이라고도 할 수 있는 정열을 가지고 있다. 거기에서는 '과학적 근본주의' 또는 '비합리적 합리주의'의 냄새가 풀풀 풍긴다."라는 문장이 그렇다.

흔한 불평이기는 하다. 하지만 나로서는 심하게 불가사의한('오컬트적'

이라고도 할 수 있겠다.) 변명이다. 이 책에서 여러 번 이야기했지만, 우리는 물질의 존재와 그 성질에 대해 많이 알고 있다. 만약 어떤 현상이 물질이나 에너지로 잘 이해할 수 있다면, 왜 다른 것(심지어 존재한다는 증거조차 없는 것)의 존재를 가정해야 하는지 도저히 이해할 수 없다. 그런데 이런 불평을 늘어놓는 사람들은 이렇게 투덜댄다. "회의주의자는 모두 무신론적 유물론자이기 때문에 우리 집 차고에 있는 보이지 않는 불을 뿜는 용을 믿지 않으려는 것이다."라고.

『뉴 에이지 시대의 과학』은 회의주의를 다루지만, 그 저자는 회의주의를 제대로 이해한 것 같지도 않고 실천하고 있지도 않다. 온갖 초자연현상 주장들을 들고나와 회의주의를 '탈구축(deconstruction)'한다고는 하지만, 이 책만 읽어서는 뉴 에이지 운동이나 초심리학의 주장이 진실인지 거짓인지 알 수는 없어 보인다. 다른 포스트모더니즘 문헌들이 그런 것처럼 이 책도 중요한 것은 사람들이 얼마나 강하게 느끼는가 하는 것이고, 모든 것은 결국 일종의 편견에 불과하다고 치부해 버리고 만다.

로버트 앤턴 윌슨(Robert Anton Wilson, 1932~2007년)은 『새로운 종교 재판: 비합리적 합리주의와 과학이라는 요새(*The New Inquisition: Irrational Rationalism and the Citadel of Science*)』(1986년)라는 책에서 회의주의를 새로운 종교 재판으로 묘사한다. 그러나 내가 아는 한 어떤 회의주의자도 그 어떤 신앙도 강요하지 않는다. 오히려 대부분의 텔레비전 다큐멘터리와 토크쇼에서 회의주의자에게는 짧은 시간만 주고 그나마도 제대로 다루지 않는다. 현실은 《스켑티컬 인콰이어러》와 같은 발행 부수가 수만 권쯤 되는 잡지에서 몇 가지 교리나 도구를 비판하거나 고작해야 조롱하는 정도이다. 뉴 에이지 운동가들은 과거처럼 형사 재판에 소환되거나 자기가 본 환시 때문에 채찍질 당하는 경우도 거의 없고, 물론 화형대에 매달리는 일도 전혀 없다. 왜 보잘것없는 비판을 두려워하는가? 회의주의자들이 아무리 반론을 제기하더라도 자신들의 믿음이 흔들리지 않음을 보고 싶어 해야 하지 않을까?

아무리 사이비스러운 유사 과학이라고 하더라도 100번에 한 번 정도는 맞는 이야기를 할 수도 있다. 백악기에 멸종하지 않고 살아남은 어떤 파충류가 네스 호나 콩고 공화국에서 정말로 발견될지도 모른다. 아니면 태양계 어딘가에서 인류의 것이라고는 볼 수 없는, 고도로 발전된 문명의 흔적이 발견될지도 모른다. 이 글을 쓰는 시점에서 진지한 조사가 필요하다고 여겨지는 초능력 관련 주장은 크게 세 가지이다. ① 머릿속에서 생각하는 것만으로도 컴퓨터의 난수 발생 장치에 영향을 줄 수 있다. ② 감각을 어느 정도 차단한 경우에도 사람은 자신에게 '투사된' 생각이나 이미지를 감지하거나 수신할 수 있다. ③ 아이들이 전생에 관한 이야기를 하는 경우가 있는데, 환생이나 윤회를 인정하지 않으면 안 될 정도로 상세하게 기술한다. 내가 이 주장들을 뽑은 것은 그 주장들이 근거 있어 보인다고 생각하기 때문이 아니라(나는 그렇게 생각하지 않는다.) 참인지 아닌지 검증 '가능한' 사례들이기 때문이다. 마지막 세 번째 주장은 확실히 의심스럽지만 이 주장을 지지하는 실험들이 수행된 바 있다. 물론 내 생각이 틀렸을 가능성도 있다.

1970년대 중반 내가 존경하는 한 천문학자가 「점성술을 반박하며(Objections to Astrology)」라는 제목의 선언문을 작성하고는 내게 가져와 서명해 달라고 했다. 나는 그의 문장을 상대로 악전고투했고 결국 서명할 수 없다는 결론을 내렸다. 그것은 내가 점성술이 어떤 타당성을 약간이라도 가지고 있다고 생각했기 때문이 아니라, 그 선언문의 어조가 권위주의적이라고 느꼈기 때문이다. (지금도 그렇게 느낀다.) 예를 들어, 그 선언문은 점성술이 이제는 사라져 버린 미신에 그 기원을 두고 있다고 비판한다. 그러나 그것은 종교, 화학, 의학, 천문학도 마찬가지이다. (이 네 분야는 생각나는 대로 적은 것일 뿐이다.) 문제는 점성술의 씨앗이 된 지식이 요상한 것인가 아닌가가 아니라 점성술이 지금도 유효한가 아닌가 하는 점이다. 그리고 그 선언문은 점성술을 믿는 사람들의 심리학적 동기에 대해서도 억측을 한다. 예를 들어, 점성술을 믿는 "그런 사람들은 복잡하고 문제투성이며 앞날을 알 수 없는 세계에서 무력감을 느끼고 있다."라고 주장하는데, 그 동기를 이렇게 규정하는 것은 점성술이 회의주의적으로 검토되지 않는 이유는 설명할지 모르지만, 점성술이 맞는지 안 맞는지 하는 것은 설명하지 못한다.

이 선언문은 점성술의 작동 메커니즘을 도저히 생각해 낼 수 없다고 강조한다. 이것은 분명 적절한 지적이지만, 그것만으로는 설득력이 떨어진다. 20세기 초반 알프레트 베게너(Alfred Wegener, 1880년~1930년)는 지질학과 고생물학의 데이터에서 보이는 수수께끼들을 설명하기 위해 대륙이동설을 고안해 냈다. (광맥이나 화석이 남아메리카의 동부와 서아프리카에서 이어지는 것처럼 보인다. 베게너는 이것을 설명하기 위해 이 두 대륙이 과거에는 붙어 있었고 대서양은 나중에 생긴 것일지도 모른다는 가설을 세웠다.) 당시에는 대륙이 이동하는 메커니즘(현재는 판 구조론이라는 형태로 정식화되어 있다.)을 알지 못했기 때문에 주류 지구 물리학자들은 베게너의 가설을 터무니없는 것으로 생각해서 받아들이지 않았다. 그들은 대륙은 고정되어 있고, 어딘가 떠 있는 것도 아니며, 따라서 떠다니는 것도 불가능하다고 확신하고 있었다. 그렇지만 20세기 후반 이후 판 구조론이 지구 물리학의 중심 개념으로 등장했다. 우리는 이제 대륙판이 정말로 떠다닌다는 것을 알게 되었다. (더 정확하게 말하자면 지구 내부에는 막대한 열을 동력 삼아 작동하는 컨베이어 벨트 같은 것이 있고, 대륙은 그것을 타고 움직이는 것이다.) 지구 물리학계의 저명한 학자들 모두 틀렸던 것이다. 이 사례에서 알 수 있는 것처럼 그 작동 메커니즘을 모른다고 해서 유사 과학적 주장을 비판하는 것은 오류에 빠질 수도 있다. 다만, 문제의 주장이 이미 확립된 물리 법칙에 위배되는 것이라면, 그 반론은 확실한 힘을 발휘할 것이다.

점성술에 대한 설득력 있는 반론이나 비판은 상당히 많다. 게다가 단 몇 문장만으로도 논박을 끝낼 수 있다. 예를 들어, 점성술은 '물병자리 시대' 운운하면서 춘분점이 이동하는 세차 운동을 받아들이면서도, 별자리표로 점을 칠 때에는 그 세차 운동을 고려하지 않는다. 또 대기로 인한 빛의 굴절도 무시한다. (이 굴절 현상 때문에 천체의 겉보기 고도가 높아진다.) 점성술에서 중요시되는 천체들은 주로 2세기의 프톨레마이오스도 알고 있었을 법한 육안으로 관찰 가능한 것들에 한정되어 있고, 현대의 점성술사들은 그 후로 발견된 엄청나게 많은 새로운 천체는 무시하고 있다. (지구에서 가까운 소행성들이 점성술에 영향을 주지 않는 이유는 무엇일까?) 태어난 시간은 꼬치꼬치 캐물으면서 태어난 곳의 경도와 위도는 고려하지 않는다. 점성술은 일란성 쌍생아 테스트를 통과하지 못한다. 태어난 시간과 장소가 같아도 누가 별점을 쳤느냐에 따라서 결과가 달라진다. 별자리표와 미네소타 다면적 인성 검사(Minnesota Multiphasic Personality Inventory, MMPI. 1930년대 후반 미국 미네소타 대학교에서 고안된 질문지를 이용한 심리 검사. — 옮긴이) 같은 심리 테스트 사이의 상관성을 보여 주는 증거나 문헌도 없다.

만약 이 선언문이 점성술의 주요 교리들을 설명하고 그것들을 하나하나 논파해 나가는 것이었다면 나도 서명을 했을 것이다. 또 그런 글의 설득력이 더 강했을 것이다. 그런데 4,000년 이상의 역사를 자랑하는 점성술은 지금 그 어느 때보다 더 유행하는 것처럼 보인다. 여론 조사에 따르면, 최소한 미국인 4명 중 1명이 점성술을 믿는다. 3명 중 1명은 황도대 별자리를 이용한 태양궁 점성술(Sun sign astrology)이 과학적이라고 생각한다. 점성술을 믿는 초등학생의 수는 1978년에 40퍼센트였으나 1984년에는 59퍼센트로 늘어났다. 미국에는 점성술사가 천문학자보다 10배 정도 많을 것이다. 프랑스에는 가톨릭 신부보다 많은 점성술사가 있다. 과학자가 점성술을 반대하고 비판한다고 꽥꽥거려 보았자 과학이 아닌 점성술(그것이 아무리 말도 안 되는 소리라고 하더라도 말이다.)에 대한 사회적 수요를 채우지는 못할 것이다. (여기서 세이건이 다룬 선언문은 네덜란드 출신의 미국 천문학자 바르톨로메우스 얀 '바르트' 복(Bartholomeus Jan 'Bart' Bok, 1906~1983년)이 1975년에 펴낸 것이다. 복은 앞에서 언급한 CSICOP의 창립 멤버 중 한 사람이기도 하다. — 옮긴이)

내가 역설해 왔듯이, 과학의 핵심은 얼핏 보기에 모순되는 두 가지 태도 사이에 균형을 잡는 것이다. 하나는 아무리 이상하고 직관에 반하는 것일지라도 새로운 아이디어에 대해 열린 마음을 갖는 것이고, 다른 하나는 오래된 것이든 새로운 것이든 모든 아이디어를 회의적으로, 그리고 아주 철저하게 조사하는 것이다. 이 둘 사이에 균형을 잡고 나서야 비로소 터무니없는 헛소리로부터 심오한 진리를 구별해 낼 수 있다. 창의적인 사고와 회의적인 사고의 **합작**이 필요하다. 그렇지만 겉보기에도 모순적인 이 두 가지 태도 사이에는 약간의 긴장이 있다.

이런 주장을 생각해 보자. 내가 걸으면 시간(손목 시계로 재도 되고 노화 현상 같은 생체 시계로 재도 된다.)이 점점 느려진다. 또 나는 운동 방향으로 크기가 줄어들고 무거워진다. 이런 현상을 본 사람은 아무도 없을 테니, 이 주장은 쉽게 기각할 수 있을 것이다. 다음 주장, 우주 곳곳에서 물질과 반물질이 끝없이 생성되었다가 소멸한다. 세 번째 주장, **아주 드물게** 일어나는 일이지만, 당신 차가 자기 멋대로 차고 벽을 통과해 밖으로 나가 다음 날 아침 도로에서 발견된다. 전부 터무니없는 주장이다! 그러나 첫 번째는 특수 상대성 이론에 관한 것이고, 나머지 둘은 양자 역학에서 유도된 결론이다. (진공 요동과 터널링(tunneling) 현상이다.)• 좋든 싫든, 이것이 세계가 존재하는 방식이다. 만약 당신이 계속 말도 안 된다고 주장하며 받아들이기를 거부한다면, 우리가 발견한, 몇 안 되는, 우주를 지배하는 법칙을 영원히 이해하지 못할 것이다.

의심만 하다 보면 새로운 아이디어를 이해할 기회도 놓치고 아무것도 배우지 못할 것이다. 그리고 세상은 터무니없는 헛소리들이 지배하고 있다고 확신하는 까탈스러운 염세가(厭世家)가 될지도 모른다. (물론 당신의 생각을 지지하는 데이터도 꽤 많을 것이다.) 과학과 유사 과학의 경계 지대에서 정말로 중요한 발견이 이루어질 확률은 상당히 낮으므로 경험은 당신의 까탈스러움을 편들어 줄 것이다. 그러나 어떤 새로운 아이디어는 등장하자마자 사실과 부합하는 것으로 밝혀질 수도 있다. 그 환상적인 순간에도 당신이 단호하고 비타협적이고 회의주의적 태도를 고수한다면 과학의 획기적인 발견을 놓치고 말 것이다. 아니면 그런 변혁에 분노한 나머지 새로운 이해의 진보를 방해하는 편에 서게 될지도 모른다. 그러니까 회의주의만으로는 충분하지 않은 것이다.

동시에 과학은 아주 혈기 왕성하면서 비타협적인 회의주의를 요구한다. 왜냐하면 아주 많은 아이디어가 터무니없는 것들이고 쭉정이에서

• 본문에서 이야기한 터널링 현상이 일어나는 것을 보려면, 확률적으로 계산해 볼 때, 대폭발로 생긴 우주의 나이보다 긴 시간을 기다려야 한다. 하지만 아무리 일어나기 어려운 일이라고 해도 원리적으로는 내일 당장 일어날 수도 있다.

알곡을 골라내는 유일한 방법은 비판적인 실험과 분석뿐이기 때문이다. 당신이 쉽게 속아 넘어갈 정도로 마음을 열고 의심을 눈곱만큼도 하지 않는다면, 쓸데없는 아이디어와 유망한 아이디어를 구별할 수 없을 것이다. 어떤 개념이나 가설이든 모든 것을 비판 없이 받아들이는 것은 아무것도 모르는 것과 똑같다. 의심하는 마음의 음미와 검토를 통해서만 서로 모순되는 아이디어들 사이에서 하나를 골라낼 수 있다. 또 아이디어 중에는 다른 것보다 훨씬 나은 것이 항상 있는 법이다.

이 두 태도를 슬기롭게 결합하는 것이 과학을 성공으로 이끄는 열쇠이다. 훌륭한 과학자는 이 두 가지를 다 가지고 있다. 때로는 혼자서, 때로는 다른 사람들과 토론해 가면서, 새로운 아이디어를 차례차례 창출해 내고, 그것을 차근차근 비판적으로 분석해 간다. 아이디어는 대부분 세상 밖으로 나오지 못한다. 촘촘한 그물코를 통과한 생각들만이 과학계의 다른 이들이 함께하는 비판적 검토의 대상이 되는 것이다.

이것은 때로 아쉬운 부작용을 낳기도 한다. 상상조차 못 한 아이디어가 떠올랐을 때 과학자는 그 경이로움에 경탄하고 감정적으로도 고양된다. 그런데 과학자들은 대부분 상호 비판과 자기 비판을 집요할 정도로 추구하고 가설의 최종 심판자인 실험을 너무나도 중시하기 때문에 그런 경험을 잘 입에 담지 않는다. 이것은 참으로 아까운 일이다. 제자리에서 펄쩍 뛰고 싶을 정도로 기쁜 그 순간이야말로, 과학이라고 하는 위대한 노력에서 신비의 베일을 벗기고 과학을 인간적인 것으로 만드는 정말로 드문 기회이기 때문이다.

완전히 개방적인 사람도 없고 철저히 회의적인 사람도 없다. 우리는 둘 사이 어딘가에 선을 그어야 한다.* 고대 중국의 속담에 "너무 의심하

* 회의주의 적용이 의미 없는 경우도 있다. 예를 들어, 단어의 철자를 외우는 경우가 그렇다.

는 것보다는 쉽게 믿는 것이 낫다."라는 충고가 있지만, 이것은 자유보다는 안정이 낫고, 도전보다는 순종을 사랑하는 통치자가 기득권을 유지하기 위해 애쓰는 극도로 보수적인 사회에서 나온 것이다. 분명 과학자 대부분은 "너무 쉽게 믿는 것보다는 너무 의심하는 것이 더 낫다."라고 말할 것이다. 그러나 어느 쪽도 쉽지 않다. 책임감 있는 태도를 유지하며 철저하게 의심하는 사유 습관은 많은 연습과 훈련을 필요로 한다. 쉽게 믿는 것(여기서는 개방성이나 경이를 느낄 줄 아는 감성 같은 단어가 더 어울릴 듯도 하다.)도 쉽사리 얻어지지 않는다. 물리학의 세계에서든, 사회 조직 안에서든, 우리가 정말로 직관에 반하는 아이디어들에 마음을 열기 위해서는, 우리가 그 아이디어들을 이해하지 않으면 안 된다. 이해하지도 못하는 주장에 마음을 연다는 것은 아무런 의미도 없기 때문이다.

의심할 줄 아는 정신과 경이를 느낄 줄 아는 감성 모두 단련하지 않으면 쓸모없는 기술이다. 이 두 가지가 어린 학생들의 마음속에서 사이좋게 결혼하는 것을 공교육의 주요 목적으로 삼아야 한다. 그런 경사스러운 가족 드라마가 대중 매체, 특히 텔레비전에서 제대로 소개되기를 바랄 뿐이다. 이 둘을 사람들이 제대로 다룰 수 있게 된다면, 다시 말해 경이를 느낄 줄 아는 감성을 이유 없이 배척하거나 버리지 않고 소중히 간직하고 다양한 아이디어에 너그럽게 마음을 여는 한편, 증거에 대해서는 엄격한 기준을 요구하는 것을 사람의 제2의 천성으로까지 만들 수 있다면 얼마나 멋진 일이 될까? 그리고 증거에 대한 기준은 자신이 소중하게 여기는 것이든, 할 수 있다면 거부하고 싶은 것이든 똑같이 엄격하기를 요구해야 한다.

18장
먼지가 일어나는 것은

먼지가 일어나는 것은
불고 싶어 부는 바람 때문이고
우리 발자국은 그 바람 따라 옮겨 간다.
— !쿵 산 족의 민화에서. 빌헬름 하인리히 임마누엘 블리크
(Wilhelm Heinrich Immanuel Bleek, 1827~1875년)가 수집한 것을
루시 캐서린 로이드(Lucy Catherine Lloyd, 1834~1914년)가
편집해 1911년에 펴낸 책에서 인용했다.

미개인이 사냥감을 쫓을 때
세심한 관찰과 귀납 및 연역을 이용한 추리를 행한다.
그것을 다른 분야에 응용했더라면
틀림없이 과학자로서 좋은 평판을 얻었을 법하다. ……
'훌륭한 사냥꾼 혹은 전사'는
평범한 영국인들보다 훨씬 많은 지적 노동을 한다.
— 토머스 헨리 헉슬리, 「다윈 씨의 비판자들(Mr. Darwin's Critics)」(1871년),
선집 2권 『다위니아나(*Darwiniana*)』(1907년), 175~176쪽에서

왜 그렇게 많은 사람이 과학이란 배우기도 어렵고 가르치기도 어려운 학문이라고 생각하게 되었을까? 앞에서도 여러 번 언급했지만 몇 가지 이유를 들 수 있다. 우선 과학이 요구하는 엄밀성이 일단 성가실 것이다. 반직관적인 측면이 있다는 점도 불편할 테고, 불안감을 조장하는 듯한 의심 어린 눈길과 건방진 말투도 거슬릴 것이다. 악용 또는 오용될 여지가 없는 것도 아닌 주제에 권위를 쉽게 인정하려고 하지도 않는다. 그러나 이것들보다 더 깊은 이유가 있지 않을까? 보스턴에 있는 노스 이스턴 대학교의 물리학과 교수인 앨런 크로머(Alan H. Cromer, 1935~2005년)는 많은 학생이 물리학의 가장 기초적인 개념들조차 이해하지 못하고 있음을 발견하고 놀란 적이 있다고 한다. 『비상식적 상식: 과학의 이단적 본성(*Uncommon Sense: The Heretical Nature of Science*)』(1993년)이라는 책에서 크로머는 과학이 어려운 것은 새로운 것이기 때문이라는 가설을 제안한다. 인류의 역사는 수십만 년에 이르지만 과학의 방법이 발견된 것은 불과 수백 년 전의 일에 지나지 않는다는 것이다. 따라서 글쓰기와 마찬가지로(그것도 불과 수천 년 전에 개발되었다.) 우리는 아직 과학을 잘 하는 요령을 파악하지 못하고 있다는 것이다. 정말로 열심히 배우지 않으면 제대로 쓸 수 없는 것도 여기서 기인한다.

역사적 우연이 여러 번 겹치지 않았다면 과학은 발명되지 못했을 것이라고 크로머는 말한다.

> 과학이 이렇게 명확한 승리를 거두고 그 혜택을 세상이 듬뿍 보고 있음에도, 과학에 대한 적의는 이제까지 살펴본 것처럼 사라지지 않고 있다. …… 이 사실은 과학이라는 것이 인간 진보의 본류에 속하지 않고, 인간 발전의 주된 흐름에도 속하지 않으며, 아마도 요행히 생긴 것임을 보여 주는 증거일 것이다.

중국 문명은 인쇄술, 화약, 로켓, 나침반, 지진계를 발명하고 천체 관측과 기록 방법을 체계화했다. 인도의 수학자들은 숫자 0을 발명했다. 이 덕분에 계산이 쉬워졌고 정량 과학으로 가는 길을 열 수 있었다. 아즈텍 문명은 자신들을 침략해 파괴했던 서구 문명보다 훨씬 우수한 달력을 만들었다. 그래서 아즈텍 인들은 서구인들보다 더 정확하게 천체들의 위치를 계산하고 예측할 수 있었다. 하지만 이중 어떤 문명도 의심하고 탐구하며 실험하는 과학적 방법을 발전시키지는 않았다고 크로머는 주장한다. 그리고 모든 것은 고대 그리스에서 시작되었다고 주장한다.

> 그리스 인들이 객관적 사고를 발전시킬 수 있었던 것은 고대 그리스 고유의 몇 가지 문화적 요소가 있었기 때문이다. 첫째, 민회 제도이다. 거기서 사람들은 처음으로 합리적인 토론을 통해 상대방을 설득하는 법을 배웠다. 둘째, 해상 무역에 기반한 경제 구조이다. 그것은 문화적 고립과 관점의 협소화를 막아 주었다. 셋째, 그리스 어가 통하는 광대한 세계가 존재했다는 것이다. 여행자들과 학자들이 자유롭게 돌아다닐 수 있었다. 넷째, 개인 교사를 고용할 수 있는 독립적 상인 계층이 존재했다는 것이다. 다섯째, 개방적이고 합리적인 사고의 전형을 보여 주는 걸출한 문학 작품인 『일리아드』와 『오디

세이』가 있었다는 것이다. 여섯째, 사제들이 독점하지 못하는 문예적 성격을 띤 종교가 있었다는 것이다. 그리고 마지막 일곱째, 이런 요인들이 1,000년 동안 지속되었다는 것이다.

이 모든 요인이 하나의 위대한 문명 속에 한꺼번에 모여 있었다는 것은 대단한 우연이다. 그리고 그런 우연은 두 번 다시 일어나지 않았다.

나도 부분적으로는 이 의견에 동의한다. 실제로 세계의 질서, 심지어 세계의 존재 자체도 신들이 아닌 바로 자연의 법칙과 힘에 달려 있다고 주장한 최초의(우리가 아는 한!) 사람들이 고대 그리스의 식민지였던 이오니아 지역에 살았던 이오니아 인들이었다. 루크레티우스는 그들의 견해를 다음과 같이 정리했다. "이 모든 것을 행하는 것은 오만한 주인 따위로부터 자유로워진 자연이며, 자연은 그 자체로 신들의 간섭 없이도 자발적으로 모든 일을 마음대로 해내는 것으로 보인다." 하지만 철학 개론 강의의 첫 주를 제외하면 고대 이오니아 인들의 이름과 당시의 개념들을 입에 올리는 일은 거의 없다. 신들을 물리쳤던 그들은 이제 잊혀 가고 있다. 사람들은 그런 회의주의자들의 이름이나 생각 따위는 기억하고 싶지 않은 것처럼 보인다. 세계를 물질과 에너지로 설명하고자 했던 영웅이 다른 문화, 다른 장소에서 여러 차례 출현했을지도 모른다. 그러나 인습적 지혜를 내세우는 사제들이나 철학자들이 그들을 우리의 기억에서 지워 버린 탓인가, 우리는 그들을 알지 못한다. 플라톤과 아리스토텔레스의 시대 이후 이오니아 인의 생각과 방법이 거의 완벽하게 잊힌 것과 마찬가지로 말이다. 많은 문화에서 많은 사람에 의해 많은 실험이 이루어졌겠지만, 뿌리를 내리는 데 성공한 것은 아주 드물었을지도 모른다.

동물을 가축화하고 식물을 재배하는 문명이 시작된 것은 불과 1만 년 전 또는 1만 2000년 전이다. 이오니아 인의 실험은 2,500년 전의 일이다. 그것도 우리의 기억에서 거의 완벽하게 지워져 버렸다. 과학으로 내디딘 발자국을 고대 중국이나 인도 등지에서도 비록 미약하고 불완전하며 그 결실이 적기는 하지만 찾아볼 수 있다. 하지만 이오니아 인이 존재조차 하지 않았고 고대 그리스에서 과학과 수학이 개화하지 않았다고 가정해 보자. 그랬다면 인류 역사에서 과학은 결코 출현하지 못했을지도 모른다. 아니면, 다양한 문화와 역사의 실타래 속에서 필요한 요인들이 온전히 갖추어져 언젠가 또 다른 곳, 이를테면 인도네시아 군도나 정복자들의 발길이 닿지 않은 중앙아메리카 문명 외곽의 카리브 해 지역이나 흑해 연안의 고대 스칸디나비아 인 식민지 지역에서 탄생했을지도 모른다.

내 생각에 과학적 사고를 방해하는 것은 과학 그 자체의 어려움이 아니다. 심지어 억압적인 문화 속에서도 지식을 생산하고 전래하는 복잡한 기예는 버팀목 역할을 해 왔다. 무당, 샤먼, 마술사, 신학자 들은 다른 사람들은 알 수 없는 복잡한 기예를 가진 고도로 숙련된 사람들이다. 그렇다. 장애물은 어려움이 아니라 바로 정치적 상황이나 사회적 위계 구조이다. 내부적으로든 외부적으로든 새로운 도전을 받지 않고 근본적인 변화 없이도 잘 돌아가는 문화에서는 신기한 생각을 육성할 필요를 못 느낀다. 나아가 이단적인 학설을 위험시할 수도 있다. 사고 방식은 응고되고 용인받지 못한 아이디어는 그다지 해롭지 않은 것이라고 하더라도 탄압을 받는다. 이것과는 반대로 환경적으로든 생물학적으로든 정치적으로든 변이가 다양하고 풍부한 상황에서는 과거의 방식을 그저 답습하기만 해서는 일이 제대로 돌아가지 않는다. 그런 사회에서 중요한 역할을 하는 것은 전통을 맹목적으로 따르거나 자신의 기호를 자연이나 사회에 강요하는 사람이 아니라 우주가 들려주는 가르침을 순수하게 받아들이는 사람들이다. 이처럼 어떤 사회든 각각의 상황 속에서 새로운 생각을 받아들이는 개방성과 기존의 사고를 수호하려는 경직성 사이에서 안전한 길을 찾아야만 한다.

그리스의 수학은 탁월한 첫발을 내디뎠다. 반면 그리스의 과학은 첫발부터 실수와 허점투성이였다. 아장아장 아슬아슬 출발한 그리스 과학은 실험의 가르침을 받지 못하는 경우도 흔히 있었다. 예를 들어, 고대 그리스 사람들은 시각을 설명하면서 사람 눈에서 레이더처럼 빛이 나와 사물에 닿은 후 그것이 반사되어 눈으로 돌아옴으로써 볼 수 있게 된다고 믿었다. 하지만 우리는 어둠 속에서는 사물을 보지 못한다. 고대 그리스 인들은 이것을 어떻게 설명했을까? (하지만 그들은 광학에서 중대한 발전을 이루었다.) 또 그들은 유전 형질을 결정하는 것은 오로지 정액이라고 믿었다. 여성은 수동적인 그릇에 지나지 않는다고 여겼다. 하지만 엄마 닮은 아들이나 딸을 우리는 매일같이 본다. 이것은 어떻게 설명했을까? 그들은 또 돌을 수평 방향으로 던지면 돌을 그냥 떨어뜨리는 것보다 땅에 닿는 시간이 더 오래 걸린다고 여겼다. 수평 방향의 운동에 돌을 위로 밀어 올리는 작용이 있다고 믿었던 것이다. 기하학의 단순함을 사랑했던 그들은 원이 '완전'하다고 믿었다. 달의 얼룩과 태양 흑점(해 질 무렵에 맨눈에도 보이고는 한다.)에도 불구하고 그들은 천상 세계 또한 완전하다고 믿었다. 따라서 행성 궤도도 완전한 원형이어야만 했다.

이렇게 미신에서 해방되는 것만으로는 과학이 성장하기에 충분치 않다. 자연을 탐구하고 실험을 수행한다는 생각 또한 가져야만 하는 것이다. 이것과 관련해서는 몇 가지 매우 훌륭한 예들이 있다. 이를테면, 에라토스테네스(Eratosthenes, 기원전 273?~192?년)는 지구 지름을 추산해 냈고, 엠페도클레스(Empedocles, 기원전 490?~430?년)는 클렙시드라(clepsydra)라는 물시계 또는 물도둑을 이용해 공기가 물질임을 입증했다. (가늘고 긴 대롱의 한쪽 구멍은 손가락으로 막고 다른 쪽 구멍으로 물을 빨아들였다 빼는 식으로 실험을 했다.—옮긴이) 그러나 고전기 그리스 로마 세계가 그랬던 것처럼 육체 노동은 노예들이나 하는 천한 것으로 여기며 그 가치를 인정하지 않는 사회에서는 실험을 사용한 방법은 발전할 수가 없다. 과학이 발달하기 위해서는 고약한 미신에서 해방되어야 할 뿐만 아니라, 더불어 고약한 불공정에서도 벗어나야만 하는 것이다. 보통 미신과 불공정은 종교와 세속 권력이 손을 잡고 조장하는 경우가 많다. 이 둘은 실제로도 매우 밀접한 관련을 맺고 있다. 따라서 정치적 혁명, 종교에 대한 불신, 그리고 과학의 부흥이 같은 시기에 연달아서 일어나고는 했다는 것은 놀라운 일이 아니다. 미신으로부터의 해방은 과학을 성장시키기 위한 필요 조건일 뿐 그것만으로는 충분 조건이 아니다.

하지만 절대로 부정할 수 없는 사실이 하나 있다. 그것은 중세의 미신에서 근대의 과학으로 이행하는 과정에서 중심적 역할을 수행했던 인물들이 유일절대신(唯一絶對神)이라는 관념의 깊은 영향을 받았다는 것이다. 그들은 하나밖에 없는 하느님이 우주를 창조했고 인간이 따라야 하는 율법뿐만 아니라 자연이 따라야 하는 법칙까지 규정했다고 믿었다. 17세기 독일의 천문학자 요하네스 케플러는 자신이 과학을 추구하는 이유를 신의 마음을 알기 위한 소망 때문이라고 적었다. (그가 없었다면 뉴턴의 물리학은 탄생하지 못했을 것이다.) 알베르트 아인슈타인과 스티븐 호킹(Stephen Hawking, 1942~2018년)을 포함한 현대의 선도적 과학자들 또한 자신들의 탐구를 이것과 비슷한 말로 정의한 바 있다. 철학자 앨프리드 노스 화이트헤드(Alfred North Whitehead, 1861~1947년)와 중국 기술 문명사 연구자인 조지프 테런스 몽고메리 니덤(Joseph Terence Montgomery Needham, 1900~1995년)도 비서구 문화권의 과학 발전 과정에서 결여된 것이 바로 유일신 개념이라는 견해를 밝히기도 했다.

하지만 나는 이런 가설들을 모두 뒤집을 수 있을 정도로 강력한 반증 사례가 있다고 생각한다. 그것은 수천 년 전부터 우리를 부르고 있다.

작은 사냥꾼 무리가 사냥감의 발굽 자국과 다른 야생 동물이 지나간 흔적을 쫓는다. 그들은 나무들로 가로막힌 곳에서 잠시 멈추어 선다. 그들은 웅크리고 앉아 증거를 좀 더 세심하게 확인한다. 그러자 그들이 쫓아온 발자국을 또 다른 동물이 밟은 흔적이 보인다. 재빨리 그들은 이 동물이 무슨 동물인지, 몇 마리나 되는지, 나이와 성별은 어떻게 되는지, 그중에 다친 것이 있는지, 얼마나 빠르게 이동하는지, 이곳을 지나간 지 얼마나 되었는지, 그 사냥감을 쫓고 있는 또 다른 사냥꾼이 있는지, 자신들이 사냥감을 따라잡을 수 있을 것인지, 그리고 만일 그렇다면 얼마나 시간이 걸릴 것인지 등에 대해 의견을 모아 간다. 결정이 내려졌다. 그들은 자신들이 쫓을 흔적 위로 손을 털고는 이빨 사이로 바람 소리 같은 소리를 내며 뛰기 시작한다. 활과 독이 묻은 화살을 짊어진 채로 그들은 마라톤 선수 못지않은 페이스로 몇 시간씩 쉬지 않고 계속 뛰어갔다. 그들이 땅 위의 흔적으로부터 읽어 내는 정보들은 거의 언제나 정확했다. 영양 무리나 오카피 무리는 그들이 있으리라 생각한 곳에 있었고 그 수도 그들이 계산한 바와 같았으며 사냥감의 상태 또한 예측한 대로였다. 사냥은 성공적으로 끝났다. 그들은 임시 거처로 고기를 가지고 돌아온다. 축제를 벌인다.

이것은 칼라하리 사막 원주민인 !쿵 산 족의 전형적인 사냥 장면을 묘사한 것이다. 보츠와나 공화국과 나미비아 공화국에 분포하는 !쿵 산 족은 슬프게도 지금은 거의 사라질 위기에 처해 있다. 그러나 수십 년 동안 인류학자들은 그들과 그들의 생활 양식을 연구해 왔다. 지금으로부터 약 1만 년 전 처음으로 작물을 재배하고 가축을 사육함으로써 인간의 조건은 아마도 되돌이킬 수 없을 변화를 겪게 되었다. !쿵 산 족은 그런 변화 이전, 인류 역사의 대부분의 기간 동안 유지되어 온 수렵 채집형 생활 양식을 간직하고 있는 전형적인 부족일 것이다. !쿵 산 족의 용맹은 전설적인 것이라고 할 수 있다. 그래서 인종 분리 정책인 아파르트헤이트 정책을 채택하고 있던 남아프리카 공화국이 '남부 아프리카 전선 제국(South Africa Frontline States, FLS. 주로 1970년대에 활동한 반인종주의 혁명 세력. — 옮긴이)'과 싸울 때 남아프리카 공화국 군에 징집되어 인간을 사냥하는 데 동원되기도 했다. 이런 식으로 남아프리카 공화국의 백인 군인들과 접촉이 늘어나자 그렇지 않아도 수세기에 걸쳐 유럽 문명에 노출되면서 붕괴되어 가던 !쿵 산 족의 생활 양식은 급속히 파괴되어 갔다.

아무튼, !쿵 산 족은 왜 그렇게 사냥을 잘할까? 한번 힐끗 보기만 해도 아주 많은 것을 파악해 내는데, 어떻게 그게 가능할까? 관찰력이 예리하다는 것만으로는 설명이 되지 않는다. 문제는 그들이 실제로 무엇을 하고 있는가이다. 문화 인류학자 리처드 보셰이 리(Richard Borshay Lee, 1937년~)의 말을 들어보자.

> 그들은 땅에 찍힌 발자국의 움푹 들어간 모양이나 불룩 튀어나온 모양을 면밀하게 살핀다. 행동이 민첩하고 속도가 빠른 동물의 발자국은 앞뒤로 좀 더 가늘고 길게 늘어난다. 다리를 약간 다친 동물은 아픈 다리에 무게를 덜 싣기 때문에 그쪽 발자국이 조금 더 흐릿하다. 몸무게가 좀 있는 동물은 더 깊고 넓은 발자국을 남긴다. 사냥꾼의 머릿속에는 이런 상관 함수가 들어 있는 것 같다.
>
> 하루가 채 지나지 않은 짧은 시간 동안에도 발자국은 서서히 침식되어 간다. 움푹 팬 발자국의 가장자리들은 바스러지고 바람에 날린 모래가 움푹

팬 발자국 안으로 쌓인다. 어쩌면 나뭇잎이나 잔가지 혹은 풀잎 쪼가리가 그 안으로 날려 올 수도 있다. 시간이 지날수록 땅 위에 남겨진 흔적은 점점 더 많이 사라지게 된다.

이 방법은 행성을 연구하는 천문학자들이 소행성의 충돌로 생긴 크레이터를 분석할 때 사용하는 방법과 본질적으로 동일하다. 다른 조건들이 모두 같다면 크레이터가 얕을수록 더 오래된 것이다. 크레이터의 테두리 쪽 벽이 무너져 있고 지름에 비해 깊이가 얕으며 그 내부에 미세한 입자들이 쌓여 있는 크레이터는 좀 오래된 것이라고 보아도 된다. 침식 작용이 많이 일어났다는 것은 그 크레이터가 그만큼 오래되었음을 나타내기 때문이다.

침식 작용을 일으키는 원인은 때와 장소에 따라 달라진다. 행성이면 행성마다, 사막이면 사막마다 다른 요인이 작용해 침식이 일어난다. 그러나 그런 요인이 무엇인지 알기만 한다면 크레이터가 무너진 모습만 가지고도 많은 것을 알아낼 수 있다. 사냥감의 발자국이라면 곤충이나 다른 동물의 흔적이 그 위에 겹쳐 있는 것을 보고 그것이 얼마나 오래되었는지 따질 수가 있다. 또 발자국의 가장자리가 부서지기 쉬운지 어려운지는 지표 아래 토양의 수분량과 발굽에 의해 지표로 노출된 수분이 마르는 속도에 따라 결정된다. !쿵 산 족은 이 모든 문제를 면밀하게 조사하는 것이다.

질주하는 동물 무리는 따갑게 내리쬐는 햇볕을 싫어한다. 따라서 그늘을 발견하면 반드시 이용하려고 한다. 그들은 나무 그늘 밑으로 가기 위해 진로를 바꾸기도 하는 것은 그 때문이다. 그러나 태양은 하늘을 가로질러 이동하기 때문에 그늘의 위치는 시시각각 변한다. 태양은 동쪽에서 뜨기 때문에 오전에는 나무가 그늘을 서쪽으로 드리운다. 그리고 태양은 서쪽으로 지기 때문에 오후에는 나무가 그늘을 동쪽으로 드리운다. 이것을 고려하면 이동 경로가 바뀐 것을 보여 주는 발자국을 가지고 동물들이 이곳을 지나간 시간대를 알아맞힐 수 있다. 정확한 계산을 위해서는 계절에 따른 변화도 염두에 두어야 한다. 사냥꾼의 머릿속에는 태양의 움직임을 예측하기 위한 일종의 천문력이 담겨 있어야 하는 것이다.

내가 보기에 과학 수사 기법을 연상시키는 이 모든 추적 기술은 현대 연구 현장에서도 제 역할을 할 일종의 과학적 방법이다.

이 수렵 채집인들은 동물 추적의 전문가이기만 한 것이 아니다. 인간의 발자국에 대해서 아주 잘 안다. 그들은 '밴드(band)'라는 집단을 이루어 사는데, 같은 집단 구성원은 발자국만 보면 누군지 다 안다. (밴드는 인간 사회의 가장 단순한 형태 중 하나이다. 친족 집단으로 이루어진 사회로 최대 30~50명의 구성원으로 이루어진다. — 옮긴이) 그들에게 발자국은 얼굴만큼이나 친숙한 표식인 셈이다. 아프리카 남부 출신의 작가이자 탐험가인 로런스 반 더 포스트(Laurens van der Post, 1906~1996년)는 그것을 다음과 같이 묘사했다.

> 느호(Nxou)와 나는 동료들과 헤어져 캠프에서 상당히 떨어진 곳에서 상처 입은 수사슴 한 마리를 쫓고 있었다. 그 순간 다른 사람과 동물의 발자국이 우리의 발자국과 겹치기 시작했음을 발견했다. 느호는 만족스러운 듯 나지막한 신음을 내더니, 그 흔적은 바우하우(Bauxhau)의 발자국이며 생긴 지 몇 분밖에 되지 않은 것이라고 말했다. 그는 바우하우가 빠른 속도로 뛰어가고 있으므로 우리는 금방 사냥감을 잡은 바우하우를 만나리라고 단언했다. 우리는 앞에 있는 사구 위로 올라갔다. 그러자 바우하우가 보였고 그는 이미 동물의 가죽을 벗기고 있었다.

또한 같은 !쿵 산 족과 함께 지내며 조사를 수행한 바 있는 리처드 리도 사냥꾼이 몇 가지 흔적만 간단히 살펴본 뒤 "어, 이거 봐라, 투누(Tunu)가 처남과 함께 여기에 왔군. 그런데 그 아들은 어디 간 거지?"라고 말하는 장면을 묘사하기도 했다.

이것이 정말로 과학일까? 수련 과정 중의 사람은 모두 엉덩이를 깔고 몇 시간씩 앉아 영양의 발자국이 서서히 침식되어 가는 것을 지켜보고 있다는 말일까? 인류학자들이 이렇게 물었을 때, !쿵 산 족 사람들은 "우리는 예로부터 그런 방법들을 사용해 왔다."라고 답했다. 그들은 아버지 같은 솜씨 좋은 숙련된 사냥꾼 밑에서 수습 생활을 보내며, 선배들이 하는 양을 자세히 관찰한다. 그들은 모방을 통해 학습하는 것이다. 일반적인 원칙은 대를 이어 전수되었고, 지역 차이에 대한 데이터, 예를 들어 풍속이나 토양의 수분량 같은 정보는 세대가 바뀜에 따라, 또는 계절이 바뀜에 따라, 그것도 아니면 매일매일 필요한 만큼 갱신된다.

그런데 현대의 과학자들도 똑같은 방식으로 일을 한다. 달이나 수성이나 트리톤(해왕성의 위성)에 있는 분화구의 나이를 침식의 정도로 판단하고자 할 때 우리는 백지 상태에서 계산을 시작하지 않는다. 우리는 관련 논문을 찾아 쌓여 있는 먼지를 털어 내고, 아마도 한 세대도 전에 이미 계산되어 검증까지 받은 숫자들을 살펴본다. 물리학자들도 맥스웰 방정식이나 양자 역학을 아무것도 없는 상태에서 처음부터 도출하려고 애쓰지 않는다. 우선 일반 원리들과 거기서 사용되는 수학을 이해하려고 노력한다. 자연이 그 규칙을 따르는지 관찰하고 이론이 사실에 부합하는지 확인한다. 물리학자들은 이런 식으로 과학을 자신의 것으로 만들어 간다.

그러나 이 모든 사냥감 추적 프로토콜(protocol)도 누군가 처음 만든 사람이 있을 것이다. 구석기 시대에 놀라운 천재가 한 사람 있었을지도 모른다. 아니면 여러 시대, 여러 장소에서 띄엄띄엄 등장한 천재들이 조금씩 새로운 성과를 축적해 온 결과일지도 모른다. (후자가 좀 더 그럴듯해 보인다.) !쿵 산 족의 추적 프로토콜에서는 마술적 행위들, 그러니까 전날 밤에 별의 위치를 찾아본다거나 동물의 내장을 살펴본다거나 주사위를 굴려 본다거나 꿈을 해석해 본다거나 혼령을 불러내는 굿을 한다거나 하는 행위를 단 하나도 찾아볼 수 없다. 이런 마술적 행위들은 지식을 얻는 방법으로서 인류사에서 반복적으로 출몰했고 그때마다 일부 신봉자들의 숭배를 받아 오던 것이지만 말이다. 추적 프로토콜의 질문은 구체적이고 명확하다. '사냥감은 어느 쪽으로 갔으며 그것의 특징은 무엇인가?' 필요한 것은 정확한 답뿐이다. 마술이나 점은 아사를 면하게 해 줄 답을 주지는 못한다. 수렵 채집인들은, 무아경에 빠져 불 주위를 돌며 춤출 때나 가벼운 도취 약물에 취해 있는 경우 말고는 일상 생활에서는 그렇게 미신적이지 않다. 대신 실용적이고 일상적이고 의욕적이고 사교적이며 매우 쾌활한 경우가 많다. 그들은 과거의 성공과 실패를 통해 추려낸 기술들을 사용하는 것이다.

과학적 사고는 처음부터 우리와 함께해 왔음이 거의 확실하다. 침팬지만 봐도 그것을 알 수가 있다. 침팬지가 자기 영역의 경계선을 따라 순찰할 때라든가, 양은 많지 않지만 요긴한 단백질 공급원인 흰개미를 끄집어내기 위해 개미집에 쑤셔 넣을 나무 막대기를 준비할 때를 보라. 이렇게 발달한 추적 기술은 자연 선택을 통한 진화라는 관점에서 볼 때 생존에 엄청난 이점으로 작용했을 것이다. 추적 기술을 가지지 못한 집단은 단백질을 충분히 섭취하지 못했을 것이고, 후손도 많이 남기지 못했을 것이다. 과학적 사고를 선호하고 끈기 있게 관찰하는 능력을 가지며 사물과 세상을 이해하고자 하는 바람을 가진 자들은 좀 더 많은 식량을 얻고, 특히 좀 더 많은 단백질을 섭취하게 되어 좀 더 넓은 서식지에서 살 수 있게 되었으리라. 그리고 그들과 그들의 후손은 번성했을 것이다. 예컨대, 폴리네시아 사람들의 항해술에도 같은 이야기를 할 수 있다. 과학적 성향은 현실적인 보상을 받는다.

농경 이전 사회의 또 다른 식료 입수 방식은 식물 채집이다. 이것을 위해서는 수많은 식물의 성질을 알아야 하고 식물 각각을 확실하게 구별할 수 있어야 한다. 식물학자들과 인류학자들이 보고한 것처럼 세계 각지의 수렵 채집인들은 서양의 분류학자들에 뒤지지 않을 정도로 정확하게 식물을 식별하고 구분한다. 그들은 자신들이 사는 영역에 관한 지도를 지도 제작자들 이상으로 세밀하게 마음속에 그리고 있다. 다시 말하지만 이 모든 것들이 다 생존을 위한 전제 조건이 된다.

아이들은 일정한 발달 단계에 이르지 않으면 수학이나 논리학의 개념을 이해하지 못한다. 마찬가지로 '원시적' 민족은 과학이나 기술을 깨우칠 만한 지능이 마련되어 있지 않다고 주장하는 사람들이 있다. 그렇지만 지금까지 살펴본 것처럼 그런 주장은 헛소리에 지나지 않는다. 식민주의와 인종주의의 잔재일 뿐이다. 그것이 헛소리라는 것은 정해진 집도 없이 소유물도 거의 없이 살아가는, 이제는 소수가 되어 버린 수렵 채집인의 일상 생활을 보기만 해도 쉽게 알 수 있다. 그 주장은 머나먼 과거에 우리가 살았던 방식을 지금도 간직하고 있는 이들에 대한 무지를 드러낼 뿐이다.

크로머가 제시한 '객관적 사고'를 가진 사회에 대한 판정 기준을 수렵 채집인들의 사회에 적용해 보자. 그들은 활발하고 실질적인 토론을 벌인다. 직접 민주주의를 실천하고 있고 광범위한 이동을 하고 사제가 없으며 마지막으로 이런 요인들이 1,000년이 아니라 30만 년 이상 지속되었다. 크로머의 기준에 따른다면 수렵 채집인들은 과학을 가지고 있을 법하다. 나는 그렇다고 생각한다. 아니면, 최소한 가졌었다고 생각한다.

이오니아 인과 고대 그리스 인이 남겨 준 것은 발명품이나 기술 또는 공학이라기보다 자연을 체계적으로 탐구하겠다는 사고 방식과 세상의 지배자는 변덕스러운 신들이 아니라 자연 법칙이라는 생각이다. 그들은 물, 공기, 흙, 불을 자연을 '설명'하고 세상을 이루는 근본 물질로서 제안했다. 소크라테스 이전 철학자들은 각자 서로 다른 설명을 제시했지만 자세히 들여다보면 결점투성이였다. 그러나 신의 개입을 대신할 수 있는 설명을 찾으려고 한 것은 생산적이었고 새로웠다. 고대 그리스의 역사를 살펴보면 쉽게 알 수 있는 것처럼 호메로스(Hómēros, 기원전 8세기경)는 중요한 사건을 거의 모두 신들의 변덕으로 설명했다. 그런데 헤로도토스(Herodotos, 기원전 484~425년)에 이르면 신들이 개입하는 사건은 극도로 줄어들고 투키디데스에서는 완전히 사라진다. 수백 년도 안 되는 사이에 역사의 주재자(主宰者)가 신에서 인간으로 바뀐 것이다.

이런 식으로 그리스라는 다신교 사회에서, 심지어 일부 학자들이 무신론을 구사하기 시작한 사회에서 자연 법칙과 아주 비슷한 개념이 은근슬쩍 모습을 드러냈다. 소크라테스 이전 철학자들의 연구 방법론은 기원전 4세기경부터 발달하기 시작했지만 플라톤이나 아리스토텔레스, 그리고 이후에는 기독교 신학자들에 의해서 그 발달을 제지당하고 말았다. 만약 인과의 실타래가 다르게 풀렸더라면 역사는 어떻게 바뀌었을까! 만약 물질의 본질과 세계의 다수성(plurality of worlds), 그리고 시간과 공간의 광대함에 관한 원자론자들의 명민한 통찰들이 소중히 간직되고 계승 발전되었더라면, 만약 아르키메데스의 혁신적인 기술들이 전수되어 도처에서 사용되었더라면, 만약 자연에는 인간이 찾아서 이해해야만 하는 불변의 법칙이 있다는 생각이 광범위하게 전파되었더라면,

우리는 지금 어떤 세상에서 살고 있을까?

과학을 가르치기 어려운 것은, 인류가 아직 과학을 받아들일 만한 준비가 되어 있지 않기 때문일까, 아니면 과학이 우연의 산물이기 때문일까, 그것도 아니면 우리 사회 구성원 대부분이 과학을 소화할 만한 지적 능력을 갖추지 못했기 때문일까? 나는 이중 어떤 것에도 동의하지 않는다. 내가 만난 초등학교 1학년 학생들은 과학에 대한 뜨거운 관심을 보여 주었고, 살아남은 수렵 채집인들도 귀중한 가르침을 주고 있다. 이 사례들은 다음과 같은 주장을 웅변하고 있는 것이다. **과학적 성향은 어느 시대, 어느 장소, 어느 문화에서든 늘 우리 안에 깊게 자리하고 있다.** 그것은 우리 생존의 수단이다. 그것은 우리의 천부적 소질이다. 무관심, 부주의, 무능력, 그리고 회의주의에 대한 불안 따위 때문에 우리가 어린이들을 과학으로부터 멀어지게 한다면, 그것은 그들로부터 인간으로서의 특권과 미래를 살아가는 데 필요한 도구를 빼앗는 것이 되리라.

19장

쓸데없는 질문은 없다

그래서 우리는 계속해서 묻고 또 묻는다.
한 줌의 흙으로 우리의 입을 막을 때까지
그런데 그것이 답변인가?
—하인리히 하이네(Heinrich Heine, 1797-1856년),
『라자로(*Lazarus*)』(1854년)에서

그 생성 연대가 200만 년 전까지 거슬러 올라가는 동아프리카의 암석 속에서 우리 조상이 설계하고 제작한 도구가 발견되었다. 우리 조상들의 삶은 그런 도구를 만들고 사용할 수 있는가에 의존했던 것이다. 그것은 물론 구석기 시대의 기술이었다. 오랜 시간이 흐르면서 찌르고 조각내고 (가죽 따위를) 벗기고 자르고 (기호 같은 것을) 새기는 데 사용할 수 있는 특수한 석기들이 만들어졌다. 주목할 만한 것은 돌로 연장을 만드는 수많은 방법이 있음에도 불구하고, 유적지마다 다른 방법이 사용되었다는 것과, 동일한 방법이 엄청나게 긴 시간 동안 사용되었다는 것이다. 그것은 수십만 년 전에도 일종의 교육 제도가 있었음을 의미한다. (주로 도제 수업 방식으로 이루어졌을 것이다.) 현대와의 유사점만 찾으면 안 되겠지만, 천 쪼가리만 허리에 두른 교수와 학생이 있고 연습 문제를 풀고 시험을 보며 낙제를 당하기도 하고 졸업식을 거행하기도 하는 모습을 상상해 보고 싶어지는 것을 막을 수가 없다. 아, 그리고 대학원 수업은 어떤 식으로 진행되었을까?

오랜 시간 동안 훈련 방법이 변화하지 않는다면 전통은 고스란히 다음 세대로 전수된다. 그러나 배워야 할 것들이 빠르게 변화한다면, 특히 한 세대도 채 지나기 전에 그런 경우가 생긴다면, 무엇을 가르치고 어떻게 배워야 할지 점점 더 어려워진다. 학생들은 교육 내용이 시대에 뒤진다고 불만을 품게 되고 윗사람에 대한 존경심은 사라진다. 한편 교사들은 교사들대로 학력 수준이 저하되었다거나 학생들이 불성실해졌다고 탄식한다. 과도기의 세계에서는 학생과 교사 모두 한 가지 중요한 본질적인 기능을 배울 필요가 있다. 그것은 어떻게 배우는지를 배우는 것이다.

어린이들을 빼면(그들은 충분히 모르지만, 그렇기 때문에 반대로 정말로 본질적인 질문을 던질 줄 안다.) 우리 중에 다음과 같은 질문을 궁금해하며 시간을 보내는 사람은 거의 없다. 왜 자연은 지금처럼 존재하는가? 우주는 어디서 왔는가, 아니면 항상 이렇게 존재하는가? 어느 날 시간이 거꾸로 흘러 원인과 결과가 뒤바뀐다면 어떻게 되는가? 인류가 알 수 있는 것에 궁극적인 한계가 있는가 없는가? 내가 만나 본 어린이들 중에도 이런 물음의 답을 알고 싶어 하는 이들이 있었다. 그들은 블랙홀이 어떻게 생겼는지, 물질의 가장 작은 조각이 무엇인지, 왜 우리는 미래가 아니라 과거를 기억하는지, 왜 우주는 하나만 있는지를 궁금해한다.

운이 좋으면 유치원생들이나 초등학교 1학년 학생들을 가르칠 때가 있다. 비록 의심하는 정신보다 경이를 느낄 줄 아는 감성 쪽에 무게를 많이 두기는 하지만, 어린이들은 대부분 타고난 과학자이다. 그들은 호기심이 많고 지적 생동감이 넘친다. 도발적이고 기발한 질문들이 끝없이 솟아난다. 납득할 때까지 질문을 멈추지 않는다. 나는 쉴 새 없이 질문을 받고 답을 한다. 그들은 '쓸데없는 질문(dumb question)' 같은 개념이 있다는 것을 알지도 못한다.

그러나 고등학교 상급생들과 이야기할 때는 무언가 다른 점을 발견한다. 그들은 '사실'로 받아들여지는 것들을 암기하고 있다. 그렇지만 발견의 기쁨이나 '사실'의 배후에서 생명을 불어넣는 것들은 빠져 있다. 경이로움을 느낄 줄 아는 감성은 대부분 상실한 대신 의심의 정신은 아주 약간 가지게 된다. 그들은 '쓸데없는' 질문을 하게 될까 봐 두려워한다. 불충분한 답변도 기꺼이 받아들인다. 설명을 이해하지 못해도 후속 질문을 던지지 않는다. 힐끔힐끔, 교실 안은 친구들이 어떻게 생각하는지 판단하려는 곁눈질로 가득 찬다. 질문을 미리 적은 종이를 교실로 들고 들어와 자기 차례가 올 때까지 살펴보며 지금 다른 친구들이 무슨 이야기를 하는지는 관심도 주지 않는다.

초등학교 1학년과 고등학교 3학년 사이에 무슨 일이 일어난 것이다. 사춘기 때문만은 아니다. 나는 부분적 원인이 남들보다 뛰어나서는 안 된다는 동료 압력(peer pressure)에 있다고 생각한다. 튀는 못이 정 맞는다. (스포츠 말고는.) 또한 사회가 학생들에게 금방 손에 넣을 수 있는 만족만을 가르친다는 점도 원인으로 들 수 있다. 그리고 과학이나 수학을 잘한다고 슈퍼카를 살 수 없다는 인상도 퍼져 있는 듯하다. 학생들에게 기대하는 바가 너무 적다는 점도 원인이 될 수 있다고 생각한다. 과학이나 기술에 대해서 지적 토론을 한다고 해서(그냥 좋아서 과학 기술을 공부한다고 해서) 보상이 주어지지 않는다. 역할 모델이 거의 없다는 점도 원인으로 작용할 것이다. 흥미가 남아 있는 소수의 학생들은 '찌질이', '괴짜', '공부벌레', '너드(nerd)'라는 험담을 듣는다.

그러나 또 다른 이유도 있다. 나는 어른들이 어린 자녀들에게 과학적인 질문을 받고 싫어하는 것을 많이 보았다. 달은 왜 둥그렇죠? 아이들이 묻는다. 왜 잔디는 초록색인가요? 꿈은 뭐죠? 구덩이는 어디까지 파 내려갈 수 있나요? 세상의 생일은 언제인가요? 우리에게는 왜 발가락이 있죠? 이런 질문을 받으면 짜증을 내거나 적당히 흘려 버리는 교사나 부모가 너무나 많다. 그렇지 않으면 재빨리 말을 다른 쪽으로 돌린다.

"그럼 달이 어떻게 생겼다고 생각했니, 네모나기라도 하다는 말이니?" 아이들은 이런 질문이 어쨌든 어른들을 화나게 한다는 사실을 금방 알아챈다. 이런 경험을 몇 번 더 겪고 나면 또 한 명의 어린이가 과학과 헤어지는 것이다. 왜 어른들이 여섯 살배기 꼬마 앞에서 전지전능한 사람인 척하는지 나는 도무지 이해할 수가 없다. 모르는 게 있음을 인정하는 게 그렇게 잘못된 일일까? 어른으로서의 자존심이라는 게 그렇게 약하디약한 것일까?

어린이들이 던지는 질문 중 많은 것이 과학에서 심오한 의미를 가진 중요한 문제로 다루어졌고, 그중 몇몇은 아직도 완전히 해결되지 않았다. 달이 둥근 이유는 중력이 물체를 질량 중심 쪽으로 끌어당기는 중심력이라는 사실과 암석이 얼마만 한 힘까지 견딜 수 있는가 하는 강도와 관련이 있다. 풀이 초록색인 이유는 물론 엽록소라는 색소 때문이다. 이것은 고등학생이라면 누구나 암기하는 사실이다. 하지만 왜 식물들은 엽록소를 가지게 되었을까? 이상하지 않은가? 태양에서 복사되는 에너지가 최대가 되는 것이 스펙트럼에서 초록빛 부분이 아니라 노란빛 부분인데, 왜 지구 식물들은 에너지가 가장 풍부한 파장을 이용하려고 하지 않을까? 그것은 지구 생명의 역사에서 지구 전체가 얼어붙은 사건이 일어난 적이 있었기 때문이다. 아무튼 풀이 초록색인 이유와 관련해서 여전히 우리가 이해하지 못하는 게 있다는 것은 사실이다.

아이들을 대할 때 우리는 좀 더 잘할 필요가 있다. 어려운 질문을 던지면 인간 관계에 금이 가고 사교적으로 실수를 저지르는 것이라는 느낌을 가지지 않도록 해야 한다. 만약 답을 알 것 같으면 설명하려고 노력해야 한다. 조금 불완전한 설명이라고 해도 그것은 아이에게 안도감을 주고 용기를 심어 준다. 만약 답을 모르겠으면 백과사전을 뒤져 보면 된다. 백과사전이 없다면 아이를 데리고 도서관에 가면 된다. 아니면 다음과 같이 말할 수도 있다. "답을 모르겠구나. 아마 아무도 모를 거야. 네가 자라서 그것을 밝혀낸 최초의 사람이 되는 건 어떻겠니."

단순하고 소박한 질문도 있고 진저리날 정도로 진부한 질문도 있고 요령부득(要領不得)의 질문도 있으며 생각나는 대로 마구 던지는 질문들도 있는 법이다. 그러나 어떤 질문이라고 하더라도 세계를 이해하고자 하는 울부짖음이다.• 쓸데없는 질문 같은 것은 없다.

똑똑하고 호기심 왕성한 아이들은 말 그대로 한 나라의, 그리고 세계의 보배이다. 그들을 소중하게 보살펴야 하고 격려해 주어야 한다. 그러나 무작정 격려하기만 해서는 곤란하다. 생각하는 데 필수 불가결한 도구들 또한 그들에게 주어야 한다.

한 신문에 다음과 같은 제목의 기사가 실린 적이 있다. "정부 당국도 인정하는 과학 낙제 국가, 미국." 기사를 읽으니, 세계 각국 평균 17세의 청소년들을 대상으로 치른 학력 테스트에서 미국은 대수 분야에서 완전히 바닥이었다고 한다. 미국 학생들의 평균 정답률은 43퍼센트인 반면 일본 학생들은 78퍼센트였다. 내 기준으로 보기에도 78퍼센트는 아주 잘한 것으로 성적을 매긴다면 C+나 어쩌면 B-를 줄 것 같다. 하지만 43퍼센트라면 F이다. 화학 과목에서는 13개국 중 오직 두 나라만이 미국보다 안 좋은 성적을 거두었다. 영국, 싱가포르, 홍콩은 점수가 까마득하게 높았다. 그리고 캐나다의 18세 청소년 중 25퍼센트는 미국의 고등학

• 이른바 '미운 세 살' 아이가 부모에게 퍼붓는 "어째서?" 또는 "왜요?"는 여기서 제외한다. 그것은 아마도 어른의 행동을 지배하고자 하는 바람에서 내뱉는 말일 테니 말이다.

교 3학년 학생 중 화학 공부를 가장 잘하는 1퍼센트(그들은 화학 2를 공부하고 있었고 대부분은 성적 우수 학급에 속한 학생들이었다.)만큼 화학 지식을 가지고 있었다. 미니애폴리스의 초등학교 5학년 20개 학급의 학생들과 일본 센다이 20개 학급 학생들의 점수를 비교했을 때에는 미니애폴리스 학생이 딴 최고점보다 낮은 점수를 받은 센다이 학생은 단 한 사람도 없었다. 대만 타이베이의 20개 학급과 비교할 경우에는 단 한 학급만 뒤졌다. 한국 학생들은 수학과 과학의 전 분야에서 미국 학생들보다 월등히 우수했으며, 캐나다 서부에 있는 브리티시 컬럼비아의 13세 학생들은 그 또래의 미국 학생들보다 전반적으로 우수했다. (어떤 분야에서는 그들이 한국 학생들보다 나았다.) 미국 어린이 중 22퍼센트가 학교를 싫어한다고 말한다. 한국의 어린이들은 단지 8퍼센트만이 그렇게 말할 뿐이다. 그런데도 미국의 어린이 중 3분의 2는 자신들이 수학을 잘한다고 말한다. 한국 어린이 중에는 4분의 1만이 그렇게 말하는데도 말이다.

미국 내 평균적인 학생들은 처참한 상황에 처해 있지만, 몇몇 걸출한 학생들의 활약이 그것을 상쇄하기도 한다. 1994년 홍콩에서 열린 국제수학 올림피아드에서 미국 학생들은 전례 없는 만점을 기록했다. 대수학, 기하학, 정수론 과목에서 68개국에서 출전한 360명의 다른 학생들을 물리친 것이다. 그들 중 하나인 17세의 제러미 벰(Jeremy Bem)은 다음과 같이 말했다. "수학 문제는 논리적인 수수께끼이죠. 틀에 박힌 해법이란 없어요. 그건 매우 창조적이며 예술적이랍니다." 그러나 여기서 나의 관심은 새로운 세대의 일급 과학자와 수학자를 창출하는 데 있지 않다. 나의 관심은 과학적으로 깨인 대중이다.

미국 성인 중 63퍼센트는 공룡이 인류가 처음 출현하기 전에 멸종되었다는 사실을 모른다. 75퍼센트는 항생제가 세균은 죽이지만 바이러스는 못 죽인다는 사실을 모른다. 57퍼센트는 전자가 원자보다 작다는 사실을 모른다. 설문 조사에 따르면 절반 가까운 미국 성인이 지구가 태양의 주위를 돈다는 것과 한 번 도는 데 걸리는 시간이 1년이라는 사실을 모르고 있다. 코넬 대학교의 학부 강의 시간을 통해 나는 별들이 뜨고 진다는 사실을 모르거나 심지어 태양이 별인 줄 모르는 참 똑똑한 학생들을 발견할 수 있었다.

미국인들은 코페르니쿠스적 통찰을 접할 기회가 세계의 평균치보다는 훨씬 더 높을 텐데 말이다. SF 소설이 대중적으로 인기를 끌고 훌륭한 교육 제도가 마련되어 있고 NASA의 활약상이 언론을 장식하며 과학이 미국 사회에서 수행하는 역할들을 보면 천동설 시대의 낡은 상식들은 한참 전에 새로운 과학적 상식으로 대체되었어야 하지 않을까? 중화 인민 공화국의 중국 과학 기술 협회(China Association of Science and Technology)가 실시한 1993년도 설문 조사에 따르면, 지구가 1년에 한 바퀴씩 태양 주위를 돈다는 사실을 아는 중국인은 미국의 경우와 마찬가지로 절반을 넘지 않는다. 그렇다면 코페르니쿠스가 나온 지 4세기 하고도 반세기가 더 지난 오늘날에도 대부분의 사람은 여전히 마음속 깊이 우리 지구는 우주의 한가운데에 움직이지 않고 박혀 있고, 그래서 우리는 매우 '특별한' 존재라고 생각하고 있다는 이야기가 된다.

앞서 거론한 질문들은 '과학적 소양(scientific literacy)'을 묻는 전형적 질문들이다. 그 결과를 보면 소름이 돋는다. 하지만 그 질문들을 통해 측정된 것은 무엇일까? 권위가 부여된 설명들을 얼마나 잘 암기하고 있는가였을 뿐이다. 그들에게 던졌어야 할 질문은 **"우리가 어떻게 아는가?"**여야 했다. 항생 물질은 세균과 바이러스를 식별하고 전자는 원자보다 작고 태양도 별이며 지구는 1년에 한 바퀴씩 태양을 선회한다 등의 사실을 어떻게 알아냈느냐 하는 것이다. 그런 질문들이 과학에 대한 대중의 이해 수준을 측정할 수 있는 더 올바른 기준이며, 만약 그런 조사의 결과를 듣게 된다면 우리는 틀림없이 훨씬 더 낙담하게 될 것이다.

만약 우리가 성서에 나와 있는 모든 말씀을 문자 그대로 사실이라고 믿는다면 지구는 평평해야만 한다. 코란도 마찬가지이다. 따라서 지구가 둥글다고 선언하는 것은 무신론자임을 자인하는 셈이 된다. 1993년 사우디아라비아의 최고 종교 지도자인 무프티 압드 알아지즈 빈 바즈(Abd al-Aziz Bin Baz, 1912~1999년)는 파트와(fatwa, 이슬람교에서 무프티가 이슬람 법에 대해 내놓는 의견. 사우디아라비아 같은 나라에서는 일반법 이상의 권위를 가진다. — 옮긴이)를 포고하면서 세상은 평평하다고 선언했다. 누구든 지구가 둥글다는 소신을 가진 자는 신을 믿지 않는 것이며, 따라서 처벌받아야 한다는 것이다. 역설적으로, 2세기경 그리스-이집트 천문학자 클라우디오스 프톨레마이오스가 모아 놓은 구형 지구에 대한 명백한 증거들은 아라비아의 무슬림 천문학자들을 통해 서구에 전수되었다. 9세기경 그들은 지구가 구체임을 증명해 놓은 프톨레마이오스의 책을 '알마게스트(Almagest)', 즉 '가장 위대한' 책이라고 이름 붙였다.

나는 진화론 때문에 감정 상한 사람을 여럿 안다. 그들은 인간이 물리력과 화학 작용을 오랜 세월 받은 점액질에서 발생한 존재라고 생각하기보다는 하느님이 손수 만드신 작품이기를 뜨겁게 바란다. 그들은 또한 증거를 보지 않으려고 애쓴다. 증거가 있든 말든 상관이 없다는 것이다. 그들이 진실이기를 원하는 것, 그들이 믿는 것, 그것이 바로 진실인 것이다. 오로지 9퍼센트의 미국인들만이 현대 생물학의 중요한 발견, 즉 인간은 (그리고 다른 모든 종도 마찬가지로) 아주 원시적인 존재에서 자연적인 과정을 통해 서서히 진화해 왔으며 그 과정에 신의 개입은 조금도 필요하지 않았다는 사실을 받아들인다. ("진화론을 믿습니까?"만 물었을 때에는 45퍼센트의 미국인이 그렇다고 답한다. 중국의 경우 그 수치는 70퍼센트에 달한다.) 영화 「쥐라기 공원(Jurassic Park)」이 이스라엘에서 상영되었을 때, 일부 정통파 랍비들은 그 영화를 저주했다. 그 영화의 줄거리가 진화론을 바탕으로 하고 있으며 1억 년 전에 공룡이 살았다고 가르친다는 게 그 이유였다. 유태교에서 말하는 우주의 나이는, 신년 의례나 유태교 결혼 예식에서 어김없이 당연한 것으로 이야기되는 바처럼, 6,000년이 채 안 되기 때문이다. 우리가 진화했다는 가장 명백한 증거는 바로 우리의 유전자에서 찾을 수 있다. 그러나 역설적으로 진화의 증거이기도 한 그 DNA를 소유한 사람들이 여전히 진화론을 놓고 싸우고 있다. 학교에서, 법정에서, 교과서 출판사에서, 그리고 인간이 다른 동물들에게 고통을 가할 수 있는 윤리적 허용 범위가 어디까지인지에 관한 물음을 둘러싸고 진화에 대한 논쟁은 끊이지 않는다.

대공황기에도 교사들은 직업의 안정성, 높은 임금, 사회적 존경을 향유했다. 교직은 선망받는 직업이었다. 교육이 가난에서 탈출하는 수단으로서 폭넓게 인식되었던 것이 그 부분적인 이유였다. 그러나 오늘날에는 사정이 완전히 달라졌다. 과학 교육(다른 교육도 마찬가지지만)은 너무나 형편없이 이루어지며 학생들에게 영감을 전혀 주지 못하고 있다. 놀랍게도 교육을 해야 할 사람들이 해당 분야에 대해 거의 또는 전혀 훈련되어 있지 않으며, 과학의 방법을 견디지 못하고 성급하게 과학의 성과들만을 찾으려고 한다. 게다가 그들 자신이 과학과 유사 과학을 구분하지 못하는 경우조차 종종 있다. 훈련을 잘 받은 사람들은 보통 많은 급여를 받고 다른 분야에서 일한다.

어린이들에게는 책에 있는 과학적 사실을 읽어 주는 것보다 실험을 실제로 체험하게 할 필요가 있다. 양초의 불꽃이 생기는 것은 양초를 이루는 파라핀이 산화하기 때문이라고 설명할 수 있다. 그러나 실제로 유리병 같은 투명한 용기 안에 양초를 넣고 불을 붙이면 아이들은 훨씬 생생하게 이해할 수 있을 것이다. 연소를 통해 생긴 이산화탄소가 심지를 둘러싸 산소의 접근을 차단하면 불꽃이 깜빡이다가 금방 꺼진다. 이것을 직접 관찰하기만 해도 산화와 연소의 과정을 훨씬 실감 나게 배울 수 있다. 세포 내에 있는 미토콘드리아가 어떻게 작용하는지를 설명할 때에도, 미토콘드리아는 양초의 불꽃과 마찬가지로 영양분의 산화를 매개하고 있다고 말로 설명하고 끝낼 수도 있지만, 현미경으로 직접 들여다보게 해 준다면 어린이들에게 천양지차(天壤之差) 나는 체험을 시켜 줄 수 있다. 생물 중에는 산소를 필요로 하는 것이 있는 반면 그렇지 않은 것도 있다는 사실을 들은 적이 있을 것이다. 그러나 그것을 실감 나게 이해하려면 산소와 완전히 차단된 유리 용기 안에서 실험해 보아야 한다. 산소는 우리 몸에서 어떤 역할을 할까? 왜 우리는 산소가 없으면 살 수 없을까? 공기 중의 산소는 어디서 온 것일까? 산소의 공급은 안정적일까?

실험과 과학적 방법은 과학 분야 말고 다른 과목의 문제를 풀면서도 배울 수 있다. 대니얼 쿠니츠(Daniel Kunitz)는 나의 대학 시대 이래의 친구이다. 그는 중고등학교의 사회과 교사로서 교육 혁신에 평생을 바쳐 왔다. 그의 수업 방식은 혁신적이다. 예를 들어, 학생들에게 미국 헌법을 가르치고자 하는 경우, 헌법 조문을 조목조목 읽게 하고 토론을 시키는 것도 한 가지 방법이다. 하지만 이렇게 하면 학생 대부분은 꾸벅꾸벅 졸 것이다. 그것이 싫다면 쿠니츠의 방법을 한 번 시도해 볼 만하다. 우선 학생들이 헌법을 미리 읽지 못하도록 한다. 그 대신 학생 2명이 미국 독립 당시의 주 하나를 맡도록 배정하고 가상의 '제헌 회의(Constitutional Convention)'를 개최한다. 그런 다음 13개 조의 학생들에게 각자가 맡은 주와 지역 특유의 이해 관계나 사정이 무엇인지를 자세히 소개한다. 예를 들어, 사우스 캐롤라이나 대표에게는 목화 재배의 중요성이나 노예 매매의 필요성과 윤리적 정당성, 공업화된 북부로부터 가해지는 정치 경제적 압박 등을 설명한다. 13개 주의 대표단은 함께 모여, 교사의 도움을 받기는 하지만, 대부분 자기들끼리 몇 주에 걸쳐 헌법 초안을 기초하게 된다. 그런 다음 진짜 헌법과 비교해서 읽어 본다. 학생들은 전쟁 선포권을 대통령에게 주었다. 1787년의 대표단은 그 권한을 의회에 주었다. 왜 그랬을까? 학생들은 노예를 해방시켰다. 역사 속 제헌 회의에서는 그렇게 하지 않았다. 왜 그랬을까? 이런 과정은 교사에게 더 많은 준비를 요구하고 학생들에게는 더 많은 공부거리를 준다. 그러나 그 경험은 결코 잊을 수 없는 것이 되리라. 만약 지구 시민 모두가 이것과 유사한 경험을 한다면 세상은 훨씬 좋아질 것이다. 나만 그렇게 생각하지 않으리라 믿는다.

교사를 양성하고 봉급을 주고 실험 설비를 확충해 주기 위해서는 더 많은 재원이 필요하다. 그러나 전국적으로 학교채의 발행은 철저하게 부결되고 있다. 국방비나 농업 보조금이나 폐기물 처리비 조달에 지역별로 거두는 재산세를 쓰자는 사람은 없다. 하지만 왜 교육 예산은 재산세로 마련하는 것일까? 지방세나 연방세에서 가져오는 자금을 늘리면 안 될까? 전문 기술을 훈련받은 노동력을 필요로 하는 산업에 특별 교육세를 부과하는 것은 또 어떨까? (미국의 지방 교육 재정은 지역별 재산세를 바탕으로 상당 부분을 마련한다. 따라서 부유한 지역은 재산세도 많이 걷을 수 있으므로 교육 재정이 풍부해 수준 높은 교육을 학생들에게 제공할 수 있지만 가난한 지역은 예산이 부족해 질 나쁜 교육만 제공할 수 있다. 미국 교육의 양극화 원인으로 오래전부터 제기된 문제이기도 하다. — 옮긴이)

미국 학생들은 수업 일수도 충분하지 않다. 미국 학교의 표준적인 연간 수업 일수는 180일이다. 이것은 한국의 220일, 독일 230일, 일본의 243일과 비교된다. 나라에 따라서는 토요일에도 학생들이 등교해야 한다. (한국과 일본 모두 1990년대까지만 해도 토요일에도 학교 수업을 했다. 토요일 수업이 없어진 지금 190일 정도로 줄어들었다. — 옮긴이) 평균적인 미국 고등학생은 1주일에 3.5시간을 숙제하는 데 사용한다. 교실을 들락거리며 공부에 쏟는 총 시간은 1주일에 약 20시간이다. 일본에서는 초등학교 5학년 학생도 1주일에 평균 33시간 공부를 한다. 일본은 미국 인구의 절반밖에 안 되지만 석사 이상의 학위를 가진 과학자와 기술자가 매년 미국의 2배 이상 배출된다.

고등학교 4년 동안(미국은 초등학교 8학년, 고등학교 4학년 학제를 채택하는 경우가 많다. — 옮긴이) 미국 학생들은 수학, 과학, 역사 과목에 1,500시간도 할애하지 않는다. 일본, 프랑스, 독일의 학생들은 그것보다 2배 이상의 시간을 할애한다. 미국 교육부가 의뢰해 작성된 보고서에는 다음과 같은 문장이 보인다.

> '학교의 새로운 역할'이라고 불리는 과목 — 호신술, 소비자 교육, 에이즈, 환경 보전, 에너지 문제, 가사 노동, 운전자 교육 — 을 전통적인 수업 일수에 편입할 수 있어야 한다.

학교에서 이런 교육을 해야 하는 것은 우리 사회가 많은 문제로 앓고 있으며 가정 교육이 제대로 이루어지지 않고 있음을 보여 주는 증거일 것이다. 이것 때문에 고등학교에서는 단지 하루의 3시간만 학문적으로 핵심적인 역할을 하는 과목에 할애할 수 있는 것이다.

과학은 너무 어렵다는 인상이 일반 시민들 사이에 널리 퍼져 있다. 이런 사실은 고등학교에서 물리학을 선택하는 미국 학생이 10퍼센트 내외라는 통계에 그대로 반영되어 있다. 과학을 갑자기 '너무 어렵게' 만든 것은 무엇일까? 미국보다 과학 성적이 좋은 다른 모든 나라의 일반 시민들 역시 과학은 어렵지 않을까? 과학과 기술 혁신을 위해 고된 일을 마다하지 않던 미국의 천재들에게 무슨 일이 일어난 것일까? 미국의 천재들은 전신과 전화, 전등과 축음기, 자동차와 비행기를 발명하고 개발했다. 국민이 그들을 매우 자랑스럽게 여기던 때가 있었다. 컴퓨터를 제외하고는 모든 것이 과거지사처럼 보인다. '양키의 천재성'은 도대체 어디로 갔단 말인가?

미국인의 자식들도 바보가 아니다. 그들이 열심히 공부하지 않는 이유 중 하나는 열심히 공부해도 현실적인 이득을 거의 얻지 못한다는 것이다. 읽고 쓰는 능력, 수학, 과학, 역사에 대한 학력이 제아무리 뛰어나도(그러니까 그 내용을 잘 이해하고 있어도) 그것이 오늘날 고등학교를 졸업한 지 8년이 안 되는 보통의 젊은이가 버는 소득을 증대시키지는 않는다. 게다가 그들 중 대다수는 제조업이 아니라 서비스업에 취직한다.

하지만 제조업의 경우 문제가 심각해진다. 예를 들어, 최근 폐업 위기에 처한 가구 공장들이 늘어나고 있다. 그것은 소비자가 없기 때문이 아니라 말단 직원 중 간단한 산수도 못하는 사람이 늘어나기 때문이다. 대형 전자 회사의 보고서에 따르면 입사 지원자의 80퍼센트가 초등학교 5학년 수준의 산수 시험도 통과하지 못한다고 한다. 상당수의 노동자가 못 읽고 못 쓰며 셈할 줄 모르고 생각할 줄 모르기 때문에 미국은 이미 매년 400억 달러의 돈을 날리고 있다. (주로 생산성 저하로 인한 손실과 보충 교육에 들어가는 비용이다.)

미국 국립 과학 위원회(National Science Board, NSB)가 미국 내 139개 첨단 기술 기업을 대상으로 조사한 결과에 따르면 미국의 연구 개발이 쇠퇴한 것은 정부 정책에 다음과 같은 문제가 있기 때문이라고 한다. ① 장기 전략의 부재, ② 미래의 과학자와 기술자를 양성하는 데 대한 무관심, ③ '국방'에 너무 많은 투자를 하는 반면, 민간 연구 개발에는 투자가 소홀한 점, ④ 대학 이전 교육에 대한 지나친 무관심. 무지는 무지를 낳고 과학 공포증은 전염된다.

미국에서 과학에 가장 호의적인 사람들은 젊고 유복한 대졸 백인 남성들인 듯하다. 그러나 앞으로 10년 안에 미국의 노동자 4분의 3은 여성, 유색인, 이민자로 채워질 것이다. 그들의 열정을 고취하려고 하지 않는 것은(그들을 차별하는 것은 말할 것도 없고) 부당한 일일 뿐만 아니라 바보 같은 자기 파멸적 행위일 뿐이다. 그것은 국가 경제를 위해 간절히 필요한 숙련 노동자의 공급을 단절시키는 행위이다.

아프리카계 학생과 히스패닉계 학생 들은 1960년대 후반보다 지금 미국에서 대입 시험 역할을 하는 표준화 시험(standardized test)에서 괄목할 정도로 향상된 과학 성적을 내고 있다. 하지만 다른 민족 집단에서 그런 개선이 보이지 않는다. 고졸자의 수학 성적을 볼 때에도 미국의 흑인과 백인 간의 평균적인 실력 차이는 아직도 엄청나다. 2~3등급의 수준 차를 보인다. 그러나 미국의 고졸 백인과, 예를 들어 일본, 캐나다, 영국, 핀란드의 고졸자 사이에 수학 실력을 비교하면, 그 차이는 2배 이상이다. (미국 학생들이 밑에 있다.) 동기 부여도 없고 만족스러운 교육도 받지 못하는 것을 고려한다면 이것은 당연한 결과라고 할 수 있다. 도시 근교 주택가에 살며 대졸 부모를 가진 아프리카계 미국인 대학생들은 똑같은 조건의 백인 학생들만큼 잘한다. 어떤 통계에 따르면, 빈곤층의 아동을 미국 연방 정부의 취학 전 아동 교육 지원 정책인 '헤드 스타트(Head Start)' 프로그램에 참가시키면 나중에 취직할 가능성이 2배가 되는 것으로 나타났다. 그리고 대학 교육에 필요한 준비를 시켜 주는 '업워드 바운드(Upward Bound)' 프로그램을 마친 아동은 대학에 진학할 확률이 4배가 된다. 곰곰이 생각해 보면 무엇을 해야 할지 알 수 있다.

대학 교육은 또 어떤가? 실시하기만 하면 반드시 성과를 볼 조치가 몇 가지 있다. 우선 교사의 지위를 교육 실적에 기반해서 향상시켜야 한다. 이중 맹검법으로 표준화 시험을 치르고 그 성적을 담당 교사의 승진에 반영하는 것이다. 그리고 교사들의 봉급을 기업에 취직하면 받을 수 있는 수준까지 올려 주어야 한다. 장학금, 연구 장려금을 늘리고 실험 장비를 더 많이 확충해 주어야 한다. 일류 교수들을 중심으로 해서 창의력과 영감을 주는 교과 과정과 교재를 개발하도록 해야 한다. 실험 과목을 졸업하려면 반드시 들어야 하는 필수 과목으로 만들어야 한다. 그리고 전통적으로 과학이 거리를 두었던 문제에 대해서도 관심을 가져야 한다. 연구 일선에 있는 과학자들이 일반 시민과 대중에게 과학을 소개하고 가르치는 시간을 더 많이 할애하게 해야 한다. 교과서나 교양서를 쓰거나 강연을 하거나 신문이나 잡지에 기고하도록 해야 하고 텔레비전에도 출연하도록 해야 한다. 회의적 사고와 과학의 방법에 관한 필수 과목을 만들어 대학 1, 2학년 학생들이 듣도록 하는 것도 해 볼 만한 가치가 있을 것이다.

신비주의 사상가였던 윌리엄 블레이크는 태양을 바라보다가 천사들을 보았다고 한다. 다른 사람들은 속물처럼 "색으로 보나 크기로 보나 기니 금화처럼 보이는 것만 볼 수 있었다."라고 했는데 말이다. 블레이크는 태양 속에서 정말로 천사들을 보았을까, 아니면 어떤 지각적 또는 인지적 오류를 범한 것뿐일까? 내가 아는 한, 천사류의 존재가 찍힌 태양 사진은 없다. 블레이크는 카메라나 망원경으로는 포착할 수 없는 것을 본 것일까? 어쩌면 그 천사들은 블레이크의 머리 바깥이 아니라 안에서 찾아야 할지도 모른다. 그리고 현대 과학이 밝혀낸 태양의 본질은 블레이크가 본 것보다 훨씬 더 경이로운 것일지도 모른다. 태양은 천사나 금화 따위가 아니라, 크기는 지구 100만 개를 합친 것만 하고, 그 중심부는 원자핵들로 틈을 볼 수 없을 정도로 빽빽하게 채워져 있으며, 그곳에서 수소가 헬륨으로 변환되면서 100억 년 이상 수소 속에 잠들어 있던 에너지가 방출된다. 그 에너지는 지구와 다른 행성들에 온기와 빛을 선사한다. 이런 과정이 은하계의 4000억 곳에서 똑같이 일어나고 있다.

이것 말고도 과학이 발견한 경이는 적지 않다. 그중 세 가지만 언급해 보자면 다음과 같다. 무(無)에서 사람 하나를 만드는 데 필요한 설계도, 세부 지시 사항, 그리고 작업 순서를 글로 적는다면, 아마도 백과사전 1,000권 분량은 채울 수 있을 것이다. 그런데 사람의 몸속에 들어 있는 세포 하나하나가 이런 백과사전을 한 질씩 담고 있다. 퀘이사 또는 준성은 너무 멀리 떨어져 있어서 우리가 보는 빛이 그 천체를 떠나 은하 여행을 시작한 것은 지구가 채 생기기도 전이었다. 지구 위에 사는 모든 인간은 수백만 년 전 동아프리카에 살던, 인간하고 그리 닮지 않은 유인원의 후손이다. 따라서 인류는 모두 친척인 셈이다.

이런 발견들에 대해 생각할 때마다 가슴이 뛰고 설레는 것을 느낀다. 심장이 고동치고 그것을 억누를 수 없다. 과학은 경이와 경탄이다. 우주 탐사선이 다른 행성을 통과할 때마다 놀라는 자신을 발견한다. 행성 과학자들은 이렇게 중얼거린다. "와, 그게 그렇단 말이지? 왜 그걸 생각 못 했을까?" 자연은 언제나 우리의 상상이 범접하지 못할 정도로 더 정묘하고 복잡하며 우아하다. 오히려 우리가 놀라야 마땅한 것은, 인간이라는 한계를 가진 우리가 자연의 비밀을 여기까지 알아냈다는 것이다.

과학자라면 누구나 체험한 것이겠지만, 무언가를 발견하거나 돌연히 알게 되었을 때 경외감이라고 할 법한 느낌을 받게 된다. 과학(순수 과학, 다시 말해 실용적인 목적이 아니라 과학 그 자체만을 위한 과학)은 그것을 수행하는 사람들의 정서를 심오하게 뒤흔드는 주제이다. 놀란다거나 감동한다거나 하는 측면에서 보자면 프로 과학자도 과학의 최신 발견을 듣고 놀라는 일반인이나 차이가 없다.

추리 소설에 나오는 것처럼 질문들을 조립해 가면서 대안적 설명들을 검토하는 일은 즐거운 작업이다. 그러다 보면 과학적 발견의 과정을 조금이나마 나아가게 하는 데 도움을 줄 수 있다. 그런 생각을 가지고 다음 문제들을 살펴보면 어떨까? 거의 무작위로 고른 것인데, 간단한 것도 있고 어려운 것도 있다.

- 6과 7 사이에 발견되지 않은 정수가 존재하는가?
- 원자 번호 6인 원소(탄소)와 원자 번호 7인 원소(질소) 사이에 발견되지 않은 화학 원소가 있을 수 있는가?
- 어떤 새로운 방부제가 생쥐에게 암을 유발한다고 하자. 그러나 사람은 생쥐보다 몸무게가 많이 나가기 때문에 그 물질을 1일 500그램씩 투여하지 않으면 암이 발생하지 않는다고 해 보자. 이 경우 그 새로운 방부제는 그다지 위험하지 않을 수도 있다. 그렇다면 음식물의 보존 기간을 늘림으로써 얻는 이득은 암의 유발 가능성이라는 위험을 상회한다고 할 수 있을까? 누가 그것을 결정하는가? 적절한 판단을 내리려면 어떤 데이터가 필요할까?
- 38억 년 전에 형성된 것으로 보이는 암석을 대상으로 탄소 동위 원소 비율을 조사한 결과 현생 생물의 그것과 비슷한 것으로 밝혀졌다. 이 사실은 38억 년 전 지구에도 생물이 번성했다는 증거일까? 아니면 훨씬 뒤에 생긴 생물의 유기체가 바위에 스며들어 생긴 화학적 잔존물이라고 보는 게 맞을까? 그것도 아니면, 생물학적 과정 말고도 암석 속의 동위체를 분리하는 방법이 존재하는 것일까?
- 사람의 뇌 안에서 흐르는 미세한 전류를 측정한 결과, 특정한 종류의 정

신 활동이나 기억 과정이 작동하면, 뇌의 특정 부위가 활성화되는 것이 밝혀졌다. 그렇다면 우리의 생각, 기억, 감정은 신경 세포로 이루어진 뇌 내 회로의 산물일지도 모른다. 그 회로를 로봇으로 시뮬레이션할 수도 있지 않을까? 뇌 속에 새로운 회로를 넣거나 오래된 것을 대체함으로써 의견, 기억, 감정, 추론 능력을 변화시킬 수 있을지도 모른다. 어떻게 생각하는가? 그리고 그렇게 함부로 바꾸는 것은 어떤 위험을 가져올까?

- 당신이 태양계의 기원에 관한 이론을 만들었다고 해 보자. 그 이론에 따르면 은하 전역에 기체와 티끌로 이루어진 수많은 원반이 존재한다. 천체 망원경 관측 결과, 어디서나 원반을 발견할 수 있었다. 그래서 당신은 즐거운 마음으로 자기 이론이 확인되었다고 결론 내린다. 그러나 곧 당신이 본 원반이 우리 태양계와 비슷한 다른 항성계라고 하기에는 너무 크다는 것이 밝혀진다. 결국 우리 은하 밖에 있는 나선 은하임을 알게 된다. 당신은 자신의 이론을 폐기해야만 할까? 아니면 다른 종류의 원반을 찾아야 할까? 다른 원반을 찾아야 한다는 당신의 주장은 자기 가설을 포기하기 싫어서 늘어놓는 변명이 아니라고 할 수 있을까?
- 성장 중인 암세포는 혈관과 연결된 인접 세포들에 "피가 필요해."라는 긴급 메시지를 보낸다. 내피 세포는 어쩔 수 없이 암세포에 피를 공급할 혈관을 만들어 준다. 이런 일은 어떻게 생기는가? 그 메시지를 차단하거나 취소시킬 수는 없을까?
- 보라색, 파란색, 초록색, 노란색, 주황색, 빨간색 물감을 섞으면 흑갈색이 된다. 그런데 똑같은 색들의 빛을 섞으면 흰빛이 나온다. 어떻게 된 일일까?
- 인간뿐만 아니라 다른 많은 동물의 유전자에는 상당히 길게 같은 유전 정보를 반복하는 부분들이 있다. (그것을 무의미 코돈(nonsense codon)이라고 한다.) 이중에는 유전병을 일으키는 부분도 있다. 이 DNA 마디들은 자기

만을 위해 복제하고 자기만을 위해 행동하며 자신들이 거주하는 생명체의 안녕 따위는 거들떠보지도 않는 말썽거리 핵산일까, 아니면 다른 기능이 있을까?

- 많은 동물이 지진 발생 직전에 이상 행동을 한다. 지진학자들도 모르는 무엇을 그들은 아는 것일까?
- 고대 아즈텍 어와 고대 그리스 어에서 '신'에 해당하는 말은 거의 같다. 이것이 두 문명 간에 어떤 접촉이 있었거나 그들 간에 공통성이 있다는 증거가 될 수 있을까? 아니면, 전혀 관계없는 두 언어 간에도 그런 우연의 일치가 있을 수 있다고 보아야 할까? 아니면, 플라톤이 대화편 「크라틸로스(Cratylus)」에서 생각한 것처럼 어떤 단어들은 날 때부터 우리에게 주어지는 것일까?
- 열역학 제2법칙은 우주 전체를 하나의 단위로 볼 때 시간이 흐를수록 그 안에서 무질서도는 증가한다고 주장한다. (물론 국지적으로는 우주의 다른 곳에서 그 질서도를 떨어뜨리는 대가를 치른다면 행성과 생명과 지능이 생겨날 수 있다.) 그러나 대폭발에서 시작된 우주 팽창이 앞으로 점점 느려지다 멈추고 결국 수축으로 바뀌게 된다면, 그때는 제2법칙이 뒤바뀔 수도 있지 않을까? 결과가 원인보다 먼저 일어나는 일이 일어날 수 있을까?
- 인간의 신체는 음식물의 분해와 소화를 촉진하기 위해 위장에서 고농도 염산을 사용한다. 그런데 왜 그 염산은 위장을 녹이지 않을까?
- 내가 이 글을 쓰는 시점에서 가장 오래된 별들은 우주보다도 더 오래된 것처럼 보인다. 이것은 마치 한 여성이 자기보다 나이 많은 아이가 있다고 하는 말처럼 들린다. 이것이 틀린 것은 명확한데, 대체 어디서부터 틀렸는지 알 수 없다.
- 현재의 기술로 원자 하나하나를 이리저리 옮길 수가 있다. 마이크로미터 규모로 복잡한 메시지들을 새길 수도 있다. 분자 크기의 기계를 만드는

것 또한 가능하다. '나노 기술'이 이렇게 초보적이나마 널리 이용되고 있다. 수십 년 후 우리는 이 기술로 무슨 일을 할 수 있을까?

- 몇몇 연구소에서 적절한 조건의 시험관 내에서 자기 복제하는 복잡한 분자가 발견되었다. 그 분자 중에는 DNA나 RNA처럼 핵산으로 된 것도 있고 그렇지 않은 것도 있다. 화학 반응을 촉진하기 위해 효소를 사용하는 것도 있고 그렇지 않은 것도 있다. 복제 과정에 오류가 발생하기도 하고 그렇게 생긴 오류가 이후 몇 세대에 걸쳐 복제되기도 한다. 이렇게 해서 처음 것과 다른 새로운 종류의 자기 복제 분자가 탄생하게 되고 그중 일부는 다른 것들보다 좀 더 빠르게, 좀 더 효율적으로 자기 복제를 한다. 이렇게 유리한 성질을 가진 것들이 더 빨리 증가하게 된다. 시간이 흐를수록 시험관 속 분자들의 효율성은 점점 더 높아진다. 우리는 분자들의 진화를 목격하고 있는 것이다. 이것은 생명의 기원과 관련해 어떠한 통찰을 가져다줄까?
- 일반적인 얼음은 흰데, 왜 빙하의 얼음은 파랄까?
- 지표면으로부터 수 킬로미터 아래에서도 생명체가 발견되고 있다. 생명은 얼마나 깊이 내려갈 수 있을까?
- 한 프랑스 인류학자에 따르면 말리 공화국 도곤(Dogon) 족은 별 시리우스에는 밀도가 아주 높은 동반성이 있다는 전설을 가지고 있다고 한다. 실제로 시리우스는 그런 동반성을 가지고 있다. 하지만 그것을 밝혀내려면 고도로 발전한 천문학이 필요하다. 그렇다면 도곤 족은 ① 거대한 광학 망원경과 천체 물리학 이론을 소유했던 잊혀진 문명의 후예란 말인가? 아니면 ② 외계인들로부터 그런 지식을 전수받은 것일까? 그것도 아니면 ③ 지나가던 유럽 인들로부터 시리우스의 동반성인 백색 왜성에 관한 이야기를 들었단 말인가? 아니면 ④ 프랑스 인류학자가 실수한 것이고 도곤 족에게는 실제로 그런 전설이 없는 것일까?

과학자들은 과학을 일반 대중에게 이해시키는 것을 매우 어렵게 느낀다. 왜 그럴까? 어떤 과학자들은(그중에는 아주 훌륭한 과학자들도 있다.) 내게 "과학을 대중화하고 싶어도 아무래도 그런 분야에는 소질이 없는 것 같습니다."라고 말한다. 그들은 이해하는 것과 설명하는 것은 다르다고 말한다. 그렇다면 그 비결은 무엇인가?

내가 생각하기에는 비결은 오로지 한 가지이다. 일반 청중에게 이야기할 때 동료 과학자들에게 하는 것처럼 하지 말라는 것이다. 전문가들 사이에서는 뜻하는 바를 즉각적으로 정확하게 전달하게끔 해 주는 어휘들이 있다. 전문 용어, 학술 용어라고 불리는 게 그것이다. 과학자들이야 직업상 그런 어휘들을 쓰는 게 일상이겠지만, 일반 청중에게는 과학을 신비화할 뿐이다. 가능한 한 가장 쉬운 어휘를 써야 한다. 무엇보다도 중요한 것은 지금 당신이 설명하는 것을 이해하기 전 당신 자신이 어땠는지 기억하는 것이다. 오해할 뻔했던 부분을 기억해 내고, 그것들에 주의하면서 설명해야 한다. 어느 것 하나 이해하지 못하던 시절이 있었음을 명심해야 한다. 당신을 무지에서 지식으로 이끌어 주었던 첫 과정들을 되새겨야 한다. 그리고 인간은 누구나 태어날 때부터 지성을 가지고 있었다는 것을 결코 잊지 말아야 한다. 진정 이것이 비결의 전부이다.

이 정도로만 공을 들여도 엄청난 이득을 얻을 수 있다. 다만 몇 가지 실수할 위험도 있다. 예를 들어, 현상을 지나치게 단순화한다거나, 정량적 숫자를 설명하기 힘들어 생략하다가 구체성이 떨어진다거나, 관련 과학자를 이룬 성과에 비해 지나치게 띄워 준다거나, 설명하기 편리해 사용한 비유와 사실의 구별이 모호해진다거나 할 수 있다. 어떻게든 타협이 필요하다.

몇 번이고 사람들 앞에서 강의하고 설명하고 이야기하다 보면, 어느 접근 방식이 효과가 있고 어느 것이 그렇지 않은지가 분명해진다. 강연 중 사용하는 여러 가지 비유, 이미지, 유비, 일화에도 자연 선택이 작용해 살아남을 수 있는 것만 살아남게 된다. 그렇게 소비자 테스트라는 디딤돌을 통해 한 걸음씩 올라가면, 어느새 어떤 주제든 어렵게든 쉽게든 설명하는 당신을 발견하게 될 것이다. 그렇게 되면 이제 그때그때 청중의 요구에 맞춰 강의 내용을 미세 조정하면 된다.

일부 매체 편집자들과 방송 제작자들처럼 과학자 중에도 일반 대중이 너무 무지하고 어리석기에 과학을 이해할 수 없으며, 따라서 과학 대중화라는 비전은 근본적으로 성공할 가망이 없는 허사라고 믿는 이들이 있다. 적과의 동거까지는 아니라고 하더라도 그것은 도저히 가까워질 수 없는 사람들이 친하게 지내자는 것과 같다고 그들은 생각한다. 이런 판단에서(그리고 동료 시민을 무시하는 오만방자함과 과학의 보급에 성공한 무수한 사례에 대한 무시에서) 과학 대중화는 과학 대중화를 주장하는 자들의 자기 확인에 지나지 않는다는 비판이 나온다. 그러나 이것은 그 말을 하는 과학자의 자기 파멸을 부를지도 모르는 헛소리에 지나지 않는다.

정부가 과학에 대한 대규모 지원을 시작한 것은 그리 오래지 않은 일이다. 거슬러 올라가 보면 제2차 세계 대전 때가 처음이다. (부자와 권력자가 개인적으로 과학자를 후원한 것은 좀 더 오래되었다.) 냉전이 종식되면서 모든 종류의 기초 과학 지원을 정당화하는 데 쓰여 왔던 '국방'이라는 비장의 카드가 사실상 통하지 않게 되었다. 이것은 과학자들로부터 과학의 대중화라는 생각에 대한 거부감을 지우는 데, 아주 부분적이기는 하지만, 역할을 했을지도 모른다. (과학에 대한 지원금은 거의 대부분 공공 재원에서 나오기 때문에 과학자가 과학 대중화에 반대한다는 것은 유치한 자살 행위에 지나지 않는다.) 일반 대중이 과학을 이해하고 그 가치를 발견한다면 지원을 받을 가능성도 더 커진다. 여기서 내가 이야기하는 과학 대중화란, 이를테면 《사이언티픽 아메리칸(*Scientific American*)》같이 과학 마니아나 다른 분야의 과학자들이 읽는 잡지에 기고하라는 것이 아니다. 대학 학부생들을 위한 입문 강의를 하라는 이야기도 아니다. 내가 말하고자 하는 것은, 신문, 잡지, 라디오, 텔레비전이나 일반 대중을 위한 강연에서, 그리고 초·중·고등학교의 교재에서 과학의 핵심 내용과 그 방법을 전달하기 위해 애쓰라는 것이다.

물론 과학 대중화에도 기준은 필요하다. 과학을 신비화하거나 세상사를 아전인수격으로 해석하는 데 사용해서는 안 된다. 일반 대중의 관심을 끌기 위해 과학자들이 지나치게 멀리 나가 버리는 경우도 종종 있었다. 이를테면, 미묘한 종교적 결론을 도출하기도 했다. 천문학자 조지 피츠제럴드 스무트 3세(George Fitzgerald Smoot III, 1945년~)는 대폭발의 흔적이라고 할 수 있는 우주 배경 복사에서 아주 작은 비균질성을 발견하고는 "신과 마주쳤다."라고 썼다. 노벨 물리학상 수상자인 리언 맥스 레더먼(Leon Max Lederman, 1922~2018년)은 기본 입자 가운데 하나인 힉스 보손(Higgs boson)을 "신의 입자"라고 부르고 아예 책 이름에까지 가져다 썼다. (내 생각에는 모든 입자가 다 신의 입자이다.) 만약 힉스 보손이 존재하지 않는다면 '신이 존재한다는 가설'은 반증되는 것일까? (2012년 CERN의 대형 강입자 충돌기(LHC) 실험으로 힉스 보손이 발견되었다. — 옮긴이) 물리학자 프랭크 제닝스 티플러 3세(Frank Jennings Tipler III, 1947년~)는 가까운 미래에 컴퓨터가 신의 존재를 증명할 것이며 우리의 육체적 부활도 이루어 낼 것이라고 주장한 바 있다.

잡지나 텔레비전은 과학의 세계를 일부 보여 주고 사람들을 자극할 수 있다. 이것은 매우 중요하다. 그러나 과학을 대중화하는 가장 좋은 방법은 교과서나 교양서, CD롬이나 레이저 디스크 같은 저장 매체를 이용하는 것이다. (좋은 교사의 지도를 받거나 잘 구성된 커리큘럼이나 세미나를 통해 공부하는 것은 제외하고.) 이런 것들을 사용한다면 천천히 심사숙고해 가면서 진도를 알맞게 조절할 수 있고 어려운 부분은 다시 한번 찾아보고 교재들을 서로 비교해 가며 깊이 파고들 수 있기 때문이다. 과학 대중화에도 어울리는 방법이 있는 것이다. 하지만 학교에서조차 그것은 제대로 이루어지지 않는다. 철학자 존 패스모어가 지적한 것처럼 학교에서 과학은 흔히 다음과 같이 소개된다.

> 학교 교육에서 과학은 원리를 가르치고 그것을 정해진 틀에 따라 응용하는 것에 그치는 경우가 대부분이다. 과학은 교과서를 통해 배우는 것이고, 위대한 과학자의 업적이나 과학 잡지에 기고된 최신 논문을 통해서 배우지는 않는다. …… 과학의 초심자는 인문학의 초심자와는 달리 천재와 직접 접촉할 수가 없다. …… 실제로 학교 수업이 과학으로 이끄는 이들은 과학에 적합한 이들이 아니라 정해진 틀에 따라 작업하는 것을 좋아하는, 상상력이 좀 부족한 소년 소녀가 대부분이다.

과학 대중화에서는 경이로움을 느낄 줄 아는 감성에 불꽃을 당겨 주는 것만으로도 성공이라고 나는 생각한다. 그것을 위해서는 과학의 현재 성과를 보여 주는 것만으로는 부족하다. 그것이 성취되기까지의 과정을 모두 자세히 설명할 필요도 없다. 실제로 목적지를 묘사하는 게 가는 길을 설명하는 것보다 쉬운 법이다. 그러나 가능하다면, 그 과정에서 빚어진 잘못이나 출발점부터 따라온 오류, 막다른 길이나 절망적이라고까지 할 수 있는 혼란 등도 어느 정도는 소개해야 한다. 때로는 증거와 자료만 제공해 독자들이 스스로 결론을 도출할 수 있도록 하는 편이 좋을 수도 있다. 이렇게 하면 새로운 지식을 잠자코 받아들이는 것에 그치지 않고 스스로 발견하는 체험도 할 수 있기 때문이다. 스스로 발견한 것은, 심지어 그것이 누군가 이미 발견한 것이라고 해도, 결코 잊혀지지 않는 법이다.

어린 시절 나는 조지 가모브(George Gamow, 1904~1968년), 제임스 호프우드 진스(James Hopwood Jeans, 1877~1946년), 아서 스탠리 에딩턴(Arthur Stanley Eddington, 1882~1944년), 홀데인, 줄리언 소렐 헉슬리(Julian Sorell Huxley, 1887~1975년), 레이철 카슨(Rachel Carson, 1907~1964년), 그리고 아서 찰스 클라크(Arthur Charles Clark, 1917~2008년) 등이 쓴 대중적인 과학책이나 잡지 기사를 읽고 영감을 얻었다. 그들은 모두 과학적 훈련을 받은 사람들이었고 대부분 당시 과학계를 이끌던 일류 연구자들이었다. 달필에다 설명도 자상한데다 풍부한 상상력까지 담은 과학책은 머리뿐만 아니라 가슴도 뜨겁게 만든다. 20년 전부터 높아지기 시작한 과학책의 인기는 지금도 식을 줄을 모른다. 그리고 그런 책을 쓰는 과학자들의 층과 그 분야도 이전에는 볼 수 없을 정도로 넓어지고 있다. 대중화에 앞장서고 있는 현대 최고의 과학 계몽가로는, 생물학 분야에서는 스티븐 제이 굴드(Stephen Jay Gould, 1941~2002년), 에드워드 오스본 윌슨(Edward Osborne Wilson, 1929~2021년), 루이스 토머스(Lewis Thomas, 1913~1993년), 그리고 리처드 클린턴 도킨스(Richard Clinton Dawkins, 1941년~)가 있고, 물리학 분야에서는 스티븐 와인버그(Steven Weinberg, 1933~2021년), 앨런 라이트먼(Alan Lightman, 1948년~), 그리고 킵 손(Kip Thorne, 1940년~)을 들 수 있다. 화학 분야에서는 로알드 호프만(Roald Hoffmann, 1937년~)이 있고 천문학 분야에서는 프레드 호일의 초기 저술들도 그런 역할을 했다. 아이작 아시모프(Isaac Asimov, 1920~1992년)는 어떤 분야를 다루든 멋진 결과물을 내놓았다. (여기에 더해서 과거 수십 년간 가장 자극적이고 흥미로운 교양 과학서를 꼽는다면 『파인만의 물리학 강의(*Introductory Lectures on Physics*)』 1권을 들 수 있다. 다만 이 책을 읽으려면 미적분 지식이 필요하다.) 과학을 대중에게 보급하기 위한 노력이 많이 이루어졌다. 하지만 아직 부족하다. 그리고 너무나도 당연한 일이겠지만 문장을 제대로 읽을 줄 모른다면 아무리 멋진 저술이라고 하더라도 돼지 목의 진주 목걸이처럼 아무런 쓸모가 없다.

내가 이 책 시작 부분에서 언급한 '버클리 씨'와 그와 같은 처지에 있는 수백만의 사람들에게 우리는 도움의 손을 뻗어야 한다. 무기력하고 호기심 없고 무비판적이며 상상력이 고갈된 고등학교 3학년 학생이 더 이상 배출되지 않도록 해야 한다. 인류에게 필요한 것은 깨어 있는 마음과 세상이 돌아가는 기본적인 방식에 관한 이해를 가진 시민이다. 우리는 그것이 가능하다.

어떤 사회든 그 사회의 근본 가치들을 고스란히 간직한 채 다음 세기에도 제대로 생존하기를 바란다면 과학이 없어서는 안 될 것이라고 나는 생각한다. 그리고 그때의 과학은 과학이라는 업(業)에 종사하는 자들만의 것이 아니라 인류 공동체 전체에 의해 이해되고 수용된 것이어야 한다고 믿는다. 과학을 모두의 것으로 만들기 위해서는 많은 일을 해야 한다. 우리 과학자들이 하지 않는다면 누가 대신 한다는 말인가.

20장
불타는 집에서

그때 부처님께서는 사리불에게 말씀하셨다.

"…… 사리불아, 옛날 옛적에 어느 나라의 마을인가, 시장통인가, 도시인가, 시골인가, 지방인가, 왕도에 큰 장자(長者)가 살았느니라. 나이는 매우 늙었으나 몸은 쇠약했으나 재산은 한량없었으며, 전답과 가옥, 그리고 하인도 대단히 많았느니라. 그의 집도 매우 크고 넓었으나 지은 지 오래되었고 대문은 꼭 하나뿐이었다. 하지만 그 안에 100명, 200명, 300명, 400명, 500명이나 되는 사람들이 살고 있었느니라. 그 집은 모두 낡아서 벽과 담은 무너졌고 기둥뿌리는 썩었으며 대들보는 기울어져 위태롭게 생겼는데, 갑자기 사방에서 불이 나 타기 시작했느니라. 그때 그 집 안에는 5명, 10명, 20명, 혹은 30명이나 되는 장자의 여러 아들들이 있었지만 빠져나온 것은 그 장자뿐이었느니라. 그는 집이 불덩이로 변한 것을 보고 크게 놀라 이렇게 생각하였느니라. '나는 비록 이 불난 집에서 무사히 나왔지만, 여러 아이가 이 불타는 집에서 장난하고 노느라고 깨닫지도 못하고 알지도 못하고 놀라지도 않고 두려워하지도 않으며, 불이 곧 몸에 닿아서 그 고통을 한없이 받으련만, 걱정하는 마음도 없고 나오려는 생각도 못 하는구나.'라고. ……"

—『묘법연화경(妙法蓮華經)』에서

* 이 장은 앤 드루얀과 함께 쓴 것이다.

《퍼레이드》에 기고하는 것이 너무나 흥미로운 이유 중 하나는 독자들의 반응을 확인할 수 있다는 것이다. 이 잡지는 최대 8000만 독자가 읽기 때문에 이 잡지의 반응은 미국 시민의 의견을 상당히 잘 대표한다고 볼 수 있다. 사람들이 어떤 생각을 하는지, 그들이 무엇을 두려워하고 바라는지, 그리고 잘하면 우리가 어디서 길을 잃었는지까지도 알아볼 수 있는 것이다.

미국 교육이 처한 상황에 대해 논한 앞 19장의 내용을 좀 강한 어조로 간추려서 《퍼레이드》에 기고한 적이 있다. 편지가 홍수처럼 쏟아졌다. 미국의 교육에는 아무런 문제도 없다고 주장하는 사람도 있었고, 미국인들이 탁월한 지성과 실제적인 지식을 잃어 가고 있다고 걱정하는 이도 있었다. 또 문제를 간단하게 해결할 수 있다고 주장하는 이도 있었고, 문제의 뿌리가 너무 깊어 해결하기 어렵다고 하는 사람도 있었다. 많은 의견이 나를 놀라게 했다.

미네소타 주에서 10학년(우리나라로 치면 고등학교 1학년. ―옮긴이) 학생을 담당한다는 한 교사는 잡지에 실린 내 글을 복사해서 학생들에게 나누어 준 후 그 감상을 편지로 써서 내게 보내라고 했다고 한다. 다음은 이 학생들이 보낸 편지에서 몇 개 뽑은 것이다.

- 미국인들이 바보라니, 그 잘난 학교 성적이 나쁠 뿐이다.
- 그래 어쩌다 보니 우리가 다른 나라 학생들보다 똑똑하지 않게 되었다. 그래도 괜찮다. 왜냐하면 우리는 제품을 수입하면 되기 때문이다. 그런 제품의 부품을 만드는 데 돈을 쓰지 않아도 된다.
- 그래서 다른 나라 학력이 더 우수하다고 해서 뭐가 문제냐, 그네들 대부분은 어쨌든 미국으로 건너오고 싶어 할 텐데?
- 우리 사회는 새로운 발견을 잘 이용하고 있다고 생각한다. 속도가 느리기는 하지만 암 치료법도 줄기차게 발전하고 있다.
- 미국은 고유의 학습 제도를 가지고 있고 그것이 그들에 비해 낙후된 것일 수도 있지만 나름대로 딱 좋다. 아무튼, 당신의 글은 아주 교육적이라고 생각한다.
- 우리 학교에서 과학을 좋아하는 사람은 단 한 사람도 없다. 나는 그 글이 무엇을 말하려고 하는지 정말 모르겠다. 너무 지겨운 글이었다고 생각했다. 그런 문제에는 그냥 관심이 없을 뿐이다.
- 나는 법률가가 되려고 공부하고 있다. 하지만 솔직히 말해서 과학 공부는 열심히 하지 않는다. 부모님도 잔소리를 하신다.
- 일부 미국 학생들이 노력하지 않는다는 것은 맞는 말이다. 그러나 우리가 하고자만 한다면 다른 나라보다 더 똑똑해질 수 있었다.
- 학생들은 숙제 대신에 텔레비전을 본다. 나도 그렇다. 하루에 4시간 정도 보는데, 이것도 전보다는 준 것이다.
- 잘못된 것은 학교나 교육 제도가 아니다. 미국 사회는 학교를 더 이상 중요시하지 않는다. 우리 엄마도 내 숙제를 도와주는 대신 오히려 내가 야구나 미식 축구 하는 것을 보고 싶어 한다. 내가 아는 아이들 대부분도 공부는 별로 신경 쓰지 않는다.
- 나는 미국 아이들이 바보라고 생각하지 않는다. 그들은 일하느라고 바빠

공부를 충분히 열심히 하지 못할 뿐이다. 많은 사람이 아시아 사람들이 미국 사람들보다 더 똑똑하며 모든 방면에서 훌륭하다고 말하지만 그것은 사실이 아니다. 그들은 운동을 잘하지 못한다. 그들은 운동할 시간이 없는 것이다.

- 나는 운동부에 있는데, 학교에서는 공부보다 스포츠를 잘해야 한다고 압박을 준다. 팀의 다른 친구들도 비슷한 압박을 느끼는 듯하다.
- 미국 학생들이 1등 하기를 원한다면, 우리는 온종일 학교에 있어야 할 것이다. 그렇다면 어떤 사회 활동도 하지 못할 것이다.
- 당신은 많은 과학 선생님들을 모욕하고 있다. 당신 글을 읽으면 그들도 아마 열 받을 것이다.
- 선생님들이 수업을 좀 더 흥미로운 것으로 만들었다면, 학생들도 공부하고 싶어졌을 것이다. …… 만약 과학이 재밌다면, 아이들은 공부하고 싶어 할 것이다. 그러기 위해서는 보다 어릴 때부터 과학을 재밌게 가르쳐야 하며, 너무 자잘한 것을 가르치려 해서도 안 된다고 생각한다.
- 미국의 과학이 그런 상태에 있다니, 믿기 어렵다. 만약 우리가 그렇게 뒤처져 있다면, 어째서 미하일 고르바초프는 미네소타와 몬태나를 찾아 컨트롤 데이터 사를 방문하고 우리가 컴퓨터 같은 것을 어떻게 사용하는지 보고 갔을까?
- 초등학교 5학년 학생 보고 33시간이나 공부하라니! 내 생각으로는 그건 너무 많다. 그건 풀타임 근무만큼이나 많은 시간이다. 그럴 바에는 숙제하는 대신 돈이나 버는 게 나을 것 같다.
- 당신은 우리가 과학과 수학 실력이 떨어진다고 썼는데, 당신 글에는 우리에 대한 배려를 찾아볼 수가 없다. 조금 더 부드럽게 써도 되지 않았을까? …… 당신의 조국과 조국의 역량에 대해 조금 더 자긍심을 가질 필요가 있다.

● 내가 생각하기에 당신이 밝힌 사실들은 결정적이지 않다. 그리고 그 증거들은 설득력이 없다. 대체로, 좋은 지적을 하기는 했다.

대체로 학생들은 문제가 없다고 생각한다. 그리고 설령 있다고 해도, 그들이 그 문제를 해결하기 위해 할 수 있는 일은 그다지 많지 않은 것 같다. 많은 학생이 수업, 토론, 숙제가 "지겹다."라고 불평한다. 특히 정도의 차이는 있겠지만 전반적으로 '주의력 산만증'에 시달리는 MTV 세대에게 공부는 정말로 지루하리라. 그러나 3년 내지 4년 동안 덧셈, 뺄셈, 곱셈, 나눗셈을 시키고 또 시킨다면 누구라도 지겨울 것이다. 게다가 더 비극적인 사실은 이 학생들도 같은 시간 동안 가르친다면 초보적인 확률론 정도는 이해할 수 있다는 것이다. 마찬가지로 생물 수업 시간에도 진화론 관련 내용은 쏙 뺀 채 동식물의 다양성만 가르치고 있다. 역사 시간에도 권위에 대한 복종과 인간의 탐욕, 그리고 무능과 무지가 역사에서 어떤 역할을 했는지는 말해 주지 않고 그저 전쟁, 연대, 그리고 왕들에 관한 이야기만 들려준다. 영어 수업에서도 새로 생겨난 단어들은 다루지 않고 옛 낱말들만 그대로 가르친다. 화학 시간에도 원소들이 어디서 생겨난 것인지 말해 주지 않는다. 학생들의 흥미를 일깨우는 방법은 매우 손쉬운 것인데도 무시하고만 있다. 대부분의 학생은 학교에서 배운 지식 중 극히 일부만 머릿속에 새긴 채 졸업해 간다. 그렇다면 소비자 테스트를 통과한 흥미로운 주제들을 학생들에게 소개하는 게 더 좋지 않을까? 그리고 무엇보다 중요한 것은 학생들에게 공부하는 게 즐겁다는 것을 가르치는 것 아닐까?

반면, 편지를 보낸 어른들은 대부분 심각한 문제가 있다고 생각한다.

호기심 많은 아이를 자녀로 둔 부모들이 보낸 편지도 있었다. 그들은 자신의 자식들이 무엇이든 알고 싶어 하고 공부도 열심히 하며 과학을 좋아하지만 지역 사회나 학교는 그 흥미를 충족시켜 줄 생각은 않고 방관만 한다고 지적한다. 다른 어른 중에는 자신은 과학에 대해 아무것도 모르지만 생활고를 감수하고 자녀들에게 과학책, 현미경, 망원경, 컴퓨터, 또는 화학 실험 세트를 사 주었다는 부모도 있었고, 열심히 공부해야 가난에서 벗어날 수 있다고 가르친다는 부모도 있었고, 밤늦게까지 숙제를 하는 손자에게 차를 가져다준다는 할머니도 있었다. 자기 아이가 "다른 아이들을 바보처럼 보이게 만들 수도 있기 때문에" 공부를 너무 잘하지 말라는 심리적 압박을 받는다는 학부모의 편지도 있었다.

다음 글들은 부모들이 보내 준 반응의 샘플이다. 여론 조사는 아니지만 나름 대표성을 띤 의견이라고 생각하고 읽어 주면 좋겠다.

- 인간으로서 완성되기 위해서는 무식해서는 안 된다. 부모들이 그것을 제대로 이해하고 있는가 궁금하다. 집에 책은 있는가? 돋보기는 어떤가? 백과사전은 있는가? 자녀들이 공부하도록 도와주고 있는가?
- 부모들은 자녀들에게 인내와 끈기를 가르쳐야 한다. 그들이 자녀에게 줄 수 있는 가장 큰 선물은 근면 정신이다. 그러나 말로만 가르쳐서는 안 된다. 부모 자신이 근면하게 일하고 결코 포기하지 않는 모습을 보이지 않으면 안 된다.
- 우리 딸아이는 과학에 푹 빠졌다. 그러나 학교나 텔레비전이나 딸아이가 배울 것이 아무것도 없다.
- 우리 아이에게 재능이 있다는 걸 확인했지만, 학교는 그 아이의 과학 소양을 풍부하게 해 줄 교육 프로그램을 가지고 있지 않다. 진로 지도 교사는 그 아이를 사립 학교에 보내라고 충고했지만 우리 형편에 사립 학교를

보내기는 어렵다.

- 주변 학생들의 심리적 압박이 상당하다. 수줍음 많은 학생들은 과학을 잘 해서 남들 앞에 '튀는' 것을 원치 않는다. 우리 딸의 경우 원래는 과학을 좋아했는데, 13~14세 때부터 흥미를 잃기 시작했다.

또 부모들은 교사들에 대한 이야기도 많이 했다. 교사들이 보내온 의견 중에는 부모들의 것과 겹치는 것이 많았다. 예를 들어, 교사들은 가르치는 방법에 대해서는 훈련을 받았지만 가르치는 내용에 대해서는 일반인이나 다름없다고 불평한다. 많은 수의 물리학, 화학 교사가 해당 분야의 학위를 가지고 있지 않으며, 과학을 가르치는 것을 "좋아하지도 않고 능력도 떨어진다."라고 비판받는다. 아예 교사 자신이 과학이나 수학에 아주 심한 두려움을 느끼는 경우도 있다고 한다. 질문받기를 싫어하고 답변도 "책에 있으니까 찾아봐." 하는 식이라는 불만이 나온다. 어떤 사람들은 생물학 교사가 "창조론자"라고 불평한다. 또 어떤 사람들은 그렇지 않다고 불평한다. 교사에 대한 또 다른 지적 또는 교사 자신의 지적은 다음과 같다.

- 우리의 교사 양성 시스템은 반편이들만 배출하고 있다.
- 생각하기보다 암기하기가 더 쉽다. 아이들이 스스로 생각할 수 있도록 가르쳐야 한다.
- 교사와 교과 과정의 공통점은 수준이 극도로 낮다는 것이다.
- 어째서 농구 코치가 화학을 가르치는가?
- 교사들은 생활 지도와 사회 참여 활동 지도에 너무 많은 시간을 뺏기고

있다. 스스로 판단해서 할 수 있는 일이 거의 없다. '높은 분들'은 언제나 무슨 일을 시킬지만 찾고 있다.

- 학교와 대학의 종신 재직권 제도를 폐지해야 한다. 무용지물들은 쫓아내야 한다. 채용과 해고의 권한을 교장이나 학장, 교육감에게 넘겨야 한다.
- 군대식 사고를 가진 교장 때문에 가르치는 즐거움조차 잊어 가고 있다.
- 교사들은 학생들의 성적에 맞추어 보상을 받아야 한다. 특히 표준화된 전국 학력 평가에서 학생들이 거둔 성적과, 전년도에 비해 얼마나 좋아졌는지를 가지고 평가해야 한다.
- 학생들의 마음에 상처를 주고 공부할 의욕을 꺾어 버리는 교사들도 적지 않다. 예를 들어, "너는 물리학 공부를 할 만큼 똑똑하지 않아."라고 말해 버리는 것이다. 하지만 수업이나 학과를 선택하는 자유를 학생들에게 주어야 하지 않을까?
- 우리 아들은 자기 반의 다른 아이들보다 독해력에서 2년 정도 뒤처져 있는 것 같다. 하지만 유급되지 않고 진급했다. 학교 측의 설명에 따르면 사회적 배려만 있지 교육적 배려는 없어 보였다. 유급이라도 당하지 않는 한 그 애는 결코 열심히 공부하려 하지 않을 것이다.
- 모든 학교는(특히 고등학교는) 과학을 필수 과목으로 삼아야 한다. 수학 수업과 병행하는 게 바람직하기 때문에 수업 내용을 주의 깊게 조정할 필요가 있다.
- 대부분의 숙제는 그냥 '수작업'일 뿐, 머리를 쓰게 만들지 못한다.
- 나는 뉴욕 대학교 교육사가인 다이앤 라비치(Diane Ravitch, 1938년~)가 솔직한 말을 했다고 생각한다. 그는 《뉴 리퍼블릭(*New Republic*)》 1989년 3월 6일 자에 다음과 같은 글을 썼다. "뉴욕 시 헌터 고등학교의 한 여학생이 최근에 이렇게 설명해 주었다. '나는 줄곧 A 학점을 받아 왔다. 그러나 그 사실에 대해 다른 사람에게 결코 말할 수가 없다. 바보처럼 구는 것이 똑

똑한 짓이다. 만일 학업에 흥미가 있고 그 사실을 겉으로 내비치는 아이가 있다면, 그건 정말 멍청한 짓이다.' 그들이 텔레비전, 영화, 잡지, 비디오를 통해 접하는 대중 문화는 어린 여학생들에게 지성적인 사람, 무언가를 성취한 사람, 솔직한 사람이 되는 것보다 인기 많은 사람, 섹시한 사람, '쿨한(cool)' 사람이 되는 편이 더 낫다는 메시지를 끊임없이 귀에 불어넣고 있다. 1986년 워싱턴 D. C.의 고등학교를 대상으로 조사한 연구원들은 남학교든 여학교든 모두 이것과 유사한 반학문적 성향이 있음을 발견했다. 그들은 능력 있는 학생들이 학교에서 좋은 성적을 받지 말라는 동료 학생들의 압박을 받고 있다고 보고했다. 그들이 성적이 좋을 경우, '모범생처럼 굴지 마라.'라고 비난받을 것이다."

- 학교는 과학이나 수학 성적이 좋은 학생들에게 상을 주면 된다고 생각한다. 쉬운 방법인데 왜 안 할까? 학교 로고가 들어간 특제 재킷을 주는 것은 어떨까? 조회 시간에 공개적으로 상을 주거나 학교 신문 혹은 지역 언론을 통해 공표하는 것도 좋은 방법일 듯하다. 지역 기업이나 기관이 특별한 상품을 제공하는 것도 생각해 볼 만하다. 이런 방법을 통해 비용을 거의 들이지 않으면서도 남들보다 잘하지 말라는 주위의 압박을 해소할 수 있을 것이다.
- '헤드 스타트 프로그램'이 중요하다. 과학이든 뭐든 아이들의 학력을 향상시켜 줄 단 하나의 가장 효과적인 프로그램이다.

논쟁을 불러일으킬 만한 강한 주장도 꽤 있었다. 그런 주장에서도 이 문제와 관련해 사람들이 가진 관심의 깊이를 확인할 수 있다. 그런 내용을 조금 정리해 보았다.

- 오늘날 똑똑한 아이들은 모두 쉽게 돈벌 수 있는 진로를 찾고 있다. 그래서 그들은 과학자가 되지 않고 법률가가 된다.
- 나는 교육 제도의 개선을 원치 않는다. 그렇게 되면 택시를 운전할 젊은이가 없어질 테니 말이다.
- 과학 교육의 문제점은 하느님에게 충분히 영광을 돌리지 않는다는 것이다.
- 원리주의자들은 과학을 초자연 현상을 부정하고 인간의 안녕만을 고려하는 '휴머니즘교'라고 비판한다. 따라서 과학을 믿어서는 안 된다고 주장한다. 이따위 소리를 하는 자들이 있기 때문에 과학 교육이 망가지는 것이다. 종교는 과학의 핵심인 의심하는 정신을 두려워한다. 대학에 들어가기 훨씬 전부터 과학적 사고 방식을 멀리하라고 학생들을 세뇌하고 있다.
- 과학은 스스로 신용을 떨어뜨린다. 과학은 정치가들을 위해 봉사한다. 과학은 무기를 만들고, 마리화나의 '위험'에 대해서는 거짓말을 하며, 고엽제의 위험성에 대해서는 모른 체한다.
- 공립 학교들은 쓸모가 없다. 그것들을 없애자. 사립 학교만 남기자.
- 관용주의자들의 혼탁한 사고와 사회주의자들의 위험한 사상이 한때는 위대했던 우리의 교육 체계를 파괴하고 있다. 이대로 내버려 두어서는 안 된다.
- 학교 제도가 이렇게 망가진 것은 돈이 부족하기 때문이다. 문제는 학교를 좌우하는 자들이 지성 있는 인간을 절대로(괜히 하는 소리가 아니다.) 채용하지 않는 것이다. 그런 자들은 대개 차별주의적인 백인 남성이거나 운동부 코치이다. …… 그들은 교과 과정보다 미식 축구팀에 더 신경을 쓰며, 바보들이나 하느님 믿는 애국자들이 시키는 대로 하는 자동 인형들만 교사로 뽑아 아이들을 가르친다. 논리적 사고를 억압하고 벌주고 무시하는 학교에서 도대체 어떤 학생들이 나오겠는가?

- 학교의 목을 죄고 있는 ACLU(American Civil Liberties Union, 미국 시민 자유 연맹), NEA(National Education Association, 전미 교육 협회), 그밖에 학교의 규율과 권한을 침해하는 단체들로부터 학교를 해방시켜야 한다.
- 당신은 본인이 사는 나라에 대해 아무것도 모르는 것 같다. 우리나라의 국민은 믿을 수 없을 정도로 무식하고 신을 두려워한다. 그들은 (새로운) 생각을 참고 들으려고 하지 않을 것이다. …… 모르겠는가? 그런 제도가 살아남아 굴러가고 있는 것은 우리 사회가 오로지 신을 두려워하는 무식한 사람들에 의해 굴러가고 있기 때문이다. 여기에 많은 (배운) 사람들이 취직이 안 되는 이유가 있다.
- 나는 연방 의회 직원들에게 기술 문제를 설명하는 일을 하고 있다. 그런 입장에서 보면, 이 나라의 과학 교육에는 정말 문제가 많다.

과학 문맹 문제를 단번에 풀 수 있는 해결책은 없다. 그것은 수학, 역사, 영어, 지리를 시작으로 현대 사회에서 그 필요성이 커지고 있는 다른 과목에 대해서도 마찬가지 이야기를 할 수 있다. 책임 소재도 하나가 아니다. 부모, 유권자, 지역 교육위, 언론, 교사, 관료, 연방 정부, 주 정부, 지방 자치 단체 모두 각각의 책임이 있다. 여기에 학생 자신도 책임이 있다. 어떤 학년이든 교사들은 이전 학년에 문제가 있다고 불평한다. 그리고 1학년 학생들을 가르치는 교사들도 학습 환경이 나쁜 학생들을 방치하고 포기하고 있다. 영양 실조에 시달리고 집에 읽을 책 하나 없고 가정 폭력이 난무하는 환경 속에서는 어떤 어린이도 공부는커녕 생각할 시간조차 얻지 못할 것이다.

얼마간의 학식이 있고 그것을 전달할 능력이 있는 부모로부터 아이가 얼마나 많은 도움을 받는지, 나는 스스로의 경험을 통해 잘 알고 있다. 한 세대에서 교육이나 의사 소통 능력, 학습 의욕 등이 조금이라도 개선된다면 그다음 세대는 훨씬 크게 발전할 수 있다. 학교와 대학의 '질'이 점점 떨어지고 있다는 이야기나 학사 학위의 의미가 이제는 예전과 같지 않다는 등의 불평을 들을 때마다 나는 이 생각을 한다.

뉴욕 주 용커스 시에 사는 교사 도로시 리치(Dorothy Rich)는 아이디어가 많고 수업 연구를 정말 열심히 하는 사람이다. 그는 특정한 학과 공부보다 다음과 같은 것들을 갖추는 게 훨씬 더 중요하다고 믿는다. 즉 "자신감, 끈기, 신중함, 동료 의식, 상식, 문제 해결 능력"이다. 거기에 나는 '의심할 줄 아는 정신과 경이를 느낄 줄 아는 감성'을 추가하고 싶다.

동시에 특별한 능력과 재주를 가진 어린이들은 소중하게 육성하고 그 힘을 키워 줄 필요가 있다. 그들은 나라의 보배이다. 그러나 사람들은 '천부적 재능'을 가진 어린이들을 위한 의욕적 프로그램들을 흔히 '엘리트주의'라고 비판하고는 한다. 그렇다면 미식 축구나 야구나 농구 선수들을 대상으로 강도 높은 특훈을 시키거나 학교 간 대항 경기를 벌이는 것도 '엘리트주의'라고 비판해야 하지 않을까? 결국 거기에도 천부적인 재능을 가진 선수들만 참가할 수 있다. 이중 잣대라는 유령이 미국 사회를 떠돌고 있는 것이다. 그리고 이 이중 잣대는 우리 사회를 자기 파멸의 길로 이끌고 있다.

과학이든 다른 학문 분과이든 공교육이 안고 있는 문제들은 모두 뿌리가 깊다. 따라서 결코 해결할 수 없다고 결론 짓고 절망하기 쉽다. 그렇지만 희망의 불씨가 곳곳에 있다. 그것은 대도시나 작은 마을에 있는 숨겨진 시설이다. 다음에 소개하는 것은 그런 시설에서 이루어지고 있는 체험이다. 그것은 우리 정신의 불꽃을 당기고 잠자고 있는 호기심을 일깨우며 우리 마음속에 사는 과학자를 깨어나게 해 줄 것이다.

- 당신 앞에 거대한 철질 운석이 놓여 있다. 그 표면에는 스위스 치즈처럼 온통 구멍이 뚫려 있다. 조심조심 손을 내밀어 한 번 만져 보라. 매끄러움과 냉기를 느낄 수 있을 것이다. 그것은 다른 세계, 즉 다른 천체에서 떨어져 나온 파편이다. 어떻게 하다가 지구에 떨어졌을까? 우주에서 무슨 일이 일어나기에 표면에 그렇게 많은 구멍이 나 있는 것일까?
- 화면에 떠오른 것은 18세기 런던의 지도이다. 그곳은 지금 콜레라라는 무서운 전염병이 퍼지는 중이다. 지도는 그 전염과 확산의 경로를 보여 준다. 한 가족은 이웃집에 사는 사람들로부터 전염되었다. 마치 탐정이 된 것처럼 감염 경로를 역추적해 가다 보면, 병이 어디서 시작되었는지 알 수 있다. 발생원을 찾다 보니 뚜껑이 없는 하수구에 이르게 된다. 근대 도시의 하수도가 정비된 것은 이 문제가 생사를 좌우하는 문제였기 때문이다. 세상에는 아직도 현대적인 하수도나 공중 위생 시설을 갖추지 못한 도시나 마을이 많다. 그런 시설을 싸게, 그리고 간단하게 마련할 수 있는 아이디어를 함께 생각해 보자.
- 당신은 빛 하나 없이 깜깜하고 긴 터널을 기어가고 있다. 그 터널은 갑작스레 방향이 바뀌기도 하고 높아졌다 낮아졌다 하기도 한다. 당신은 깃털이 무성한 것들, 작은 구슬이 잔뜩 달린 것들, 크고 단단한 둥그런 것들로 가득 찬 곳을 통과하게 된다. 장님이 된다는 것은 아마 이런 것이리라. 인간의 촉각이라는 게 얼마나 둔감한 것인지 실감할 수 있으리라. 어둠과 적막만 있는 곳에서는 당신의 생각만이 상대가 되어 줄 것이다. 갑자기 가슴이 두근거리기 시작했다.

- 사제들이 열을 지어 올라가고 있는 수메르의 신전인 거대한 지구라트, 고대 이집트 '왕들의 계곡'에 있는 호화찬란한 무덤들, 로마 시대의 주택들, 19세기 말과 20세기 초 미국의 소도시 거리 등을 보여 주는 실물대의 모형 전시물을 살펴볼 수 있는 시설이 있다. 당신은 이 모든 것을 보고, 다른 문명이 모두 자신의 것과 너무 다르다고 생각한다. 만약 당신이 그 문명 세계에 태어났더라면 이상하다 여기지 않았으리라. 반대로 현대 문명에 관한 이야기를 듣고는 뭐 그런 세상이 다 있겠냐고 반문하리라.
- 스포이드를 사용해 연못의 물을 한 방울 현미경의 재물대 위에 떨어뜨린다. 그 확대 영상이 스크린에 비추어진다. 그 물방울은 생명으로 가득 차 있다. 이상한 생명체들이 헤엄치며 우글우글 뒹굴고 있다. 추적과 도망, 승리와 비극의 장대한 드라마가 그 안에서 펼쳐진다. 물방울 하나에 어떤 SF 영화에 나온 괴물보다 훨씬 더 낯선 존재들이 거주한다. 이 물방울 역시 하나의 세계인 것이다.
- 극장에 자리 잡고 앉으면 당신은 11세 꼬마의 머릿속으로 들어가게 된다. 당신은 그의 눈을 통해 밖을 본다. 당신은 그 꼬마의 일상을 덮치는 전형적인 위기들과 마주친다. 왈패들, 권위적인 어른들, 홀딱 반한 여자애들을 그 꼬마와 함께 만나게 된다. 당신은 그 아이의 머릿속에서 들리는 소리를 들을 수 있다. 그리고 그 꼬마가 주변 환경에 반응할 때 그의 머릿속에서 일어나는 신경 및 호르몬 반응을 손에 잡힐 듯이 생생하게 목격한다. 이 체험을 다 한 다음 당신은 이렇게 묻게 될 것이다. 내 머릿속에서 지금 무슨 일이 일어나고 있을까?
- 컴퓨터의 지시에 따라 명령어를 입력하면 그 결과를 보여 주는 장치가 있다. 우리는 이 장치로 다음과 같은 질문의 답을 알아볼 수 있다. 만약 우리가 계속해서 석탄, 가스, 기름을 태워서 대기 중의 이산화탄소가 지금의 2배로 늘어나 버린다면 지구는 어떻게 될까? 기온은 얼마나 상승할

까? 빙산은 얼마나 녹아 내릴까? 해수면은 얼마나 높아질까? 왜 우리는 그렇게 많은 이산화탄소를 대기 중에 쏟아 내고 있을까? 5배 더 많은 이산화탄소를 대기로 방출한다면 어떻게 될까? 앞으로의 기후 변화를 알기 위해서는 어떻게 해야 할까? 이것은 당신에게 생각거리를 많이 제공하리라.

어린 시절 나는 뉴욕 시에 있는 미국 자연사 박물관에 간 적이 있다. 나는 한 디오라마(diorama, 정경 모형) 앞에서 꼼짝할 수가 없었다. 세계 곳곳의 동물과 그들의 서식지가 생생하게 재현되어 있어 눈을 뗄 수 없었다. 약한 조명 아래 남극 빙상 위에 서 있는 펭귄, 맑게 갠 아프리카 초원지대에 사는 오카피, 그늘진 밀림 속 개활지에 사는 고릴라 가족(그중 수컷은 가슴을 두드리고 있었다.), 뒷발로 서서 나를 노려보는 회색곰(키가 3미터는 되어 보였다.) 등등. 램프의 요정이 마술로 정지시켜 놓은 3차원 정지 화면 같았다. 마술에 걸린 순간 회색곰은 움직이고 있었을까? 그 고릴라는 눈을 깜빡이고 있었을까? 요정이 돌아와 마법을 걷어 내면 동물들은 다시 움직이게 될까? 나는 입을 다물지 못하고 마냥 쳐다보고 있었다.

아이들은 만지고 싶다는 저항할 수 없는 충동을 가지고 있다. 그 시절로 되돌아가 보면, 박물관에서 가장 자주 듣는 말은 "만지지 마라."였다. 몇십 년 전까지만 해도 과학관이나 자연사 박물관에는 실제로 아이들이 '직접' 조작해 볼 수 있는 게 하나도 없었다. 게를 집어 들고 자세히 관찰할 수 있는 인공 해변 같은 것도 물론 없었다. 내가 아는 것 중에 그나마 쌍방향 전시물 축에 드는 것은 헤이든 천문관(Hayden Planetarium)에 있던 행성별 체중계였다. 행성별로 하나씩 체중계가 있었다. 지구 앞에 있는 체중계에 올라서면 몸무게가 20킬로그램으로 표시되었지만, 목성 앞에 있는 체중계에 올라서면 50킬로그램이 되었다. 행성별로 중력이 달라지는 것을 보여 주는 전시물이었다. 그런데 달 앞에 있는 체중계에 올라서면 몸무게가 3.5킬로그램밖에 안 나갔다. 달에 살면 바람이 조금만 불어도 날아가 버리는 것일까 하는 생각에 덜컥 겁이 나기도 했다.

오늘날 박물관들은 아이들에게 만져 보라고 찔러 보라고 권장한다. 차례차례 가지 치듯 갈라지는 질문과 답변을 따라갈 수 있게 해 주는 컴퓨터 장치도 있고, 이상한 소리를 내고 그 파형을 확인할 수 있는 장치도 있다. 전시 내용을 다 이해하지 못하거나 그 의미를 온전히 파악하지 못해도 아이들은 그런 장치들을 직접 조작하고 가지고 노는 사이에 가치 있는 무언가를 얻어 돌아간다. 현대 박물관에 가 보면 놀라움에 눈이 휘둥그레져서 전시물들 사이를 이리저리 뛰어다니다가 무언가 발견하고는 환희의 미소를 짓는 어린이들을 마주치게 된다. 박물관은 엄청나게 많은 사람으로 붐빈다. 매년 박물관을 찾는 사람들의 수는 프로야구, 프로 농구, 프로 미식 축구 경기장에 가는 사람들을 다 합친 수에 맞먹을 정도이다.

하지만 이러한 전시물들이 학교나 가정에서 이루어지는 교육을 대신하지는 못한다. 그래도 아이들의 호기심을 자극하고 흥미를 불어넣는 역할은 할 수 있다. 과학에 흥미를 가진 아이들은 이제 책을 읽을 것이고 과학 수업을 선택할 것이며 다시 한번 박물관이나 과학관을 찾을 것이다. 그리고 무엇보다 중요한 것은 과학적으로 사고하는 방법을 배울 수 있게끔 해 준다는 것이다.

현대 과학관, 자연사 박물관의 또 다른 특색은 아이맥스(IMAX)나 옴니맥스(OMNIMAX) 영화를 보여 줄 수 있는 거대한 극장을 갖추고 있다는 점이다. 10층 건물 높이의 거대한 스크린이 객석을 둘러싼 돔형 극장도 있다. 세계에서 가장 인기 있는 박물관인 스미스소니언 국립 항공우주 박물관(Smithsonian's National Air and Space Museum) 안에 있는 랭글리

(Langley) 극장은 최고의 과학 다큐멘터리 영화들을 어디보다 빠르게 상영하는 곳으로 유명하다. 나는 그곳에서 「투 플라이(To Fly)」라는 영화를 보았다. 대여섯 번이나 보았는데도 볼 때마다 숨이 턱 막히고는 한다. 수많은 종파의 종교 지도자들이 그곳에서 「블루 플래닛(Blue Planet)」이라는 다큐멘터리를 보고 난 후 지구 환경을 지키는 일에 힘을 합치자고 합의하는 장면을 본 적도 있다.

모든 전시나 과학관이 다 바람직한 것은 아니다. 기업의 기부를 받아 제품 선전에 이용되는 박물관이나 과학관도 있다. 예를 들어, 자동차 엔진의 작동 원리를 보여 주면서 화석 연료 중에도 비교적 '깨끗한(clean)' 게 있다고 설명하는 곳이 있다. 이것은 특정 기업이나 제품의 선전 광고 활동으로 볼 수도 있다. 과학관이나 박물관이라는 이름을 달았지만 기술이나 의술만 소개하는 곳도 많다. 생물학 관련 전시를 한다고 하면서 현대 생물학의 핵심 개념인 '진화'에 대해서는 입도 뻥긋하지 않는 곳도 너무 많다. 그런 전시에서 생명은 '발생'하거나 '출현'은 하지만 결코 '진화'는 하지 않는다. 지질학적으로 오래된 화석 중에 인간의 뼈는 없다는 사실 역시 말하지 않는다. 해부학적으로나 유전학적으로 볼 때 인간과 침팬지 또는 인간과 고릴라는 거의 같은 존재이지만 그 증거를 보여 주는 전시도 많지 않다. 복잡한 유기 분자가 다른 천체뿐만 아니라 우주 전체에 걸쳐 풍부하게 존재한다는 사실 역시 전시되지 않는다. 다른 천체의 대기나 지구의 태곳적 대기 속에서 생명의 재료가 되는 물질이 대량으로 생성되고 있음을 보여 주는 실험도 있지만, 그것을 전시하는 것이 누군가를 불편하게 하는 듯, 그것을 보여 주는 과학관이나 박물관은 거의 없다. 이런 상황 속에서 주목할 만한 예외가 하나 있었다. 스미스소니언 자연사 박물관의 진화 관련 전시가 바로 그것이다. 나는 그것을 잊을 수 없다. 우선 현대식 주방 세트를 만들고 개봉된 과자 상자 같은 먹을거리를 두고 바퀴벌레 2마리를 풀어 놓았다. 몇 주간 그대로 두자 그곳은 온통 바퀴벌레 천지가 되었다. 바퀴벌레가 우글우글했고 그들은 이제는 얼마 남지 않은 먹을거리를 차지하기 위해 다투었다. 경쟁자에 비해 적응도가 조금이나마 높은(그러니까 자손을 더 많이 남기는) 바퀴벌레가 경쟁에서 승리했고, 관객은 그 바퀴벌레가 조상으로부터 어떤 장점을 물려받았는지 그 전시를 통해 확인할 수 있었다. 천문관 또는 천체 투영관 역시 인기 있는 시설이지만 아직도 별자리 안내나 진력하는 곳이 많다. 다른 행성 탐사나 은하, 별, 행성의 진화를 다루는 곳은 그리 많지 않다. 또한 그런 곳에서는 항상 무슨 벌레같이 생긴 천체 투영기를 다 보이게끔 설치해 놓고는 하는데, 그것 때문에 밤하늘을 본다는 실감을 망칠 때가 많다.

세상에서 가장 장대한 과학 전시물이라고 할 수 있는 것도 하나 있다. 하지만 너무 커 상설 전시장을 찾지 못한 상태라 직접 볼 수는 없을 것이다. 바로 미국 굴지의 건축 모형 작가이며 고층 건물 전문 건축가인 조지 에이워드(Geogre Awad)가 만든 「우주 모형(MODEL OF THE UNIVERSE)」이라는 작품이다. 그는 천문학을 열심히 공부하고 디자이너 찰스 오먼드 임스 2세(Charles Ormond Eames Jr., 1907~1978년)와 레이 카이저 임스(Ray Kaiser Eames, 1912~1988년)가 제안한 계획에 따라 우주의 모형을 만들었다. 그의 작품은 10의 제곱수를 이용해 책 같은 일상적인 작은 사물에서부터 지구 전체, 태양계, 은하, 그리고 우주 전체까지 차례차례 커지는 물체들을 보여 준다. 모든 모형이 아주 정밀하게 만들어져 있기 때문에 보고 있노라면 시간을 잊어버릴 정도이다. 그것은 어린이들에게 우주의 크기와 성질을 설명하는 데 사용할 수 있는, 내가 아는 한 최고의 도구들 가운데 하나이다. 아이작 아시모프는 "그것은 내가 본 것 중에, 아니 어쩌면 내가 생각할 수 있는 것 중에 가장 뛰어난 상상력으로 우주를 표현한 모형이다. 나는 몇 시간 동안이나 그 작품 사이를 돌아다니며, 구석구석에서 미처 못 보고 지나쳤던 새로운 것들을 계속해서 발견할 수 있었다."라고 상찬한 바 있다. 그 작품뿐만 아니라 여러 형태의 우주 모형을 전국 어디에서나 접할 수 있어야 한다. 그것은 상상력에 박차를 가하고 영감을 불러일으킬 뿐만 아니라 교육에도 도움이 되기 때문이다. 그러나 그러기는커녕 에이워드 씨는 자신의 작품을 이 나라 그 어떤 유수 박물관에도 기증할 수가 없었다. 그 어떤 곳도 필요한 만큼의 전시 공간을 그 작품을 위해 내주지 않았기 때문이다. 내가 글을 쓰고 있는 지금도 그것은 여전히 나무 상자 속에 넣어진 채로 창고 속에서 잠자고 있다.

내가 사는 뉴욕 주 이타카 시는 작은 도시이다. 여기에는 코넬 대학교와 이타카 대학교가 있어 학기 중에는 도시 인구가 2배로 늘어나 최대 5만 명 정도가 된다. 인종이 다양하고 외곽은 농지로 둘러싸여 있다. 이곳 역시 미국 북동부의 다른 많은 지역과 마찬가지로 19세기에 번성했던 제조업의 쇠퇴로 고통을 겪고 있다. 우리 딸이 다니기도 했던 비버리 제이 마틴(Beverly J. Martin) 초등학교의 어린이 절반이 빈곤선(poverty threshold, 적절한 생활 수준을 유지하는 데 필요한 최소 소득 수준. — 옮긴이) 아래의 생활을 하고 있다. 이 학교의 자원 봉사 과학 교사인 데비 레빈(Debbie Levin)과 일마 레바인(Ilma Levine)이 가장 걱정하는 것도 바로 이 아이들이다. 문제는 불평등이다. 특히 코넬 대학교의 교수 자녀들처럼 부족함 없이 사는 아이들과, 인간을 자유롭게 만드는 과학 교육에 접근할 수 없는 아이들이 한 학교에 다니고 있다. 레빈과 레바인은 1960년대부터 정기적으로 초등학교를 방문하고 있다. 그들은 도서관에서 쓰는 짐수레를 가지고 다니는 데, 그 안에는 가정용 세제 같은 친숙한 화학 물질과 실험 도구가 실려 있다. 아이들에게 화학 실험으로 마술을 보여 주는 데 쓰는 도구들인 셈이다. 그 둘의 꿈은 아이들이 과학을 마음 편히 만날 수 있는 장소를 만드는 것이었다.

1983년 레빈과 레바인은 이타카 시 지역 신문에 작은 광고를 내고 자신들의 꿈에 대해 함께 논의해 줄 사람들을 모았다. 50명이 모였다. '사이언센터(Sciencenter)'의 첫 운영 위원회가 여기서 탄생했다. 그리고 그해가 지나기 전 빈 건물 1층에 전시 공간을 확보했다. 그러나 금방 건물주는 임대료를 낼 임대인을 찾았고 사이언센터는 쫓겨나야 했다. 올챙이와 리트머스 종이를 다시 포장하고 짐수레는 빈 가게를 찾을 때까지 다시 거리를 떠돌았다.

이런 일이 몇 차례 반복되었지만 사이언센터도 결국 자신의 안식처를 찾는 데 성공했다. 이타카 시민이자 혁신적인 공원 디자인으로 세계적인 명성을 떨친 건축 디자이너 밥 레더스(Bob Leathers)가 사이언센터를 위한 건물을 설계해 주었고, 지역 기업의 기부금으로 폐쇄된 시립 주차장 부지를 매입할 자금도 마련했다. 그리고 실무 책임자로 코넬 대학교의 토목 공학 전문가인 찰스 트라우트먼(Charles Trautmann)을 초빙하는 데에도 성공했다. 트라우트먼과 레더스는 애틀랜타에서 열린 전국 주택 건축업 협회의 연례 회의에 참석해 사이언센터에 대해서 보고했다. 트라우트먼에 따르면 두 사람은 다음과 같이 이야기했다고 한다. "지역 사회가 청소년 교육을 위해 본격적으로 나서고 있습니다. 창이나 채광창, 목재 등 필요한 자재는 기부를 통해 모으고 있습니다."

건물을 짓기 전 그 부지에 남아 있던 오래된 양수 시설들을 철거해야 했다. 이 일은 코넬 대학교의 동아리 하나가 맡아 주었다. 그들은 안전모와 큰 쇠망치를 들고 와 아주 즐겁게 그 시설을 부쉈다. 그들은 "보통 이런 짓 하면 혼나거든요."라고 말했다. 이틀 만에 그들은 200톤 넘는 폐자재를 짐수레로 치웠다.

공사가 본격적으로 시작되자마자 사람들이 우려하던 바는 모두 사라졌고 미국이라는 나라와 국민이 원래 가지고 있던 진솔한 모습만 보이기 시작했다. 미국을 만든 이들의 전통은 원래 협력이었다. 벽돌공, 의사, 목수, 대학 교수, 배관공, 농부, 남녀노소를 막론하고 모두 팔을 걷어붙이고 과학관을 짓는 데 동참했다.

"공사가 쉬는 날 없이 1주일 내내 진행되도록 공사 일정을 잡았다."라고 트라우트먼은 말한다. "그래서 누구든 언제라도 도움을 줄 수 있었다. 모든 사람에게 할 일이 부여되었다. 경험 많은 자원자들은 계단을 만들었고 바닥과 타일을 깔았다. 그리고 창문을 끼웠다. 다른 이들은 페인트 칠을 하고 못질을 하고 자재를 날랐다." 약 2,200명의 마을 사람들이 4만 시간이 넘는 시간을 기꺼이 헌납했다. 전체 공사의 약 10퍼센트는 경범죄를 저지르고 투옥된 사람들이 맡았다. 그들도 감옥에 앉아 시간을 보내는 것보다는 지역을 위해 무언가 하는 것을 더 좋아했다. 10개월 후 이타카 시는 세계에서 유일하게 '지역민이 직접 만든 과학관'을 보유하게 되었다.

그곳에 있는 전시물 75점은 쌍방향적인 것으로 과학의 과정과 과학의 원리 양쪽 모두에 초점을 맞춘 것이었다. 매지캠(Magicam)이라는 현미경은 무엇이든지 40배까지 확대해서 볼 수 있는데, 컬러 모니터를 통해 보면서 조작할 수도 있고 그 이미지를 사진으로 인화할 수도 있다. 사이언센터는 민간 시설로는 최초로 위성을 이용한 국립 번개 탐지 네트워크(National Lightning Detection Network)와 접속할 수 있는 설비를 갖추고 있다. 크기가 2×3미터나 되어 그 안에 들어가 그 구조를 구경할 수 있는 초대형 카메라도 있다. 또한 이타카 지역의 혈암들을 뿌려 놓은 화석 채

굴장에서는 방문객들이 3억 8000만 년 전에 형성된 화석을 발굴해 가져갈 수 있다. 그리고 '스팟(Spot)'이라는 이름의 보아뱀도 있는데, 몸길이가 2.5미터에 이른다. 그 밖에도 다양한 실험 장치와 컴퓨터 체험 코너가 펼쳐져 있다.

사이언센터에 가면 레빈과 레바인을 여전히 만날 수 있다. 그들은 풀타임 자원 봉사 요원으로서 그곳을 찾은 시민과 미래의 과학자를 가르치고 있다. 과거 이타카 시에는 내버려 둔다면 타고난 권리인 과학 공부를 할 권리를 잃어버리고 말 아이들이 있었다. 레빈과 레바인의 꿈은 그 아이들의 마음을 움직이고 과학에 대한 흥미를 불러일으키는 것이었다. 지금 그 꿈은 드윗 월리스-리더스 다이제스트 기금(Dewitt Wallace-Reader's Digest Fund)의 지원을 받아 크게 성장하고 있다. 이 기금과 미국 전역을 대상으로 전개하는 유스얼라이브(Youth-ALIVE) 프로그램의 도움을 받아 이타카의 10대들은 과학을 배우고 문제 해결 능력을 키우며 직업 능력을 향상시켜 가고 있다.

레빈과 레바인은 과학은 모두의 것이어야 한다고 생각했다. 그들의 지역 공동체는 그들의 생각에 동의했고 그 꿈을 이루기 위해 힘을 모았다. 사이언센터가 개장한 첫해에만 미국 내 50개 주와 60여 개국에서 5만 5000명의 사람들이 찾아왔다. 작은 도시의 민간 과학관치고는 나쁘지 않은 성적이었다. 이 이야기는 아이들의 미래를 위해 우리가 힘을 합친다면 또 어떤 일을 할 수 있는지 생각하게 만든다. (사이언센터에는 세이건 플래닛 워크(Sagan Planet Walk)라는 프로그램이 있다. 이타카 시 중심가 1.2킬로미터를 걸으며 태양계의 규모를 체험할 수 있다고 한다. 세이건은 사이언센터 창립 멤버 중 한 사람이었다. 홈페이지 주소는 다음과 같다. http://www.sciencenter.org/. — 옮긴이)

21장
자유로 가는 길

"자유인만이 교육을 받아야 한다."라고 많은 사람이 말한다.
하지만 그런 사람들을 믿어서는 안 된다.
오히려 우리가 믿어야 하는 것은
"교육받은 사람만이 자유롭다."라고 말한 철학자들이다.

—에픽테토스(Epiktētos, 50?~135?년), 한때 노예였던 로마 철학자의
『대화록(*Epiktētou Diatribai*)』에서

* 이 장은 앤 드루얀과 함께 썼다.

프레더릭 오거스터스 워싱턴 베일리(Frederick Augustus Washington Bailey, 1818~1895년)는 노예였다. 1820년대 메릴랜드에서 태어나고 자란 그 소년은 자신을 돌봐 줄 어머니도 아버지도 없었다. (나중에 그는 이렇게 썼다. "아이를 엄마로부터 떼어놓는 것은 당시에는 아주 당연한 관습이었다. …… 태어난 지 12개월이 되기도 전에 그렇게 했다.") 그 역시 희망을 품을 수 없는 수많은 어린 노예 가운데 하나였다.

베일리가 자라면서 보고 경험한 것은 그의 마음에 지워지지 않는 상처를 남겼다. "새벽녘에 들려오는 숙모의 가슴을 찢는 듯한 쇳소리 같은 비명에 잠을 설칠 때가 종종 있었다. (노예 감시인이) 숙모를 기둥에 묶어 놓고 말 그대로 숙모의 등이 피범벅이 될 때까지 매질을 했다. …… 해가 떠서 질 때까지 그는 종일 노예들이 일하는 들판에 들어가서 욕하고 고함치고 모질게 매질하며 채찍을 휘둘러 댔다. …… 그는 자신의 악마 같은 잔인성을 드러내면서 쾌감을 느끼는 것 같았다."

당시 노예들은 그들이 유전적으로 열등하고 비참한 생활을 하는 것은 하느님의 뜻이라는 이야기를 농장에서, 교회에서, 법정에서, 주의회 의사당에서 귀가 따갑도록 들었다. 수없이 많은 구절에서 확인할 수 있는 것처럼 성서도 노예제를 암묵적으로 용인하고 있다. 이런 방식으로 흑인 노예제라는 그 '독특한 제도'는 그것이 가진 괴물 같은 본질에도 불구하고 유지되었다. 하지만 그 제도의 잔인무도한 본질은 제도의 실행자들조차 한 번쯤은 움찔거리게 만들기 충분한 것이었다.

노예제의 본질을 가장 노골적으로 보여 주는 것은 노예들에게 읽고 쓰는 법을 가르쳐서는 안 된다는 규칙이었다. 남북 전쟁 전 남부에서 노예에게 읽고 쓰는 법을 가르친 백인은 가혹한 처벌을 받았다. 베일리는 나중에 이렇게 적었다. "제 분수에 만족하는 노예를 만들기 위해서는 아무 생각 없는 노예로 키우는 것이 필수적이다. 도덕관이나 마음의 눈을 멀게 함으로써 이성의 힘을 가능한 한 말살할 필요가 있는 것이다." 따라서 노예주들은 노예들이 보고 듣고 생각하는 것을 통제했다. 불평등한 사회에서 독서와 비판적 사고를 체제 전복으로 이어지는 길이라고 위험시하는 이유도 바로 여기에 있다.

이제 1828년의 프레더릭 베일리를 상상해 보자. 10세 흑인 어린이, 그 어떤 법적 권리도 없고, 어머니의 품에서 오래전에 분리되어, 자신의 확대 가족 속에서 누더기를 걸치고 거지처럼 살다가, 마치 송아지나 망아지처럼 팔려서, 볼티모어라는 낯선 도시에 사는 알지도 못하는 주인에게 짐짝처럼 실려 가, 그 어떤 희망도 없이 노역의 한평생을 선고받은 그 아이를 말이다.

베일리가 보내진 곳은 휴 올드(Hugh Auld) 선장과 그의 부인 소피아 올드(Sohia Auld)의 집이었다. 농장에서 번화한 도회지로 환경이 바뀌고 들일에서 집안일로 하는 일도 바뀌었다. 이 새로운 환경에서 그는 글자와 책, 그리고 글을 읽을 줄 아는 사람들을 매일같이 마주치게 되었다. 어느 날 그는 드디어 글을 읽는다는 것의 "신비"를 발견하게 되었다. 즉 종이 위에 씌어진 글자와 그것을 읽는 사람의 입술 사이에 어떤 연관이 있음을 발견한 것이다. 검은색으로 그려진 꼬부랑 기호와 입에서 나오는 소리에 거의 일대일 대응 관계가 있음을 눈치챈 그는 주인의 어린 아들

토머스 올드(Thomas Auld)의 『웹스터 철자 교본(*Webster's Spelling Book*)』으로 몰래 공부했다. 알파벳을 외우고 각각의 문자가 어떤 소리에 해당하는지 이해하려고 노력했다. 시간이 좀 지나자 그는 여주인 소피아 올드에게 공부를 도와 달라고 부탁했다. 그 소년의 지능과 열성에 감복한 그녀는 아마 금지령을 몰랐는지 그 부탁을 들어주었다.

베일리의 공부가 글자 3개로 이루어진 단어를 마치고 글자 4개로 이루어진 단어를 배울 차례가 되었을 때 휴 올드 선장이 무슨 일이 벌어지는지를 알아챘다. 그는 노발대발하고 소피아에게 그만두라고 명령했다. 베일리를 앞에 두고 그는 이렇게 말했다.

> "깜둥이는 아무것도 알 필요 없이 그저 주인한테 복종하는 법만 알면 되는 거요. 하랄 때 하면 되는 거란 말이오. 공부를 시키면 세상에서 가장 뛰어난 깜둥이 하나를 망치게 될 거요. 이제 만일 당신이 그 깜둥이에게 읽는 법을 가르친다면 더 이상 그 애를 부리지 못하게 될 것이오. 노예가 된다는 게 그 후로는 영원히 그 애에게는 어울리지 않을 테니까."

휴 올드는 마치 프레더릭 베일리가 그 방에 없거나 아니면 서 있는 나무 토막인 양 본인이 듣는데도 이런 식으로 소피아를 혼냈다.

그러나 올드 선장은 베일리에게 엄청난 비밀을 들킨 셈이었다. "나는 이제야 흑인들을 노예로 만드는 백인들의 힘을 이해하게 되었다. 그 순간 나는 노예를 벗어나 자유로 가는 길을 이해한 것이다."

남편에게 혼이 난 후 말수가 줄어든 소피아 올드에게 더 이상의 도움을 받을 수 없게 되자 프레더릭 베일리는 읽기를 계속 배울 수 있는 다른 방법들을 찾아보았다. 그중에는 거리에서 어린 백인 학생을 붙잡고 늘어져 말을 거는 방법도 포함되어 있었다. 그런 다음 그는 동료 노예들을 가르치기 시작했다. "그들의 마음은 메말라 있었다. …… 그들은 어두운 마음속에 갇혀 있었다. 나는 그들을 가르쳤다. 왜냐하면 그것은 나의 영혼을 기쁘게 해 주었기 때문이다."

글을 깨치자 그는 뉴잉글랜드로 도망쳤다. 글 읽는 재주는 도망치는 데 커다란 역할을 했다. 뉴잉글랜드는 노예제가 불법이었고 흑인들도 자유로웠다. 그는 이름을 프레더릭 더글러스(Frederick Douglass)로 바꾸고, 현상금 걸린 도망 노예들을 추적하는 인간 사냥꾼들을 속였다. (그의 새 이름은 스코틀랜드의 시인이자 소설가 월터 스콧(Walter Scott, 1771~1832년)의 「호수의 여인(The Lady of the Lake)」에 나오는 등장 인물 이름을 딴 것이다.) 그리고 결국은 미국 역사상 가장 위대한 연사이자 작가이자 정치적 지도자 중 하나가 되었다. 평생토록 그는 글을 깨친 것이 탈출구였다고 생각했다.

인류가 지구에 등장하고 99퍼센트의 기간 동안 읽고 쓸 줄 아는 사람은 하나도 없었다. 문자라는 위대한 발명이 없었기 때문이다. 문자가 발명된 것은 극히 최근의 일이다. 직접 경험을 통해 얻은 지식을 제외하고 우리가 아는 거의 모든 지식은 입에서 입으로 말을 통해 전해졌다. 아이들의 '귓속말 놀이'에서처럼 수십, 수백 세대를 거치는 동안 많은 정보가 서서히 왜곡되고 유실되었을 것이다.

그 모든 상황을 바꾼 것이 바로 책이다. 적은 돈으로도 살 수 있는 책 덕분에 우리는 과거사를 자세히 살필 수 있게 되었고 선현들의 지혜를 배울 수 있었고 또 힘 있는 자들의 견해만이 아니라 다양한 사람들의 생각도 알 수 있게 되었다. 그리고 시대와 장소에 구애받지 않고 지구 전체와 역사 전체를 통해 배출된 위대한 지성들이 자연에서 고통스럽게 뽑아낸 지식을 차분히 숙고할 수 있게 되었다. (책은 이 경우에도 최고의 교사처럼 우리 곁에서 조언도 해 주고, 갈 길도 안내해 주었다.) 우리가 손에 든 책은 오래전에 죽은 사람들과의 대화도 가능하게 해 주었다. 책은 어디든 들고 갈 수 있다. 책은 우리의 이해가 느리더라도 끈기 있게 참아 주며 어려운 부분이 있으면 원하는 만큼 다시 읽도록 해 준다. 그리고 잠시 책을 덮고 공부를 멈춘다고 하더라도 결코 우리를 책망하지 않는다. 책은 우리가 사는 세계를 이해하고 민주적 사회에 참여하기 위한 열쇠인 것이다.

노예 해방 이후 오늘날까지 아프리카계 미국인들의 읽고 쓰는 능력은 몇 가지 측면에서 장족의 발전을 이루었다. 1860년에는 아프리카계 미국인 중 단 5퍼센트만이 읽고 쓸 줄 알았던 것으로 추정된다. 그러나 1890년도 미국 국세 조사에 따르면 39퍼센트가 글을 깨친 것으로 판정되었다. 1969년에는 96퍼센트가 되었다. 1940년과 1992년 사이에 고등학교를 졸업한 아프리카계 미국인의 비율은 7퍼센트에서 82퍼센트로 껑충 뛰었다. 그러나 그들이 받은 교육의 질과 실질적인 읽기와 쓰기 능력은 아직 문제가 많아 보인다. 그러나 이것은 모든 민족 집단에 적용되는 이야기이기도 하다.

미국 교육부의 위탁으로 이루어진 전국적인 조사에 따르면 거의 문맹에 가까운 성인이 4000만 명 이상이라고 한다. 이 정도면 양호한 편이다. 다른 조사에 따르면 상황은 훨씬 더 나쁘다. 10대 후반 청소년의 읽기와 쓰기 능력은 지난 10년간 현저하게 저하되었다. 읽기 능력을 5단계로 평가할 경우, 최고 단계의 점수를 기록한 것은 단 3퍼센트 내지 4퍼센트뿐이었다. (이 집단에 속한 사람은 대부분 대학 진학자였다.) 대다수의 사람은 청소년의 읽기 능력이 얼마나 나쁜지조차 모른다. 읽기 능력이 최고 단계에 이른 사람 중 빈곤층에 속하는 것은 고작 4퍼센트만이었고 빈곤층에 속하는 사람 중 43퍼센트가 가장 낮은 수준의 읽기 능력을 보였다.

물론 읽기 능력이 유일한 요인은 아니겠지만 일반적으로 읽기 능력이 뛰어난 사람이 돈도 더 많이 번다. 가장 낮은 수준의 읽기 능력을 가진 사람의 경우 1년 평균 수입이 1만 2000달러이지만 최고 수준의 읽기 능력을 가진 사람은 약 3만 4000달러나 되었다. 읽기 능력이 비록 돈을 벌게 해 주는 충분 조건은 아니어도 최소한 필요 조건은 되어 보인다. 그리고 만약 문맹이거나 간신히 문맹을 벗어난 사람이라면 지금 감옥에 있을 가능성이 아주 크다. (이런 사실들을 평가하는 데 있어 상관 관계에서 곧바로 인과 관계를 도출하는 오류를 범하지 않도록 주의해야 한다.)

국민 발안제는 국민이 직접 제안함으로써 법이나 제도를 바꾸어 나가는 직접 민주주의의 제도 중 하나이다. 그러나 이 제도는 가난하거나 문맹인 사람들에게는 아무런 도움도 주지 못한다. 발의된 법령의 문장조차 읽지 못하거나 자신과 자녀들에게 도움을 줄 수도 있는 제안의 의미도 이해하지 못하는 사람이 많기 때문이다. 놀라울 정도로 많은 사람이 투표조차 하지 않는다. 이것은 민주주의의 근간을 뒤흔드는 일이다.

하물며 노예 소년이었던 프레더릭 더글러스도 글을 깨우쳐 위대한 사람이 될 수가 있었는데, 훨씬 개화된 현대 사회를 사는 자유인들이 문맹인 채로 남아 있는 이유는 무엇일까? 하긴, 그렇게 단순한 문제는 아니다. 왜냐하면 다른 중요한 이유들(뒤에서 제시할 요량이다.) 못지않게 고려할 문제가 있기 때문이다. 그러니까 우리 중에 프레더릭 더글러스만큼 총명하고 용기 있는 사람이 극히 드물다는 것 말이다.

집에 책이 있고 책 읽어 주는 사람도 있으며 독서를 취미로 가진 부모나 형제, 고모나 삼촌, 사촌이 있는 가정에서 자란다면 사람은 자연스럽게 책을 읽게 된다. 만약 주변에 책 읽는 취미를 가진 사람이 아무도 없다면 노력까지 해 가면서 책을 읽을 사람은 하나도 없을 것이다. 만약 엉터리 교육만 받고 생각하는 방법이 아니라 기계적인 암기법만을 배운다면, 그리고 만약 처음으로 받은 책이 거의 외계 문명에서 왔다 싶을 정도로 낯선 것이라면 글을 깨치는 길은 험난해질 것이다.

읽고 쓸 줄 아는 능력을 제2의 천성처럼 체득하기 위해서는 수십 개에 이르는 대문자와 소문자, 기호와 구두점을 완전히 자기 것으로 만들어야 하고, 수천 개에 이르는 단어 묶음을 암기해야 하며, 언제는 엄격하지만 또 언제는 적당히 넘어가는 문법 규칙에 따라야 한다. 이것은 상당히 번잡한 작업이다. 만약 가족의 기본적인 도움조차 받지 못하고 가정폭력이나 방치, 착취나 위험에 노출되어 있거나, 자기 혐오라는 거친 바다에 내동댕이쳐진 사람이라면, 당연히 이런 글을 깨치는 것이 너무 많은 노력을 요구한다고 부담스러워하거나, 그런 공을 들일 필요까지는 없지 않겠냐고 포기해 버리고 말 것이다. 만약 당신이 "너는 너무 멍청해서 공부해도 허사야."라는 이야기(반대로 "너는 너무 영리해서 배울 필요가 없어."라는 이야기도 같은 역할을 한다.)를 줄기차게 듣는다면, 그리고 그 말을 반박해 줄 사람이 주위에 아무도 없다면, 그런 치명적인 충고를 받아들이게 되는 것도 이상한 일이 아닐 것이다. 물론 프레더릭 베일리처럼 난관을 극복하는 아이들은 언제나 있다. 그러나 대다수의 아이들은 그렇지 못하다.

그러나 이 모든 것 말고도 읽고 쓰는 것을 공부하고자 하는 가난한 사람을 빠뜨리고는 하는 위태로운 함정이 하나 더 도사리고 있다. 심지어 그것은 생각하는 힘마저 갉아먹는다.

앤 드루얀과 나는 찢어지게 가난하다는 것이 무엇인지 체험할 수 있었던 가정에서 자랐다. 하지만 양쪽 모두 부모님이 독서광이었다. 할머니 중 한 분이 읽는 법을 배우셨는데, 그것은 영세한 농장을 일구셨던 그 할머니의 아버지가 양파 한 묶음을 주고 순회 교사에게 할머니를 가르치게 한 덕분이었다. 그녀가 글을 깨우친 것은 이후 100년간 양쪽 집안에 큰 복을 가져다주었다. 우리 부모님은 뉴욕 공립 학교에서 개인 위생법과 세균이 질병을 일으킨다는 이론을 배웠다. 그분들은 미국 농무부가 권고한 아동 영양에 관한 지침들을 무슨 시나이 산에서 받은 계명이나 되는 양 철저하게 따랐다. 집에 아동 보건에 관한 정부의 간행물이 하나 있었는데, 그 책은 책장이 떨어질 때마다 계속해서 수리해 가며 읽었다. 책의 모서리는 너덜너덜했고 중요 사항이 있는 곳에는 어김없이 밑줄이 그어져 있었다. 그리고 의료 문제가 생길 때마다 그 책을 참고했다. 얼마간이기는 하지만 부모님은 담배까지 끊었다. 담배는 대공황 시대에 부모님이 누릴 수 있었던 몇 안 되는 즐거움 중 하나였는데도 말이다. 담배를 끊어 모은 돈은 아이들의 비타민과 미네랄을 보충해 줄 약을 사는 데 쓸 수 있었다. 앤과 나는 참으로 운이 좋았다.

최근의 연구 결과에 따르면 충분히 먹지 못하는 아이들은 이해력과 학습 능력이 저하된다고 한다. (즉 '인지 장애(cognitive impairment)'를 입는 것이다.) 이런 일은 기아 상태라고 할 수 없는 경우에도 일어날 수 있다. 가벼운 영양 실조 상태 말이다. (미국의 빈곤층에서 흔히 볼 수 있는 일이기도 하다.) '인지 장애'는 영아기(임산부가 충분히 먹지 못했을 경우)에 일어날 수도 있고, 아동기에 일어날 수도 있다. 음식물이 충분히 공급되지 않을 때 우리 몸은 섭취한 음식이라는 한정된 자원을 어디에 어떻게 사용할지를 결정하게 된다. 생존이 최우선이고 성장은 다음이다. 이런 영양 공급 우선 순위 결정에서 우리 몸은 학습을 최하위에 놓을 수밖에 없는 모양이다. 똑똑해져서 죽느니 바보로라도 사는 게 더 낫다고 판단하는 것이다.

건강한 아이들은 대개 학습에 강한 흥미를 보인다. 하지만 영양이 부족한 아이들은 무기력하고 반응이 느리다. 좀 심한 영양 실조에 걸리면 출생 시의 몸무게가 크게 줄어들고 심한 경우 뇌의 크기도 작아진다. 하지만 겉보기에 아주 건강해 보이는 아이라고 할지라도, 이를테면 철분을 충분히 섭취하지 못한 경우, 즉각적인 집중력 저하를 겪게 된다. 철분 결핍성 빈혈증은 미국 저소득층 자녀의 4분의 1이나 되는 많은 아이들에게 악영향을 미치고 있다. 그것은 아이의 주의 집중 시간을 단축하고 기억력에 손상을 입힌다. 그리고 그 영향은 성인이 되어서까지도 이어질 수 있다.

과거에는 비교적 가벼운 영양 부족 상태로 간주되었던 경우도 요즘에는 평생 이어지는 인지 장애를 일으킬 수도 있음을 알게 되었다. 비록 잠깐이라고 해도 영양 부족 상태를 겪은 어린이들의 학습 능력은 손상을 입는다. 그런데 수백만의 미국 어린이들이 매주 굶주리고 있는 것이다. 슬럼화가 진행되는 대도시 중심부에서 특징적으로 발견되는 납중독 또한 심각한 학습 장애를 야기한다. 여러 가지 측면에서 볼 때 미국 내 빈곤층은 1980년대 초반 이후 증가하기 시작했다. 이제는 미국 아동의 거의 4분의 1이 빈곤 가정에서 산다. 이것은 선진 공업국에서도 상당히 높은 것이고 아동을 대상으로 한 경우에는 가장 높은 것이다. 한 통계에 따르면 1980년과 1985년 사이에 예방 가능한 질병과 영양 실조 등 빈곤의 영향으로 사망한 미국의 유아나 아동의 수가 베트남전 미군 전사자 수보다 많았다.

미국에서는 연방 정부나 주 정부 차원에서 영양 실조 문제를 다루기 위한 계획들을 제도화해 놓고 있다. '여성과 유아, 그리고 아동을 위한 특별 음식 보조 계획(Special Supplemental Food Program for Women, Infants and Children, WIC)', 학교에서 아침과 점심을 제공하는 급식 계획, '하계 방학 음식 제공 계획(Summer Food Service Program)' 등이 그것이다. 모든 계획이 효과를 보이는 것으로 드러나고 있다. 하지만 그 계획들도 도움을 필요로 하는 사람 모두에게 손길이 미치는 것은 아니다. 한 나라가 부강하다는 것은 무슨 뜻인가. 그것은 자기 나라의 어린이 모두에게 충분한 음식을 줄 수 있다는 뜻이어야 한다.

영양 부족으로 생길 수 있는 장애 중에 원래대로 회복할 수 있는 것도 몇 가지 있다. 예를 들어, 철분 보충 요법은 철분 결핍성 빈혈증으로 생긴 장애들을 회복시킬 수 있다. 그러나 한 번 손상된 것이 모두 회복되는 것은 아니다. 난독증(dyslexia, 읽는 능력을 손상시키는 다양한 종류의 장애를 말한다.)은 빈곤층 부유층을 떠나 우리 인구 전체의 약 15퍼센트 이상의 사람을 괴롭히는 증세이다. 그 원인은 아직 (생물학적인 것인지, 심리적인 것인지, 아니면 환경적인 것인지) 분명하지 않다. 하지만 요새는 다양한 방법들이 개발되어 난독증에 걸린 사람들이 책을 읽을 수 있도록 도와준다.

교육을 받지 못했다는 이유로 글을 깨치지 못한 사람은 단 한 사람도 없어야만 한다. 하지만 미국의 많은 학교에서 이루어지는 읽기 교육을 학생들은 마치 무슨 도움이 될지 상상할 수도 없는 미지의 문명이 남긴 그림 문자를 억지로 외우는 고행으로 받아들이고 있다. 단 한 권의 책도 놓여 있지 않은 교실도 수두룩하다. 성인 식자 교육도 수요는 많지만 불행하게도 공급은 그것을 따라가지 못하고 있다. '헤드 스타트' 같은 질 높은 조기 교육 프로그램은 어린이들이 읽기 능력을 갖추는 데 큰 보탬이 될 수 있다. 하지만 그 프로그램은 그것을 필요로 하는 미취학 아동 중 3분의 1에서 4분의 1 정도만을 감당하고 있을 뿐이다. 게다가 예산이 삭감되어 그 실효성을 잃어버리는 경우도 적지 않다. 내가 이 글을 쓰고 있는 지금도 앞에서 이야기한 영양 보조 계획과 함께 의회에서 공격을 받고 있는 실정이다.

리처드 줄리어스 헌스타인(Richard Julius Herrnstein, 1930~1994년)과 찰스 머리(Charlse Murray, 1943년~)가 1994년에 함께 펴낸 『벨 커브(*The Bell Curve*)』에서 그들은 '헤드 스타트' 프로그램에 대해 비판했다. 그들 주장의 요점을 로체스터 대학교 제럴드 콜스(Gerald Coles, 1935년~) 교수는 다음과 같이 정리했다.

우선 가난한 가정 아이들을 위한 계획에 자금을 충분히 지원하지 말라고 한다. 다음으로, 맞서기 힘든 난관을 헤치고 그나마 얻어 낸 성과가 있어도 그것을 무시한다. 결국 마지막에 가서는 그런 아이들의 지능이 떨어지기 때문에 그 계획은 폐지해야 한다고 결론 내린다.

언론 매체로부터 놀라울 정도로 우호적인 주목을 받은 그 책에서 저자들은 백인과 흑인 간에는 좁힐 수 없는 유전적인 차이가 있다고 결론 내린다. 지능 검사 결과 10~15점의 차이가 난다는 것이다. 심리학자 리언 주다 카민(Leon Judah Kamin, 1927~2017년)은 서평을 통해 "그 저자들은 끊임없이 상관 관계와 인과 관계를 혼동하고 있다."라고 지적한다. 그들의 결론은 우리의 '헛소리 탐지기'에 잘 잡히는 오류 중 하나일 뿐이라는 것이다.

켄터키 주 루이스빌에 본거지를 둔 국립 가정 문해력 센터(National Center for Family Literacy, NCFL)는 저소득층 가정을 대상으로 자녀와 부모 모두에게 읽기를 가르치는 계획을 시행해 왔다. 구체적으로는 다음과 같은 방식으로 한다. 3~4세 정도의 아동이 부모나 조부모 또는 기타 보호자를 따라 1주일에 세 번 학교에 나간다. 오전에 성인은 기본적인 교양 수업을 듣고 그동안 아이는 미취학 아동반에 참가한다. 부모와 아이는 점심 시간에 만나서 식사를 하고 오후 시간에는 함께 배우는 법을 배운다.

3개 주에서 시행된 교육 프로그램 14개를 추적 조사한 결과 다음과 같은 사실들이 밝혀졌다. ① 취학 전에는 그 프로그램에 참여한 아동 전원이 초등학교 수업을 따라갈 수 없으리라 추정되었지만, 현재 초등학교의 담당 교사들에 따르면 현재도 여전히 그럴 소지가 있는 아동은 10퍼센트에 지나지 않는다고 한다. ② 그 프로그램에 참여한 아동 90퍼센트 이상이 현재 통학 중인 초등학교의 교사로부터 학습 의욕이 있다는 평가를 받았다. ③ 그중 초등학교에서 유급을 당한 아동은 단 한 사람도 없었다.

부모들의 성장 또한 못지않게 극적이다. 가정 문해력 지원 프로그램에 참가한 결과 자신의 삶이 어떻게 변했는지 기술해 보라는 질문을 받았을 때, 그들은 다음과 같은 답변을 내놓았다. "자신감이 생겼고(이것은 거의 모든 참가자의 공통된 반응이었다.) 자제력이 늘었다.", "고등학교 검정 고시를 통과했다.", "대학 입학 허가를 받았다.", "새 직장을 얻었다.", "자녀들과의 관계가 훨씬 좋아졌다." 등의 대답이 전형적으로 나왔다. 아이들과의 관계가 어떻게 변했는가 하는 질문에는 아이들이 부모에게 더욱 고분고분해졌고 배우려는 열의를 가지게 되었으며 미래에 대한 희망(희망을 가진다는 게 난생처음인 이도 있을 것이다.)을 품게 되었다고 답했다. 이런 프로그램은 고학년 학생들을 대상으로 수학과 과학 같은 과목들을 가르치는 데도 응용할 수 있을 것 같다.

전제 군주나 독재자는 글을 깨치는 것이나 학문, 책, 신문이 자신들에게 잠재적인 위험 요소임을 잘 안다. 이것들은 피지배자의 머릿속에 자립적인 사고나 심지어 반역적인 사고까지도 불어넣을 수 있기 때문이다. 1671년 버지니아를 통치했던 영국 식민지 총독은 다음과 같은 글을 남겼다.

> 무상 교육을 하는 학교와 인쇄물이 없다는 것에 대해 하느님께 감사드립니다. 그리고 (앞으로) 100년 동안에도 (그런 것들이) 없기를 희망하나이다. 왜냐

하면 배움은 불복종과 이단과 분열을 조장하고 인쇄물은 그런 것들을 여기저기에 퍼뜨리며 최상의 정부조차 비방하기 때문입니다. 하느님, 그것들로부터 우리를 지켜 주소서!

그러나 자유가 어디서 오는지를 잘 알고 있었던 미국의 식민지 개척민들은 이런 이야기에 귀를 기울이지 않았다.

독립 직후 미국은 식자율이 세계에서 가장 높은 나라 중 하나였다. (어쩌면 더 높은 나라가 있었을지도 모른다. 그리고 당시에는 여자와 노예는 계산에 넣지 않았다.) 1635년에 벌써 매사추세츠 주에는 공립 학교들이 있었고 1647년부터는 50가구 이상 되는 모든 마을마다 의무 교육 제도가 정비되었다. 그다음 세기의 중반이 되기 전까지 민주주의는 교육을 통해 전국으로 퍼져나갔다. 수많은 정치학자가 미국을 방문해 이 경이로운 사건, 즉 대다수의 일반 노동자들이 읽고 쓸 줄 안다는 그 놀라운 사실을 보기 위해 해외에서 미국으로 몰려들었다. 전 국민을 교육하기 위해 헌신적으로 노력한 덕분에 미국은 수많은 발견과 발명의 발상지가 되었고 민주주의가 눈부시게 발전했으며 활발하게 이루어진 계층 상승은 국가 경제에 활기를 불어넣었다.

오늘날 미국의 식자율은 더 이상 세계 최고가 아니다. 글을 깨쳤다고 판정된 사람 중에서도 상당수는 아주 간단한 문서조차 읽고 이해하지 못한다. 하물며 6학년 교과서, 제품 사용 설명서, 버스 운행 계획표도 읽기 어려워하는데, 저당 증서나 국민 발안제는 말해 무엇하랴. 게다가 오늘날의 6학년 학생들을 위한 교과서는 몇십 년 전 것에 비하면 훨씬 쉬워졌다. 반면 직장에서는 그 어느 때보다 높은 읽기 능력을 요구한다.

가난, 무지, 희망 없음, 그리고 자기 비하라는 톱니바퀴들이 서로 맞물려 악순환하는 영구 기관을 만들었고 몇 세대에 걸쳐 사람들의 꿈과 희망을 으스러뜨리고 있다. 게다가 거기서 나오는 피해는 모든 사람이 나눠 가져야 한다. 읽기 능력의 결여야말로 그 영구 기관의 핵심 부품인 셈이다.

이 영구 기관의 제물이 되는 사람들은 모두 모욕을 당하고 비참한 상황을 맛보고 있다. 설령 그 문제에 대해서는 냉정하게 등을 돌린다고 해도, 읽고 쓰는 능력의 결여가 가져오는 피해는 나머지 사람들에 대해서도 가혹한 대가를 치르게 만든다. 예를 들어, 의료비와 입원비, 범죄와 감옥에 드는 비용, 특별 교육에 드는 비용, 생산성 저하로 인한 비용이 막대하다는 것은 누구나 알 것이다. 그리고 무엇보다 가장 큰 손해는, 만약 교육을 제대로 받았다면 우리를 끊임없이 괴롭히는 딜레마들을 해결할지도 모를 훌륭한 인재들을 잃어버린다는 것이다.

프레더릭 더글러스는 글을 깨치는 것이 노예 상태에서 벗어나 자유로 가는 길이라는 가르침을 주었다. 노예 상태에도 여러 종류가 있고 자유에도 여러 종류가 있다. 그러나 읽기는 언제나 자유로 가는 길이다.

탈출 이후의 프레더릭 더글러스

20세가 되자마자 그는 자유를 찾아 도망쳤다. 애나 머리(Anna Murray, 1813~1882년)라는 여인을 아내로 맞아 뉴베드퍼드에 정착한 그는 평범한 노동자로 일했다. 4년 후 더글러스는 한 모임에 연사로 초청되었다. 당시 북부에서는 당대의 위대한 연설가들이 노예제를 비난하는 목소리를 흔하게 들을 수 있었다. 그 연설가들은 물론 모두 백인이었다. 그러나 심지어 노예제를 반대하던 사람 중에도 상당수가 노예들이 어쨌거나 정상적인 인간은 아니라고 생각하고 있었다. 1841년 8월 16일 밤 더글러스를 초청한 집회가 낸터킷이라는 작은 섬에서 열렸다. 대부분이 퀘이커교 교도였던 매사추세츠 노예제 반대 협회 회원들은 무언가 새로운 이야기를 듣고는, 좀 더 자세히 듣기 위해 의자에서 등을 떼고 연단을 향해 몸을 숙였다. 그것은 노예제라는 비참한 체험을 한 사람이 직접 노예제를 반대하는 목소리였다.

당시 미국에서는 아프리카계 미국인은 '타고난 노예'라는 신화가 넓게 퍼져 있었다. 그러나 더글러스의 당당한 모습과 진실한 품행은 당시 통념을 여지없이 부수어 버렸다. 더글러스의 연설은 노예제의 죄상을 철저하게 파헤친 감동적인 것이었고, 누가 뭐래도 미국 연설 역사상 가장 출중한 데뷔 연설이라고 해도 좋은 것이었다. 당시 청중 맨 앞줄에는 노예제 폐지 운동의 지도자 중 하나였던 윌리엄 로이드 개리슨(William Lloyd Garrison, 1805~1879년)이 앉아 있었다. 더글러스가 연설을 끝마쳤을 때, 개리슨은 일어서서 몸을 뒤로 돌리고 감동에 몸을 떠는 청중을 향해 큰소리로 질문을 던졌다. "우리가 지금까지 들은 이야기가 물건이 한 이야기입니까, 개인 소유물이 한 이야기입니까, 아니면 인간이 한 이야기입니까?"

"인간이오! 인간!" 청중들은 한목소리로 우레와 같이 답했다.

"그런 사람을 이 그리스도의 땅에서 노예로 부릴 수 있단 말입니까?" 개리슨이 외쳤다.

"안 됩니다! 안 되고 말고요!" 청중들이 소리쳤다.

그러자 더 큰 목소리로 개리슨이 물었다. "그런 사람을 자유의 땅 매사추세츠에서 내보내 속박과 굴레의 땅으로 돌려보내서야 되겠습니까?"

그러자 이제 군중들은 전부 일어서서 울부짖었다. "안 됩니다! 안 돼요! 절대로!"

더글러스는 두 번 다시 노예 신분으로 되돌아가지 않았다. 그 대신 문필가이자 편집인이자 신문 발행인으로, 국내외를 오가는 연설가로, 연방 정부에 자문을 하는 고위직을 맡은 최초의 아프리카계 미국인으로 여생을 인권 투쟁에 바쳤다. 남북 전쟁 기간에는 링컨 대통령의 자문 역할을 맡았다. 더글러스는 노예였다가 풀려난 아프리카계 미국인들을 무장시켜 북측을 위해 싸우도록 하자는 제안을 했고 그 제안은 성공적으로 시행되었다. 남부 연합이 생포한 흑인 병사들을 즉결 처형한 것에 대한 보복을 북부 연방 측도 남부 연합 측 전쟁 포로에게 가해야 한다는 것도, 노예 해방을 이 전쟁의 주목적으로 하라고 한 것도 더글러스였다.

더글러스가 낸 의견 중에는 과격한 것도 많았기 때문에 고위직에 있는 사람들을 친구로 삼기는 어려웠다. 예를 들어, 그는 다음과 같이 썼다.

> 나는 아무런 주저 없이 다음과 같이 주장한다. 남부의 종교는 무시무시한 범죄를 은폐하는 보호막에 지나지 않는다고 말이다. 소름 끼치는 만행을 정당화하고 증오스러운 기만을 신성화하며 노예주들이 저지른 세상에서 가장 음침하고 구역질 나고 천박한 악마와 같은 만행이 받아야 할 죄의 대가를 가장 튼튼하게 막아 준 어두운 피난처 역할을 하고 있다. 만약 내가 또다시 노예의 사슬에 속박될 처지에 놓인다면, 나는 종교라는 주인의 노예가 되는 것을 나에게 일어날 수 있는 최대의 재앙이라고 간주할 것이다. …… 나는 이 땅의 기독교를 증오한다. 타락하고 노예를 거느리고 여자를 매질하고 모친으로부터 아기를 강탈하는 불공평하고 위선적인 이 종교를.

당시나 이후에도 종교에 기반한 인종주의자들은 무시무시한 주장을 내뱉었다. 그들의 수사에 비하자면 더글러스의 표현에 과장됨이 없어 보인다. 남북 전쟁 전에 그들은 "노예제는 하느님이 정하신 것이다."라는 말을 하고는 했다. 남북 전쟁이 끝나고 나서도 역겨운 말들은 사라지지 않았다. 그중 하나를 들자면, 찰스 캐럴(Charles Carroll)은 『깜둥이라는 야수(*The Negro a Beast*)』라는 책에서 종교를 빙자한 위선적인 독자들에게 다음과 같이 가르쳤다. "이성적으로 생각해 봐도 마찬가지지만 성경과 거룩한 계시도 깜둥이는 인간이 아니라고 가르치고 있다." 좀 더 최근의 인종주의자들은 심지어 DNA에 씌어져 있는 명백한 증언마저도 거부한다. DNA 연구 결과는 모든 인종이 다 같은 인간일 뿐만 아니라 애초에 인종이라는 구분 자체가 불가능하다는 것을 증명해 주었다. 그러나 인종주의자들은 그 증거를 검토해 보기는커녕 성서를 흔들며 DNA 증거를 검토하는 것 자체에 반대하고 있다.

하지만 다음과 같은 몇 가지 사실은 지적하고 넘어가야겠다. 일단, 노예제 폐지론자의 대다수가 기독교인이었고, 특히 노예제 폐지 운동이 북부 퀘이커교 공동체가 있는 지역에서 일어났다는 것이다. 그리고 1960년대에 일어난 역사적인 미국 시민권 투쟁에서 전통적인 남부의 아프리카계 미국인 교회들이 핵심적인 역할을 수행했다는 사실도 마찬가지이다. 그 투쟁의 지도자 중 대부분은 그런 교회들에서 안수를 받은 목사들이었다. 그중 가장 두드러진 인물이 바로 마틴 루서 킹 목사였다.

더글러스는 백인 사회에 이렇게 말을 했다.

(노예제는) 여러분의 진보를 가로막는 족쇄입니다. 그것은 발전의 적입

니다. 교육의 치명적인 원수입니다. 그것은 오만을 키웁니다. 그것은 나태의 씨를 뿌립니다. 그것은 악을 조장합니다. 그것은 범죄를 은폐합니다. 그것은 그것을 지지하는 땅에 저주를 내립니다. 그런데도 여러분은 아직도 그것이 마치 마지막 생명줄인 양 매달리고 있습니다.

1845년부터 3년간 아일랜드에 이른바 감자 기근이 덮쳤다. 그 직전인 1843년에 순회 강연을 위해 아일랜드를 찾은 더글러스는 그곳의 찢어지게 가난한 사람들을 보고 충격을 받아 고향의 개리슨에게 편지를 썼다. "이곳에서 저는 저의 예전 삶을 연상시키는 일들을 수없이 보았습니다. 그리고 미국의 노예제를 비판하는 데만 목청을 높인 것에 부끄러움을 느꼈다고 고백할 수밖에 없습니다. 하지만 인도주의라는 대의는 세계 어디서나 같다는 것을 알게 되었습니다." 그는 아메리카 원주민을 대상으로 한 절멸 정책에 대해서도 단호하게 반대했다. 그리고 1848년 세네카 폴스 회의(Seneca Falls Convention)에서 엘리자베스 캐디 스탠턴(Elizabeth Cady Stanton, 1815~1902년)•이 여성 참정권을 보장하라고 대담하게 촉구했을 때, 그것을 지지한 남성은 모든 인종을 망라해 그가 유일했다.

노예 해방 선언으로부터 30년 이상이 지난 1895년 2월 20일 밤, 그는 수전 앤서니(Susan Anthony, 1820~1906년)와 함께 여성의 권리를 요구하는 집회에 모습을 드러냈다. 그날 밤 집에 돌아온 그는 심장 발작으로 쓰러졌고 그대로 조용히 숨을 거두었다.

• 몇 년 후 그녀는 성서에 대해서 더글러스의 말을 방불하는 이야기를 했다. "나는 여성을 예속적이며 열등한 존재라고 그렇게 철저하게 가르치려는 책을 성서 말고는 본 적이 없다."

22장
의미의 노예

우리는 진실이 종종 얼마나 잔인한지를 잘 알고 있다,
그래서 환상이 오히려 더 위안이 되지 않을까 생각하기도 한다.
—쥘앙리 푸앵카레(Jules-Henri Poincaré, 1854~1912년)

상업 방송과 공영 방송의 프로그램 만들기를 한마디로 하자면 "돈이 전부."라고 할 수 있다. 이렇게 말한다고 해서 나를 지나친 냉소주의자라고 비난하지 말기 바란다. 황금 시간대에 시청률 1퍼센트만 차이가 나도 광고 수입 수백만 달러가 왔다 갔다 하니까 말이다. 특히 1980년 이후 텔레비전은 거의 전적으로 영리만을 추구하는 매체로 변해 가고 있다. 이를테면, 키스테이션의 뉴스 프로가 쇠락하는 모습이나, 어린이를 위한 방송 프로그램을 개선하라는 미국 연방 통신 위원회(Federal Communication Commission, FCC)의 지시에 대한 주요 방송사들이 늘어놓는 구차한 변명을 보면 이 사실을 쉽게 알 수 있다. (예를 들어, 플라이스토세(Pleistocene, 홍적세 또는 갱신세) 때 살았던 우리 조상들의 기술과 생활 양식을 고의로 왜곡하고 마치 공룡을 애완 동물인 양 묘사하는 만화 영화 시리즈가 교육적 측면에서 장점이 있다고 주장한다.) 이 글을 쓰고 있는 시점에 미국의 공영 방송은 정부 지원을 상실할 심각한 위험에 처해 있고 상업 방송은 저질화되는 방향으로 내닫고 있다.

이런 상황을 고려할 때 텔레비전 화면을 통해 과학을 제대로 소개하려고 아무리 싸운들 성과를 거두기는 어려울 것만 같다. 하지만 키스테이션 방송국의 소유주들이나 프로그램 제작자들도 자식과 손자가 있을 것이고, 당연히 그 아이들의 미래에 대해 걱정하고 있을 것이다. 우리나라의 미래에 대해서도 일말의 책임감을 느끼고 있으리라. 과학 프로그램이라고 하더라도 시청률 측면에서 성공을 거둘 수 있으며, 사람들이 그런 프로에 굶주려 있다는 사실을 보여 주는 증거도 없지 않다. 나는 아직 희망을 버리지 않고 있다. 머지않아 주요 텔레비전 채널에서 멋지게 제작된 진정한 과학 프로그램을 정규 편성해 틀어 줄 날이 반드시 오리라 믿는다.

야구와 축구의 기원은 아즈텍 문명이다. 미식 축구는 수렵 활동을 약간 변형했을 뿐이다. 우리가 인간이 되기 전부터 해 온 일들이다. 라크로스(Lacrosse)는 고대 아메리카 원주민의 놀이였으며 하키는 그것과 관계가 있다. 그러나 농구는 새로운 스포츠이다. 우리가 농구를 하기 시작한 것은 영화를 만들기 시작하고 나서도 한참 뒤의 일이다.

농구의 '바스켓'은 원래 복숭아를 담는 바구니였다. 처음에는 그 바구니에 구멍을 뚫을 생각을 아무도 하지 못했기 때문에 공을 넣으면 매번 사다리를 타고 올라가 공을 꺼내와야 했다. 그러나 얼마 지나지 않아 이 스포츠는 화려하게 진화했다. 주로 아프리카계 미국인들의 활약을 통해 농구는 지능, 정확성, 용기, 대담성, 예측력, 기술, 팀워크, 우아함, 세련미가 훌륭하게 어우러진 탁월한 스포츠 중 하나로서 높은 인기를 누리게 되었다.

키 고작 157센티미터의 머그시 보그스(Muggsy Bogues, 1965년~)는 장신 숲을 요리조리 헤쳐나가고, 마이클 조던(Micheal Jordan, 1963년~)은 자유투 라인 저 바깥에서 우아하게 날아올라 적진의 골대를 단숨에 습격

한다. 래리 버드(Larry Bird, 1956년~)는 정확한 노룩 패스(no-look pass)를 뿌려 대고, 카림 압둘자바(Kareem Abdul-Jabbar, 1947년~)는 스카이훅(skyhook) 슛을 공중에서 내리꽂는다. 본질적으로 농구는 미식 축구처럼 몸과 몸이 부딪히는 경기가 아니다. 세련된 테크닉과 전략이 핵심 역할을 하는 스포츠이다. 전면 압박 수비나 더블팀 디펜스를 와해시키는 눈부신 패스, 픽앤드롤(pick-and-roll) 전술, 패스 길목을 미리 읽고 차단하는 컷오프(cutoff), 난데없이 날아와 리바운드된 공을 다시 집어넣는 팁인(tip-in) 등이 모든 것이 지능과 육체 운동 능력의 통합, 몸과 마음의 조화를 통해 이루어지는 것이다. 농구가 지금과 같은 열광적인 인기를 누리는 것은 그리 놀랄 일이 아니다.

전미 농구 협회(National Basketball Association), 즉 NBA의 시합이 텔레비전 방송국의 중요 상품이 된 이후로 내 머릿속에서는 그것을 수학과 과학을 가르치는 데 사용할 수도 있을 것 같다는 생각이 떠나지 않았다. "평균 자유투 성공률 0.926"이라는 말을 이해하려면 분수를 소수로 바꾸는 방법을 알아야 한다. 공을 골대에 살짝 얹어놓는 레이업(lay-up) 슛은 뉴턴의 운동 제1법칙의 생생한 실례이다. 농구공을 던지면 반드시 포물선을 그리며 나는데, 그 포물선의 곡률은 중력 법칙의 원리에 따라 결정된다. 탄도 미사일의 비행 경로나 지구의 공전 궤도, 또는 머나먼 천체에 접근하는 우주 탐사선의 운동도 마찬가지 방식으로 계산할 수 있다. 그리고 슬램 덩크(slam dunk) 슛을 하기 위해 뛰어오른 선수의 질량 중심은 잠시이기는 하지만 지구 중심을 도는 궤도를 타게 된다.

바스켓에 공을 정확하게 넣으려면 공의 속도를 정밀하게 조정해서 던져야 한다. 속도에 단 1퍼센트의 오차만 생겨도 중력은 그 슛을 던진 슈터를 망신시킬 것이다. 3점 슛 전문 슈터들은 슛을 던질 때 알게 모르게 공기 역학적 저항을 보정하는 셈이다. 바닥에 떨어진 농구공이 튈 때마다 그 높이가 점점 낮아지는 것은 열역학 제2법칙 때문이다. 대릴 도킨스(Daryl Dawkins, 1957~2015년)나 샤킬 오닐(Shaquille O'Neal, 1972년~)이 백보드를 부수는 장면에서 우리는 충격파의 전달 방식에 관해 배울 기회를 얻게 된다. 골대 밑에서 공에 회전을 주면서 던져 백보드에 튕기게 만드는 스핀 슛(spin shot)은 각운동량 보존 법칙이 있기에 가능하다. 바스켓 위쪽에 '원기둥 모양 공간'이 있다고 가정하고 그 안에 있는 공을 건드리는 것은 반칙이다. 여기서 우리는 중요한 수학적 개념, 즉 ($n-1$)차원의 물체를 움직임으로써 n차원의 물체를 만든다는 이야기를 할 수 있다.

이처럼 학교, 신문, 텔레비전 등에서 스포츠를 이용해 과학을 가르치면 어떨까?

내가 어렸을 때 아버지는 매일 집에 신문을 가지고 돌아오셨고 야구 기록표를 뚫어져라 보거나 (때로는 아주 흡족한 표정으로) 샅샅이 훑고는 하셨다. 거기에는 나에게는 별 의미 없던 영문 모를 약자들(W, SS, K, W-L, AB, RBI)이 적혀 있었다. 그런데 그런 약자들이 아버지에게는 무언가 의미가 있었던 모양이다. 어느 신문에나 그런 약자들이 인쇄되어 있었다. 그것을 알게 되자 나도 그것을 어렵지 않게 이해할 수 있으리라는 생각이 들었다. 점차로 나 또한 야구 통계의 세계에 빠져들기 시작했다. (그것은 소수를 배우는 데 도움이 되었다. 그리고 요즘도, 대개는 시즌이 시작되었을 때이지만, "어떤 선수는 타율이 1,000이군."이라는 뜻의 "batting a thousand"라는 표현을 들으면 눈살을 살짝 찌푸리게 된다. 1.000과 1,000은 다르다. 그 행운의 타자는 타율이 1, 즉 10할 타자인 것이다.)

이번에는 경제면을 살펴보자. 경제 입문자를 위한 기사는 찾아보기 어렵다. 각주는 물론이고 약자나 기호에 대한 설명도 찾아보기 힘들다. 알면 알고 모르면 그만이다. 아니 모르면 익사하고 알면 헤엄칠 수 있다. 경제라는 바다에서. 한 면에 가득한 통계 수치들을 보라! 그래도 사람들은 자발적으로 그것을 읽는다. 그것들이 원래 그들의 이해 능력 밖에 있지 않기 때문이다. 다만 동기의 문제일 뿐이다. 왜 수학, 과학, 기술에 대해서는 똑같이 하지 않는 것일까?

어떤 스포츠든 어떤 선수가 골이든 안타이든 연달아 성공시키는 경우가 있다. 농구에서는 그것을 '핫 핸드(hot hand)'라고 부른다. 행운이 따르는지 무엇을 하든 잘 되는 것이다. 나는 마이클 조던이 뛰었던 한 플레이오프 경기를 아직도 기억하고 있다. 마이클 조던은 분명 다른 선수보다 탁월한 장거리 슈터는 아니다. 그런 그가 그날만은 별로 힘도 들이지 않고 코트 여기저기서 연달아 3점 슛을 터뜨렸다. 스스로도 감탄했던지 어깨를 들썩이며 놀라워했다. 반대로 뭘 하든 아무것도 제대로 되지 않는 경우도 있다. 잘 나갈 때에는 신비로운 마법에 걸린 것처럼 잘하다 가도 안 될 때에는 저주에 걸린 것처럼 못한다. 하지만 이것은 미신적인 발상이지 과학적 사고는 아니다.

사실, 연속 슛을 성공시키고 연승을 거둔다고 해서 특별히 이상한 일은 아니다. 동전을 던지는 경우에도 연속해서 같은 면이 나오는 경우를 우리는 통계적으로 간단하게 예측할 수 있다. 연속성이 절대로 나타나지 않는 경우가 있다면 오히려 더 놀라운 일이다. 1센트 동전 하나를 10회 던진다고 해 보자. 그런데 앞뒷면이 다음과 같이 나왔다고 해 보자. 앞앞앞뒤앞뒤앞앞앞앞. 아니 10회 중 앞면이 무려 8회나 나오고, 게다가 그중 4회는 앞면이 연속으로 나왔다! 내가 동전에다 무슨 염력이라도 부린 걸까? 아니면 그저 운? 그런데 우연으로 돌리기에는 너무나도 규칙적으로 보이는데…….

그때 동전을 던진 게 이번만이 아니라는 데 생각이 미친다. 그래서 그것까지 포함해서 앞뒷면이 나온 순서를 다시 적어 보니 이번에는 다음과 같이 좀 더 길지만 흥미롭지는 않은 배열이 나타났다. 앞앞뒤앞뒤뒤**앞앞앞뒤앞뒤앞앞앞앞**뒤앞뒤뒤앞뒤앞뒤뒤. 결과의 특정 부분에만 주목하고 나머지를 무시해 버린다면 유의미한 연속성의 존재를 언제나 '증명'할 수 있다. 그러나 이것은 헛소리 탐지기에 걸리는 오류 중 하나일 뿐이다. 관찰 결과 중 유리한 상황만 골라 나열하는 선택 편향의 오류이다. 우리는 성공한 것만 기억하고 실패한 것은 잊는다. 만약 당신의 야투(field goal) 성공률이 50퍼센트라면 내가 동전을 던졌을 때처럼 당신에게도 연속해서 골을 넣는 순간이 찾아올 것이다. 동전을 던졌을 때 10회 중 8회 앞면이 나온 것처럼 당신도 열 번 던져 여덟 골을 성공시킬 수 있을 것이라는 뜻이다. 이처럼 농구를 통해서도 확률과 통계와 관련해, 또 회의주의적 사고와 관련해 과학 교육을 할 수 있다.

코넬 대학교 심리학과의 동료 교수인 토머스 길로비치의 연구는 연속 골을 성공시킨 만큼 후속 골을 성공시킬 확률이 높아진다는 '핫 핸드'에 대한 농구 팬들의 생각이 일종의 착각 또는 오류임을 설득력 있게 보여 주었다. 길로비치는 NBA 선수들이 던진 슛들이 성공한 것이든, 실패한 것이든 우연이라고 생각했을 때 예상된 것 이상의 어떤 분포를 형성하는 경향이 있는지 연구했다. 한 번, 두 번, 그다음 세 번 연속 슛을 성공시킨 후 각각 그다음에 슛을 던졌을 때 성공할 확률은 한 번 실패한 후 슛을 던졌을 때 성공할 확률보다 조금 줄어들었다. 이것은 훌륭한 선수나 약간 못 미치는 선수나 마찬가지였으며, 야투 때뿐만 아니라 상대방의 방해를 받지 않는 자유투 때도 마찬가지였다. (물론 '핫 핸드' 상태의 선수에 대해서는 수비 측의 마크가 점점 더 강해지기 때문에 연속 득점 횟수가 줄어들 수도 있다.) 야구에도 내용은 반대지만 어쨌든 유사한 신화가 퍼져 있다. 어떤 타자가 한 경기에서 그의 평균 타율 이하로 공을 때리면 그다음 타석에서는 반드시 때릴 것이라는 믿음이 그것이다. 이 신화 역시 오류이다. 이것은 동전을 던질 때 앞면이 몇 번 연속으로 나오면 다음번에는 뒷면이 나올 확률이 50퍼센트 이하로 떨어진다는 이야기나 마찬가지이기 때문이다. 통계적으로 예상 가능한 것 이상의 행운이 있을 수 있다고 해도 그것을 발견하는 것은 무척 어렵다.

그러나 이 정도 설명으로는 납득하지 못하는 게 인지상정이다. 선수들이나 코치들, 또는 팬들에게 물어보라. 그들 역시 이 설명에 만족하지 못할 것이다. 인간은 무작위적인 난수에서도 의미를 찾는 동물이다. 우리는 의미의 노예인 셈이다. 명망 있는 감독 아널드 제이컵 '레드' 아워백(Arnold Jacob 'Red' Auerbach, 1917~2006년)은 길로비치의 연구에 대해 듣고는 다음과 같이 반응했다. "이 자가 도대체 누구야? 그래 연구를 하셨다고. 신경 쓰고 싶지도 않군." 그의 심정을 이해하지 못하는 것은 아니다. 그러나 농구에서 작용하는 운이 동전을 던질 때보다 더 빈번하게, 더 강력하게 작용하는 것이 아니라면 신비로울 게 하나도 없는 것이다. 그렇다고 해서 선수들을 단지 우연의 법칙에 따라 조종되는 꼭두각시로 보는 것은 아니다. 절대 그렇지 않다. 그들의 평균 슈팅 성공률은 실제로 각자가 가진 개인적 기량을 반영한다. 앞의 이야기는 단지 슛을 연속해서 넣는 우연의 사건이 일어나는 빈도와 그것의 지속성에 대한 것일 뿐이다.

물론 연속적으로 골을 넣는 선수는 신의 보살핌을 받고 계속 헛손질하는 선수는 신의 조롱을 받는다고 생각하면 훨씬 더 재미있다. 그런 생각이 그리 잘못된 것도 아닌 것 같고, 약간의 신비화가 무슨 해를 주는 것 같지도 않다. 지긋지긋한 통계 분석보다야 틀림없이 재미있다. 당연히 농구에서도, 다른 스포츠에서도 해가 될 것은 없다. 그러나 자꾸만 그런 사고 방식에 습관적으로 젖다 보면 다른 '게임'에서 문제에 휘말릴 수도 있다.

"과학자, 맞아. 매드 사이언티스트, 그건 아니야." 이름 모를 무인도에 표류한 조난자들 7명의 이야기를 다룬 1960년대 미국 텔레비전 드라마, 「길리건의 섬(Gilligan's Island)」에서 미친 과학자가 낄낄대며 말한다. 그는 자신의 사악한 목적을 위해 다른 사람의 마음을 통제할 수 있는 전자 장치를 만지작거리는 중이었다.

윤리적 딜레마 따위는 신경 쓰지도 않는 전형화된 과학자들을 우리는 매주 토요일 아침 아이들이 보는 만화 영화에서 만날 수 있다. 한 만화 영화에서는 주인공인 초인 영웅이 그런 과학자를 다음과 같이 설득하려고 한다. "죄송합니다, 너드닉(Nerdnik) 박사님, 지구 사람들은 그것이 설사 공간과 에너지를 절약하는 정말 정말 좋은 방법이라고 해도 …… 결코 키를 10센티미터로 줄이려고 하지 않을 겁니다." (너드닉 박사는 1989년 방영되기 시작한 만화 영화 「슈퍼 마리오 브라더스 슈퍼 쇼!(The Super Mario Bros. Super Show!)」의 등장 인물이다. — 옮긴이)

내가 본 프로그램들(그리고 「미친 과학자의 툰 클럽(Mad Scientist's Toon Club)」같이 못 본 프로에 대해서도 개연성 있는 추론이 가능하다.)을 놓고 볼 때, 이른바 '과학자' 대부분은 도덕적 장애인이다. 권력욕에 사로잡혀 있거나 타인의 감정에 대해서는 경이로울 정도로 무감각한 인물로 묘사된다. 꼬마 시청자들에게 전달되는 메시지는 과학은 위험한 것이고 과학자들은 이상한 사람이거나 말 그대로 미친 사람이라는 것이다.

물론 과학의 응용은 위험을 동반한다. 그리고 내가 이 책에서 여러 번 강조했던 것처럼 인류 역사에 나타난(석기의 발명과 불의 사용까지 거슬러 올라가는) 중요한 기술적 진보는 예외 없이 모두 윤리적 이중성을 띤다. 진보된 기술을 무시하거나 사악한 자들이 위험한 목적에 악용할 수도 있고 현명하고 선량한 사람들이 인류의 안녕을 위해 선용할 수도 있다. 그러나 아이들이 보는 방송 프로들은 언제나 그 이중성의 오로지 한 측면만 드러내는 것 같다.

어떤 방송 프로그램에서도 과학이 주는 즐거움을 발견할 수가 없다. 우주의 구조를 발견했을 때의 환희는 고사하고 심오한 진리를 알게 되었을 때의 흥분조차 찾아볼 수 없다. 과학과 기술이 인류의 복리에 이바지해 온 결정적인 공헌들은 물론이고 의료 기술과 농업 기술 덕분에 수십억의 목숨을 구할 수 있었다는 이야기도 없다. (그러나 공정을 기하기 위해 이 이야기는 해 두어야 할 것 같다. 드라마 「길리건의 섬」에는 '교수'라는 별명으로 불리는 과학 교사가 주요 인물로 등장한다. 그는 자신의 과학 지식으로 조난 당한 사람들이 겪는 현실적인 문제들을 해결해 나간다.)

우리는 지금 복잡한 시대에 살고 있다. 그 속에서 우리가 직면하는 문제들은 그 근원이 무엇이건 간에 오로지 과학과 기술에 대한 깊은 이해를 바탕으로 해야만 해결할 수 있는 것들이다. 현대 사회는 그런 문제들에 대한 해결책을 고안해 낼 수 있는 뛰어난 인재들을 간절히 필요로 한다. 하지만 천부적인 재능을 타고났더라도 그런 토요일 아침 텔레비전 프로나 그 밖의 미국 방송 프로들(대부분 비슷하다.)을 보면서 과학자나 기술자가 되겠다는 용기를 낼 어린이는 많지 않으리라.

지난 수십 년간 ESP, 채널링, 버뮤다 삼각 지대, 미확인 비행 물체, 고대 우주 비행사, 설인 등을 무비판적으로 다룬 텔레비전 시리즈물과 특집물들이 대량으로 제작되었고 우후죽순 전파를 탔다. 패턴화된 시리즈물 「○○을 찾아서(In Search Of …)」(1977년부터 1982년까지 방영된 미스터리 현상 소개 프로그램. — 옮긴이)는 방송이 시작할 때 아예 "이 방송은 균형 잡힌 시각을 제시하기 위한 것이 아닙니다."라고 책임 방기를 선언한다. 시청자들은 여기서 과학적 의심의 담금질을 단 한 번도 받지 않은 이들이 경이에 대한 노골적 갈망을 충족하기 위해 헤매는 모습을 볼 수 있다. 누구든 텔레비전 카메라에 대고 말만 하면 대부분 사실이 되어 버린다. 다른 설명 방식이 존재할 수 있다는 것과 진위는 증거에 따라 판단해야 한다는 생각은 결코 화면에 비추어지지 않는다. 「목격(Sightings)」(1991~1998년 방영), 「풀리지 않는 미스터리(Unsolved Mysteries)」(1987년 첫 방영)에서도 상황은 똑같다. 제목이 말해 주는 것처럼 무미건조한 해결책은 환영받지 못한다. 무수히 많은 유사 프로그램도 다 마찬가지이다.

「○○을 찾아서」는 주제 자체는 아주 흥미로운 것을 고르지만 그 증거는 보통 엉망진창으로 왜곡하고는 한다. 만약 평범한 과학적 설명과 아주 요란한 초과학적 설명 또는 초능력이나 영성적 설명이 있다고 한다면, 어떤 것이 주목받을지는 뻔하다. 그런 예 중 하나를 들어보자. 이 프로가 명왕성 너머에도 커다란 행성이 있다고 주장하는 학자를 소개한 적이 있다. 그러나 그가 증거라고 든 것은 망원경이 발명되기 훨씬 전에 고대 수메르 인들이 조각한 원통형 인장이었다. 그의 주장에 따르면 천문학자 중에도 자신의 견해를 지지하는 이가 많다고 한다. 하지만 천문학자 중에 그런 행성을 발견한 사람이 없다는 것은 두말할 필요도 없다. (천문학자들은 해왕성과 명왕성의 운동을 조사하고 두 행성보다 멀리 보낸 우주 탐사선이 보내온 자료를 연구했음에도 그 '미지의 행성'을 발견하는 데 실패했다.)

설명과 함께 사용되는 그래픽도 뒤죽박죽이다. 나레이터가 공룡에 관해 이야기하는데 화면에는 털북숭이 매머드가 나온다. 나레이터가 공기 부양정, 호버크래프트(hovercraft)에 관해 설명할 때 화면은 로켓 추진 우주선을 보여 준다. 호수와 범람원에 대해 듣고 있는데 화면에는 산이 보인다. 사실 그것은 문제도 아니다. 그 영상들 역시 나레이션만큼이나 사실과는 무관하기 때문이다.

드라마 「X파일(The X Files)」은 말로는 초과학적 초상 현상들을 회의주의적으로 진단한다고 하지만 실제로는 외계인 납치, 불가사의한 힘처럼 흥미진진한 일들을 정부가 은폐하고 있다는 주장에 은근슬쩍 힘을 싣는다. 초자연 현상의 정체가 속임수나 심리적 일탈 현상이나 자연 현상에 대한 오인으로 밝혀지는 일 자체가 거의 없다. 이런 프로 대신, 초자연 현상이라고 주장되는 사건을 모두 조사해 보니 과학의 언어로 평범하게 설명할 수 있는 현상에 불과했음이 밝혀지는 것을 줄거리로 한 시리즈를 만들었다면 어땠을까? 아무리 보아도 과학으로 설명할 수 없는 초자연 현상 같은데, 결국 오인이나 속임수에서 생긴 것으로 밝히는 과정에서도 극적 긴장감을 유지할 수 있었을 것이다. 수사관 중 한 명은 항상 실망할지도 모르겠지만, 다음 회에서야말로 회의주의적 검토에도 살아남을 명명백백하게 초과학적인 사건을 만나게 되기를 기대하도록 만들어 줄 것이다. 이러는 편이 진실에도 가깝고 공익을 위해서도 긍정적인 역할을 할 것이다.

그 밖의 텔레비전 SF 영화에서도 명백한 단점을 몇 가지 찾아볼 수 있다. 예를 들어, 「스타 트렉」은 국가와 종의 경계를 뛰어넘는 넓은 시야를 가진 매력적인 작품이다. 하지만 이 작품도 극히 초보적인 과학적 사실을 무시하는 경우가 종종 있다. 우선 주요 등장 인물 중 하나인 스폭은 불칸이라는 행성에서 독자적으로 진화한 생명체와 인간 사이의 혼혈이라는 설정이다. 이것은 유전학적으로 볼 때 인간과 양배추가 교배에 성공했다고 하는 것보다 더 현실감이 없다. 하지만 이 설정은 대중 문화에 깊이 침투해 버렸고, 외계인 납치 이야기에서 중요한 역할을 하는 '지구 외 생명체와 인간 사이의 혼혈'이라는 생각의 밑바탕이 되어 버렸다. 앞에서 말한 외계인 납치 사건에서도 그것은 드라마 전개상 아주 중요한 구성 요소인 것이다. 「스타 트렉」의 텔레비전 시리즈물이나 영화에는 수십 종의 외계 생명체가 등장한다. 그런데 그중에서도 등장 시간이 어느 정도 되는 외계 생명체들은 대개 지구인과 마찬가지로 사지를 가지고 있고 직립 보행을 하며 비슷비슷한 형상을 하고 있다. 경제적 사정 때문에 그렇게 하는 것이리라. 배우에다 고무 가면 비용만 들이면 될 테니까. 그러나 그것은 진화의 본질이 확률적인 과정이라는 사실을 정면으로 부정하는 것이다. 만약 외계인이 정말로 존재한다면 내 생각에 그들 대부분은 「스타 트렉」에 자주 나오는 클링온(Klingon) 인들이나 로뮬런(Romulan) 인들과 조금도 닮지 않을 테고, 인간과 전혀 다른 형상을 하고 있을 것이다. (그리고 그들의 기술 수준 역시 전혀 다른 차원에 도달해 있을 것이다.) 「스타 트렉」은 진화론을 진지하게 고려하지 않았다.

수많은 텔레비전 프로그램이나 영화가 다루는 사소한 과학적 사실마저도 엉터리인 경우가 많다. 물론 줄거리 자체가 과학과 무관하기 때문에 그런 대사 한두 마디가 그리 중요한 게 아니기는 하다. 하지만 대학원생을 고용해 과학적으로 맞는지 대본을 검토하게 하기만 해도 별다른 비용을 들일 필요도 없이 이런 문제를 해결할 수 있다. 그러나 그런 일은 거의 없다. 그 결과 우리는 영화 「스타 워즈」에서 파섹(parsec)을 거리 단위가 아니라 속도 단위로 사용하는 어처구니없는 실수를 목격하게 된다. (그것 말고는 훌륭한 작품이었다.) 그런 것에 조금만 신경을 썼더라면 줄거리를 개선할 수 있었으리라. 그리고 틀림없이 대중에게 사소한 과학적 사실을 하나라도 전달할 수 있었으리라.

텔레비전에서는 속기 쉬운 사람들을 현혹하는 유사 과학이 판을 치고 있다. 의학이나 기술을 다루는 프로그램이 적지 않은 편이지만 과학의 참모습을 다루는 방송은 찾아보기 어렵다. 특히 대형 상업 방송국의 경우는 더 심하다. 그런 방송국의 중역이나 간부 들은 과학 프로가 시청률 저하나 이익 감소와 동의어라고 생각하는 경향이 있다. 그리고 다른 것은 문제 삼지 않는다. 키스테이션 역할을 하는 방송사 본국에는 '과학 담당'이라는 직함을 가진 직원들도 있고, 정규 프로는 아니지만 과학을 충실하게 소개해 보겠다는 특별 보도 코너도 있다. 하지만 그 프로에서 우리가 볼 수 있는 것은 참된 과학이 아니다. 거기서도 의료와 기술에 관한 화제가 태반이다. 키스테이션에 매주《네이처》나《사이언스》같은 잡지를 읽으며 혹시 보도할 만한 가치가 있는 새로운 발견이 없는지 살펴보는 업무를 맡은 직원이 단 한 명이라도 있는지 의심스럽다. 매년 가을이 되면 과학 분야의 노벨상이 발표되는데, 과학이 그나마 괜찮은 뉴스거리가 되는 것은 이때뿐이다. 노벨상 수상 소식을 계기로 그 상을 받는 연구에 관해 소개하고 설명할 기회가 주어지기 때문이다. 하지만 이것도 매번 이런 말로 마무리된다. "……라는 연구는 언젠가 암의 치료에 도움이 될지도 모릅니다. 오늘 베오그라드에서는……."

라디오나 텔레비전의 토크쇼나 대담 프로, 또는 중년의 백인 남성들이 원탁에 둘러앉아 환담하는 황량한 일요일 아침 프로그램에 과학 이야기는 얼마나 나올까? 미국 대통령의 입에서 과학과 관련된 지적 논평을 마지막으로 들은 게 도대체 언제일까? 왜 미국 텔레비전 드라마에는 우주의 구조나 자연의 원리를 규명하려고 애쓰는 사람을 주인공으로 한 경우가 없는 것일까? 상당히 잘 알려진 한 살인 사건 공판 때문에 모든 사람이 DNA 검사라는 말을 입에 달고 다니게 되었는데도, 핵산과 유전에 관한 문제를 집중적으로 다루는 황금 시간대 특별 편성 방송은 어디서 할까? 하긴 바로 그 텔레비전의 작동 원리에 대한 정확하고 포괄적인 해설조차 텔레비전에서는 본 기억이 없다.

아직까지 과학에 관한 관심을 높이는 가장 효과적인 수단은 역시 텔레비전이다. 그러나 그렇게 강력한 권능을 가진 매체가 과학이 주는 즐거움과 과학의 방법을 전달하기 위해 한 일은 거의 없다. 대신 이른바 '매드 사이언티스트' 또는 '미친 과학자'가 등장하는 드라마만 쉴 새 없이 만들어진다.

1990년대 초 미국의 한 여론 조사에 따르면 미국 성인의 3분의 2는 '정보 고속 도로(information superhighway)'가 무엇인지 전혀 모른다. 42퍼센트는 일본이 어디에 있는지 모른다. 38퍼센트는 홀로코스트라는 말이 무슨 뜻인지 모른다. 그러나 메넨데스 형제 재판, 보빗 재판, 그리고 오린설 제임스 심프슨(Orenthal James Simpson, 1947년~)의 재판에 대해 들어본 적이 있는 사람은 90퍼센트 이상이다. 99퍼센트의 사람들이 마이클 잭슨(Micheal Jackson, 1958~2009년)이 소년을 '성적으로 희롱했다.'는 사건을 알고 있다고 답했다. 미국은 지상 최대의 연예 오락 국가일 것이다. 하지만 그 대가는 엄청나다. (메넨데스 형제 재판은 1989년 백만장자 부모를 엽총으로 살해하고 호화판 생활을 하다 붙잡힌 라일 메넨데스(Lyle Menendez, 1968년~)와 에릭 메넨데스(Erik Menendez, 1970년~) 사건의 재판을 말한다. 두 형제는 아버지의 성적 학대 때문에 범행을 저질렀다고 했고 검찰 측은 부모의 재산을 노린 범행이라고 주장했다. 5년에 걸친 법정 다툼 끝에 둘 다 가석방 없는 종신형을 선고받고 현재 복역 중이다. 보빗 재판은 1993년 부인과 강제로 성관계를 가진 존 웨인 보빗(John Wayne Bobbitt, 1967년~)의 성기를 부인이 잘라 버린 사건에서 시작된 재판이다. 부부 사이에 강간이 성립할 수 있느냐 하는 문제와 부인의 행위가 정당 방위에 포함될 수 있느냐 하는 게 쟁점이었다. 부부 모두 무죄 선고를 받았고 당시 유명 인사 반열에 올랐다. — 옮긴이)

같은 시기에 캐나다와 미국에서 실시한 조사에 따르면, 시청자들은 좀 더 많은 과학 프로그램을 보았으면 하는 것으로 드러났다. 북아메리카에서도 공영 방송망인 PBS가 「노바(Nova)」라는 다큐멘터리 시리즈를 제작해 방송하고 있는데, 간혹 훌륭한 과학 방송이 사람들의 화제를 불러 모을 때가 있다. 그리고 가끔은 디스커버리 채널(Discovery Channel)

이나 더 러닝 채널(The Learning Channel, 현재 TLC)에서도 그런 프로를 내보내고 캐나다의 CBC에서도 그런 프로를 방송한 적이 있다. 저널리스트 빌 나이(Bill Nye, 1955년~)가 PBS에서 제작한 「더 사이언스 가이(The Science Guy)」는 선구적인 어린이 과학 프로이다. 그 프로는 인상적인 그래픽을 구사하면서 과학의 여러 영역을 다루고 있다. 때때로 발견 과정을 조명하기도 한다. 시청자들은 재미있고 정확한 과학 프로에 지대한 관심을 보인다. 그리고 대중이 과학을 이해한다면 막대한 이익이 돌아오리라는 것은 두말할 나위도 없다. 하지만 사람들의 이러한 바람은 키스테이션의 편성표에는 아직 반영되지 못하고 있는 것 같다.

어떻게 하면 텔레비전에 과학이 더 많이 나오게 할 수 있을까? 몇 가지 아이디어를 생각해 보았다.

- 과학의 경이와 방법을 평소의 뉴스와 대담 프로그램에서도 다루게 하면 어떨까? 실제로 발견의 과정에는 진정한 인간 드라마가 있는 법이다.
- 「해결된 미스터리(Solved Mysteries)」라는 제목의 시리즈물을 만들자. 우리를 전율케 했던 놀라운 사건들을 사소한 수수께끼부터 궁극적 원인까지 합리적 추리를 통해 해결해 가는 것이다. 법의학이나 역학(疫學)과 관련된 사건을 다루는 것도 좋을 듯싶다.
- 「전화 다시 줘(Ring My Bells Again)」라는 제목의 시리즈물을 만들자. 정부가 한 거짓말에 언론과 대중이 완전히 속아 넘어간 경우를 추체험하는 것이다. 처음 두 편에서는 미국이 베트남 전쟁에 휘말리는 계기가 된 통킹 만 사건과, 1945년 이후에 국가를 의심할 줄 몰랐던 무고한 미국 시민

과 군인 들이 '국가 방위'라는 미명 아래 계획적으로 방사선에 피폭된 실상을 추적해 보면 좋을 것 같다.

- 유명한 과학자, 정치 지도자, 종교 지도자 들이 저질렀던 근본적인 오해나 실수를 하나씩 다룬 시리즈물도 재미있을 것 같다.
- 매주 하나씩 해로운 유사 과학의 진상을 폭로하는 프로그램을 기획해 보자. 시청자가 직접 참가할 수 있는 '어떻게(how-to)' 코너도 넣으면 좋겠다. 거기서는 어떻게 숟가락을 구부러뜨리고 타인의 마음을 읽어 내고 미래를 예언하는 척하는지, 또 어떻게 심령 수술을 하고 눈을 가린 채 글을 읽는지 다루는 것이다. 텔레비전이 어떻게 시청자를 속이고 화내게 하는지 분석해 보는 것도 흥미로울 듯하다.
- 최신식 컴퓨터 그래픽 장비를 활용해 뉴스가 될 법한 광범위한 영역의 사건들에 대해 미리 과학적 영상물을 만들어 두는 것도 좋을 것 같다.
- 비용이 많이 들지 않는 텔레비전 토론회를 많이 마련하는 것도 좋은 방법이다. 1회 방영 시간을 1시간 정도로 하고 찬반으로 패널을 나눠 토론하게 한다. 그리고 양쪽 모두 컴퓨터 그래픽을 제작해 활용할 수 있도록 제작자 측에서 경비를 제공한다. 사회자는 토론자들이 증거를 인용할 때 엄격한 기준에 따르기를 요구한다. 다만 토론 주제의 폭은 무한에 가까울 정도로 확대한다. '지구가 둥근가 아니면 평평한가?' 같은 과학적 증거가 명명백백한 것부터 '인격이 사후에도 살아 존재하는가?'처럼 증거가 모호한 문제까지 모두 다 다루어도 좋다. 낙태, 동물권, 유전 공학 같은 과학적이면서도 논쟁적인 주제도 좋다. 또 이 책에서 유사 과학이라고 비판한 사이비 주장을 주제로 삼아도 좋다.

일반 대중이 가진 과학 지식을 늘리는 것은 국가적으로 시급한 문제이다. 텔레비전에만 그 짐을 지울 생각은 없다. 그러나 과학에 대한 이해를 단기간에 증진하고자 한다면, 텔레비전에서 시작할 수밖에 없을 것 같다.

✶

23장

맥스웰과 너드

왜 우리가 지적 호기심 따위에 보조금을 지급해야 합니까?

— 로널드 레이건, 1980년 대통령 선거 연설에서

과학과 문학보다 더 후원할 가치가 있는 것은 아무것도 없습니다.
지식이야말로 인민을 행복하게 해 줄 토대이기 때문입니다.

— 조지 워싱턴, 1790년 1월 8일 의회 연설에서

✶

세상은 전형(典型, stereotype)으로 가득하다. 인종 집단도 전형화되어 있고 외국인이나 이방 종교도 전형화되어 있으며 성별(gender)이나 성적 기호(嗜好)도 전형화되어 있다. 사람을 태어난 날에 따라 전형화하기도 하고 직업에 따라 전형화하기도 한다. 가장 관대하게 해석한다고 해도 전형화는 일종의 지적 태만이다. 다시 말해서, 개인의 장단점을 골고루 보고 판단하는 게 아니라 한두 가지 정보만 가지고 판단하는 것이다. 그리고 미리 만들어진 몇 개도 되지 않는 분류 칸에 그들을 끼워 넣는 것에 불과하다.

전형화를 하면 생각하는 수고를 덜 수 있겠지만, 그 대가로 다른 사람을 공정하게 평가하지 못하는 우(愚)를 범하게 된다. 또 전형화로 타인을 판단하는 사람은 그런 사고 방식 때문에 다양한 개성을 만날 수 없게 되고, 세상이 각양각색의 인간으로 이루어져 있다는 사실을 이해할 수 없게 된다. 전형화가 일종의 평균으로서 들어맞는 때에도 그 전형화로 설명할 수 없는 사람은 항상 넘칠 정도로 많은 법이다. 개성은 종형 곡선으로 분포하기 때문이다. 어떤 자질이든 평균값 근처에 많은 사람이 몰려 있고, 분포의 양쪽 끝으로 갈수록 그 수가 적어지는 모양의 분포를 이룬다는 말이다.

전형화 중에는 이러한 평균값을 찾는 과정에서 만들어지는 것이 있다. 대조적으로 다른 요소들을 잘라 냄으로써 만들어지는 전형화도 있다. 예를 들어, 과거에는 여성이 과학에 맞지 않다고 생각했다. 여성에 대한 전형화 중 하나였다. 실제로도 과학계에는 여성이 적었다. 많은 남성 과학자들이 잘난 척하며 여성 과학자가 적다는 사실이 여성에게 과학이 맞지 않는 증거라고 주장했다. 과학은 여성에게 기질적으로 맞지 않는다, 과학은 여성에게 너무 어렵다, 과학은 여성이 가지지 않은 다른 종류의 지성을 필요로 한다, 여성은 너무 감정적이라서 객관적일 수 없다, 위대한 물리학자 중 여성은 단 한 사람도 없었다는 둥 떠들었다. 그러나 이제 장벽은 무너졌다. 오늘날 과학의 모든 분야에서 여성 과학자를 만날 수 있다. 내가 속한 천문학과 행성 과학 분야에서도 여성들의 수가 최근 갑작스럽게 증가했고 참신한 발견을 거듭하며 학계에 신선한 공기를 불어넣고 있다.

그렇다면 여성에게 과학이 맞지 않는다는 이 전형화는 무엇을 잘라 냈던 것일까? 1950년대와 1960년대까지 유명한 남성 과학자들은 여성은 지적 결함을 가지고 있다고, 무례하게 표현하자면 머리가 나쁘다고 단언했다. 하지만 그들은 당시 사회가 여성들의 과학 입문을 막고 있었다는 사실을 무시했다. 그리고 그것을 이유로 여성들을 비난했다. 원인과 결과를 혼동한 것이다.

젊은 여성이여, 천문학자가 되고 싶은가? 미안하지만 안 된다.

왜 안 되냐고? 당신은 이 일에 적합하지 않기 때문이다.

당신들이 적합하지 않다는 것을 내가 어떻게 아냐고? 여성이 천문학자가 된 적은 한 번도 없기 때문이다.

이렇게까지 노골적으로 말하니 이 생각이 얼마나 어리석은 것인지 명백해 보인다. 그러나 편견이라는 장치는 교묘하게 만들어진다. 아무리 말도 안 되는 헛소리에 근거한 편견이라고 해도 자신만만하게 경멸조로 떠들게 되면, 그것이 차별하는 사람의 이익에 복무하는 속임수라는 사실을 꿰뚫어 보지 못할 수도 있다. 심지어 차별을 당하는 사람도 그럴 수 있다.

회의주의자의 모임을 들여다보거나 CSICOP의 회원 명부를 한 번이라도 본 사람들은 역시 압도적 다수가 남성 아니냐고 지적할 것이다. 어떤 사람은 점성술, 수정 구슬, ESP 같은 것을 믿는 것은 여성인 경우가 남녀 비율에 맞지 않게 많다고 주장하기도 한다.(일단 여성지에는 대부분 점성술 코너가 있지만 남성지에는 없는 경우가 많다.) 평론가 중에는 의심한다는 행위 자체가 남성적이라고 주장하는 이도 있다. 의심하는 마음, 그러니까 회의주의 정신을 가지기 위해서는 공격적이고 경쟁적이고 대립적이며 감정에 흔들리지 않는 강인함이 필요하다는 것이다. 반면, 여성들은 다른 사람들의 이야기에 대한 수용성이 높고 대세를 추종하는 경향이 강하며 통념에 도전하는 일에 무관심하다는 것이다. 그러나 내 경험에 따르면 여성 과학자들 역시 남성 과학자들 못지않게 단련된 의심의 감각을 가지고 있다. 그것은 과학자라면 가져야 하는 본성의 일부일 뿐이다. 여성에 대한 이런 식의 논평(논평이라고 부르는 게 적절하지 않은 것 같지만)은 교묘하게 모습을 바꾸고 세상을 떠돌고 있다. 여성으로 하여금 회의주의자가 되지 못하게 만들고, 의심의 정신을 갖출 수 있는 교육조차 제공하지 않는다면, 세상 여성 대부분이 회의적이지 않게 되는 것은 당연한 일이다. 하지만 문을 열고 여성들을 맞아들인다면 여성들 역시 회의주의를 받아들일 것이다.

과학자라는 직업도 전형화되고 있다. 과학자들은 너드 또는 얼간이일 뿐, 사교성도 떨어지고, 정상적인 사람이라면 어떤 식으로든 흥미를 느끼지 않을, 또는 분별 있는 합리적인 사람이(그런 사람이라면 이런 쓸데없는 짓을 하지 않겠지만) 필요한 시간을 기꺼이 투자한다고 하더라도 알쏭달쏭

한 문제에 매달리는 존재로 여겨지는 것이다. "바보 같은 일은 그만두고 사람처럼 살아 봐."라고 말하고 싶어질지도 모른다.

내 지인 중에는 11세 아동을 전문적으로 연구하는 여성이 있다. 나는 그녀에게 현대 '과학 너드(science-nerd)'의 특징을 물어보았다. 그러자 다음 문단과 같은 답변이 돌아왔다. 먼저 말해 둘 것은 그 여성 연구자가 그런 편견을 지지하거나 하는 것은 아니라는 점이다. 결과만 알려준 것뿐이다.

> 과학 너드들은 허리띠를 갈비뼈 바로 아래 찬다. 그들은 반팔 셔츠 가슴 주머니에 다양한 색의 펜이나 샤프를 잔뜩 꽂고 다닌다. 잉크가 새는 것을 막기 위한 보호대를 차는 때도 있다. 그들은 커다란 공학용 계산기를 허리춤에 차고 다닌다. 그것을 넣고 다니기 편한 특제 허리띠를 차는데 거기에도 색색의 펜이나 샤프를 꽂고 다니는 경우가 대부분이다. 두꺼운 안경을 쓰고 코걸이가 망가지면 그곳을 반창고로 수리해 쓰기도 한다. 사교술이 없지만 그것을 모르거나 무관심하다. 웃는다고 해도 코웃음에 그치는 경우가 많다. 그들은 타인은 이해할 수도 없는 언어로 속사포처럼 빠른 말투로 대화 나눈다. 체육 수업만 아니라면 좋은 성적을 받으려고 애쓴다. 보통 사람들을 깔보고 반대로 보통 사람들은 그들을 경멸한다. 과학 너드들은 대부분 노먼(Norman) 같은 이름을 가지고 있다. (이것 때문에 '노르만 정복(Norman Conquest)'이라는 단어를 노르만 인의 잉글랜드 정복이라는 11세기의 역사적 사건을 뜻하는 것으로 쓰지 않고, 허리띠를 높이 차고 주머니 보호대를 끼우고 계산기를 허리춤에 차고 다니며 부러진 안경을 쓴 얼간이 무리가 영국을 침략했다는 농담을 하는 데 쓰는 일이 일어났다.) 여학생 과학 너드보다는 남학생 과학 너드가 더 많지만, 둘 다 많이 있다. 과학 너드들은 데이트를 하지 않는다. 과학 너드라면 멋질 수 없다. 마찬가지로 멋지다면 과학 너드일 수 없다.

이것은 물론 전형화이다. 맵시 있게 옷을 입고 넋을 잃을 정도로 잘생겼고 많은 사람이 데이트하고 싶어 하며 사교적인 행사에 계산기를 숨겨 가지 않는 과학자들도 있다. 집으로 초대한다고 해도 과학자인지 알아채지 못할 정도의 과학자들도 있기는 있다.

그러나 이 전형화와 정말로 일치하는 과학자가 없는 것도 아니다. 그들은 사교적으로 아주 서투르다. 비율로 따지자면 대기업 경영자나 패션 디자이너나 고속 도로 순찰대원보다 과학자 중에 너드가 아마 더 많을 것이다. 아마도 바텐더나 외과 의사나 간단한 요리를 만드는 요리사보다 과학자가 더 너드처럼 보일 것이다. 왜 그럴까? 인간 관계를 매끈하게 풀어 갈 재능을 가지지 못한 사람들이 개인 감정을 나누지 않아도 되는 직업, 특히 수학과 물리학에서 도피처를 찾는 경향을 가지고 있기 때문일지도 모른다. 아니면 어려운 문제를 다루다 보니 시간이 모자라, 과학 말고는 생각할 시간도 없고 사교에 필요한 세련된 몸가짐을 익힐 시간이 없었던 탓인지도 모른다. 아마 이 두 가지 요인이 섞여 있으리라.

과학 너드라는 전형은 그 친척이라고 할 수 있는 미친 과학자 이미지와 마찬가지로 우리 사회에 널리 퍼져 있다. 대중이 과학자를 놀림거리로 삼는 것쯤 아무렇지 않게 웃어넘기는 것도 나쁘지 않다고 생각하는 사람도 있을 것이다. 그러나 세상이 과학자를 이런 식으로 싫어하는 것을 내버려 두다 보면 언젠가 사람들은 과학에 대한 지원조차 끊어 버리고 말 것이다. 마음에 들지도 않은 자들이 정체 불명의 연구를 하는데, 그 프로젝트에 연구비를 댈 사람이 누가 있겠는가 말이다. 세상이 과학을 지원하는 것은, 앞에서 내가 여러 차례 이야기한 것처럼, 과학이 우리 사회에 막대한 이익을 안겨 주기 때문이다. 그래서 여기서 바로 일종의 딜레마가 생긴다. 과학 너드들은 싫지만 과학의 산물은 간절히 필요하다. 어떻게 해야 할까? 이 딜레마에는 매력적인 해결책이 있다. 과학자들의 활동에 참여하는 것이다. 그들이 탈선하지 못하도록 제어하고 사회가 필요로 하는 것을 가르치는 것이다. 과학 너드들의 호기심이 아니라 사회에 이익이 되는 것에 돈을 내는 것이다. 나름 명명백백한 해결책처럼 보인다.

하지만 여기에도 문제가 있다. 무엇무엇을 발명하거나 개발하라고 한다고 해서 성공한다는 보장은 없기 때문이다. 돈을 아끼지 않고 지원하는 경우라고 해도 마찬가지이다. 아직 알 수 없는 근본적 지식이 있어 과학자들이 그것을 손에 넣기 전까지는 당신이 원하는 장치를 절대로 만들 수 없는 경우가 태반이기 때문이다. 그리고 과학의 역사를 들여다보면, 지시대로 연구하다가 근본적 지식을 얻은 경우가 그리 많지 않음을 알게 될 것이다. 새로운 지식과 기술의 기초가 될 아이디어는 시골에서 홀로 사색하는 젊은이의 머리에서 어느 날 갑자기 나올 수도 있는 것이다. 게다가 그 젊은이와 그의 생각은 한 세대 이상, 새로운 세대의 과학자들이 등장할 때까지 동료 과학자들의 관심조차 못 받거나 묵살될 수도 있다. 사회를 위한 위대한 발명을 하라고 재촉하면서 호기심에 이끌린 연구를 포기하게 만든다면 막대한 역효과가 날 것이다. 그것만큼 비생산적인 일도 없다.

당신이 빅토리아 여왕, 즉 하느님의 은총으로 그레이트브리튼 아일랜드 연합 왕국의 여왕, 신앙의 수호자 등등이신 빅토리아 여왕 폐하라고 해보자. 대영 제국은 당신의 통치하에서 번영의 정점에 이르렀고 승리를 만끽하고 있다. 당신의 통치권은 지구 전체에 뻗어 있고 세계 지도는 영국을 나타내는 빨간색으로 물들어 있다. 그리고 당시 최첨단의 기술력도 당신의 손아귀에 있다. 증기 기관은 영국에서, 주로 스코틀랜드의 기술자들에 의해 완성되었다. 스코틀랜드 기술자들이 개발한 철도와 증기선의 기술은 제국을 확대하고 유지하는 데 공헌했다.

1860년 당신은 꿈 같은 아이디어를 떠올리게 된다. 쥘 베른(Jules Verne, 1828~1905년)의 출판인도 거절할 만한 황당무계한 아이디어라고 해 보자. 당신은 자신의 목소리와 제국의 영광을 담은 활동 사진을 멀리 전달하는 기계를 만들어 제국의 모든 가정에 보급하고 싶어진 것이다. 게다가 그 소리와 영상은 관이나 전선을 통해 전달되는 것이 아니라 원격으로, 눈에 보이는 전달 매체가 없어도 전달될 수 있어야 한다. 그래야 밭에서 일하는 농부들과 공장에서 일하는 노동자들도 충성심과 노동 윤리를 고취하는 내용을 언제든 즉각적으로 듣고 볼 수 있다. 하느님의 말씀인 성서의 내용도 같은 식으로 전달하면 좋겠다. 사회적으로 바람직한 다른 응용 방식들도 틀림없이 있을 것이다.

총리의 동의를 받은 당신은 내각과 제국 군부의 참모, 그리고 제국의 일급 과학자와 기술자 들을 소집한다. 그리고 이렇게 선언한다. "수백만 파운드를 들여도 좋습니다. (1860년에는 충분히 큰 액수이다.) 더 필요하다면 요구만 하세요. 어떤 식으로 하든 상관하지 않겠습니다. 완성만 하세요. 그래요, 이제부터 이 계획을 '웨스트민스터 프로젝트'라고 부르는 게 좋겠습니다."

아마 이 계획에서도 무언가 유용한 발명이 나올 것이다. '부산물' 말이다. 당신은 지금까지 기술 개발과 관련해서 많은 돈을 써 왔다. 그러나 웨스트민스터 프로젝트는 거의 확실히 실패할 것이다. 왜냐고? 그 기초가 되어 줄 과학이 나오지 않았기 때문이다. 1860년경에 전신은 존재했다. 따라서 돈만 들인다면 가정마다 전신 장비를 갖추고 사람들이 쓰(-), 돈(•) 하면서 모스 부호로 전갈을 주고받는 모습을 볼 수 있었다. 그러나 그것은 여왕이 바라는 바가 아니었다. 여왕은 라디오와 텔레비전을 생각했지만, 그것은 아직 손 닿지 않는 곳에 있었다.

현실 역사에서 라디오와 텔레비전의 발명에 필요한 물리학은 아무도 예측하지 못한 방향에서 나왔다.

제임스 클러크 맥스웰(James Clerk Maxwell, 1831~1879년)은 1831년 스코틀랜드 에든버러에서 태어났다. 2세 때 그는 양철판을 사용해서 태양의 상을 가구에 비추거나 그 상을 벽면에서 춤추게 할 수 있음을 알아냈다. 부모가 달려오자 그는 이렇게 외쳤다. "태양이에요! 내가 양철판으로 잡았어요!" 소년기에 그는 곤충이나 딱정벌레의 애벌레, 돌이나 꽃, 렌즈나 기계에 매혹되었다. "정말로 창피했어요. 아이한테 계속해서 질문을 받았는데 답을 제대로 못 했어요."라고 그의 이모 제인 케이(Jane Cay, 1797~1876년)는 회상했다.

학교를 다니게 되자 그는 '대프티(dafty)'라고 불리기 시작했다. daft은 영국 영어에서 머리가 이상하다, 어리석다, 미쳤다는 뜻이다. 그는 정말 잘생긴 젊은이였지만 옷차림에는 신경 쓰지 않았고 편하기만 하면 아무거나 입었다. 대학에 진학하자 그의 스코틀랜드 사투리와 촌티 나는 행동거지는 조롱의 대상이 되었다. 그리고 그는 이상한 것들에 관심을 보였다.

맥스웰은 너드였던 것이다.

그는 동료 학생들과 잘 지내지 못했고 선생들과도 관계가 좋지 않았다. 다음은 그가 당시에 썼던 신랄한 2행시이다.

세월이여 서둘러 흘러가게,
소년들을 채찍질하는 게 죄라 여기는 시대가 빨리 오게.

여러 해가 지난 후인 1872년 그는 케임브리지 대학교 실험 물리학 교수가 되었다. 취임 기념 강연에서 그는 과학 너드의 전형에 관해 다음과 같이 언급했다.

> 기하학을 시작으로 끊임없는 정진과 근면성실한 노력을 필요로 하는 과학 분야에 몰두하는 사람이라면 누구나 인간 혐오자로, 인간적인 관심사를 모두 잊고 쾌락과 의무 또한 관심을 가지지 않은 채 다른 모든 사람으로부터 떨어져서 사는 외골수로 보게 된 것은 그리 오래된 일이 아닙니다.

"그리 오래된 일이 아닙니다."라는 말을 하면서 맥스웰은 자신의 젊은 시절 경험을 곱씹었을지도 모른다. 그는 계속해서 이렇게 말한다.

> 그러나 오늘날의 과학자는 더 이상 두려움으로 가득하거나 의심에 젖은 시선을 받지 않게 되었습니다. 지금의 과학자들은 우리 시대의 유물론적 정신과 손을 잡고 학식 있는 사람들과 함께 일종의 급진 정당 비슷한 것을 만든 것처럼 보이기 때문입니다.

우리가 사는 시대는 더 이상 과학과 기술을 낙관적으로만 보지 않는다. 우리는 과학에도 부정적인 측면이 있음을 이해하고 있다. 오늘날의 상황은 맥스웰이 회상했던 그의 어린 시절과 더 비슷할지도 모른다.

맥스웰은 천문학과 물리학에 지대한 공헌을 했다. 토성의 고리가 작은 입자로 이루어져 있다는 것을 결정적으로 논증하고, 고체의 탄성을 설명하는 이론을 세우고, 지금은 기체 운동론과 통계 물리학이라고 부르는 분야를 창설한 것도 맥스웰이다. 기체는 무수히 많은 분자로 이루어져 있고, 그 분자들은 하나하나 무작위적으로 운동하면서 서로 충돌하며 탄성적으로 튕겨 나간다. 하지만 이 분자들이 모인 기체는 분자처럼 제멋대로 행동하지 않고 엄밀한 통계 법칙에 따른다는 것을 밝혀낸 것이다. 이것을 바탕으로 기체의 성질을 예측하고 이해할 수 있다. (기체 분자의 속도 분포는 종형 곡선을 이루는데, 이것을 지금은 맥스웰-볼츠만 분포(Maxwell-Boltzmann distribution)라고 한다.) 그는 또 '맥스웰의 악령(Maxwell's demon)'이라는 불가사의한 존재도 고안해 냈는데, 여기서 생긴 역설을 해결하는 데에는 오늘날의 정보 이론과 양자 역학이 필요하다.

빛의 성질은 고대 이후로 줄곧 미스터리였다. 빛이 입자인가 파동인가 하는 문제를 가지고 학자들은 격렬한 논쟁을 주고받았다. 대중 사이에서는 이런 정의가 유행했다. "빛은 불 밝힌 어둠이다." 맥스웰이 이룬 공헌은 셀 수 없이 많지만 그중 가장 위대한 것은 아무래도 전기와 자기를 결합하면 빛이 나온다는 발견일 것이다. 지금은 아주 일반적인 지식이 된 전자기 스펙트럼(파장이 짧은 쪽부터 감마선, 엑스선, 자외선, 가시광선, 적외선, 전파로 이어진다.)을 이해하게 된 것도 맥스웰 덕분이다. 그러니까 라디오, 텔레비전, 레이더는 맥스웰 덕분에 태어날 수 있었다.

그러나 맥스웰이 라디오나 텔레비전을 만든 것은 아니다. 그는 전기가 자기를 어떻게 만들고 반대로 자기가 전기를 어떻게 만드는가에 관심이 있었다. 앞으로 잠시 맥스웰이 한 일을 설명하려고 하는데, 그의 역사적인 업적은 고도로 수학적이라, 3~4쪽만으로는 기껏해야 냄새만 맡을 수 있을 뿐이다. 내가 지금부터 설명하는 것을 독자들이 완전히 이해하지 못한다고 해도 부디 참아 주면 좋겠다. 수학을 조금이라도 쓰지 않으면 맥스웰이 한 일을 짐작조차 할 수가 없다.

메스머주의(mesmerism), 즉 근대적 최면술을 고안해 낸 프란츠 메스머는 자신이 자기 유동을 발견했다고 믿었고 이것이 만물에 충만해 있다고 여겼다. 또 이것을 "전기의 흐름과 거의 같은 것"이라고 믿었다. 이 문제에 관해서도 그는 틀렸다. 오늘날 우리는 특수한 자기 유동 또는 자류(磁流)는 없다는 것과 모든 자기는 (막대 자석이나 말굽 자석이 가진 힘을 포함해서) 이동하는 전자 때문에 생긴다는 것을 알고 있다. 덴마크 물리학자 한스 크리스티안 외르스테드(Hans Christian Oersted, 1777~1851년)는 전선에 전기를 흘리면 전선과 물리적으로 접촉하지 않은 근처의 나침반 바늘이 흔들리거나 떨리는 것을 발견했다. 위대한 영국 물리학자 마이클 패러데이는 이것과 상보적인 실험을 했다. 그는 자력을 작용시켰다 말았다 하면 전선에 전류가 생긴다는 것을 발견했다. 시간적으로 변화하는 전기가 어떤 식으로든 주위에 퍼져 자기를 발생시키고, 시간적으로 변화하는 자기가 어떤 식으로든 주위에 퍼져 전기를 발생시키는 것이다. 이것이 '전자기 유도(induction)'라고 불리는 현상이다. 당시로서는 마술에 가까운 수수께끼였다.

패러데이는 자석이 주위에 눈에 보이지 않는 힘의 '장(場, field)'을 만든다는 가설을 세웠다. 그 장에서 힘은 자석에 가까울수록 강해지고 멀어질수록 약해진다. 이 장이 어떻게 생겼는지 보려면 종이 위에 작은 사철(沙鐵) 가루를 뿌리고 그 아래에서 자석을 흔들면 된다. 마찬가지로 습도가 낮은 날에 빗질을 열심히 하면 전기의 장을 발생시킬 수 있다. 이 전기장이 당신의 머리 주위에 형성되고 머리카락으로 작은 종잇조각을 움직이는 일도 가능해진다.

오늘날 우리는 전선을 흐르는 전류는 아주아주 작은 전기를 띤 입자가 움직이기 때문에 생긴다는 것을 알고 있다. 이 입자를 전자라고 부르는데, 전기장에 반응해서 운동한다. 전선이 구리 같은 재질로 되어 있는 것은 구리에 자유 전자(원자에 속박되어 있지 않은 전자)가 다수 있기 때문이다. 그렇지만 나무 같은 물질은 구리와는 달리 좋은 전도체가 아니어서 전류가 잘 흐르지 못한다. 이런 물질을 절연체(insulator) 또는 '유전체(誘電

體, dielectric)'라고 한다. 그런 물질 속에는 외부에서 가해진 전기장이나 자기장의 영향을 받아 움직일 수 있는 전자가 상대적으로 아주 적기 때문에 전류가 잘 생기지 않는 것이다. 물론 이런 물질 속의 전자도 얼마간은 움직인다. 이것을 '변위(變位, displacement)'라고 하는데 전기장이 강할수록 변위도 일어나기 더 쉬워진다.

맥스웰은 당시까지 알려진 전기와 자기에 관한 지식을 수식으로 기술하는 방법을 발명해 냈다. 전선과 전류와 자석을 사용해 이루어진 온갖 실험을 하나로 묶은 것이다. 다음 수식 4개는 물질 안에서 전기와 자기가 어떻게 행동하는지 가르쳐 주는 맥스웰 방정식이다.

$$\nabla \cdot \mathbf{E} = \rho/\varepsilon_0$$

$$\nabla \cdot \mathbf{B} = 0$$

$$\nabla \times \mathbf{E} = -\dot{\mathbf{B}}$$

$$\nabla \times \mathbf{B} = \mu_0\mathbf{j} + \mu_0\varepsilon_0\dot{\mathbf{E}}.$$

이 방정식을 제대로 이해하려면 대학 수준의 물리학을 몇 년간 공부하지 않으면 안 된다. 이 방정식은 벡터 연산(vector calculus)이라는 수학을 사용해서 기술된 것이다. 볼드체로 표시된 것이 벡터인데, 일반적으로 크기와 방향을 가진 양은 모두 벡터이다. '시속 100킬로미터'는 벡터가 아니지만, '1번 고속 도로 북쪽으로 시속 60킬로미터'는 벡터이다. **E**는 전기장, **B**는 자기장을 나타낸다. 역삼각형(▽) 기호는 나블라(nabla, 고대 중동 지역에서 사용된 하프처럼 생긴 악기를 가리키는 이름이기도 하다. 생김새가 비슷해서 이렇게 부른다.)라고 읽는데, 전기장이나 자기장이 3차원 공간에서 변화하는 양상을 나타낸다. 나블라 다음에 나오는 내적 기호(•, dot product)와 외적 기호(×, cross product)는 각각 서로 다른 공간적 변화 방식을 나타낸다.

$\dot{\mathbf{E}}$와 $\dot{\mathbf{B}}$는 각각 전기장과 자기장의 시간에 따른 변화를 나타내고, $\mathbf{j}$는 전류를 나타낸다. 그리스 소문자 ρ(로)는 전하 밀도를 나타내고 ε_0(엡실론 영)과 μ_0(뮤 영)은 변수가 아니라 물질의 성질을 나타내는 양으로 실험에 따라 결정된다. $\mathbf{E}$와 $\mathbf{B}$는 ρ, ε_0, μ_0의 값을 가진 물질 속에서 측정되는 것이다. 진공 상태에서 ε_0와 μ_0의 값은 자연 상수이다.

하나의 방정식에 서로 다른 양이 이렇게 많이 포함되어 있는데, 방정식 자체는 아주 단순한 것이 맥스웰 방정식의 충격적일 정도로 놀라운 특성이다. 이렇게 다양한 물리량을 기술하려고 하면 수식을 몇 쪽에 걸쳐 써야 할 것 같은데, 현실의 맥스웰 방정식은 이렇게 간단히 이 일을 해냈다.

맥스웰 방정식 4개 중 첫 번째 방정식은 전하(예를 들어, 전자)로 인해 생긴 전기장이 거리에 따라 어떻게 변화하는지 알려 준다. (전하에서 멀어질수록 약해진다.) 그러나 전하 밀도가 높아질수록(주어진 공간 안에 전자가 늘어날수록) 전기장은 더 강해진다.

두 번째 방정식은 자기장에서는 사정이 달라짐을 가르쳐 준다. 메스머가 이야기한 자하(磁荷, magnetic charge, 또는 자기 홀극(magnetic monopole))는 존재하지 않기 때문이다. 말하자면 자석을 반으로 잘라도 각각 N극만 띤 자석이나 S극만 띤 자석이 되지는 않는다는 것이다. 두 자석 조각 모두 N극과 S극이 생긴다.

세 번째 방정식은 변화하는 자기장이 전기장을 유도하는 양상을 알려 준다.

네 번째 방정식은 그 반대, 즉 변화하는 전기장(또는 전류)이 어떻게 자기장을 유도하는지를 기술한다.

이 방정식 4개는 주로 프랑스와 영국의 과학자들이 여러 세대에 걸쳐 축적해 온 실험의 성과를 모은 근대 과학의 정수(精髓) 같은 것이다. 내 설명은 정성적이라 좀 모호하지만, 방정식은 실제로 매우 정량적이고 엄밀하다.

맥스웰은 이 방정식을 만들어 낸 다음, 아주 기묘한 자문을 했다. 전하도 전류도 없는 빈 공간, 그러니까 진공에서는 이 방정식이 어떻게 될까? 우리 같으면 진공에서는 전기장이나 자기장이 생기지 않으리라 예측할 것이다. 그러나 맥스웰은 진공에서 전기와 자기가 어떻게 행동하는지를 기술하는 맥스웰 방정식은 다음과 같은 형태가 될 것이라고 제안했다.

$$\nabla \cdot \mathbf{E} = 0$$
$$\nabla \cdot \mathbf{B} = 0$$
$$\nabla \times \mathbf{E} = -\dot{\mathbf{B}}$$
$$\nabla \times \mathbf{B} = \mu_0\varepsilon_0\dot{\mathbf{E}}.$$

그는 ρ는 0이라고 했다. 전하가 없음을 표시한 것이다. 또 $\mathbf{j}$는 0이라고 해서 전류가 없음도 표시했다. 그러나 그는 네 번째 방정식에서 마지막 항인 $\mu_0\varepsilon_0\dot{\mathbf{E}}$, 즉 절연체에 있는 미미한 변위 전류는 버리지 않고 남겨 두었다.

왜 버리지 않았을까? 방정식에서 볼 수 있듯이, 맥스웰은 직관적으로 자기장과 전기장 사이의 대칭성을 지키려고 했던 것이다. 진공에서도, 전기가 아예 없는 곳에서도, 심지어 물질까지도 완전히 없는 곳에서도 변화하는 자기장은 전기장을 유도하고 변화하는 전기장은 자기장을 유도한다고 그는 생각했다. 또 이 방정식은 자연을 나타내는 것이고 자연은 아름답고 우아하리라고 여겼다. (진공에서 변위 전류를 없애지 않고 남겨 두는 것은 다른 전문적인 이유도 있으나 여기서는 다루지 않기로 한다.) 이렇게 당시까지만 해도 소수의 동료 과학자 말고는 아는 사람이 없던 과학 너드 같은 물리학자 1명이 내린 사소한 미학적 판단이 우리 문명의 형성에 있어 대통령과 총리 같은 국가 원수급 인사 10명이 한 것보다 더 많은 것을 이루어 냈다.

간단히 살펴보자면, 진공에 대한 맥스웰 방정식 4개에는 다음과 같은 의미가 담겨 있다. ① 진공에는 전하가 없다. ② 진공에는 자기 홀극이 없다. ③ 변화하는 자기장은 전기장을 발생시킨다. ④ 변화하는 전기장은 자기장을 발생시킨다.

방정식을 이런 식으로 쓰고 나서 맥스웰은 **E**와 **B**가 마치 **파동**처럼 진공 속에서 전파된다고 쉽게 증명할 수 있었다. 게다가 그 파동의 속도도 계산할 수 있었다. 1을 ε_0과 μ_0의 제곱근으로 나누면 된다. 그런데 ε_0과 μ_0는 실험실에서 측정할 수 있다. 이 숫자를 넣어 보니 놀랍게도, 진공 속에서 전기장과 자기장이 전파되는 속도가 이미 측정되어 있던 빛의 속도와 똑같다는 것이 밝혀졌다. 우연이라고 하기에는 너무나도 놀라운 일치였다. 이렇게 전기와 자기는 갑자기, 그리고 당돌하게도 빛의 성질과 깊이 관련되기 시작했다.

이제 빛은 파동처럼 행동하고 전기장과 자기장(맥스웰은 이것을 묶어 전자기장(electromagnetic field)이라고 했다.)에서 유래하는 것으로 여겨지기 시작했다. 전지와 전선을 이용한 의미 불명의 실험들이 태양에서 방출되는 휘광(輝光)이나 사물을 보는 것, 그리고 빛이란 무엇인가 하는 문제와 밀접한 관계가 있는 것으로 밝혀진 것이다. 여러 해가 지난 후에 맥스웰의 발견에 관해 심사숙고한 알베르트 아인슈타인은 이렇게 썼다. "그런 경험이 허락되는 것은 전 세계에서도 극소수의 사람뿐이다."

맥스웰 자신도 그 결과에 당황했다. 진공은 유전체처럼 행동하는 것 같았다. 그의 말을 빌리자면 진공은 "전기적으로 분극화"할 수 있는 것처럼 보였다. 기계론적 사고가 지배하던 시대에 살던 맥스웰은 완벽한 진공에서 전자기파의 전파를 설명하려면 어떤 식으로든 기계론적 모형을 제시해야 한다고 느꼈다. 그래서 그는 에테르(aether)라는 신비로운 물질로 우주가 가득 차 있다고 가정했다. 눈에 보이지 않는 젤리 같은 것이 우주 곳곳에 충만해 있고, 그것이 시간적으로 변화하는 전기장과 자기장을 매개하고 있다고 여겼다. 물결이 물을 따라 퍼지고 음파가 공기를 통해 전달되듯이 에테르의 떨림을 타고 빛이 전파된다고 본 것이다.

그러나 그 에테르는 아주 기묘한 성질을 가진 물질이어야 했다. 우선 에테르는 매우 희박해야 하고 거의 물질이라고 할 수 없을 정도로 유령 같은 것이어야 했다. 그렇지 않으면 태양과 달, 별과 행성은 에테르 속을 운동하다가 느려질 테니까. 하지만 천체 운동에서 그런 속도 저하를 감지할 수 없으니 에테르는 그 정도로 희박하거나 유령 같아야 했던 것이다. 동시에 엄청나게 빠른 속도로 전파되는 파동을 매개할 수 있을 정도로 단단하지 않으면 안 되었다.

'에테르'라는 말은 지금도 좀 모호하게 사용되고 있다. 영어에서 '에테르 같은'이라는 뜻의 형용사 ethereal가 쓰이고 있는데, '이 세상 것이 아닌'이라는 뜻으로도 쓰인다. 라디오 방송 초창기 시절에 사람들이 '방송 중'이라는 뜻의 'on the air'라는 말을 썼을 때, 그들이 염두에 두고 있던 것이 바로 이 에테르였다. (러시아 어로 방송 중이라는 뜻의 말은 'v efir(브 에피르)'이다. 이 말의 뜻은 '에테르를 타고'이다.) 물론 라디오 전파도 진공을 통해 전파된다. 이것이야말로 맥스웰이 이룬 주요 성과 중 하나이다. 라디오 전파가 전달되는 데는 공기가 필요 없다. 만약 공기가 있다면 장애물일 뿐이다.

에테르 속을 빛과 물질이 움직인다는 아이디어는 다시 40년이 지나 아인슈타인의 특수 상대성 이론이 나올 때까지 이어졌다. (여기서 $E=mc^2$ 등 수많은 결과가 나왔다.) 특수 상대성 이론과 거기까지 이어진 실험을 통해 전자기파를 매개하는 에테르 따위는 존재하지 않는다는 것이 명확해진 것이다. 이 책 2장에서 소개한 아인슈타인의 유명한 논문에 이것이 엄밀한 형태로 기술되어 있다. 결국 전자기파는 어떠한 매개도 없이 전파된다. 변화하는 전기장이 자기장을 발생시키고, 변화하는 자기장이 전기장을 발생시킨다. 전기장과 자기장이 서로를 매개한다.

이렇게 에테르는 소멸했다. 당시 많은 물리학자가 이 '발광 에테르(luminiferous aether)' 소멸 문제로 곤혹스러워했다. 빛이 진공 속에서 전파되는 것을 조리 있게, 그럴듯하게, 이해할 법하게 설명하려면 아무래도 기계론적 모형이 필요하지 않겠냐고 생각했기 때문이다. 그러나 이것은 목다리 같은 것이다. 다시 말해서 상식이 더 이상 통용되지 않는 영역을 탐색할 때만 필요한 방편에 지나지 않는 것이다. 물리학자 리처드 파인만은 그것을 이런 식으로 설명했다.

> 오늘날, 이 방정식을 얻는 데 이용한 모형은 잊혀지고 방정식이 나타내는 내용은 보다 잘 이해하게 되었다. 우리가 물어야 하는 것은 방정식이 참인가 거짓인가 하는 것뿐이다. 그 답을 내릴 수 있는 것은 실험뿐이고, 헤아릴 수 없을 정도로 많은 실험이 맥스웰 방정식의 올바름을 확증해 주었다. 맥스웰은 이 방정식을 만들기 위해 발판을 사용했다. 그 발판을 제거한다면 우리는 맥스웰의 위대한 건축물이 스스로 우뚝 서 있는 것을 발견하게 될 것이다.

그래도 당신은 이렇게 생각할지도 모르겠다. 시간에 따라 변화하는 전기장과 자기장이 공간 전체에 퍼져 있다니, 도대체 어디에 있다는 말인가? $\dot{\mathbf{E}}$와 $\dot{\mathbf{B}}$ 의 의미는 무엇인가? 사람이란 본래 손도 대지 않고 물체를 움직이는 '장'이나 추상적 수학 개념보다는 직접 손에 쥐고 던지거나 당기거나 밀 수 있는 쪽을 훨씬 더 편안하게 느낀다. 적어도 일상 생활에서 우리는 감각적으로 분명한 물리적 접촉에만 의존해서도 살아갈 수 있다. 가령 버터나이프를 들어 올리면 그것은 우리에게 다가온다. 그러나 파인만이 지적한 바와 같이 이것은 잘못된 생각이다. 애초에 물리적 접촉이라는 것의 의미가 무엇일까? 나이프를 들어 올릴 때, 또는 그네를 밀 때, 또는 물침대를 주기적으로 눌러서 파도를 만들 때 정확히 어떤 일이 일어나고 있을까? 심도 있게 조사해 보면, 말 그대로의 물리적 접촉은 없음을 알게 된다. 실제로는 당신 손의 전하가 나이프나 그네나 물침대의 전하에 영향을 주고, 나이프나 그네나 물침대의 전하가 당신 손의 전하에 영향을 주는 일만 있을 뿐이다. 일상 경험과 상식과는 반대로, 거기 있는 것은 전기장의 상호 작용뿐이다. 실제로 접촉하는 것은 아무것도 없다.

물리학자들이라고 해서 상식적인 생각을 싫어하고, 세상 사람들의 생각을 모조리 수학적이고 추상적이며 이론적인 사고 방식으로 대체해 버리고 싶어 하는 것은 아니다. 그들 역시 우리 모두와 마찬가지로 마음 편한 상식적 사고에서 출발한다. 자연이 우리의 상식을 뛰어넘을 뿐이다. 실제로 '자연은 무릇 이래야 해.'라는 생각만 버린다면, 열린 마음을 가지고 자연 앞에 선다면, 상식이 도움이 되지 않는 경우가 많다는 것을 금방 알아차리게 되리라. 왜 그럴까? 자연의 작동 방식에 대한 우리의 생각은, 유전적인 동시에 후성적인 것이며, 우리 조상들이 수렵 채집 생활을 했던 수백만 년 전에 만들어진 것이기 때문이다. 우리의 마음과 사고 방식이 틀을 잡아 가던 시대에 상식은 믿을 만한 가이드였다. 수렵 채집인의 생활은 변화하는 전기장이나 자기장과 관계가 없이 유지되었기 때문이다. 맥스웰 방정식을 몰라도 진화적으로 불리할 일은 없었다. 그러나 우리 시대는 사정이 다르다.

맥스웰의 방정식은 빠르게 변화하는 전기장($\dot{\mathbf{E}}$의 값이 커진다.)은 전자기파를 발생시킨다는 것을 보여 준다. 1888년에 독일의 물리학자 하인리히 루돌프 헤르츠(Heinrich Rudolf Hertz, 1857~1894년)는 실험을 통해 새로운 종류의 복사를 발견하는 데 성공한다. 전파의 발견이다. 7년 후 영국 케임브리지 과학자들은 전파를 1킬로미터 떨어진 곳까지 전송했다. 1901년에는 이탈리아의 굴리엘모 마르케세 마르코니(Guglielmo Marchese Marconi, 1874~1937년)가 전파를 사용해 대서양 너머와 교신해 냈다.

현대 세계의 정치, 경제, 사회, 문화는 송신탑, 극초단파 중계 시스템, 통신 위성을 통해 연결되어 있다. 이 기원을 거슬러 올라가다 보면 결국 진공 방정식에 변위 전류를 포함하기로 한 맥스웰의 판단에 이르게 된다. 우리에게 불완전한 교육과 오락을 제공하는 텔레비전, 제2차 세계 대전에서 영국과 독일의 영국 본토 항공전에서 나치를 패배시킨 결정적인 요인이었던 레이더의 기원 역시 마찬가지이다. (나는 이 역사를 친구들이 잘 놀아 주지 않고 놀리기만 했던 '대프티' 소년이 그를 무시하고 괴롭혔던 이들의 미래 후손을 구원해 준 이야기로 기억하고 싶다.) 비행기와 선박, 우주선의 제어와 운항에도 전파가 사용되고 있고, 전파 천문학과 외계 지성체 탐사, 전력 산업과 극미소 전자 공학 산업도 맥스웰의 업적을 기반으로 돌아가고 있다.

게다가 패러데이와 맥스웰이 고안해 낸 장 개념은 원자핵 물리학, 양자 역학 등 물질의 미세 구조를 이해하려는 노력에 막대한 영향을 주었다. 그리고 전기와 자기와 빛을 하나의 수학적 틀로 정리한 것은, 물리 세계의 다양한 측면을 통일하고 중력과 핵력까지 포함한 하나의 총괄적인 이론을 만들어 내려는 다양한 시도에 영감을 주었다. 그 시도 중 일부는 성공적이고 일부는 아직도 초보적인 단계에 있지만 말이다. 맥스웰은 현대 물리학의 선구자요 예언자라고 할 수 있을 것이다.

리처드 파인만은 맥스웰의 변화하는 전기장 벡터와 자기장 벡터라는 침묵의 세계를 다음과 같은 언어로 현대적으로 설명했다.

현재 이 강의실 공간을 채우고 있을 전기장과 자기장이 어떤 모습일지 상상해 보십시오. 무엇보다 먼저, 일정한 자기장이 있습니다. 다시 말해서 일정한 지자기가 작용하고 있는 것입니다. 그것은 지구 내부의 전류로부터 나옵니다. 그다음에 조금 불규칙적이지만 거의 일정하다고 할 수 있는 전기장도 있습니다. 아마도 다양한 사람들이 의자에서 이리저리 움직이면서 옷소매가 의자 팔걸이를 스칠 때 마찰로 발생하는 전하 때문에 생기는 전기장입니다. 그다음에 이 강의실에 설치되어 있는 전선들 속에서 진동하는 전류 때문에 생기는 자기장이 있습니다. 볼더 댐(Boulder Dam, 후버 댐) 발전기의 주파수에 동조해 초당 60사이클로 변화하는 자기장입니다. 그러나 더 흥미로운 것은 앞에서 말한 것들보다 더 높은 주파수로 변화하는 전기장과 자기장이 있다는 것입니다. 예를 들어, 이 강의실에는 창으로 빛이 들어오고 있습니다. 이 빛이 창문에서 바닥으로 바닥에서 벽으로 이동할 때, 초속 30만 킬로미터의 속도로 전기장과 자기장의 진동도 함께 이동합니다. 그다음에 여러분의 따뜻한 이마에서 나와 차가운 칠판으로 이동하는 적외선 파동도 있습니다. 그리고 잊을 뻔했는데, 자외선, 엑스선, 전파도 이 강의실 여기저기서 날아다니고 있습니다.

재즈 밴드의 음악을 전달하는 전자기파도 이 강의실을 가로질러 날아가고 있습니다. 일련의 임펄스(impulse) 과정을 통해 변조된 파동이 세계 어딘가에서 일어난 사건들의 영상이나 위장에서 녹아 가는 아스피린의 영상을 전송하고 있습니다. 이 전자기파의 존재를 증명하려면, 이 파를 영상과 소리로 변환하는 전자 장치를 켜기만 하면 됩니다.

더 작은 파동들까지 살펴볼까요? 그중에는 아득히 먼 곳에서 여기까지 날아온 아주 미약한 전자기파도 있습니다. 불과 얼마 전에 금성을 통과한 우주 탐사선 매리너 2호가 지구를 향해 발신한 전자기파가 마침 도착해 있을 겁니다. 매리너 2호가 보낸 전기장의 진동은 파장, 그러니까 파동의 마루

와 마루 사이의 거리가 30센티미터 정도 되는데, 수백만 킬로미터 밖에서 날아온 것입니다. 이 전자기파는 매리너 2호가 태양계의 다른 행성으로부터 입수한 정보를 운반하고 있습니다. (매리너 2호는 이 정보를 행성에서 방출된 전자기파를 포착해 입수했다.)

전기장과 자기장의 진동 중에는 더욱더 미약한 것도 있습니다. 그것은 수십억 광년 떨어진 우주 저 너머 다른 은하에서 날아온 것입니다. 우리는 이것을 '방 하나를 전선으로 가득 채워' 포착해 냈습니다. 그러니까 이 강의실만 한 안테나를 만들었다는 뜻입니다. 이 전파가 만들어진 장소는 지구 최대의 광학 망원경으로도 볼 수 없을 정도로 머나먼 곳입니다. 광학 망원경이라고 했는데, 이것 역시 전자기파를 모으는 장치입니다. 우리가 별이라고 부르는 것은, 망원경을 사용해 포착할 수 있었던 하나의 물리적 실재, 다시 말해 전자기파에서 연역해 낸 것에 지나지 않습니다. 지구까지 날아온 아주아주 복잡한 전기장과 자기장을 신중하게 조사한 끝에 알게 된 것입니다.

물론, 이것 말고도 다양한 전자기파가 있습니다. 수 킬로미터 밖에서 친 번개로 생성된 전자기장도 있고, 이 강의실을 빠른 속도로 관통해 가는 하전 입자 우주선이 만드는 장도 있습니다. 그것 말고도 정말로 많습니다. 여러분은 정말로 복잡한 전자기장에 둘러싸여 있는 것입니다.

만약 빅토리아 여왕이 긴급 회의를 소집해서 자신의 고문관들에게 라디오와 텔레비전과 비슷한 것을 발명하라고 명령한다고 하더라도, 그들 중 누구라도 앙드레마리 앙페르(André-Marie Ampère, 1775~1836년), 장바티스트 비오(Jean-Baptiste Biot, 1774~1862년), 외르스테드, 패러데이가 수행한 여러 실험을 엮어 벡터 연산으로 표현된 방정식 4개로 이어진 길을 열고, 진공 방정식에서 변위 전류 항을 보존하는 판단을 내렸을 가능성은 없다. 그들은 아무것도 하지 못했을 것이다. 반면, 어린 시절 '대프티'

또는 멍청이라는 놀림을 받은 이는 혼자 힘으로, 단지 호기심에 이끌려서, 정부의 보조금도 거의 받지 않으면서, 심지어 자신이 '웨스트민스터 프로젝트'의 기초를 닦았다는 사실도 알지 못한 채, 방정식을 써 내려갔다. 사교적이라고 할 수 없는 내성적인 맥스웰 씨가 라디오나 텔레비전 같은 것을 만들기 위해 그런 연구를 했을 리도 없다. 그것을 아는 사람도 없었을 것이다. 만약 그랬다면, 아마 정부는 이렇게 해 봐라, 저렇게 해 봐라 하면서 그의 위대한 발견을 돕기보다는 방해했을 것이다.

말년에 맥스웰은 빅토리아 여왕을 알현할 기회를 얻었다. 그는 이 일로 걱정을 많이 했던 것 같다. (자기가 하는 과학의 내용을 문외한에게 잘 전달할 수 있을지 고민했던 것 같다.) 여왕의 관심은 다른 데 있었는지 회견은 짧게 끝났다. 역사상 비교적 최근에 위대한 업적을 남긴 영국 과학자 4명, 즉 마이클 패러데이, 찰스 로버트 다윈, 폴 에이드리언 모리스 디랙(Paul Adrien Maurice Dirac, 1902~1984년), 프랜시스 해리 컴프턴(Francis Harry Compton, 1916~2004년)과 마찬가지로 맥스웰은 기사 작위를 받지 못했다. (하지만 찰스 라이엘(Charles Lyell, 1797~1875년), 윌리엄 톰프슨(William Thomson, 1824~1907년)과 그의 다음 세대인 조지프 존 톰프슨(Joseph John Thomson, 1856~1940년), 어니스트 러더퍼드(Ernest Rutherford, 1871~1937년), 에딩턴, 호일은 받았다.) 맥스웰의 경우 영국 국교회와 다른 사상을 가지고 있다는 핑계도 대지 못했을 텐데, 왜 그랬을까? 그는 전통과 관습에 충실한 기독교인이었고 대부분보다 독실한 신자였다. 그가 작위를 받지 못한 것은 아마도 그가 사람 사귈 줄 모르는 과학 너드였기 때문일 것이다.

방송 통신 매체는 제임스 클러크 맥스웰 덕분에 세상에 나온 교육과 오락의 도구이다. 하지만 내가 아는 한, 방송 통신 매체는 단 한 번도 자신들의 은인이자 창시자의 생애와 사상에 대해 미니 시리즈조차도 만들어 본 적이 없다. 미국인들의 경우를 보라. 텔레비전을 보고 자란 미국인 중에 데이비드 크로켓(David Crockett, 1786~1836년. 텍사스 독립을 지지한 미국의 정치가), 빌리 더 키드(Billy The Kid, 1859~1881년. 미국 서부 개척기의 무법자), 알 카포네(Al Capone, 1899~1947년. 미국 시카고 마피아 두목)를 모르는 이가 누가 있으랴.

맥스웰은 젊어서 결혼했으나 부부 사이에 아이가 없었을 뿐만 아니라 열정도 없었던 것처럼 보인다. 그의 열정과 정력은 과학에 몰려 있었던 것 같다. 현대 사회의 기초를 닦은 이 위대한 과학자는 1879년 48세의 나이로 사망했다. 대중 문화에서 거의 잊혀졌으나 다른 행성들의 지도를 그리는 레이더 천문학자들은 그를 기억했다. 금성의 가장 큰 산맥에 그의 이름을 붙인 것이다. 그 산맥은 지구에서 발신하고 금성에서 반사된 미약한 전파를 분석해 발견했다.

맥스웰이 전자기파의 존재를 예언하고 1세기가 지나기도 전에 최초의 외계 생명체 탐사, 나아가 외계 지성체와 별과 별 사이에 존재하는 문명이 보낸 신호가 없는지 찾기 위한 탐사가 시작되었다. 그 후 탐사를 위한 시도들이 몇 차례 이루어졌고 그중 몇 가지는 이 책에서도 다룬 바 있다. 광대한 성간 공간을 넘어서 날아오는 그 신호는 시간적으로 변화하는 전자기파일 것이다. 만약 그런 신호를 보내오는 지적 생명체가 있다면(생물학적으로 인류와 아주 다른 존재일 것이다.) 그들 역시 역사의 어느 시점에서 제임스 클러크 맥스웰과 비슷한 역할을 한 존재가 등장해 그 은혜를 입었을 것이다.

1992년 10월 미국 캘리포니아의 모하비 사막과 푸에르토리코의 카르스트 지형 계곡에서 SETI 프로젝트 역사상 가장 강력하고 가장 광범위한 탐사가 시작되었다. NASA가 처음부터 이 계획의 조직과 운영에 참여하고 전례 없이 높은 감도와 주파수 대역에서 10년간에 걸쳐 전천(全天)을 조사할 계획이었다. 만약 우리 은하를 이루는 4000억 개의 별 중 하나가 거느린 행성에서 누군가가 전파로 메시지를 보내고 있다면, 그것을 들을 가능성은 그리 작지 않을 터였다.

그러나 그 1년 후 미국 의회는 이 계획의 플러그를 뽑아 버렸다. SETI는 긴급한 과제가 아니고 이익도 크지 않으며 비용만 너무 많이 든다는 게 그 이유였다. 그러나 인류 역사에서 모든 문명은 우주와 관련된 심오한 문제를 풀기 위해 자원을 사용해 왔다. 그리고 '우주에 우리밖에 없는가?' 하는 문제보다 더 심오한 문제가 있을까? 만약 그 메시지의 내용을 해독하지 못한다고 하더라도 그런 신호를 받았다는 사실만으로도 우리의 세계관과 인간관은 송두리째 바뀔 것이다. 그리고 진보된 기술 문명이 보낸 메시지를 해독할 수 있다면, 그 실용적인 이익은 전례 없는 수준이 될 것이다. SETI 프로젝트는 그 기반이 약하기는커녕 과학계의 강력한 지원을 받고 있으며 대중 문화에도 뿌리를 두고 있다. 이 계획은 광범위한 사람들에게 호소력을 가지고 있고 영속적이며 아주 좋은 이유에 바탕을 두고 있다. 돈도 그리 많이 들지 않는다. 이 프로젝트의 1년 비용이라고 해 보아야 공격용 헬리콥터 1대의 가격 정도밖에 되지 않을 것이다.

이 계획에 드는 돈이 많다는 의원들이 왜 국방부에는 저렇게나 관대한지 궁금하다. 소비에트 체제가 붕괴하고 냉전이 끝난 지금도 미국 국방부는 연간 3000억 달러 이상을 지출하고 있다. (게다가 현 정부는 부유층의 복리를 증진시켜 줄 계획도 잔뜩 구상, 집행하고 있다.) 아마 우리 후손들은 우리 시대를 돌아보고 우리를 이상하게 여길 것이다. 외계 생명체를 탐지하는 기술을 소유하고 있지만 거기에는 귀를 막고 더 이상 존재하지 않는 적

으로부터 자신을 보호하는 데 국부를 쓰자고 고집하기 때문이다.•

캘리포니아 공과 대학의 물리학자인 데이비드 굿스타인(David Goodstein, 1939년~)은 과학이 여러 세기 동안 거의 기하 급수적으로 성장해 왔고 이제 그런 성장을 계속할 수 없다고 지적한다. 더 성장하려면 지구에 사는 모든 사람이 과학자가 되어야 하고, 그 단계에서 성장이 멈출 테니 말이다. 그는 과학에 대한 지원금 조성이 최근 좌절하는 경우가 늘거나 둔화하는 것처럼 보이는 것은 과학에 대한 어떤 근본적인 불만 때문이 아니라, 바로 이런 이유 때문이라고 주장한다.

그렇다고 하더라도 나는 연구 기금 '분배' 방식에 대한 우려가 크다. SETI에 대한 정부 지원금의 취소가 어떤 경향의 일부가 아닐까 생각하기 때문이다. 현 미국 행정부는 국립 과학 재단(NSF)에 기초 과학 연구에서 손을 떼고 기술, 공학, 응용 분야에 중점을 두라고 압력을 가하고 있다. 의회는 미국 지질 조사국을 폐지하고 깨지기 쉬운 지구 환경에 대한 연구비 지원을 대폭 삭감하라고 주장하고 있다. NASA가 이미 획득한 데이터의 해석과 분석에 대한 연구비도 쪼들리기 시작했다. 젊은 과학자들은 그들의 연구비뿐만 아니라 일자리마저 찾지 못하는 경우가 늘어 가고 있다.

미국 기업들이 자금을 대는 산업 관련 연구 개발도 최근 들어 전반적으로 주춤하는 모양새이다. 연구 개발에 대한 정부의 지원금도 같은 기간 하강 곡선을 그렸다. (1980년대에 증가한 것은 군사 관련 연구 개발 부문뿐이었다.)

• SETI 프로젝트는 개인 기부를 통해 1995년에 부활했다. 불사조 계획(Project Phoenix)이라는 적절한 이름이 붙었다. (2004년 3월 이 불사조 계획의 종료가 발표되었다. 200광년 내 항성 800개를 대상으로 외계 신호의 존재 여부를 탐지했으나 유의미한 신호를 하나도 발견하지 못했다고 한다. 연구 책임자는 다음과 같이 이야기했다. "우리 이웃은 무척 조용한 것 같다." 2022년 현재 외계 지성체의 신호는 탐지되지 않았다. — 옮긴이)

세출로 볼 때 민간 연구 개발에 가장 많이 투자하는 나라는 이제 일본이다. 컴퓨터, 통신 장비, 항공 우주 산업, 로봇 공학, 정밀 과학 기기 같은 분야에서, 세계 전체의 수출량에서 미국이 차지하는 비율은 매년 감소하는 반면, 일본의 역할은 증가하고 있다. 같은 기간 동안 미국은 대부분의 반도체 기술 분야에서 주도권을 일본에 잃어버렸다. 미국은 컬러 텔레비전, VCR, 축음기, 전화기, 공작 기계 분야의 시장 점유율에서 심각한 추락을 경험하고 있다.

기초 연구는 과학자들이 신나게 호기심을 발휘하고 자연을 심문하는 게 가능한 영역이다. 거기에서는 눈앞의 실용적 목표에 흔들리지 않고 지식을 지식으로서 추구하는 것이 가능하다. 우리는 기초 연구를 하는 과학자들에게 그런 일을 할 수 있는 권리를 부여한다. 기초 연구는 과학자들이 가장 하고 싶어 하는 바이고 많은 경우에 그들이 애초에 과학자가 된 이유이다. 동시에 그런 연구를 지원하는 것은 사회의 이익이 걸린 일이기도 하다. 인류에게 커다란 이익을 가져다준 주요 발견 대부분이 기초 연구를 지원하는 과정에서 탄생했다. 다만 소수의 규모가 크고 야심도 큰 프로젝트에 투자할 것인가, 아니면 작지만 다양한 프로젝트에 투자할 것인가는 한번 생각해 볼 만한 문제이다.

물론 경제를 활성화하고 우리의 생명을 지켜 줄 발견이 이루어진다면 그것으로 좋은 일이다. 하지만 처음부터 그것을 목표로 하고 기초 연구를 지원할 정도로 우리는 슬기롭지 않다. 기초 연구가 아직 이루어지지 않은 분야도 많다. 오히려 자연을 폭넓게 탐구하고 나서야 꿈에도 생각하지 못한 응용 가능성이 모습을 드러내는 법이다. 언제나 그랬던 것은 아니다. 하지만 충분히 자주 그랬다.

맥스웰과 같은 이에게 돈을 주는 것은 아주 어리석은 일처럼 보일지도 모른다. 그저 '호기심에 이끌린' 과학을 장려하는 것은 현실적인 입법자들의 눈에는 경솔한 판단으로 비칠지도 모른다. 시급하게 대처해야 하는 국가 대사가 그따위 연구 말고도 이렇게나 많은데, 이해할 수 없는 횡설수설을 하는 과학 너드들의 취미 활동에 지원금을 주어야 하는가 말이다. 이런 관점에서 보면, 과학도 또 하나의 로비 활동일 뿐이고, 과학자들 역시 중노동을 하거나 직업을 구할 필요 없이 빈둥거려도 돈을 타 먹게끔 지원금을 만들어 달라고 떼쓰는 또 다른 압력 단체일 뿐이라는 주장도 어느 정도는 이해할 수 있다.

맥스웰이 처음에 전자기학의 기초 방정식을 써 내려가기 시작했을 때 그는 라디오, 레이더, 텔레비전을 염두에 두지 않았다. 뉴턴이 처음에 달의 운행을 이해했을 때 그는 우주 비행이나 통신 위성을 꿈도 꾸지 않았다. 빌헬름 콘라트 뢴트겐(Wilhelm Conrad Röntgen, 1845~1923년)이 투과성이 아주 높은 신비한 방사선을 발견하고 '엑스선'이라고 이름 붙였을 때 그는 의학적 진단을 의도하지 않았다. 마리아 스크워도프스카퀴리(Maria Skłodowska-Curie, 1867~1934년)가 몇 톤의 역청 우라늄 광석에서 미미한 양의 라듐을 힘들게 추출했을 때 그녀는 암 치료에 관해 생각하지 않았다. 알렉산더 플레밍(Alexander Fleming, 1881~1955년)이 성장하는 곰팡이 주위에 세균이 없는 부분이 있다는 사실에 주목했을 때 그는 항생 물질로 수백만의 생명을 구하려는 계획을 세우지 않았다. 제임스 듀이 왓슨(James Dewey Watson, 1928년~)과 프랜시스 해리 콤프턴 크릭(Francis Harry Compton Crick, 1916~2004년)이 DNA의 엑스선 회절 영상에 관해 고심했을 때 그들은 유전병의 치료를 상상하지 않았다. 프랭크 셔우드 롤런드(Frank Sherwood Rowland, 1927~2012년)와 마리오 호세 몰리나파스칼 엔리케스(Mario José Molina-Pasquel Henríquez, 1943~2020년)가 성층권 광화학에서 할로겐의 역할을 연구하기 시작했을 때 그들은 오존층 파괴와 CFC의 관련성을 꿈에도 생각하지 않았다.

의회의 의원들과 정치 지도자들은 정부의 지원금을 받기 위해 과학자들이 제출하는 정체 불명의 과학 연구 계획안을 놀림감으로 삼는 것을 즐기는 듯하다. 하버드를 졸업한 에드워드 윌리엄 프록스마이어(Edward William Proxmire, 1915~2005년)와 같은 똑똑한 상원 의원도 SETI를 포함한 많은 과학 프로젝트에 '황금 양털 상(Golden Fleece Award)'을 주자고 할 정도이니까 말이다. (프록스마이어는 1975년부터 1988년까지 매달 낭비가 가장 심한 정부 지원 계획을 하나 골라 황금 양털 상을 수여했다. 일종의 풍자적인 상으로 국방부 같은 정부 조직이 수여 대상이었다. 프록스마이어는 SETI에도 이 상을 주었으나 이후 SETI 반대 의사를 철회했다고 한다. — 옮긴이) 이러한 발상은 과거 정부에도 있었을 것이다. 냄새 나는 치즈에 생기는 곰팡이를 연구하겠다는 플레밍 씨, 중앙아프리카에서 캐온 광석을 체로 걸러서 어둠 속에서 빛을 내는 미지의 물질을 찾겠다는 폴란드 여자, 행성이 부르는 노래를 듣겠다는 케플러 선생.

이런 발견들은 우리 시대를 채색하고 특징을 부여하며 우리의 삶을 일부 지탱하고 있다. 그러나 이 모든 발견은 자연의 근본 문제를 탐구할 기회를 부여받은 과학자들이 동료 과학자들의 엄격한 심사를 받아 가며 성취한 것들이다. 산업에의 응용과 관련해서 이야기하자면 일본은 최근 10여 년간 좋은 성과를 많이 내 왔다. 하지만 어디에 응용할까가 아니라 무엇을 응용할까를 먼저 물어야 하는 게 아닐까? 응용을 하려고 해도 기초 연구가 없으면 불가능하다. 자연의 핵심부에 대한 연구는 응용할 만한 새로운 지식을 획득하는 수단이다.

과학자들에게는 자신이 하고자 하는 바를 알기 쉽게 성실하게 설명할 의무가 있다. 특히 거액의 지원금을 받으려고 할 때면 말이다. 초전도 초대형 충돌기(Superconducting Super Collider, SSC)의 사례를 살펴보자. SSC는 물질의 미세 구조와 초기 우주의 성질을 탐구하기 위한 고에너지 가

속기이다. 완성되었더라면 지구에서 가장 강력한 도구로 활용되었을 것이다. 총공사비는 100억 달러에서 150억 달러였다. 하지만 20억 달러쯤 썼을 때인 1994년에 의회에 의해 이 계획이 취소되었다. 이것은 정치권이든 과학계이든 최악의 사태였다. 그렇다면 이 사태는 과학 진흥에 대한 관심이 약해졌기 때문에 일어났을까? 이 사태에 관한 한 나는 아니라고 생각한다. 의회에는 고에너지 충돌기가 무엇을 하는 장치인지 아는 사람이 거의 없었다. 충돌기형 가속기는 무기도 아니고 실용적인 이익도 바로 가져다주지 않는다. 그것은 '만물 이론(theory of everything)'을 탐구하기 위한 장치이다. (이 이름을 못마땅하게 여기는 사람도 적지 않다.) 쿼크, 맵씨 쿼크, 맛깔 전하, 색깔 전하 같은 단어가 튀어나오는 설명을 듣고 의원들은 '물리학자들이 하는 짓이 귀엽네.' 하고 여긴 듯하다. 적어도 내가 만났던 의원들이나 정치인들 사이에는 '너드들이 설친다.' 하는 분위기가 있었다. 이것은 호기심을 토대로 하는 과학에 대한 정말로 배려 없고 무례한 생각이리라. 이런 생각을 하는 사람 중에 힉스 보손이 무엇인지 희미하게라도 아는 사람은 아무도 없었다. 하지만 그들이 SSC의 운명을 결정했다. 나는 SSC를 정당화하기 위한 자료를 몇 가지 읽은 적이 있다. 그중에는 나쁘지 않은 것도 있었으나, 물리학에 대해서는 문외한이지만 정말로 똑똑한 사람들에게 이 계획의 목적을 진정성 있게, 설득력 있게 설명한 것은 하나도 없었다. 물리학자들이 실용적인 가치가 없는 기계를 구축하기 위해서 100억 달러나 150억 달러를 요구하려고 했다면 자신들의 목적을 정당화하고 정치인들을 설득하는 데 전력을 다했어야 한다. 하다못해 현란한 그래픽이나 은유 같은 언어의 힘을 최대한 활용해야 했다. 재정 관리의 부실이나 예산상의 제약, 정치력의 부재만이 아니라 여기에도 SSC 실패의 원인이 있다고 생각한다.

최근 인간의 지식과 관련해서도 자유 시장 제도를 적극 도입해야 한다는 관점이 세를 얻고 있다. 그렇게 된다면 기초 연구는 정부의 지원금 없이 다른 온갖 제도나 기획과 경쟁하지 않으면 살아남을 수 없다. 만약 정부 지원금 없이 자유 시장 경제에서 경쟁해야 했다면, 내가 앞에서 거론했던 위대한 과학자들도 자신들의 획기적인 업적을 이룰 수 없었을 것이다. 그리고 기초 연구에 드는 비용은 맥스웰의 시대보다 상당히 커졌다. 이론 연구도 그렇지만 특히 실험 연구는 상상할 수 없을 정도로 커진 상황이다.

그것은 그렇다 치고, 자유 시장이라는 체제가 기초 연구를 지원하는 데 적합한 것인가부터 따져 보자. 예를 들어, 의학 분야에서는 연구할 만한 가치가 있는 것 중 지원금을 받는 것은 10퍼센트 정도에 지나지 않는다. 의학 연구 전체에 쓰이는 지원금보다 많은 돈이 사이비 요법에 소비되고 있다. 만약 정부가 의학 연구에서 손을 뗀다면 어떤 일이 벌어질까?

기초 연구에는 곧바로 응용할 수 없다는 특징이 있다. 응용이 가능해지는 것은 수십 년 뒤이거나 수 세기 뒤가 될지도 모른다. 그리고 모든 기초 연구에 실용적 가치가 있는지도 애초에 알 수가 없다. 과학자들 자신도 그런 예측을 할 수가 없는데, 정치가들이나 자본가들이 그것을 알 턱이 있을 리 없다. 자유 시장의 활력이 단기적 이익에만 쏠리게 된다면 기초 연구는 버려지고 말 것이다. (슬프게도 미국에서는 기업 연구가 급속하게 줄어들고 있다. 이것은 자유 시장의 활력이 어디에 쏠려 있는지 보여 주는 징후일 것이다.)

농부는 굶어 죽어도 씨앗을 베고 죽는다는 말이 있다. 호기심에 이끌리는 기초 과학의 목줄을 죄는 것은 내년 농사지을 종자를 먹어 버리는 것이나 다름없다. 이번 겨울은 먹을거리가 조금 풍족해질지도 모르지만, 내년뿐만 아니라 매년 찾아올 겨울에는 우리와 우리 아이들이 무엇을 먹고살아야 할지 모르게 될 것이다.

당연히 국가와 인류가 직면한 긴급한 현안들이 있다. 그러나 기초 과학 연구비를 삭감한다고 해서 그런 문제들을 해결할 수 있는 것은 아니다. 분명 과학자들은 표밭이라고 보기 어렵고 로비 활동을 효과적으로 하는 자들도 아니다. 하지만 과학자들이 하는 일은 모두의 이익이 되는 경우가 많다. 기초 연구에서 손을 떼는 것은 용기 없음, 상상력 결핍, 그리고 환상의 산물일 뿐이다. 만약 지구인이 미래를 이렇게 포기하는 것을 본다면 외계인들은 충격을 받으리라.

읽고 쓸 줄 아는 능력, 교육 일반, 일자리, 적절한 의학적 치료와 예방, 국가 방위, 환경 보호, 노후 보장은 필요하다. 예산의 균형이 깨져도 안 되고 과학 말고 다른 과제도 많다. 그러나 우리는 풍요로운 사회에 살고 있다. 우리 역시 우리 시대의 맥스웰을 양성할 수 있지 않을까? SETI는 그것을 상징하는 사건 중 하나일 것이다. 우리는 별들에서 날아오는 소식을 듣기 위한 씨앗을 남겨놓을 수 없을까? 그것을 위해 쓸 돈이, 공격용 헬리콥터 1대만큼의 돈도 없다는 말이 진실일까?

✶

24장
과학과 마녀 사냥

Ubi dubium ibi libertas.
의심 있는 곳에 자유 있을지니.
—라틴 어 격언에서

✶

* 이 장은 앤 드루얀과 함께 썼다.
이 장과 다음 장은 다른 장들과 비교해서 정치적인 내용이 많이 포함되어 있다.
그러나 나는 과학과 회의주의 정신의 중요성에 대한 강조가,
이 장에 씌어져 있는 정치적, 사회적 결론으로 그대로 이어진다고
주장하고 싶지는 않다. 회의주의는 정치에서도 중요하지만
정치는 과학이 아니기 때문이다.

1939년 뉴욕 세계 박람회는 브루클린에서 온 내게 큰 충격을 주었다. 그 박람회의 주제는 '내일의 세계'였다. 그것만으로도 내일의 세계가 약속된 것처럼 느껴졌다. 언뜻 보기만 해도 그 세계가 1939년의 세계보다 더 나을 것처럼 보였다. 어린 나는 미묘한 뉘앙스까지는 알아채지 못하고 지나쳤지만 인류 역사상 가장 잔인하고 비참한 전쟁을 앞두고 있던 당시 사람들은 미래가 밝을 것이라는 약속을 절박하게 바라고 있었다. 나는 적어도 내가 미래를 향해 계속 성장해 가리라는 것은 알았다. 박람회가 묘사한 산뜻하고 깨끗한 '내일'은 매력적이었고 희망적이었다. 그리고 그 미래를 실현하는 수단은 과학이라는 이름의 어떤 것이었다.

그러나 일이 약간 다르게 진행되었다면 나는 박람회에서 더 큰 것을 얻을 수 있었으리라. 맹렬한 투쟁이 막후에서 진행 중이었다. 그 투쟁에서 승리한 미래상은 박람회의 총괄자이자 수석 대변인인 그로버 웰런(Grover Whalen, 1886~1962년)의 것이었다. 기업의 임원을 역임하기도 했고 경찰이 전례 없을 정도로 잔인했던 시기에 뉴욕 시 경찰국 국장이었으며 마케팅과 홍보의 역사를 바꾼 혁신가였던 그는 박람회 전시장을 상업적으로 구축하고 제품 노출을 우선시하도록 전시를 구상하고 스탈린과 베니토 안드레아 아밀카레 무솔리니(Benito Andrea Amilcare Mussolini, 1883~1945년)를 찾아가 그들 나라의 전시관을 호화롭게 만들도록 설득했다. (나중에 그는 하도 강요를 하는 통에 파시스트식으로 경례를 해야 했다고 우는소리를 하기도 했다.) 한 설계 담당자는 전시 수준을 12세 아동에 맞추었다고 이야기했다.

그러나 아메리칸 대학교 역사학자 피터 쿠즈닉(Peter Kuznick, 1948년~)에 따르면, 해럴드 유리나 알베르트 아인슈타인 같은 과학자들이 진기한 신상품만이 아니라 과학을 위한 과학을 소개하자, 과학의 산물만이 아니라 과학의 사고 방식에 초점을 맞추어 보자고 주장했다고 한다. 과학자들은 과학이 대중에게 널리 이해되어야만 사람 마음속에 둥지를 튼 미신과 편견을 해독할 수 있다고 확신했다. 그리고 과학 대중화를 위해 노력한 왓슨 데이비스(Watson Davis, 1896~1967년)가 이야기한 것과 같이, "과학적인 방법은 민주적인 방법이다."라고 확신했던 것이다. 어떤 과학자는 과학의 방법이 일반 대중에게 퍼지면 "인간의 어리석음을 최종적으로 정복"할 수 있으리라고까지 주장했다. 물론 가치 있는 목표이지만 그것이 실현되는 날은 영원히 오지 않을 것이다.

아무튼, 과학자들의 이러한 항의와 고결한 호소에도 불구하고 박람회는 월런의 구상대로 개최되었고 진짜 과학은 거의 전시되지 않았다. 그래도 띄엄띄엄 전시되어 있던 소수의 진짜 과학은 지붕에서 떨어지는 물방울처럼 내게 스며들었고 나의 어린 시절을 온전히 바꾸어 놓았다. 그렇지만 그 박람회가 기업과 소비자에 초점을 맞추고 있었고, 사고 방식으로서의 과학은 물론이고, 자유로운 사회를 지키는 요새로서의 과학은 아무것도 보여 주지 못했다는 사실은 바뀌지 않는다.

정확히 반세기 후 (구)소련이 종언을 고하던 해에 앤 드루얀과 나는 모스크바 교외에 있는 마을 페레델키노(Peredelkino)에서 열린 만찬에 초대를

받았다. 그 마을에는 공산당 고위 당료와 퇴역 장군과 소수의 혜택 입은 지식인 들의 여름 별장이 있었다. 그곳의 분위기는 새로운 자유에 대한 기대로 가득 차 있었다. 특히 정부가 좋아하지 않는 말이라고 하더라도 심금을 털어놓고 이야기할 수 있는 권리에 대한 기대가 커 보였다. 전설 속에서나 들을 수 있었던 혁명이 드디어 실현되려 하고 있었다.

그러나 글라스노스트 정책에도 불구하고, 사람들 사이에서는 몇 가지 의념(疑念)이 광범위하게 퍼지고 있었다. 정부 당국이나 권력자들을 정말로 비판해도 될까? 표현의 자유, 집회의 자유, 출판의 자유, 종교의 자유가 정말로 인정될까? 자유를 경험하지 못한 사람들이 그 부담을 감당할 수 있을까?

그 만찬에 참석한 (구)소련 인민 중에는 수십 년간 대부분의 미국 국민은 당연하게 향유하는 자유를 획득하기 위해 희망이라고는 눈곱만큼도 없는 투쟁을 어렵게 해 온 이들도 있었다. 그들의 투쟁 의식을 고취해 온 것은 미국의 실험이었다. 미국이 현실 세계에서 실증해 온 것은 다문화와 다민족의 나라이면서도 인민이 누리는 자유를 조금도 손상시키지 않으면서 번영하는 나라를 만들 수 있다는 사실이었다. (구)소련의 투사들은 거기에서 나아가 자유가 없다면 번영도 없는 것 아니겠냐는 결론까지 내리고 있었다. 다시 말해 고도의 과학 기술을 손에 넣은 빠른 변화의 시대에는 자유와 번영은 성쇠를 같이 하는 것 아닌가, 그리고 과학과 민주주의는 밀접한 관계에 있는 것 아닌가 하는 생각에 도달해 있었다. (과학과 민주주의 모두 실험을 통한 판단을 적극적으로 받아들여야 한다는 사상을 가지고 있다.)

그쪽 세계의 만찬에서 언제나 그렇듯이 많은 건배와 건배사가 이어졌다. 그중에서도 잊혀지지 않는 것은 세계적으로 유명한 (구)소련 소설가의 건배사였다. 그는 일어서서 잔을 들고 우리의 눈을 지긋이 바라보면서 말했다. "미국인들에게 축배를. 그들은 약간의 자유를 가지고 있습니다." 그는 잠시 말을 멈춘 다음 이렇게 덧붙였다. "그리고 그들은 자유를 어떻게 유지해야 하는지 알고 있습니다."

정말로 그럴까?

이번에는 1798년 미국으로 가 보자. 권리 장전(Bill of Rights)의 잉크가 마르기도 전에 정치가들은 그것을 무력화하는 방법을 알아냈다. 두려움과 애국적인 히스테리를 이용하는 것이었다. 당시 미국의 여당이던 연방당은 눌러야 할 단추가 민족적, 문화적 편견이라는 것을 알고 있었다. 당시 미국과 프랑스는 긴장 관계에 있었고, 시민 사회에서는 프랑스와 아일랜드에서 건너온 이민들은 미국인이 되기에는 본질적으로 어울리지 않는다는 의심과 두려움이 널리 퍼져 있었다. 연방당은 이런 시대 분위기를 악용해서 '외국인 및 치안 관계법(Alien and Sedition Acts)'이라고 알려진 일련의 법률을 의회에서 통과시켰다.

그 법률 중 하나는 시민권 획득을 위한 거주 요건을 5년에서 14년으로 올렸다. (프랑스와 아일랜드 계열 시민들은 대개 야당인 토머스 제퍼슨의 민주 공화당에 투표했다.) 외국인 관계법은 존 애덤스(John Adams, 1735~1826년) 대통령에게 혐의가 있는 외국인은 누구든 외국으로 추방할 수 있는 권한을 부여했다. 당시 한 의원에 따르면 대통령은 "새로운 범죄"를 우려하고 있었다고 한다. 제퍼슨은 그렇게 생각하지 않았다. 외국인 관계법은 특정한 인물 셋, 즉 프랑스 역사학자이자 철학자인 콩스탕탱 프랑수아 드 샤세뵈프, 볼네 백작(Constantin François de Chasseboeuf, comte de Volney, 1757~1820년), 유명한 화학 재벌의 창업자인 피에르 사뮈엘 뒤퐁(Pierre Samuel duPont, 1739~1817년), 산소의 발견자이며 제임스 클러크 맥스웰의 지적 조상이라고 할 영국 과학자 조지프 프리스틀리를 추방하기 위해 제정되었다고 확신했다. 제퍼슨이 생각하기에 이들은 미국에 꼭 필요한 사람들이었다.•

치안 관계법에 따라 정부에 대해 "허위의 또는 악의 있는" 비판을 공표하거나 이 법에 대해 이의를 제기하는 것은 불법이 되었다. 20명 이상이 체포되었고, 10명이 유죄 선고를 받았으며, 더 많은 사람이 검열이나 협박 때문에 침묵하게 되었다. 제퍼슨은 이렇게 말했다. 그 법은 "연방당을 지지하는 관료나 정책에 대한 비판을 범죄로 만들어서 모든 정치적 반대 세력을 분쇄하는 데 목적이 있다."

1801년 제퍼슨은 대통령에 당선되자마자(실제로는 임기 시작 첫 주에) 치안 관계법의 피해자 전원을 사면하는 일에 착수했다. 제퍼슨은 이렇게 말했다. "그 법은 미국의 자유 정신에 반하는 것이다. 마치 의회가 전 국민에게 금송아지 앞에 엎드려 숭배하라고 명령한 거나 마찬가지이기 때문이다." 외국인 및 치안 관계법은 다음 해인 1802년까지 모두 폐지되었다.

그 후 2세기가 지났다. 그동안 미국인에게 있어 무엇보다 소중한 자유를 기꺼이 포기하면서까지 프랑스 인이나 '거친 아일랜드 인'을 배척하자는 히스테릭한 분위기가 되살아나는 일은 없었다. 그러나 일부 보수적인 집단은 프랑스 인과 아일랜드 인의 문화적 승리를 인정하지 않

• 볼네가 1791년에 펴낸 『폐허: 또는 제국의 혁명에 대한 명상(*Les Ruines, ou méditations sur les révolutions des empires*)』의 한 구절을 살펴보자. "사람은 불확실한 것, 의심스러운 것 때문에 논쟁하고 말다툼하고 싸운다. 오, 인간들이여! 이것은 어리석은 행동 아닌가? …… 우리는 증명할 수 있는 것과 증명할 수 없는 것을 구분하는 선을 지키지 않으면 안 되고, 환상의 세계와 실재의 세계를 침범할 수 없는 장벽으로 나누지 않으면 안 된다. 다시 말해서 신학적, 종교적 견해로부터 시민권을 모두 박탈해 버려야 한다." 그는 이런 주장을 하는 사람이었다.

고 그들에게 동등한 권리를 부여하는 것을 비난했다. 그것은 감상에 지나지 않고 현실성 없는 '정치적 올바름'에 불과하다고. 하지만 그런 목소리는 늘 나오는 법이다. 시간이 흐르면 그런 비난이 부적절한 것이었음이 밝혀진다. 그러나 그때쯤이면 우리는 또 다른 히스테리에 사로잡혀 있다.

어떤 대가를 치르더라도 권력을 잡고자 하는 자들은 언제나 사회의 약점이나 사람들의 두려움을 날카롭게 간파해 교묘하게 이용하려고 한다. 그것은 민족적인 차이일 수도 있고, 피부 속에 있는 멜라닌 세포 양의 차이일 수도 있고, 사상이나 종교의 차이일 수도 있으며, 어쩌면 약물 사용, 폭력 범죄, 경제 위기, 공립 학교에서 기도 시간 허용 문제, 국기 같은 깃발의 '모독(冒瀆, 문자 그대로, 더럽히는 것)'이나 '탈신성화(desecrating, 문자 그대로 신성을 박탈하는 것)'일 수도 있다.

문제가 무엇이든 간에 가장 빠른 대처법은 권리 장전에 보장된 자유를 약간 줄이는 것이다. 1942년 당시에도 일본계 미국인들은 권리 장전의 보호를 받았지만 미국은 그들을 감금했다. 전쟁 때문에 어쩔 수 없다고 했다. 지나친 수사나 압수 수색은 헌법이 금하고 있는 것이지만 미국 사법 당국은 사람들을 함부로 수사하고 무자비하게 구속한다. 마약과의 전쟁, 범죄와의 전쟁 때문에 어쩔 수 없다고 한다. 표현의 자유가 있지만 사람들은 외국인 저술가들이 미국 땅에서 이질적인 이념을 떠들어대는 것을 바라지 않는다. 그렇지 않은가? 구실은 날마다 바뀌지만 결론은 언제나 똑같다. 더 적은 수의 손에 더 많은 권력을 집중하고 의견의 다양성을 억압하는 것이다. 하지만 그런 행동이 얼마나 위험한 것인지 과거의 경험이 가르쳐 준다.

인간이 무슨 짓을 어디까지 저지를지 모른다면, 우리는 우리 자신을 스스로부터 보호하기 위해 세워진 대책을 올바르게 이해하지 못하게 된다. 나는 앞에서 외계인 납치 이야기와 유럽의 마녀 사냥을 엮어서 살펴본 바 있다. 이번에는 정치적인 맥락에서 다시 그 주제로 돌아가 보려고 한다. 독자들의 양해를 바란다. 마녀 사냥은 인간의 자기 인식을 위한 창이었다. 15세기부터 17세기까지 유럽을 휩쓴 마녀 사냥은 대체 무엇을 증거로 삼았고, 종교 권력과 세속 권력은 무엇을 가지고 자신들의 판결을 정당화했는지에 초점을 맞추고 살펴본다면, 18세기 아메리카 합중국 헌법과 권리 장전이 얼마나 획기적인 내용을 가지고 있었는지 분명해진다. 그중에는 배심원 재판, 자백의 증거 채택 금지, 잔혹한 형벌의 금지, 언론과 출판의 자유, 적절한 법 절차를 따르는 법치주의, 권력의 견제와 균형, 교회와 국가의 분리 등이 포함된다.

프리드리히 슈페이 폰 라겐펠트(Friedrich Spee von Langenfeld, 1591~1635년)는 독일 뷔르츠부르크 시에서 마녀로 고발된 사람들의 고백을 듣는 괴로운 일을 맡은 예수회 신부였다. (7장 참조) 1631년 슈페이는 『검사들을 향한 경고(*Cautio Criminalis*)』를 출판했는데, 그 책은 교회 및 국가가 무고한 사람들에게 어떤 조직적 폭력을 자행했는지 내부 고발하는 것이었다. 그는 처벌받기 전에 페스트에 걸려, 고통 받는 사람들에게 봉사하는 교구 신부로서 죽었다. 다음은 그의 고발서에서 발췌한 글이다.

1. 미신, 시기, 질투, 비방, 험담, 뒷말 따위의 것들이 놀랍게도 우리 독일인들 사이에서, 그리고 특히 (입에 담기도 부끄럽지만) 가톨릭교도들 사이에서도 믿을 수 없을 정도로 강하게 유행하고 있다. 이런 식의 행동이 어떤 식으로든 처벌이나 반박을 받지도 않은 채 마녀 마술의 의혹을 부채질하고 있다. 그리고 온갖 일들에 대한 책임을 하느님도 자연도 아니라 마녀에게

모조리 덮어씌우고 만다.

2. 이렇게 되자 민중은 누구나 치안 판사에게 마녀를 조사하라고 아우성치기 시작한다. 그러니까 세간에 떠도는 뜬소문 때문에 그렇게나 많은 마녀가 만들어진 것이다.

3. 따라서 군주들은 재판관과 고문관 들에게 마녀들에 대한 소송 절차를 시작하라고 명령한다.

4. 하지만 재판관들은 어디서부터 손을 대야 할지 거의 알지 못한다. 마녀라는 표식이나 마술이 행해졌다는 증거가 없기 때문이다.

5. 반면 민중은 재판이 이런저런 이유로 지연되는 것을 의심하기 시작하고 군주는 밀고자들의 이야기를 듣고 재판을 시작하지 않으면 안 되겠구나 하고 생각하기 시작한다.

6. 독일에서 군주의 기분을 상하게 하는 것은 심각한 범죄이다. 성직자들까지도 군주를 기쁘게 하는 일이라면 무엇이든 긍정하고 군주들을 부채질하는 게 누구든지 상관하지 않는다. (군주 자신은 선의에서 그런 소리에 귀를 기울이는지도 모른다.)

7. 마침내 재판관들도 군주들의 의향에 굴복하고 재판을 열기 시작한다.

8. 이때까지도 꾸물대면서 이렇게 고약한 일에 연루되기 저어하는 재판관들도 더러 있지만, 그들은 결국 특별 심문관에게 보내진다. 마녀 문제와 관련된 심문에서는 심문관이 아무리 미숙하고 오만하다고 해도 모두 정의를 위한 열의로 여겨진다. 이 열의는 사욕을 통해 더 강하게 타오르는 법이다. 특히 심문관이 대가족을 거느린 가난하고 탐욕스러운 자라면 더하다. 왜냐하면 그들은 소환된 피의자로부터 자기들 마음대로 수수료와 수당을 수취할 수 있고, 마녀 1인을 화형에 처할 때마다 그만큼의 보수를 따로 더 받기 때문이다.

9. 미친 사람의 헛소리나 근거도 없는 악의 어린 소문(추문에 증거는 필요 없기

때문이다.)이 의지할 데 없는 무력한 늙은 여자를 지목한다면, 그 여자는 첫 번째 희생자가 된다.

10. 그렇지만 증거도 없이 단지 소문에 근거해서 기소되었다는 인상을 주면 안 되기 때문에, 다음과 같은 딜레마 상황을 만들어 유죄로 몰아간다. 먼저, 당신은 사악한 인생을 살아왔나, 아니면 선량한 인생을 살아왔나 하고 묻는다. 만약 사악한 인생을 살아왔다고 대답한다면 그녀는 당연히 유죄가 된다. 반대로 선량하고 올바른 삶을 살아왔다고 대답한다면, 그것이야말로 강력한 유죄 증명이 된다. 왜냐하면 마녀라는 존재는 자신의 정체를 숨기고 후덕한 사람처럼 보이려고 하기 때문이다.
11. 이렇게 그 노파는 감옥에 갇힌다. 새로운 증거를 잡아내기 위해 또 다른 딜레마 상황이 마련된다. 그녀가 두려워하는지, 아니면 두려워하지 않는지 관찰하는 것이다. 만약 (마녀에게 가해지는 무시무시한 고문에 대해 듣고) 두려워한다면 이것은 마녀라는 확실한 증거가 된다. 그녀의 양심이 그녀를 마녀라고 고발하기 때문이다. 만약 (자신의 무죄를 믿기 때문에) 그녀가 두려움을 보이지 않는다면, 이것 역시 증거가 된다. 마녀는 무릇 아무것도 모르는 척 무죄를 가장하는 특징을 가지고 있기 때문이다.
12. 증거가 이것만 있으면 곤란하기에 심문관들은 정탐꾼(보통 타락하고 악명 높은 이들이다.)을 부려 그녀의 과거를 탈탈 턴다. 이렇게 탈탈 털면, 그녀의 과거 언동에서 마녀 마술의 증거로 사용할 만한 것을 한두 개쯤은 건지기 마련이다.
13. 이렇게 되면 그녀가 마녀라는 소문을 퍼뜨린 자들은 어떤 일이든 고발거리로 삼을 수 있게 된다. 그리고 누구나 유죄 증거가 충분하다고 말한다.
14. 이제 그녀에게 고문이 가해진다. 체포 당일부터 고문이 가해지는 경우도 있다.
15. 마녀 재판의 경우 노파에게는 변호사의 조력을 받는 것은 물론이고 정

당한 변명을 위한 수단은 그 무엇도 허용되지 않는다. 마녀 마술은 예외적인 대죄로 간주되기 때문이다. (이 경우에는 법률적 절차에 관한 어떠한 규칙도 효력이 정지된다.) 이런 사건에서 피고인을 옹호하고자 하는 것은 스스로 마녀 의혹을 부르는 일이 된다. 감히 이의를 제기하고 재판관에게 신중한 처리를 촉구하는 사람도 마찬가지 꼴을 당한다. 그런 일을 하면 즉시 마녀 지지자로 낙인찍히기 때문이다. 이렇게 두려움 때문에 누구나 침묵을 지키려고 한다.

16. 그녀에게 자기 변명의 기회를 준 것처럼 보이기 위해 그녀를 법정에 끌어낸다. 그곳에서 그녀의 유죄를 보여 주는 수많은 증언들을 읽고 심문한다. 그것도 심문이라고 말할 수 있다면.

17. 그녀가 이런 고발을 모두 부정하고 모든 기소 내용에 대해 충분하게 답변한다고 하더라도 재판관은 신경도 쓰지 않고 그녀의 대답은 기록조차 되지 않는다. 그녀의 답변이 얼마나 완벽하든 간에 모든 고발의 효력과 타당성은 그대로 유지된다. 그녀는 감옥으로 돌아가서 그곳에서 고집을 굽히지 않을 것인가 잘 생각해 보라는 명령을 받는다. 그녀가 죄를 부정한 것은 그녀가 무죄라서가 아니라 고집스럽기 때문이라는 것이다.

18. 다음날 그녀는 다시 불려 나가서 고문에 처하겠다는 선고를 듣는다. 마치 그녀가 고발들에 대해 하나도 이의를 제기하지 않았다는 듯이.

19. 고문을 시작하기 전 부적 또는 호부(護符)가 있지 않은지 조사한다. 그녀의 몸 전체를 면도하고 여성의 성을 표시하는 은밀한 부분까지도 제멋대로 조사한다.

20. 이 정도로 놀랄 것은 없다. 사제들도 이 정도는 다 한다.

21. 그녀에 대한 면도와 조사가 끝나면 그녀를 고문해 진실을 자백하라고 강요하기 시작한다. 다시 말해서, 그들이 바라는 바를 말하라고 하는 것이다. 당연한 일이지만 다른 말을 한다고 해서 그것을 진실로 받아들여 주

지는 않을 것이다.

22. 고문은 첫 번째 단계, 다시 말해서 덜 심한 것에서 시작한다. 그것만으로도 충분히 잔혹한 고문이지만 그 후에 이어질 것들에 비하면 가볍다. 그래서 만약 그녀가 이 단계에서 자백한다면 그녀는 고문도 받지 않고 자백을 했다는 말을 듣게 된다.

23. 이제 군주는 그녀의 유죄를 의심하지 않게 된다. 그녀가 고문도 받지 않고 자백을 했는데 어떻게 믿지 않을 수 있겠는가!

24. 따라서 그녀는 가차없이 사형에 처해진다. 그러나 그녀가 자백하지 않았더라도 그녀는 역시 죽임을 당했을 것이다. 일단 고문이 시작되면 늦든 빠르든 그녀는 죽을 뿐이다. 그녀는 벗어날 수 없고 죽을 운명인 것이다.

25. 그녀가 자백하든 말든 결과는 같다. 자백한다면 그녀의 유죄는 명백하다. 따라서 그녀는 사형당한다. 자백을 철회해도 소용없다. 자백하지 않는다면 고문이 반복된다. 두 번, 세 번, 네 번. 예외적인 대죄의 경우, 고문의 시간이나 가혹함이나 횟수에 제한이 없다.

26. 노파가 고문을 받는 동안 고통으로 얼굴을 찡그리면 그들은 그녀가 웃는다고 말할 것이다. 그녀가 의식을 잃으면 잠자고 있거나 자신에게 마법을 걸어서 입을 막았다고 말할 것이다. 결국 그녀가 입을 열지 않는다면 그녀는 산 채로 화형에 처해져야 마땅하다는 이야기를 들을 것이다. 여러 차례의 고문에도 불구하고 심문관들이 원하는 것을 말하려고 하지 않았던 이들이 처한 운명과 마찬가지로 말이다.

27. 그리고 고해 신부들과 성직자들까지도 그녀가 고집을 부리다 뉘우침 없이 죽었다는 것에 동의할 것이다. 그녀는 개심하거나 그녀의 인큐버스를 버리려고 하지 않았고 그에 대한 신앙을 지키려고 했다고 할 것이다.

28. 그녀가 만약 가혹한 고문 끝에 죽으면, 그들은 악마가 그녀의 목을 꺾었다고 할 것이다.

29. 그런 이유로 시체를 교수대 아래 묻는다.

30. 반대로 그녀가 고문을 받다가 죽지 않으면, 그리고 드물게도 양심적인 재판관이 있어 새로운 증거가 없는 상태에서 자백도 하지 않았는데 고문을 더 가하거나 화형에 처하는 것을 주저한다면, 그녀는 감옥에 갇힌 채, 더 가혹한 경우라면 쇠사슬에 묶여서, 1년 이상이 지나더라도, 굴복할 때까지 그곳에서 썩어 갈 것이다.

31. 그녀는 결코 자신의 결백을 입증할 수 없다. 한 사람이라도 무죄 방면했다가는 심문관 전체가 불명예라고 느낄 것이다. 일단 체포해서 쇠사슬에 묶었다면 정당한 방법으로든 부정한 방법으로든 그녀는 유죄가 되어야 한다.

32. 한편 무지하고 완고한 성직자들은 이 불쌍한 피조물을 괴롭혀서, 진실이든 아니든, 그녀가 스스로 마녀라고 자백하도록 만든다. 그렇게 하지 않으면 구원을 받을 수 없을 뿐만 아니라 기적의 은사(恩赦)도 입을 수 없다고 이야기할 것이다.

33. 좀 더 사려 깊거나 학식 있는 성직자들은 감옥 안의 그녀를 만나고 싶어도 만날 수 없다. 그녀에게 조언을 하거나 군주나 제후에게 무슨 일이 벌어지고 있는지 알리지 못하도록 하기 위해서이다. 피의자의 무죄를 증명하는 무언가가 드러나는 것만큼 두려운 일은 없다. 피의자의 무죄를 증명하려는 사람은 재앙의 원인이라는 낙인이 찍힌다.

34. 그녀가 감옥에 갇혀서 고문당하는 동안 재판관들은 그녀의 눈앞에서 유죄를 선고하기 위해서 교묘한 수단을 동원해 새로운 증거를 축적해 간다. 그 결과 어딘가 대학의 학자가 이것을 추후 재검토한다고 해도 그녀가 산 채로 불태워진 것을 당연한 일이었다고 생각하게끔 된다.

35. 재판관 중에는 극도로 신중한 사람처럼 보이기 위해서, 그녀에게 악령 쫓는 의식을 행하고, 다른 곳으로 이송한 다음, 처음부터 전부 다시 고문

해 입을 열게 하는 자도 있다. 그래도 그녀가 입을 열지 않으면 그때에는 그녀를 화형에 처해도 무어라 할 이가 없다고 여기는 것이다. 그렇다면 자백하든 말든 모두 다 죽는데, 무고한 저는 어떻게 해야 이것을 벗어날 수 있을까요? 천국의 이름으로 저는 알고 싶나이다. 오, 불행한 여자여, 왜 무모하게 희망을 가지는가? 왜 감옥에 들어가자마자 그들이 원하는 것이라면 무엇이든 인정하지 그랬는가? 어리석고 정신 나간 여자여, 한 번만 죽어도 족한데, 왜 그렇게 죽는 것보다 못한 고통을 여러 번 맛보기 바라는가? 나의 충고를 따르라, 그리고 이 모든 고통을 겪기 전에 자신이 마녀라고 말하고 죽음을 맞이하라. 벗어날 수 없다. 왜냐하면 당신을 놓아주는 것은 마녀를 잡아 죽이려는 독일의 광기에 있어 재앙과도 같은 치욕이기 때문이다.

36. 고문을 이기지 못하고 마녀가 자백하면 그녀는 말로 표현할 수 없는 곤경에 처하게 된다. 그녀 자신이 벗어날 수 없을 뿐만 아니라 심문관들이 그녀가 알지 못하는 다른 사람들을 밀고하라고 강요하기 때문이다. 새로운 고발의 대상이 되는 사람들은 심문관이 몇 차례 입에 올렸던 이들일 수도 있고, 사형 집행인이 넌지시 언급했던 이들일 수도 있으며, 그녀가 용의자, 피의자라고 들은 적이 있는 사람들일 수도 있다. 이들이 다시 다른 사람을 고발하라고 강요받고, 이들 역시 또 다른 사람들을 고발하라고 강요받고, 그런 식으로 계속된다. 이런 일이 끝없이 계속되리라는 것은 누가 보아도 명백하다.

37. 재판관은 마녀 재판을 중지하거나(이것은 이 재판이 올바르지 않다는 비판이기도 하다.) 아니면 자신의 가족이나 자기 자신, 또는 다른 모든 사람을 화형에 처하지 않으면 안 된다. 조만간 모두가 부당한 죄로 고발당하고 고문받게 되면 모두가 유죄가 될 테니 말이다.

38. 결국에는 처음에 마녀를 태워 죽이라고 큰소리로 부채질하던 자들도 말

려들게 된다. 그들은 경솔하게도 그들의 차례가 언젠가 오리라는 것을 몰랐기 때문이다. 따라서 독살스러운 혀를 놀려 수많은 마녀를 만들어 내고 무고한 사람을 수없이 화형대로 보낸 자들에게 천벌이 내리리라.

슈페이는 실제로 행해진 역겨운 고문 방법에 관해서 구체적으로 밝히지는 않았다. 다음 기록은 로셀 호프 로빈스(Rossell Hope Robbins, 1912~1990년)가 엮은 아주 귀중한 책자인 『마녀와 악마학의 백과사전(*The Encyclopedia of Witchcraft and Demonology*)』(1959년)에서 발췌한 것이다.

밤베르크에서 행해진 특수한 고문을 몇 가지 살펴보자. 우선, 피의자에게 소금에 절인 청어를 억지로 먹인 후에 물을 한 방울도 주지 않는 것이 있다. 아주 교묘한 수법인데, 여기에 석회를 첨가한 끓는 물이 담긴 목욕탕에 피의자를 담그는 것을 병행했다. 마녀에 대한 고문 방법에는 이것 말고도, 삼각목마 같은 다양한 종류의 고문대를 이용하는 것, 벌겋게 데운 철제 의자에 앉히는 것, 고문용 장화(이른바, 스페인 장화)를 신기는 것 등이 있다. 또는 가죽이나 금속으로 만들어진 큰 장화 안에 끓는 물이나 녹인 납을 붓는 것도 있다. (물론 장화 안에 피의자의 발을 넣은 상태이다.) 피의자의 목구멍에 물을 붓는 물고문도 있고, 물 묻힌 부드러운 천을 목구멍으로 집어넣어 숨을 막히게 하는 케스티용 드 루(question de l'eau, 물의 질문)라는 고문도 있었다. 이 천을 꺼낼 때에는 빠르게 꺼내 내장이 상하도록 했다. 그레실롱(grésillons)이라는 형틀도 있었다. 엄지손가락이나 엄지발가락을 손톱이나 발톱 뿌리까지 압착해서 극도의 고통을 일으키는 조임쇠였다.

그뿐만 아니라 죄인을 매달아 올렸다가 갑자기 떨어뜨리는 스트라파도(strappado)나 스쿼세이션(squassation)이라는 고문이 일상적으로 행해졌고,

이것보다 무시무시한 입에 담고 싶지도 않은 고문들이 있었다. 고문이 일단 끝나면 피의자는 고문 도구들 앞에서 자백서에 서명하라는 요구를 받는다. 그러고 나면 그 자백서는 "고문에 의하지 않은 자백"으로 통용되었다.

슈페이는 신변 위협을 무릅쓰고 마녀 사냥에 미친 자들을 규탄했다. 마녀 사냥의 비판자들은 그 말고도 몇 사람 더 있었지만, 그들은 대개 이런 범죄 행위를 직접 목격한 가톨릭과 개신교의 성직자들이었다. 16세기 이탈리아의 잔프란체스코 폰치니비오(Gianfrancesco Ponzinibio, 1520~?년), 독일의 코르넬리우스 루스(Cornelius Loos, 1546~1595년), 영국의 레지널드 스콧(Reginald Scot, 1538~1599년), 17세기 독일의 요한 마이푸르트(Johann Mayfurth)와 스페인의 알론소 데 살라자르 프리아스(Alonso de Salazar Frías, 1564~1636?년)가 마녀 사냥을 비판했다. (마이푸르트는 이렇게 썼다. "들어라, 돈에 굶주린 판사들과 피에 목마른 검사들아, 악마가 출현했다는 것은 모두 다 거짓말이다.") 슈페이와 퀘이커교도 전반과 함께, 그들은 우리 인류의 영웅들이다. 왜 그들은 더 유명해지지 않았을까?

『어둠 속의 촛불』(1656년)에서 토머스 애디는 핵심을 찌르는 문제를 제기한다.

> 어떤 사람들은 또다시 이의를 제기하고 이렇게 말할 것이다. 만약 마녀들이 마법으로 사람을 죽일 수 없고 이상한 일들을 벌일 수 없다면, 왜 그렇게나 많은 사람이 자신들을 고발하게 만든 살인이나 그 밖의 이상한 일들을 벌였다고 자백했겠는가?
>
> 여기에 대해서 나는 이렇게 대답한다. 순수한 상태의 아담과 이브가 유혹에 그렇게 쉽게 넘어가 죄를 지었다면, 인류가 타락하고 난 다음인 지금, 불쌍한 피조물들이 신앙이나 계약이나 위협에 의해, 또는 잠을 빼앗기거나

고문을 당함으로써, 해서는 안 되는 일이나 할 수도 없는 일을, 나아가 기독교도로서의 신앙에 반하는 일을 저질렀다고 고백했다고 해서, 일어날 수 없는 일이 일어났다고 할 수는 없다고 말이다.

18세기가 되자 비로소 마녀 박해가 망상에서 비롯되었을 수도 있음이 진지하게 논의되기 시작했다. 주교 프랜시스 허친슨(Francis Hutchinson, 1660~1739년)은 그의 『마술에 관한 역사적 논고(*Historical Essay Concerning Witchcraft*)』(1718년)에서 다음과 같이 썼다.

말 그대로 자기 눈앞에서 영혼을 보았다고 믿는 사람이 수없이 많다. 하지만 그가 그때 본 영혼이란 것은 그 자신의 뇌 속에서 춤추는 내적 심상에 지나지 않는다.

마녀 화형은 결국 소멸했다. 그것에는 몇 가지 이유가 있다. 첫째, 앞에서 쓴 것처럼 광적인 마녀 사냥을 비판한 용기 있는 사람들이 있었기 때문이다. 둘째, 마녀 사냥의 손길이 특권 계급에까지 미치기 시작했고, 싹트기 시작한 자본주의 제도의 위협이 되었기 때문이다. 그리고 무엇보다도 유럽에서 계몽주의가 보급되었기 때문이다. 마녀 처형이 마지막으로 행해진 것은 계몽주의 요람이었던 네덜란드에서 1610년이었고, 영국에서는 1684년, 미국에서는 1692년, 프랑스에서는 1745년, 독일에서는 1775년, 폴란드에서는 1793년이었다. 이탈리아에서는 18세기 말까지 종교 재판에서 사람들에게 사형 선고가 내려졌고, 1816년까지 가톨릭 교회 내부에서는 심문을 위한 고문이 폐지되지 않고 행해졌다. 마녀와 마법이 실재하고 그것을 처벌해야 한다는 주장의 마지막 보루는 바로 기독교 교회였다.

마녀 사냥의 광기는 부끄러운 일이다. 사람들은 어떻게 그런 일을 벌일 수 있었을까? 어떻게 우리는 자신과 스스로의 약점에 관해서 그렇게 무지할 수 있었을까? 어떻게 그런 일이 당시 지구에서 가장 '진보'되고 가장 '문명화'되었다고 자부하던 나라들에서 일어날 수 있었을까? 왜 보수주의자들과 군주주의자들과 종교적 원리주의자들은 그것을 단호하게 지지했을까? 왜 자유주의자들과 퀘이커교도들과 계몽주의자들은 그것을 반대했을까? 마녀 사냥은 언제든 되살아날 수 있고 그 방법도 많다. 자신의 신념만이 절대적으로 옳고 다른 사람들의 믿음은 잘못이라고 절대적으로 믿는다면, 자신은 선한 동기에 따라 행동하고 다른 사람들은 악한 동기에 따라 행동한다고 절대적으로 믿는다면, 신은 자신에게만 말하고 신앙이 다른 자들에게는 말하지 않는다고 절대적으로 믿는다면, 전통적인 교리에 도전하거나 날카로운 문제를 제기하는 것은 사악한 일이라고 절대적으로 믿는다면, 자기 믿음대로만 살고 행동하면 만사가 올바르게 돌아가리라 절대적으로 믿는다면……, 마녀 사냥의 광기는 인류가 멸종할 때까지 영구적으로 온갖 탈을 쓰고 계속해서 되살아날 것이다. 프리드리히 슈페이의 바로 첫 번째 항목으로 돌아가 보자. 그 안에는 대중이 미신과 의심하는 정신에 대해 조금만 더 잘 이해하게 된다면 마녀 사냥의 광기로 이어지는 인과의 고리를 끊어 버릴 수 있을지도 모른다는 뜻이 함축되어 있다. 지난번의 마녀 사냥이 어째서 일어났는지 제대로 이해하지 못한다면 다음번 마녀 사냥이 일어날 때 제대로 알아차리지 못할 것이다.

"여론의 형성을 감독하는 것은 국가의 절대적 권리이다." 나치 선전성 장

관 요제프 괴벨스(Josef Goebbels, 1897~1945년)의 말이다. 조지 오웰(George Orwell, 1903~1950년)의 소설 『1984』에서 '빅 브라더(Big Brother)'가 다스리는 나라는 관료들을 고용해 과거의 역사 기록을 끊임없이 개찬(改竄)한다. 현재 권력을 쥔 이들의 이권을 지키기 위해서이다. 『1984』는 그저 재미있는 공상 정치 소설이 아니다. 역사 개찬이 너무나도 당연하게 제도화되어 있던 스탈린주의 치하의 (구)소련을 모델로 한 소설이었다. 스탈린이 권력을 잡자마자 그의 라이벌이었던 레온 트로츠키가 역사책에서, 사진 기록에서 사라지기 시작했다. 트로츠키는 러시아의 1905년 혁명과 1917년 혁명에서 중요한 역할을 했다. 그 자리를 대신한 것은 스탈린과 레닌이 함께 볼셰비키 혁명을 지도했다는, 영웅적이지만 완전히 반역사적인 그림이었다. 그 그림에서 붉은 군대, 즉 적군(赤軍)의 창설자인 트로츠키는 흔적도 없이 사라졌다. 그 그림은 곧 국가의 성상(聖像, icon)이 되었다. 사람들은 그 성상을 모든 사무실에서, 10층 높이의 거대한 광고판에서, 박물관에서, 우표에서 볼 수 있었다.

새로운 세대는 그것이 그들의 역사라고 믿으며 자랐다. 나이 든 세대는 자신들이 일종의 정치적 거짓 기억 상실증에 빠진 것처럼 느끼기 시작했다. 진짜 기억과 '위대한 지도자'가 믿기 바라는 기억을 적당히 결합하는 데 성공한 이들도 있었다. 오웰이 "이중 사고(doublethinking)"라고 말한 능력을 발휘한 것이다. 그렇게 하지 못한 사람들, 그러니까 혁명에서 스탈린은 단역(端役)만 맡았고 주역(主役)은 트로츠키였다는 것을 기억하는 고참 볼셰비키들은 반역자나 반동 부르주아, 또는 '트로츠키주의자'나 '트로츠키 파시스트'라고 탄핵당했고 감옥에 갇히거나 고문당하고 대중 앞에서 반역죄를 자백하는 모욕을 당한 다음에 처형당했다. 이런 식으로 언론 매체와 경찰을 완전히 장악할 수 있으면, 그리고 새로운 세대로 사회가 교체되고 있다면, 수억 명의 기억을 개찬하는 것도 불가능한 일이 아니다. 이런 일의 목적은 거의 언제나 권력자들의 지배력을 증대시키는 것이거나, 국가 지도자들의 나르시시즘이나 과대 망상, 또는 편집증을 만족시키는 것이다. 그러나 이 일이 이루어지고 나면 사회의 오류 수정 기능은 망가지고 만다. 정치적으로 중대한 오류에 관한 대중의 기억은 지워지고, 따라서 똑같은 오류가 몇 번이고 반복된다.

오늘날에는 사실적인 사진, 영화, 비디오를 기술적으로 간단하게 위조해 낼 수 있다. 텔레비전은 집마다 있고 비판적인 사고 방식은 쇠퇴해 있다. 이런 시대에는 비밀 경찰이 암약할 필요도 없이 사회의 기억을 재구성할 수 있는 것처럼 보인다. 내가 여기서 "사회의 기억을 재구성"한다고 한 것은 국가에 고용된 정신과 의사가 특수한 치료 프로그램을 이용해 국민 한 사람 한 사람에게 새로운 기억을 심는 상황을 상상해서 한 말이 아니라, 극소수의 사람이 뉴스 기사나 역사책이나 영향력 있는 영상을 지배해 국민 전체의 사고 방식을 커다랗게 바꾸는 사태를 상정해서 한 말이다.

현대 사회에서 어떤 일이 일어날 수 있는지를, 우리는 1990~1991년에 일어난 페르시아 만 전쟁에서 그 일단(一端)을 확인할 수 있었다. 페르시아 만 전쟁이 일어나기 전까지 이라크의 독재자 사담 후세인 아브드 알마지드 알티크리티(Saddam Hussein Abd al-Majid al-Tikriti, 1937~2006년)는 미국인의 의식 속에서 유명하지 않은 동맹국의 지도자였다. (미국은 동맹국이었던 이라크에 일용품, 첨단 기술, 무기, 인공 위성 정보까지 제공했다.) 하지만 전쟁이 시작되자 갑자기 세계를 위협하는 탐욕적인 괴물로 바뀌었다. 나 역시 후세인을 옹호할 생각은 없지만, 그의 변신, 그러니까 미국인 태반은 들어본 적도 없는 인물이 악의 화신으로 바뀌는 것은 정말로 인상적이었다. 이것과 비슷한 일이 지금도 다른 나라, 다른 인물을 대상으로 일어나고 있다. 여론을 선동하는 장치가 지금도 작동하고 있는 것이다. 여론의 주목을 받는 인물이 모든 책임을 져야 하는 인간은 아닌 법이다.

현대 사회에서 볼 수 있는 마녀 사냥의 또 다른 사례가 '마약과의 전쟁'이다. 이 경우 정부와 재원 풍부한 시민 단체는 과학적 증거를 왜곡하고 불리한 증거는 조작하기까지 하면서 마리화나 같은 약물이 일방적으로 유해하다고만 주장하고 있다. 심지어 공무원이 공개 석상에서 발언하는 것조차 막고 있다.

그러나 역사적인 진실을 영구적으로 은폐하는 것은 어렵다. 그때까지 묻혀 있던 자료가 새로 발굴되기도 하고 이념의 영향을 덜 받은 새로운 세대의 역사가가 배출되기도 하기 때문이다. 1980년대 말까지 앤 드루얀과 나는 (구)소련에 갈 때마다 트로츠키의 『러시아 혁명사(*History of the Russian Revolution*)』를 몇 권 몰래 가지고 들어갔다. (구)소련에서 활동하던 동료 과학자들이 자신들의 정치 체제가 진짜로 어떻게 탄생했는지 조금이라도 알고 싶어 했기 때문이다. 트로츠키 암살(스탈린이 보낸 암살자가 등산용 피켈로 트로츠키의 머리를 빠갰다.) 50년에 즈음해 (구)소련 정부의 기관지 《이즈베스티야(*Izvestia*)》는 트로츠키를 "비난의 여지가 없는, 위대한 혁명가"•라고 상찬하게 되었고, 독일 공산당 기관지는 더 나아가서 그를 다음과 같이 묘사했다.

> 트로츠키는 인류 문명을 사랑하는 모든 사람을 위해서, 다시 말해 이 문명이야말로 자신의 조국이라고 생각하는 모든 사람을 위해 싸웠다. 트로츠키의 암살자는 그를 죽이려고 했을 때, 이 문명도 함께 죽이려고 한 것이다.

• 우리는 이 문구에서 권력자들이 그 역사로부터 아무것도 배우지 못했음을 알 수 있다. 그들은 역사상의 인물을 "비난의 여지가 없는" 인물 목록에서 실려 있던 다른 사람과 바꾼 것뿐이다.

…… 그의 머리뼈 속에는 더 귀중할 수 없는 잘 조직된 뇌가 들어 있었다. 그런 그의 머리를 망치로 부수어 버린 것이다.

최근, 사고 방식이든 기억이든 의견이든 아주 협소한 것이 사람들 머릿속에 심어지는 경향이 있어 보인다. 예를 들어, 텔레비전의 키스테이션 방송국이나 신문은 같은 속셈을 가진 극소수의 대기업이나 개인에게 장악되어 있다. 여러 도시에서 과거에는 경쟁 관계에 있던 일간지들이 사라져 버렸다. 알맹이 있는 토론은 저속한 정치 캠페인으로 대체되었고 권력 분산의 원칙이 힘을 잃어 가고 있다. 어떤 추정(미국의 언론 전문가 벤 백디키언(Ben Bagdikian, 1920~2016년)의 분석)에 따르면 세계적인 규모를 가진 일간지, 잡지, 텔레비전, 책, 영화의 반수 이상이 겨우 24개 정도의 기업의 지배를 받고 있다고 한다. 동시에 한편에서는 케이블 방송을 통한 다채널 시대가 도래하고, 값싼 장거리 전화, 팩시밀리, 컴퓨터 게시판이나 네트워크, 비용이 많이 들지 않는 컴퓨터 디지털 출판 등이 보급되고 있으며, 대학의 일반 교양 과목도 없어지지 않고 생존하고 있다. 이러한 움직임은 협소화와 정반대의 결과를 가져올지도 모른다.

어느 쪽이든 미래를 예측하기는 어렵다.

회의주의자가 된다는 것은 위험 분자가 된다는 뜻이다. 회의주의는 확립된 기존 제도에 도전하기 때문이다. 예를 들어, 고등학생 같은 청소년을 포함해, 모든 사람에게 회의적인 사고 습관을 가르친다면, 그들은 아마도 회의주의를 UFO와 아스피린 광고와 3만 5000세 되었다는 채널러에만 적용하지 않을 것이다. 아마도 그들은 경제적, 사회적, 정치적, 종교적 제도 전체에 관해 곤란한 문제들을 제기하기 시작할 것이다. 어쩌면 그들은 권력을 잡은 사람들의 의견에도 이의를 제기할지도 모른다. 그렇다면 우리는 어떻게 될까?

오늘날 세계 곳곳에서 자민족 중심주의, 외국인 혐오, 광신적 애국주의가 유행하고 있다. 지금도 많은 나라가 반정부 사상을 억압하고, 잘못된 기억, 때로는 의도적으로 왜곡된 기억을 시민들에게 주입하고 있다. 국가 권력의 이런 조치를 옹호하는 사람들에게 있어 과학은 불온한 것으로 보이리라. 과학이 손에 넣으려는 진실은 민족적, 문화적 편견과 대체로 무관하다. 본질적으로 과학에는 국경이 없다. 같은 분야에서 연구하는 과학자들을 한 방에 넣으면 그들은 공통 언어가 없다고 하더라도 대화하는 방법을 찾아낼 것이다. 과학 자체가 국적을 초월한 언어이기 때문이다. 과학자들은 본질적으로 세계주의자이고 인류라는 하나의 가족을 분열시키려는 책동을 쉽게 꿰뚫어 볼 줄 안다. "나라마다 곱셈표가 다르지 않은 것처럼 나라마다 과학이 다르지 않다."라고 러시아의 극작가 안톤 파블로비치 체호프(Anton Pavlovich Chekhov, 1860~1904년)는 말했다. (마찬가지의 이야기를 다른 분야에 대해서도 할 수 있다. 어떤 나라만을 위한 종교가 없는 것처럼 말이다. 다만 광신적 애국주의라는 종교만은 자기 나라 사람들만으로 수백만의 신자를 거느리고 있다.)

자기 나라의 정책이나 신화에 이의를 제기하는 사회 비판자(악의적인 표현에 따르면 '반체제 인사')의 대열에 서 있는 과학자들은 의외로 많다. 특히 전체 인구에서 과학자의 비율을 고려한다면 놀라울 정도로 많다고 할 수 있다. (구)소련의 안드레이 사하로프,* 미국의 알베르트 아인슈타인

* (구)소련의 '영웅'으로서 많은 훈장을 받았고, (구)소련의 핵무기 관련 비밀을 수없이 다루어 온 사하로프는 냉전이 한창이던 1968년에 대담하게도 이렇게 썼다. (이 글이 담긴 책은 서구에서 출판되었고 (구)소련에서는 지하 출판을 통해 널리 보급되었다.) "사상의 자유야말로 대

과 실라르드 레오, 중국의 천체 물리학자였던 팡리즈(方勵之, 1936~2012년) 같은 영웅들의 이름이 단번에 떠오른다. 안드레이 사하로프와 팡리즈는 목숨을 걸기까지 했다. 핵무기가 발명된 이후에 과학자들은 윤리적 결함을 가진 존재로 묘사되었다. 그러나 그때에도 과학자들은 상당한 신변의 위험을 무릅쓰면서까지 자기 나라의 과학 기술 오용과 악용에 반대하기도 했다. 그것을 생각한다면 과학자를 윤리에 어두운 얼간이로 묘사하는 것은 부당하다.

예를 들어, 화학자 라이너스 폴링(Linus Pauling, 1901~1994년)은 부분적 핵실험 금지 조약이 1963년에 체결되는 데 있어 누구보다 큰 공을 세웠다. 이 조약에 따라 미국, (구)소련, 영국은 핵무기의 지상 폭발 실험을 중지했다. 그는 도덕에 뿌리를 둔 분노와 과학적인 데이터에 바탕을 두고 격렬한 캠페인을 전개했다. 그가 노벨상 수상자라는 사실은 그 캠페인에 신뢰성을 더해 주었다. 그러나 미국 언론은 그를 문제아 취급했고, 1950년대에 미국 국무부는 그의 반공주의가 불충분하다는 이유로 그의 여권을 취소했다. 그의 노벨상은 양자 역학의 통찰, 즉 '공명(resonance)'과 '궤도 함수 혼성(hybridization of orbitals)'을 화학에 응용해 원자를 결합해 분자를 만드는 화학 결합의 성질을 설명한 것에 대해 수여되었다. 그 연구가 없었다면 현대 화학은 성립될 수 없었다. 그러나 (구)소련에서 구조 화학과 관련해 폴링이 이룬 업적은 변증법적 유물론과 양립할 수 없다고 비난받았고, (구)소련 화학자들은 폴링의 업적을 연구하거나 응용

중을 표적으로 한 신화에 사람들이 물드는 것을 막을 수 있는 유일한 방어막이다. 이 신화가 반동적인 위선자들이나 선동가들의 손에 넘어가면 피로 물든 독재 체제로 모습을 바꿀 것이다." 그는 이 글을 쓰면서 동방과 서방 모두를 염두에 두고 있었다. 나는 여기에 자유로운 생각은 "민주주의를 위한 필요 조건이지만 충분 조건은 아니다."라는 말을 덧붙이고 싶다.

하는 것을 금지당했다.

동방과 서방 모두에서 비판을 받았지만, 폴링은 위축되는 법 없이 겸상 적혈구 빈혈증의 원인(DNA의 염기 배열에서 한 군데가 바뀌어 있었다.)을 밝혀내고, 다양한 생물의 DNA를 비교하면 생명의 진화사를 해독해 낼 수 있음을 보여 주었다. 그는 DNA 구조의 해명에도 정열을 쏟았다. 왓슨과 크릭도 폴링보다 먼저 결과를 내기 위해 서두를 정도였다. 다만 비타민 C에 대한 그의 생각과 관련해서는 현재로서는 틀렸다는 평가가 내려져 있다. "그는 진정한 천재이다."라는 것이 폴링에 대한 아인슈타인의 평가였다.

이런 과학적인 업적을 줄기차게 이루어 가는 와중에도 그는 항상 세계 평화와 진영 간 우호를 증진하기 위한 노력을 계속했다. 예전에 앤과 나는 폴링에게 사회 문제에 이렇게 헌신하는 이유가 무엇인가 물은 적이 있다. 그는 이런 대답을 했다. "내 아내의 존경을 받기에 충분한 사람이 되기 위해서 그랬다." (폴링의 아내 에이바 헬렌 폴링(Ava Helen Pauling, 1903~1981년) 역시 그와 함께 인권 운동, 평화 운동을 평생 전개했다.) 그는 두 번째 노벨상을 받았는데 이번에는 핵실험 금지를 위한 노력을 평가한 노벨 평화상이었다. 그래서 그는 서로 다른 분야에서 노벨상을 두 번 받은 역사상 첫 번째 인물이 되었다.

폴링을 말썽꾼으로 보는 사람들도 있다. 사회 변화가 못마땅한 사람들은 과학 자체를 의심의 시선으로 보려는 유혹을 받는 듯하다. 그들 대부분은 기술이 기업과 정부에 의해 안전하게 관리되고 있다고 여긴다. 그러나 순수 과학, 그러니까 과학 자체를 위한 과학, 호기심으로서의 과학, 어떤 결론이든 내릴 수 있고 어떤 의문이든 던질 수 있는 과학은 별개의 이야기이다. 아마도 미래의 신기술로 가는 길은 순수 과학을 통하지 않으면 안 될 것이다. 그러나 과학적 태도와 사고 방식을 지나치게 광범위하게 적용한다면 기존 체제가 위험해질 수도 있다. 따라서 우리 사회는 과학자에게 월급을 주고 사회적 압력을 가하거나 지위나 상을 안기는 등 이런저런 수를 통해 과학자들을 길들이고 해가 많지 않은 타협점에 세우려고 한다. 그러니까 장기적인 기술 진보가 없어도 곤란하고 단기적인 사회 비판이 급하게 분출하는 것도 곤란하다는 것이다.

폴링과는 달리 과학자 대부분은 정치 비판이나 사회 비판을 자기 일이라고 생각하지 않는다. 그런 일을 하는 것은 과학자로서의 삶에서 일탈하는 것일 뿐만 아니라 그것에 정면으로 대립하는 일이라고 여긴다. 그러나 그런 과학자들이 말하는 과학은 너무나도 협소하게 정의한 것이다. 앞에서 언급했던 맨해튼 계획을 예로 들어 보자. 제2차 세계 대전에서 나치보다 먼저 핵무기를 만들려는 미국의 노력은 성공을 거두었다. 그런데 이 프로젝트가 진행되면 될수록 이 계획에 참여하던 과학자들 사이에서는 하나의 의혹이 퍼지기 시작했다. 이 무기의 파괴력이 분명해질수록 더욱 그랬다. 핵무기 개발에 성공하자(특히 나치가 패망하고 나자) 실라르드 레오, 제임스 프랭크(James Franck, 1882~1964년), 해럴드 클레이턴 유리, 로버트 래스번 윌슨(Robert Rathbun Wilson, 1914~2000년)과 같은 이들은 곧 다가올 (구)소련과의 군비 경쟁의 위험에 대해 정치 지도자들과 대중에게 경고하려고 노력했다. 그들의 예상은 정확했다. 그러나 다른 과학자들은 정치 문제는 그들의 관할권 밖이라고 주장했다. 엔리코 페르미는 이렇게 말했다. "내가 지구에 태어난 것은 발견을 하기 위해서였다. 정치 지도자들이 그 발견을 가지고 무슨 일을 하는지는 내가 상관할 바가 아니다." 그러나 그렇게 말했던 페르미도 에드워드 텔러가 제창한 열핵 무기의 위험성에 아연했고, 그 무기를 "악하다."라고 평가하면서 미국이 그 무기를 제조해서는 안 된다고 호소하는 유명한 문서 작성에 참여했다.

전미 과학자 연맹의 의장인 제러미 스톤(Jeremy Stone, 1935~2017년)은 텔러를 다음과 같이 평했다. (텔러가 열핵 무기를 정당화하기 위해 어떤 노력을 했는지는 앞에서 자세히 묘사했다.)

> 에드워드 텔러는 처음에는 개인적이고 지적인 이유에서, 그리고 나중에는 지정학적인 이유에서 수소 폭탄을 제조해야 한다고 주장했다. 과장은 물론이고 사람을 중상모략하는 전술까지도 사용해 가며 그는 50년간 정책 결정 과정을 성공적으로 조작해 왔다. 그리고 군비를 통제하자는 움직임은 철저하게 비난했고 군비 확산 경쟁을 가속화하는 온갖 계획을 고안해 팔아먹었다.
>
> 텔러의 수소 폭탄 제조 기획을 알아챈 (구)소련은 자국의 수소 폭탄을 제조했다. 이렇게 세계는 전멸할지도 모른다는 위험을 무릅쓰게 되었다. 하지만 이것은 수소 폭탄 자체의 위력만이 아니라 텔러라는 인간의 특이한 성격의 산물일지도 모른다. 만약 그것이 없었다면 이 정도의 위험은 출현하지 않았을지도 모른다. 만약 출현했다고 하더라도 정치적인 억제가 더 잘 작동했을지도 모른다.
>
> 그렇다면 인류가 짊어지게 된 위험에 관해 에드워드 텔러 이상의 영향을 미친 과학자는 없다고 할 수 있고, 군비 경쟁 시기에 텔러가 일관적으로 취해 온 행동은 비난을 받을 만하다.
>
> 지구 생명을 위험에 빠뜨렸다는 측면에서 볼 때 텔러에 필적할 만한 사람은 지구에 없다. 이 모든 것은 수소 폭탄에 대한 에드워드 텔러의 집착 때문이었다고 할 수 있다.
>
> 텔러와 비교한다면, 서구의 원자 과학계 지도자들은 정치에 관해서는 너무나도 순진했다. 그들이 지도자 입장에 선 것은 전문 분야에서 그들이 보인 역량 때문이지 정치적 수완 때문이 아니었다.

그러나 나는 여기서 아주 인간적인 열정에 굴복했다는 이유만 가지고 한 사람의 과학자를 비난하고 싶지는 않다. 대신, 인류가 지게 된 새로운 책무에 대해서 다시 한번 강조하고 싶다. 과학이 어느 때보다 강대한 힘을 가지게 된 현재, 우리는 전례 없이 강력한 윤리를 마련해 과학을 감시하고 과학자의 열정과 관심을 이 문제로 돌리게끔 하지 않으면 안 된다. 그리고 그것과 동시에 과학과 민주주의의 중요성을 공교육을 통해 모든 사람에게 전달하지 않으면 안 된다.

✶

25장
진정한 애국자는 문제를 제기한다

시민이 잘못을 저지르지 않도록 지키는 것은 정부의 역할이 아니다.
그러나 정부가 잘못을 저지르지 않도록 지키는 것은 시민의 역할이다.
—로버트 호아웃 잭슨(Robert Houghwout Jackson, 1892~1954년),
미국 연방 대법원 판사, 1950년

✶

* 앤 드루얀과 함께 썼다.

이 작은 행성은 수많은 고통으로 가득 차 있다. 고문, 기근, 무책임한 정부 등등. 그러나 이러한 고통은 민주정이 작동하는 나라보다 독재정이 작동하는 나라에서 생기는 경우가 훨씬 많다. 왜냐하면 민주정보다 독재정이 행해지는 나라에서는 통치자가 나쁜 일을 했다는 이유로 쫓겨나는 일이 거의 없기 때문이다. 나쁜 짓을 하면 쫓겨나는 것, 이것이 정치에서 작동하는 오류 수정 장치이다.

과학의 방법은 완전하다고 할 수는 없지만 사회, 정치, 경제 체제를 '개선'하는 데 쓸 수 있다. '개선'이 무엇인지는 사람마다 다르겠지만, 어쨌든 과학의 방법은 쓸모가 있다고 생각한다. 그러나 과학의 토대가 실험이라고 하는데 사회, 정치, 경제 체제에 대해서는 실험을 할 수 없지 않은가 하고 물을 사람도 있을 것이다. 분명, 인간은 전자나 실험용 생쥐가 아니다. 그러나 의회를 통과한 법률, 대법원의 판결, 대통령의 국방 관련 지시, 금리 변동 모두 일종의 실험으로 볼 수 있다. 경제 정책을 이렇게 저렇게 바꾸는 것도, 헤드 스타트 계획의 지원 예산을 늘리거나 줄이는 것도, 특정 범죄의 형량을 무겁게 했다 가볍게 하는 것 모두 일종의 실험이다. 주사할 때마다 주삿바늘을 교환하게 하는 것, 콘돔을 자유롭게 구입할 수 있도록 하는 것, 마리화나를 처벌 대상에서 제외하는 것 역시 모두 실험이다. 과거 이탈리아에 저항하던 아비시니아(에티오피아 제국)를 돕기 위해 아무 일도 하지 않은 것이나, 나치 독일의 라인란트 침략을 막기 위해 아무 일도 하지 않은 것도 하나의 실험이었다. 동유럽, (구)소련, 중국의 공산주의 역시 하나의 실험이었다. 정신병 치료 시설이나 교도소의 민영화도 하나의 실험이다. 일본과 서독이 과학과 기술에 대량 투자하고 국가 방위에는 거의 투자하지 않은 것(그 결과 두 나라의 경제가 수직 상승한 것) 또한 하나의 실험이었다. 시애틀에서는 권총을 자기 방어에 사용할 수 있지만 이웃인 캐나다 밴쿠버에서는 사용할 수 없다. 시애틀에서 권총 살해는 5배 더 많이 일어나고 권총 자살률은 10배 더 높다. 총이 있으면 충동 살인이 더 쉬워진다. 이것 역시 하나의 실험이다. 이런 사례들에서 대조 실험이 제대로 이루어진 경우는 드물고 변수가 제대로 분리된 경우도 거의 없다. 그럼에도 불구하고 정책을 실험하는 것은 어느 정도는 가능하다. 또 그것이 쓸모 있는 경우도 적지 않다. 가장 큰 문제는 사회적 실험을 어떻게든 했는데, 그것이 이념에 맞지 않는다고 무시하거나 묵살해 버리는 것이다.

지금 상태 이대로 21세기 중반까지 가도 큰 문제 없으리라 낙관하는 나라는 오늘날 이 지구에 없다. 우리 앞에는 미묘하고 복잡한 문제들이 산더미처럼 쌓여 있다. 이 문제들을 풀어 가기 위해서는 역시 미묘하고 복잡한 해결책들이 필요하다. 사회의 구조와 관련해서는 추론이나 연역만으로 이론을 만들 수 없기에 우리는 과학적인 실험에 의지할 수밖에 없다. 때로는 작은 규모에서라도(말하자면 지역 사회, 도시, 주 수준에서) 다양한 대안들을 폭넓게 실험해 보아야 한다. 기원전 5세기 중국에서는 재상이 되면 영지로 받은 땅에 자기가 생각하는 모범 국가를 건설할 수 있는 특권이 주어졌다. 공자(孔子, 기원전 551~479년)는 그것을 한 번도 하지 못한 게 인생 최대의 실패라고 탄식했다.

역사를 슬쩍 살펴보더라도 인류가 똑같은 실수를 반복해 왔다는 안

타까운 사실을 쉽게 알 수 있다. 우리는 낯선 사람이나 약간이라도 다른 사람을 두려워한다. 겁을 먹으면 우리는 주변 사람들을 압박하기 시작한다. 우리는 강력한 감정을 방출하게 만드는 단추를 손에 쥐고 있다. 교활한 정치인들의 수작에 걸려 그 단추를 뺏기면 우리는 분별을 잃고 그들의 조종을 받게 된다. 최면술에 걸린 사람처럼 지도자를 자처하는 인물이 시키는 대로 무슨 짓이든 저지른다. 심지어 그것이 잘못인 줄 알면서도 말이다. 아메리카 합중국 헌법을 기초한 사람들은 역사를 잘 알았다. 그들은 이러한 인간 조건을 인정하고 인간이 어떠한 실수를 하더라도 자유를 잃지 않을 수 있는 수단을 만들기 위해 노력했다.

반대파 중에는 이런 헌법은 쓸모없을 뿐이라고 주장하는 이들도 있었다. 뉴욕 주 주지사 조지 클린턴(George Clinton, 1739~1812년)은 "아주 다른 기후, 경제, 도덕, 정치, 인민이 있는 대륙을 하나로 아우르는 공화정 체제를 세우는 것은 불가능"하다고 주장했다. 그리고 버지니아 주의 패트릭 헨리(Patrick Henry, 1736~1799년)는 그런 정부와 헌법은 "세계의 모든 경험과 모순된다."라고 단언했다. 하지만 이 실험은 어떤 식으로든 시작되었다.

미국 건국의 아버지들에게 있어 과학에 대한 지식과 과학적인 태도를 가지는 것은 아주 당연한 일이었다. 독립 선언문의 문장 그대로 "자연의 법과 자연의 신의 법"을 어떤 개인적 견해나 어떤 책이나 어떤 계시보다도 더 존귀한 최고의 권위로 받아들였다. 벤저민 프랭클린은 유럽과 미국에서 전기 물리학이라는 새로운 학문 분야의 창시자로 존경받았다. 1787년에 열린 제헌 회의에서 존 애덤스는 기계의 역학적 균형에 대한 비유를 거듭 사용했고, 어떤 이는 윌리엄 하비(William Harvey, 1578~1657년)가 발견한 혈액 순환을 비유로 사용했다. 말년에 애덤스는 이렇게 썼다. "인류는 모두 요람에서 무덤까지 화학자이다. …… 물질적인 우주는 하나의 화학 실험이다." 제임스 매디슨 2세(James Madison Jr. 1751~1836년)는 제헌 헌법을 옹호하고 그 채택을 촉구하는 글들을 모은 『연방주의자 논집(*The Federalist Papers*)』에서 화학과 생물학 비유를 여러 번 사용했다. 미국의 기원과 이 실험의 목적을 이해하기 위해서는 그 배경이 되는 유럽 계몽주의를 이해하지 않으면 안 된다. 미국의 혁명가들은 계몽주의의 자식이기 때문이다.

미국 역사가 클린턴 로시터(Clinton Rossiter, 1917~1970년)는 이렇게 썼다.

> 18세기 미국의 운명을 지적인 측면에서 형성한 최대의 힘은 아마도 과학과 거기에서 도출된 몇 가지 철학적 결론일 것이다. …… 식민지 개척자 중에는 과학적 방법과 민주주의적 절차 사이의 유사성을 깨달은 진보적인 사람들이 잔뜩 있었다. 프랭클린은 그중 한 명이었을 뿐이다. 위축되지 않고 질문을 던질 수 있는 것, 정보 교환을 자유롭게 할 수 있는 것, 낙관주의, 자기 비판, 실용주의, 객관성을 중시하는 태도 같은 요소들은 이미 새로 건설된 공화국에서 활발하게 기능하고 있었다.

토머스 제퍼슨은 과학자였다. 실제로 그는 자신을 과학자라고 소개했다. 버지니아 주 몬티셀로에 있는 그의 집을 방문하면 현관에 들어선 순간부터 그가 과학 애호가였음을 보여 주는 증거들을 만날 수 있다. 폭넓은 분야를 망라한 장서를 시작으로 복사기, 자동문, 망원경 등이 눈에 들어올 텐데, 그중 일부는 19세기 초 당시 최첨단 기술을 구사해 만들어진 것이다. 일부는 그가 직접 발명한 것이고 일부는 따라 만든 것이고 일부는 구입한 것이다. 그는 미국의 동식물을 유럽의 것과 비교했고 화석을 발굴했으며 미적분학을 이용해 새로운 쟁기를 설계하기도 했다. 그는 뉴턴 물리학에 정통했다. 그의 말에 따르면, 그는 과학자가 될 운명을 타고났으나, 혁명 이전의 버지니아는 과학자가 될 상황이 아니었다고 한다. 더 긴급한 과제가 많았기 때문이다. 그는 주변에서 일어나려 하고 있던 역사적 사건에 몸을 던졌다. 제퍼슨은 이렇게 말했다. 일단 독립을 쟁취하고 나면 다음 세대들이 과학과 학문에 몸을 던질 수 있으리라고.

제퍼슨은 어린 시절 나의 영웅이었다. 그것은 그가 과학 애호가였기 때문이 아니었다. 그가 민주주의를 전 세계로 퍼뜨린 제1의 공로자였기 때문이다. (과학에 대한 관심은 그가 자신의 정치 철학을 형성하는 데 큰 역할을 하기는 했다.) 민주주의란, 국왕이나 성직자, 대도시의 유력자나 독재자, 도당을 이룬 군인이나 부유층이 아니라 보통 사람들이 힘을 합쳐 나라를 통치해야 한다는 생각이다. 이 사상은 당시로서는 아주 충격적이고 혁명적인 것이었다. (지금도 많은 나라에서 그렇게 받아들여지고 있다.) 제퍼슨은 이 민주주의 운동의 뛰어난 이론가였을 뿐만 아니라 스스로도 그것을 실천해 미국이라는 위대한 실험을 성공시키는 동력이 되었다. 그 후 이 실험은 전 세계에서 높은 평가를 받고 모범이 되었다.

제퍼슨은 1826년 7월 4일에 몬티셀로에서 죽었다. 그날은 제퍼슨이 작성한 「독립 선언문」이라는 감동적인 문서가 식민지에서 반포된 지 50년째 되는 날이었다. 당시 전 세계의 보수주의자들은 「독립 선언문」을 매섭게 비판했다. 그들은 군주정, 귀족정, 그리고 국교 제도를 옹호했기 때문이다. 그는 죽기 며칠 전에 쓴 한 편지에 이렇게 말한다. 바로 "과학의 빛"이, 혜택받은 소수가 "장화를 신고 박차를 차고" 태어나지 않았고, "인류의 대다수가 안장을 등에 지고 태어나지 않았다."라는 것을 증명했다고. 그는 「독립 선언문」에서 "모든 사람"이 같은 정도의 기회를 가지고 동일한 "양도할 수 없는" 권리를 가진다고 썼다. 1776년 단계에서는 "모든 사람"의 정의가 아쉽게도 불완전했지만 「독립 선언문」의 정신은 충분히 확산되었다. 당시보다 훨씬 많은 사람이 "모든 사람" 안에 포함되었다.

제퍼슨은 역사 연구도 열심히 했다. 각각의 시대나 국가나 민족만을 다루며 지배자에게 순종하는 것을 당연시하는 역사가 아니라, 인간의 장점과 함께 약점까지 가르쳐 주는 진짜 역사를 연구했다. 그는 역사로부터 돈과 권력을 가진 자들은 조그만 틈만 있으면 민중을 착취하고 억압한다는 것을 배웠다. 프랑스 주재 미국 공사를 역임하기도 했던 그는 그곳에서 직접 본 유럽 각국의 정부와 정체를 이렇게 논평했다. 그자들은 정치라는 명목을 내걸고 국가를 늑대와 양이라는 두 계급으로 쪼갰다고. 제퍼슨은 국가를 지배자에게만 맡겨두면 그것이 어떤 정치 체제든 타락하고 만다고 여겼다. 통치자는 바로 통치 행위를 통해서 대중의 신뢰를 오용하기 때문이다. 인민이 권력을 맡겨도 좋을 슬기로운 친구는 인민 그 자신뿐이라고 제퍼슨은 말했다.

그러나 인민이라고 하는 것은, 투키디데스와 아리스토텔레스도 말했듯이, 쉽게 조종할 수 있다. 이 문제를 우려한 제퍼슨은 그것을 막기 위한 안전 장치를 몇 가지 고안해 냈다. 하나는 권력의 제도적 분립이었다. 이 덕분에 자신의 이익만을 추구하는 이기적 집단을 포함해서, 이해 관계가 서로 다른 집단이 서로 균형을 이루고, 어느 하나가 독주해 국가를 극단적으로 좌우할 수 없도록 견제할 수 있게 되었다. 입법, 행정, 사법을 분립하고 의회를 하원과 상원으로 나누고 각 주 정부와 연방 정부를 분리하는 것이다. 그는 또 정부라는 존재가 가져올 수도 있는 위험과 이득을 깊이 이해하기 위해서는 인민이 스스로 교육하고, 정책 결정 과정에 직접 참여하는 것이 필수적이라고 거듭거듭 강조했다. 그렇게 하지 않으면 늑대들이 국가를 탈취할 것이라고 말했다. 「버지니아 각서(Notes on Virginia)」에서 그는 권력자들은 눈치 빠르고 약삭빠른 존재이며 방비가 취약한 지점을 찾기만 하면 사정없이 파고들어 민중을 착취할 수 있는 기회를 놓치지 않으리라고 단언한다.

> 지상에 존재하는 그 어떤 정부에도 인간의 약점을 나타내는 흔적이나 부패와 타락의 징조가 있다. 교활함은 그것을 찾아내고 부정부패가 그것들을 서서히 드러내고 키우며 살찌울 것이다. 통치자에게만 맡겨둔다면 모든 정부는 타락하고 만다. 그러므로 인민에게 있어 유일하고 안전한 권력의 수탁자는 인민 자신뿐이다. 또 인민이 안전하게 있으려면 인민의 정신을 향상시키지 않으면 안 된다.

제퍼슨은 아메리카 합중국 헌법의 기초 작업에는 거의 관여하지 않았다. 헌법이 기초되고 있을 때 그는 외교관으로서 프랑스에서 근무하고 있었기 때문이다. 헌법 조문을 읽고 그는 대부분 흡족해했는데, 두 가지만은 문제라고 생각했다. 첫째, 대통령 중임을 몇 번까지 허용하는지가 정해져 있지 않다는 것. 만약 한 사람이 대통령으로 오래 재임한다면 법률적으로는 아니겠지만 실질적으로는 왕이나 다름없기 때문이었다. 둘째, 권리 장전이 첨부되어 있지 않다는 것이었다. 제퍼슨은 권력 남용이 필연적으로 일어나리라고 보았고, 그것으로부터 평균적인 사람들을 보호하기 위한 장치가 불충분하다고 판단했던 것이다.

그는 표현의 자유를 옹호했다. 아무리 인기가 없는 생각이라고 하더라도 그것을 입에 담을 수 있어야 하고, 사람들이 인습적인 지혜와 다른 견해도 접할 수 있어야 한다고 생각했기 때문이다. 그는 개인적으로는 아주 온화한 사람이었고 불구대천(不俱戴天)의 원수라고 하더라도 비판하려고 하지 않았다. 그는 몬티셀로에 있는 자신의 집 현관을 최대 정적이었던 알렉산더 해밀턴(Alexander Hamilton, 1755/1757~1804년)의 흉상으로 장식했다. 그런데도 그는 시민이 그 책임을 다하기 위해서는 사안을 회의주의적으로 생각하는 습관을 반드시 가져야 한다고 믿었다. 그리고 교육에 들어가는 비용은 무지에 치러야 하는 대가, 즉 정치를 늑대들에게 맡기는 바람에 치러야 하는 대가에 비하면 하찮은 것이라고 논했다. 그는 인민 스스로가 통치할 때만이 나라가 안전하다고 역설했다.

위협에 순응하지 않는 것도 시민권에 따라 주어지는 의무이다. 이민자들이 시민권을 획득할 때 하는 선서나 미국 학생들이 자주 하는 선서 속에 "지도자가 하는 말이라면 하나하나 의심하고 보겠습니다."라는 말이 들어가면 얼마나 좋을까. 그것은 토머스 제퍼슨의 바람에 진정으로 부합할 것이다. "나는 나의 비판 능력을 사용할 것을 약속합니다. 나는 나의 사고의 독립성을 계발할 것을 약속합니다. 나는 스스로 판단을 내릴 수 있도록 나 자신을 교육할 것을 약속합니다."

대통령의 취임 선서도 국기와 국가에 대해서 하기보다는 헌법과 권리 장전에 대해서 하면 좋겠다.

미국 건국의 아버지들, 제퍼슨, 워싱턴, 새뮤얼과 존 애덤스, 매디슨과 먼로, 벤저민 프랭클린, 토머스 페인, 그리고 그 밖의 여러 사람을 머릿속에 떠올려 보면, 위대하다고 할 수 있는 정치 지도자는 최소 10명 정도이다. 그들은 교양인이었다. 유럽 계몽주의의 영향을 받았고 역사에 정통했다. 그들은 인간의 오류 가능성과 약점, 그리고 타락하기 쉬움을 알고 있었다. 그들은 글쓰기와 말하기에도 능통했다. 그들은 자신의 연설문을 직접 썼다. 그들은 현실적이고 실제적인 동시에 고결한 원칙에 따라 행동했다. 그들은 이번 주에 고려할 주제를 고르기 위해 여론 조사를 하지 않았다. 그들은 무엇을 생각해야 하는지 알고 있었다. 그들은 장기적으로 사고하는 것을 자연스럽게 해 냈고, 다음 선거보다 훨씬 더 미래를 염두에 두고 활동했다. 그들은 정치가나 로비스트로서의 경력 없이도 자족적으로 생계를 꾸려 갈 수 있었다. 그들은 우리 안에서 최선의 것을 끌어낼 수 있었다. 그들 모두 과학에 관심을 가졌고 그중 적어도 2명은 과학의 세계를 자유롭게 활보하는 게 가능했다. 그들은 먼 미래를 보면서 미국의 진로를 정하려고 했다. 그것도 법률을 제정하는 것을 통해서가 아니라, 어떤 종류의 법안만이 통과될 수 있는가 하는 한계를 설정함으로써 그 일을 이루려고 했다.

인간이란 약한 존재이다. 그러나 아메리카 합중국 헌법과 권리 장전은 훌륭하게 기능했고, 스스로 궤도 수정도 할 수 있는 장치로 발전해 갔다.

독립 당시 미국 인구는 대략 250만 명뿐이었다. 오늘날에는 그보다 100배 더 많은 사람이 산다. 따라서 당시 미국에 토머스 제퍼슨 같은 사람이 10명 있었다면, 오늘날에는 그 100배, 즉 1,000명의 토머스 제퍼슨이 있어야 한다.

그들은 대체 어디에 있을까?

아메리카 합중국 헌법은 실로 대담무쌍한 문서이다. 무엇보다, 인민이 원한다면 정체 그 자체의 변화까지 포함해 어떠한 변화도 허용하기 때문이다. 어떤 생각이 긴박한 사회적 요구에 부응할 수 있는지 예견할 수 있을 정도로 슬기로운 사람은 존재할 수 없다. 예컨대, 직관에 반하기도 하고 과거에 계속 문제를 일으켜 온 생각이라고 하더라도 지금 상황에서는, 아니 미래의 상황에서는 딱 맞는 역할을 할 수도 있기 때문이다. 따라서 우리 헌법은 어떠한 생각이라도 자유롭게 표현할 수 있도록 보장하려고 하는 것이다.

물론 표현의 자유에는 대가가 따른다. 자기 생각이 억압받을 위험이 있다고 느낄 때 우리 대부분은 표현의 자유가 소중하다고 이야기한다. 그렇지만 자기 마음에 들지 않는 견해가 여기저기서 조금씩 검열을 당한다고 해도 그다지 화를 내지 않는다. 그러나 미국에서는 일정한 범위 안에서 자유가 크게 허용된다. (연방 대법원의 판사 올리버 웬델 홈스(Oliver Wendell Holmes, 1841~1935년)는 자유로 인정할 수 없는 사례로, 만원 극장 안에서 "불이야."라고 거짓으로 외쳐서 사람들을 혼란에 빠뜨리는 것을 들었다.)

- 총 수집가들은 대법원장이나 하원 의장이나 FBI 국장의 사진을 사격 연습용 표적으로 자유롭게 사용할 수 있다. 격분한 시민 운동가들이 미국 대통령하고 닮은 인형을 만들어 사람들 앞에서 자유롭게 불태워도 된다.
- 예를 들어, 악마 숭배자가(만약 있다면) 유태교, 기독교, 이슬람교의 신도들이 소중하게 여기는 가치를 조롱하고 시민 대부분이 중요하다고 생각하는 것을 모두 비웃는다고 하더라도, 그들이 헌법상 유효한 법을 위반하지 않는 한 그들은 자신들의 종교가 주는 가르침을 실천할 권리가 있다.
- 과학적이라고 자칭하는 기사나 대중적인 책을 통해 한 인종이 다른 인종보다 '우월'하다는 주장이 나올 때가 있다. 그 기사나 책의 내용이 아무리 해로운 것이라고 해도 그 기사와 책은 출판 전에 정부의 검열을 받지 않는다. 잘못된 주장을 바로잡는 방법은 그것을 억압하는 것이 아니라 더 나은 주장을 듣는 것이다.
- 개인이든 단체이든 자유롭게 의견을 표현할 수 있다. 유태인이나 프리메이슨 같은 비밀 조직이 세계 지배의 음모를 꾸미고 있다고 주장하거나 연방 정부가 악마와 결탁하고 있다고 자유롭게 주장할 수 있다.
- 아돌프 히틀러나 이오시프 스탈린이나 마오쩌둥 같은 논의의 여지가 없는 대량 학살자들의 삶과 정치라고 하더라도 원한다면 찬양할 수 있다.

아무리 혐오스러운 의견이라고 할지라도 발언할 권리가 있다.

제퍼슨, 매디슨, 그리고 그 동료들이 세운 체제는 그 기원을 이해하지 못하고 그것을 아주 다른 어떤 것으로 교체하려는 사람들에게도 표현의 수단을 부여한다. 예를 들어, 법무부 장관이었고, 따라서 미국의 최상위 법 집행관이었던 토머스 클라크는 1948년에 다음과 같은 제안을 했다. "합중국의 이념을 신봉하지 않는 사람을 미국에 머무르도록 허용해서는 안 된다." 그러나 아메리카 합중국 고유의 이념이 설령 있다고 하더라도 그것은 위로부터 강요하는 이념이나 금지된 이념이 없다는 것뿐이다. 더 최근인 1990년대로 와서 몇 가지 사례를 살펴보자. 신시내티에서 임신 중절을 시행하는 병원에 폭탄을 던진 죄로 감옥에 있던 존 브록헤프트(John Brockhoeft, 1938~2013년)는 임신 중절 합법화를 반대하는 운동 단체의 회보에 이렇게 썼다.

> 나는 아주 편협한 생각을 가진, 불관용적이고 반동적이며 광신적인 복음주의 원리주의자이다. …… 미국은 한때 위대한 국가였다. 당연히 신에게 축복받았기 때문이다. 그러나 그것 말고도 진리와 정의와 편견이라는 기초 위에 세워졌기 때문에 위대한 국가였다.

임신 중절 수술 병원을 봉쇄하는 조직인 '오퍼레이션 레스큐(Operation Rescue)'의 설립자 랜들 앨런 테리(Randall Allen Terry, 1959년~)는 1993년 8월 한 집회에서 이렇게 말했다.

> 무자비의 파도가 당신들을 쓸어 버리리라. …… 그렇다. 증오를 환영하라. …… 우리의 최종 목표는 기독교 국가의 건설이다. …… 우리는 이 나라를

정복하라고 신에게 부름 받았다. …… 우리는 다원주의가 지배하는 나라를 원하지 않는다.

권리 장전은 이런 의견을 발언하고 표현하는 권리도 보장한다. 이런 견해를 가진 자들이 권리 장전을 폐지하겠다는 생각을 가졌다고 하더라도 말이다. 이런 생각을 받아들일 수 없는 사람들의 최종 방어 수단은 같은 권리 장전을 가지고 권리 장전의 필수 불가결함을 모든 시민에게 호소하는 것이다.

앞에서 인용한 것 같은 의견을 말하는 사람들은 무엇으로 인간의 오류 가능성에서 자신들을 방어하려고 하는 것일까? 대안적인 오류 수정 장치가 있기라도 한 것일까? 절대로 오류를 범하지 않는 지도자? 아니면 절대로 오류를 범하지 않는 인종이나 민족 집단이라도 있는 것일까? 그것도 아니면 인류 문명을 모두 버리자는 것일까? 그런데 왜 그들은 폭약이나 자동 화기는 버리지 않는 것일까? 20세기의 암흑을 겪고 나서도 어떻게 그들은 그런 주장을 할 수 있는 것일까? 그들에게 촛불은 필요하지 않은 것일까?

영국 철학자 존 스튜어트 밀(John Stuart Mill, 1806~1873년)은 유명한 팸플릿 『자유론(*On Liberty*)』에서 의견을 억압하는 것은 "특별한 악(a peculiar evil)"이라고 논했다. 그는 여기서 한 발 더 나아가, 만약 발표되지 않은 의견이 맞는 것이었다면 우리는 "오류를 진실과 교환할 기회"를 강탈당한 꼴이 된다고 주장했다. 그리고 그 의견이 잘못된 것이라면 우리는 "오류와의 충돌을 통해" 진실에 대한 이해를 더 깊게 하는 기회를 박탈당한 셈이 된다고 보았다. 자기와 같은 견해만 안다면 다른 관점이 있다는 사실조차 모르게 될 것이다. 그렇게 딱딱하게 굳은 생각은 언젠가 썩기 시작하고 검증도 받지 못한 채 생기를 잃고 죽은 진실이 되고 말 것이다.

밀은 또 이렇게 썼다. "만약 사회가 상당수의 구성원들을 어린 상태 그대로 자라게 했다면, 다시 말해 자신에게 익숙하지 않은 동기를 이성적으로 고찰하고 그것을 바탕으로 자신의 행동을 바꾸는 게 불가능한 채 성장하게 했다면, 사회 스스로 책망하지 않으면 안 된다." 제퍼슨은 같은 취지의 주장을 훨씬 더 강하게 내놓았다. "어떤 국가가 하나의 문명 속에서 무지와 자유가 공존할 수 있다고 기대한다면, 그것은 과거에도 미래에도 결코 이루지 못할 것을 기대하는 것이라고 할 수 있다." 매디슨에게 보내는 편지에서 제퍼슨은 이런 생각을 계속 이어 갔다. "약간의 자유를 약간의 질서와 맞바꾸는 사회는 둘 다 잃을 것이다. 그리고 그 사회는 어느 쪽도 누릴 자격이 없다."

자신과 다른 견해를 듣고 알맹이가 있는 토론을 할 수 있는 기회가 있다면 사람들은 자기 생각을 바꿀 수 있을 것이다. 예를 들어, 젊은 시절 쿠 클럭스 클랜(Ku Klux Klan, KKK)의 일원이었던 휴고 블랙(Hugo Black, 1886~1971년)은 나중에 연방 대법원 판사가 되었고, 미국 국민 모두에게 시민권을 보장한 수정 헌법 14조에 기초해 미국 민권 운동의 역사에서 기념비적인 대법원 판결을 끌어내는 데 주도적인 역할을 했다. 젊은 시절 그는 흰색 옷을 입고 흑인들을 위협했다고 한다. 나이가 들었을 때 그는 검은 법복을 입고 백인들을 위협했다.

권리 장전은 형벌 시스템 역시 오류에서 자유롭지 않음을 잘 알고 있다. 경찰관이나 검찰관이나 재판관은 목격자나 증인을 위협해 재판을 신속히 처리하고 싶은 유혹을 항시 느끼는 법이다. 그 결과 죄를 저지르지 않은 사람들을 처벌하는 경우가 왕왕 생긴다. 그리고 정부에는 마음에 들지 않는 사람들은 무고함으로써 죄인으로 만들 힘도 가지고 있다. 그래서 권리 장전은 피고인을 보호하는 것이다. 여기서 일종의 비용 대 편익 분석이 이루어지게 된다. 그러니까 죄 없는 사람을 벌주는 것보다는 때로 죄인을 놓치는 것이 더 낫다고 생각하는 것이다. 이 판단은 윤리적으로 탁월할 뿐만 아니라 형벌 시스템을 악용해 마음에 들지 않는 의견을 억누르거나 거슬리는 소수파를 억압하는 것을 막아 준다. 이것 역시 오류 수정 장치를 이루는 부품의 하나이다.

새로운 생각이나 발명 같은 창의성이 발휘될 때 언제나 일종의 자유가 선봉에 선다. 창의성이란 어떤 의미에서는 강제와 속박으로부터의 탈출이기 때문이다. 자유가 없다면 과학이라는 섬세한 실험을 계속할 수 없다. (구)소련이 전체주의 국가 체제를 유지하지 못하고 기술적 측면에서도 미국의 상대가 되지 못한 것에는, 부분적으로 자유가 없었다는 게 원인으로 작용했다. 반대로 고도로 발전한 기술에 기반한 산업화 사회에서 과학이 없으면 자유라는 섬세한 실험을 계속할 수 없다. 과학은 개방성과 회의주의의 섬세한 혼합물이자 다양성과 논쟁을 장려하는 문화이기 때문이다.

한때 우주의 중심은 지구라는 종교적 견해가 세상에 퍼져 있었다. 그러나 한번 문제 제기가 이루어지고 나자 종교의 다른 주장들도 받아들여지지 않게 되었다. 예를 들어, 왕은 우리를 다스리라고 신이 보냈다는 종교 지도자들의 거듭된 단언도 불신의 대상이 되어 버렸다. 17세기에는 영국 본국과 식민지의 배심원들을 선동해 누군가를 불신자나 이단자로 몰기가 아주 쉬웠다. 그들은 신앙의 차이를 이유로 기꺼이 사람들을 고문하고 죽였다. 18세기 말이 되자 사람들은 그것을 옳은 일로 생각하지 않게 되었다.

다시 한번 클린턴 로시터의 글을 인용해 보자. (『공화국의 파종기(*Seedtime*

of the Republic)』(1953년)에서)

미국이라는 환경이 가하는 압력 때문에 기독교는 이전보다 더 인도주의적이고 온건한 것으로 변해 갔다. 기독교는 종파 간의 분쟁을 경험하고 더 관용적으로 되었고, 낙관주의와 합리주의의 성장에 따라 더 개방적으로 변했으며, 과학의 융성과 함께 더 실험적으로 되었고, 민주주의의 출현에 힘입어 더욱 개인주의적으로 발달해 갔다. 그것과 마찬가지로 중요한 것이, 식민지 개척자들의 수가 증가함에 따라서, 세속의 사람들이 다양한 일에 호기심을 발휘하고 세상을 회의적으로 보게 되었다는 것이다. 다수의 설교자들은 이것을 큰소리로 개탄했지만 말이다.

권리 장전은 종교를 국가로부터 분리했다. 그것은 부분적으로는 종교가 일반적으로 절대주의적 사고 구조에 젖어 있었기 때문이다. 다시 말해, 어떤 종교든 자신들이 진리를 독점하고 있다고 확신했고, 따라서 국가가 이 진리를 세상 사람들에게 강제하기를 열망했다. 세상 만사가 신의 의지에 따라 돌아간다고 믿는 절대주의적 종교의 지도자들과 그 신도들은 중간 지대가 있다고 믿지 않을 뿐만 아니라, 겉보기에 모순되는 교리들 사이에서도 그들이 말하는 진리를 도출할 수 있음을 받아들이지 않는다.

권리 장전의 입안자들은 영국의 예를 염두에 두었다. 영국에서는 종교적 이단의 죄와 세속적 반역죄는 잘 구별되지 않았다. 초기 식민지 개척자 중 많은 이들이 종교적인 박해를 피해서 미국으로 온 사람들이었던 것도 그 때문이다. 비록 그중 일부는 신앙의 차이를 가지고 다른 사람을 기꺼이 박해하기는 했지만 말이다. 권리 장전의 제정자들은 정부와 불안한 종교가 결탁하는 것은 자유에 치명적인 영향을 미치리라고 생각했다. 뿐만 아니라 종교에도 해로우리라고 여겼다. 휴고 블랙은 학교 내 예배 문제를 둘러싸고 벌어진 1962년 엥겔 대 비탈리 사건의 대법원 판결에서 수정 헌법 1조에 포함된 국교 금지 조항을 이렇게 설명했다.

> 국교 금지 조항의 첫 번째 목적이자 가장 직접적인 목적은 정부와 종교가 결합하면 정부는 파괴되고 종교는 부패한다는 신념에 기반을 두고 있다.

권력의 분립도 이 목적을 달성하는 데 기여한다. 영국 시인 월터 새비지 랜더(Walter Savage Landor, 1775~1864년)가 일찍이 지적한 바와 같이, 각각의 분파와 종파는 윤리적 측면에서 볼 때 서로 견제 기능을 한다. "경쟁은 상업에 유익한 것과 마찬가지로 종교에도 유익하다." 그러나 대가는 결코 작지 않다. 보편적인 공통선을 실현하기 위해 힘을 합치려고 애쓰는 종교 단체에 이러한 경쟁은 방해가 되기 때문이다.

로시터는 다음과 같은 결론을 내린다.

> 교회와 국가의 분리와 개인의 양심의 자유라는 쌍둥이 원칙은, 서양의 인민을 자유롭게 하는 데 있어 미국이 이룬 최대의 공헌은 아니라고 하더라도 우리 민주주의의 정수라고 할 수는 있다.

그러나 그런 권리를 실제로 사용하지 않는다면 보물을 썩히는 꼴이다. 표현의 자유와 언론의 자유가 있다고 하더라도 아무도 정부 주장을 반박하지 않는다면 의미가 없고, 출판의 자유가 있는데도 아무도 날카로운 문제 제기를 하지 않는다면 쓸모가 없고, 집회의 자유가 있는데도 아무도 항의하지 않는다면 의미가 없으며, 선거권이 널리 부여되었는데도 투표율이 절반도 되지 않는다면 소용이 없다. 교회와 국가를 분리했다고 하더라도 그 사이의 벽을 계속 수리하지 않는다면 의미가 없다. 이 권리들을 행사하지 않는다면 이 모두 그림의 떡이나 애국심을 위장하는 사탕발림에 그칠 뿐이다. 권리와 자유, 그것은 사용하지 않으면 잃는다.

권리 장전 입안자들에게는 선견지명이 있었다. 그 탁견 덕분에, 그리고 상당한 신변의 위험을 무릅쓰고 그런 권리를 행사하라고 주장했던 모든 사람 덕분에 이제 표현의 자유와 언론의 자유를 봉쇄하기 어려운 시대가 되었다. 학교 도서관 위원회, 이민국, 경찰, FBI, 또는 값싸게 표를 얻으려고 혈안이 된 야심 많은 정치가가 때때로 표현의 자유와 언론의 자유에 뚜껑을 덮으려고 하기도 하지만, 그 뚜껑도 조만간 코르크 뚜껑 터지듯 열리기 마련이다. 결국 헌법은 흔들기 어려운 국법이다. 공무원들은 그것을 수호하겠다고 선서하고 운동가들과 법관들은 그것을 감시한다.

그러나 교육 수준이 떨어지고 지적 능력이 약해지고 알맹이 있는 토론을 찾는 사람들이 줄어들며 세상 사람들이 회의주의의 가치를 인정하지 않게 되면, 우리의 자유는 서서히 깎여 나갈 것이고 언젠가 깊숙이 침해당할지도 모른다. 건국의 아버지들은 이것을 잘 이해했다. 토머스 제퍼슨은 이렇게 썼다.

> 기본적인 몇 가지 권리는 통치자가 아직 성실하고 나라 전체가 하나로 단결해 있는 동안 법적 기반 위에 확고하게 정착시켜 놓아야 한다. 이 (혁명) 전쟁이 끝나고 나면 상황은 지금보다 더 나빠질 것이다. 인민의 지지를 끌어모을 필요는 사라지고 인민은 잊혀질 것이며 그 권리도 곧 무시될 것이다. 인민도 자신의 권리를 무시하게 될 테고 먹고사는 일에만 집착하고 권리를 손에 넣기 위해 힘을 모으려고는 두 번 다시 생각하지 않게 될 것이다. 그 결과 이 전쟁이 끝날 때까지 벗어 버리지 못한 족쇄들은 언제까지나 우리 발을 묶고 있

을 것이고 점점 더 무거워질 것이다. 우리 권리가 되살아날 때까지, 아니면 경련하며 숨을 다할 때까지.

권리 장전은 표현의 자유와 언론의 자유를 시작으로 다양한 자유를 보장하고 있다. 그것이 어떤 가치를 가진 것인지, 그것이 없으면 어떤 일이 벌어지는지, 그것을 어떻게 행사하고 지켜 나갈 것인지 가르쳐야만 한다. 미국 시민이라면 반드시 배워야 하는 것들이다. 아니 미국만이 아니라 전 세계 모든 나라 시민이 배워야만 한다. 그런 권리가 아직 보장되지 않고 있는 나라라면 더욱더 필요하다. 자기 머리로 생각하지 않고 권위를 상대로 적극적으로 도전하지 않는다면 우리는 권력을 쥔 자들이 시키는 대로 살 수밖에 없다. 반대로 시민이 교육을 받고 자기 의견을 형성할 수 있게 된다면 권력을 쥔 자들도 우리를 위해 일하게 된다. 모든 나라에서 과학의 방법과 권리 장전의 의미를 아이들에게 가르치지 않으면 안 된다. 품위도 겸손도 공동체 의식도 거기서 싹틀 것이다. 악령이 출몰하는 세상에서, 몰아쳐 오는 암흑에서 우리 자신을 지켜 주는 것은 그것밖에 없을지도 모른다.

감사의 글

나는 이제까지 오랫동안 코넬 대학교의 4학년 학생을 대상으로 비판적 사고에 관한 세미나를 진행해 왔다. 이것은 나에게 커다란 기쁨을 주었다. 이 세미나의 경우 학생 각자의 능력과 그 문화적 배경, 그리고 전공 분야의 분포라고 하는 측면을 고려하면서 학교 전체의 학생 중에서 수강생을 고르는 게 가능했다. 학기가 끝날 무렵이 되면 학생들은 각자 자기 관심을 반영하고 사회적으로 문제가 되는 주제를 골라 4명 그룹을 만들고 다시 2명 팀으로 나뉘어 서로 토론 준비를 한다. 그리고 토론이 이루어지기 몇 주 전에는 상대방의 입장을 제대로 표명할 수 있도록 하지 않으면 안 된다. 다시 말해 상대방의 입장을 설명하고 "당신은 제 입장을 잘 대변하고 있습니다."라는 말을 상대방에게 듣지 않으면 안 되는 것이다. 이 문서를 통한 토론은 서로의 의견 차이를 명확하게 해 주는 동시에 상대의 의견을 더 잘 이해하게 하는 데 도움을 준다. 이 책에서 다룬 화제 중 몇 가지는 이렇게 학생들이 토론한 주제에서 나온 것이다. 다양한 문제에 대한 내 생각을 학생들이 어떻게 받아들이고 어떻게 비판하는가를 아는 것은 내게도 큰 공부가 되었다. 이 세미나에는 '천문학 490'이라는 강좌 이름이 붙어 있었지만 천문학이 화제가 되는 경우는 별로 없었다. 이런 세미나를 하게 해 준 코넬 대학교 천문학과와 학과장이었던 예르반트 테르지안(Yervant Terzian, 1939~2019년)에게 감사한다.

이 책에서 다룬 주제 중에는 《퍼레이드》에 게재되었던 글을 바탕으로 한 게 몇 가지 있다. 이 잡지는 북아메리카에서 가장 널리 읽히는 일요판 신문의 부록으로 매주 8300만 명의 독자에게 배달된다. 《퍼레이드》의 독자는 내 기사에 뜨거운 반응을 보여 주었다. 그 덕분에 나는 개별 문제에 대한 이해를 더 심화시킬 수 있었을 뿐만 아니라 다양한 의견을 알 수 있었다. 이 책에는 그런 독자들이 보내온 편지를 발췌해서 소개하는 부분이 몇 군데 있다. 이것은 미국 시민의 실상을 적확하게 전달해 주리라고 믿는다. 《퍼레이드》의 편집장 월터 앤더슨(Walter Anderson)과 선임 편집자 데이비드 커리어(David Currier), 그리고 이 주목할 만한 잡지의 편집과 취재를 담당하는 직원들은 내 원고를 더 좋은 것으로 만들어 주었다. 수정 헌법 1조(언론 및 출판의 자유)를 이렇게 열심히 지키려고 하지 않는 언론이라면 게재 거부했을 기사도 《퍼레이드》는 흔쾌히 실어 주었다. 이 책에는 글이 처음 발표된 것이 《퍼레이드》 말고도 《워싱턴 포스트》와 《뉴욕 타임스》였던 글들도 실려 있다. 또 나는 1992년 7월 4일 몬티셀로 제퍼슨 저택의 동쪽 주랑(柱廊)에서 새롭게 합중국 시민이 된 31개국 출신 청중 앞에서 강연을 하는 영광을 얻었는데, 이 책의 마지막 장은 이 때 한 강연 원고에 기초한 것이다. (몬티셀로 동쪽 주랑은 5센트 동전 뒷면에 그려져 있다.)

민주주의, 과학의 방법, 공교육에 대한 내 생각은 오랜 기간에 걸쳐 아주 많은 사람의 영향을 받으며 형성된 것이다. 그들의 이름을 본문에서도 언급하기는 했지만, 나를 계발해 준 사람들로서 여기서 다시 한번 거명하고 싶은 이들이 있다. 마틴 가드너, 아이작 아시모프, 필립 모리슨, 헨리 스틸 코메이저(Henry Steele Commager, 1902~1998년)가 그들이다. 나의 지식을 심화시켜 주고 명쾌한 실례를 알려 주고 오류와 누락을 바로잡아 준 사람을 모두 언급하는 것은 불가능하지만, 내가 그들에게 마음속 깊이 감사하고 있음을 알아주면 좋겠다. 그러나 초고의 일부, 또는 전체를 읽고 비판해 준 친구들과 동료들에게는 이름을 분명히 밝혀 여기서 다시 감사의 인사를 드리고 싶다. 빌 올드리지, 수전 블랙모어, 윌리엄 크로머, 프레드 프랭클, 켄드릭 프래지어, 마틴 가드너, 아이라 글레이서(Ira Glasser), 프레드 골든(Fred Golden), 커트 고트프리드(Kurt Gottfried), 레스터 그린스푼(Lester Grinspoon), 필립 클래스, 폴 커츠, 엘리자베스 로프터스, 데이비드 모리슨(David Morrison), 리처드 오프시, 제이 오리어(Jay Orear), 앨버트 페니배커(Albert Pennybacker), 프랭크 프레스(Frank Press), 제임스 랜디, 시어도어 로스잭(Theodore Roszak), 도리언 세이건(Dorian Sagan), 데이비드 새퍼스테인(David Saperstein), 로버트 세이플(Robert Seiple), 스티븐 소터(Steven Soter), 제러미 스톤(Jeremy Stone), 피터 스터록(Peter Sturrock), 그리고 예르반트 테르지안.

내 저작권 대리인인 모턴 잰클로(Morton Janklow)와 그의 직원인 앤 고도프(Ann Godoff), 그리고 랜덤 하우스 사에서 제작 과정을 담당해 준 엔리카 개들러(Enrica Gadler), J. K. 램버트(J. K. Rambert), 캐시 로젠블룸(Kathy Rosonbloom)에게 고마움을 표한다. 윌리엄 바넷(William Barnett)은 내 문장을 처음부터 끝까지 한 줄 한 줄 체크해 주었다. 앤드리아 바넷(Andrea Barnett), 로렐 파커(Laurel Parker), 캐런 고브레히트(Karenn Gobrecht), 신디 비타 보겔(Cindi Vita Vogel), 기니 라이언(Ginny Ryan), 크리스토퍼 루저(Christopher Ruser)의 도움에 감사한다. 코넬 대학교 도서관 시스템과 특히 초대 총장이었던 앤드루 딕슨 화이트(Andrew Dickson White, 1832~1918년)가 만들었던 신비주의와 미신과 관련된 희귀본 컬렉션의 막대한 은혜를 입었다.

이 책에서 4개 장은 내 처이자 오랜 시간 함께 일해 온 협력자 앤 드루얀과의 공저이다. 앤 드루얀은 전미 과학자 연맹의 간사에 선임되어 있기도 하다. (이 조직은 과학과 첨단 기술이 윤리적으로 사용되도록 감시하기 위해 맨해튼 계획에 참여했던 과학자들이 1945년에 설립했다.) 앤은 10년에 걸친 이 책 집필 작업의 온갖 단계에서 아주아주 유익한 인도와 조언과 비판을 해 주었다. 그녀에게 배운 것은 말로 다 표현하기 어려울 정도이다. 앤처럼 적확한 조언이 가능하고 판단력이 뛰어나며 유머 감각이 뛰어날 뿐만 아니라 용기와 비전도 가진 이가 나의 사랑이라니, 나는 정말로 운 좋은 사람이다.

참고 문헌

1장 가장 소중한 것

Martin Gardner, "Doug Henning and the Giggling Guru," *Skeptical Inquirer*, May/June 1995, pp. 9–11, 54.

Daniel Kahneman and Amos Tversky, "The Psychology of Preferences," *Scientific American*, vol. 246 (1982), pp. 160–173.

Ernest Mandel, *Trotsky as Alternative* (London: Verso, 1995), p. 110.

Maureen O'Hara, "Of Myths and Monkeys: A Critical Look at Critical Mass," in Ted Schultz, ed., *The Fringes of Reason* (see below), pp. 182–186.

Max Perutz, *Is Science Necessary?: Essays on Science and Scientists* (Oxford: Oxford University Press, 1991).

Ted Schultz, ed., *The Fringes of Reason: A Whole Earth Catalog: A Field Guide to New Age Frontiers, Unusual Beliefs & Eccentric Sciences* (New York: Harmony, 1989).

Xianghong Wu, "Paranormal in China," *Skeptical Briefs*, vol. 5 (1995), no. 1, pp. 13, 14.

J. Peder Zane, "Soothsayers as Business Advisers," *The New York Times*, September 11, 1994, sec. 4, p. 2.

2장 과학과 희망

Albert Einstein, "On the Electrodynamics of Moving Bodies," pp. 35-65 (originally published as "Zur Elektrodynamik bewegter Körper," *Annalen der Physik* 17 (1905), pp. 891-921), in H. Lorentz, A. Einstein, H. Minkowski, and H. Weyl, *The Principle of Relativity: A Collection of Original Memoirs on the Special and General Theory of Relativity* (New York: Dover, 1923).

Harry Houdini, *Miracle Mongers and Their Methods* (Buffalo, NY: Prometheus Books,

1981).

3장 달의 남자, 화성의 얼굴

John Michell, *Natural Likeness: Faces and Figures in Nature* (New York: E. P. Dutton, 1979).

Carl Sagan and Paul Fox, "The Canals of Mars: An Assessment after Mariner 9," *Icarus*, vol. 25 (1972), pp. 601-612.

4장 외계인

E. U. Condon, *Scientific Study of Unidentified Flying Objects* (New York: Bantam Books, 1969).

Philip J. Klass, *Skeptics UFO Newsletter*, Washington, D. C., various issues. (Address: 404 "N" St. SW, Washington, D. C. 20024.)

Charles Mackay, *Extraordinary Popular Delusions and the Madness of Crowds* (first edition published in 1841) (New York: Farrar, Straus and Giroux, 1932, 1974) (also, New York: Gordon Press, 1991). (한국어판: 찰스 맥케이, 이윤섭 옮김, 『대중의 미망과 광기』(창해, 2004년). — 옮긴이)

Curtis Peebles, *Watch the Skies!: A Chronicle of the Flying Saucer Myth* (Washington and London: Smithsonian Institution Press, 1994).

Donald B. Rice, "No Such Thing as 'Aurora,' " *The Washington Post*, December 27, 1992, p. 10.

Carl Sagan and Thornton Page, eds., *UFO's—A Scientific Debate* (Ithaca, NY: Cornell University Press, 1972.)

Jim Schnabel, *Round in Circles: Physicists, Poltergeists, Pranksters and the Secret History of the Cropwatchers* (London: Penguin Books, 1994) (first published in Great Britain by Hamish Hamilton in 1993).

6장 환각

K. Dewhurst and A. W. Beard, "Sudden Religious Conversions in Temporal Lobe Epilepsy," *British Journal of Psychiatry*, vol. 117 (1970), pp. 497-507.

Michael A. Persinger, "Geophysical Variables and Behavior: LV. Predicting the Details of Visitor Experiences and the Personality of Experients: The Temporal Lobe

Factor," *Perceptual and Motor Skills*, vol. 68 (1989), pp. 55–65.

R. K. Siegel and L. J. West, eds., *Hallucinations: Behavior, Experience and Theory* (New York: Wiley, 1975).

7장 악령이 출몰하는 세상

Katherine Mary Briggs, *An Encyclopedia of Fairies, Hobgoblins, Brownies, Bogies, and Other Supernatural Creatures* (New York: Pantheon, 1976), pp. 239-242.

Thomas E. Bullard, "UFO Abduction Reports: The Supernatural Kidnap Narrative Returns in Technological Guise," *Journal of American Folklore*, vol. 102, no. 404 (April-June 1989), pp. 147–170.

Norman Cohn, *Europe's Inner Demons* (New York: Basic Books, 1975).

Ted Daniel, *Millennial Prophecy Report*, The Millennium Watch Institute, P. O. Box 34201, Philadelphia, PA 19101-4021, various issues.

Edward Gibbon, *The Decline and Fall of the Roman Empire*, Volume I, 180 A. D.-395 A. D. (New York: Modern Library, n.d.), pp. 410, 361, 432.

Martin S. Kottmeyer, "Entirely Unpredisposed," *Magonia*, January 1990.

Martin S. Kottmeyer, "Gauche Encounters: Badfilms and the UFO Mythos" (unpub lished manuscript).

John E. Mack, *Gauche Encounters: Badfilms and the UFO Mythos* (New York: Scribner, 1994).

John E. Mack, *Nightmares and Human Conflict* (Boston: Little Brown, 1970), pp. 227, 228.

Annemarie de Waal Malefijt, *Religion and Culture: An Introduction to Anthropology of Religion* (Prospect Heights, IL: Waveland Press, 1989) (originally published in 1968 by Macmillan), pp. 286 ff.

Jacques Vallee, *Passport to Magonia* (Chicago: Henry Regnery, 1969).

8장 네가 본 것은 진짜인가, 가짜인가

S. Ceci, M. L. Huffman, E. Smith, and E. Loftus, "Repeatedly Thinking About a Non Event: Source Misattributions Among Pre-Schoolers," *Consciousness and Cognition*, Vol 3, 1994, pp. 388-407.

William A. Christian, Jr., *Apparitions in Late Medieval and Renaissance Spain*

(Princeton, NJ: Princeton University Press, 1981).

9장 치료

Anonymous, "Trial in Woman's Blinding Offers Chilling Glimpse of Hoodoo," *The New York Times*, September 25, 1994, p. 23.

Ellen Bass and Laura Davis, *The Courage to Heal: A Guide for Women Survivors of Child Sexual Abuse* (New York: Perennial Library, 1988) (second and third editions, 1993 and 1994).

Richard J. Boylan and Lee K. Boylan, *Close Extraterrestrial Encounters: Positive Experiences with Mysterious Visitors* (Tigard, OR: Wild Flower Press, 1994).

Gail S. Goodman, Jianjian Qin, Bette L. Bottoms, and Philip R. Shaver, "Characteristics and Sources of Allegations of Ritualistic Child Abuse," *Final Report*, Grant 90CA1405, to the National Center on Child Abuse and Neglect, 1994.

David M. Jacobs, *Secret Life: First-Hand Accounts of UFO Abductions* (New York: Simon and Schuster, 1992), p. 293.

Carl Gustav Jung, *Introduction to The Unobstructed Universe*, by Stewart Edward White (New York: E. P. Dutton, 1941).

Kenneth V. Lanning, "Investigator's Guide to Allegations of 'Ritual' Child Abuse" (Washington: FBI, January 1992).

Elizabeth Loftus and Katherine Ketcham, *The Myth of Repressed Memory* (New York: St. Martin's, 1994).

Mike Males, "Recovered Memory, Child Abuse, and Media Escapism," *Extra!* September/October 1994, pp. 10, 11.

Ulric Neisser, keynote address, "Memory with a Grain of Salt," *Memory and Reality: Emerging Crisis conference*, Valley Forge, PA, as reported by *FMS Foundation Newsletter*, (Philadelphia, PA) vol. 2, no. 4 (May 3, 1993), p. 1.

Richard Ofshe and Ethan Watters. *Making Monsters* (New York: Scribner, 1994).

Nicholas P. Spanos, Patricia A. Cross, Kirby Dixon, and Susan C. DuBreuil, "Close Encounters: An Examination of UFO Experiences," *Journal of Abnormal Psychology*, vol. 102 (1993), pp. 624-632.

Rose E. Waterhouse, "Government Inquiry Decides Satanic Abuse Does Not Exist," *Independent on Sunday*, London, April 24, 1994.

Lawrence Wright, *Remembering Satan: A Case of Recovered Memory and the Shattering of an American Family* (New York: Knopf, 1994).

Michael D. Yapko, *True and False Memories of Childhood Sexual Trauma: Suggestions of Abuse* (New York: Simon and Schuster, 1994).

10장 차고 안의 용

Thomas J. Flotte, Norman Michaud, and David Pritchard, in *Alien Discussions*, Andrea Pritchard et al., eds., pp. 279–295 (Cambridge, MA: North Cambridge Press, 1994).

Richard L. Franklin, *Overcoming the Myth of Self-Worth: Reason and Fallacy in What You Say to Yourself* (Appleton, WI: R. L. Franklin, 1994).

Robert Lindner, "The Jet-Propelled Couch," in *The Fifty-Minute Hour: A Collection of True Psychoanalytic Tales* (New York and Toronto: Rinehart, 1954).

James Willwerth, "The Man from Outer Space," *Time*, April 25, 1994.

12장 헛소리 탐지기

George O. Abell and Barry Singer, eds., *Science and the Paranormal: Probing the Existence of the Supernatural* (New York: Scribner's, 1981).

Robert Basil, ed., *Not Necessarily the New Age* (Buffalo: Prometheus, 1988).

Susan Blackmore, "Confessions of a Parapsychologist," in Ted Schultz, ed., *The Fringes of Reason*, pp. 70–74.

Russell Chandler, *Understanding the New Age* (Dallas: Word, 1988).

T. Edward Damer, *Attacking Faulty Reasoning*, second edition (Belmont, CA: Wadsworth, 1987). (한국어판: 에드워드 데이머, 김회빈 옮김, 『엉터리 논리 길들이기』(새길, 1994년). — 옮긴이)

Kendrick Frazier, ed., *Paranormal Borderlands of Science* (Buffalo, NY: Prometheus, 1981).

Martin Gardner, *The New Age: Notes of a Fringe Watcher* (Buffalo, NY: Prometheus, 1991).

Daniel Goleman, "Study Finds Jurors Often Hear Evidence with a Closed Mind," *The New York Times*, November 29, 1994, pp. C-1, C-12.

J. B. S. Haldane, *Fact and Faith* (London: Watts & Co., 1934).

Philip J. Hilts, "Grim Findings on Tobacco Made the 70's a Decade of Frustration" (including box, p. 12, "Top Scientists for Companies Saw the Perils"), *The New York*

Times, June 18, 1994, pp. 1, 12.

Philip J. Hilts, "Danger of Tobacco Smoke Is Said to be Underplayed," *New York Times*, December 21, 1994, D23.

Howard Kahane, *Logic and Contemporary Rhetoric: The Use of Reason in Everyday Life*, 7th edition (Belmont, CA: Wadsworth, 1992).

Noel Brooke Moore and Richard Parker, *Critical Thinking* (Palo Alto, CA: Mayfield, 1991).

Graham Reed, *The Psychology of Anomalous Experience* (Buffalo, NY: Prometheus, 1988).

Theodore Schick, Jr., and Lewis Vaughn, *How to Think About Weird Things: Critical Thinking for a New Age* (Mountain View, CA: Mayfield, 1995).

Leonard Zusne and Warren H. Jones, *Anomalistic Psychology* (Hillsdale, NJ: Lawrence Erlbaum, 1982).

13장 사실이라는 가면

Alvar Nuñez Cabeza de Vaca, *Castaways*, translated by Frances M. López-Morillas (Berkeley: University of California Press, 1993).

"Faith Healing: Miracle or Fraud," special issue or *Free Inquiry*, vol. 6, no. 2 (Spring 1986).

Paul Kurtz, *The New Skepticism: Inquiry and Reliable Knowledge* (Buffalo, NY: Prometheus Books, 1992).

William A. Nolen, M. D., *Healing: A Doctor in Search of a Miracle* (New York: Random House, 1974).

David P. Phillips and Daniel G. Smith, "Postponement of Death Until Symbolically Meaningful Occasions," *Journal of the American Medical Association*, vol. 263 (1990), pp 1947–1951.

James Randi, *The Faith Healers* (Buffalo, NY: Prometheus Books, 1989). (한국어판: 제임스 랜디, 박인희 옮김, 『폭로』(산해, 2003년). — 옮긴이)

James Randi, *Flimflam!: The Truth About Unicorns, Parapsychology & Other Delusions* (Buffalo, NY: Prometheus Books, 1982).

David Spiegel, "Psychosocial Treatment and Cancer Survival," *The Harvard Mental Health Letter*, vol. 7 (1991), no. 7, pp. 4–6.

Charles Whitfield, *Healing the Child Within* (Deerfield Beach, FL: Health Communications,

Inc., 1987). (한국어판: 찰스 화이트필드, 김세영 옮김, 『엄마에게 사랑이 아닌 상처를 받은 너에게』(빌리버튼, 2021년). — 옮긴이)

14장 반과학

Joyce Appleby, Lynn Hunt, and Margaret Jacob, *Telling the Truth About History* (New York: W. W. Norton, 1994). (한국어판: 린 헌트, 조이스 애플비, 마거릿 제이컵, 김병화 옮김, 『역사가 사라져갈 때』(웅진씽크빅, 2013년). — 옮긴이)

Morris R. Cohen, *Reason and Nature: An Essay on the Meaning of Scientific Method* (New York: Dover, 1978) (first edition published by Harcourt Brace in 1931).

Gerald Holton, *Science and Anti-Science* (Cambridge: Harvard University Press, 1993), chs. 5 and 6.

John Keane, *Tom Paine: A Political Life* (Boston: Little, Brown, 1995).

Michael Krause, *Relativism: Interpretation and Confrontation* (South Bend, IN: University of Notre Dame, 1989).

Harvey Siegel, *Relativism Refuted* (Dordrecht, Netherlands: D. Reidel, 1987).

15장 뉴턴의 잠

Henry Gordon, *Channeling into the New Age* (Buffalo: Prometheus, 1988).

Charles T. Tart, "The Science of Spirituality," in Ted Schultz, ed., *The Fringes of Reason*, p. 67.

16장 과학자가 죄를 알 때

William Broad, *Tellers War: The Top-Secret Story Behind the Star Wars Deception* (New York: Simon and Schuster, 1992).

David Holloway, *Stalin and the Bomb* (New Haven: Yale University Press, 1994).

John Passmore, *Science and Its Critics* (London: Duckworth, 1978).

Stockholm International Peace Research Institute, *SIPRI Yearbook 1994* (Oxford: Oxford University Press, 1994), p. 378.

Carl Sagan, *Pale Blue Dot: A Vision of the Human Future in Space* (New York: Random House, 1994). (한국어판: 칼 세이건, 현정준 옮김, 『창백한 푸른 점』(사이언스북스, 2002년). — 옮긴이)

Carl Sagan and Richard Turco, *A Path Where No Man Thought: Nuclear Winter and the*

End of the Arms Race (New York: Random House, 1990).

17장 의심의 정신과 경이의 감성

R. B. Culver and P. A. Ianna, *The Gemini Syndrome: A Scientific Explanation of Astrology* (Buffalo, NY: Prometheus, 1984).

David J. Hess, *Science in the New Age: The Paranormal, Its Defenders and Debunkers, and American Culture* (Madison, WI: The University of Wisconsin Press, 1993).

Carl Sagan, "Objections to Astrology" (letter to the editor), *The Humanist*, vol. 36, no. 1 (January/February 1976), p. 2.

Robert Anton Wilson, *The New Inquisition: Irrational Rationalism and the Citadel of Science* (Phoenix: Falcon Press, 1986).

18장 먼지가 일어나는 것은

Alan Cromer, *Uncommon Sense: The Heretical Nature of Science* (New York: Oxford University Press, 1993).

Richard Borshay Lee, *The !Kung San: Men, Women, and Work in a Foraging Society* (Cambridge, UK: Cambridge University Press, 1979).

19장 쓸데없는 질문은 없다

Youssef M. Ibrahim, "Muslim Edicts Take on New Force," *The New York Times*, February 12, 1995, p. A14.

Catherine S. Manegold, "U. S. Schools Misuse Time, Study Asserts," *The New York Times*, May 5, 1994, p. A21.

"The Competitive Strength of U. S. Industrial Science and Technology: Strategic Issues," a report of the National Science Board Committee on Industrial Support for R&D, National Science Foundation, Washington, D. C., August 1992.

21장 자유로 가는 길

Walter R. Adam and Joseph O. Jewell, "African-American Education Since An American Dilemma," *Daedalus* 124, 77-100, 1995.

J. Larry Brown, ed., "The Link Between Nutrition and Cognitive Development in Children," Center on Hunger, Poverty and Nutrition Policy, School of Nutrition,

Tufts University, Medford, MA, 1993, and references given there.

Gerald S. Coles, "For Whom the Bell Curves," *The Bookpress* 5 (1), 8-9, 15, February 1995.

Frederick Douglass, *Autobiographies: Narrative of a Life, My Bondage & My Freedom, Life and Times*, Henry L. Gates, Jr., ed. (New York: Library of America, 1994).

Leon J. Kamin, "Behind the Bell Curve," *Scientific American*, February 1995, pp. 99–103.

Tom McIver, "The Protocols of Creationism: Racism, Anti-Semitism and White Supremacy in Christian Fundamentalism," *Skeptic*, vol. 2, no. 4 (1994), pp. 76–87.

22장 의미의 노예

Tom Gilovich, *How We Know What Isn't So: The Fallibility of Human Reason in Every day Life* (New York: Free Press, 1991). (한국어판: 토머스 길로비치, 이양원, 장근영 옮김, 『인간 그 속기 쉬운 동물』(모멘토, 2008년). — 옮긴이)

"O. J. Who?" *New York*, October 17, 1994, p. 19.

23장 맥스웰과 너드

Richard P. Feynman, Robert B. Leighton, and Matthew Sands, *The Feynman Lectures on Physics, Volume II, The Electromagnetic Field* (Reading, MA: Addison-Wesley, 1964). [Passages quoted appear on pp. 18–2, 20–8, and 20–9.] (한국어판: 리처드 파인만, 로버트 레이턴, 매슈 샌즈, 박병철 옮김, 『파인만의 물리학 강의 2』(승산, 2004년). — 옮긴이)

Ivan Tolstoy, *James Clerk Maxwell: A Biography* (Chicago: University of Chicago Press, 1982) (originally published by Canongate Publishing Ltd., Edinburgh, 1981).

24장 과학과 마녀 사냥

William Glaberson, "The Press: Bought and Sold and Grey All Over," *The New York Times*, July 30, 1995, Section 4, pp. 1, 6.

Peter Kuznick, "Losing the World of Tomorrow: The Battle Over the Presentation of Science at the 1939 World's Fair," *American Quarterly*, vol. 46, no. 3 (September 1994), pp. 341-373.

Ernest Mandel, *Trotsky as Alternative*.

Rossell Hope Robbins, *The Encyclopedia of Witchcraft and Demonology* (New York: Crown, 1959).

Jeremy J. Stone, "Conscience, Arrogation and the Atomic Scientists" and "Edward Teller: A Scientific Arrogator of the Right," F. A. S. (Federation of American Scientists] *Public Interest Report*, vol. 47, no. 4 (July/August 1994), pp. 1, 11.

25장 진정한 애국자는 문제를 제기한다

I. Bernard Cohen, *Science and the Founding Fathers* (Cambridge: Harvard University Press, 1995).

Clinton Rossiter, *Seedtime of the Republic* (New York: Harcourt Brace, 1953). Excerpted in Rossiter, *The First American Revolution* (San Diego: Harvest).

J. H. Sloan, F. P. Rivera, D. T. Reay, J. A. J. Ferris, M. R. C. Path, and A. L. Kellerman, "Firearm Regulations and Rates of Suicide: A Comparison of Two Metropolitan Areas," *New England Journal of Medicine*, vol. 311 (1990), pp. 369-373.

"Post Script," *Conscience*, vol. 15, no. 1 (Spring 1994), p. 77.

찾아보기

나

다

라

마

바

사

아

자

차

카

타

파

하

옮긴이 **이상헌**

서강 대학교에서 칸트에 관한 연구로 박사 학위를 받았다. 저서로 『철학 욕조를 떠도는 과학의 오리 인형』, 『기술의 대융합』, 『인문학자, 과학 기술을 탐하다』, 『따뜻한 기술』, 『싸우는 인문학』(이상 공저), 『융합 시대의 기술 윤리』, 『철학자의 눈으로 본 첨단 과학과 불교』, 『철학, 과학 기술에 말을 걸다』, 『철학, 과학 기술에 다시 말을 걸다』 등이 있다. 현재 서강 대학교 전인 교육원 교수로 재직하고 있다.

사이언스 클래식 38

악령이 출몰하는 세상

1판 1쇄 펴냄 2022년 2월 28일
1판 7쇄 펴냄 2024년 6월 15일

지은이 칼 세이건
옮긴이 이상헌
펴낸이 박상준
펴낸곳 (주)사이언스북스

출판등록 1997. 3. 24.(제16-1444호)
(06027) 서울시 강남구 도산대로1길 62
대표전화 515-2000, 팩시밀리 515-2007
편집부 517-4263, 팩시밀리 514-2329
www.sciencebooks.co.kr

ISBN 979-11-92107-22-6 03400